자동차정비공학 개론

AUTOMOTIVE MECHANICAL ENGINEERING

구민사

자동차정비공학 개론

구민사

저자 약력

김원철

- 한국폴리텍대학 남대구캠퍼스 자동차과 교수

자동차정비공학 개론

초판 인쇄 | 2024년 3월 05일
초판 발행 | 2024년 3월 15일

저 자 | **김원철**
발 행 인 | **조규백**
발 행 처 | 도서출판 **구민사**
(07293) 서울특별시 영등포구 문래북로 116, 604호(문래동 3가 46, 트리플렉스)
전 화 | (02) 701-7421
팩 스 | (02) 3273-9642
홈 페 이 지 | www.kuhminsa.co.kr

신 고 번 호 | 제2012-000055호 (1980년 2월 4일)
I S B N | 979-11-6875-369-3 (93550)

값 | **30,000원**

PREFACE

자동차는 원동기의 힘을 통해 차체의 바퀴를 노면과 마찰시켜 그 반작용으로 움직이는 교통수단이었지만, 이제는 높은 출력, 높은 성능과 더불어 배기 공해와 소음 공해가 적은 것이 요구되고, 친환경자동차의 발전과 더불어 자동차로 출퇴근과 통학, 레저, 장보기용 등 여러 목적에 사용하면서 주행에 편의성을 갖는 스마트 기술들의 개발이 다양화되고 있는 실정이다.

처음으로 자동차공학에 대하여 공부하고자 하는 공학도들과 잠시나마 현장에 근무하다 산업기사필기 시험을 보고자 다시 자동차공학 이론을 공부하고자 하는 공학도들에게 도움이 되고자 이 책을 다음과 같이 저술하였다.

Part 1 : 자동차공학 기본사항으로 자동차공학 기본 단위, 온도와 열 및 열역학 법칙, 힘과 운동의 법칙, 자동차의 분류를 비롯하여 자동차공학에 필요한 기본사항을 수록하였다.

Part 2 : 자동차 엔진으로 내연기관의 엔진의 정의 및 분류, 엔진의 성능 및 효율, 엔진 본체의 구성품들의 역할과 냉각장치, 윤활장치, 흡배기장치, 연료장치, 연소 및 배출가스, 전자제어 가솔린 연료분사장치, GDI, LPG · LPI · CNG 연료장치, 디젤 엔진에 대하여 수록하였다.

Part 3 : 자동차 섀시로 자동차 섀시 성능, 동력 전달장치, 현가장치, 조향장치, 제동장치, 주행 및 구동장치, 친환경자동차 시스템 구성 및 기본 동력전달 등을 수록하였다.

Part 4 : 자동차 전기 · 전자로 전기 · 전자 및 자동차 제어장치와 통신장치, 시동 · 점화 및 충전장치, 고전원 전기장치, 계기 및 보안장치, 안전 및 편의장치 등을 수록하였다.

본서를 통해 자동차정비공학을 공부하고자 하는 모든 분들에게 많은 도움이 되길 바라며 자동차이론에 대하여 기능사부터 산업기사 이론까지 독자 여러분들이 이해하기 쉽게 집필하였다. 혹시 본 책자 중에 잘못된 내용이 있다면 여러분의 아낌없는 지적을 부탁드린다.

끝으로 이 책을 집필하는 데 끝까지 많은 도움을 주신 도서출판 구민사 조규백 대표님을 비롯한 편집부 직원들에게 깊은 감사를 드립니다.

저자

CONTENTS

PART 01 자동차공학 기본사항

PART 02 자동차 엔진

CONTENTS

CONTENTS

CHAPTER 05 제동장치

CHAPTER 06 주행 및 구동장치

CHAPTER 07 친환경자동차 시스템 구성 및 기본 동력전달

CONTENTS

PART 04 자동차 전기 · 전자

01 PART
자동차공학 기본사항

CHAPTER 01

자동차공학 기본 단위

01 SI(국제 단위계) 기본 단위

물리량	이름	기호	정의
길이	미터	m	1미터는 빛이 진공에서 1/299792458초 동안 진행한 경로의 길이이다.
질량	킬로그램	kg	킬로그램은 질량의 단위로 1kg은 국제 킬로그램 원기의 질량이 기준이다.
시간	초	s	1초는 온도가 0K인 세슘-133 원자의 바닥상태에 있는 두 초미세 준위 사이의 전이에 대응하는 복사선의 9192631770주기의 지속 시간이다.
전류	암페어	A	1암페어는 무한히 길고 무시할 수 있을 만큼 작은 원형 단면적을 가진 두 개의 평행한 직선 도체가 진공 중에서 1미터 간격으로 유지될 때, 두 도체 사이에 매 미터당 2×10^{-7} 뉴턴의 힘을 생기게 하는 일정한 전류로 정의되었다.
온도	켈빈	K	1켈빈은 물의 삼중점 열역학 온도의 1/273.16이다.
물질량	몰	mol	0.012킬로그램의 탄소-12 안에 존재하는 원자의 수와 동일한 수의 요소 입자 또는 요소 입자의 집합체(조성이 명확하게 밝혀진 것에 한함)로 구성된 계열의 물질량으로, 요소 입자는 요소 입자의 집합체를 특정해서 사용한다.
광도	칸델라	cd	1칸델라는 진동수 540×10^{12} 헤르츠인 단색광을 방출하는 광원의 복사도가 어떤 주어진 방향으로 매스테라디안 당 1/683 와트일 때 이 방향에 대한 광도로 정의 되었다.

02 SI 접두어

배수	접두어	기호	배수	접두어	기호
10^{24}	요타	Y	10^{-1}	데시	d
10^{21}	제타	Z	10^{-2}	센티	c
10^{18}	엑사	E	10^{-3}	밀리	m
10^{15}	페타	P	10^{-6}	마이크로	μ
10^{12}	테라	T	10^{-9}	나노	n
10^{9}	기가	G	10^{-12}	피코	p
10^{6}	메가	M	10^{-15}	펨토	f
10^{3}	킬로	k	10^{-18}	아토	a
10^{2}	헥토	h	10^{-21}	젭토	z
10^{1}	데카	da	10^{-24}	욕토	y

03 SI 유도 단위

기본 단위를 조합하여 제곱·나눗셈 수학 기호를 사용해 나타내는 단위이다.

양	단위의 명칭	단위기호
면적	제곱미터	m^2
체적	세제곱미터	m^3
속도	미터 매초	m/s
가속도	미터 매초 제곱	m/s^2
파수	매미터당 개수	m^{-1}
밀도	킬로그램 매세제곱미터	kg/m^3
전류 밀도	암페어 매제곱미터	A/m^2
자계의 강도	암페어 매미터	A/m
(물질량의)농도	몰 매세제곱미터	mol/m^3
비체적	세제곱미터 매킬로그램	m^3/kg
휘도	칸델라 매제곱미터	cd/m^2

04 고유 명칭을 가진 SI 유도단위

양	단위의 명칭	단위기호	유도법
평면각	라디안	rad	m/m
입체각	스테라디안	sr	㎡/㎡
주파수	헤르츠	㎐	S^{-1}
힘	뉴턴	N	mkg^{-2}
압력, 응력	파스칼	Pa	N/㎡
에너지, 일, 열량	줄	J	N/m
일률, 공률, 동력, 전력	와트	W	J/s
전하, 전기량	클론	C	A/s
전위, 전위차, 전압, 기전력	볼트	V	J/C
(전기)저항	옴	Ω	V/A
(전기의)컨덕턴스	지멘스	S	$Ω^{-1}$
자속	웨버	Wb	V・s
자속밀도, 자기유도	테슬라	T	Wb/㎡
인덕턴스	헨리	H	Wb/A
셀시우스 온도	셀시우스도 또는 도	℃	k
광속	루멘	lm	cd・sr
조도	룩스	lux	lm/㎡

CHAPTER 02

온도와 열 및 열역학 법칙

01 온도(temperature)

온도란 뜨거운 정도 혹은 차가운 정도를 숫자로 나타낸 것을 말한다.

① **섭씨온도(℃)** : 물의 끓는점(100℃)과 얼음의 녹는점(0℃)을 온도의 표준으로 정하여 그 사이를 100등분한 온도눈금

② **화씨온도(℉)** : 물의 끓는점(212℉)과 얼음의 녹는점(32℉)을 온도의 표준으로 정하여 그 사이를 180등분한 온도눈금

③ **절대온도(K)** : 열역학 제2법칙에 따라 정해진 온도로 물질의 특이성에 의존하지 않고 눈금을 정의한 온도이다. 영하 273.15℃(0K)를 기준으로 하며, 보통의 섭씨와 같은 간격으로 눈금을 붙였다. 단위는 켈빈(K)이다.

참고

- 섭씨를 화씨온도로 변환 : ℉ = $\frac{9}{5}$℃+32
- 화씨를 섭씨온도로 변환 : ℃ = $\frac{5}{9}$(℉-32)
- 절대온도를 섭씨(화씨)온도로 변환 : 0 k = -273℃(-460℉)

02 열

열(熱)은 따뜻한 정도가 서로 다른 두 물체가 접촉했을 때 높은 온도의 물체에서 낮은 온도의 물체로 이동하는 에너지를 말한다.

① **열량** : 열량의 단위는 칼로리(calorie, cal)이다. 칼로리는 에너지의 단위로, 온도가 다른 물체 사이에 전해지는 에너지의 양이다. 즉, 물질의 온도를 높이는 데 소요되는 열의 양이다.

② **잠열** : 어떤 물체가 온도의 변화 없이 상태가 변할 때 방출되거나 흡수되는 열이다.

③ **현열** : 현열은 물질을 가열이나 냉각했을 때 상태변화 없이 온도변화에만 사용되는 열량이다.

④ **비열** : 어떤 물질 1kg의 온도를 1℃ 높이는 데 필요한 열량을 그 물질의 비열이라고 하며, 단위로는 kcal/(kg℃)를 사용한다.

⑤ **융해 잠열** : 어떤 일정 압력으로 고체가 가열되어 액체로 되는 데 필요한 열량을 말한다.

⑥ **증발 잠열** : 어떤 물질이 기화할 때 외부로부터 흡수하는 열량이다.

⑦ **임계점** : 액체와 기체의 상이 구분될 수 있는 최대의 온도-압력 한계이다.

⑧ **3중점** : 고체, 액체, 기체(또는 3개의 상)가 평형을 이루며 함께 존재할 수 있는 온도와 압력을 삼중점이라고 한다.

⑨ **액화점** : 기체가 액체로 되는 온도를 액화점이라 한다.

⑩ **포화 증기** : 끓는점에서 증발한 상태의 증기를 포화증기라 한다.

⑪ **비중** : 비중은 물건의 밀도를 물의 밀도로 나눈 값이다. 1기압의 4℃인 물의 단위 체적당 중량을 1로 하여 다른 액체나 고체의 단위 체적당 중량의 비를 구한 것이다.

⑫ **비중량** : 비중량은 비중에 중력가속도(g)를 곱해준 값이다.

⑬ **밀도** : 밀도란 물건의 질량을 부피로 나눈 값이다.

03 열역학 법칙

[1] 열역학 제 0법칙(열적 평형)

온도가 다른 물체를 접촉시키면 높은 온도를 지닌 물체의 온도는 내려가고 낮은 온도의 물체의 온도는 올라가서 결국 두 물체는 열평형 상태가 된다. 이와 같은 상태를 열역학 제 0법칙이라고 한다. 즉, 열적으로 평형을 이루려는 것이다.

[2] 열역학 제 1법칙(에너지 보존법칙)

열과 일은 에너지의 한 형태로 일은 열로, 열은 일로 변환이 가능하다. 즉, 하나의 계가 가지고 있는 에너지는 형태만 바뀔 뿐 에너지의 총량은 일정하다는 것이다(에너지가 사라지거나 생성되지 않는다. 다만 형태가 변할 뿐이다).

[3] 열역학 제 2법칙(가역과 비가역의 법칙, 엔트로피 증가 법칙)

고립된 계에서는 엔트로피가 증가하는 현상만 일어나며 감소하지 않는다. 에너지의 형태 중에서 엔트로피가 가장 높은 형태는 열의 형태이기 때문에, 모든 에너지는 궁극적으로 열이 된다. 다시 말해 사용해버린 에너지(엔트로피가 높은 상태)를 같은 양의 엔트로피가 낮은 에너지로 다시 되돌리는 것은 불가능하다.

[4] 열역학 제 3법칙

절대온도에서 엔트로피는 0이 된다. 하지만 0K 이하의 온도는 불가능한 온도이다. 즉, 절대영도에 한없이 가까워지면 엔트로피 변화량은 무한히 0에 가까워진다.

CHAPTER 03

힘과 운동의 법칙

01 힘

[1] 힘의 3요소

물체의 상태 변화(운동, 변형)를 일으키는 원인 및 작용이다. 힘의 3요소는 힘의 크기, 힘의 방향, 힘의 작용점으로 표시한다.

[2] 힘의 효과

① **모양 변화** : 물체에 힘을 가하면 힘에 의해 물체의 모양이 늘어나거나 휘어진다.

② **운동 상태 변화** : 물체에 힘을 가하면 힘에 의해 빠르기나 운동 방향이 변한다.

③ **모양과 운동 상태의 동시 변화** : 물체에 힘을 가하면 힘에 의해 형상, 속도, 운동 방향이 동시에 변한다.

[3] 힘의 평형

물체의 모양이나 운동 상태가 변화하지 않을 때 힘의 평형을 이루고 있다고 한다. 다시 말해 물체에 작용하는 모든 힘들의 합이 0이 되는 상태이다.

한 물체에 두 힘이 작용해 평형이 되기 위해서는 아래와 같이 3가지 조건이 필요하다.

① 작용한 두 힘의 크기가 같다.

② 두 힘의 방향이 반대이다.

③ 두 힘이 하나의 작용선 상에 있어야 한다.

[4] 일

일은 물리학에서 물체에 힘을 가했을 때 힘과 힘이 가해진 방향으로 움직인 거리를 곱한 물리량을 뜻한다. 일의 SI 유도 단위는 1뉴턴의 힘이 1미터의 거리를 이동하게 하는 일로 정의한 줄(J)이다. J = N · m(J : 줄, N : 뉴턴, m : 미터).

02 운동의 법칙(뉴턴의 운동법칙)

[1] 운동의 제 1법칙(관성의 법칙)

외부에서 힘(외력)이 가해지지 않는 한 모든 물체는 자기의 운동을 그대로 유지하려고 한다.

[2] 운동의 제 2법칙(가속도 법칙)

힘이 가해지게 되면 물체가 가속도를 받게 되는데 가속도는 힘에 비례하고, 질량에 반비례한다.

[3] 운동의 제 3법칙(작용과 반작용의 법칙)

힘이 작용하면 반드시 같은 크기의 힘이 반대 방향으로 작용한다(반작용).

03 속도

① **속도** : 어떠한 물체의 위치 변화를 뜻하는 변위를 변화가 일어난 시간 간격을 나눈 값이다.

② **속력** : 물체의 빠르기를 나타내는 척도의 하나이다. 단위 시간당 이동한 거리로 정의한다.

③ **등속 운동** : 물체가 일정한 속력으로 직선상을 운동하는 것을 말한다. 물체에 힘이 가해지는 경우 물체의 속력이 변하기 때문에, 등속 운동을 하는 물체에 가해진 모든 힘의 합은 0이 된다.

④ **가속도** : 시간에 따라 속도가 변하는 정도를 나타내는 물리량이다.

⑤ **스칼라량** : 크기만 있고 방향이 없으며, 사칙연산이 가능한 물리량이다.

⑥ **백터량** : 크기와 방향으로 표현하는 물리량이다.

04 운동량

① **운동량** : 물체의 질량과 속도의 곱으로 나타내는 물리량이다.

② **운동량의 단위** : 국제단위는 뉴턴 초(N · s) 또는 킬로그램미터 매 초(kg · m/s)이고, 통상적인 기호는 라틴 소문자 p이다.

③ **운동량의 방향** : 속도의 방향과 동일하다. 직선상에서 두 물체가 서로 반대 방향으로 운동할 때 어느 한 방향에 (+)부호를 붙이면, 반대 방향에는 (−)부호를 붙인다.

④ **운동량의 크기** : 물체의 질량이 크고 속도가 빠를수록 크다.

⑤ **운동량 변화량**

㉮ 물체에 힘이 작용하면 물체의 속도가 변하게 되면서 물체의 운동량이 변한다.

㉯ 직선상에서 운동하는 물체의 운동량 변화량은 물체의 나중 운동량과 처음 운동량의 차이이다.

㉰ 운동량 변화량의 방향은 물체에 작용하는 힘의 방향과 동일하다.

CHAPTER

04 자동차의 분류

01 차체 모양에 의한 분류

[1] 승용차(passenger car)

형식(styling), 문짝(door)의 수, 지붕의 모양, 좌석 및 내부설비 등 분류상의 요소가 많다.

① 세단(sedan) : 고정된 지붕으로 되어있고 차 실내에는 전후 2열의 좌석이 마련된 4~6인승 상자형 승용차이다. 문짝의 수에 따라 2도어 세단과 4도어 세단으로 나뉜다.

그림 1-1 세단

② 웨건(wagon) : 왜건은 해치백처럼 생겼지만, 트렁크 부분이 좀 더 긴 형태이다. 해치백처럼 트렁크와 승객석이 이어져 뒷좌석을 접으면 트렁크 용량이 커지는 것은 같지만, 뒷좌석을 접지 않아도 기본적으로 트렁크 공간이 넓다는 것이 장점이다. 한 차종에 해치백과 왜건을

함께 갖춘 경우가 많아 헷갈릴 수도 있는데, 해치백은 뒷좌석 뒤쪽으로 창문이 없거나 작지만, 왜건은 뒷좌석 뒤로도 큰 창문이 하나 더 있을 정도로 차체 길이가 긴 것이 특징이다.

그림 1-2 웨건

③ **해치백(hatchback)** : 왜건과 해치백을 구분하는 가장 쉬운 방법은 D필러 유무이다. C필러가 마지막인 해치백은 생김새가 왜건과 비슷하지만 왜건보다 짧은 형태이다. 왜건보다 적재공간이 좁고 별도의 창문 없이 객실과 합쳐져 있기 때문에 승객용 시트로 구분하는 경우가 많다.

그림 1-3 해치백

④ **리무진(limousine)** : 전후 2열의 좌석과 보조좌석을 마련하여 6~8명이 탈 수 있고, 운전석과 뒷좌석 중간에 칸막이를 설치하여 뒷좌석을 중요시한 상자형 승용차이다.

그림 1-4 리무진

⑤ **쿠페(coupe)** : 2도어 세단보다 지붕이 작고 차의 높이가 비교적 낮으며, 앞 1열의 주좌석을 중시하는 상자형 승용차이다. 세단 가운데에서도 뒷부분을 바꾸어 쿠페로 만든 것이 있다. 모양상으로 트렁크가 있는 노치드 쿠페와 끝부분까지 가파르지 않게 되어 있는 페스트 쿠페가 있다.

그림 1-5 쿠페

⑥ **컨버터블(convertible)** : 본래 임의로 개폐할 수 있는 지붕을 뜻하나, 일반적으로 포장지붕이 접어지게 된 승용차를 말한다.

그림 1-6 컨버터블

⑦ **하드 톱(hard top)** : 본래 금속판이나 플라스틱으로 만든 지붕을 뜻하나 일반적으로 필러(Pillar : 기둥)가 없는 세단형 승용차를 말한다. 지붕을 임의로 탈착할 수 있는 것도 있다.

그림 1-7 하드 톱

⑧ **로드스터(roadster)** : 천장이 개방되는 2~3인승 차량을 말하며 스포츠카라고도 부른다.

그림 1-8 로드스터

⑨ **SUV(sports Utility Vehicle)** : SUV는 해치백과 같은 모양이지만 차고가 낮은 해치백과 달리 최저 지상높이가 높아 오프로드(비포장도로)를 달리기 적합한 형태를 하고 있다. 과거에는 SUV가 사륜구동이 적용된 오프로드 자동차를 일컫는 말이었지만, 요즘은 도심 주행에 어울리는 구성으로 기존 오프로드 차량의 성격에 더해 승용차의 성격을 가미한 차량으로 변화하고 있다. 물론 지금도 사륜구동을 활용한 오프로드 주행 능력을 갖추는 등 SUV 본연의 성격도 띠고 있다. 오프로더의 성격이 강했던 기존 SUV와 차별화를 위해 콘셉트에 따라 차종별로 CUV(Crossover Utility Vehicle), SAV(Sport Activity Vehicle) 등 다양한 이름으로 불리기도 한다.

그림 1-9 SUV

[2] 버스(bus)

버스는 Omnibus의 약칭이며 운전석의 위치나 승차정원에 따라 모양이 다른 점에서 분류한다.

① **보닛버스(cab-behind-engine bus)** : 운전실이 보닛(Bonnet) 뒤쪽에 있는 버스이며 버스의 원형이다.

그림 1-10 보닛버스

② **캡 오버 버스(cab-over-engine bus)** : 운전실이 엔진의 위치에 있는 버스이며 모양이 상자형으로 되어 있다.

그림 1-11 캡 오버 버스

③ **코치버스(coach bus)** : 엔진을 차량의 뒷부분에 설치하여 튀어나오지 않고 전체가 상장형으로 되어 있다. 오늘날의 버스는 이 형식으로 된 것이 많다.

그림 1-12 코치버스

④ **마이크로 버스(micro bus)** : 승차정원이 30명 미만의 중형 버스이다.

그림 1-13 마이크로 버스

[3] 트럭(Truck)

트럭을 운전대의 위치와 지붕의 유무에 따라 분류하면 다음과 같다.

① **보닛트럭(cab-behind-engine truck)** : 운전대가 보닛의 뒤쪽에 있는 트럭이다.

그림 1-14 보닛트럭

② 캡 오버 트럭(cab-over-engine truck) : 운전대가 엔진 위에 있는 트럭이다.

그림 1-15 캡 오버 트럭

③ **패널 밴(panel van)** : 운전실과 화물실이 일체로 되어 있고 화물실도 지붕이 고정된 상자형 트럭이다.

그림 1-16 패널 밴

④ **라이트 밴(light van)** : 소형 패널 밴이라 할 수 있다

⑤ **픽업(pick up)** : 지붕이 없는 화물실을 운전실 뒤쪽에 마련한 소형 트럭이다.

그림 1-17 픽업

[4] 트레일러 트럭(trailer truck)

① **세미 트레일러 트럭(semi-trailer truck)** : 트레일러를 견인하고 트레일러 앞부분의 하중을 지탱하는 트레일러 트랙터와 짐을 적재하는 세미 트레일러로 구성된 트럭이다.

그림 1-18 세미 트레일러 트럭

② **풀 트레일러(full trailer truck)** : 풀 트레일러란 총 하중을 트레일러만으로 지탱되도록 설계되어 선단에 견인구, 즉 트랙터를 갖춘 트레일러를 말한다.

③ **더블 트레일러 트럭(double trailer truck)** : 2개의 세미 트레일러에 돌리(balanced dolly)를 이용해서 연결하거나 세미 트레일러와 풀 트레일러를 연결한 것이며, 트윈 트레일러(twin trailer), 탠덤 트레일러(tandem trailer)라고도 한다.

[5] 용도에 의한 분류

① **승용자동차(passenger car)** : 보통 10명 이하의 승객을 수송하는 자동차를 말한다.

② **스포츠카(sports car)** : 운전을 스포츠로 즐기는 것을 목적으로 하는 자동차이다. 최근에는 승용차의 실용성에 스포츠의 성격을 가미한 자동차를 스포츠카라고 부르는 경우가 많은데, 이런 것은 승용차에 포함시키는 것이 타당하다.

③ **화물자동차(motor truck)** : 주로 화물을 운반하기에 적합하도록 제작된 자동차. 화물을 운송하는 기능을 갖추고, 차체 적하, 기타 작업을 수행할 수 있는 설비를 함께 갖춘 자동차를 말한다.

④ **특용차(special purpose car) :** 보통의 섀시에 특수한 바디(Body)를 장치한 자동차를 말하며, 구급차, 소방차, 우편차, 선전용차 등이 있다.

⑤ **특수 장비차(special equipment car) :** 특정 작업에 사용할 목적으로 만든 특수 구조로 된 자동차를 말하며, 탱크롤리, 콘크리트 믹서차, 덤프차, 견인차 등이 있다.

⑥ **군용차량(military vehicle) :** 군사 목적용의 차량이며 수륙양용차, 장갑차, 전차 등이 있다.

[6] 법규에 의한 분류(자동차관리법)

① **승용자동차 :** 10인 이하를 운송하기에 적합하게 제작된 자동차

② **승합자동차 :** 11인 이상을 운송하기에 적합하도록 제작된 자동차(단, 그 내부에 특수한 설비로 인하여 승차원이 10인 이하로 된 자동차와 경형자동차로서 승차인원이 10인 이하인 전방조종 자동차 포함)

③ **화물자동차 :** 주로 화물을 운반하기에 적합하도록 제작된 자동차. 화물을 운송하는 기능을 갖추고 차체 적하, 기타 작업을 수행할 수 있는 설비를 함께 갖춘 자동차

④ **특수자동차 :** 다른 자동차를 견인하거나 구난 작업 또는 특수한 작업을 수행하기에 적합하게 제작된 자동차로서 승용, 승합, 화물자동차가 아닌 것.

⑤ **이륜자동차 :** 1~2인 정도를 운송하기에 적합한 2륜 자동차 또는 이에 1륜의 측차를 부착한 자동차 및 125cc 이하로서 3륜 이상인 자동차(단 배기량 50cc 미만 또는 정격출력 0.59kW 미만 제외)

02 구동방식에 따른 분류

[1] FF(Front engine-Front wheel drive)

FF방식의 자동차는 엔진과 동력 전달장치가 차량 앞에 장착되어 있다. 무게중심이 차량 앞쪽에 치우쳐 있어 힘이 좋고, 구조가 간단하여 가격이 저렴하고, 주행 안전성이 우수하여 대부분의 승용자동차에 많이 사용하며, 특징은 다음과 같다.

① 엔진의 동력 전달 거리가 짧다.
② 뒤차축의 구조가 간단하며, 차 실내의 공간을 넓게 할 수 있다.
③ 미끄러운 노면에서의 주행 안전성이 커서 눈길 출발에 유리하다.
④ 앞차축의 구조가 복잡하며, 기계식 장치인 경우엔 핸들 조작에 큰 힘이 필요하다.
⑤ 앞바퀴의 마모가 비교적 크다.
⑥ 차량 앞쪽에 쏠린 무게중심 때문에 언더스티어 현상이 발생하기도 한다.
⑦ 무거운 부품들이 앞으로 쏠려 있어서 차체 균형이 후륜구동에 비해 좋지 않다.
⑧ 고속 주행 시 차량 뒷부분이 흔들려 승차감이 나빠질 수 있다.

그림 1-19 FF 방식

[2] FR(Front engine-Rear wheel drive)

FR 방식의 자동차는 엔진과 변속기는 차량 앞에 장착되고, 종감속 기어 및 차동장치는 뒷부분에 설치되어 후륜이 구동되는 방식이다. 화물자동차, 특수 자동차 등 후륜 차량이 바로 FR 방식이다. 특징은 다음과 같다.

① 앞차축의 구조가 간단하며, 적재 상태에 따른 축하중의 편차가 적다.

② 공기와 물의 순환 경로가 짧아 차 실내의 난방이 빠르다.

③ 공차 상태 시 빙판길이나 등판 주행 시 뒷바퀴가 미끄러지는 경향이 있다.

④ 긴 구동 라인을 사용하여 진동 발생과 에너지 소비량이 크다.

⑤ 긴 추진축을 사용하여 차 내부 공간의 이용도가 낮다.

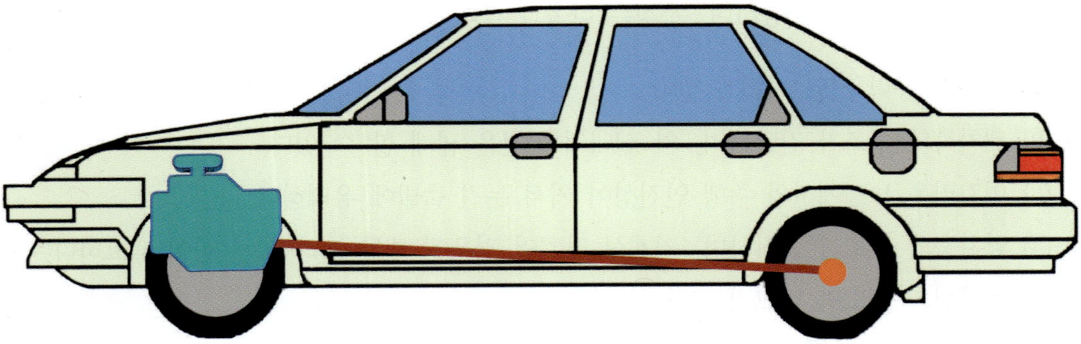

그림 1-20 FR 방식

[3] RR(rear engine-rear wheel drive)

RR 방식은 엔진 및 변속기가 차량 뒤쪽에 배치되고, 후륜이 구동되는 방식이다. 승용차는 거의 쓰이지 않고 버스의 경우 뒷좌석에 엔진이 장착되어 있고 후륜 구동 방식이다. 특징은 다음과 같다.

① FF보다 힘이 좋다.

② 앞차축의 구조가 간단하며, 동력 전달 경로가 짧다.

③ 언덕길이나 미끄러운 노면에서의 출발이 쉽다.

④ 변속 제어 기구의 길이가 길어진다.

⑤ 엔진 냉각이 불리하다.

⑥ 무게중심이 뒤에 있어 고속 선회 시에 오버스티어가 발생한다.

그림 1-21 RR 방식

[4] AWD(all wheel drive)

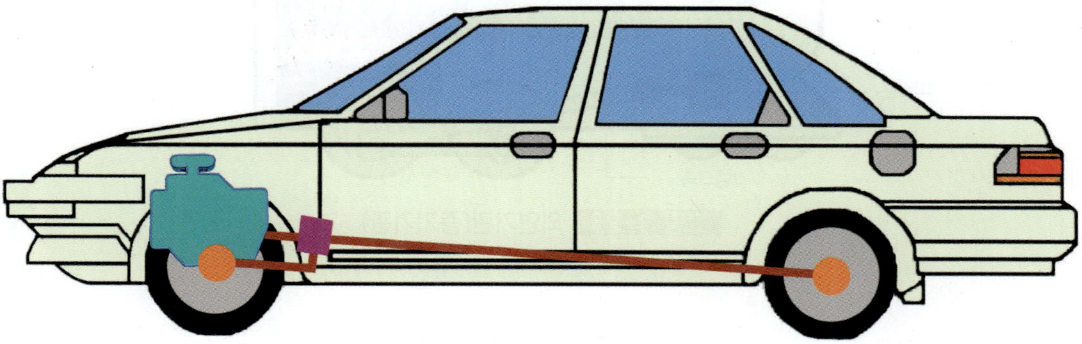

그림 1-22 AWD 방식

AWD 방식은 엔진의 동력은 변속기 뒤에 설치되어 있는 트랜스퍼 케이스에 의해서 분배된다. 전륜 후륜이 모두 구동되는 방식으로 노면이 고르지 않거나 특히 미끄러운 도로도 안정적으로 주행할 수 있어 주행 안정성이 우수하여 SUV 차량이 4륜 구동을 많이 채택한다. 특징은 다음과 같다.

① 등판성능 및 견인력이 향상된다.

② 부드러운 발진 및 가속성능이 향상된다.

③ 눈길, 미끄러운 노면, 모래길, 험한 도로에서 견인력이 좋다.

④ 동력 전달장치가 복잡하고 기계적 손실로 인한 효율이 떨어지는 단점이 있다.

⑤ 미끄러운 노면, 모래길, 등판 주행 및 험한 도로를 주행할 때는 모든 바퀴를 구동한다.

⑥ 평지 주행에서는 연료 소비량이 증가되므로 뒷바퀴의 구동력으로 주행한다.

03 엔진 및 에너지 원(源)에 의한 분류

[1] 외연기관(external combustion engine)

외부에 설치된 연소장치에서 연료를 연소시켜 얻은 열에너지로 매개물질(증기기관이나 증기터빈의 경우 물)을 가열하고, 가열된 매개물질의 기화 혹은 팽창으로 발생한 압력으로 기계를 작동시키는 형태의 기관이다. 대표적인 외연기관은 증기기관이다.

그림 1-23 외연기관(증기기관)

[2] 내연기관(internal combustion engine)

내연기관은 연료와 공기 따위의 산화제를 연소실에서 연소시켜 에너지를 얻는 기관이다. 연소실에서 연소되는 연료와 산화제의 발열반응으로 인해 높은 온도와 압력의 기체가 생성되어 엔진의 피스톤 및 크랭크축을 움직이게 하여 엔진을 가동시킨다. 내연기관 자동차는 현재 자동차의 대부분을 차지하고 있으며, 그 종류는 가솔린 엔진 자동차, 디젤 엔진 자동차, LPG 자동차, CNG 엔진 자동차 등이 있다.

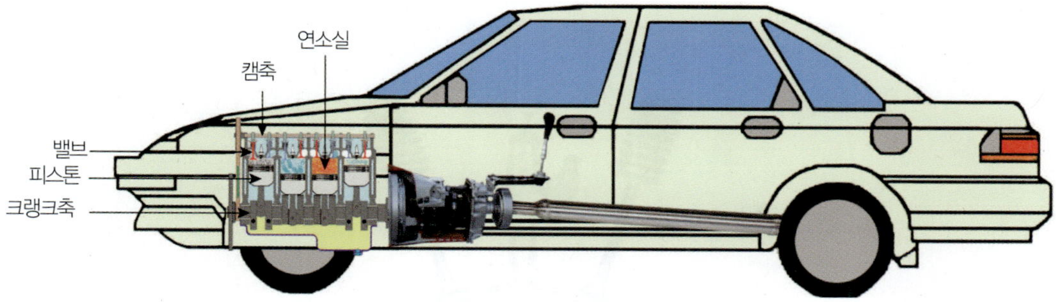

그림 1-24 내연기관

(1) 가솔린 엔진(gasoline engine) 자동차

가솔린 엔진은 연료를 가솔린을 사용하며, 흡기 시 가솔린과 공기를 섞어 흡입하여 압축시켜 실린더에서 점화플러그로 스파크 점화하여 연소시켜 구동에너지를 얻는 내연기관이다.

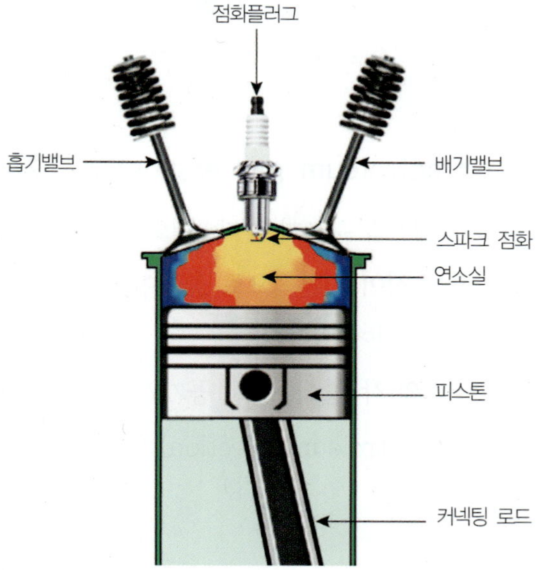

그림 1-25 가솔린 엔진

(2) 디젤 엔진(diesel engine) 자동차

엔진을 겉으로 보면 가솔린 엔진과 유사한 구조이지만 디젤 엔진은 실린더에 공기만 흡입시켜 압축하여 온도를 높인 다음, 연료인 디젤을 뿜어서 자연적으로 발화시켜 구동에너지를 얻는 방식이다.

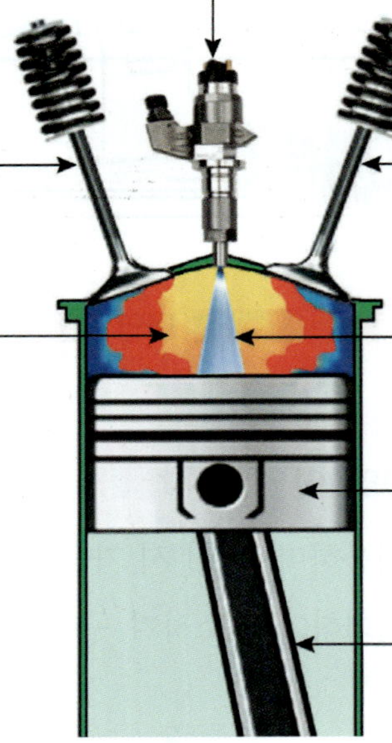

그림 1-26 디젤 엔진

(3) LPG 엔진(liquefied petroleum gas engine) 자동차

연료계통을 제외하면 가솔린 엔진과 구조가 같다. 액화석유가스(LPG)를 연료로 사용하는 자동차이다. 가솔린에 비해 열량이 적어 기본적으로 출력이 낮다. 현재의 LPG 차량에는 3세대 LPG 액상 분사(LPI) 엔진이 장착되어 있다.

기존 LPG 엔진이 기체가 엔진의 각 연소실에서 공기와 혼합되면서 폭발하며 엔진을 구동하는 방식이었다면, LPI(Liquified petroleum injection) 엔진은 액화 상태 그대로의 LPG 연료를 분사하여 연소하는 엔진이다.

(4) CNG 엔진 자동차(compressed natural gas car)

압축천연가스(CNG : Compressed natural gas) 자동차는 고압용기에 천연가스를 압축시켜 놓고 압축된 천연가스를 사용하는 방식으로, 현재 우리나라의 천연가스 버스(NGV)는 전부 이 방식을 채용하고 있다.

[3] 하이브리드 자동차(hybrid vehicle)

하이브리드란 2종류 이상의 요소를 조합했음을 의미하는 말로, 보통은 전기모터를 같이 쓰며, 전기자동차와는 달리 내연기관 엔진을 함께 사용한다. 대개는 석유(가솔린, 디젤)를 사용하는 엔진을 채용한다.

[4] 전기자동차(electric automobile)

전기자동차는 축전지 등의 전기에너지를 이용하여 전동기를 회전시켜 바퀴를 구동한다. 축전지의 중량이 과대하고, 수명이 짧고 가격이 고가이다. 현재 도시에서 물품 배달차, 도시버스, 자가용 등에 쓰이고 있다.

[5] 수소 자동차(hydrogen vehicle)

수소 자동차는 석유 · 가스 등에서 추출된 수소를 연료로 공급해 공기 중의 산소와 반응시켜 전기와 열을 생산하는 수소연료전지를 배터리 대신 사용하거나, 배터리 또는 슈퍼 커패시터와 함께 사용하여 온보드 모터에 전력을 공급한다.

04 점화방식에 의한 분류

[1] 전기점화 엔진

압축된 혼합가스에 점화플러그에서 높은 전기 불꽃을 방전시켜 강제점화 연소시키는 방식으로 가솔린 엔진, LPI 엔진, LNG 엔진에서 사용한다.

[2] 압축착화 엔진(자기착화 엔진)

흡입 시 공기만을 흡입하여 고온 · 고압으로 압축한 후 고압의 연료(경유)를 인젝터를 통하여 압축된 공기에 분사하여 압축열에 의해 자기착화시키는 방식이며 디젤 엔진에 사용한다.

02

PART

자동차 엔진

CHAPTER 01

엔진의 정의 및 분류

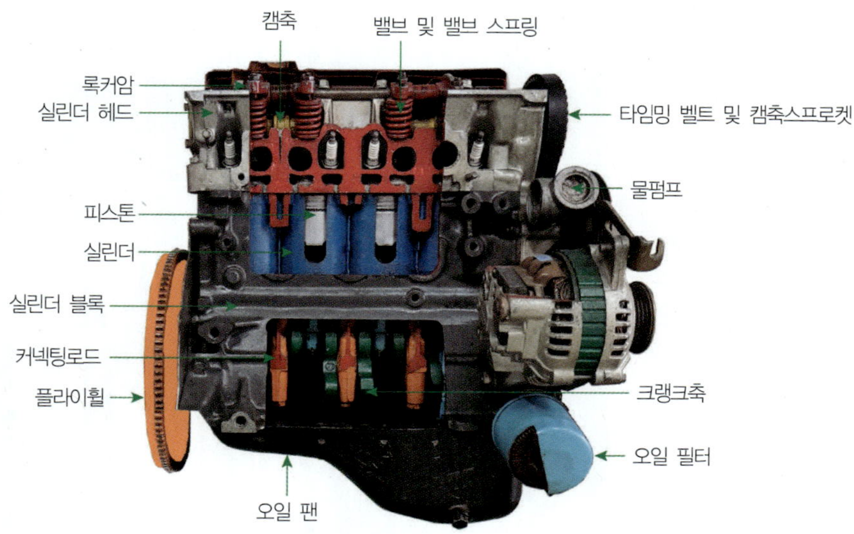

그림 2-1 엔진

01 엔진의 정의

엔진(heat engine)이란 열에너지(연료의 연소)를 받아 팽창과 수축 과정을 반복하면서 기계적 에너지(일)로 변환시켜 외부에 일정량의 일을 해주는 동력기관이다.

02 엔진의 분류

[1] 기계학적 사이클에 의한 분류

(1) 4행정 사이클 엔진(4stroke cycle engine)

4행정 기관(four-stroke engine)은 내연기관의 일종으로 내연기관에서 가장 많이 쓰이는 방식이다. 4행정 기관은 흡입-압축-폭발-배기의 4행정을 하여 1사이클이 완료되는 형식이다. 4행정 엔진의 1사이클이 완료되면 크랭크축은 2회전, 캠축은 1회전, 실린더의 흡기, 배기밸브는 각 1회 여닫는다.

① 흡입행정(intake stroke)

피스톤이 상사점(TDC)에서 하사점(BDC)으로 하강하는데 흡입공기는 피스톤이 내려감에 따라 실린더 내에는 부압(부분진공)이 생겨 흡입되며, 이 공기가 연료와 혼합되어 혼합기가 된다. 이 혼합기가 흡기밸브를 거쳐 실린더 내부로 들어간다. 크랭크축이 180도로 회전하면서 실린더 안에 혼합기가 채워진다. 직접 분사식 가솔린 엔진(GDI) 방식과 디젤 엔진에서는 공기만 흡입한다.

② 압축행정(compression stroke)

흡기 · 배기밸브가 모두 닫힌 상태에서 피스톤이 하사점에서 상사점으로 상승하면서 혼합기를 압축한다. 이때 크랭크축이 1회전(360°)하게 된다. 압축 시 혼합기의 온도는 약 400~500°C 정도로, 압축압력은 약 18bar 정도까지 상승한다. 가솔린 기관의 압축비는 7~11:1이며, 자기착화하는 디젤 엔진은 압축비가 15~22:1로 높다. 엔진의 회전속도가 빠를수록 압축비가 상승한다.

③ 폭발(동력)행정(power stroke)

실린더 내부의 혼합기가 연소되면서 생성된 연소 가스의 압력으로 피스톤을 밀어내리면서 피스톤이 하강하고 커넥팅로드를 거쳐 크랭크축을 회전운동시키므로 동력을 얻는다. 피스톤은 상사점에서 하사점으로 내려가고, 흡입 · 배기밸브는 모두 닫혀 있고 크랭크축은 540° 회전한다. 가솔린 기관은 점화플러그를 통한 스파크 점화로 연소하며, 직접 분사식 가솔린 기관은 스파크 점화와 동시에 연료를 분사하고, 디젤 엔진은 연료를 분사하면서 압축착화를 통해 점화하여 연소한다.

④ 배기행정(exhaust stroke)

배기밸브가 열리면서 폭발행정에서 일을 한 연소가스를 실린더 밖으로 배출시키는 행정이다. 이때 피스톤은 하사점에서 상사점으로 올라가며 크랭크축은 720° 회전하여 1사이클을 완성한다. 배기행정 초기에 배기밸브가 열려 배기가스의 자체압력에 의하여 자연히 배출되는 현상을 블로다운(blow down)이라 한다.

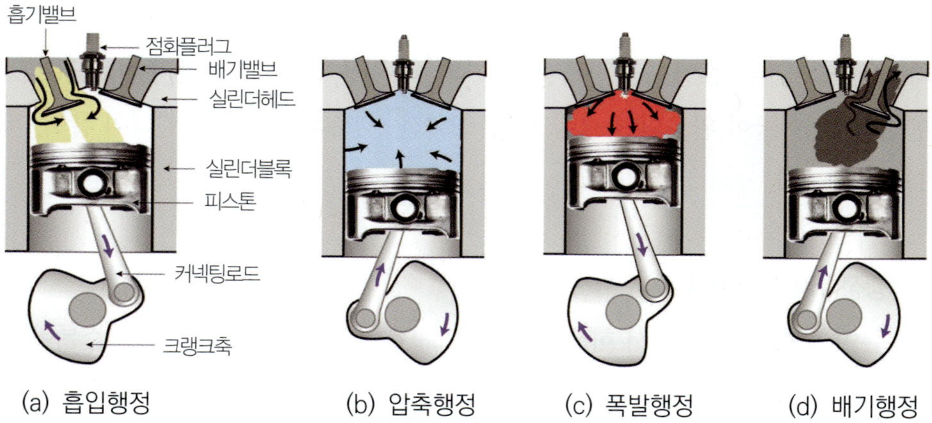

그림 2-2 4행정 사이클 엔진의 작동

⑤ 4행정 사이클 엔진의 장·단점

㉮ 장점

㉠ 각 행정이 완전히 구분되고 압축비가 높다.

㉡ 각 부분의 열적 부하가 적다.

㉢ 체적효율이 높다.

㉣ 연료소비율이 적다.

㉯ 단점

㉠ 밸브기구가 복잡하며 충격이나 소음이 크다.

㉡ 가격이 비싸며 마력당 중량이 무겁다.

㉢ 동력회전수가 적어 실린더 수가 적으면 사용이 곤란하다.

(2) 2행정 사이클 엔진(2stroke cycle engine)

2행정 사이클 엔진은 크랭크축이 1회전할 때 모든 실린더가 실린더 수에 관계없이 한 번씩 폭발한다. 피스톤 헤드 상부에는 디플렉터(deflector)를 설치하여 들어오는 혼합기가 배기구멍으로 바로 나가지 못하도록 실린더 위로 밀어 올리는 역할을 하고, 혼합기에 와류를 생성하고 압축비를 높이는 효과 및 연료손실감소 역할도 한다.

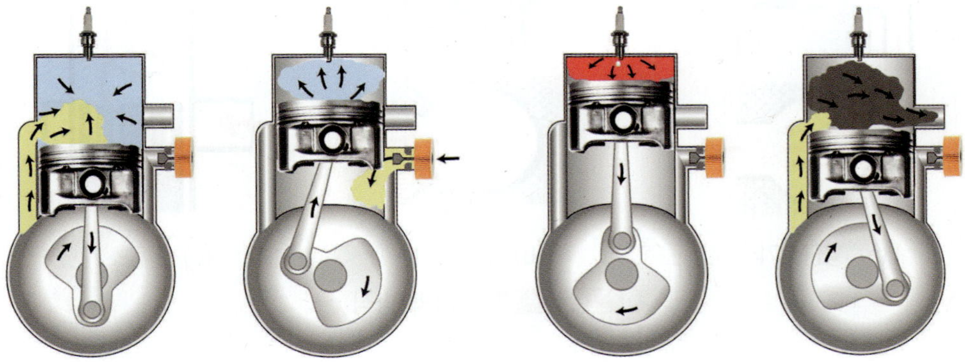

(a) 상승행정(소기, 압축, 흡입)　　　(b) 하강행정(폭발, 배기, 소기)

그림 2-3 2행정 사이클 엔진의 행정

① 2행정 사이클 엔진의 장·단점

㉮ 장점

㉠ 4행정 사이클 엔진에 비하여 1.6~1.7배의 출력이 있다.

㉡ 실린더 수가 적어도 회전이 원활하고, 회전력 변동이 적다.

㉢ 밸브장치가 간단하며 소음이 적고, 마력당 중량이 적고 값이 싸다.

㉯ 단점

㉠ 배기가 불완전하고 유효행정이 짧다.

㉡ 연료소비율이 많아 평균 유효압력과 효율을 높이기가 어렵다.

㉢ 저속운전이 어렵고 역화가 일어나기 쉽다.

㉣ 피스톤 및 피스톤링의 소손이 빠르다.

② 2행정 사이클 엔진의 소기 방식

2행정 엔진은 압축, 팽창의 2행정의 일부(크랭크각으로 120~150°)에서 신, 구 가스를 교체한다. 이 급기(신기)로 연소가스를 실린더에서 추출하고, 동시에 실린더 내를 급기로 치환하는 가스 교환 작용을 소기(scavenging)라 한다. 소기의 방식에는 횡단소기, 루프 소기, 단류소기 등이 있다.

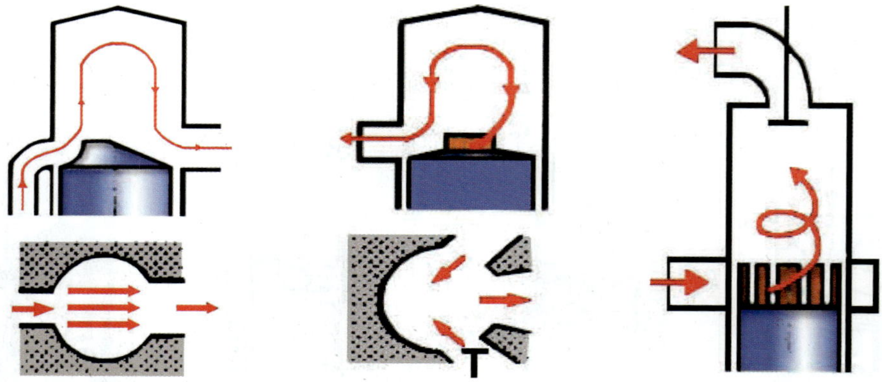

(a) 횡단소기 (b) 루프소기 (c) 단류소기

그림 2-4 소기의 방식

[2] 열역학적 사이클에 의한 분류

P-V선도(pressure-volume diagram or indicator diagram)는 하나의 직각 좌표의 세로축에 압력(P), 가로축에 비체적(V)을 표시하고 유체의 변화에 따른 P와 V와의 관계를 그려 나가는 것으로, 인디케이트(지압) 선도라고도 한다. 각 사이클의 효율을 비교하면 다음과 같다.

① 압축비가 높아지면 오토, 디젤, 사바테 사이클 효율은 높아진다.

② 압축비가 동일할 때 폭발비가 증가할수록, 단절비가 낮을수록 효율은 높아진다(압축비가 동일할 때 : 오토 〉 사바테 〉 디젤 사이클).

③ 최고 온도와 압력에 비해 비교하면 디젤 〉 사바테 〉 오토 사이클이다.

④ 실제 사이클의 효율은 가솔린의 압축비가 낮으므로 사바테 〉 디젤 〉 오토 사이클의 순서가 된다.

(1) 오토 사이클(otto cycle, 정적 사이클)

오토 사이클은 공기와 연료를 혼합기체로 압축하여 점화원에 의해 연소하므로 가솔린이나 가스 엔진의 이론 사이클로 2개의 단열과정과 2개의 정적과정으로 이루어진다.

- 오토사이클의 열효율(η_0) = $1 - \left(\dfrac{1}{\epsilon}\right)^{k-1}$

ε : 압축비, k : 비열비

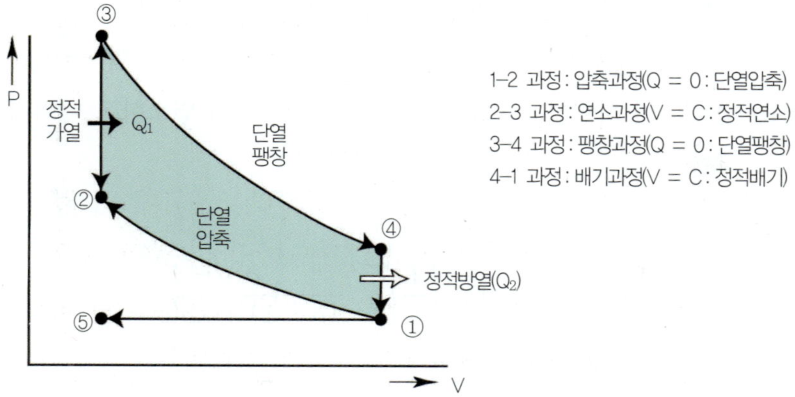

그림 2-5 오토 사이클의 P—V 선도

(2) 디젤 사이클(diesel cycle, 정압 사이클)

디젤 사이클은 열효율을 증가시킬 목적으로 공기만을 압축한 후 연료를 분사시키며 압축 공기온도가 400~600℃의 고온이 되었을 때 연료를 분사하고 자연착화시켜 연소하며 2개의 단열 과정과 1개의 정압(등압) 과정, 1개의 정적(등적) 과정으로 사이클을 이룬다.

공기가 실린더 내에 흡입되어 1→2까지 단열압축하고 2에서 연료를 분사하여 2→3 정압 연소시켜 3에서 연소가 끝나고, 3→4까지 단열팽창하여 4→1까지 정적하에서 배기한다.

- 디젤 사이클의 열효율(η_d) = $1 - (\frac{1}{\epsilon})^{k-1} \frac{\sigma^{K-1}}{K(\sigma-1)}$

ε : 압축비, σ : 단절비(정압 팽창비), K : 비열비

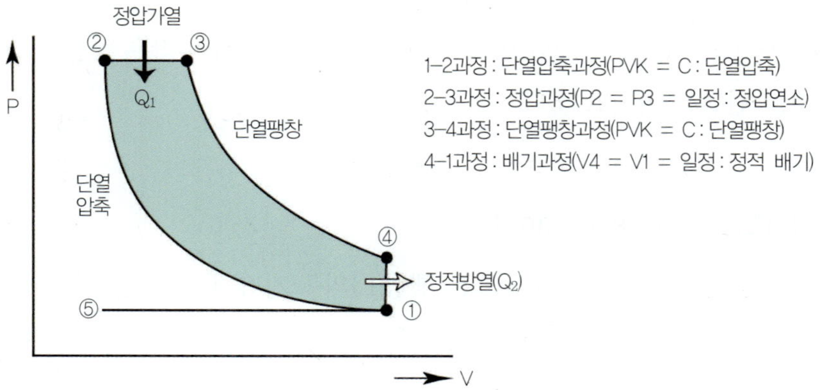

그림 2-6 디젤 사이클의 P—V선도

(3) 사바테 사이클(sabathe cycle, 복합 사이클)

사바테 사이클은 정적 사이클과 정압 사이클을 합성시킨 사이클로 복합 사이클 또는 고속디젤 사이클이라고도 한다. 이 사이클은 연료의 일부는 정적하에서 연소하고 나머지는 정압하에서 연소한다.

- 사바테 사이클의 열효율(η_s) $= 1 - \left(\dfrac{1}{\epsilon}\right)^{k-1} \dfrac{\sigma^k \rho - 1}{(\rho - 1) + k\rho(\sigma - 1)}$

ε : 압축비, k : 비열비, σ : 체절비(단절비), ρ : 압력비

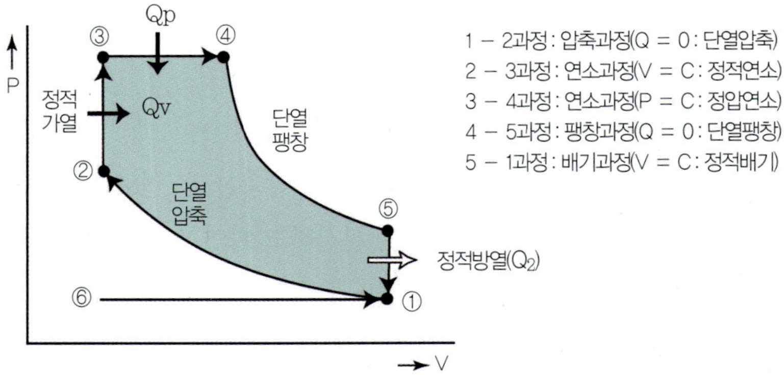

그림 2-7 사바테 사이클의 P—V선도

[3] 실린더 안지름과 행정비율에 의한 분류

(1) 장행정 엔진(under square engine)

피스톤의 행정(L)이 실린더 내경(D)보다 큰 엔진을 말한다. 엔진 회전속도가 느린 반면 회전력이 크며 흡입공기량이 많고, 실린더 벽에 가해지는 피스톤 측압이 작은 장점이 있으나 엔진의 높이가 높아지는 단점을 가지고 있다.

(2) 정방형 엔진(square engine)

정방형 엔진은 실린더 안지름(D)과 피스톤 행정(L)의 크기가 똑같은 엔진으로 엔진의 회전속도와 회전력이 장행정 엔진과 단행정 엔진의 중간 정도이다.

(3) 단행정 엔진(over square engine)

단행정 엔진은 실린더 안지름(D)이 피스톤 행정(L)보다 큰 형식이며, 다음과 같은 특징이 있다.

① 타행정보다 피스톤 평균속도를 올리지 않고도 회전속도를 높일 수 있으므로 단위 실린더 체적당 출력을 높일 수 있다.
② 흡·배기 밸브지름을 크게 할 수 있어 체적효율을 높일 수 있다.
③ 직렬형에서는 엔진의 높이가 낮아지고, V형에서는 엔진의 폭이 좁아진다.
④ 피스톤이 과열하기 쉽고, 폭발압력이 커 엔진 베어링의 폭이 넓어야 한다.
⑤ 회전속도가 증가하면 관성력의 불평형으로 회전 부분의 진동이 커진다.
⑥ 실린더 안지름이 커 엔진의 길이가 길어진다.

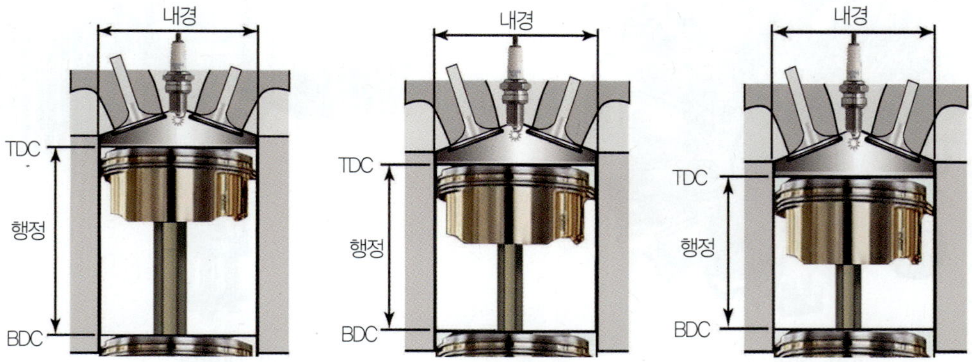

(a) 장행정 기관(D<L) (b) 정방행정 기관(D=L) (c) 단행정 기관(D>L)

그림 2-8 실린더 안지름/행정비율에 의한 분류

[4] 실린더 배열에 의한 분류

엔진의 실린더 배열에는 모든 실린더를 일렬 수직으로 설치한 직렬형, 직렬형 실린더 2조를 V형으로 배열시킨 V형, V형 엔진을 펴서 양쪽 실린더 블록이 수평면상에 있는 수평 대향형, 실린더가 공통의 중심선에서 방사선 모양으로 배열된 성형(또는 방사형) 등이 있다.

(a) 직렬형

(b) V형

(c) 성형

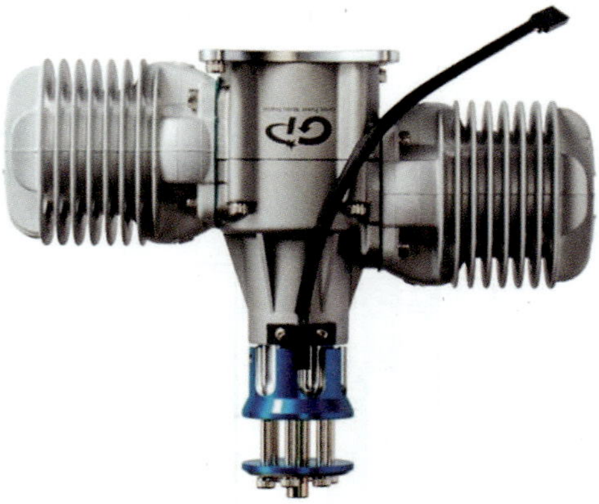

(d) 수평 대향형

그림 2-9 각종 실린더 배열의 종류

CHAPTER 02

엔진의 성능 및 효율

01 이론평균 유효압력 및 평균 유효압력

[1] 이론평균 유효압력

$$P_m = \frac{W_{th}}{V_B - V_A}$$

P_m : 이론평균 유효압력, W_{th} : 이론적 일량, $V_B - V_A$: 실린더의 행정체적

[2] 평균 유효압력

피스톤 행정 중 실제의 압력을 다음 그림에서 면적 BCDE를 이와 같은 면적 ABFGA로 그린 압력을 평균 유효압력이라 한다.

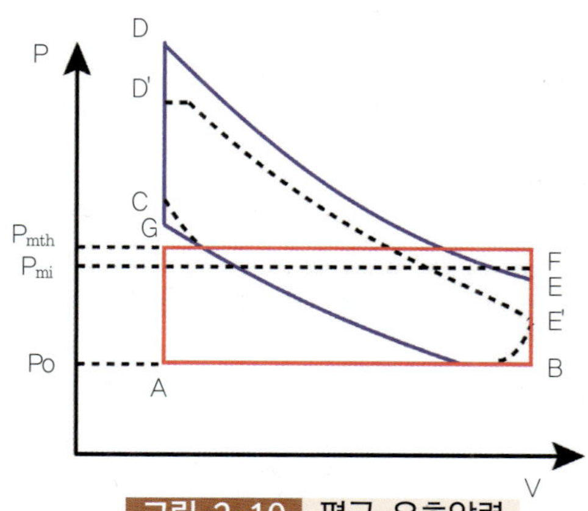

그림 2-10 평균 유효압력

(1) 4행정 사이클 엔진의 경우

- 지시평균 유효압력 : $P_{mi} = \dfrac{75 \times 60 \times 2 \times I_{PS}}{A \times L \times R \times Z}$
- 제동평균 유효압력 : $P_{mb} = \dfrac{4\pi T}{V}$

I_{PS} : 지시마력, A : 실린더의 단면적(㎠), L : 피스톤 행정(m)
R : 엔진의 회전속도(rpm), Z : 실린더 수, V : 총배기량(cc)

(2) 2행정 사이클 엔진의 경우

- 지시평균 유효압력 : $P_{mi} = \dfrac{75 \times 60 \times I_{PS}}{A \times L \times R \times Z}$
- 제동평균 유효압력 : $P_{mb} = \dfrac{2\pi T}{10V}$

02 행정체적과 마력 및 엔진의 성능곡선

[1] 행정체적(stroke volume, 실린더체적)

행정체적은 배기량으로 표시되며, 실린더 내경을 D(cm), 피스톤의 상사점에서 하사점간의 거리를 행정거리를 L(cm)이라 하면 배기량은 다음 식으로 표현된다.

① 1기통일 때 실린더 배기량(V_s) = $\dfrac{\pi}{4}D^2L$[cc]

② 총 배기량(V_t) = $\dfrac{\pi}{4}D^2L \times N$ [cc]

③ 1분당 배기량(V_m) = $\dfrac{\pi}{4}D^2L \times N \times R$[cc], 2행정 엔진 : R, 4행정엔진 : $\dfrac{R}{2}$

D : 내경[cm], L : 행정거리[cm], N : 실린더 수[기통], R :엔진회전수[rpm]

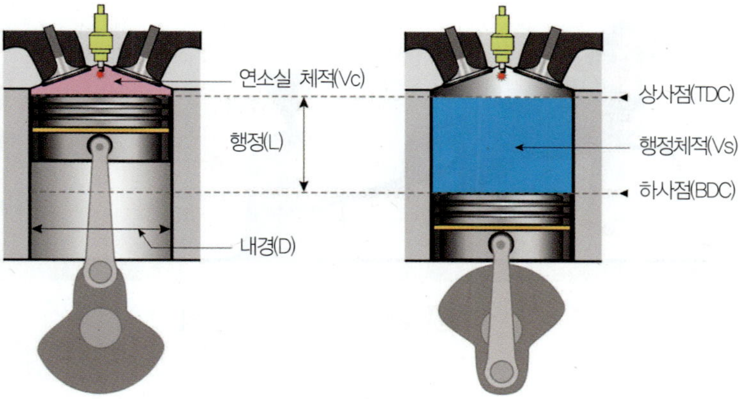

그림 2-11 행정체적과 연소실체적

[2] 압축비(compression ratio)

압축비는 피스톤이 실린더 하사점에 있을 때 실린더 체적과 피스톤이 상사점에 있을 때 연소실 체적과의 비를 압축비라 한다.

$$\varepsilon = \frac{V_t}{V_s} = \frac{V_s + V_c}{V_c} = 1 + \frac{V_s}{V_c},\ V_s = Vc(\varepsilon - 1),\ V_c = \frac{V_s}{\epsilon - 1}$$

ε : 압축비, V_s : 행정체적[cc], V_t : 실린더 총 체적[cc], V_c : 연소실체적[cc]

[3] 엔진의 마력

마력은 동력(動力)이나 일률을 측정하는 단위이다. 주로 자동차의 출력을 표시하기 위해 사용된다. 마력(HP : horse power)은 말 한 마리가 1초 동안에 75kgf의 무게를 1m만큼 끄는 일의 양을 말한다.

참고

① 불 마력(PS) : 1PS = 75kgf · m/s = 0.736kW
② 영 마력(HP) : 1HP = 76kgf · m/s

1HP = 75[kgf · m/s] = 736[W : 와트] = 632.3[kcal/h]

그림 2-12 마력의 정의

(1) 지시마력(IHP : indicated horse power, 도시마력)

실린더 내에서 연료가 연소하여 실제 발생한 마력으로 힘을 지압계로 측정하여 지압선도로 나타내어 계산한 마력이다.

$$\mathrm{IHP} = \frac{\mathrm{Pmi} \times \mathrm{A} \times \mathrm{L} \times \mathrm{R} \times \mathrm{Z}}{75 \times 60} = \frac{\mathrm{P} \times \mathrm{V} \times \mathrm{R} \times \mathrm{Z}}{4{,}500}\ [\mathrm{PS}]$$

P_{mi} : 지시평균 유효압력[kgf/cm^2] Z : 실린더 수, A : 실린더 단면적[cm^2], V : 배기량[cc]

L : 행정거리[cm], R : 엔진회전수[rpm], 2사이클인 경우 = R, 4사이클인 경우 = $\frac{R}{2}$

(2) 제동마력(BHP : brake horse power, 축마력, 정미마력)

제동마력은 지시마력에서 기계적 손실을 뺀 마력을 말한다.

$$\mathrm{BHP} = \frac{2\pi \mathrm{RT}}{75 \times 60} = \frac{\mathrm{RT}}{716.5}[\mathrm{PS}],\ \mathrm{T} = 716.5 \times \frac{\mathrm{BHP}}{\mathrm{N}}$$

$$\mathrm{BHP} = \mathrm{IHP} - \mathrm{FHP},\ \mathrm{BHP} = \eta_m \times \mathrm{IHP}[\mathrm{PS}]$$

T : 회전력[kgf · m], FHP : 마찰마력[PS], R : 회전수[rpm], η_m : 기계효율[%]

(3) 마찰마력(FHP : friction horse power)

마찰마력이란 피스톤이 왕복 운동할 때 피스톤 링이 실린더 벽에 마찰하여 발생하는 마찰력을 말한다.

$$FHP = \frac{Fr \times Z \times N \times S}{75} = \frac{F \times S}{75}[PS]$$

F : 총 마찰력[kgf] Z : 실린더 당 링의 수[개]
Fr : 링 1개당 마찰력[kgf] S : 피스톤 평균속도[m/s]
N : 실린더 수[기통]

FHP = IHP − BHP, IHP : 지시마력, BHP : 제동마력, FHP : 마찰마력

(4) 연료마력(PHP : petrol horse power)

연료마력은 연료의 발열량, 소비량, 비중, 사용시간 등을 측정하여 측정하는 마력으로 연료의 발열량에 따라 크게 좌우된다.

$$PHP = \frac{60 \times C \times W}{632.3 \times t} = \frac{C \times W}{10.5 \times t} \ [PS]$$

C : 연료의 저위 발열량[kcal/kgf], W : 연료의 중량[kgf = 부피×비중], t : 측정시간[분]

(5) SAE마력(과세 표준(공칭)마력)

① 실린더 안지름이 mm일 때

- $\text{SAE 마력} = \frac{M^2N}{1613}$

② 실린더 안지름이 inch일 때

- $\text{SAE 마력} = \frac{D^2N}{2.5}$

M, D : 실린더 안지름. N : 실린더 수

[4] 효율

(1) 열효율

① 연료의 저위발열량 단위가 [kcal/kgf]일 때

$$\eta_B = \frac{632.3}{H_l \times fe} \times 100$$

η_B : 제동열효율, H_l : 연료의 저위발열량(kcal/kgf), fe : 연료소비율(g/PS · h)

② 연료의 저위발열량 단위가 [kJ/kgf]일 때

$$\eta_B = \frac{3600}{H_l \times fe} \times 100$$

η_B : 제동열효율, H_l : 연료의 저위발열량(kJ/kgf), fe : 연료소비율(g/kW・h)

(2) 기계효율(mechanical efficiency)

기계효율은 실린더 내에서 실제 발생된 지시마력에서 엔진의 운전 중 손실에 의해 발생된 정미마력과의 관계이다.

$$\eta_m = \frac{\mathrm{BPS}}{\mathrm{IPS}} \times 100[\%],\ \eta_m = \frac{\mathrm{P_{me}}}{\mathrm{P_{mi}}} \times 100[\%]$$

IPS : 지시마력[PS], BPS : 제동마력[PS]

P_{mi} : 지시평균 유효압력[kgf/cm^2], P_{me} : 제동평균 유효압력[kgf/cm^2]

(3) 체적효율(volumetric efficiency)

체적효율이란 실린더체적과 실제 실린더 내로 들어간 공기량의 비를 말하며 중량비라고 한다. 실린더의 흡기효율은 엔진성능에 중요하며 과급기를 사용하여 체적효율을 좋게 한다.

$$\text{체적 효율}(\eta_v) = \frac{\text{실제 흡입된 공기량(중량)}}{\text{실린더 체적이 차지할 수 있는 공기량(중량)}} \times 100[\%]$$

$$= \frac{\text{흡기량}}{\text{실린더 배기량}} \times [100\%]$$

(4) 제동 열효율

공급된 열에너지에서 실제 일로 변환된 열에너지를 효율로 표시한 것

$$\text{제동 열효율}(\eta_e) = \frac{632.3 \times \mathrm{BHP}}{\mathrm{B_e} \times \mathrm{H}_\ell} \times 100\%$$

BHP : 제동마력, Be : 제동연료소비율(kgf/h), Hℓ : 연료의 저위발열량(kcal/kgf)

[5] 회전력(torque : m · kgf)

어떤 물체를 회전하였을 때의 일

회전력(T) = 이동거리(m) × 힘(F)

※ 회전력(T) = 이동거리(m) × 힘(F) × $\sin\theta$

[6] 압력(pressure : kgf/cm^2, lb/in^2(psi))

단위 면적당 받는 힘의 크기

$$P(압력) = \frac{F(힘)}{A(면적)}$$

※ $1kgf/cm^2 = 14.22lb/in^2$(psi)

[7] 속도 및 가속도

(1) 속도(m/s, km/h)

단위 시간에 이동한 거리

$$1km/h = \frac{1{,}000m}{3{,}600s}$$

(2) 가속도(m/s^2)

시간의 흐름에 따라 증가하는 속도

$$가속도(m/s^2) = \frac{나중속도 - 처음속도}{걸린시간}$$

※ 중력가속도 : $9.8m/s^2$

[8] 실린더 벽 두께

$$실린더\ 벽\ 두께(t) = \frac{P \times d}{2 \times \sigma_a}$$

P : 폭발압력(kgf/cm^2), d : 실린더 지름(mm), σ_a : 허용응력(kgf/㎠), t : 실린더 벽 두께(mm)

[9] 엔진의 성능곡선 및 엔진 속도의 토크 특성

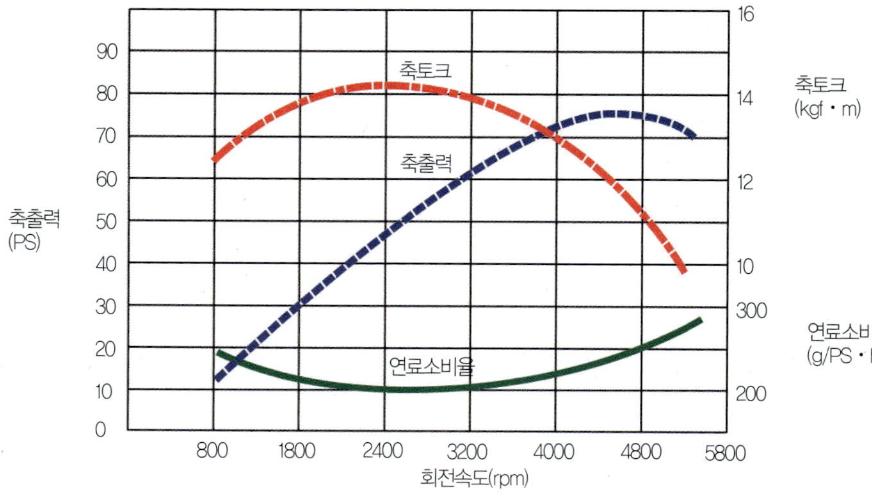

그림 2-13 엔진의 성능 곡선도 예

엔진 성능 곡선도란 운전 중의 엔진에서 축 출력, 축 토크, 연료소비율과의 관계를 나타내는 선도이다. 그림 13의 엔진성능 곡선도에 따르면 중속에서는 흡입기간이 길어 체적효율이 향상되므로 최고 압력이 높아져 축 출력이 가장 크고 고속, 저속에서는 중속에 비해 출력이 저하한다.

CHAPTER 03

엔진의 본체

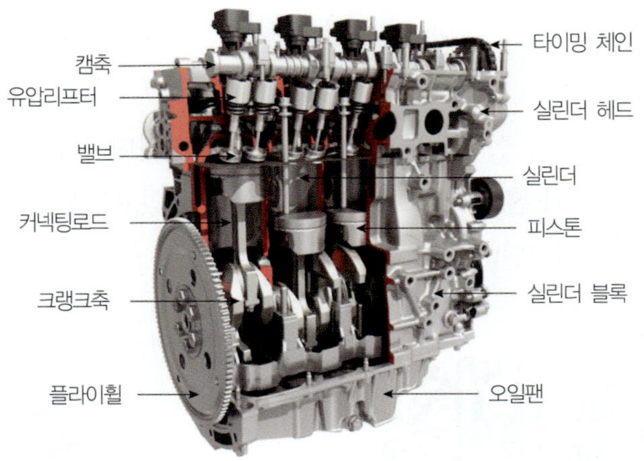

(a) 엔진 주요 부분

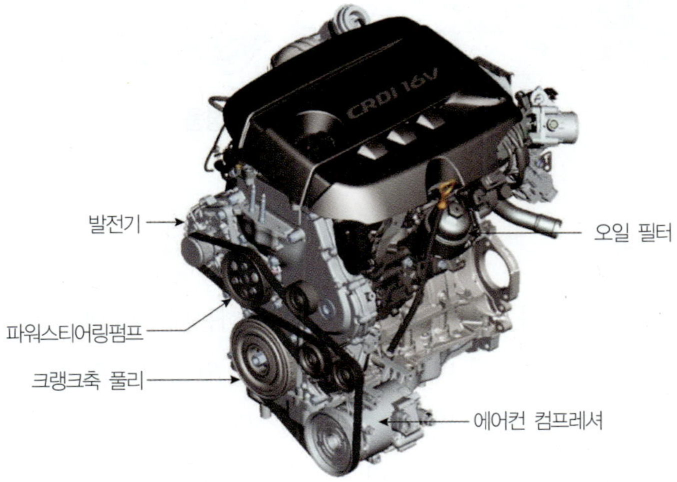

(b) 엔진 부속장치

그림 2-14 엔진 본체

엔진 본체는 동력을 발생하는 부분으로 실린더헤드, 실린더블록, 피스톤 커넥팅로드 어셈블리, 크랭크축, 플라이휠, 밸브 및 밸브 개폐기구 등으로 구성되어 있고, 부속 장치로 연료장치, 냉각장치, 윤활장치, 기동장치, 충전장치, A/C장치, 파워스티어링장치 등이 설치되어 있다.

01 실린더헤드(cylinder head)

[1] 실린더 헤드 개요

실린더 헤드는 피스톤 헤드, 실린더와 함께 연소실을 구성하며 실린더 헤드에는 냉각수 통로인 워터 재킷, 흡배기 통로와 흡배기 밸브 시트가 가공되어 있고, 캠축, 점화코일, 점화플러그, 밸브 기구, 로커암 등이 설치된다.

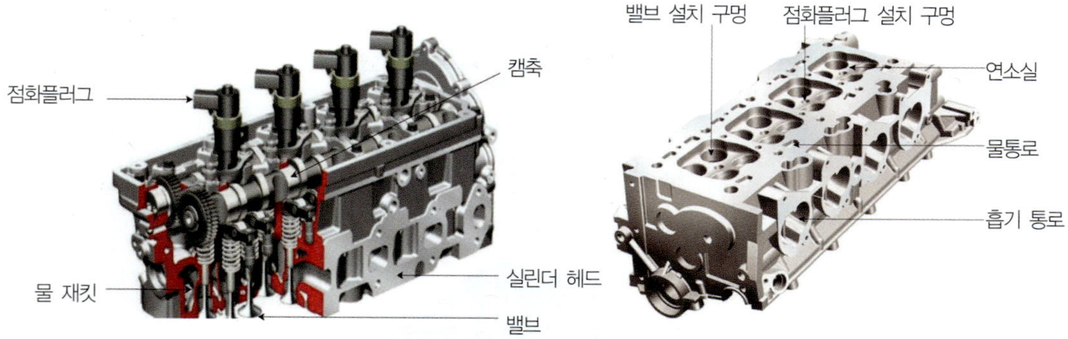

그림 2-15 실린더 헤드 구성품

[2] 실린더 헤드 재질

실린더 헤드의 재질은 주철 또는 알루미늄 합금을 사용하는데 최근에는 알루미늄 합금을 많이 사용한다. 알루미늄 합금은 주철에 비해 무게가 가볍고 열 전도성이 특히 우수하여 연소실 온도를 낮게 할 수 있어 조기 점화의 원인이 되는 열점(hot spot)을 방지할 수 있어 주철에 비해 압축비를 높일 수 있는 장점이 있다. 그러나 알루미늄 합금은 동일한 온도에서 주철에 비해 열 팽창율이 거의 2배 정도이며, 내구성이나 내부식성이 약한 단점이 있지만 모든 엔진에 사용한다.

[3] 실린더 헤드 탈부착 및 균열점검 방법

실린더 헤드를 떼어낼 때는 연질해머로 두들겨 떼어내는 방법, 호이스트를 이용하여 자중에 의해 떼어내는 방법, 엔진 자체 압축압력을 이용하는 방법 등이 있다. 실린더헤드의 균열 점검 방법은 타진법, 자기 탐상법, 육안 검사법, 염색 탐상법, 형광 탐상법 등이 있다. 헤드 볼트의 조임 순서는 중앙에서 바깥쪽으로 좌우, 상하 대칭으로 조이며, 토크렌치를 사용하여 규정값으로 조인다.

[4] 실린더 헤드 종류

① **횡류식 실린더 헤드(Cross flow cylinder head)** : 흡배기 통로가 서로 반대 방향에 배치된 형식이다. 흡배기 통로가 같은 공간에 위치하지 않으므로 공간체적에 제약을 받지 않게 된다. 따라서 흡기매니폴드의 설계가 비교적 자유롭고 기밀성을 좋게 할 수 있는 장점이 있다.

② **역류식 실린더 헤드(Counter flow cylinder head)** : 흡배기 통로가 모두 같은 방향에 배치된 형식이다. 가스유동거리가 아주 짧아져 과급에 용이하고, 흡기를 가열하기 쉬우나 흡기통로와 배기통로의 공간체적에 제한이 많다.

[5] 실린더 헤드 고장 시 증상

헤드가 균열이 생기면 그곳으로 압력(압축 또는 폭발)이 새면서 정상적인 출력이 나오지 않으며, 냉각라인으로 누출 시는 오버히트를 일으키며, 이곳에서 연소실로 냉각수가 유입되며, 오일라인 쪽으로 균열이 일어난다면 오일 연소나 카본, 오염물질 생성 등을 유발할 수 있다. 또한 헤드가 뒤틀어지면서 변형이 일어난다면 헤드 개스킷 부위의 접촉에 영향을 미쳐 위와 같은 일이 일어날 수 있으며, 밸브 관련 부분의 영향을 미칠 수도 있다.

02 연소실(combustion chamber)

[1] 연소실 개요

연소실은 가솔린 엔진이나 디젤 엔진 등 혼합기(연료와 공기가 섞인 것)가 주로 연소하는 공간을 말한다. 연소실은 실린더 헤드와 피스톤 헤드 사이의 공간으로 이러한 연소실의 모양은 흡기와 배기의 흐름, 연소 속도 등에 영향을 미쳐 엔진 효율을 결정하는 중요한 부분으로 작용한다. 연소실의 표면적이 클 경우 연소실 벽을 통한 열 손실이 증대되어 표면에서 연소가 일어나지 않는 미연소 혹은 불연소가 발생하여 배출가스 중 하나인 탄화수소의 발생량을 높아지게 된다. 하지만 오히려 지나치게 표면적을 작게 하면 연소실 내 압력과 온도가 높아져 스파크의 작동 없이 연소가 되는 이상연소인 노킹 현상이 발생한다. 따라서 이러한 점을 고려한 적절한 연소실의 설계가 필요하다.

[2] 연소실의 구비 조건

① 압축 시 강한 와류를 형성할 것.
② 가능하면 빠른 시간 내에 연소가 끝날 것.
③ 열 손실이 작을 것.
④ 기계적 옥탄가가 높을 것.
⑤ 연소실 표면적을 최소로 할 것.
⑥ 가열되기 쉬운 돌출부분이 없을 것.

[3] I-헤드형 엔진 연소실

I-헤드형 엔진의 연소실은 실린더 헤드에 흡입 및 배기밸브와 밸브기구의 일부, 점화플러그 설치용 구멍, 흡 · 배기용 통로 및 물재킷 등이 설치되어 있으며, I-헤드형 엔진의 연소실 종류에는 반구형, 쐐기형, 지붕형(펜트루프형), 욕조형 등이 있다.

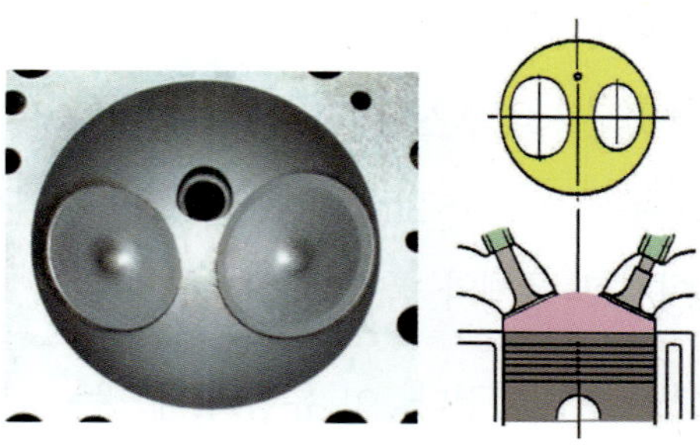

(a) 반구형 타입

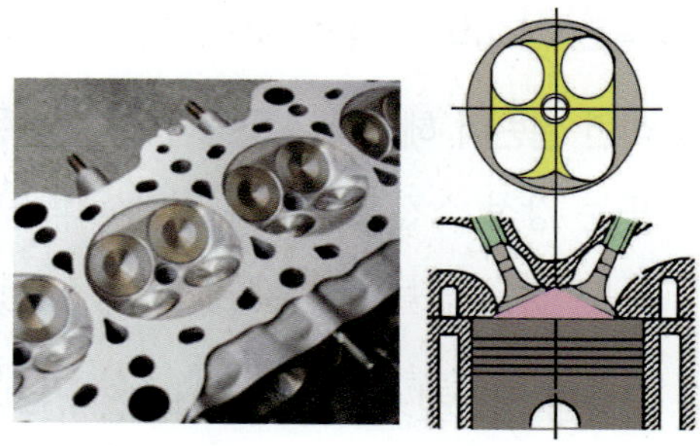

(b) 펜트루프 타입

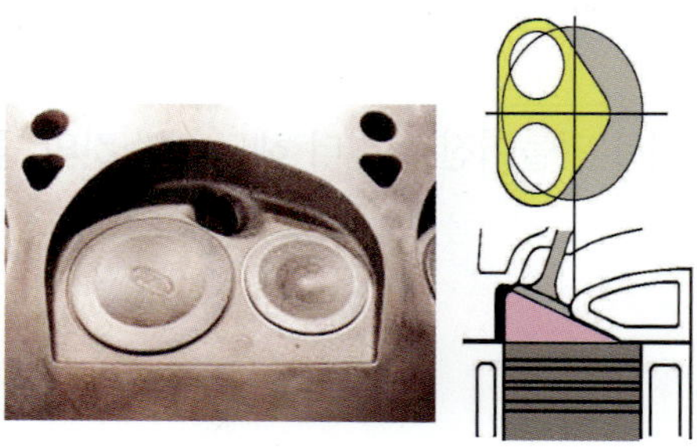

(c) 쐐기형

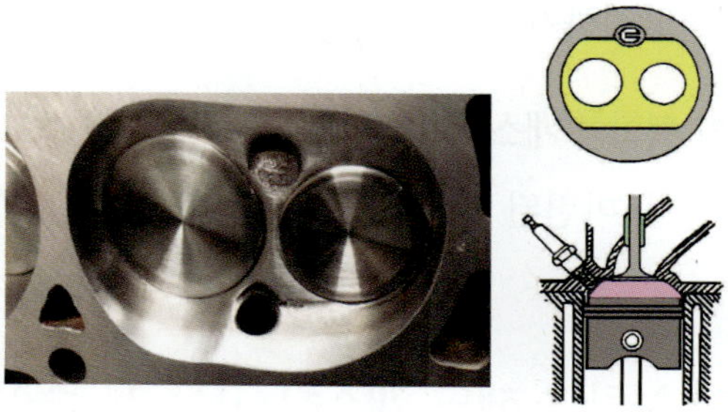

(d) 욕조형

그림 2-16 I-헤드형 연소실의 종류

03 실린더헤드 개스킷(gasket)

[1] 실린더 헤드 개스킷 개요

실린더 헤드 개스킷은 혼합기(연료), 배기가스, 엔진오일, 냉각수 등과 지속적으로 접촉하고 있으며, 성질이 다른 냉각수, 윤활유, 연소배기 가스를 밀봉(sealing)해야 하며 엔진이 작동될 때 반복적인 가열 및 냉각과 고압이나 진공이 되는 등 그 상태의 변화가 극심하기 때문에 화학적으로 안정되어야 하고, 내열성과 내압성 및 기밀유지와 오일 및 냉각수가 누수되지 않게 원형을 그대로 유지할 수 있어야 한다.

[2] 실린더 헤드 개스킷 종류

① **석면 실린더 헤드 개스킷 :** 석면은 금속 와이어 또는 금속 부스러기와 함께 끼워지며 구리 또는 강철 스킨으로 덮여 있다. 이 스틸 패드는 두께가 1.2~2mm이며 탄성 및 내열성이 우수하다. 반복 사용할 수 있지만 강도가 떨어지고 두께와 품질이 일정하지 않다.

② **금속형 개스킷 :** 금속형 개스킷은 견고한 판금으로 만들어졌다. 이 유형의 패드는 강화된 엔진에 사용되며, 자동차 및 경주용 자동차에 사용된다. 금속형 개스킷의 패드는 밀폐해야 하는 실린더 보어와 수구 및 오일 구멍 주변에 천공된다. 엠보싱의 특정 높이, 봉인을 달성하기 위해 능선의 탄성 변형을 사용한다.

③ **복합형 개스킷 :** 석면 및 골격의 양면에 고무 접착제로 만들어진 실린더 헤드 개스킷의 중앙에 마련된 철망 또는 천공된 강판이 있다.

[3] 실린더 헤드 개스킷 고장 시 증상

① 냉각수 또는 엔진오일의 누수 또는 과다한 소모

② 엔진 과열

③ 매연색이 흰색 또는 달달한 향이 지속적으로 발생한다.

④ 헤드 개스킷이 손상이 심할 경우에는 실린더 내부로 냉각수 및 엔진오일이 다량 유입되어 크랭킹이 되지 않는 현상이 발생할 수도 있다.

그림 2-17 실린더헤드 개스킷

04 실린더블록(cylinder block)

실린더블록은 엔진의 기초 구조물이며, 위쪽에는 실린더헤드가, 아래쪽 중앙부에는 크랭크축 베어링을 사이에 두고 크랭크축이 설치된다. 내부에는 피스톤이 왕복 운동을 하는 실린더가 마련되어 있으며, 이 실린더의 냉각을 위한 물 재킷이 둘러싸고 있다. 아래쪽에는 개스킷을 사이에 두고 오일팬이 설치되어 윤활유가 담겨지며 아래 크랭크 실을 이룬다. 실린더블록의 재질은 규소(Si), 망간(Mn), 니켈(Ni), 크롬(Cr) 등을 포함하는 특수 주철이나 보통 주철 또는 알루미늄 합금으로 실린더와 함께 일체 주조하여 만든다.

그림 2-18 실린더블록

05 실린더(cylinder)

실린더는 왕복 기관의 핵심 동작 부분으로, 다기통(멀티 실린더, multiple cylinder)은 일반적으로 뱅크나 실린더블록 안에 나란히 배치된다.

실린더는 피스톤 행정의 약 2배의 길이로 원통형이며 압축된 혼합기나 연소가스가 누설되지 않도록 정밀하게 호닝 다듬질되어 있으며, 마멸을 작게 하기 위하여 실린더 벽에 크롬(Cr) 도금한 것도 있다. 실린더의 역할은 피스톤 왕복 운동의 통로로서 피스톤과 실린더블록 사이의 기밀을 유지하여 열에너지를 기계적 에너지로 바꾸어 동력을 발생시키는 역할을 한다. 실린더 바깥 둘레에는 물 재킷이나 냉각핀이 설치되어 실린더가 과열하는 것을 방지한다. 실린더는 실린더

블록과 일체로 주조되거나 라이너 방식이 있다.

[1] 일체형 실린더

일체형 라이너는 실린더블록과 같은 재질로 실린더를 일체로 제작한 형식이다. 실린더의 강성 및 강도가 크고 냉각수 누출 우려가 적으며, 부품수가 적고 무게가 가볍다. 실린더 벽이 마모되면 보링(boring)을 하여야 한다.

[2] 라이너 방식 실린더

(1) 건식 라이너(dry liner or dry type sleeve)

건식 라이너는 냉각수가 직접 라이너와 접촉하지 않고 실린더블록을 거쳐 냉각되는 형식으로 라이너의 두께는 2~4mm로써 비교적 얇다. 삽입 시 압력이 2~3ton이 필요하며, 삽입 후에는 호닝(horning)을 하여야 한다. 구조가 복잡하여 정비성능이 떨어지고 냉각효과가 불량하다.

(2) 습식 라이너(wet liner)

습식 라이너는 라이너 바깥 둘레에 냉각수와 직접 접촉하여 냉각되는 형식으로 열처리로 경도를 크게 한 특수 주철로 원심 주조하여 만들며, 고속 디젤 엔진에 주로 사용된다. 특징은 다음과 같다.

① 라이너의 두께는 보통 6~10mm로 내마모성이 크다.
② 냉각효과가 커 열로 인한 실린더 변형이 적다.
③ 열팽창과 냉각수의 누설을 고려하여 2~3개의 고무제 실링이 라이너 하단부에 끼워져 있다.
④ 라이너 삽입 시 약간의 힘이 필요하므로 정비성능이 좋다.
⑤ 실링(sealing)이 파손되거나 변형되면 크랭크케이스로 냉각수가 유입된다.
⑥ 삽입 시 약간의 힘으로 삽입되고 삽입 시 라이너 바깥 둘레에 비눗물을 바른다.

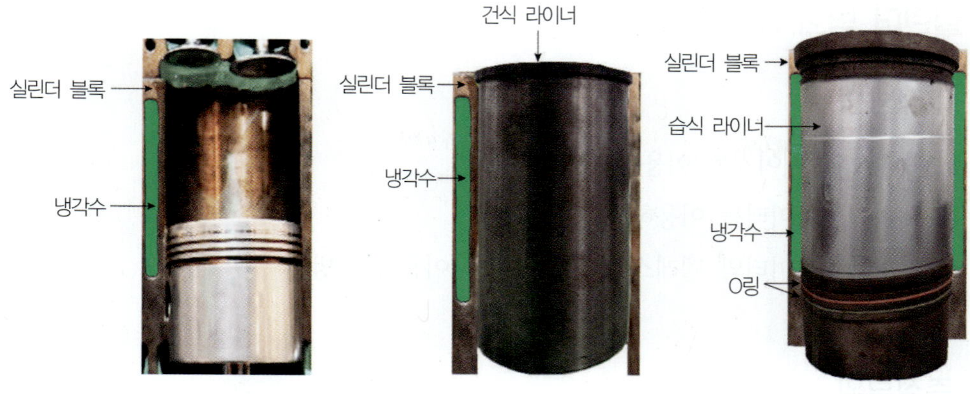

(a) 일체형 라이너 (b) 건식 라이너 (c) 습식 라이너

그림 2-19 실린더 라이너 형식

[3] 실린더 벽의 마모

실린더 마멸은 TDC 부근에서 최대이고, BDC에서도 마멸량이 크다. 그 이유는 피스톤이 TDC와 BDC 위치에서 일단 정지하기 때문에 유막의 단절과 피스톤 링의 호흡작용, 폭발행정 시 TDC에 더해지는 연소압력 등으로 피스톤 링이 실린더 벽에 밀착되기 때문이다.

① 흡입가스 중 먼지와 이물질에 인한 마모
② 농후한 혼합비에 의해 연소 시 생성되는 연소생성물에 의한 부식에 인한 마모
③ 피스톤 링의 호흡작용에 인한 마모
④ 피스톤의 왕복 운동으로 피스톤 링과 실린더 벽의 인한 마모
⑤ 실린더 벽의 마모는 실린더 상부에서 가장 마모가 심하고, 상부 중에서도 스러스트 방향이 가장 마모가 크다.

> **참고 피스톤 링의 호흡작용**
>
> 피스톤의 작동위치가 변환될 때 피스톤 링의 접촉 부분이 바뀌는 과정에서 순간적으로 떨림 현상이 발생하는 것. 피스톤 링의 플래터(flutter)현상이라고도 하며, 이로 인해 실린더의 마모가 많아진다.

[4] 실린더 벽의 마모 측정

(1) 측정방법

① 실린더 보어 게이지를 이용하는 방법

② 내측 마이크로미터를 이용하는 방법

③ 외측 마이크로미터와 텔레스코핑 게이지를 이용하는 방법

(2) 측정부위

실린더의 상, 중, 하로 크랭크축의 방향과 그 직각방향(측압방향) 6개소

(3) 실린더 보링값 계산방법

실린더 벽의 마멸은 측압쪽(크랭크축 직각방향)이 더욱 심하며 이를 진원으로 절삭하기 위해서 최대 마멸값을 기준으로 진원 절삭값 0.2mm를 절삭한다(수정값 = 최대 측정값 + 0.2mm (수정 절삭량)). 그리고 O/S에 맞는 큰 치수로 수정값을 선택하여 실린더 지름이 70mm 이상인 경우에는 0.2mm 이상, 70mm 이하인 경우에는 0.15mm 이상 마멸된 때 보링(boring, 실린더 내면을 확대 가공하는 작업) 작업을 해야 한다.

[오버사이즈 치수]

KS 규격	SAE 규격
0.25mm	0.02″
0.50mm	
0.75mm	0.04″
1.00mm	
1.25mm	0.06″
1.50mm	

또 보링작업 후에는 바이트(bite) 자국을 지우는 호닝(horning : 실린더 벽 다듬질 작업, 호닝 여유는 0.005mm이며, 호닝을 한 후 1개의 실린더 각 부분의 안지름 차이는 0.02mm 정도, 실린더 상호간의 안지름 차이는 0.05mm 이하로 해야 한다) 작업을 하여야 한다. 또한 보링을 한 후 각 실린더 간의 압축 압력 차이는 10% 이내이어야 한다.

예제 실린더 표준 안지름이 90.00mm인 어느 엔진이 0.27mm가 마멸되었을 때 보링값(수정값)과 오버 사이즈값을 각각 구하시오.

풀이 최대 마멸량 90.27mm+0.2mm(진원 절삭값)=90.47mm이다. 그러나 피스톤 오버 사이즈 규격에는 0.47mm가 없으므로 이 값보다 크면서 가장 가까운 값 0.50mm를 선정한다. 따라서 보링값은 90.50mm이며, 오버 사이즈값(O/S)은 0.50mm이다.

참고 기관 해체 정비 시기 기준

① 실린더 압축 압력이 규정값의 70% 이하인 경우
② 연료 소비량이 규정값의 60% 이상인 경우
③ 윤활유 소비량이 규정값의 50% 이상인 경우

06 크랭크케이스(crank case)와 오일 팬(oil pan)

크랭크케이스는 크랭크축이 설치되는 실린더 아래 부분과 오일팬으로 구성되어 있다. 크랭크케이스 양단에는 크랭크축을 지지하는 베어링이 끼워져 있고, 실린더블록의 강성을 높이기 위해 실린더블록 안팎에 리브(rib)가 설치되어 있다.

크랭크케이스 하부는 오일 팬이 개스킷을 사이에 두고 결합되어 엔진오일이 담겨져 있다. 오일 팬은 주로 철판으로 만들어지지만 오일을 냉각시키는 역할도 하므로 그 효과를 위해 알루미늄 주물, 플라스틱으로 만들어지는 경우가 있다. 급출발이나 급정지 그리고 오르막길 주행 시에도 오일이 충분히 공급하도록 하기 위해 배플(baffle plate)과 섬프가 만들어져 있다.

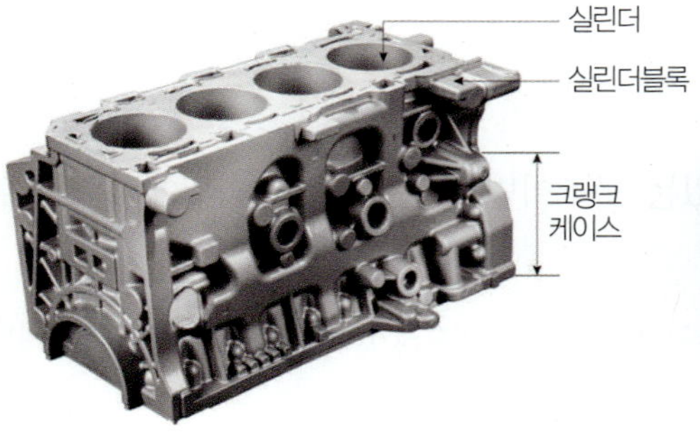

(a) 크랭크 케이스

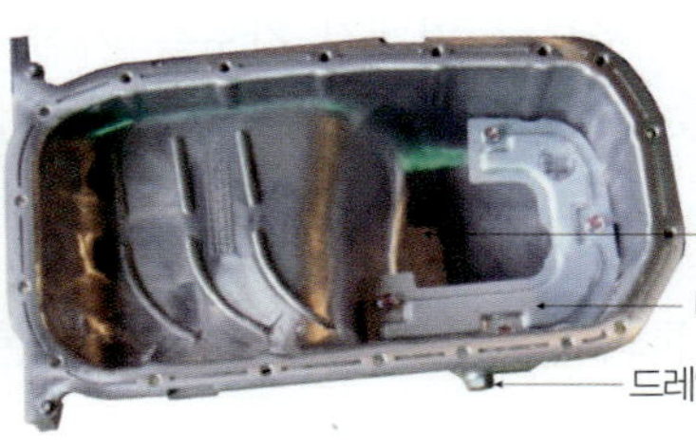

(b) 오일 팬

그림 2-20 크랭크케이스 및 오일 팬

07 피스톤 및 커넥팅로드 어셈블리

[1] 피스톤(piston)

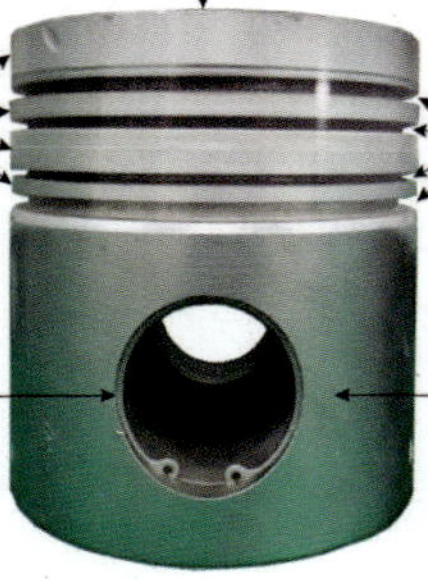

그림 2-21 피스톤의 구조

피스톤은 피스톤 헤드, 피스톤 스커트(피스톤 측압을 받는 부분), 링 지대(링 홈과 랜드로 구성), 피스톤 보스 등으로 구성된다.

피스톤은 실린더 안을 왕복하며, 연소 행정에서 고온 · 고압의 가스 압력을 받아 커넥팅로드를 통해 크랭크샤프트에 회전력을 발생시키는 구성 부품으로, 피스톤은 연소될 때 발생하는 2,000~2,500℃의 고온과 50~60kgf/cm^{2}의 고압을 받고 실린더 안에서 고속직선 운동(10~20m/s)을 반복하여야 하므로 경량으로 강도가 높고 열에 의한 팽창이 적어야 한다.

피스톤에 각인되는 사항은 조립방향, 피스톤 핀 치수, 피스톤 구분, 피스톤 번호, 피스톤 헤드의 치수 등이 있으며, 피스톤이 갖추어야 할 조건은 다음과 같다.

① 가벼울 것(비중이 작을 것).
② 열 전도성이 좋을 것.
③ 고온에서 충분한 기계적 강도를 가질 것.
④ 연소가스 압력을 유효하게 이용할 수 있는 구조이면서 넓은 온도 범위에서도 기밀성을 유지할 것.
⑤ 각 피스톤의 무게가 동일할 것(각 피스톤의 무게 차이 2%(5g) 이내, 각 피스톤 커넥팅로드 조립체의 무게 차이 2%(30g) 이내).

(1) 피스톤의 재질

피스톤의 재질에는 특수 주철과 알루미늄 합금이 있으며, 최근에는 특수 주철보다는 알루미늄 합금을 많이 사용하고 있다. 알루미늄 합금에는 구리계 Y합금(Al + Cu + Ni + Mg)과 규소계 로우 엑스(Al + Si + Cu + Ni)가 있다.

(2) 피스톤의 형상과 종류

피스톤의 재질이 알루미늄 합금일 경우 열팽창률이 크기 때문에 피스톤 틈새가 크게 설계된다. 따라서 알루미늄 합금 피스톤에는 열팽창을 고려하여 설계되어 있으며 무게를 감소시키기 위해 여러 가지 방법을 사용하고 있다.

① **솔리드 피스톤(solid piston)** : 스커트 부분에 홈(slot)이 없고 통형으로 되어 있다.

② **스플릿 피스톤(split piston)** : 피스톤 스커트와 링 지대 사이에 가늘게 가공한 홈을 두어 스커트로 열이 전달되는 것을 제한하고, 열팽창을 적게 하기 위한 형식이다. 홈의 모양에는 U형, T형, I형 등이 있다.

③ **인바 스트럿 피스톤(invar strut piston)** : 온도 변화에 따른 변형을 감소시키기 위하여 열팽창률이 매우 적은 인바강을 기둥 또는 링 모양으로 스커트 윗부분에 넣고 일체 주조한 형식이다.

④ **링캐리어 피스톤(ring carrier piston)** : 디젤 엔진에서는 1번 압축링이 특히 고온고압에 노출되어 지속적으로 사용할 경우 톱링그루브의 마멸이 심해 링이 진동하게 된다. 이런 현상을 방지하기 위해 톱링크루브 강제의 링캐리어를 삽입하여 일체로 주조한 피스톤이다.

⑤ **슬리퍼 피스톤(slipper piston)** : 측압을 받지 않는 스커트 부분을 떼어낸 모양의 것이다.

⑥ **옵셋 피스톤(off set piston)** : 피스톤 중심에 대해 피스톤 핀의 중심을 피스톤 좌우 어느 한쪽으로부터 1.0~2.5mm 정도 편심시킨 피스톤이다.

⑦ **캠 연마 피스톤(cam ground piston)** : 보스부는 작게 스러스트부는 직경이 크게 제작된 타원형 피스톤이다. 이때 장경과 단경의 차이는 대략 0.125~0.325mm이다.

(a) 솔리드 피스톤

(b) 스플릿 피스톤

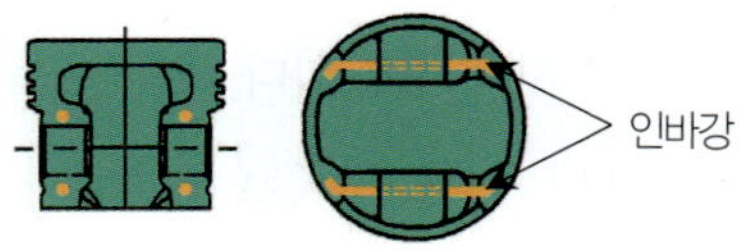

(c) 인바 스트럿 피스톤

(d) 링캐리어 피스톤

(e) 슬리퍼 피스톤

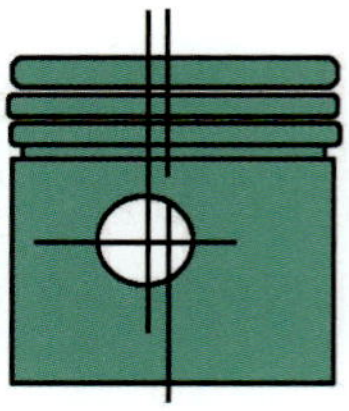

(f) 옵셋 피스톤

(g) 캠 연마 피스톤

그림 2-22 피스톤의 종류

(3) 피스톤 간극

피스톤 간극이란 실린더 안지름과 피스톤 최대 바깥지름(스커트 부분 지름)과의 차이이며, 엔진 작동 중 열팽창을 고려하여 둔다.

① 피스톤 간극이 작으면

엔진 작동 중 열팽창으로 인하여 실린더와 피스톤이 고착(소결, 융착)이 된다.

② 피스톤 간극이 클 때

㉮ 피스톤 슬랩이 발생한다.

㉯ 엔진오일이 연소실로 올라와 연소되어 백색 배기가스가 발생한다.

㉰ 연소가스가 블로바이되어 엔진오일이 오염된다.

㉱ 엔진오일이 연료에 의해 희석된다.

㉲ 엔진 출력이 낮아진다.

㉳ 압축압력의 저하

㉴ 엔진의 시동성능 저하

> **참고**
> ① 블로바이 현상 : 피스톤 간극이 커서 혼합기의 일부가 크랭크실로 유입되는 현상
> ② 블로다운 현상 : 배기행정 초기에 배기밸브가 열려 배기가스 자체의 압력에 의하여 배기가스가 배출되는 현상
> ③ 슬랩 현상 : 피스톤이 운동 방향을 바꿀 때 실린더 벽에 충격을 주는 현상
> ④ 소결 현상 : 실린더와 피스톤이 열에 의해 눌러붙는 현상

[2] 피스톤 링(piston ring)

피스톤 링은 압축 및 폭발행정에서 기밀을 유지하기 위하여 일부를 절단하여 적당한 탄성을 주어 피스톤 3~5개 정도의 링 홈에 설치한 금속제 링으로 실린더 벽면에 있는 오일을 연소실에 들어가지 못하게 하는 오일링(Oil Ring)과 연소가스가 새지 못하게 하는 압축링(Compressing Ring)이 있다.

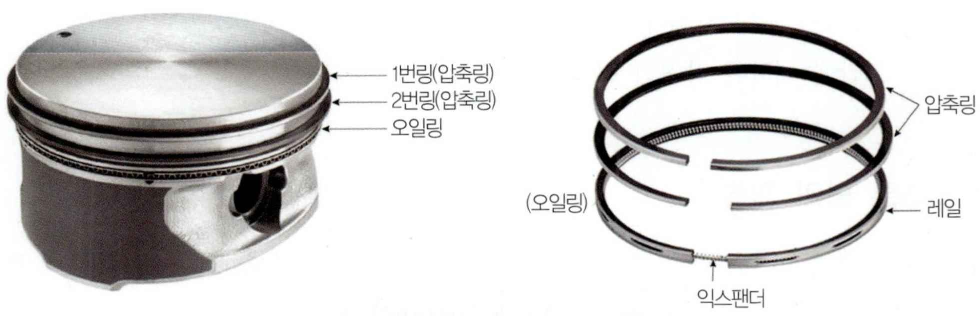

그림 2-23 피스톤 링의 종류

(1) 피스톤 링의 3가지 작용

① **기밀(밀봉)작용** : 피스톤 링은 피스톤과 함께 실린더 내를 상하왕복 운동하면서 실린더 벽과 밀착되어 실린더와 피스톤 사이서 블로바이를 방지한다.

② **오일 제어작용** : 실린더 벽과 피스톤 사이의 엔진오일을 긁어내려 연소실로 유입되는 것을 방지한다.

③ **냉각(열전도)작용** : 피스톤 헤드가 받은 열을 실린더 벽으로 전달한다.

(2) 압축 링과 오일 링의 기능

① **압축 링** : 압축 링은 압축과 팽창 시의 기밀을 유지하고 피스톤의 받은 높은 열을 실린더블록으로 전달하며, 오일이 연소실로 들어가지 못하도록 최소한의 유막을 남겨 놓고 긁어내리는 역할을 한다.

② **오일 링** : 오일 링은 실린더 보어에 윤활유가 균일하게 묻을 수 있도록 하고 여분의 오일을 긁어내리는 역할을 한다.

(3) 피스톤 링의 구비조건

① 내열성과 내마모성이 좋을 것.
② 실린더 벽에 대하여 균일한 압력을 가할 것.
③ 마찰이 적어 실린더 벽을 마모시키지 않을 것.
④ 열팽창률 적을 것.
⑤ 고온에서도 탄성을 유지할 것.
⑥ 오래 사용하여도 링 자체나 실린더 마멸이 적을 것.
⑦ 고온, 고압에 대하여 장력의 변화가 적을 것.

(4) 피스톤 링의 재질

피스톤 링의 재질은 조직이 치밀한 특수 주철이며, 원심주조법으로 제작한다. 그리고 피스톤 링의 재질은 실린더 벽 재질보다 경도가 다소 낮아야 한다. 이것은 실린더 벽의 마모를 감소시키기 위함이다. 피스톤 링 면은 실린더 벽과 길이 잘 들고 긁힘에 의한 마모를 감소시키기 위하여 코팅을 하며, 링 면에는 흑연, 주석, 산화철 등을 부착한다. 그리고 제1번 압축 링과 오일 링에는 크롬으로 도금을 하여 내마모성을 높인다.

(5) 피스톤 링 이음(절개구 간극, end gap)

피스톤 링 이음은 실린더에 피스톤 링을 설치하였을 때 거의 밀착될 정도로 되는 간극을 말한다. 링 이음부 간극은 엔진 작동 중 열팽창을 고려해서 간극을 두며, 피스톤 바깥지름에 관계된다. 링 이음부 간극은 제1번 압축링을 가장 크게 하고 이음간극 측정은 실린더에 링을 끼우고 피스톤 헤드로 밀어 넣어 수평 상태로 한 후 필러게이지로 측정한다.

그림 2-24 피스톤 링 이음간극 측정

① 피스톤 링 이음 종류

피스톤 링 이음부의 종류에는 버트이음(butt joint : 직절이음), 앵글이음(angle joint : 각이음), 랩이음(lap joint : 계단이음) 및 실이음(seal joint) 등이 있다.

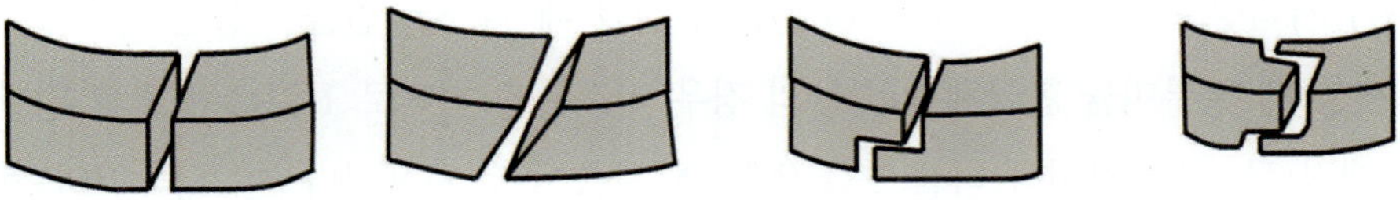

(a) 버트이음 (b) 각이음 (c) 랩이음 (d) 실이음

그림 2-25 피스톤 링 이음의 종류

② 링 이음부 조립방향

피스톤 링을 피스톤에 조립 시 링에 각인된 부분이 위쪽표시(상사점 방향)이므로 방향이 아래로 향하게 하지 않게 하고, 링 이음부가 일직선에 있으면 블로바이가 발생하고 엔진 오일이 연소실로 올라올 수 있으므로 링 이음부는 서로 120~180° 방향으로 조립한다.

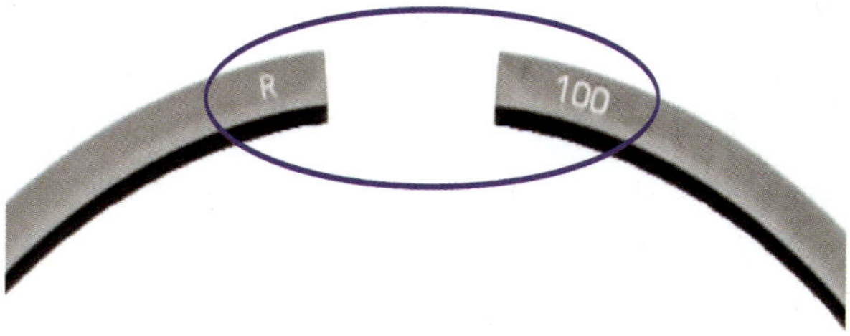

그림 2-26 피스톤 링 각인표시

참고 피스톤의 평균속도

$$S = \frac{2NL}{60} = \frac{NL}{30}$$, N : 회전수(rpm), L : 행정(m)

참고 피스톤 링 마찰력

P = Pr × N × Z

P : 총 마찰력, Pr : 피스톤 링 1개당 마찰력(kgf),
N : 피스톤당 링 수, Z : 실린더 수

[3] 피스톤 핀(piston pin)

피스톤과 커넥팅로드 소단부(small end)를 연결할 때 피스톤 핀을 사용한다. 피스톤에 피스톤 핀을 끼울 때 알루미늄 합금제 피스톤의 경우 피스톤을 히터로 100℃ 정도 가열한 후 끼워야 한다. 재질로는 탄소강이나 니켈-크롬(Ni-Cr)강을 주로 사용한다. 피스톤 핀의 설치방법에는 고정식, 반 부동식(요동식), 전 부동식의 3가지가 있다.

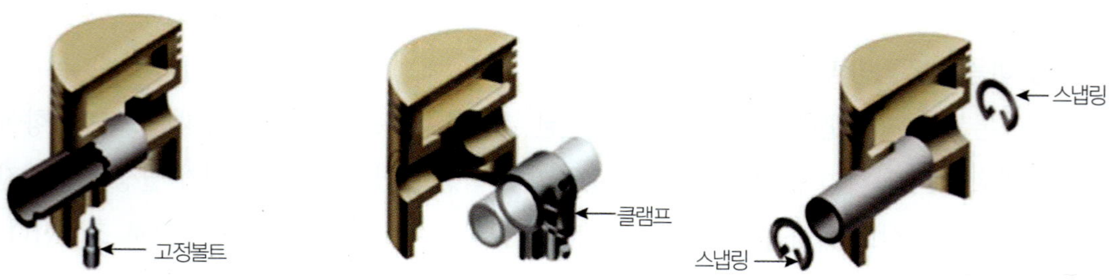

그림 2-27 피스톤 핀의 설치방법

[4] 커넥팅로드(connecting rod)

(1) 커넥팅로드의 개요

커넥팅로드는 피스톤과 크랭크축을 연결하는 엔진 부품으로 피스톤의 왕복 운동을 크랭크축의 회전 운동으로 바꾸어 주는 역할을 하며, 이로 인해 발생하는 크랭크축의 운동에너지를 다시 피스톤에 보낸다. 커넥팅로드는 폭발 가스 압력과 상하 왕복 운동에 의한 가속력에 의해 압축 응력, 인장 응력, 굽힘 응력 및 비틀림 응력을 받고 있기 때문에 기계적 강도를 가지고 있어야 하며, 관성력을 작게 하기 위해서는 가벼워야 한다.

(2) 커넥팅로드 재질

재질은 크롬(Cr)강, 크롬–몰리브덴(Cr–Mo)강을 사용하여 단면을 I 또는 H형으로 단조(forging), 주조 또는 소결한다. 단조 커넥팅로드는 소결 커넥팅로드보다 중량 대비 강도가 우수하고 비용이 저렴하다.

(3) 커넥팅로드 구조 및 길이

피스톤 핀이 장착되는 부위를 소단부(small end)라 하며 크랭크 핀과 연결되는 부위를 대단부(big end)라 한다. 또한 소단부 중심과 대단부 중심 사이의 거리가 커넥팅로드 길이인데 피스톤 행정의 1.5~2.3배 정도로 한다. 커넥팅로드 길이를 길게 하면 피스톤의 측압을 작게 할 수 있으나 중량이 커지고, 길이를 짧게 하면 피스톤 측압은 커지나 중량을 작게 할 수 있어 고속 엔진에 적합하다. 또한 커넥팅로드 대단부 경사면에는 오일 분출구멍(spit holes)을 두어 피스톤 핀과 보스 부위를 윤활한다.

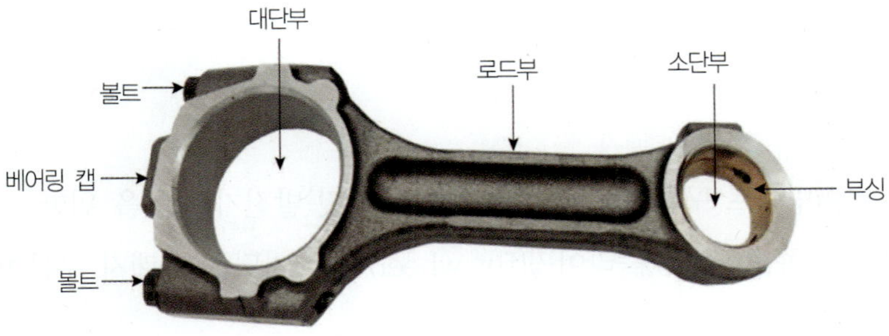

그림 2-28 커넥팅로드의 구조

① **소단부(Small end)** : 커넥팅로드의 위쪽 구멍 부분으로 피스톤과 연결되는 피스톤 핀이 설치되는 곳이다. 전 부동식의 경우는 구리 합금 또는 알루미늄 합금의 부싱이 압입되어 있고, 반 부동식의 경우는 부싱 없이 피스톤 핀을 직접 압입한다.

② **대단부(Big end)** : 커넥팅로드의 아래 부분으로 크랭크축과 연결되는 부분이다. 커넥팅로드 캡과 함께 커넥팅로드 베어링의 설치 면을 형성한다. 베어링이 축방향 또는 회전 방향으로 움직이지 않게 하기 위해서 베어링 설치면의 한 쪽에 홈을 가공한다.

08 크랭크축(crank shaft)

[1] 크랭크축 역할

크랭크축은 연소실에서 발생한 폭발압력이 피스톤과 커넥팅로드를 경유하여 회전력으로 변환시켜 엔진의 출력을 외부에 전달하고 흡입, 압축, 배기행정에서는 피스톤에 운동을 전달하는 회전축이다.

[2] 크랭크축 재질

크랭크축의 재질은 중탄소강(고탄소강), 크롬-몰리브덴강, 니켈-크롬강 등의 단조품 또는 구상 흑연 주철을 사용한 주조품을 사용하는데, 메인 저널과 핀 저널의 일부분을 중첩되게 한다. 이것을 오버랩(over lap)이라 한다.

[3] 크랭크축 구조

크랭크축에서 타이밍벨트 구동용 스프로킷과 물펌프 및 발전기 구동을 위한 크랭크축 풀리(pulley)가 장착되는 쪽을 앞쪽, 플라이휠(fly wheel)이 설치되는 플랜지 부분이 뒤쪽이다.

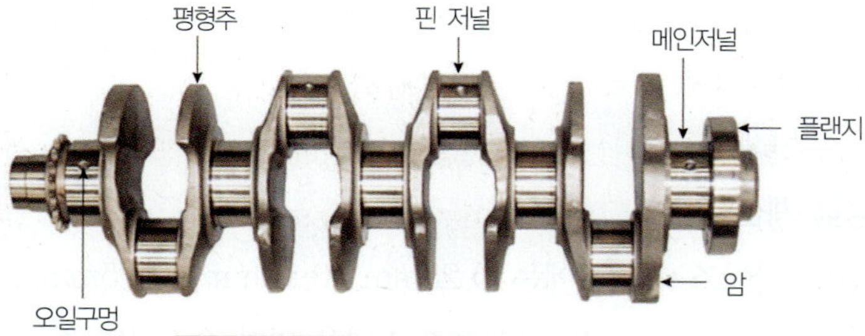

그림 2-29 크랭크축의 구조

① **메인 저널(main journal) :** 크랭크축의 회전의 중심을 형성하는 축 부분으로 블록에 직접 장착되는 부분

② **핀 저널(pin journal) :** 커넥팅로드 대단부가 장착되는 부분으로 피스톤의 왕복에너지를 전달받는 부분

③ **크랭크 암(crank arm) :** 핀 저널과 메인 저널을 연결하는 부분

④ **밸런스 웨이트(평형추) :** 크랭크축의 회전 균형을 유지하는 부분으로 크랭크 암에 밸런스 웨이트(평형추)가 부착되어 있다.

[4] 크랭크축의 구비조건

① 정적 및 동적 평형이 잡혀 있어야 한다.
② 강도와 강성이 충분하여야 한다.
③ 내마멸성이 커야 한다.

[5] 크랭크축 점검 정비

크랭크축의 교환 시기는 균열이 되었을 때이다.

(1) 저널 마모량 측정

① **측정방법**

메인 저널 및 크랭크 핀의 마멸 측정은 외측 마이크로미터로 측정하며 진원도, 편 마멸 등을 측정하고, 수정 한계값 이상인 경우에는 수정하거나 크랭크축을 교환한다. 수정 한계값은 메인 저널 지름이 50mm 이상인 크랭크축은 1.5mm 이상, 50mm 이하인 경우에는 1.0mm 이상이다.

② 저널 수정값 계산방법

저널의 언더 사이즈 기준값에는 0.25mm, 0.50mm, 0.75mm, 1.00mm, 1.25mm, 1.50mm의 6단계가 있다. 또 크랭크축 저널을 연마 수정하면 지름이 작아지므로 표준값에서 연마값을 빼내어야 한다. 이렇게 하여 그 치수가 작아지므로 언더 사이즈(Under Size)라고 하며 크랭크축 베어링은 표준보다 더 두꺼운 것을 사용하여야 한다.

예제 표준 지름이 75.00mm인 크랭크축 저널의 바깥지름을 측정한 결과 74.68mm, 74.82mm, 74.66mm, 74.76mm이었다. 크랭크축을 연마할 경우 알맞은 수정값은 얼마인가?

풀이 이것을 진원으로 수정하려면 측정값에서 0.2mm를 더 연마하여야 하므로 가장 많이 마모된 저널의 지름 74.66mm-0.2mm(진원 절삭값)=74.46mm이다. 그러나 언더 사이즈 표준값에는 0.46mm가 없으므로 이 값보다 작으면서 가장 가까운 값인 0.25mm를 선정한다. 따라서 저널 수정값은 74.25mm이며, 언더 사이즈값은 75.00mm(표준 치수)-74.25mm(수정값)=0.75mm이다.

(2) 휨 측정

크랭크축 앞 · 뒤 메인 저널을 V블록 위에 올려놓고 다이얼게이지의 스핀들을 중앙 메인 저널에 설치한 후 천천히 크랭크축을 회전시키면서 다이얼게이지의 눈금을 읽는다. 이때 최대와 최소값의 차의 1/2이 크랭크축 휨값이다. 휨 한계값은 크랭크축의 길이가 500mm 이상일 때는 0.05mm이고, 500mm 이하일 때는 0.03mm이다.

(3) 크랭크축 축방향 움직임(End Play) 측정

크랭크축 축방향 움직임 측정은 플라이 바로 크랭크축을 한쪽으로 밀고 다이얼게이지(또는 필러 게이지)로 점검한다. 축방향 움직임 한계값은 0.3mm 정도이며, 한계값 이상인 경우에는 스러스트 베어링(Thrust Bearing, 스러스트 플레이트 형식에서는 플레이트 교환)을 교환한다. 축방향 움직임이 크면 크랭크축이 앞 · 뒤로 움직여 소음이 나며 실린더, 피스톤의 편마멸이나 커넥팅로드의 변형을 초래한다. 반대로 작으면 크랭크 암과 스러스트 면 사이에 열이 발생하여 손상 일으킨다.

[6] 크랭크축의 점화순서(firing order)

크랭크축의 형식은 실린더 수와 실린더의 배열, 메인 베어링의 저널수, 점화순서 등에 따라 다르며, 실린더의 수에 따라 크랭크축의 크랭크 핀의 위상각이 결정된다. 점화시기 결정 시 고려사항은 다음과 같다.

① 연소가 같은 간격으로 일어나게 한다.
② 크랭크축에 비틀림 진동이 일어나지 않게 한다.
③ 혼합기가 각 실린더에 균일하게 분배되게 한다.
④ 인접한 실린더에 연이어 점화되지 않게 한다.

(1) 4실린더 엔진(4cylinder engine)

크랭크축의 위상각은 180°, 점화순서는 1—2—4—3 또는 1—3—4—2이다. 그리고 메인 저널의 수는 2점식, 3점식, 5점식이 있다.

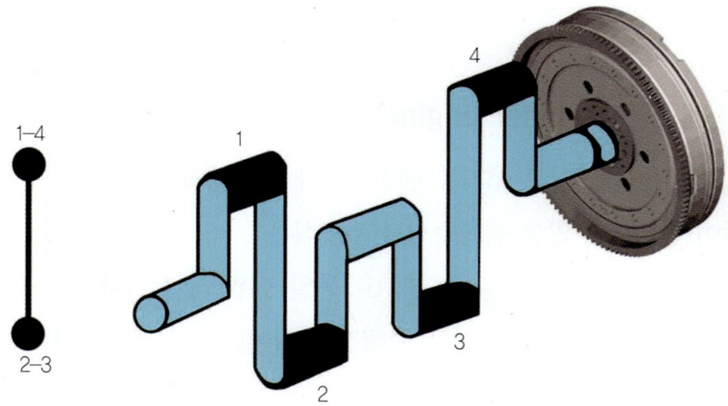

그림 2-30 4실린더 엔진의 점화순서

참고 위상각

폭발행정이 일어나는 각으로 위상각 = $\frac{720°}{\text{기통수}}$ 이다.

[4실린더 엔진의 점화순서 및 작동행정과의 관계]

① 점화순서 : 1 - 3 - 4 - 2

회전각도 / 실린더 No.	1회전		2회전	
	0~180°	180~360°	360~540°	540~720°
1	폭발	배기	흡입	압축
2	배기	흡입	압축	폭발
3	압축	폭발	배기	흡입
4	흡입	압축	폭발	배기

② 점화순서 : 1 - 2 - 4 - 3

회전각도 / 실린더 No.	1회전		2회전	
	0~180°	180~360°	360~540°	540~720°
1	폭발	배기	흡입	압축
2	압축	폭발	배기	흡입
3	배기	흡입	압축	폭발
4	흡입	압축	폭발	배기

(2) 6실린더 엔진(6 cylinder engine)

크랭크축의 위상각은 120°이고, 6기통 엔진은 6개의 크랭크 핀을 가지며 점화순서 중 인접 실린더에서 폭발이 연속되지 않는 점화순서로 우수식은 1—5—3—6—2—4를, 좌수식은 1—4—2—6—3—5를 사용한다. 저널의 수는 직렬형 6기통일 경우 7점식이다. 6기통 엔진의 크랭크축 각도는 120°이므로 120° 회전마다 1회 동력행정이 일어나며 크랭크축이 2회(720°) 회전하는 동안 6회의 동력행정을 한다.

크랭크축을 앞에서 보았을 때 3번과 4번 크랭크 핀이 우측에 있으면 우수식, 좌측에 있으면 좌수식이 된다.

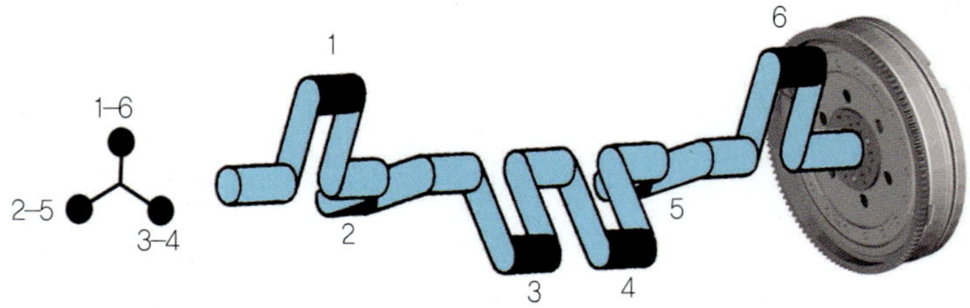

그림 2-31 우수식 6실린더 엔진의 점화순서

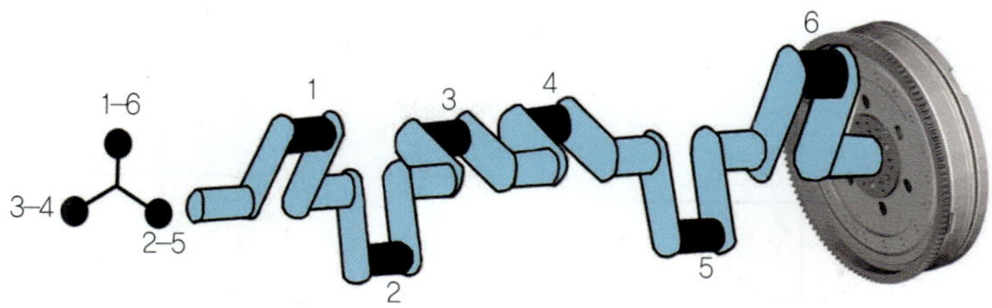

그림 2-32 좌수식 6실린더 엔진의 점화순서

[6실린더 엔진의 점화순서 및 작동행정과의 관계]

① 우수식 : 1—5—3—6—2—4

<table>
<tr><th rowspan="2">회전각도 / 실린더 No.</th><th colspan="6">1회전</th><th colspan="6">2회전</th></tr>
<tr><th colspan="3">0° 60° 120° 180°</th><th colspan="3">180° 240° 300° 360°</th><th colspan="3">360° 420° 480° 540°</th><th colspan="3">540° 600° 660° 720°</th></tr>
<tr><td>1</td><td colspan="3">폭발</td><td colspan="3">배기</td><td colspan="3">흡입</td><td colspan="3">압축</td></tr>
<tr><td>2</td><td colspan="2">배기</td><td colspan="3">흡입</td><td colspan="3">압축</td><td colspan="3">폭발</td><td colspan="1">배기</td></tr>
<tr><td>3</td><td colspan="1">흡입</td><td colspan="3">압축</td><td colspan="3">폭발</td><td colspan="3">배기</td><td colspan="2">흡입</td></tr>
<tr><td>4</td><td colspan="1">폭발</td><td colspan="3">배기</td><td colspan="3">흡입</td><td colspan="3">압축</td><td colspan="2">폭발</td></tr>
<tr><td>5</td><td colspan="2">압축</td><td colspan="3">폭발</td><td colspan="3">배기</td><td colspan="3">흡입</td><td colspan="1">압축</td></tr>
<tr><td>6</td><td colspan="3">흡입</td><td colspan="3">압축</td><td colspan="3">폭발</td><td colspan="3">배기</td></tr>
</table>

② 좌수식 : 1—4—2—6—3—5

<table>
<tr><th rowspan="2">회전각도 / 실린더 No.</th><th colspan="6">1회전</th><th colspan="6">2회전</th></tr>
<tr><th colspan="3">0° 60° 120° 180°</th><th colspan="3">180° 240° 300° 360°</th><th colspan="3">360° 420° 480° 540°</th><th colspan="3">540° 600° 660° 720°</th></tr>
<tr><td>1</td><td colspan="3">폭발</td><td colspan="3">배기</td><td colspan="3">흡입</td><td colspan="3">압축</td></tr>
<tr><td>2</td><td colspan="1">흡입</td><td colspan="3">압축</td><td colspan="3">폭발</td><td colspan="3">배기</td><td colspan="2">흡입</td></tr>
<tr><td>3</td><td colspan="2">배기</td><td colspan="3">흡입</td><td colspan="3">압축</td><td colspan="3">폭발</td><td colspan="1">배기</td></tr>
<tr><td>4</td><td colspan="2">압축</td><td colspan="3">폭발</td><td colspan="3">배기</td><td colspan="3">흡입</td><td colspan="1">압축</td></tr>
<tr><td>5</td><td colspan="1">폭발</td><td colspan="3">배기</td><td colspan="3">흡입</td><td colspan="3">압축</td><td colspan="2">폭발</td></tr>
<tr><td>6</td><td colspan="3">흡입</td><td colspan="3">압축</td><td colspan="3">폭발</td><td colspan="3">배기</td></tr>
</table>

참고 행정과 점화순서 : 행정의 순서는 시계방향, 점화순서는 반시계방향

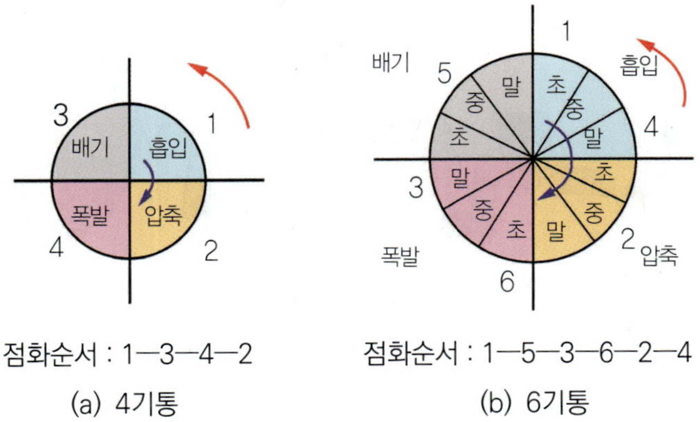

그림 2-33 점화순서

(3) V형 6실린더 엔진

V형 실린더 엔진은 좌우의 실린더 중심선이 60°의 각도를 이루는 V형과 90°의 각도를 이루는 V형이 있다. 점화순서는 1-2-3-4-5-6이다. V형 6실린더 엔진의 실린더 배열은 오른쪽에는 홀수, 왼쪽에 짝수의 실린더가 60°의 각도를 두고 배열되어 있다. V형 엔진도 직렬 6실린더 엔진과 마찬가지로 크랭크축 회전각도 120°마다 점화폭발하므로 오른쪽 3개의 실린더와 왼쪽 3개의 실린더로 나누어 점화순서를 정한다.

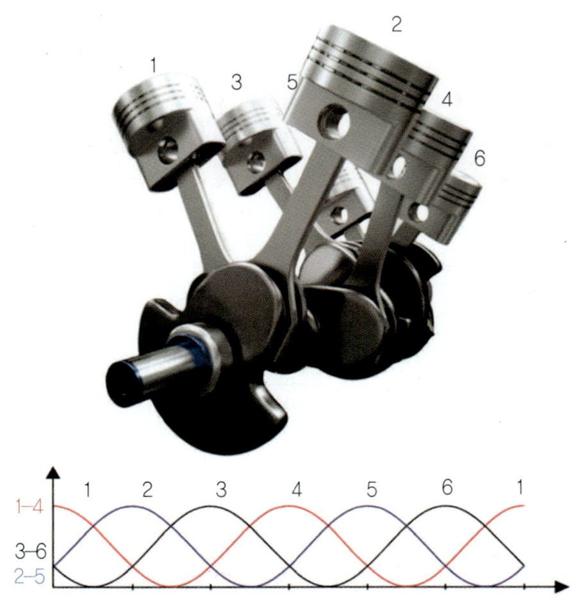

그림 2-34 60° V형 6실린더 엔진의 실린더 배열

[60° V형 6실린더 엔진의 점화순서 및 작동행정과의 관계]

<table>
<tr><th rowspan="2">회전각도
실린더 No.</th><th colspan="6">1회전</th><th colspan="6">2회전</th></tr>
<tr><th colspan="3">0° 60° 120° 180°</th><th colspan="3">180° 240° 300° 360°</th><th colspan="3">360° 420° 480° 540°</th><th colspan="3">540° 600° 660° 720°</th></tr>
<tr><td>1</td><td colspan="3">폭발</td><td colspan="3">배기</td><td colspan="3">흡입</td><td colspan="3">압축</td></tr>
<tr><td>2</td><td colspan="2">압축</td><td colspan="3">폭발</td><td colspan="3">배기</td><td colspan="3">흡입</td><td colspan="1">압축</td></tr>
<tr><td>3</td><td colspan="1">흡입</td><td colspan="3">압축</td><td colspan="3">폭발</td><td colspan="3">배기</td><td colspan="2">흡입</td></tr>
<tr><td>4</td><td colspan="3">흡입</td><td colspan="3">압축</td><td colspan="3">폭발</td><td colspan="3">배기</td></tr>
<tr><td>5</td><td colspan="2">배기</td><td colspan="3">흡입</td><td colspan="3">압축</td><td colspan="3">폭발</td><td colspan="1">배기</td></tr>
<tr><td>6</td><td colspan="1">폭발</td><td colspan="3">배기</td><td colspan="3">흡입</td><td colspan="3">압축</td><td colspan="2">폭발</td></tr>
</table>

참고 연소지연시간에 따른 크랭크축 회전각도 $= \frac{rpm}{60} \times$ 연소 지연시간 $\times 360°$

[7] 플라이휠

그림 2-35 플라이휠의 구조

플라이휠은 크랭크샤프트의 한쪽 축(플랜지)에 볼트로 체결한 큰 원판형의 기계적 장치로 폭발행정에서 발생되는 중량에 의한 관성의 에너지를 저장하여 흡입, 압축, 배기행정을 할 수 있도록 하고, 회전력의 차이에 의한 속도변화를 감소시켜 엔진의 맥동적인 회전을 균일한 회전으로 유지시키는 역할을 한다. 플라이휠은 회전 중에 관성이 크고 중량은 가능한 한 가벼워야 한다. 플라이휠의 재질은 주철제 플라이휠(수동식 변속기)과 강제의 플라이휠(자동 변속기)이 사용된다. 플라이휠에는 링 기어가 열박음되어 있고, 플라이휠 무게는 실린더 수 및 회전속도에 반비례하고, 수동 변속기 차량에는 클러치 디스크와 접촉하는 마찰면을 제공한다.

플라이휠은 크게 플라이휠이 하나로 이루어진 싱글 메스 플라이휠과 두 개의 플라이휠로 구성된 듀얼 메스 플라이휠 2개의 종류로 나눌 수 있다.

① **싱글 메스 플라이휠** : 클러치와 직접 닿아 있는 구조를 가진다. 일부 클러치는 엔진 진동 감소를 위한 스프링을 플라이휠과의 접촉면에 추가하는 경우가 있지만, 일반적으로 싱글 메스 플라이휠은 듀얼 메스 플라이휠에서 진동 감소 역할을 하는 스프링이 포함되지 않아 진동 감소폭이 작은 편이다. 그러나 하나의 플라이휠로 이루어져 구조가 단순하며 간단한 표면 처리를 통해 재사용이 가능하여 가격이 저렴하다는 장점을 가진다.

② **듀얼 메스 플라이휠** : 두 개의 플라이휠과 중간에 댐퍼 역할을 하는 스프링이 포함되어 있는 구조를 가진다. 각각의 플라이휠은 독립적으로 정해진 구간 사이에서 움직이며 스프링과 함께 엔진의 진동을 흡수하여 트랜스미션과 자동차 구동부의 마모를 줄여주는 역할을 한다. 이외에도 변속 시 부드러운 변환과 소음 진동을 줄여주지만 복잡한 구조와 고장 시 플라이휠 어셈블리 전체를 교환하기 때문에 높은 유지비용이 든다.

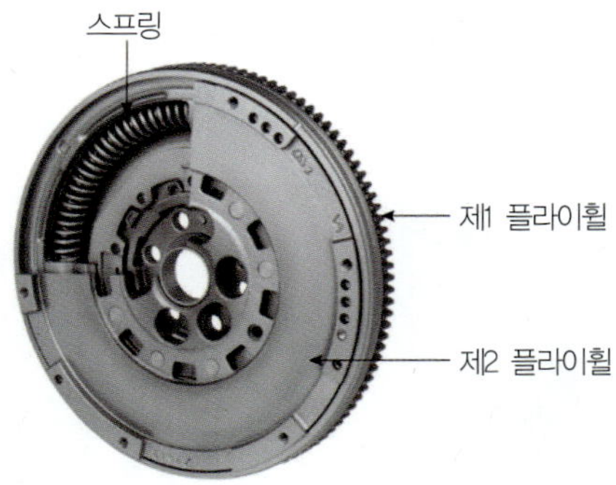

그림 2-36 듀얼 메스 플라이휠의 구조

[8] 크랭크축 진동댐퍼

(1) 진동댐퍼(torsional vibration damper)

크랭크축은 비틀림 진동을 매 동력행정마다 반복하게 된다. 이 비틀림 진동을 제어하지 않으면 축 자체의 고유진동에 추가적으로 계속적인 진동이 가해지게 되며, 특정 속도에 이르면 축 자체의 고유진동과 공진하여 축이 파손되게 된다. 이 비틀림 진동을 감소 제어하기 위한 장치가 진동댐퍼이다.

진동댐퍼의 관성링은 댐퍼고무를 매개로 구동링과 탄성적으로 연결되어 있다. 그리고 구동링은 크랭크축에 고정되어 있다. 크랭크축이 일정 속도로 회전하고 있을 때 관성링은 크랭크축과 같은 속도로 회전한다. 그러나 크랭크축에 회전방향 또는 회전반대방향으로 큰 가속속도가 발생할 때, 즉 크랭크축에 비틀림 진동이 발생할 때는 관성링은 회전 관성에 의해 일정한 속도로 회전하려고 하는 관성이 있어 댐퍼고무가 탄성적으로 변형되면서 크랭크축의 비틀림 진동에 역으로 대응하여 진동을 감쇠시킨다.

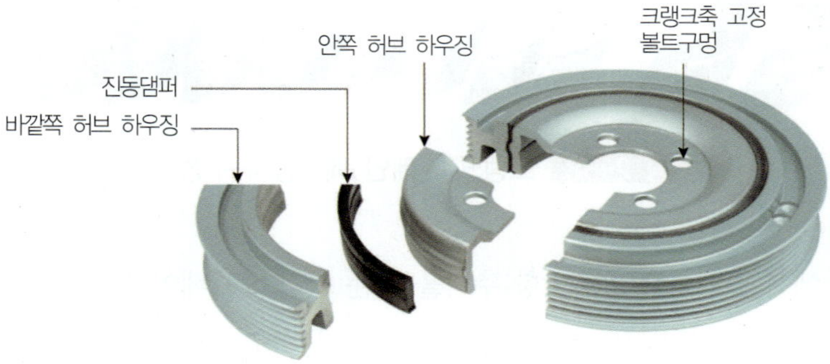

그림 2-37 진동댐퍼의 구조

(2) 크랭크축 비틀림 진동발생의 관계

① 엔진의 회전력 변동이 클수록 크다.

② 크랭크축의 길이가 길수록 크다.

③ 크랭크축의 강성이 적을수록 크다.

④ 엔진의 회전속도가 느릴수록 크다.

⑤ 엔진의 주기적인 회전력작용에 의해 발생한다.

09 엔진 베어링(engine bearing)

엔진 베어링은 회전 또는 직선 운동을 하는 크랭크축을 보호 지지하면서 운동을 원활하게 하도록 하는 기계부품으로, 마찰 및 마멸을 감소시켜 엔진에서 발생되는 출력의 손실을 감소시키는 작용을 한다. 엔진에는 커넥팅로드 대단부 베어링과 크랭크축을 지지하는 메인 베어링은 평면 분할 베어링(plain bearing)을 사용하고, 커넥팅로드 소단부와 캠축 베어링은 부싱을 사용한다. 평면 베어링에는 분할형(split type)과 부시형(bushing)이 있다.

그림 2-38 크랭크축 메인 베어링의 구성

메인 베어링 중에서 크랭크축의 축방향 추력을 받는 스러스트 베어링은 측면에 스러스트 면이 있어 축방향 유격(crank shaft end play)을 제어한다. 스러스트 베어링은 일반적으로 가운데 장착되는데 일부 엔진은 크랭크축 끝단에 설치되는 경우도 있다. 또한 메인 베어링 측면에 스러스트 심(thrust shim)을 붙여 사용하기도 한다.

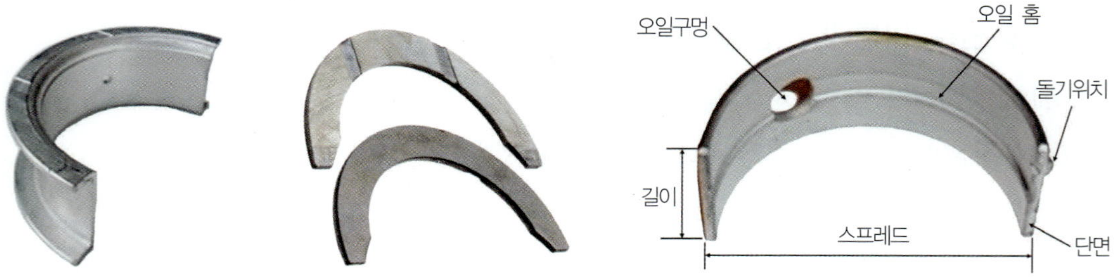

(a) 스러스트 베어링 (b) 스러스트 심 (c) 베어링 단면

그림 2-39 스러스트 베어링, 스러스트 심 및 베어링 단면

[1] 베어링의 오일간극과 구비조건

(1) 오일간극

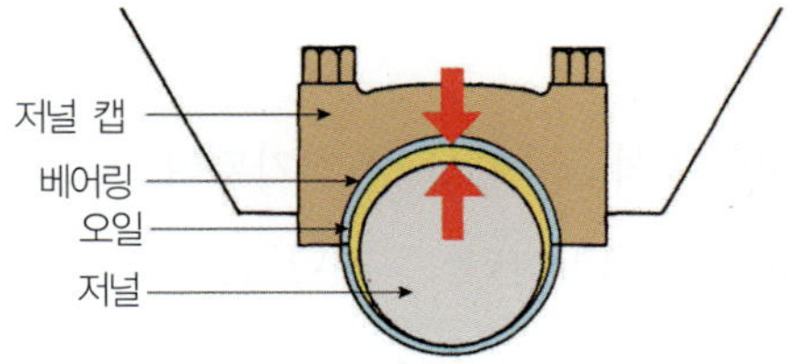

(a) 오일간극

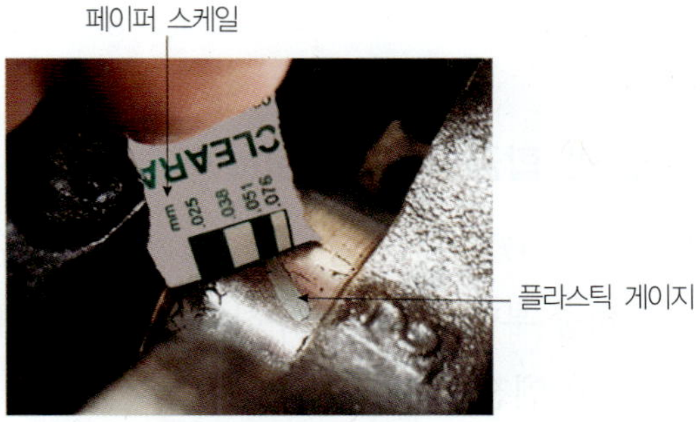

(b) 오일간극 측정

그림 2-40 베어링 오일간극 및 오일간극 측정

엔진이 정지상태에 있을 때 메인 저널과 메인 베어링은 서로 접촉하고 있다. 이 상태에서 크랭크축이 회전하면 윤활막이 완벽하게 형성되지 않은 상태에서 회전하기 때문에 베어링 손상이 가장 심하게 일어난다. 그러나 엔진이 정상속도로 회전하여 윤활막이 형성되면 마모는 거의 일어나지 않는다. 메인 저널과 베어링 사이의 오일간극은 정지 상태에서의 틈새를 말하며 일반적으로 0.02~0.04mm 정도 둔다. 오일간극 측정은 플라스틱 게이지를 이용하며 오일간극이 너무 크면 유압이 저하되고 오일간극이 작으면 윤활막도 작아져 윤활막이 파손되어 마모나 손상을 일으킨다.

(2) 구비조건

베어링이 갖추어야 할 조건은 하중 부담 능력, 초기 길들임성, 이물질 매입성, 추종 유동성, 내고착성, 고강도, 고강성, 내열성, 내식성 및 내 피로성 등이 요구된다.

[2] 베어링의 재질

엔진 베어링은 탄소강이나 구리합금으로 되어 있는 셀(back plate, 또는 shell)에 배빗메탈, 켈밋 합금, 알루미늄 합금을 0.2~0.5mm 정도 코팅하여 사용한다.

(1) 배빗메탈(babbit metal)

배빗메탈은 주석(Sn 80~90%), 안티몬(Sn 3~12%), 구리(Cu 3~7%)가 표준 조성이다. 금속이 연하기 때문에 시동 초기의 경계 윤활 상태에 강하고 매입성, 길들임성, 내식성은 우수하나 기계적 강도(고온 강도)가 낮고 내피로성, 내열성이 약하여 고속·고부하 엔진에는 적합하지 않다.

(2) 켈밋 합금(kelmet alloy)

구리(Cu)가 60~70%, 납(Pb)이 30~40%로 구성되며 주석(Sn)이 소량 첨가된다. 내열성, 열전도성, 하중 부담 능력이 우수하여 고속·고 하중 엔진에 적합하다. 그러나 길들임성, 매입성이 불량하고 엔진 오일 내에 존재하는 산화물에 의한 부식이 심하기 때문에 켈밋 합금 그대로 사용하는 경우는 거의 없고 그 표면에 배빗메탈을 얇게 코팅하여 사용한다. 이것을 트리메탈이라 한다.

(3) 알루미늄 합금

최근에 사용되는 베어링 금속으로서 주 금속은 알루미늄(Al)인데, 납(Pb)이 소량 함유되어 있다. 한편 주석(Sn)과 구리(Cu)를 약간 첨가하여 베어링 강도를 증가시킨다. 고속·고부하에 강하기 때문에 자동차 엔진 베어링으로 가장 널리 사용되고 있다. 알루미늄 합금도 켈밋 합금과 마찬가지로 표면 그대로 사용하지 않고 배빗메탈을 0.0125~0.025mm 정도로 코팅(일반적으로 overlay라 함)하여 사용한다.

(4) 트리메탈(tri metal)

트리메탈은 강재의 셀에 메탈을 소결하고 그 위에 배빗메탈을 도금한 3층 메탈(셀, 켈밋, 납 합금)이다. 강성, 매입성, 길들임성, 열전도율 등을 좋게 하여 고하중에 견딜 수 있게 현재 널리 사용한다.

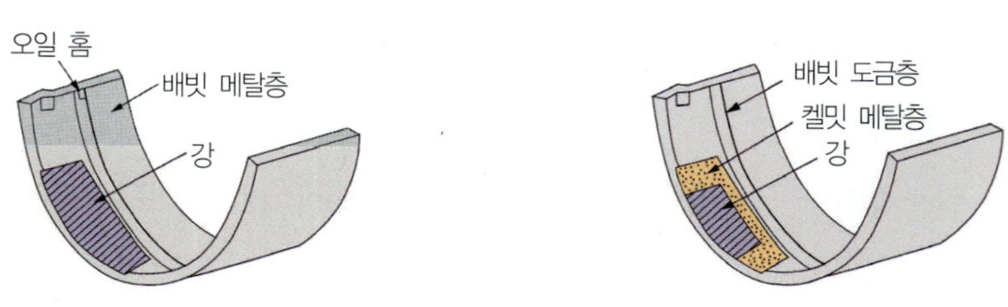

(a) 배빗메탈 (b) 트리메탈

그림 2-41 베어링 재질과 종류

[3] 스프레드(spread)와 크러시(crush)

(1) 스프레드

베어링 셸의 원둘레가 베어링 하우징의 원둘레보다 약간 크다. 즉, 베어링을 자유 상태로 베어링 하우징에 걸쳐놓았을 때 베어링의 바깥지름이 베어링 하우징의 바깥지름보다 0.13~0.05mm 정도 크다. 이를 베어링 스프레드라고 하며, 스프레드를 두는 이유는 다음과 같다.

① 조립할 때 베어링 캡에 베어링이 끼워져 있어 작업이 편리하다.
② 베어링의 과도한 크러시로 압축됨에 따라 안쪽으로 찌그러지는 것을 방지한다.
③ 조립할 때 베어링이 제자리에 밀착되도록 하기 위함이다.

(2) 크러시

베어링이 새들(saddle) 면보다 약간 더 높은 사이즈, 즉 베어링의 바깥 둘레와 하우징 둘레와의 차이를 말하며, 볼트로 죄었을 때 하우징 내에서 베어링이 강하게 눌려서 베어링 보어(bore)와 베어링이 압착되도록 하기 위한 것이다. 크러시를 두는 이유는 다음과 같다.

① 베어링 바깥 둘레를 하우징 둘레보다 조금 크게 하고, 볼트로 압착시켜 베어링 면의 열전도율을 높인다.
② 크러시가 너무 크면 베어링이 안쪽으로 찌그러져 저널에 긁힘을 일으키고, 작으면 엔진 작동에 따른 온도 변화로 인하여 베어링이 저널을 따라 움직이게 되는데, 이를 방지하기 위해서이다.

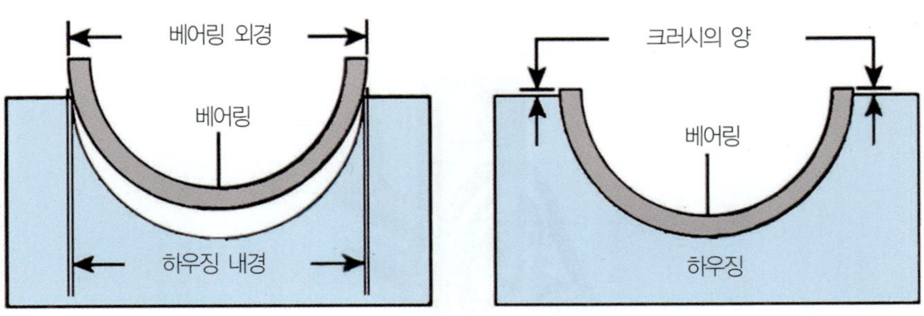

(a) 스프레드 (b) 크러시

그림 2-42 베어링 스프레드와 크러시

10 밸브 기구(valve train)

밸브는 실린더헤드의 연소실의 흡기와 배기포트(port)를 각각 개폐하여 공기 또는 혼합기를 들여보내고 배기가스를 배출하는 일을 한다. 밸브기구는 캠축, 밸브 리프터(태핏), 푸시로드, 로커암 축 어셈블리, 밸브 등으로 구성되어 있다.

[1] 캠축 위치에 따른 분류

크랭크축이 캠축을 구동시키고 캠축의 회전에 따라 캠축의 캠이 밸브기구를 움직여 밸브를 개폐시킨다. 여기서 밸브 작동 기구는 캠축의 설치 위치와 연소실 모양에 밀접한 관계가 있다. 밸브 기구를 캠축의 위치에 따라 분류하면 다음과 같다.

(1) OHV 엔진(over head valve engine)

흡·배기밸브가 실린더 헤드에 설치되는 엔진으로 캠축이 실린더블록에 설치되고 푸시로드를 사용하는 엔진을 OHV 엔진 또는 I헤드형 엔진이라고 한다. 실린더블록에 있는 캠축이 리프터를 밀어 올리면 리프터는 다시 푸시로드를 밀어 올린다. 이때 푸시로드가 로커 암의 한쪽 끝을 밀어 올리면 반대쪽이 내려오면서 밸브 스템 끝을 아래로 밀어 밸브 스프링이 압축되면서 밸브가 열린다.

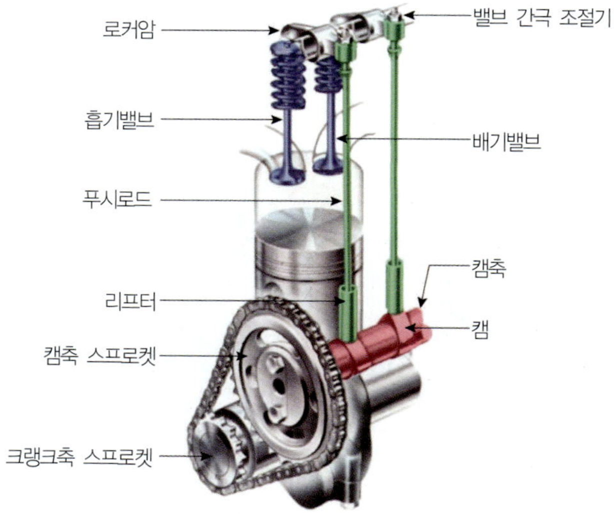

그림 2-43 OHV엔진의 밸브기구

(2) SOHC 엔진(single over head cam shaft engine)

흡기밸브와 배기밸브 위치는 OHV나 DOHC과 같이 연소실 위에 설치되어 있다. 캠 샤프트는 실린더 헤드에 1개 설치되어 있다. 샤프트는 타이밍 체인, 기어, 타이밍벨트 등으로 크랭크 샤프트와 이어져 있어 회전하면서 캠이 직접 로커암을 구동하는 형식이다. 쐐기형 연소실(웨지 셰이프)과 배스터브형 연소실을 가진 엔진에서는 캠이 직접 밸브를 구동시킨다.

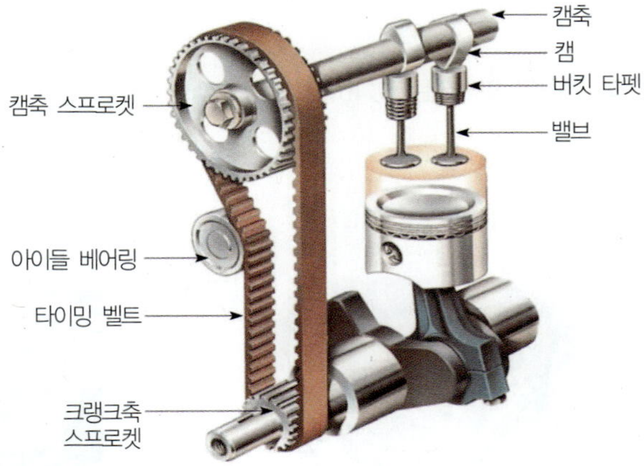

그림 2-44 SOHC 엔진의 밸브기구

(3) DOHC 엔진(double over head camshaft engine)

캠축이 SOHC와 같이 설치되어 있지만, 흡기밸브용 1개와 배기밸브용 1개씩 2개의 캠축이 있다. 각각의 실린더마다 흡입밸브 2개, 배기밸브 2개를 두고 있어 흡입효율이 향상되어 엔진 출력이 높고, 고속에서 본래의 성능이 발휘된다는 장점이 있으나, SOHC에 비해 부품 수가 많고, 구조가 복잡하다는 것이 단점이 있다.

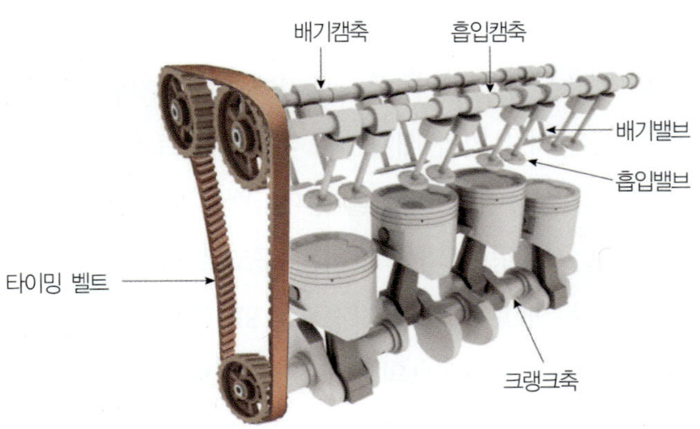

그림 2-45 DOHC 엔진의 밸브기구

[2] 캠축 구동방식(cam shaft train type)

캠축의 구동방식은 4행정 사이클 엔진에서 크랭크축 회전의 1/2회전하며 크랭크축 회전에 대한 밸브 개폐시기를 정확히 맞추어 흡·배기밸브의 개폐시기를 바르게 유지해야 하므로, 각각의 기어나 스프로켓에 타이밍마크(mark)가 새겨져 있다. 캠축의 구동방식에는 기어구동방식, 체인구동방식, 벨트구동방식 등 3가지가 있다.

> 참고 캠축 기어와 크랭크축 기어의 잇수비는 2 : 1이다.

(a) 기어 구동식 (b) 체인 구동식 (c) 벨트 구동식

그림 2-46 캠축 구동방식

[3] 흡·배기밸브

일반적으로 엔진에 장착되는 밸브는 흡기밸브와 배기밸브로 나누어진다. 밸브 각각은 연료의 흡입과 연소 후 배기가스의 배출을 담당한다. 흡·배기밸브는 이처럼 연소에 직접적인 영향을 주는 혼합기(공기와 연료의 혼합)의 유입과 배기가스 배출을 컨트롤하는 부품이기 때문에 구동방식에 따라 엔진의 연소효율과 성능에 큰 영향을 주며, 밸브는 캠이 회전하면서 캠의 돌출부(캠 노즈)에 의해 열리고 밸브 스프링에 의해 닫히는 구조로 작동된다.

흡·배기밸브의 밸브 사이즈는 밸브 헤드의 직경으로 표시되는데 흡기밸브가 배기밸브보다 일반적으로 크다. 보통 배기밸브는 흡기밸브의 70~80% 정도의 사이즈 크기를 가진다. 이는 흡기와 배기의 균형을 유지하기 위한 설계로 흡기 시에는 실린더 내부압(음수 압력)에 의해 바깥에서 공기가 들어오는 반면 배기 시에는 연소실 내의 높은 압력에 의해 연소가스가 배기밸브를 통해 쉽게 뿜어져 나갈 수 있기 때문에 흡배기 밸브의 수가 같을 경우 배기밸브가 더 작게 만들어지게 된다.

(1) 밸브의 구비조건

① 고온 · 고압에 견딜 수 있는 강도가 있을 것.

② 혼합기에 이상 연소가 발생되지 않도록 열전도가 양호할 것.

③ 내부식성이 클 것.

④ 관성력이 증대되는 것을 방지하기 위해 가능한 가벼울 것.

⑤ 밸브 스프링의 충격과 항장력에 잘 견디고 내구성이 클 것.

(2) 밸브의 구조 및 기능

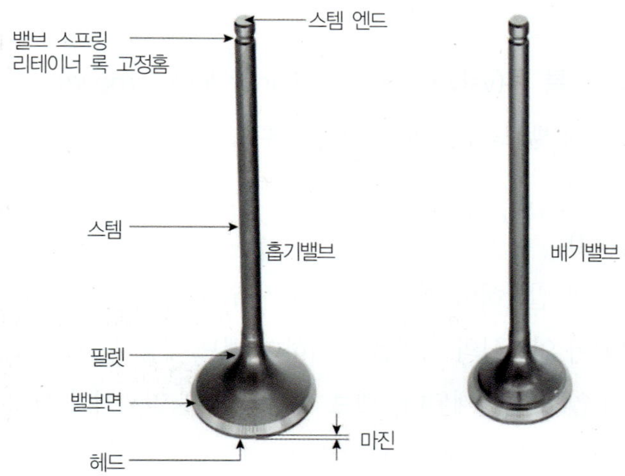

그림 2-47 흡 · 배기밸브의 구성

① **밸브 헤드(valve head)**

밸브 헤드는 고온 · 고압의 가스에 노출되는 부분으로 배기밸브는 열부하가 매우 크다. 그리고 헤드 부분의 지름은 흡입효율을 증대시키기 위해 흡입밸브를 크게 한다.

② **밸브 마진(valve margin)**

마진의 두께는 밸브의 기능상 매우 중요하며 일반적으로 1.2mm 이상의 두께를 갖고 있고, 두께가 얇으면 고온과 밸브작동의 충격으로 밸브 시트에 접촉될 때 변형이 되거나 불완전한 접촉 등으로 기밀유지가 어렵다. 따라서 0.8mm 이하가 되면 교환해야 한다.

③ **밸브 면(valve face)**

밸브 면은 밸브 시트에 밀착되어 기밀작용을 하고 밸브헤드에 작용하는 열을 시트에 전달하며 작동 시 충격적으로 작동되어 내마멸성이 커야 하므로 표면경화 처리한다. 밸브 면의 각도는 60°, 45°, 30°가 있으나 일반적으로 45°를 많이 사용한다.

④ **밸브 스템(valve stem)**

밸브 스템은 밸브가이드에 의해 지지되어 내부를 왕복 운동하며 밸브헤드에 받는 열을 밸브가이드를 통해 방출하고, 가이드와 스템 사이에는 윤활이 충분하지 않으므로 마멸을 고려하여 경도가 커야 한다.

⑤ **밸브 스프링 리테이너 록 홈(valve spring retainer lock groove)**

이 홈은 밸브 스프링에 밸브를 설치하기 위한 홈으로 록(lock)이나 키(key)가 끼워진다.

⑥ **밸브 시트(valve seat)**

실린더헤드에는 밸브와 밀착하여 기밀을 유지하기 위해 밸브 시트를 설치한다. 밸브 시트는 밸브 면과 밀착되어 연소실의 기밀을 유지하며 밸브 작용 시 밸브 면이 시트에 충격을 주게 되어 손상되지 않도록 설계된다. 밸브 시트 방식은 일체식과 삽입식이 있으며 실린더헤드가 주철제인 경우에는 일체식으로 만들며, 경합금일 경우 밸브 시트는 강도와 내마멸성을 높이기 위해 구리주석 합금 또는 크롬망간강 등으로 밸브 시트 링을 만들어 압입하거나 열박음을 하여 사용한다. 밸브 시트 각도는 밸브 면과 마찬가지로 30°와 45°, 60°의 것이 있으며, 작동 중 열팽창을 고려하여 밸브 면과 시트 사이에는 1/4~1° 정도의 간섭각을 두고 있다. 시트 폭은 일반적으로 1.5~2.2mm 정도 둔다.

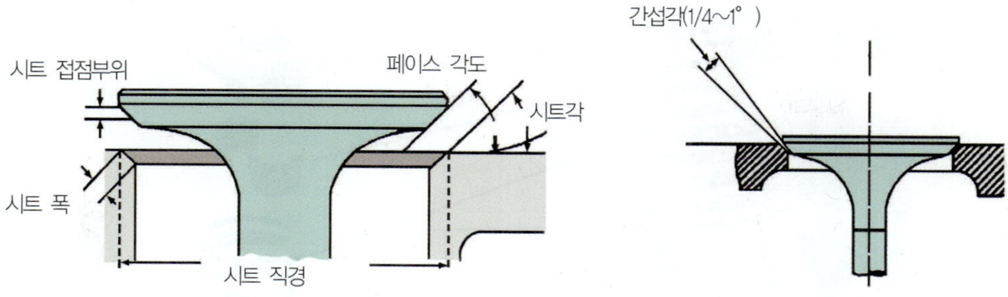

(a) 밸브 시트 형식 (b) 밸브 간섭각

그림 2-48 밸브 시트와 간섭각

⑦ 밸브 가이드(valve guide)와 스템실

밸브 가이드는 밸브의 밀착이 잘되도록 밸브 스템을 안내하는 역할을 하며 실린더헤드나 블록에 구멍을 뚫어 가이드로 만든 직접식과 주철제로 가이드를 만들어 압입하여 사용하는 교환식이 있다.

스템실은 엔진이 작동하는 과정에서 실린더 내에 강한 진공이 형성되기 때문에 엔진오일이 연소실로 침입하는 것을 방지한다.

⑧ 밸브 스프링 리테이너 및 록(valve spring retainer and lock)

밸브 스프링은 실린더헤드 또는 블록과 스프링 리테이너 사이에 끼워진다. 리테이너 록은 원뿔형, 핀형, 말굽형이 있다. 원뿔형의 것이 주로 사용되며 리테이너 록 홈에 끼워져 밸브 스프링을 고정하고 밸브 작동 시 밸브와 함께 운동한다.

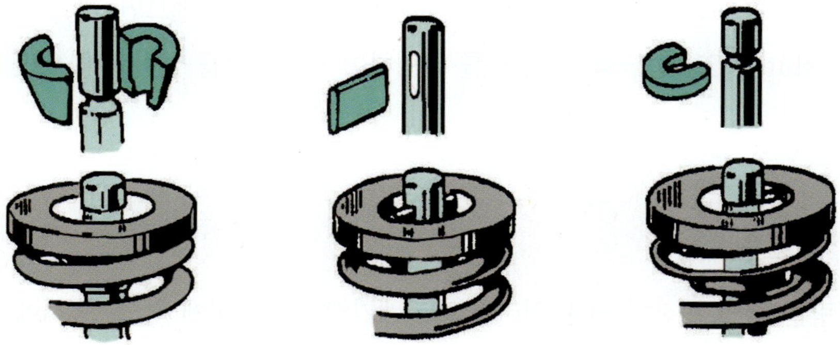

(a) 원뿔형 (b) 핀형 (c) 말굽형

그림 2-49 밸브 스프링 리테이너와 록

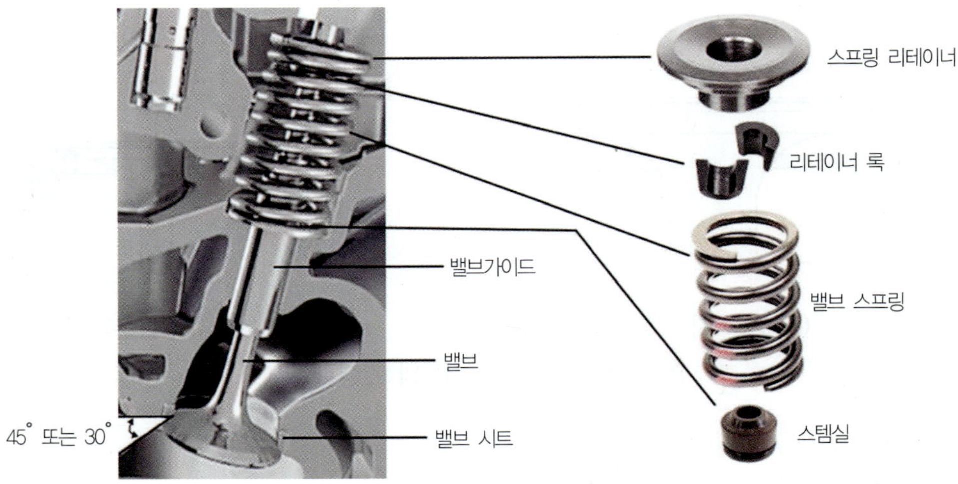

그림 2-50 밸브 설치 상태

(3) 밸브의 재질

엔진 연소 시 연소실 내 온도는 고출력 시 1,000℃를 넘는 경우가 있으며 배기밸브는 700~815℃ 정도 유지된다. 흡배기밸브는 이러한 고온에 직접적으로 노출되므로 열에 강해야 한다. 또한 행정이 진행되는 동안 밸브가 단단히 닫혀 가스가 새지 않도록 설계되어야 한다. 밸브의 경우 분당 최대 4,000번 이상 개폐가 이루어지며 닫힐 때 실린더헤드와 밸브가 맞닿는 부분에 지속적인 충격이 가해지기 때문에 높은 내구성이 요구된다. 따라서 흡입밸브에는 마르텐사이트 계열의 내열강이 사용되고 배기밸브는 내열성과 내부식성이 강한 오스테나이트 계열의 내열강이 사용된다.

밸브 스템은 밸브 고착(valve stick)을 방지하기 위해 크롬 도금이나 질화 처리를 한다. 또한 밸브 스템엔드는 내마모성을 높이기 위해 고주파 열처리를 하거나 밸브면, 밸브 시트 등과 같이 스텔라이트(stellite : Co—Cr—W의 합금)를 코팅하여 내마모성을 높이고 있으면 평면 처리되어 있다.

(4) 밸브 스프링

밸브 스프링은 캠의 회전에 의해 열려진 흡·배기밸브를 닫히게 하고, 동시에 닫힌 상태를 유지하는 역할을 한다. 따라서 밸브 스프링은 엔진 회전속도의 전 영역에 걸쳐 밸브가 순간적으로 빨리 닫히게 하면서도 밸브 시트나 밸브 페이스에 과도한 충격을 주지 않을 정도의 장력이 있어야 한다.

① **밸브 스프링 장력**

㉮ 장력이 클 때 : 스프링 장력이 크면 밸브 면과 밸브 시트, 캠축의 캠과 로커암 끝 그리고 밸브 스템 끝이 손상된다.

㉯ 스프링 장력이 너무 작을 때 : 기밀 유지가 힘들고 고속에서는 밸브 스프링의 서징 현상을 유발시킨다.

② **밸브 스프링 서징 현상**

밸브 스프링 서징(surging) 현상은 밸브 스프링이 지닌 고유 진동수가 캠축에 의해 받는 강제 진동수와 일치할 때 발생하는 공진현상으로, 스프링이 약하거나 스프링 장착 높이가 부적당할 경우 또는 엔진 회전속도가 과도하게 높을 때 발생한다.

밸브 스프링 서징 현상을 방지하는 방법으로는 부등피치스프링 사용, 2중 스프링 사용, 부등피치의 원추형 코일스프링 사용 이외에도 스프링의 고유 진동수를 높인다든지 캠의 형상을 개량하는 방법 등이 있다.

(a) 부등 피치 스프링　(b) 이중 스프링　(c) 원추형 스프링

그림 2-51 밸브 스프링 서징 현상 방지 스프링

③ **밸브 스프링 점검사항**

㉮ 스프링 자유고 : 자유높이의 낮아짐 변화량은 3% 이내일 것

㉯ 스프링 장력 : 규정 장력의 감소는 표준값의 15% 이내일 것

㉰ 스프링 직각도 : 직각도가 스프링 자유 높이 3% 이내(100mm당 3mm 이내)일 것

㉱ 접촉면의 상태는 2/3 이상 수평일 것

(5) 밸브 간극

밸브 기구는 온도가 상승함에 따라 밸브 기구가 팽창하여 밸브 면과 밸브 시트가 밀착되지 않는 것을 방지하기 위한 인위적 간극이다. 따라서 밸브가 닫혀 있을 때에는 기밀을 완벽히 유지하고 정확한 밸브 개폐시기를 얻기 위해 밸브 스템엔드와 로커암 사이의 틈새가 필요한데 이것을 밸브 간극이라 한다. 필러게이지(디그시스게이지)와 조정나사로 조정한다.

밸브 간극이 변화하면 밸브개폐 시기에 영향을 주는데 간극이 너무 크면 소음이 나고 밸브기구에 충격을 주므로 항상 적절한 양으로 조정되어 있어야 한다. 일반적으로 밸브 간극은 흡입밸브의 간극은 0.15~0.25mm이고 배기밸브의 간극은 0.25~0.35mm 정도이다.

그림 2-52 밸브 간극

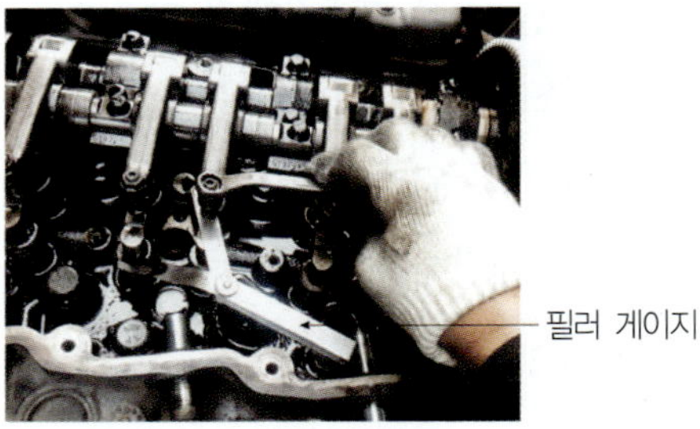

그림 2-53 밸브 간극 측정

(6) 밸브 회전기구(valve rotator)

밸브 회전기구를 장착하여 밸브의 회전으로 밸브의 소손 원인이 되는 카본을 제거하고, 밸브 스템과 가이드 사이에 카본이 쌓여 발생하는 밸브 고착을 방지한다. 밸브 면과 시트 사이 편마멸을 방지하고, 밸브 회전에 의하여 밸브 헤드의 온도를 일정하게 한다. 밸브 스프링 회전 기구 형식은 다음과 같다.

① **릴리스 형식(release type)** : 밸브가 열렸을 때 엔진의 진동으로 회전하는 형식. 스프링 리테이너, 와셔형 로크 및 팁 컵으로 구분되며 밸브 리프터가 팁 컵을 밀면 로크와 리테이너에 운동이 전달되고 밸브 스프링이 압축되며 밸브를 열게 된다. 이때 밸브는 스프링의 장력을 받지 않게 되어 밸브는 엔진의 진동으로 회전하게 된다.

② **포지티브 형식(positive type)** : 밸브가 열릴 때 강제로 회전하는 형식. 시프팅 칼라, 스프링 리테이너, 볼 및 플렉시블 와셔로 구성되며 로커암이 밸브를 열 때 시프팅 칼라에 큰 압력이 작용하여 플렉시블 와셔가 편평하게 된다. 이때 볼이 경사면으로 굴러 내려가기 때문에

리테이너가 조금 회전하면서 스프링 리테이너 로크와 밸브 스템에 운동이 전달되어 밸브가 회전한다.

(7) 나트륨밸브

나트륨밸브는 스템과 밸브 가이드를 통하여 전달되는 열의 전도성을 높이기 위해서 스템과 밸브 헤드를 중공(中空)으로 하여 그 체적의 60% 정도를 금속 나트륨으로 채워 자동차 엔진 작동 중에 밸브 헤드의 열을 받아 금속 나트륨이 액체가 될 때 밸브 헤드의 열을 약 100도 정도 저하시킬 수 있다. 나트륨의 융점은 97.5도 이며, 비점은 882.9도이다.

[4] 밸브 작동기구

(1) 캠축

캠축에는 엔진의 밸브 수와 같은 수의 캠이 배열되어 있고, 캠축은 캠을 구동시키는 축으로 흡 · 배기밸브가 서로 다른 위치의 각도로 배열되어 있고 캠과 일체로 단조 또는 주조된다. 일반적으로 크랭크축의 스프로켓 기어와 캠축의 스프로켓 기어가 서로 연결되어 있으며, 실린더 헤드에 조립되어 지지되어 있다.

캠축은 보통 주철을 사용하며 캠의 면은 경화되어 있다. 또한 저탄소강이나 중탄소강을 화염 경화 또는 고주파 침탄법을 이용하여 경화시킨 것이 사용되기도 한다.

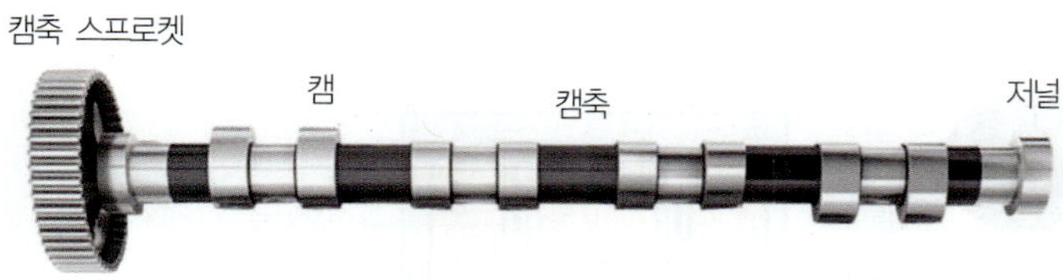

그림 2-54 캠축의 구조

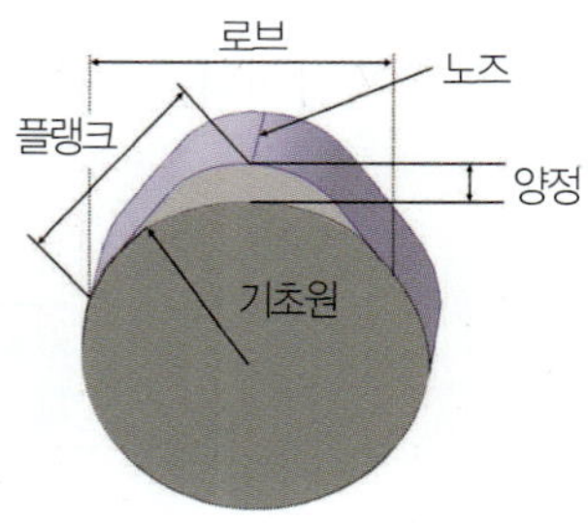

그림 2-55 캠의 명칭

(2) 캠

캠(cam)은 엔진의 회전 운동을 실린더의 흡배기밸브 작동에 필요한 왕복 운동으로 변환한다. 캠은 캠축과 일체로 주조 또는 단조되어 있으며, 재료는 내마모성이 강한 주철을 사용하며 캠의 표면을 경화시킨 것과 니켈 크롬강의 단조품을 많이 사용하고 있다. 종류는 대칭캠과 비대칭캠이 있고 대칭캠은 다시 볼록캠, 접선캠 등으로 구분한다.

① **볼록캠** : 밸브가 천천히 열리고 천천히 닫히지만 완전히 열려 있는 시간은 아주 짧다.

② **접선캠** : 밸브가 빠르게 개폐되지만 완전히 열려 있는 시간은 상대적으로 길다. 따라서 장력이 큰 밸브 스프링을 사용하여야 하며, 밸브 시트에 부하를 많이 받는 편이어서 고속용 엔진에는 부적합하다.

(3) 유압식 리프터(lifter)

유압식 리프터는 오일의 비압축성과 윤활장치의 순환압력을 이용하여 작동하기 때문에 엔진 오일을 사용한다. 유압식 리프터는 엔진 온도 변화에 따라 밸브 동력 전달기구 등의 수축과 팽창에 따른 영향을 자동적으로 보상하는 역할을 한다. 유압 리프터는 밸브 간극을 유압과 스프링 장력의 합성력으로 만들어 내기 때문에 밸브 간극이 0(zero)이므로 충돌음이 없고 밸브 간극을 조정할 필요성이 없다. 유압 리프터의 특징은 다음과 같다.

① 엔진 윤활장치에서 공급되는 유압을 이용한다.
② 밸브 간극 점검 및 조정이 필요 없고, 작동이 정숙하다.
③ 밸브 기구에서 발생하는 충격을 오일이 흡수하므로 밸브 기구의 내구성이 크다.
④ 밸브 개폐 시기가 정확하여 엔진 성능이 향상된다.
⑤ 오일 펌프나 윤활 회로에 고장이 발생하면 작동이 불량하거나 정지한다.
⑥ 구조가 복잡하다.

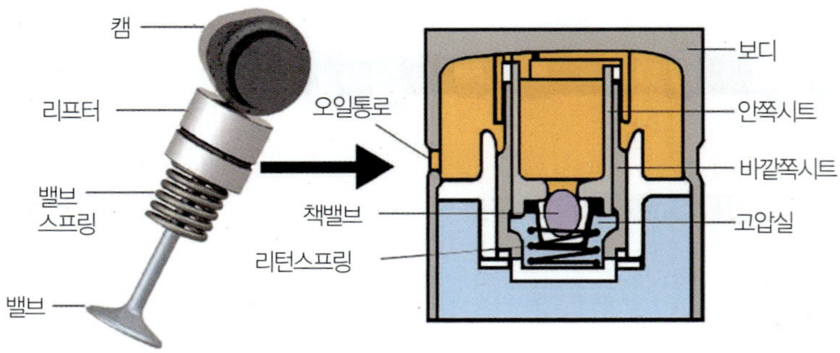

그림 2-56 유압 리프터

[5] 밸브개폐시기

엔진은 혼합기를 흡입하고 배기가스를 배출하는 일종의 펌프 작용을 하기 때문에 가급적이면 많은 양의 혼합기를 낮은 흡입 저항으로 흡입하고 배기가스를 원활히 배출함으로써 출력을 향상시킬 수 있다. 그림 2-57은 4행정 사이클 엔진의 밸브개폐시기 선도이다.

흡입밸브는 상사점 전에서 약간 빨리 열어주어 흡입행정이 시작될 때 유효 유동면적을 크게 하여 체적효율을 향상시킨다. 또한 실린더 내의 압력이 흡기다기관의 압력과 거의 같아지는 상사점 후에 흡입밸브를 닫아주어 흡입기간을 길게 한다.

밸브개폐시기 선도에서 흡입밸브가 열려 있는 기간을 그림 2-57에서 크랭크축의 회전 각도로 표시하면 10° + 180° + 50° = 240°이다. 한편 배기밸브는 동력 행정 말기의 하사점 전에서 열리는데 이는 유효 팽창 비율과 팽창 일은 감소되지만, 피스톤이 하사점에서 상사점으로 올라갈 때 펌프 일이 감소되어 보상된다. 배기밸브는 상사점 후에서 닫힌다. 이때 배기밸브가 열려 있는 기간은 크랭크축의 회전각도로 50° + 180° + 10° = 240°이다. 이렇게 흡입밸브와 배기밸브를 약간 빨리 열고 늦게 닫으면 배기행정 말기, 흡입행정의 초기에 피스톤이 상사점 부근에 있을 때 흡입밸브와 배기밸브가 동시에 열려 있다. 이를 밸브 오버랩(valve overlap)이라 하는데, 고속 엔진과 고급 엔진에서는 특히 이 기간을 길게 한다. 밸브 오버랩이 길면 고속회전에서 맥동효과와 관성효과를 효과적으로 이용할 수 있어 체적 효율이 향상된다.

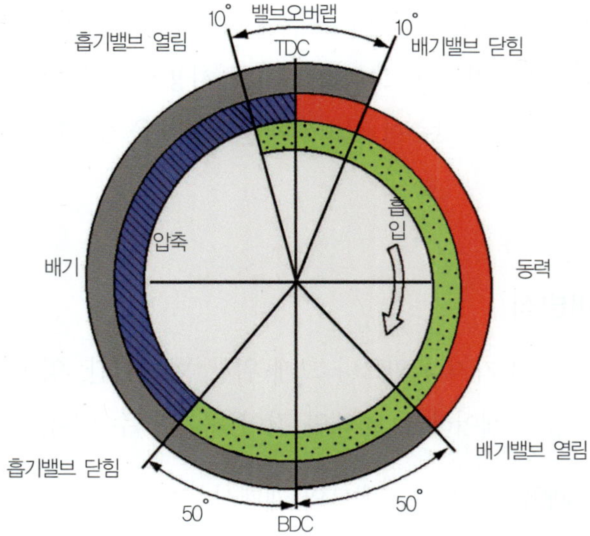

그림 2-57 4행정 사이클의 밸브개폐시기 선도

[6] 가변제어 타이밍

가변밸브 타이밍은 4행정 피스톤 엔진에서 사용하는 기술로, 자동차 운행 중에 회전 대역에 따라 흡기나 배기밸브의 개폐 타이밍이나 개폐량, 개폐시간을 바꿀 수 있게 한 기구이다.

(1) 작동원리

일반적으로 피스톤 엔진에서는 흡기와 배기 시에 포핏밸브를 사용한다. 포핏밸브는 캠축에 장착된 캠으로 동작하는데, 캠은 흡기와 배기 시에 일정한 시간 동안 포핏밸브를 연다. 캠축은 타이밍벨트, 기어 또는 체인을 통해 크랭크축에 의해 동작한다.

축 상의 캠 로브의 형상과 위상각은 엔진의 특정 회전 대역에 최적화되어 있기 때문에 최저 토크나 최고 출력의 한계가 결정된다. VVT(Variable Valve Timing)는 캠의 형상이나 위상각이 바뀔 수 있도록 해, 효율과 출력을 증가시키는 기술이다.

높은 엔진 회전 대역에서 엔진은 많은 공기를 필요로 한다. 그러나 보통은 관성에 의해 공기가 실린더로 모두 흘러 들어가기 전에 흡기밸브가 닫히기 때문에 성능이 저하된다. 반면, 캠이 밸브를 오랜 시간 동안 열어 놓으면, 낮은 엔진 회전 대역에서 문제가 발생한다. 밸브가 여전히 열려 있으므로 연소되지 않은 연료가 엔진을 빠져나가 버린다. 이는 엔진 성능을 저하시키고 배기가스 양을 증가시킨다.

가변제어 타이밍은 엔진의 부하와 회전수 조건에 따라 밸브 타이밍을 조절함으로써 흡입효율이 증가하고 따라서 토크가 증가된다. 그리고 VVT를 사용하면 밸브오버랩이 증대되어 불활성 가스인 배기가스가 연소 온도를 낮추어 질소산화물의 발생을 줄인다. 그러나 HC 배출가스는 다소 증대된다.

(2) 가변밸브 제어방식

가변밸브 제어방식은 여러 가지가 있으나 크게 위상, 개변기간, 양정 등의 요소를 제어하여 밸브 개폐시기 및 개폐량을 제어하며, 아래와 같이 구분할 수 있다.

① **가변밸브 타이밍 제어 :** 위상제어–밸브의 개폐시기만 제어

② **가변밸브 타이밍 및 양정 제어 :** 위상, 양정, 개변기간 제어

③ **가변밸브 작동간 제어 :** 개변기간 제어

(3) 가변제어 타이밍 사용목적

① 유해배출 가스를 감소시킬 수 있다.
② 연료소비율을 향상시킬 수 있다.
③ 엔진의 성능을 향상시킬 수 있다.
④ 공전운전을 안정시킬 수 있다.

(4) 가변제어 타이밍 종류

① VVT(Variable Valve Timing)

㉮ 밸브 타이밍과 밸브 개폐 기간 모두를 변화시킬 수 있는 시스템이다.
㉯ 캠축은 흡기밸브와 배기밸브에 대하여 3개의 돌출부를 가지고 있는 시스템이다.
㉰ 로커암은 내장된 유압 피스톤을 가지고 있으며, 돌출부의 형상이 서로 달라 개폐기간 차이가 생기는 특징을 가지고 있다.
㉱ 중앙 캠 돌출부는 고회전을 위한 것이고, 첫 번째와 두 번째의 캠 돌출부는 저 회전을 위한 기능을 하는 시스템이다.

그림 2-58 VVT 구조

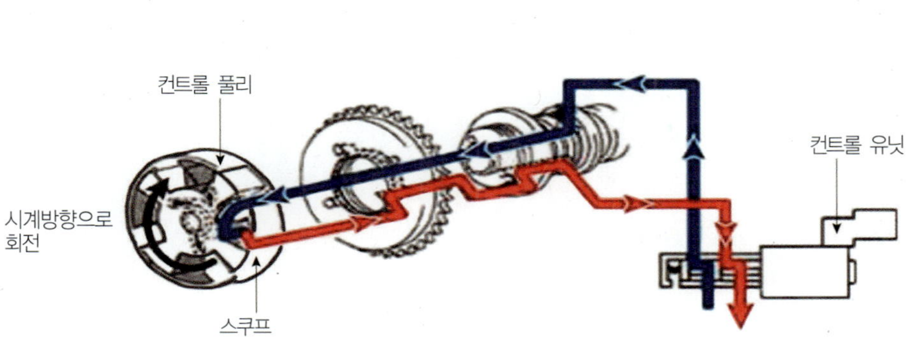

그림 2-59 VVT 작동도

② CVVT(Continuously Variable Valve Timing)

엔진 회전수와 액셀러레이터가 열린 정도에 따라 밸브의 개폐 타이밍을 연속적으로 바꿀 수 있는 시스템이다. 기본 구성은 캠 샤프트가 연결되어 있는 내축 챔버와 타이밍 시스템(체인, 벨트 등)과 연결되어 엔진으로부터 동력을 받는 외장 시스템, 현재의 타이밍을 측정할 수 있는 센서류 그리고 조절장치로 구성된다. 기어와 벨트로 연결되어 돌아가는 와중에 벨트는 그대로 돌아가면서 그 안에서 오일을 통한 유압을 통해 캠축을 살짝살짝 앞으로, 뒤로 돌려서 타이밍을 조절하는 방식이다. 구간뿐 아니라 열리는 깊이도 조절한다.

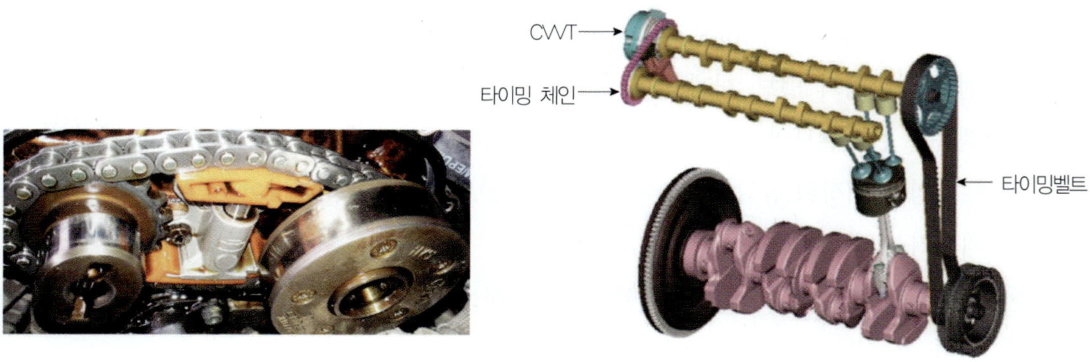

그림 2-60 CVVT

③ CVVL(Continuously Variable Valve Lift)

CVVT와 달리 CVVL은 밸브가 열리는 타이밍뿐만 아니라 리프트가 얼마만큼 열리는지까지 바꿔주어 엔진 회전수 및 차량 부하 상태에 따라 밸브 리프트를 연속 가변적으로 제어하여 최적의 흡입공기량을 제공하는 장치이다. 엔진 실린더 헤드의 흡기 캠과 밸브 사이에 장착되며 캠 샤프트의 동력을 전달받아 엔진 회전 속도에 따라 흡기밸브의 리프트 양을 연속 가변적으로 제어해야 엔진 성능 및 효율을 향상시킬 수 있으며, 연비 향상 및 배기가스 청정화에 기여한다.

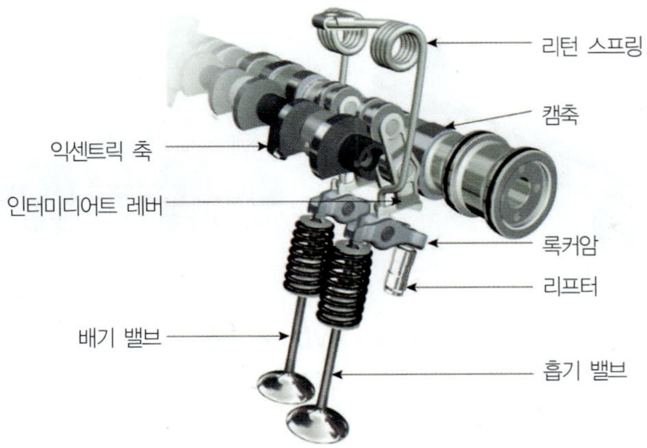

그림 2-61 CVVL 구성품

④ CVVD(Continuously Variable Valve Duration)

밸브의 열림, 닫힘, 개폐시간을 독립적으로 제어할 수 있는 기술이다. 이것은 성능과 연비를 모두 향상시킨다. 밸브 듀레이션은 밸브가 열려있는 기간을 뜻하며, 듀레이션이 길다는 것은 밸브가 오랫동안 열려 있다는 것이고, 듀레이션이 짧다는 것은 밸브가 짧은 시간동안만 열리는 것이다.

엔진을 설계할 때 듀레이션이 결정되면 그 시간은 바꿀 수 없었다. 이런 이유로 성능과 효율을 모두 향상시키는데 제한이 있었다. 아킨슨 엔진처럼 흡기 듀레이션을 일반 엔진보다 길게 설계할 수 있다면 연비가 좋아지나, 이런 방식은 엔진의 성능이 떨어지는 단점을 갖고 있다. 엔진 운전 조건에 따라 기존 아킨슨 엔진보다 더 긴 밸브 듀레이션을 최적화할 수 있다. 엔진 운전 조건에 따라 기존 아킨슨 엔진보다 더 긴 밸브 듀레이션을 사용할 수 있어 연비가 더 우수하고, 특정 조건에서는 기존 일반 엔진보다 더 짧은 밸브 듀레이션을 사용하여 성능을 개선할 수 있다.

CVVT는 밸브 듀레이션이 고정된 상태에서 밸브 타이밍을 최적화하기 때문에 밸브의 열림 시점과 닫힘 시점이 적절히 절충된 밸브 타이밍으로 설계된다. 반면에 CVVD는 엔진의 운전 조건별로 최적의 밸브 타이밍을 실현하는 기술이다. CVVD는 CVVT보다 연비를 더욱 더 향상할 수 있다. 또한 CVVD는 배출가스를 저감하는데 최적화된 밸브 타이밍도 구현할 수 있어 환경 문제 개선에도 큰 도움이 된다. 동력전달 경로는 캠샤프트 회전 → 휠 롤러(회전/슬라이딩) → 휠(회전) → 롤러캠(회전) → 캠(슬라이딩)순이다. 캠은 휠과 연결되어 있으며 휠의 속도에 따라 회전속도가 바뀐다.

그림 2-62 CVVD 구성품

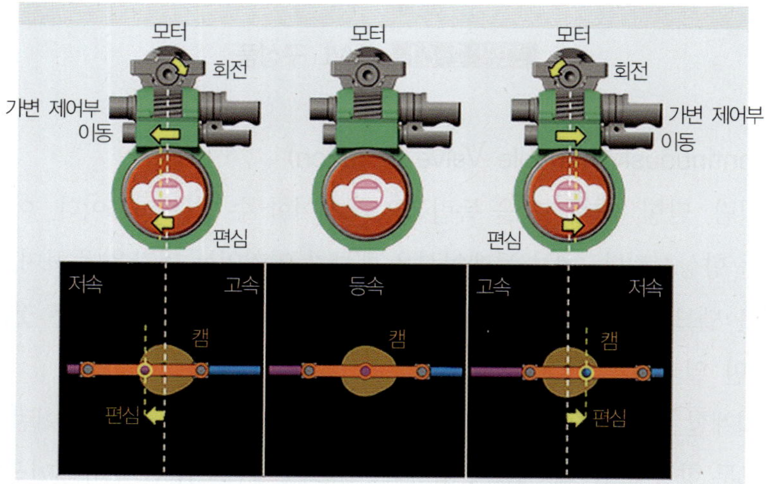

그림 2-63 CVVD 기구 작동 원리

CHAPTER 04

냉각장치

자동차 연소실은 혼합기가 연소될 때 발생하는 연소열에 의해 연소실의 온도는 최고 2,000~2,500℃까지 올라가기 때문에 엔진의 과열을 방지하고 적정 온도인 80~90℃를 유지할 수 있도록 냉각장치가 장착된다. 엔진의 온도가 너무 높으면 엔진의 내구성이 떨어지고 부품들의 수명이 단축된다. 또한 높은 온도로 인해 노킹 및 조기점화가 발생하여 엔진의 출력이 저하되고, 반대로 연소실의 온도가 지나치게 낮으면 엔진이 연소할 때 손실되는 열량이 크기 때문에 엔진의 효율이 떨어진다. 그리고 온도가 낮으면 불완전 연소로 인해 일산화탄소와 같은 대기 오염 물질이 발생하게 되므로 엔진 온도를 적정 온도로 제어할 필요성이 있다.

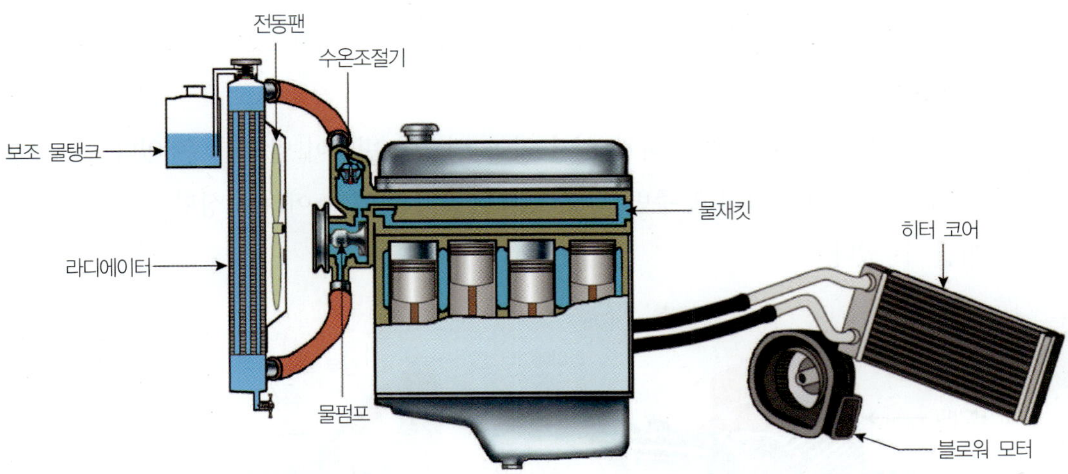

그림 2-64 냉각장치

01 냉각장치의 분류

[1] 공랭식 냉각장치

얇고 넓은 형태의 알루미늄 핀을 엔진 블록 및 실린더와 실린더 헤드 주변에 장착하여 이 알루미늄 핀이 실린더의 열을 흡수하고, 외부의 공기로 이 핀의 열을 제거하는 방식으로 엔진을 냉각시킨다. 냉각수의 보충, 누수, 동결 등의 염려가 없고 수랭식에 비하여 그 구조는 간단하다. 주행할 때의 공기로 냉각시키는 자연 통풍식(natural air cooling type)과 냉각 팬을 플라이휠 또는 크랭크축에 의하여 회전시켜 강제로 공기를 보내어 냉각시키는 강제 통풍식(forced air cooling type)이 있다.

(1) 공랭식 시스템의 장점

① 설계가 간단하다.

② 워터 재킷, 라디에이터, 순환 펌프 및 냉각수 등이 없기 때문에 무게가 상대적으로 가볍다.

③ 비용이 저렴하며 관리 및 유지 보수도 편리하다.

(2) 공랭식 시스템의 단점

① 공기의 열전달 계수가 물의 열전달 계수보다 낮기 때문에 상대적으로 냉각 시스템의 효율성이 떨어진다.

② 실린더 주변을 시원하게 유지하기 쉽지 않아 실린더 변형이 발생할 수 있다.

③ 작동 소음이 많이 발생하고 주변 온도, 분진, 공기 유입이 어려운 상황에 따라 효율이 떨어질 수 있다.

그림 2-65 공랭식 엔진

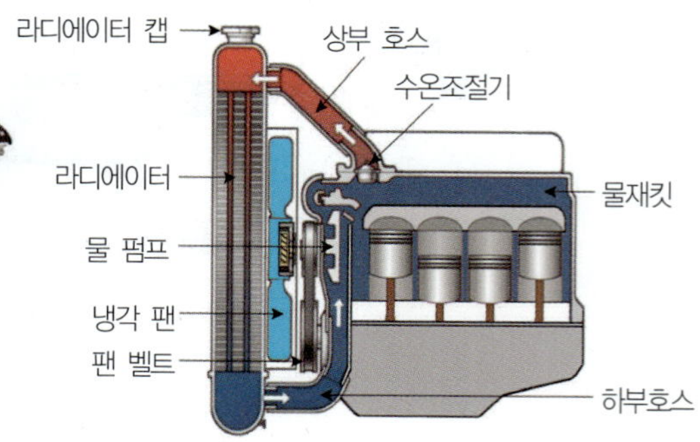

그림 2-66 수냉식 엔진

[2] 수냉식 냉각장치

수냉식은 엔진 내부의 연소를 통해 일어나는 열에너지가 기계적 에너지로 바뀌면서 뜨거워진 엔진을 물로 냉각하는 방식이다.

(1) 수랭식 냉각장치 종류

① **자연 순환방식** : 냉각수를 대류에 의해 순환시켜 냉각한다.

② **강제 순환방식** : 워터펌프를 이용하여 냉각수를 강제로 순환시켜 냉각하는 방식이다. 이 방식의 주요 구성부품은 라디에이터, 워터펌프, 워터 재킷, 서모스탯(수온 조절기) 등으로 구성된다.

③ **압력 순환방식** : 냉각 계통을 밀폐시키고, 냉각수가 가열되어 팽창할 때의 압력이 냉각수에 압력을 가하여 냉각수의 비등점을 높여 비등에 의한 손실을 감소시킨다.

④ **밀봉 압력방식** : 라디에이터 캡을 밀봉시킨 후 냉각수의 팽창과 맞먹는 크기의 보조 물탱크를 설치하고 냉각수가 팽창하였을 때 외부로 배출되지 않도록 한다.

⑤ 바이패스 방식에 따라 바텀 바이패스(Bottom by-pass)방식과 인라인 바이패스(In line by-pass)방식이 있으며, 일반적으로 인라인 바이패스방식이 많이 사용되고 있다.

(2) 수냉식의 장 · 단점

① 수냉식 엔진의 장점

㉮ 엔진 예열 시간이 빠르다.

㉯ 공기보다 열용량이 높기 때문에 엔진 온도를 더 안정적으로 유지할 수 있다.

㉰ 좋은 엔진 성능을 낼 수 있다.

② 수냉식 엔진의 단점

㉮ 공랭식 엔진에 비해 라디에이터, 워터 펌프, 냉각수 및 호스와 같은 시스템 구성 요소가 많아 설계가 복잡하다.

㉯ 엔진의 무게도 무거워지고 가격도 비싸다.

㉰ 관리 측면에서 엔진 과열 시에 증발 등으로 시스템 내 냉각수가 약간씩 손실 시 주기적으로 보충을 해줘야 하므로 공랭식에 비해 번거롭다.

㉱ 극한의 환경에서는 냉각수의 증발, 결빙 등으로 엔진 고장을 야기할 수 있다.

02 냉각장치의 구성

냉각장치는 실린더헤드와 실린더블록에 있는 물 재킷(water jacket, 냉각수 통로), 냉각수, 물 펌프, 수온 조절기(thermostat), 라디에이터(방열기), 라디에이터 호스, 냉각 팬 등으로 구성되어 있으며, 엔진이 가동되면 실린더헤드와 실린더블록의 물 재킷에 있는 냉각수가 바로 라디에이터로 가는 것이 아니고 실린더블록과 실린더헤드 사이의 폐쇄 회로를 구성하여 순환하다가 냉각수 온도가 85℃ 정도가 되었을 때 수온 조절기가 열려 라디에이터 상부 호스를 통하여 라디에이터 상부 탱크로 들어간다.

상부 탱크와 하부 탱크 사이에 연결된 튜브를 통하여 하부 탱크로 흘러 내려가는 도중에 냉각 팬이 회전하면서 흡입 공기에 의해 온도가 5~10℃ 정도 낮아져 하부 탱크를 통하여 물 펌프로 간다. 엔진을 순환하는 과정에서 온도가 5~10℃ 상승하여 라디에이터로 순환된다.

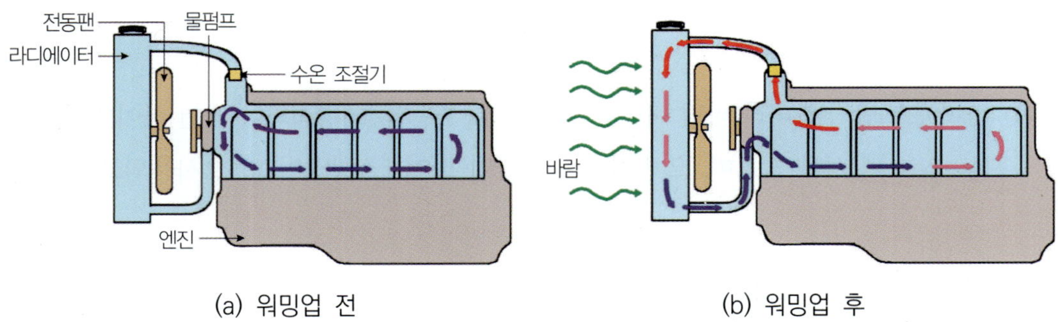

(a) 워밍업 전 (b) 워밍업 후

그림 2-67 냉각수 흐름

[1] 냉각수와 부동액

(1) 냉각수(cooling water)

엔진에서 사용하는 냉각수는 물을 사용하며 물은 열을 잘 흡수하고 구입이 용이하기 때문이다. 냉각수는 연수인 증류수, 수돗물, 빗물 등을 사용하며 광물성이나 산을 포함한 천연수와 경수는 냉각장치를 부식시키거나 물때(scale)가 많이 생기므로 사용하지 않는 것이 좋다.

(2) 부동액(coolant water)

부동액은 겨울철 빙결과 여름철 과열을 예방하는 역할을 한다. 부동액은 냉각수와 혼합 시

지역의 온도에 따라 약간씩 혼합비율을 다르게 하여야 할 필요성이 있고, 부동액의 비율이 40~60% 정도가 되어야 동파를 방지할 수 있다.

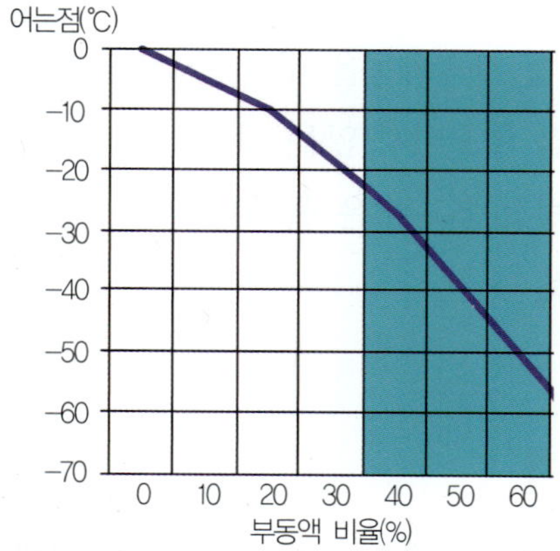

그림 2-68 부동액 비율에 따른 냉각수의 어는 점

부동액의 비율이 너무 높으면 오히려 냉각 성능이 감소한다. 보통 그 지역의 최저온도보다 5~10℃ 정도 낮은 온도를 기준하여 사용한다. 부동액의 종류에는 메탄올(알코올), 글리세린, 에틸렌글리콜이 있으며, 에틸렌글리콜을 주로 사용한다.

① **에틸렌글리콜의 특징**

㉮ 비등점은 197.2℃이며 빙점은 –37℃이다.

㉯ 냄새가 없고 휘발하지 않으며, 불연성이다.

㉰ 물에 잘 용해되며 약간의 단맛이 난다.

㉱ 엔진의 내부에서 유출되면 교질상태의 침전물이 발생되고 알루미늄 합금에 대한 부식성이 강하다.

㉲ 팽창계수가 큰 결점이 있으나 도료(페인트)를 침식시키지는 않는다.

[1종 부동액과 2종 부동액]

주성분	종류	기호	용도
에틸렌글리콜(EG)	1종	AF	냉각수의 동결방지와 부식방지의 목적으로 겨울 한철에 사용할 수 있는 것.
	2종	LLC	냉각수의 동결방지와 부식방지의 목적으로 연중 계속 사용할 수 있는 것.
프로필렌글리콜(PG)	2종	LLC	냉각수의 동결방지와 부식방지의 목적으로 연중 계속 사용할 수 있는 것.

※ 1종 부동액(AF, Anti-freeze) : 겨울 한 철만 사용할 수 있는 부동액
※ 2종 부동액(LLC, Long Life Coolant) : 연중 항시 사용할 수 있는 사계절 부동액

② 부동액의 구비조건

㉮ 냉각수와 잘 혼합될 것.

㉯ 냉각장치에서 순환성이 좋은 것.

㉰ 워터재킷, 라디에이터 등 냉각계통을 부식시키지 않을 것.

㉱ 온도변화에 따른 부식을 일으키지 않을 것.

㉲ 비점이 물보다 높고, 빙점(응고점)은 물보다 낮을 것.

㉳ 증발(휘발성)이 없을 것.

[2] 물 재킷(water jacket)

물 재킷(Water jacket)은 엔진에 온도를 일정하게 유지하기 위해 실린더헤드 및 블록에 일체 구조로 설치되어 냉각수가 순환하면서 연소실 및 블록에서 발생한 열을 흡수하는 물 통로이다.

[3] 물 펌프(water pump, 워터 펌프)

물 펌프는 크랭크축에 의해 팬벨트를 통하여 구동되어 엔진에 냉각수를 강제로 순환시키는 부품으로, 엔진이 회전하고 있으면 물 펌프는 항상 회전하도록 되어 있다. 물 펌프는 내부에 임펠러가 회전하면서 원심력에 의해 냉각수를 바깥쪽으로 뿜어내어 엔진의 물 재킷으로 물을 보낸다. 최근에는 하이브리드 자동차나 전기자동차가 많이 생산되면서 전동식 워터펌프도 많이 사용하고 있다. 물 펌프가 고장나면 냉각수가 순환하지 못하여 엔진 과열의 원인이 된다.

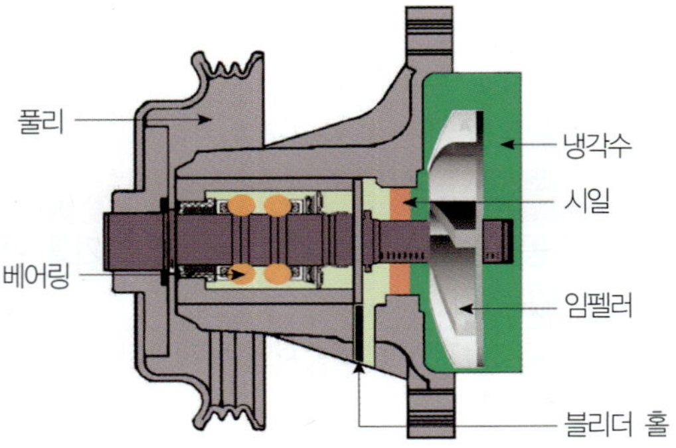

(a) 물 펌프 구조

(b) 전동식 물 펌프

그림 2-69 물 펌프

[4] 구동 벨트(drive belt)

팬벨트 또는 V벨트라고도 하며 크랭크축, 발전기, 물펌프, 동력조향 오일 펌프, 냉방 압축기의 풀리를 연결 구동한다. 재질은 섬유질과 고무이며, V리브드 벨트는 두께가 적어 굴곡에 대한 피로성이 우수하고 코드와 고무의 박리 또는 균열 등이 적다.

(1) 구동 벨트의 점검

발전기 풀리와 물 펌프 풀리 사이에서 점검하여 10kgf의 힘으로 눌렀을 때 6~10mm의 헐거움이 있으면 양호하다.

(2) 팬벨트 장력이 너무 크면(팽팽하면)

물 펌프 및 발전기 풀리의 베어링 마멸이 촉진된다.

(3) 팬벨트 장력이 너무 작으면(유격이 너무 클 때)

① 소음이 발생하며, 팬벨트의 손상이 촉진된다.
② 물 펌프 회전속도가 느려 엔진이 과열되기 쉽다.
③ 발전기의 출력이 저하된다.

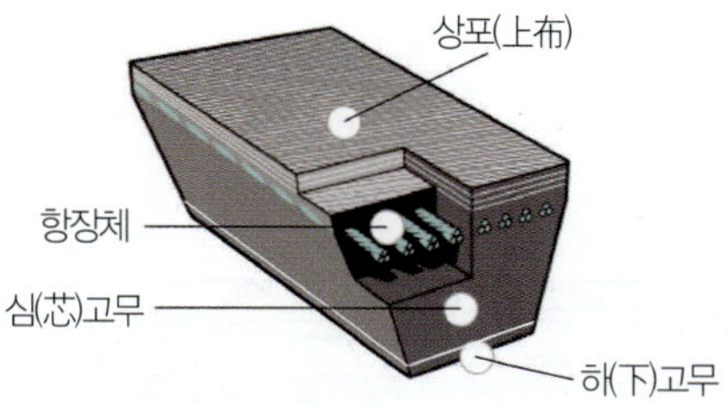

(a) V벨트

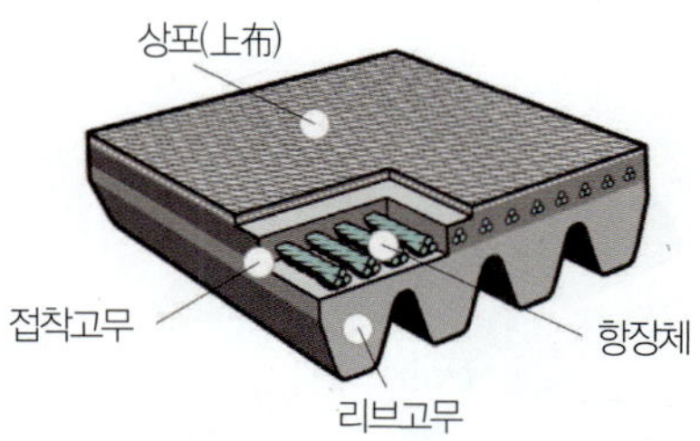

(b) V리브드 벨트

그림 2-70 V 벨트 및 V리브드 벨트

[5] 냉각 팬(cooling fan)

뜨거워진 냉각수는 라디에이터를 통과하고, 라디에이터가 자동차 주행 풍에 의해 냉각이 된다. 하지만 공회전 상태나 저속에서 운행할 때는 바람의 세기가 약하기 때문에 냉각 팬(라디에이터 팬)을 통해 강제로 바람을 불어넣어 라디에이터에 흐르는 냉각수를 식혀준다.

냉각 팬은 엔진의 온도를 낮추기 위한 마지막 수단으로 중요한 위치를 차지하는데, 구동형식에 따라 크랭크축의 회전을 이용하는 엔진 구동 팬과 전기모터를 이용한 전동 팬 등 2가지 형식이 있으며 엔진 구동 팬에는 일체형, 점성식 팬 클러치 형식이 있다.

(1) 엔진 구동 팬

① 일체형 냉각 팬

일체형 냉각 팬은 냉각 팬이 워터펌프 풀리와 같이 워터펌프에 볼트로 고정하는 형식으로 크랭크축 풀리와 워터펌프 풀리의 비율(풀리비)에 따라 냉간 시나 온간 시 항상 같은 비율로 회전하기 때문에 냉각이 불필요한 시점(냉간 시나 저부하 운전)에도 항상 엔진속도와 같은 속도로 회전하기 때문에 구동손실 크고 소음이 큰 단점이 있어 최근에는 거의 사용하지 않고 있다.

② 유체 커플링식(fluid coupling type)

이 형식은 팬과 물 펌프 사이에 실리콘 오일을 봉입한 유체 커플링을 설치하여 동력전달을 오일의 유체저항을 이용하여야 하며, 저속에서는 물 펌프축과 같은 속도로 회전하나 고속이 되면 팬의 저항이 증가하여 커플링이 미끄러져 클러치 작용을 하므로 속도가 물 펌프 회전속도에 비하여 떨어진다.

그림 2-71 유체 커플링식 냉각 팬

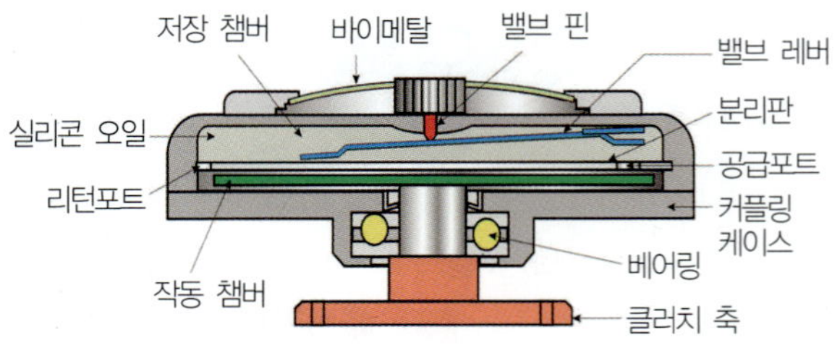

그림 2-72 온도조절 바이메탈식 팬 클러치

③ 온도조절식 팬 클러치(thermostatic fan clutch)

이 형식은 방열기를 통과하는 공기온도를 감지하여 팬의 회전속도를 자동 변속시키는 형식으로 온도조절 팬 클러치식과 같이 서모스탯 코일의 한쪽 끝이 커버에 고정되고 다른 끝은 슬라이드밸브에 부착되어 있다.

엔진 온도가 상승하여 방열기 통과 온도가 상승하면 서모스탯 코일이 변형되어 슬라이드 밸브를 작동시키면 오일입구가 열려 케이스 안으로 흘러 들어와 물 펌프 회전에 의한 원심력으로 클러치의 기동 회전력이 커져 회전속도가 빨라진다. 다시 방열기 통과온도가 내려가면 바이메탈이 수축하여 슬라이드밸브가 오일입구를 닫고 오일은 원심력에 의해 오일출구를 통해 케이스에서 흘러나가 오일실로 돌아가 회전력이 감소하여 회전속도가 낮아진다.

(2) 전동식 냉각 팬(electric cooling fan)

전동식은 배터리의 전기를 이용하여 냉각 팬을 회전시키는 형식으로 수온센서에 의한 냉각수 온도를 감지하여 팬을 작동시킨다.

전동 팬용 모터는 페라이트 자석을 이용한 직류모터나 공간이 협소할 때는 축 길이가 짧은 프린트모터를 사용하며, 최근의 자동차에는 쾌적한 운전을 위하여 에어컨 시스템을 사용하므로 대용량 엔진냉각 팬(전동팬) 1개나 전동 팬과 함께 에어컨 시스템에서 사용되는 컨덴서 냉각용 팬(전동팬) 등 2개의 냉각 팬을 사용하는 경우가 많다. 수온센서의 작동온도는 보통 90~100℃ 사이이고, ON~OFF의 온도차는 3~5℃이다. 전동식 팬의 장점은 라디에이터의 설치가 자유롭고, 히터의 난방이 빨라지며, 일정한 풍량을 항상 확보할 수 있어 공회전 시나 번잡한 시가지 주행 시에도 충분한 냉각 성능을 가진다.

그러나 단점은 가격이 비싸고 팬 가동 시 소비전력이 많으며 소음이 크다. 전동 팬의 구동방식은 기존 전동 팬은 전류(A) 제어방식이었으나 요즘은 PWM(pulse width modulation, 펄스 폭 변조) 전동 팬으로 전압(V) 제어방식을 사용한다.

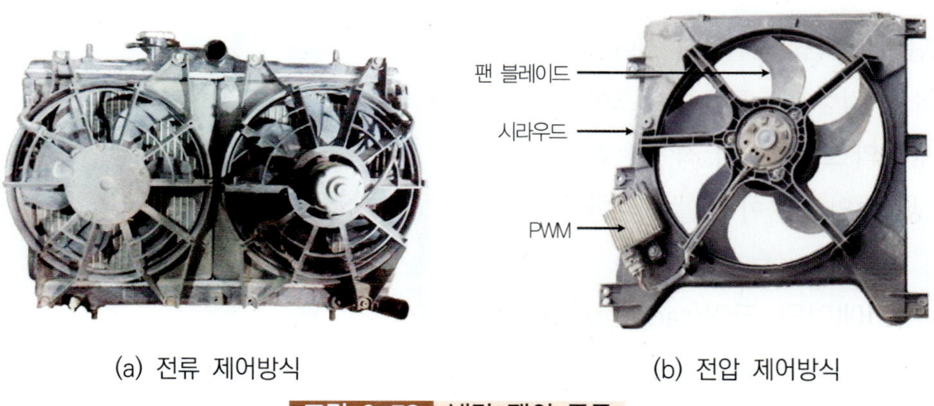

(a) 전류 제어방식 (b) 전압 제어방식

그림 2-73 냉각 팬의 종류

PWM 전동 팬은 엔진 냉각수 온도, PWM 자체 온도센서에서 감지한 주변 온도, 에어 플로우 센서에서 감지한 흡기온도, 에어컨 냉매압력, 자동변속기 내부온도 등에 따라 그 제어값이 엔진 ECU에 보내진다. 이때 엔진 ECU는 가장 높은 값을 선택하여 전동팬을 구동한다.

[6] 라디에이터(radiator, 방열기)

라디에이터는 방열기라고도 하며 자동차 그릴 바로 뒤에 위치하며, 엔진의 물 재킷을 냉각수가 순환하면서 냉각수는 뜨거워진다. 뜨거워진 냉각수를 라디에이터를 통해 식혀주게 된다. 라디에이터는 공기를 통해 냉각수를 식혀주며, 방열 효과를 높이기 위해 표면적이 넓은 핀(fin) 형태로 되어 있다. 냉각수의 흐름은 엔진에서 열을 흡수한 냉각수가 라디에이터 상부 탱크로 들어와 코어를 따라 하부탱크로 흐르면서 방열되며, 냉각 팬(cooling fan)의 유입 공기와 자동차의 속도에 따른 유입 공기에 의하여 냉각된다.

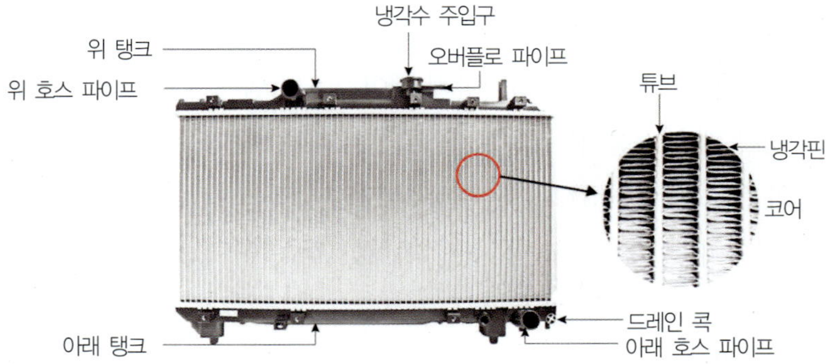

그림 2-74 라디에이터의 구조

(1) 라디에이터의 구비조건

① 단위 면적당 방열량이 커야 한다.

② 소형 경량으로 튼튼한 구조여야 한다.

③ 공기의 흐름저항이 적어야 한다.

④ 냉각수의 흐름이 원활해야 한다.

(2) 라디에이터 코어(radiator core)

코어(core)는 냉각수가 위탱크에서 아래탱크로 흐르는 튜브와 공기가 통하는 핀 부분으로 되어 있다. 코어가 수평으로 설치된 형식과 수직으로 설치된 형식이 있으며 대부분 수직으로 설치된 형식이 주로 사용되고 있다. 코어의 재질은 방열성이 좋은 얇은 구리판이나 알루미늄 합금판을 성형재단하고 납땜하여 만들며, 라디에이터 코어 막힘률은 20% 이상 되어서는 안 된다.

$$\text{라디에이터 코어 막힘률} = \frac{\text{신품 용량} - \text{사용품 용량}}{\text{신품 용량}} \times 100(\%)$$

(3) 라디에이터 캡(radiator cap)

라디에이터 캡은 압력 스프링이 있어 냉각수의 압력을 높여 냉각장치 내의 비등점(비점)을 높이고, 냉각범위를 넓히기 위하여 압력식 캡을 사용한다. 압력식 캡은 압력밸브와 진공밸브로 되어있고, 보통 캡의 압력은 게이지 압력으로 0.2~0.9kgf/cm^2 정도이며, 냉각수의 비등점을 110~120℃로 높아지게 된다.

엔진의 온도가 올라가면 냉각수의 부피가 팽창하여 압력이 높아지는데, 라디에이터 캡을 통해 냉각수가 리저버(reservoir)로 빠져나가게 하여 냉각수가 넘치지 않게 리저버에 저장한다. 엔진의 온도가 하강했을 때는 라디에이터에서 빠져나간 냉각수 공간만큼 라디에이터에는 부압(진공)이 형성되어 부압에 의해 리저버에 있는 냉각수가 다시 라디에이터로 흘러들어와 이전 상태로 돌아온다.

① 냉각장치 내부압력이 규정보다 높을 때 압력밸브가 열린다.

② 냉각장치 내부압력이 부압이 되면 진공밸브가 열린다.

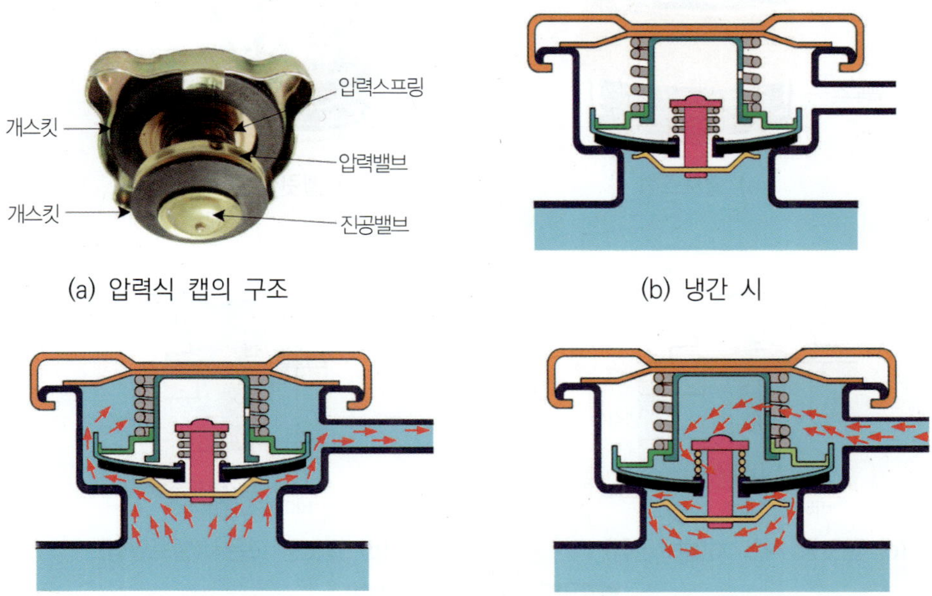

(c) 압력이 높을 때 (d) 압력이 낮을 때

그림 2-75 라디에이터 압력 캡의 구조와 작용

(4) 라디에이터에 기름이나 기포가 발생 시 고장 개소

① 실린더 헤드 파손

② 실린더 헤드 개스킷 파손

③ 실린더 헤드 볼트 파손 또는 이완

[7] 수온조절기(Thermostat, 서모스탯)

수온조절기는 냉각수의 온도 변화에 따라 자동적으로 개폐하여 라디에이터의 유량을 조절하는 역할을 한다. 시동 초기 냉각수의 온도가 낮을 때는 워밍업을 빠르게 하고 냉각수 온도를 항상 적정온도인 80~90℃로 유지하기 위해 수온조절기가 라디에이터로 가는 경로를 막아 실린더블록과 실린더헤드 사이를 폐쇄 회로로 구성하여 자체 순환을 하게 된다. 반면 엔진의 온도가 높아져 냉각수의 온도가 높아졌을 때는 수온조절기가 라디에이터로 가는 경로를 개방하여 냉각수가 라디에이터로 흐르게 된다.

(a) 벨로즈형 (b) 펠릿형

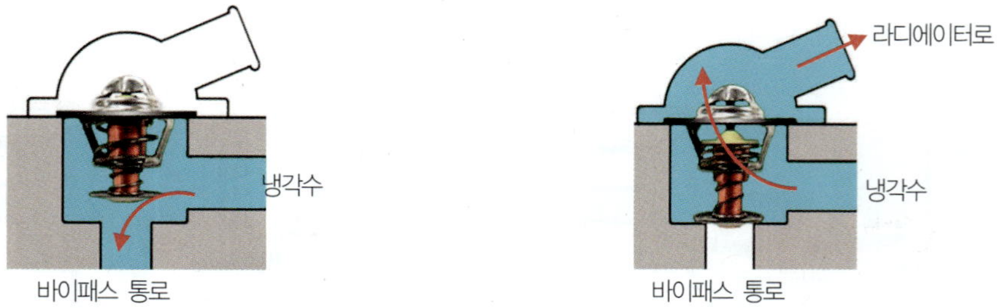

(c) 펠릿형 저온 시(밸브닫힘) (d) 펠릿형 고온시(밸브열림)

그림 2-76 수온조절기

수온조절기에는 벨로즈형식과 펠릿형식의 2가지가 있다. 펠릿 내부에는 왁스(wax)와 함께 고무가 봉입되어 왁스의 팽창 및 수축으로 밸브가 개폐된다. 즉, 온도가 낮을 때는 펠릿이 스프링에 밀리어 밸브를 닫은 상태가 되며 온도가 올라가면 왁스가 팽창하여 고무 부분을 압축하므로 펠릿이 밀려 내려와 밸브를 열어주게 된다. 벨로즈형식은 벨로즈 내부에 에틸이나 알코올이 들어있다.

2가지 모두 냉각수 온도에 따른 작동 물질의 열팽창을 이용하여 65℃에서 열리기 시작하여 85℃에서 밸브를 여는데 수온조절기가 열린 채 고장이 나면 엔진이 과냉되고, 닫힌 채로 고장이 나면 과열의 원인이 된다.

03 입 · 출구 제어방식

냉각수 온도 조절장치로 입구 제어방식과 출구 제어방식으로 구분할 수 있는데, 기존의 출구 제어방식은 서모스탯이 열린 후 라디에이터 내의 차가운 냉각수가 엔진을 통과하여 서모스탯까지 순회해야 닫히므로 엔진 헤드 그리고 실린더블록의 실제적인 온도와 큰 차이가 있다.

그러므로 ECU가 냉각수 온도를 기준으로 인젝터 통전시간 및 점화시기를 보정하는데 부정확하고 연비나 배출가스 조절에 오차가 발생할 수 있다.

이러한 문제점을 해소하고자 출구 제어에서 입구 제어로 바뀌었으며, 입구 제어방식은 서모스탯이 열리자마자 라디에이터에서 유입되는 냉각수에 의해 서모스탯의 열림이 결정되기 때문에 냉각수가 조금씩 유입되면서 서모스탯의 열림이 적절히 조절된다.

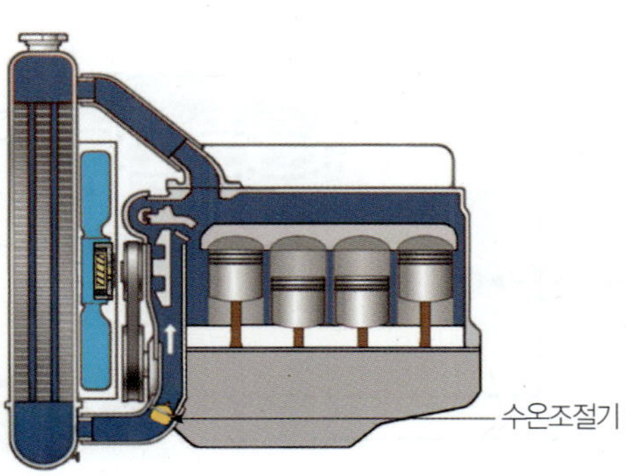

그림 2-77 입구 제어방식

04 통합열관리 시스템(ITMS : integrated thermal management system)

엔진오일과 냉각수는 엔진의 온도를 제어한다. 저속에서 냉각수 온도를 높여주면 열로 빠져나가는 냉각손실을 줄일 수 있고, 고속에서는 냉각수 온도를 낮춰주면 노킹을 줄일 수 있다. 이렇게 엔진의 운전 상황에 따라 냉각수의 온도를 제어하면 열효율을 높이고 연비를 향상시킬 수 있다. 정밀한 열관리를 수행하는 ITMS는 온도에 따라 반응하는 하나의 밸브가 아닌 통합적인 온도관리와 최적화를 위한 시스템이다.

ITMS는 시동을 걸고 예열하는 시간이 필요 없을 정도로 엔진오일의 온도를 빠르게 상승시켜 시동을 걸고 대기하는 시간 낭비가 줄었으며, 저온 상태에서 엔진의 힘이 손실되는 원인인 마찰에너지를 줄일 수 있어 연비 향상에 큰 역할을 하게 된다. ITMS 시스템의 효과는 다음과 같다.

① DC모터를 이용한 냉각수 유량 및 회로 독립제어 설계로 워밍업 성능 개선 및 통합 열관리를 통한 연비 개선.
② 통합 유량제어밸브를 적용하여 실린더블록의 냉각수 고온 제어를 통한 마찰 저감.
③ 차량 저중속 운전 시 냉각 수온 상향제어로 열손실 최소화를 통한 연비개선.
④ 라디에이터 및 히터로 분기되는 냉각 유동을 가변 제어하여 냉각/마찰 손실 최소화.
⑤ 고속 고부하 운전 시 냉각 수온 하향제어로 엔진 내구성 확보 및 가속성능 확보.
⑥ 통합유량 제어 밸브 적용으로 포트별 온도 제어가능.

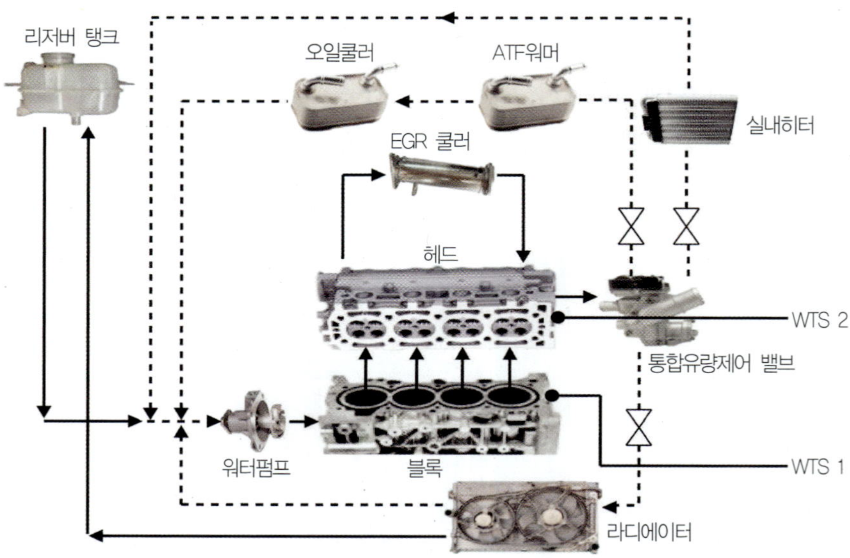

그림 2-78 통합열관리 시스템

05 엔진의 과열 및 과냉원인

(1) 과열원인

① 수온 조절기가 닫힌 채로 고장 또는 열림 온도가 너무 높다.

② 라디에이터의 코어 막힘이 과도하거나 오손 및 파손되었다.

③ 구동 벨트의 장력이 약하거나 구동 벨트가 이완 및 절손되었다.

④ 물 재킷 내의 스케일(물때)이 과다하다.

⑤ 물 펌프의 작동이 불량하다.

⑥ 라디에이터 호스가 파손되었다.

(2) 과냉원인

① 수온 조절기가 열린 채로 고장이 났다.

② 수온 조절기의 열림 온도가 너무 낮다.

CHAPTER 05

윤활장치

윤활장치(lubrication system)는 엔진 내부의 각 섭동부에 오일을 공급하여 마찰 손실과 부품의 마멸을 최소화하여 기계효율을 향상시키고, 엔진수명을 연장시켜 주는 역할을 한다. 운전 중 충분한 윤활이 되지 않으면 마찰이 증가하게 되며, 심하면 베어링과 피스톤이 소결을 일으키기도 한다. 이와 같이 엔진의 움직이는 면에 유막(oil film)을 형성하게 하여 마찰이 작은 유체마찰로 바꾸어 주는 것을 윤활이라 한다. 이때 사용되는 오일을 윤활유(lubricant)라 하고, 유막을 형성하는데 필요한 오일 공급장치를 윤활장치라 한다.

오일 순환 경로는 오일 스트레이너 → 오일 펌프 → 오일여과기 → 실린더블록 오일통로 → 오일 압력조절기 → 피스톤 및 크랭크축(실린더 헤드 → 로커암 축 → 로커암 → 캠 및 밸브 → 캠축 저널) → 오일팬

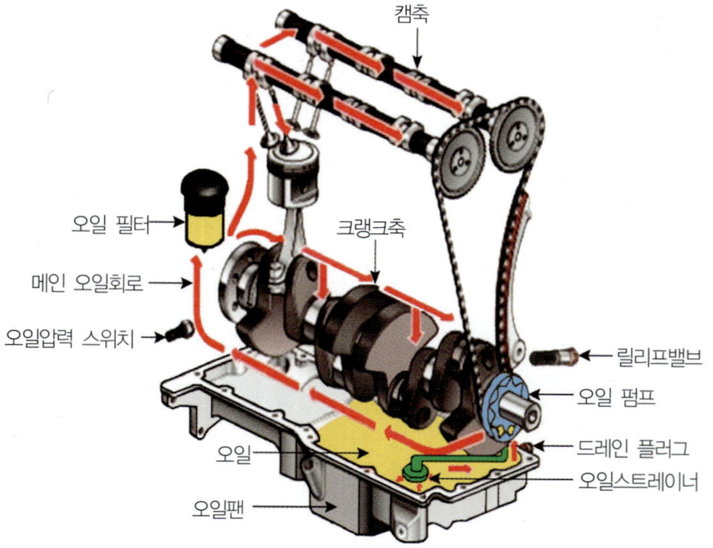

그림 2-79 윤활장치 구성품 및 오일 순환도

01 윤활유

[1] 윤활유 공급방법

윤활유를 각 윤활부분에 공급하는 방법에는 비산방식, 압송방식, 비산 압송방식 등이 있다.

① **비산식** : 커넥팅로드의 큰 쪽 하단에 장착된 주걱으로 오일 팬에 있는 오일을 쳐서 뿌려주는 방식.

② **압송식** : 오일 팬에 있는 오일을 오일 펌프에 의해 강제적으로 각 윤활부에 압송하는 방식.

③ **비산 압송식** : 비산식으로는 윤활효과가 부족하므로 비산식과 압송식을 복합한 방식.

[2] 윤활유의 작용

① **감마작용** : 엔진의 접촉부에 유막을 형성하여 금속의 직접적인 고체마찰을 방지하여 베어링 및 금속부의 마모를 최소화한다.

② **밀봉작용** : 실린더와 피스톤 사이에 유막을 형성하여 압축가스 및 연소가스가 누설되지 않도록 기밀을 유지하여 밀봉작용을 한다.

③ **냉각작용** : 윤활유는 엔진 각 부에 발생되는 마찰열을 흡수하여 방열하는 작용을 하며, 이러한 냉각작용으로 엔진의 각 마찰부가 마찰열에 의하여 눌어붙는 것을 방지한다.

④ **세척작용** : 오일은 오일 펌프에 의하여 엔진 각 부를 순환하며, 이때 불순물을 흡수하여 윤활부를 깨끗하게 한다.

⑤ **방청작용** : 금속의 각 부분은 수분이나 공기 또는 이상가스와 접촉하면 녹슬거나 부식한다. 따라서 윤활유는 수분이나 부식성가스가 금속부에 직접 접촉하지 않도록 막거나 제거하는 역할을 한다.

⑥ **응력 분산작용** : 윤활부에는 엔진의 작동에 따라 국부적으로 작용하는 압력을 전체에 분산시키는 역할을 한다.

[3] 윤활유의 구비조건

① 점도가 적당할 것.

② 점도지수가 커 온도와 점도와의 관계가 적당할 것.

③ 인화점 및 자연 발화점이 높을 것.

④ 강인한 윤활유막을 형성할 것(유성이 좋을 것).

⑤ 응고점(凝固點)이 낮을 것.

⑥ 비중이 적당할 것.

⑦ 기포발생 및 카본생성에 대한 저항력이 클 것.

⑧ 열과 산에 대하여 안정성이 있을 것.

> 참고 **점도(Viscosity)**
> 유체의 끈적거림의 정도, 끈끈한 정도를 물리적 단위로 표현한 것으로, 유체의 흐름에서 어려움의 크기를 나타내는 양을 의미함

> 참고 **점도 지수(Viscosity Index)**
> 오일의 점도는 온도가 높으면 점도가 낮아지고 온도가 낮으면 점도가 높아진다. 이러한 온도에 따른 오일점도 변화를 나타낸 것으로, 점도지수가 높을수록 온도에 따른 점도 변화가 작다.

[4] 마찰의 종류

① **건식마찰(Dry Friction)** : 이 마찰은 고체마찰이라고도 부르며, 고체 표면 사이의 마찰이다.

② **경계마찰(Boundary Friction)** : 계속적이고 심한 표면 접촉이 일어나면서도 윤활유는 접촉 표면에 계속하여 공급되어서 접촉 표면에 마찰과 마모를 감소시킬 수 있는 표면막을 형성하는 마찰을 말한다. 이 경우 마찰계수는 보통 0.05~0.20 범위에 있다.

③ **혼합마찰(Mixed Friction)** : 혼합마찰은 접촉 표면의 돌기들의 간헐적인 접촉과 부분적인 유체윤활이 혼합되어 있는 마찰을 말한다. 이때 마찰계수는 0.004~0.10 정도의 범위에 있고 접촉 표면의 약간의 마모도 수반하게 된다.

④ **유체마찰(Fluid Friction)** : 접촉면이 윤활제에 의하여 완전히 분리된 경우를 말한다. 이 경우에 접촉 표면에 걸리는 하중은 모두 접촉면의 상대운동에 의해 발생되는 유압에 의하여

지지되게 된다. 따라서 접촉 표면의 마모는 매우 작으며 마찰 손실도 오직 윤활막 내에서 이루어지게 된다. 마찰계수는 0.002~0.01 범위이다.

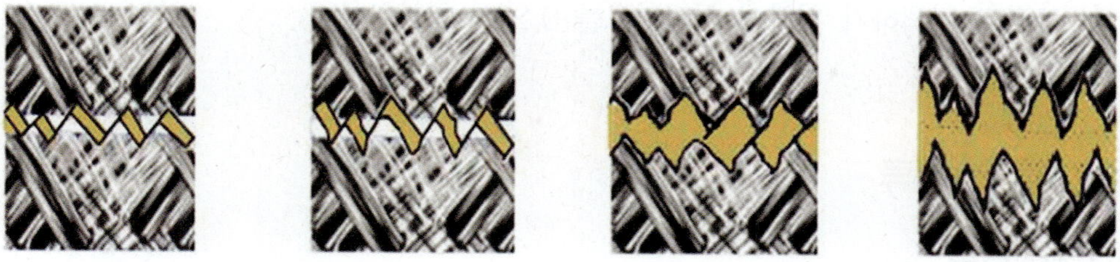

(a) 건식마찰　(b) 경계마찰　(c) 혼합마찰　(d) 유체마찰

그림 2-80 마찰의 분류

[5] 윤활유 첨가제

① **산화방지제(Anti Oxidant)** : 엔진의 오일은 높은 온도에서 사용되며, 연소생성물인 물, 먼지, 금속 등과 항상 접촉하기 때문에 산화가 쉽게 발생한다. 산화를 방지하기 위해 0.4~2.0% 첨가한다.

② **점도지수 향상제(Viscosity Index Improver)** : 온도의 상승에 대한 점도의 저하정도를 작게 하기 위해 0.5~10% 첨가된다.

③ **유동점 강화제(Pour Point Depressant)** : 윤활유 중의 결정 표면에 보호막을 만들어 결정의 성장을 막고 유동점을 내리기 위해 0.1~1.0% 첨가된다.

④ **청정 분산제(Detergent Dispersant)** : 청정 분산제는 윤활유 중에 생성하는 슬러지 등의 침적방지와 산성물질의 중화 역할을 한다.

⑤ **부식 방지제(Anti - Corrosives Corrosion Inhibitor)** : 오일 산화 시 생성되는 과산화물에 의한 부식을 방지하기 위하여 유황 화합물을 0.4~2.0% 정도 첨가시킨다.

⑥ **극압제(Extreme Pressure Additives)** : 마찰 면으로 어떤 종류의 화학반응을 일으켜서 생성하는 피막에 의해 금속면의 직접 접촉을 막고 용착을 방해하는 작용을 한다.

⑦ **유성 향상제(Oiliness Agent)** : 윤활부의 금속표면에 물리적으로 흡착막을 만들어 윤활성을 향상시켜 마찰이나 마모를 저감시키기 위해 0.1~1.0% 첨가시킨다.

⑧ **기포 방지제(Anti Farmer)** : 윤활유가 엔진 내에 순환되면서 공기가 유중에 혼입해서 거품을 일으키고, 유막절을 일으키기 쉽게 되어 펌프 작용이 원활치 못하고 윤활성이 저하되는 것을 방지하기 위해 0.002~0.07% 정도 첨가한다. 윤활유를 색으로 표현하거나 기타 제품의 표시로 염색하기 위하여 형광염료를 0.25% 첨가한다.

[6] 윤활유의 분류

(1) SAE 분류

SAE(society of automotive engineers : 미국 자동차 기술협회)에서 윤활유를 점도에 따라 분류한 것으로 SAE 번호로 표시하고 있는데 숫자가 클수록 점도가 높다. 특히 겨울용은 SAE 10W와 같이 W를 붙이는데 이것은 겨울용(winter)을 의미하며, 점도측정을 −17.78℃에서 한 것이며, 문자 W가 없는 경우는 100℃에서 점도를 측정한다.

[대기온도에 따른 점도분류]

최저 대기온도	단급 윤활유	다급 윤활유
32℉(0℃)	20, 20W, 30	10W—30, 10W—40, 15W—40, 20W—40, 20W—50
0℉(-18℃)	10W	5W—30, 10W—30, 10W—40, 15W—40
-15℉(-26℃)	10W	10W—30, 10W—40, 5W—30
*-15℉(-26℃) 이하	5W*	*5W—20, 5W—30

* SAE 5W 및 5W—20급 윤활유는 고속운전에 적합치 않음

(2) API 분류

이 분류는 API(american petroleum institut, 미국 석유협회)에서 제정한 것으로 윤활유가 사용될 운전 조건에 따라 분류한 것이다.

[API분류법]

엔진구분	용도구분	엔진의 사용상태
가솔린용	ML	경제속도로 운행하면서 부하변동이 거의 없는 경우
	MM	빈번한 발차와 정지를 제외한 보통조건에서 사용
	MS	고온, 고부하 등으로 유온이 높고 산화가 격렬히 일어나는 가혹한 조건에서 사용
디젤용	DG	황분이 적은 연료를 사용하고 적당한 부하의 경우
	DM	보통등급의 연료를 사용하고 어느 정도 부하를 받을 때
	DS	고온, 고부하, 발차 및 정지가 빈번한 가혹한 조건

(3) SAE 신분류

SAE는 ASTM, API와 공동으로 사용 조건에 따른 새로운 분류방식으로 S—class와 C—class로 구분한다.

S—class는 가솔린 엔진용이며 이때 S의 의미는 불꽃 점화방식(spark ignition)의 S이며 SA, SB, SC, SD, SE, SF, SG, SH, SJ, SL급 등이 있다. C—class는 디젤 엔진용이며 C의 의미는 압축 착화방식(compression ignition)의 C이며 CA, CB, CC, CD, CE, CF 등이 있다. 알파벳의 순서가 높으면 높을수록 품질이 우수하다는 것을 의미한다.

02 윤활장치 구성품

윤활장치는 오일 스트레이너에서 흡입된 오일은 크랭크축에 설치된 오일 펌프에서 압력이 가해진다. 이때 오일 펌프 출구에 설치된 압력 조절밸브에서 최고 압력이 제한되며, 실린더블록에 있는 오일 통로를 통하여 오일 필터에서 미세한 불순물을 여과한다. 오일 필터에서 나오는 오일은 오일 쿨러를 통하는 동안 적절한 점도로 유지되어 크랭크축, 피스톤, 캠축, 밸브기구를 윤활하고 다시 오일 팬으로 복귀한다.

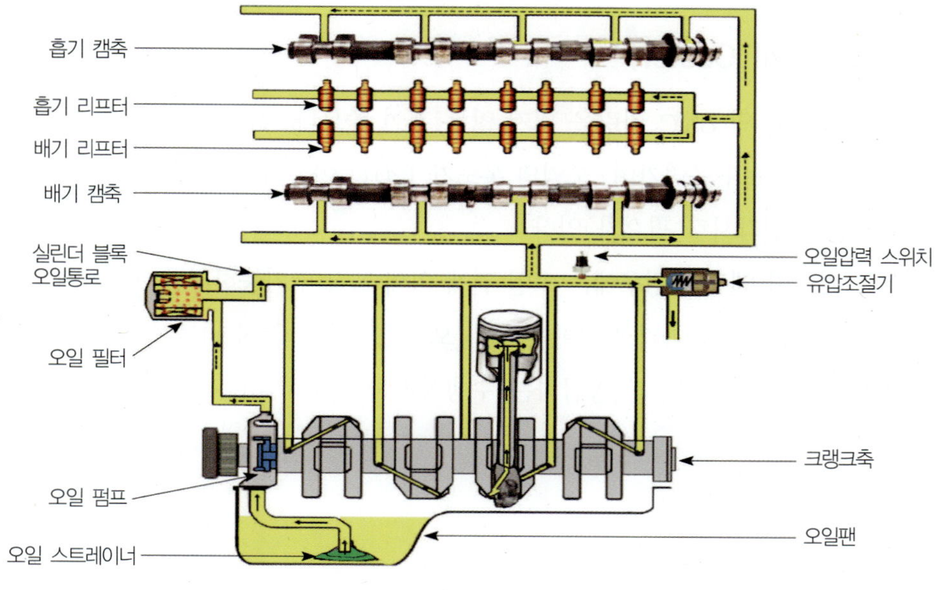

그림 2-81 윤활경로

[1] 오일 팬(Oil Pan)

오일 팬은 실린더블록에 개스킷을 사이에 두고 볼트로 결합되어, 오일을 저장하는 역할을 하는 동시에 외부에 있는 공기와의 접촉을 통하여 어느 정도 냉각작용을 하고 있다. 구성은 본체, 엔진이 기울어졌을 때에도 오일이 충분히 고여 있도록 하는 섬프(sump), 급제동 또는 급선회시 언덕을 주행할 때 오일 유동으로 인해 오일이 비는 것을 방지하여 밑바닥에 오일이 고여 있도록 해 오일 스트레이너가 공기 중에 노출되어 윤활작용이 불량해지는 것을 방지하는 배플(baffle plate, 칸막이), 오일을 교환할 때 배출시키는 드레인 플러그(drain plug) 등으로 되어 있다. 재질은 주로 강철판을 프레스 가공하여 사용하고 있으나 최근에는 알루미늄 합금의 오일 팬도 증가하고 있다.

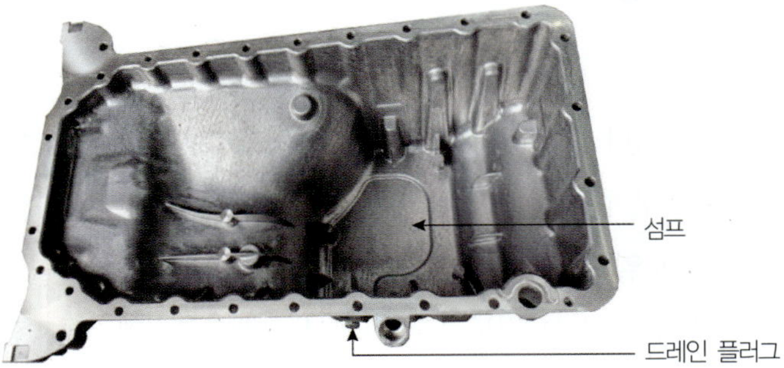

그림 2-82 오일팬

[2] 오일 쿨러(Oil Cooler)

엔진오일의 온도는 약 85℃ 가량을 넘지 않는 것이 좋으나, 각 윤활부와 실린더 및 피스톤 등에 의해 오일의 온도가 올라가며, 오일의 온도가 120℃ 이상이 되면 윤활성을 급격히 상실하기 때문에 오일을 냉각시킬 필요가 있다.

일반적으로 가솔린 엔진의 경우에는 오일 팬에 의해 냉각이 가능하지만, 디젤 엔진에서는 오일 팬의 열 방산으로는 부족하기 때문에 별도의 오일 쿨러(Oil Cooler)를 설치하여 오일을 냉각시킨다. 오일 쿨러에는 냉각수를 공급하는 수냉식과 공기로 식히는 공랭식이 있다.

그림 2-83 오일 쿨러의 구조

[3] 오일 펌프(Oil Pump)

오일 팬에 있는 오일을 빨아올려 엔진의 각 운동 부분에 압송하는 펌프로서, 오일은 필터와 오일 펌프를 거쳐 여러 베어링, 피스톤, 밸브계통을 순환한다. 적정한 유압은 가솔린 엔진은 2~3kgf/cm^2 정도이고, 디젤 엔진은 3~4kgf/cm^2이다.

(1) 로터리 펌프(Rotary Pump)

펌프 케이스 내에 있는 이너 로터(inner rotor)와 아우터 로터(outer rotor)가 있으며, 2개의 로터는 편심되어 있다. 펌프의 작동은 이너 로터와 아우터 로터 사이에 용적변화로 오일을 흡입하여 압송한다.

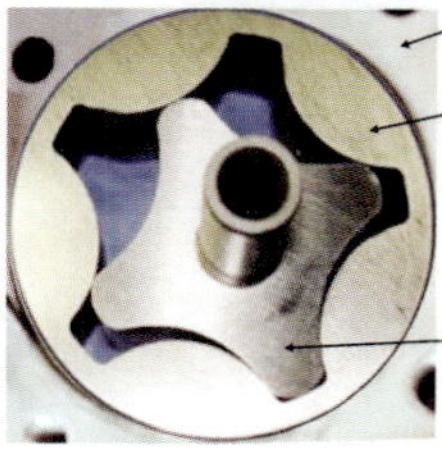

그림 2-84 로터리 펌프

그림 2-85 내접 기어 펌프

(2) 내접 기어 펌프

내접 기어 펌프는 크랭크축이 직접 구동한다. 그러나 구동 기어와 피동 기어의 바깥지름이 커서 크랭크축 선단에 설치되며, 특히 고속 회전에서 기어와 오일 펌프 케이스의 미끄럼 마찰에 의한 마찰 손실이 큰 결점이 있다.

(3) 외접 기어 펌프

외접형 기어 펌프는 단순한 구조로 소형화에 적합하고 제한된 체적을 토출해내는 대표적인 용적형 펌프이다. 두 개의 맞물린 기어치 사이로 유체를 이송함으로써 유동을 형성한다. 두 개의 기어 중 하나는 구동축과 연결된 구동 기어(driver gear)이며, 다른 하나는 구동 기어에 맞물려 돌아가는 피동 기어(driven gear)이다.

흡입포트는 맞물린 기어치가 풀려 체적이 늘어나서 대기압보다 낮은 압력이 생성되는 곳이며, 토출포트는 기어치가 맞물려 돌아가면서 체적이 줄어들어서 줄어드는 체적만큼 유체가 이송되는 부분이다.

(4) 베인 펌프(Vane Pump)

베인 펌프는 편심된 로터가 설치되어 있고 로터에는 2개 이상의 날개(vane)가 로터 홈에 설치되어 로터가 회전하면 베인이 펌프실 벽과 밀착하여 회전하여 윤활유를 흡입하여 배출구 쪽으로 가압하며 배출한다.

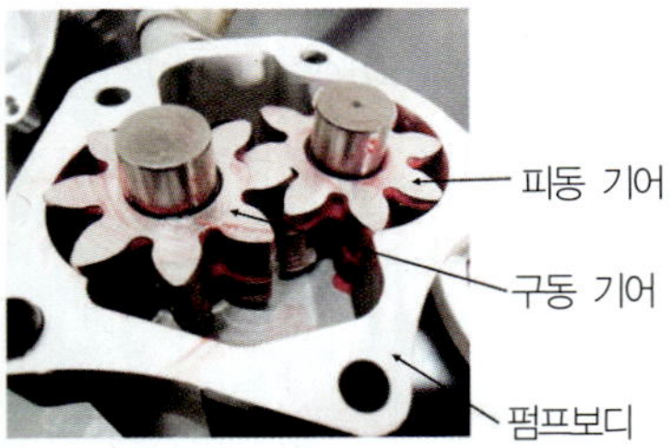

그림 2-86 외접 기어 펌프

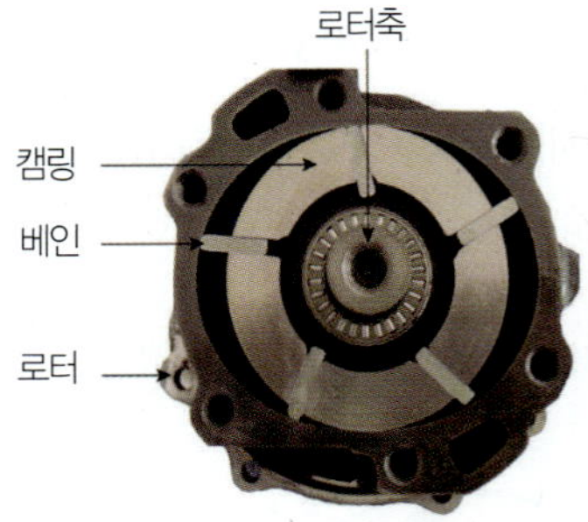

그림 2-87 베인 펌프의 구조

(5) 플런저 펌프(Plunger Pump)

플런저 펌프는 플런저밸브, 플런저 스프링 등으로 구성되며 플런저는 캠축과 스프링에 의하여 왕복 운동한다. 플런저 펌프의 작동은 캠의 회전이 플런저를 밀면 실린더 안에 흡입된 오일을 가압하면 출구밸브가 열려 오일을 배출하고, 캠의 기초원 쪽으로 회전하면 스프링이 플런저를 밀어내려 실린더 안이 진공상태가 되어 흡입쪽 흡입밸브가 열리므로 오일을 흡입한다.

(6) 전자제어 연속가변 오일 펌프(VVP : Variable displacement Vane Pump)

가변오일 펌프는 기존 엔진 회전수에 비례하여 오일을 뿜어내는 기계식 오일 펌프와 달리 오일 펌프의 출구 압력으로 오일유량을 제어함으로써 특이 운전조건에서 필요 이상의 오일을 내뿜어 연비를 감소시키는 것을 개선할 수 있다. 이런 가변 오일 펌프의 토출 압력 및 유량을 제어하기 위하여 솔레노이드밸브를 이용하여 오일 펌프의 유압 챔버 내부 압력을 제어하여 엔진오일 압력을 연속적으로 가변 제어할 수 있는 시스템이다. 따라서 고속 RPM 영역에서 불필요한 펌프의 부하를 줄이고 오일 압력을 저압으로 제어하여 냉간 저속 영역에서의 쿨링젯 분사 중지가 가능하여 연소실 온도 향상을 통한 연비 및 배출가스(PN/PM)를 개선한다.

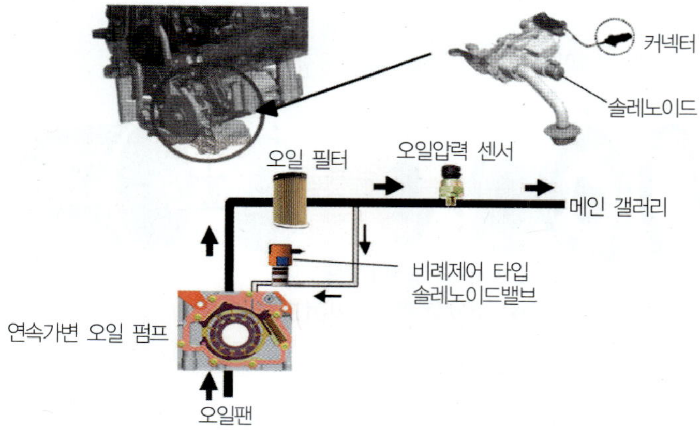

그림 2-88 연속가변 오일 펌프 오일압력 제어 시스템

[4] 오일 필터(Oil Filter)

윤활장치 내를 순환하는 불순물을 제거하며, 엔진오일을 1회 교환할 때 1회 교환한다.

(1) 오일 필터의 종류

① **스핀온 필터** : 스핀온 타입은 캔 깡통처럼 생겼으며, 가장 일반적인 유형의 오일 필터이다. 설치 및 교체가 쉽고 분해할 필요가 없다. 주기적으로 교체해야 하는 일회용 필터이다.

② **카트리지 필터** : 카트리지 필터는 재사용이 가능한 특성으로 껍데기가 없는 교체 가능한 카트리지에 들어 있는 필터 매체 요소로 구성된다. 오일 필터 카트리지는 필터 매체를 교체한 후 청소하고 재사용한다.

③ **자기 필터 :** 자기 필터는 자석을 사용하여 오일에서 금속 입자를 유인하고 제거하는 오일 필터의 유형이다. 마그네틱 필터는 다른 필터로는 제거할 수 없는 작은 불순물을 걸러내는 효율적인 방법이지만, 자석 필터는 모든 오염물질을 걸러내도록 설계되지 않았으며 자주 검사하고 청소해야 한다.

(2) 오일 필터의 기능

오일 필터는 엔진 각 부의 마찰 부분에서 발생한 금속분말이나 연소에 의해 발생된 카본 및 기타 이물질을 여과하여 엔진에 공급되는 오일을 항상 깨끗하게 유지하는 장치이다. 엘리먼트는 여과지, 면사 등을 사용한다.

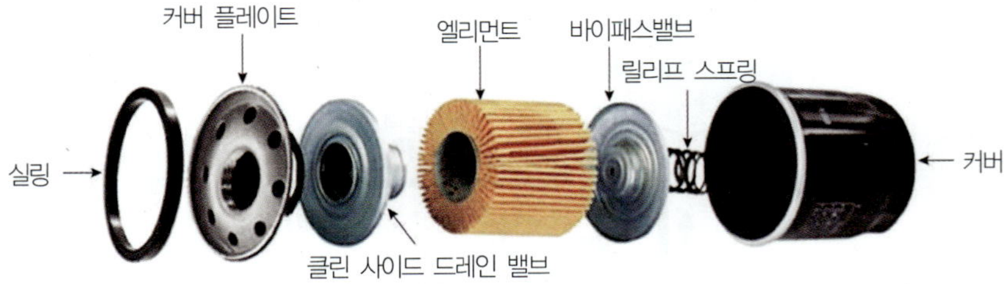

그림 2-89 오일여과기 구조

오일 필터에는 필터가 막혔을 때 미끄럼 운동 부위에 윤활유가 공급되지 않아 일어나는 급유 부족과 손상을 방지하기 위해 바이패스밸브(by-pass valve)가 설치되어 있다. 필터가 정상적으로 작동할 때는 바이패스밸브가 닫힌 상태에서 오일이 필터 외부에서 내부로 흘러 들어가면서 불순물을 여과한다.

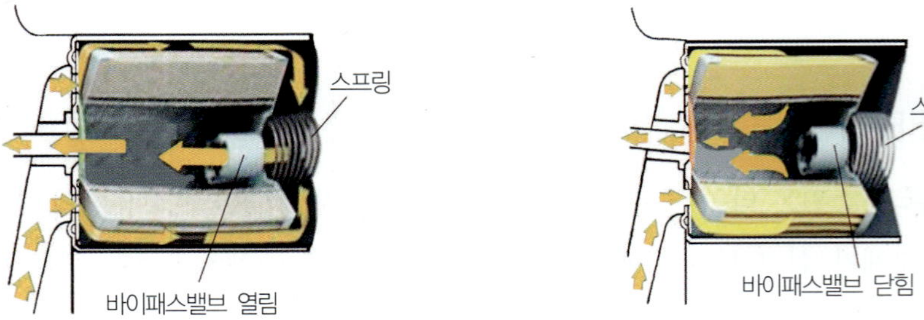

(a) 필터가 막혔을 때 바이패스 (b) 정상적으로 여과

그림 2-90 오일 필터를 통한 오일의 흐름

(3) 여과방식

① **전류식** : 오일 펌프에서 나온 오일의 모두를 여과기를 거쳐서 여과된 후 윤활 부분으로 가는 방식이다. 또 오일여과기가 막히는 것에 대비하여 여과기 내에 바이패스밸브를 둔다.

② **분류식** : 오일 펌프에 나온 윤활유의 일부만 여과하여 오일 팬으로 보내고, 나머지는 그대로 윤활 부분으로 보내는 방식이다.

③ **샨트식** : 오일 펌프에서 나온 윤활유의 일부만 여과하게 한 방식이지만, 여과된 윤활유가 오일 팬으로 되돌아오지 않고, 나머지 여과되지 않은 윤활유와 윤활 부분에서 합쳐져 공급된다.

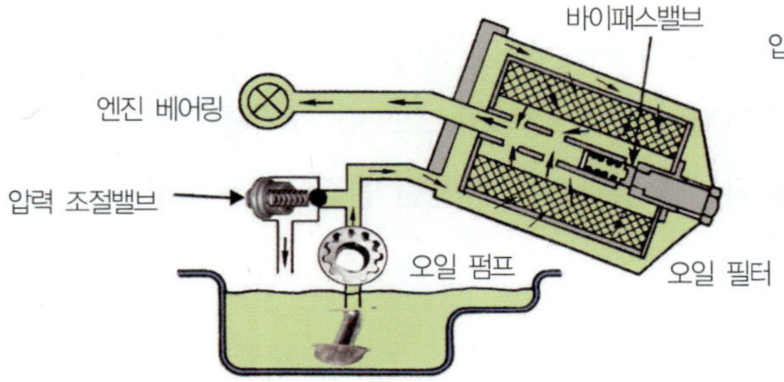

(a) 전류식

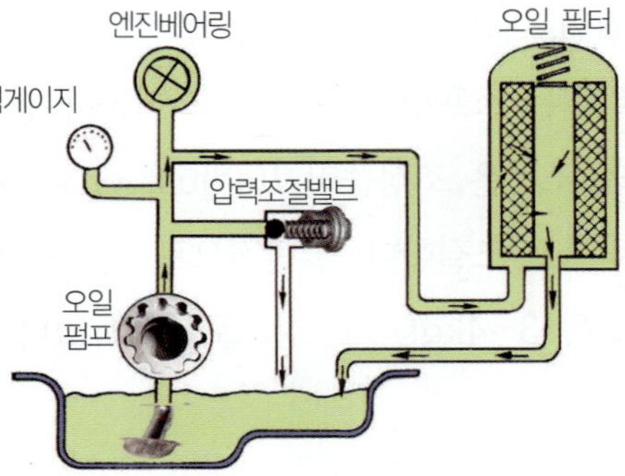

(b) 분류식

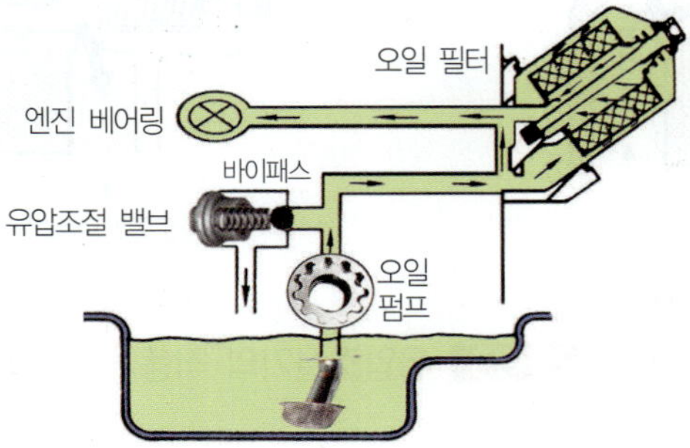

(c) 샨트식

그림 2-91 여과방식

[5] 오일 스트레이너(Oil Strainer)

오일 스크린(Oil screen)이라고도 하며, 오일 팬 내의 오일을 펌프에 유도하고 동시에 오일 가운데 포함된 비교적 큰 입자의 불순물을 제거하기 위해 고운 스크린이 설치되어 있다.

그림 2-92 오일 스트레이너

[6] 유압 조절밸브(Relief Valve, 릴리프밸브)

릴리프밸브는 프런트 케이스 측면에 설치되어 윤활통로에 과도한 압력이 걸리게 되면 릴리프 플런저는 스프링 힘을 이기고 이동하여 과도한 압력만큼의 오일을 오일 팬으로 복귀시킨다. 유압의 조정은 조정플러그(adjust plug)를 조이거나 늦추어 밸브 스프링 세기를 조정하여 규정 압력으로 조절한다. 일반적으로 엔진에 작동되는 오일압력은 가솔린 엔진은 2~3kgf/cm^2, 디젤 엔진은 3~4kgf/cm^2 정도로 되어 있다.

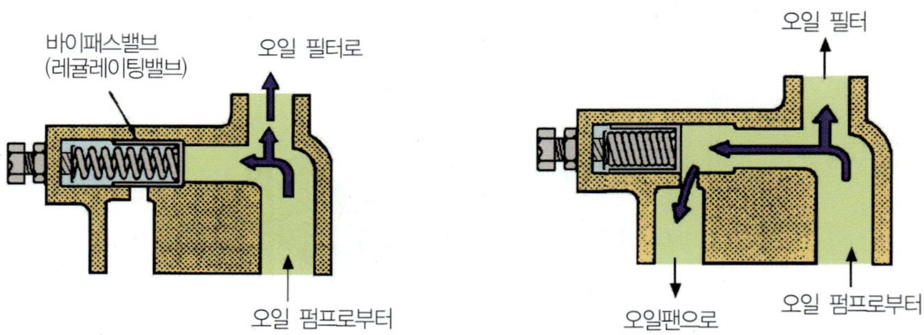

(a) 정상 압력 시 (b) 규정 압력 이상 시

그림 2-93 유압조절기의 작동

(1) 유압이 낮아지는 원인

① 베어링의 오일간극이 클 때

② 오일 펌프가 마멸되었거나 회로 내에서 윤활유가 누출될 때

③ 오일 팬 내의 윤활유 양이 부족할 때

④ 유압조절밸브 스프링의 장력이 너무 약하거나 절손되었을 때

⑤ 윤활유의 점도가 너무 낮을 때

⑥ 윤활유에 연료 등의 유입으로 현저하게 희석되었을 때

(2) 유압이 높아지는 원인

① 윤활유의 점도가 높을 때

② 윤활 회로의 일부가 막혔을 때

③ 유압조절밸브의 스프링 장력이 클 때

[7] 엔진오일의 점검과 유압계

(1) 유면표시기(oil level gauge)

유면표시기는 오일 팬 내의 엔진오일 양을 점검할 때 사용하는 금속막대이며, 그 아래쪽에 F(full or MAX)와 L(low or MIN) 표시 눈금이 표시되어 있다. 오일 양은 항상 "F"선 가까이 있어야 하며 "F"선보다 높으면 많은 양의 오일이 실린더 벽에 뿌려져 오일이 연소하고, "L"선보다 낮으면 오일 공급량 부족으로 윤활이 불완전하게 된다. 오일의 상태는 색깔로 주로 판정하는데 심하게 오염되었을 때는 검은색을 띠고, 냉각수가 엔진오일에 유입되면 우유색으로 변한다. 오일량 점검방법은 다음과 같다.

① 자동차를 평탄한 지면에 주차시킨다.

② 엔진을 시동하여 난기운전시킨 후 정지한다.

③ 유면표시기를 빼어 묻은 오일을 깨끗이 닦아낸 후 다시 끼운다.

④ 다시 유면표시기를 빼어 오일이 묻은 부분을 확인하여 "F"선 가까이 있나 확인한다. 오일량을 점검할 때 점도와 색깔도 함께 점검한다.

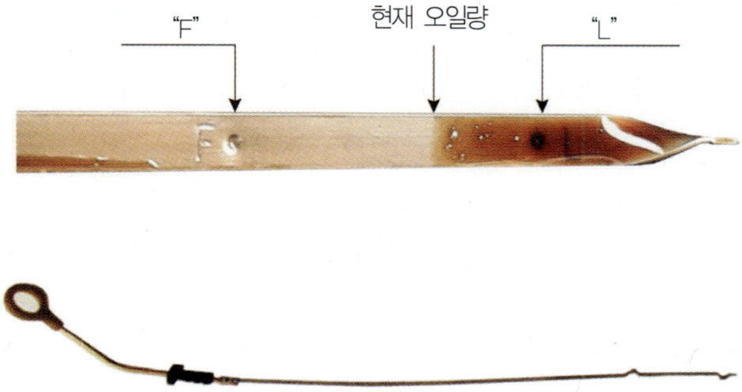

그림 2-94 유면표시기(오일레벨 게이지)

(2) 오일이 연소되는 원인

① 오일 팬 내의 오일이 규정량보다 많다.
② 오일의 열화로 인하여 점도가 낮다.
③ 피스톤과 실린더와의 간극이 과다하다.
④ 피스톤 링의 장력이 불량하다.
⑤ 밸브 스템과 가이드 사이의 간극이 과대하다.
⑥ 밸브 가이드 오일 실이 불량하다.

(3) 오일이 누설되는 원인

① 크랭크축 오일 실이 마멸되었거나 파손되었다.
② 오일 펌프 개스킷이 파손되었다.
③ 로커암 커버 개스킷이 파손되었다.
④ 오일 팬이 균열에 의해서 누출되고 있다.
⑤ 오일 여과기의 오일 실이 파손되었다.
⑥ 엔진의 오일이 소모되는 가장 큰 원인은 연소와 누설이다.

(4) 엔진오일 교환 시 주의사항

① 오일 교환 시기에 맞추어 교환하고 엔진에 알맞는 오일을 선택할 것.
② 오일 보충 시에 동일 등급의 오일을 몇 번에 나누어 주입한다.
③ 재생 오일을 사용하지 않는다(재생 오일이란 사용하다가 빼낸 오일을 말한다).
④ 점도가 서로 다른 오일을 혼합하여 사용해서는 안 된다(첨가제의 작용으로 오일의 열화가 촉진된다).
⑤ 오일을 엔진에 주입할 때 불순물이 유입되지 않도록 한다.

(5) 오일압력 경고장치

오일압력 경고등은 오일회로 내 오일 압력이 0.2~0.4kg/cm^2 정도로 떨어졌을 때 경고등이 켜지도록 되어 있다. 오일압력 경고장치는 자동차마다 형식이 틀리며 일반적으로 오일압력 스위치, 계기판의 경고 표시등으로 구성되어 있다. 엔진의 유압이 규정 압력 이상이 되면 오일이 오일압력 스위치의 스프링을 밀어 올리고, 이때 접점이 OFF되어 경고 표시등은 소등하고, 반대로 오일압력이 낮아지면 스프링의 힘에 의해 접점이 ON되어 경고등이 점등된다.

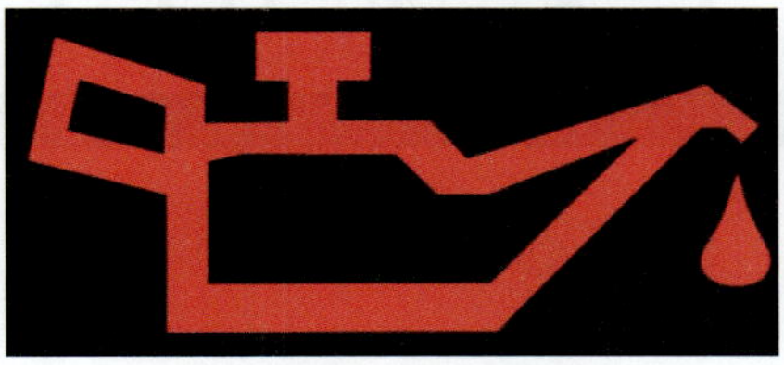

(a) 오일경고등

(b) 오일압력 스위치

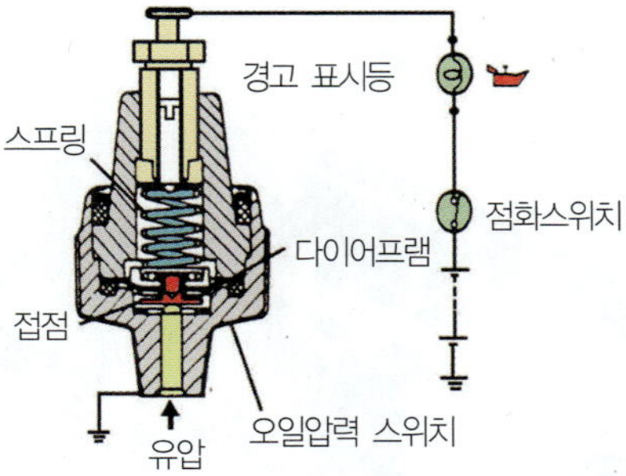

(c) 오일압력 경고등의 전기회로

그림 2-95 오일압력 경고장치

CHAPTER 06

흡기 및 배기장치

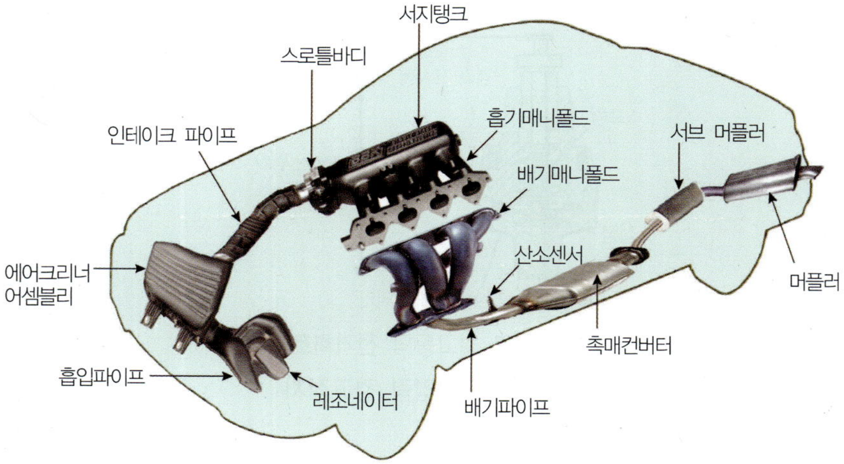

그림 2-96 흡기 및 배기장치

01 흡기 계통

흡기장치는 엔진을 작동시키기 위하여 실린더 안에 혼합가스를 흡입하는 장치이다. 흡입하는 공기 속에 존재하는 먼지 및 이물질 등을 여과시키는 공기 청정기와 보통 흡기구, 에어필터, 스로틀밸브, 흡기 매니폴드로 구성되어 있다.

[1] 흡기구

흡기장치로 유입되는 공기가 가장 먼저 지나가는 곳은 흡기장치의 입구인 흡기구이다. 일반적으로 차량의 앞 범퍼 뒤쪽 엔진에 위치하며, 흡기구 장착 시 가장 중요한 것은 물이 들어오지 않는 장소에 설치되어야 한다.

[2] 공기여과기(Air Cleaner)

흡기구를 통해 들어온 공기는 에어덕트를 통해 에어필터로 보내진다. 에어필터는 공기 속의 먼지나 모래와 같은 여러 미세한 이물질을 제거하여 깨끗한 공기가 엔진으로 들어갈 수 있도록 도와주는 장치이다. 이러한 불순물이 엔진에 들어가면 피스톤이나 실린더 사이에 끼어 부품을 마모시키게 한다.

공기여과기는 공기를 흡입할 때 생기는 흡입음을 감소시키고 역화 시 화염을 저지하기도 한다. 공기청정기의 종류는 다음과 같다.

① **건식 에어크리너(dry type air cleaner)** : 종이, 천, 다공질의 합성섬유 등과 같은 여과재를 주름지게 접은 여과 엘리먼트를 장착하여 엘리먼트를 통과할 때 먼지를 포함한 이물질이 걸러지게 된다. 건식 필터는 필터 교체가 비교적 간편하지만 다만 쉽게 막혀 연소에 필요한 공기를 적절히 공급하기가 어려워 출력저하, 매연증가, 연비저하가 일어난다.

② **습식 에어크리너(wet type air cleaner)** : 2중의 케이스 내에 오일을 머금은 스틸 울(steel wool) 엘리먼트가 들어 있고, 바깥 케이스 하부에는 규정량의 윤활유(엔진오일)가 들어있다. 외부 공기가 강제 흡입되면서 밑에 있는 오일통에 유입공기가 마찰하여 공기 중의 먼지와 불순물이 오일에 붙고, 1차 걸러진 공기를 2차로 스틸 울과 같은 그물망을 통과시켜 여과력을 향상시킨 타입이다. 오일보충 및 청소를 수시해야 하며, 습식은 고속 주행 시 더욱 여과력이 향상되는 반면 저속에서는 구조상 여과능력이 급격히 떨어지는 약점이 있다.

③ **습윤식 에어크리너** : 벌집 모양의 발포된 폴리우레탄(polyurethane foam)에 특수오일을 발라서 먼지포집능력을 향상하면서도 공기구멍(기공)을 형성(개미집 형태)하면서 먼지를 잡아주기 때문에 공기흐름이 원활하도록 되어있다. 이 형식은 저속 상태는 물론이거니와 고속에서도 충분한 여과력을 유지하여 주며 사용 중 충분한 공기를 공급해줌으로써 엔진의 원래 출력을 가능케 해준다.

④ **원심식 여과기** : 원심력을 이용하는 것으로 흡입되는 공기가 회전하면서 그 원심력에 의해 이물질을 분리하는 방식으로 먼지가 많은 곳에서 사용하는 자동차의 경우 사용한다.

그림 2-97 건식 에어크리너

[3] 스로틀 바디(Throttle Body)

운전자가 액셀 페달을 밟는 양에 따라 엔진으로 들어가는 공기의 양을 조절한다. 이 밸브가 설치된 케이스를 스로틀 바디라고 한다. 일반적인 자동차의 경우 가속페달과 스로틀 바디는 스로틀 케이블(또는 엑셀 케이블)에 의해 기계적으로 연결되어 있어서 스로틀밸브는 케이블에 의해 직접적으로 개폐되도록 되어 있다. 스로틀 바디에는 밸브가 열린 정도를 측정하는 스로틀 포지션 센서(TPS)가 달려 있다.

반면에 ETC(Electronic throttle control) 방식의 스로틀 바디에서는 운전자가 가속페달을 밟으면 페달에 설치된 엑셀 포지션 센서(APS : Accelerator position sensor)가 페달의 변화량을 검출하여 ECU로 보내면 ECU는 이를 기준으로 다른 입력신호와 함께 스로틀밸브의 열림량을 연산하여 스로틀 바디에 부착된 모터를 구동시켜 스로틀밸브의 개도를 변화시킨다. 이와 같은 구동방식을 Drive-by-wire라고 한다.

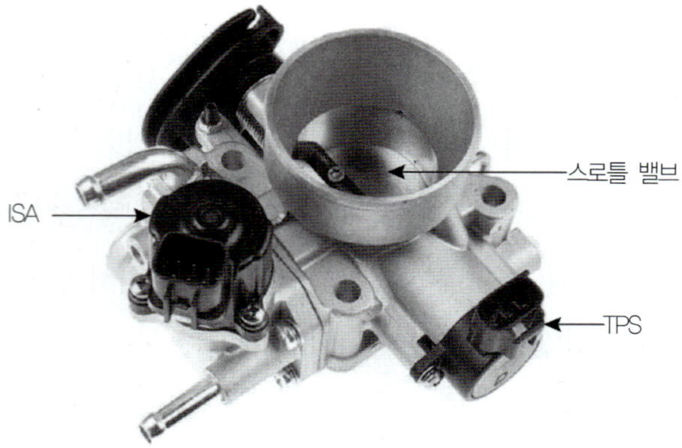

(a) 스로틀 바디

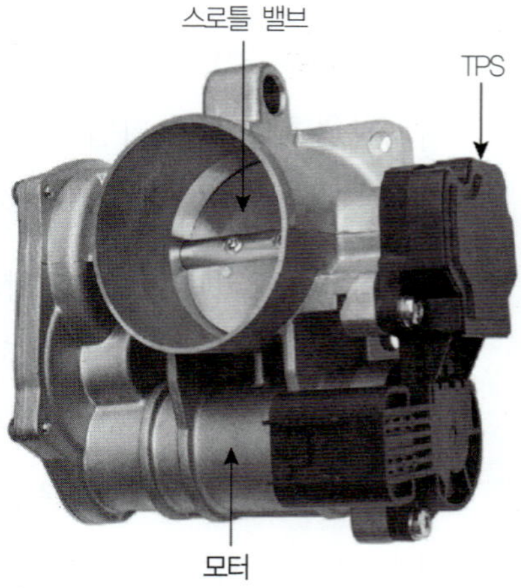

(b) ETC

그림 2-98 스로틀 바디

[4] 레조네이터(Resonator)

공명기(共鳴器)라고도 한다. 공명의 원리를 이용해 소리를 줄이는 장치로, 귀에 거슬리는 특정한 주파수의 소리를 줄일 수 있는 크기와 형태로 설계된다. 일반적으로 에어클리너 주변에 설치하고, 에어클리너 케이스 또는 에어클리너 케이스와 스로틀 바디를 잇는 통로가 레조네이터 역할을 한다. 공기가 흡입구로 들어와 에어클리너를 지난 다음 에어 덕트를 통해 엔진으로 들어갈 때의 속도는 초속 7~8m에 달해 공기가 이런 속도로 에어덕트와 흡기 계통의 구부러진 곳을 지나다 보면 자연히 소음이 커지므로 특정 주파수의 공명을 이용해 소음을 줄이는 장치이다.

[5] 서지탱크(Surge tank)

스로틀 보디와 엔진 사이에는 서지탱크와 흡기 매니폴드가 설치되어 있다. 스로틀밸브를 지난 공기를 1차적으로 저장하는 공간으로 공기를 각 실린더로 안정되게 공급하는 역할을 하고, 서지 탱크는 스로틀 바디를 지나 유입되는 공기를 흡입계통에서 대기로부터 실린더로 공기를 흡입하기 위해 발생하는 진공을 생성 및 저장하도록 하며, 공기 흡입이 맥동적으로 이루어지는 것을 방지한다.

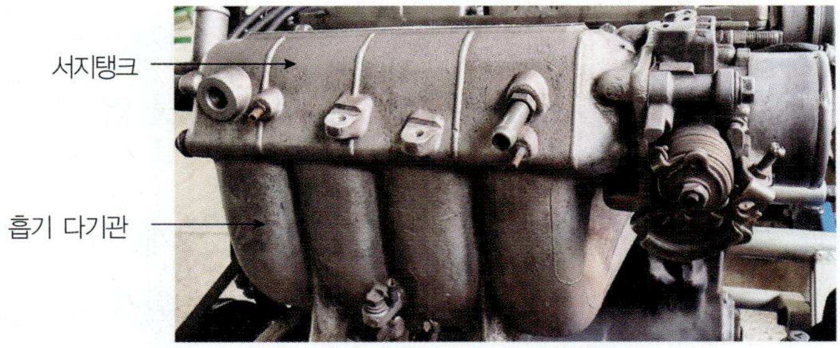

그림 2-99 서지탱크 및 흡기 매니폴드

> **참고** **맥동효과(pulsation effect)**
>
> 맥동효과는 흡기밸브가 열렸다가 닫히면 흡기관 내에 남아 있는 맥동파가 다음의 흡기행정에 영향을 미치는 현상을 말한다.

[6] 흡기 매니폴드(Intake Manifold)

흡기 매니폴드(흡기 다기관)는 서지탱크에서 대기 중인 흡입공기를 각 실린더에 공급하는 통로 역할을 한다. 흡기 매니폴드는 각 실린더에 혼합가스가 균일하게 분배되도록 하여야 하며, 공기 충돌을 방지하여 흡입 효율이 떨어지지 않도록 굴곡이 있어서는 안 되고, 연소가 촉진되도록 공기가 와류를 일으키도록 하여야 한다. 흡기 매니폴드의 지름은 실린더 지름의 25~35%가 적당하다.

02 가변 흡입장치(Variable Induction Control System)

[1] 가변 흡입장치의 개요

엔진 회전수와 엔진 부하에 따라 흡입통로를 조절하면 전 운전영역에서 엔진출력이 향상되고 특히 저·중속영역에서는 엔진 출력이 약 10% 정도 향상된다. 즉, 저속과 중속에서의 회전력과 고속에서의 출력 증대를 양립시키기 위한 방법으로 운전 조건에 따라 흡기다기관의 길이나 서지탱크(surge tank)의 체적을 변화시켜 제어한다. 이를 실현시키기 위한 방법에는 관성 과급효과를 이용하는 것으로 이것은 흡기다기관의 유효 단면적을 변화시키는 것, 흡기다기관의 유효길이를 변화시키는 것, 맥동 과급효과를 이용한 2개의 서지탱크를 연결하는 공명관의 유효길이를 변환시키는 방법 등이 있다.

그리고 관성 과급과 맥동 과급을 동시에 이용하는 방법으로 2개의 서지탱크의 칸막이벽을 개폐하여 서지탱크 수를 2개에서 1개로 변환하고 유효길이를 변환시키는 방법이 있다. 가변 흡입장치 서보모터 방식은 모터, 웜휠과 웜기어를 이용하여 흡기밸브를 개폐하고, 다이어프램 방식은 진공탱크와 솔레노이드밸브를 통해 다이어프램을 이용해 흡기밸브를 개폐한다.

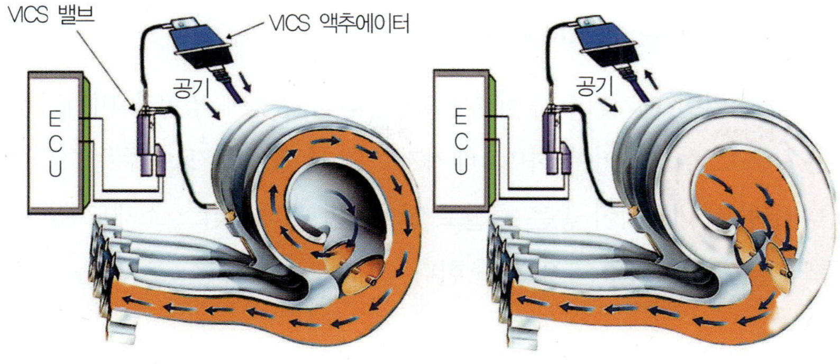

(a) 저속 시 (b) 고속 시

그림 2-100 흡기다기관 단면적 변화에 의한 가변 흡입장치

[2] 가변 흡입장치의 작동

① 컴퓨터는 저속 및 저부하 시에 VICS밸브를 닫아 일반 엔진보다 흡입 통로가 길어지게 되고, 이에 따라 흡입 관성력이 증가함으로써 흡입효율이 증대된다. 따라서 저속 및 중속 영역에서 흡입효율이 높아져 엔진 출력이 향상된다.

② 엔진 회전속도 및 부하가 증가하면 다량의 공기가 엔진으로 흡입되는데 이때 흡입저항(pumping loss)이 발생되어 흡입효율이 떨어지게 된다. 컴퓨터는 고속 및 고부하 영역에서 VICS밸브를 열어 일반 엔진보다 흡입통로를 짧게 하여 흡입저항을 감소시킨다. 따라서 흡입저항이 감소함으로써 상대적으로 흡입효율이 높아지고 엔진 출력이 증대된다.

03 배기 계통

배기가스의 온도는 대략 950℃ 정도로 높으며 배기 매니폴드는 400~800℃, 촉매변환기는 100~500℃, 머플러는 50~200℃ 정도로 배기장치를 지나가면서 온도가 낮아진다. 배기장치는 일반적으로 알루미늄을 도금한 스틸 계열을 사용하지만, 크롬/니켈/티타늄 등이 포함된 합금 스틸로 제작하여 내구성을 높이기도 한다.

[1] 배기 매니폴드(Exhaust Manifold)

점화순서에 따라 폭발한 배기가스가 배출될 때 엔진의 성능에 영향을 미치지 않도록 배기간섭을 최소화하는 구조로 설계되어야 하며, 배기가스를 한 곳으로 모아주는 역할을 한다. 배기 매니폴드(배기 다기관)는 내열성이 좋은 주철로 만들지만 스테인리스 소재도 있다. 히트 프로텍터는 배기 계통의 열기를 막아주는 역할을 한다.

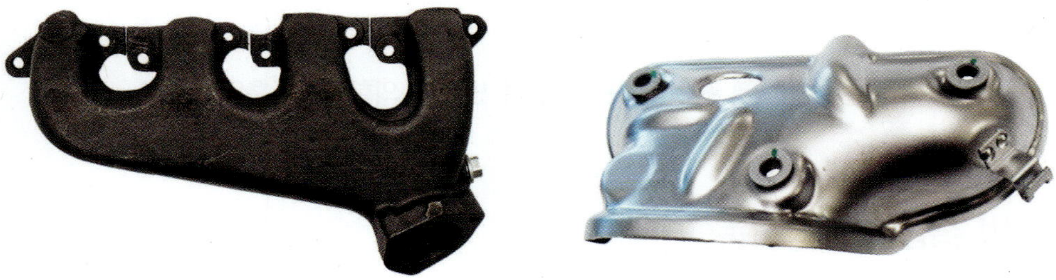

(a) 배기다기관 (b) 히트 프로텍터

그림 2-101 배기다기관 및 히트 프로텍터

[2] 촉매장치(Catalytic Converter)

촉매란 자신은 변하지 않고 주위의 화학반응을 촉진시키는 물질을 말한다. 촉매장치는 일산화탄소, 미연소 탄화수소, 질소 산화물 등 인체나 환경에 유해물질의 배출을 줄이기 위해 고안된 장치이며, 2원 촉매장치와 3원 촉매장치 두 가지 종류가 있다. 2원 촉매장치는 일산화탄소의 산화반응을 촉진하여 이산화탄소로 전환시키고 탄화수소의 산화반응을 촉진하여 이산화탄소와 물로 전환시키는 작업을 동시에 추진한다. 3원 촉매장치는 2원 촉매장치 대비 질소 산화물의 배출을 제어하는 기능이 추가되었다. 질소 산화물의 환원반응을 촉진하여 질소로 전환시키고 탄소, 탄화수소 및 일산화탄소의 산화반응을 촉진하여 이산화탄소로 전환시킨다.

촉매장치는 알루미늄을 베이스로 대부분 백금과 로듐, 팔라듐과 같은 희토류 금속을 추가한 물질을 촉매로 사용한다. 촉매변환기를 배기가스가 통과하며, 배기가스 내 3대 오염물질이 화학반응을 통해 이산화탄소 · 물 · 질소와 같은 무해한 물질로 전환시킨다. 세 가지 물질의 화학반응을 일으키기 때문에 삼원 촉매라고도 부른다.

촉매장치는 모양에 따라 펠릿형과 벌집형이 있는데, 펠릿형의 경우 알루미나 담체 표면에 백금, 팔라듐이 부착되어있고, 벌집형의 경우는 담체 표면에 백금, 코지라이트가 부착되어 있다.

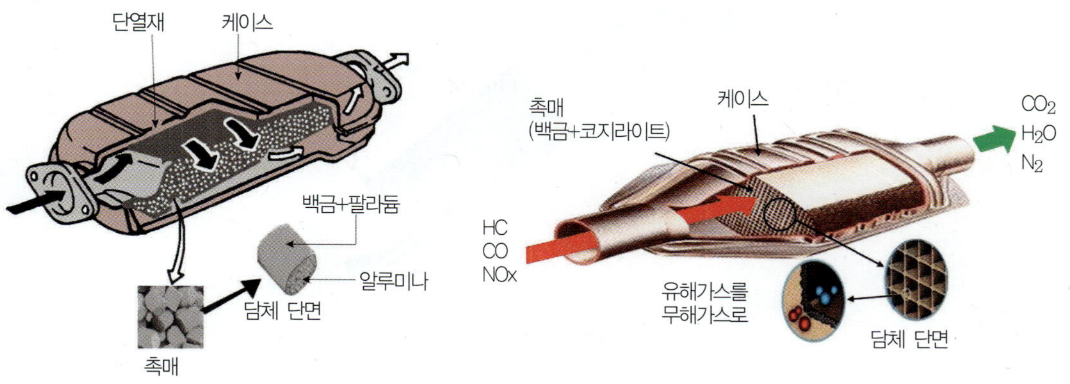

(a) 펠릿형 (b) 벌집형

그림 2-102 3원 촉매장치

> **참고** CCCC(closed coupled catalyst converter)
> 새로운 삼원촉매 변환기로 희박연소에 의한 연소온도 저하와 NOx 저감효과가 커서 GDI 엔진에서 사용한다.

[3] 머플러(Muffler, 소음기)

(1) 머플러 개요

머플러는 자동차 내연기관 배기 시스템의 일부분이며 통상적으로 차량 뒷부분 바닥 밑에 설치되어 있으며, 배기가스가 배출될 때 발생하는 소리와 유해물질을 정화하는 역할을 한다. 차량의 배기장치로 엔진에서 발생한 배기가스를 촉매장치와 소음기를 통하여 최소화하는 기능이 있다. 자동차는 머플러에 의해 차량 출력이 받는 영향은 약 15%라고 한다. 배기가스가 배출될 때 약 3~5bar 정도의 압력과 음속에 가까운 속도로 배출되기 때문에 머플러를 통해 배출시키지 않으면 대기와 충돌이 발생하여 충격음을 발생하게 된다. 배기가스는 머플러에 들어가서 칸막이와 작은 구멍을 통과하면서 서서히 팽창되고 압력과 온도가 낮아지면서 소음이 줄어든다.

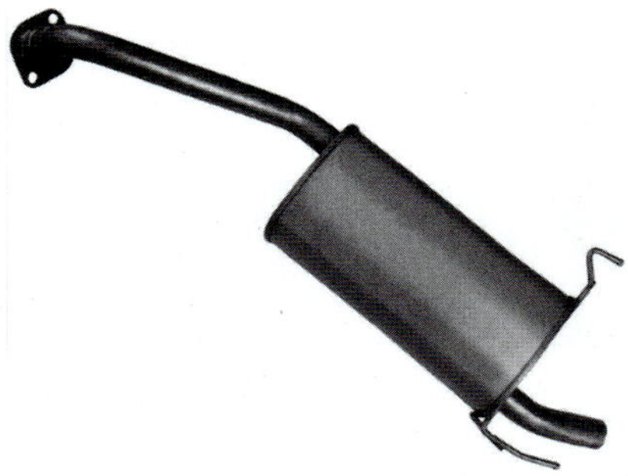

그림 2-103 소음기

(2) 머플러 타입

① **팽창식**

팽창식은 머플러 내부에 몇 개의 팽창실로 공간을 나누어 배기가스가 이러한 팽창실을 지나며 단계적으로 압력을 낮춰 소음 발생을 억제한다.

② **공명식**

팽창실 내부의 벽을 통해 배기가스의 소리가 반사되어 돌아오는데, 이러한 벽 사이에 거리를 조절하여 반사되어 돌아오는 소리와 이후에 발생된 소리가 만났을 때 음파가 서로 상쇄되어 소리가 작아지는 지점을 찾아 공명 현상을 일으키는 방식이다.

③ **흡음식**

흡음식의 경우 배기가스가 다공질의 흡음재를 통과하며 소음에너지를 마찰에너지에 의한 열에너지로 변환하는 방식이다. 머플러 내에는 유리 섬유 등으로 만들어진 흡음재가 들어 있다. 머플러로 들어온 배기가스는 흡음재와 만나 소리에너지(운동에너지)를 빼앗기게 된다. 특히 고주파수 소음을 컨트롤할 때 자주 사용되는 방식으로 대부분의 복합 머플러 방식에 장착된다.

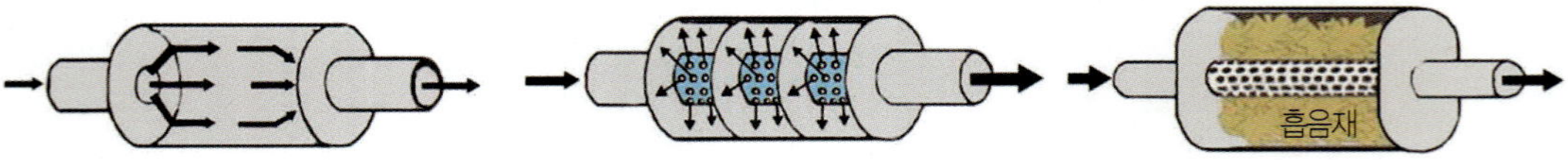

(a) 팽창식 (b) 공명식 (c) 흡음식

그림 2-104 머플러 타입

(3) 머플러 종류

① **수도꼭지 머플러** : 대부분의 구형 차량들에 붙어 장착되어 있는데 머플러를 최대한 숨기면서 범퍼 디자인에 영향을 주지 않는다.

② **싱글 머플러** : 싱글 머플러는 보급형 자동화에서 많이 사용되는 머플러로, 배기구가 한 개만 장착된 것이 특징이다.

③ **듀얼 머플러** : 듀얼 머플러는 범퍼 양쪽에 배기구가 한 개씩 장착된 것이다.

④ **싱글 트윈 머플러** : 싱글 트윈 머플러는 범퍼 한쪽에 배기구가 두 개씩 장착된 것이다.

⑤ **듀얼 트윈 머플러** : 듀얼 트윈 머플러는 범퍼 양쪽에 배기구가 두 개씩 장착된 것이며, 주로 고성능 차량에서 볼 수 있다.

⑥ **트리플 머플러** : 트리플 머플러는 중앙에 세 개의 배기구가 장착된 것으로 슈퍼카 중에서도 일부에만 적용된다.

⑦ **페이크 머플러** : 머플러 구멍이 아님에도 가짜로 머플러 팁의 모양을 만들어 머플러가 있는 것처럼 보이게 하는 형태이다.

⑧ **사이드 머플러** : 해외에서는 사이드 이그저스트(side exhaust)라고 부르는데 사이드 머플러는 자주 보기 힘든 종류이다. 일반적인 차들은 배기구가 차의 뒷범퍼에 위치한 것에 반해 사이드 머플러가 달린 차들은 차량의 옆면에 배기구가 위치한다.

04 과급장치(Charger)

현재 엔진의 출력으로 보다 높은 출력을 얻고자 할 때 체적효율을 높이기 위해 많은 양의 공기를 연소실로 흡입할 필요성이 있다. 과급기를 설치함에 따라 회전속도를 그대로 두고 출력만 증대시킬 수 있다. 과급기를 설치하였을 때의 장점은 다음과 같다.

① 동일 배기량의 엔진에 비해 출력은 30~50% 향상되기 때문에 단위 출력당 엔진의 중량을 가볍게 할 수 있다.

② 체적효율이 향상되기 때문에 평균 유효압력과 엔진의 회전력이 증대된다.

③ 높은 지대에서도 엔진의 출력감소가 적다.

④ 압축온도의 상승으로 착화지연 기간이 짧다.

⑤ 연소상태가 양호하여 세탄가가 낮은 연료의 사용이 가능하다.

⑥ 냉각손실이 적고, 연료소비율이 3~5% 정도 향상된다.

⑦ 엔진의 무게는 10~15% 증가된다.

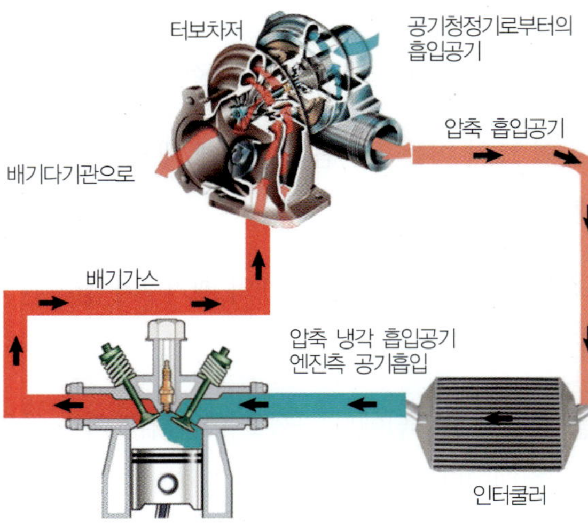

그림 2-105 과급기 작동도

[1] 과급기 종류

(1) 터보차저(Turbo Charger)

일반적으로 자동차용 엔진에서는 배기가스에 의하여 구동되는 원심 펌프형 터보과급기를 사용한다.

그림 2-106 터보차저

① 터보차저의 개요

터보과급기는 연소실에서 배출되는 배기가스를 이용하여 터빈 블레이드를 회전시켜 이를 거쳐 압축기 임펠러를 회전시키게 된다. 따라서 흡입 공기는 압축기에 의해 압축이 이루어지게 되고, 높은 밀도의 공기가 연소실로 흡입하게 된다. 그러나 압축공기는 온도가 고온이기 때문에 공기의 밀도를 증가시키기 위하여 냉각을 할 필요가 있다. 그래서 현재 인터쿨러를 사용하여 압축공기의 온도를 냉각시키고 있다.

② 터보차저의 구조

배기 터보과급기의 주요 구성부품은 터빈(turbine), 압축기(compressor), 디퓨저(diffuser), 터빈축(turbine shaft), 웨이스트 게이트밸브(waste gate valve), 베어링 등으로 구성된다. 터보과급기는 고온 고압의 배기가스 압력에너지로 터빈축을 회전시키면 터빈 반대편에 있으면서 동일한 축에 연결된 압축기가 회전하여 흡입공기를 압축하게 된다.

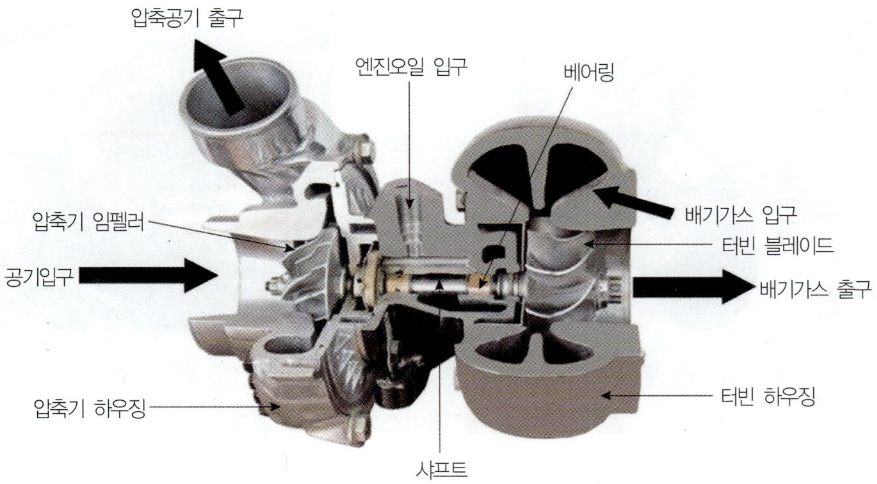

그림 2-107 터보차저 구조

㉮ 임펠러 : 흡입 쪽에 설치된 날개로 공기에 압력을 가하여 실린더로 보낸다.

㉯ 터빈 : 배기 쪽에 설치된 날개로 배기가스의 압력에 의하여 배기가스의 열에너지를 회전에너지로 변화시킨다.

㉰ 플로팅 베어링 : 하우징에 10,000~15,000rpm으로 회전하는 터빈 축을 지지하는 베어링으로 엔진으로부터 공급되는 엔진오일로 냉각과 윤활을 한다.

㉣ 하우징/스크롤 : 주철로 된 배기측 하우징과 알루미늄으로 된 흡기측 하우징이 CHRA에 각각 조립되면 완전한 터보차저를 이루게 된다. 하우징 내에는 공기가 흐르는 달팽이 형태의 공간인 스크롤(Scroll)이 있으며, 각 실린더에서 나오는 배기가스 간의 간섭을 줄이기 위해 배기가스 유입부를 두 개로 나눠놓은 터보를 트윈 스크롤 터보차저라고 한다.

㉤ 웨이스트 게이트밸브 : 배기가스의 흐름 도중에 설치된 밸브로, 이 밸브가 열리면 일부의 배기가스가 터빈 블레이드에 공급되지 않고 바이패스 경로에 의하여 배기장치에 직접 흐르게 되어 과급압력이 규정값 이상으로 상승되는 것을 방지한다. 웨이스트 게이트밸브의 작동은 흡기다기관 내 압력(정압) 또는 ECU에 의하여 제어할 수 있는데, ECU 제어 방식은 흡기다기관 내에 압력센서를 장착해야 하며, 웨이스트 게이트밸브(waste gate actuator)는 솔레노이드밸브(solenoid valve) 전자 액추에이터의 작동에 의하여 제어된다.

(a) 흡기다기관 부압 제어방식

(b) ECU 제어방식

그림 2-108 웨이스트 게이트밸브

> **참고** **디퓨저(diffuser)**
>
> 과급기에서 공기의 속도에너지를 압력에너지로 바꾸는 장치

> **참고** **터보랙(turbo lag)**
>
> 운전자가 가속페달을 밟은 후 터보차저가 동작할 때까지 발생하는 시간 지연 현상을 의미한다.

(2) 슈퍼차저(Super Charger)

슈퍼차저는 터보차저와는 달리 크랭크축의 동력으로 벨트에 의해 구동된다. 슈퍼차저로 가장 인기가 있는 것이 루츠형(roots type)이나 근래에는 슈퍼차저의 로터를 헬리컬(helical) 모양으로 만들어 블로워(blower)에서 발생하는 과급압력 펄스를 감소시키고 소음도 낮추고 있다. 운전방법은 에어컨 압축기와 마찬가지로 슈퍼차저 구동 풀리에 마그네틱 클러치를 장착하여 ECU가 제어하는 방법을 주로 사용한다.

루츠식 과급기(roots supercharger)는 세 개의 로브(lobe)를 갖는 루츠 형상의 로터가 하우징 내에서 서로 맞물려 회전하는 기계 과급기이다. 구동은 크랭크축에 의하여 회전하며 엔진 회전수의 약 2~3배의 속도로 회전한다. 흡입구로 들어온 새로운 공기는 로터 로브와 하우징 사이에 채워지고 로터가 회전함에 따라 출구로 배출되어 인터쿨러(intercooler) 또는 흡기다기관으로 보낸다.

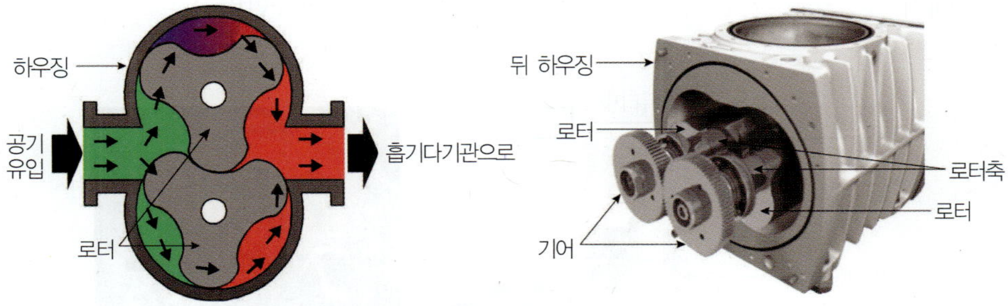

그림 2-109 루츠식 과급기

(3) 가변용량 과급기(VGT : variable geometry turbo charger)

가변용량 과급기는 배기가스를 이용하여 엔진 실린더로 흡입되는 공기량을 증가시키는 장치이다.

① 가변용량 과급기의 구조

터빈에는 배기가스의 흐름속도를 변화시키기 위한 가변터빈 흡입 베인이 11개 설치되어 있다. 이 11개의 베인이 동시에 모두 작동하도록 하기 위해 둥근 모양으로 된 유니슨 링이 베인 뒤쪽에 설치되어 있다. 그리고 터빈과 임펠러를 보호하기 위한 하우징이 설치되고 터빈 하우징 쪽으로 유니슨 링을 작동시키기 위해 베인 제어 액추에이터가 설치되어 있다. 유니슨 링은 시계방향 및 반시계방향으로 작동할 수 있도록 되어 있으며, 베인 제어 액추에이터와 연결되어 있다. 따라서 액추에이터의 작동에 따라 유니슨 링도 시계방향이나 반시계방향으로 작동한다.

② 가변용량 과급기 제어장치

엔진회전 속도, 가속페달을 밟은 정도, 대기압력, 부스터 압력, 냉각수 온도, 흡입공기 온도, 주행속도, 클러치 신호 등을 확인하여 자동차의 운전상태를 하여 엔진컴퓨터에서는 엔진 회전속도 및 연료분사량에 따라서 목표로 하는 부스터 압력 map이 결정된다.

③ 가변용량 과급기 작동원리

㉮ 저속 운전영역에서의 작동원리

가변용량 과급기는 저속 운전영역에서 배기가스의 통로를 좁혀 흐름속도를 빠르게 하여 터빈을 힘차게 구동시켜 많은 공기를 흡입할 수 있도록 한다. 저속 운전영역에서 배기가스 통로를 좁히는 방법은 벤투리의 원리를 이용한다.

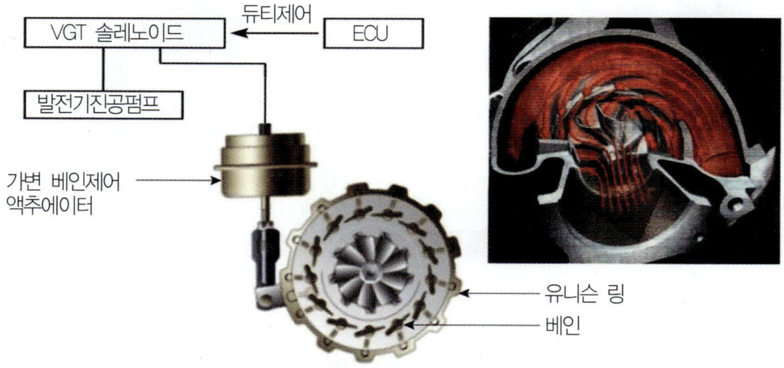

그림 2-110 저속에서 작동

㉯ 고속 운전영역에서의 작동원리

고속 운전영역에서는 일반적인 과급기와 같으며, 이때는 벤투리관의 면적을 원래의 상태로 넓혀 주어 배출되는 많은 양의 배기가스가 터빈을 더욱더 커진 에너지로 구동시켜 흡입공기량을 증가시켜 준다.

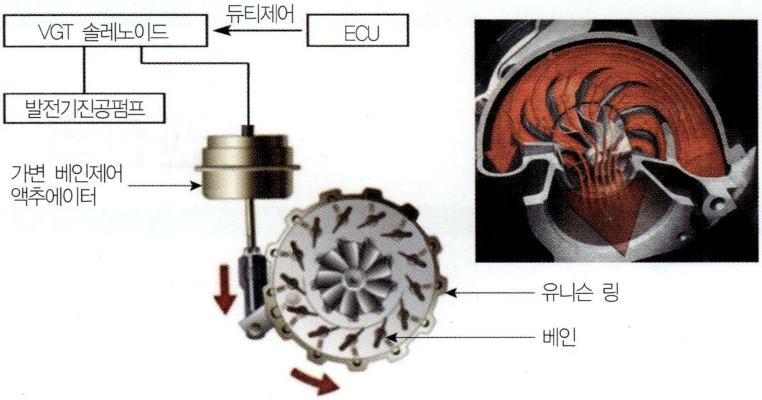

그림 2-111 고속에서 작동

[2] 인터쿨러(Inter Cooler)

터보차저에서 공기를 압축하면 흡입공기의 온도가 상승하는데 일반적으로 100~150℃ 정도이다. 엔진에서 흡입공기의 온도가 상승하면 밀도 저하로 인하여 흡입 효율이 저하됨과 동시에 혼합기의 온도가 상승하여 노크가 발생한다. 따라서 흡입 공기를 냉각시켜 흡입효율 향상과 노크를 감소시킨다. 인터쿨러는 수냉식과 공랭식이 있다.

그림 2-112 인터쿨러

CHAPTER 07

엔진의 연료

01 가솔린 엔진 연료

[1] 가솔린 연료 개요

가솔린(휘발유)은 원유를 분별 증류해서 얻어지는 석유의 일종으로, 석유의 휘발 성분을 이루는 무색의 투명한 액체이다. 영어로는 gasoline(미국식) 또는 petrol(영국식)이라고 한다. 가솔린은 탄소(C)와 수소(H)의 유기화합물의 혼합체이며, 연료와 산소가 혼합하여 완전연소할 때 발생하는 열량을 발열량이라 한다. 발열량에는 열량계 속에서 단위 질량의 연료를 연소시켰을 때 발생되는 고위발열량과 연소에 의해 발생된 수분의 증발열을 뺀 열량인 저위발열량이 있다. 일반적으로 액체나 가스의 발열량은 저위발열량으로 나타낸다.

[2] 자동차용 휘발유

① **유연 휘발유 :** 테트라에틸납을 첨가한 휘발유로 노킹 현상을 방지하기 위해 토머스 미즐리가 개발한 휘발유이다. 구분을 위해 붉은 염료가 미량 첨가된다. 납 성분이 인체와 환경에 축적되고 있는 사실이 알려지면서 현재 대부분의 국가는 대기 오염 방지 차원에서 사용을 금지하였다.

② **무연 휘발유 :** 납이 대기 중에 축적되는 현상을 막기 위해 납 성분을 제거한 휘발유이다. 보통 대체물로 MTBE를 사용하나 MTBE도 수질 오염 문제가 알려지면서 에탄올을 비롯하여 기타 알킬레이트류가 사용하기도 한다.

③ **고급 휘발유 :** 고급 휘발유는 옥탄이라는 물질을 첨가하여 발화점을 높임으로써 노킹을 막을 수 있도록 제조된 휘발유다.

> **참고** MTBE(Methyl t-butyl ether)
> 에테르로 분류되는 유기화합물로서 가솔린에 첨가하면 옥탄가가 향상되고 배기가스 중의 일산화탄소 발생을 저감(분자 중의 산소에 의한 조연 효과)하는 효과가 있다.

[3] 가솔린의 물리적 성질

① **비중 :** 0.74~0.76

② **저위 발열량 :** 11,000Kcal/kgf

③ **옥탄가 :** 90~95

④ **인화점 :** −10~−15℃

⑤ **자연 발화점 :** 대기압력 하에서 300~500℃

[4] 가솔린의 구비조건

① 발열량이 크고 연소 후 퇴적물이 적어야 한다.
② 공기와 혼합이 잘되고 적당히 휘발성이 있어야 한다.
③ 착화온도가 높고, 연소상태가 안정되며 인체에 유독성이 없어야 한다.
④ 취급과 수송이 용이하며 부식되지 않아야 한다.
⑤ 값이 저렴하여 경제적이어야 한다.

[5] 옥탄가(Octane Rating, Octane Number)

가솔린 연료의 내폭성을 나타내는 수치를 옥탄가라 한다. 내폭성이란 엔진 노크를 일으키기 어려운 성질을 말하며 이러한 성질의 연료성분을 이소옥탄(C_8H_{18})이라 한다. 또한 내폭성이 낮은 연료의 성분을 정헵탄(C_7H_{16})이라 하며, 옥탄가는 이소옥탄과 정헵탄의 혼합비를 나타내 연료의 성질을 나타내는 척도가 된다.

보통 이소옥탄을 100으로 하고 정헵탄(노말헵탄)을 0으로 기준하여 혼합비율에 따라 옥탄가가 결정된다. 예를 들면, 노말헵탄 20%, 이소옥탄 80%의 비율이라면, 옥탄가 80이 된다. 옥탄가는 다음 식으로 표현되며 옥탄가의 측정은 C · F · R시험엔진으로 측정한다. 보통 차량용으로 사용하는 무연 휘발유의 옥탄가는 85~96, 고급 휘발유는 97~102 정도이다.

$$\text{옥탄가} = \frac{\text{이소옥탄}}{\text{이소옥탄} + \text{노멀헵탄}} \times 100$$

[6] 휘발유 첨가제

휘발유에서는 노킹 현상을 막기 위한 첨가제 외에 여러 가지 첨가제가 들어가는데, 휘발유가 산화되는 것을 막는 산화방지제, 겨울철에 연료가 얼어버리는 현상을 막는 부동액, 연료탱크와 연료 파이프에 녹이 발생되는 것을 막는 녹 방지제, 연소 후에 엔진에 생기는 침전물을 없애거나 생기지 않도록 하는 청정제와 침전물 제거제, 금속 이물질로 인해 휘발유가 변질되는 것을 막는 금속 불활성화제 등이 있다.

02 LPG 연료

[1] LPG 개요

LPG는 원유를 정제할 때 나오는 부산물 중의 하나이며, 주성분은 프로판이 47~50%, 부탄 36~42%, 오리핀이 8% 정도이며 저위 발열량은 12,000kcal/kgf이다.

LPG는 냉각이나 가압에 의해 쉽게 액화하고 반대로 가압이나 감압에 의해 기화하는 성질이 있다. 또 기화된 LPG는 공기의 약 1.5~2.0배 정도 무겁다. 순수한 LPG는 색깔과 냄새가 없으며 많은 양을 유입하면 마취되는 수가 있다.

자동차용 연료로 사용되는 LPG는 가스 누출의 위험을 방지하기 위하여 부취제(유기황, 질소, 산소화합물 등)를 첨가하여 특이한 냄새가 나도록 하고 있다. 최근에 사용하는 LPG는 겨울철에는 엔진의 시동성능을 향상시키기 위해 프로판 30%와 부탄 70%의 혼합가스를, 여름철에는 출력을 향상시키기 위하여 부탄 100%인 가스를 사용한다.

[2] LPG의 장점

① 발열량이 크다. 즉, 가지고 있는 에너지가 크다. 프로판이 12,000kcal/kg 정도이며, 부탄이 11,800kcal/kg이다.

② 상온에서는 기체로 존재하지만 가압시키면 쉽게 액화가 가능하다. 액화하면 체적이 1/250으로 줄어들어 운반이 용이하다. 액화 프로판 가스는 보통 온도가 적당한 압력하에 액화될 수 있다.

[3] LPG의 단점

① 공기보다 무겁고 물보다 가볍다. 자연적으로 환기를 시켜도 가스가 바닥에 잔류할 수 있으며 액화 상태에서도 물보다 가볍기 때문에 주수를 하면 물 위에 뜨게 된다. 때문에 누출 시에는 잔류가스에 의해서 폭발 우려가 있다.

② 용기설치장소가 필요하고 용기 관리가 중요하다.

③ 유기화합물을 녹이는 용해성을 가지고 있다.

[4] 연소특성

연소시킬 때 다량의 공기가 필요하다. 이론적으로 계산하면 프로판 1mol은 약 24mol의 공기를 필요로 하고, 부탄 1mol은 31mol의 공기가 필요하다. 연소온도는 평균 2,150°C로 높은 편이다. 그리고 폭발한계와 폭발 하한값이 낮다(프로판: 2.2~9.5%, 부탄: 1.8~8.4%).

[5] 부취제의 종류

본래 LPG는 쉽게 구분할 수 있는 냄새를 가지고 있지 않다. 이를 검지하기 위해 불쾌한 악취가 나는 화학성분 또는 유사한 화합물, 화학적 화합물이 안전성을 위하여 부취제로 첨가된다.

① Butyl Mercaptan : 천연가스에 사용되는 가장 일반적인 부취제이며 대표적으로 TBM(Tertiary Butyl Mercaptan)이 있다. 양파 썩는 냄새가 난다.

② **DMS(Dimethyl Sulfide)** : TBM과 같이 혼합하여 많이 사용된다. 마늘 썩는 냄새가 난다.

③ **Ethyl Mercaptan** : LP가스에 가장 많이 사용되는 부취제이다.

④ **THT(Tetra-Hydro Thiophene)** : LP가스에서 가장 많이 사용되는 부취제이다. 단일로 사용되거나 TBM과 혼합하여 사용한다. 석탄가스 냄새가 난다.

03 디젤 엔진 연료

[1] 경유(Diesel)의 개요

경유란 원유나 콜타르를 분류하여 얻은 기름이다. 경유는 탄화수소를 주성분으로 한 투명한 액체이며, 약간의 점성도 있다. 색은 무색에서 연한 노란색 및 연한 갈색을 띠고 있다. 보통 방향족 탄화수소로 된 첨가제를 넣을 경우에 약간의 색을 띠는 경우가 많다. 끓는점의 범위는 250~350℃이다. 밀도는 820~845kg/m^3, 탄화수소 분자당 탄소수는 보통 10~15개 사이이다.

경유는 석유계의 경유와 타르계의 경유로 나뉜다. 석유계 경유는 원유를 증류할 때 등유에 이어 유출되는 성분이고, 타르계는 석탄건류가스에서 분리되는 조경유와 타르 증류 때 얻어지는 타르 경유를 말한다. 보통 경유라고 하면 석유계 경유를 말한다. 경유는 휘발성이 낮아서 불이 쉽게 붙지 않기 때문에 폭발의 위험이 적다.

[2] 경유의 물리적 성질

① **색깔** : 흑갈색~담황색

② **비중** : 0.83~0.89

③ **인화점** : 40~90℃

④ **발열량** : 10700Kcal/kgf

⑤ **자연 발화점** : 산소 속에서 245℃, 공기 속에서 358℃

⑥ 경유 1kgf을 완전히 연소시키는데 필요한 건조 공기량은 14.4kgf(11.2m^3)

[3] 경유의 구비조건

① 자연발화점이 낮을 것, 즉 착화성이 좋을 것.

② 황(S)의 함유량이 적을 것.

③ 세탄가가 높고, 발열량이 크며, 연소속도가 빠를 것.

④ 적당한 점도를 지니며, 온도변화에 따른 점도변화가 적을 것.

⑤ 고형 미립물이나 유해성분을 함유하지 않을 것.

[4] 경유의 착화성

(1) 세탄가(cetane number)

세탄가는 디젤 엔진 연료의 착화성을 표시하는 수치이다. 세탄가는 착화성이 우수한 세탄($C_{16}H_{34}$)과 착화성이 불량한 α −메틸 나프탈린의 혼합액이며 세탄의 함량비율(%)로 표시한다. 예를 들어, 세탄가 60의 경유란 세탄이 60%, α −메틸 나프탈린이 40%로 이루어진 혼합액과 같은 착화성을 가지는 것을 의미한다. 고속 디젤 엔진에서 요구되는 세탄가는 45~70이며, 시중에서 판매되는 경유의 세탄가는 일반적으로 60 정도이다.

$$\text{세탄가} = \frac{\text{세탄}}{\text{세탄} + \alpha - \text{메틸나프탈린}} \times 100$$

(2) 디젤지수(diesel index)

디젤지수는 경유 중에 포함된 파라핀 계열의 탄화수소의 양으로 착화성을 표시하는 것이다.

(3) 임계 압축비

디젤 엔진은 압축비를 낮추면 노크를 일으키는 성질을 이용한 것으로, CFR(미국 연료 연구단체) 엔진에서 시험 조건을 일정하게 하고 각종 경유에 대하여 노크를 일으키기 시작할 때의 최저 압축비를 구한 것이다. 경유의 착화 지연에 따른 디젤 엔진 노크를 방지하기 위하여 연소 촉진제를 첨가하고 있는데, 여기에는 질산에틸, 초산아밀, 아 초산아밀, 초산에틸 등이 있다.

CHAPTER 08

연소 및 배출가스

01 가솔린 엔진의 연소

[1] 정상연소와 이상연소

① **정상연소** : 과도한 압력상승에 의해 기관의 운전 장애가 발생하지 않는 범위 내에서 엔진의 성능이 최대로 될 때의 연소를 말한다.

② **이상연소** : 급격한 압력파장에 의해 충격적으로 연소가 이루어져 운전 장애와 출력저하를 발생하는 연소를 말한다. 열효율 측면에서는 연소속도가 빠를수록 유리하나 노크 때문에 제한을 받는다.

[2] 가솔린 엔진의 연소과정

실린더에 흡입된 혼합기를 압축하여 점화 플러그에 의해 점화하면 그 점화 플러그에서 가장 가까운 부분이 먼저 착화하여 그 화염이 점차 전파해서 마침내 가스 전체가 폭발적인 연소를 하는데, 이 과정은 매우 짧은 시간에 이루어지나 그 과정은 점화 → 화염전파 → 후연소의 3단계로 나누어진다.

[3] 가솔린 엔진의 노크

가솔린 엔진의 노크는 화염 면이 정상에 도달하기 이전에 말단가스(end gas)가 부분적으로 자기착화에 의하여 급격히 연소가 진행되는 경우, 비정상적인 연소에 의해 발생하는 급격한 압력상승으로 실린더 내의 가스가 진동하여 충격적인 타격소음이 발생하는데, 이를 노크(knock) 또는 노킹(knocking)이라 한다.

가솔린 엔진에서 노크 발생을 검출하는 방법에는 실린더 내의 압력측정, 실린더블록의 진동측정, 폭발의 연속음 측정 등이 있다.

[4] 노크가 엔진에 미치는 영향

① 베어링 융착

② 피스톤 및 배기밸브 소손

③ 실린더 마멸

④ 엔진 과열

⑤ 출력 저하

⑥ 가솔린 엔진인 경우 점화플러그 소손

[5] 가솔린 엔진의 노크 방지방법

① 혼합가스를 진하게 하거나 화염전파거리를 짧게 한다.

② 옥탄가가 높은 연료를 사용한다.

③ 압축행정 중 와류를 발생시키고, 압축비, 혼합가스 및 냉각수 온도를 낮춘다.

④ 연료의 착화지연을 길게 한다.

⑤ 점화시기를 알맞게 조정한다.

⑥ 미 연소가스의 온도와 압력을 저하시킨다.

02 디젤 엔진의 연소

디젤 엔진은 공기만을 실린더에 흡입하여 압축행정 말기에 고온고압으로 압축된 공기 중에 분사 노즐을 통해 연료가 분사된다. 그때 공기의 온도가 연료의 자기착화 온도보다 높으면 분사된 연료는 압축된 고온의 공기 중에서 무화 증발되므로 자기착화가 가능한 최적의 혼합비가 연소실 내에 형성되어 연소가 시작된다.

이것을 자기착화(Self Ignition)라 하며 그 후 계속하여 분사되는 연료는 분무 제트를 형성하여 주위의 공기와 혼합함으로써 연소가 계속 진행된다. 따라서 디젤 엔진 연소의 기본은 분사되는 연료를 어떻게 하면 잘 연소될 수 있도록 무화시키고 주위의 공기와 잘 혼합하게 하는 것이 무엇보다 중요하다.

[1] 연소과정에 영향을 주는 요소

연소과정에 영향을 주는 요소는 연료분사 시기, 연료분사량, 분사지속 시간과 분사율, 분사 방향 등이 있으며, 고압 분사펌프를 사용하는 디젤기관의 실린더 내에서 이루어지는 연소는 열 에너지, 기계적 에너지, 화학적 에너지 등이다.

[2] 기계식 디젤 엔진의 연소과정

기계식 디젤 엔진의 연소과정은 착화 지연기간 → 화염 전파기간 → 직접 연소기간 → 후 연소기간의 4단계로 연소한다.

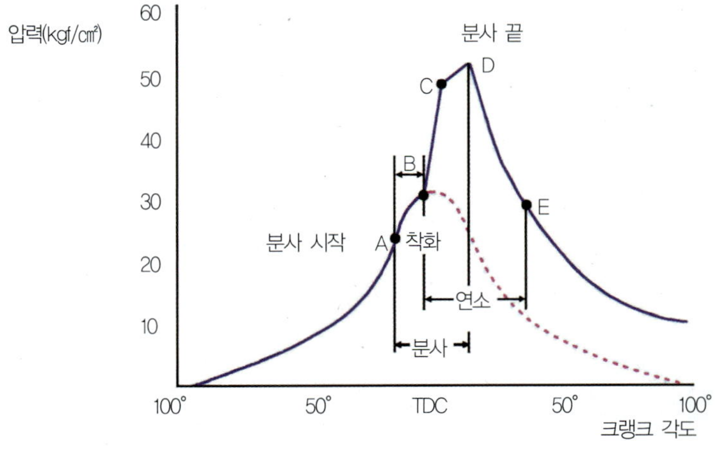

그림 2-113 디젤 엔진의 연소과정

(1) 착화 지연기간(A~B기간)

경유가 연소실 내에 분사된 후 착화될 때까지의 기간이며, 약 1/1,000~4/1,000초 정도 소요된다. 이 착화 지연기간이 길어지면 디젤 엔진에서 노크가 발생한다.

(2) 화염 전파기간(폭발 연소기간 : B~C기간)

경유가 착화되어 폭발적으로 연소를 일으키는 기간이며, 정적 연소과정이다.

(3) 직접 연소기간(제어 연소기간 : C~D기간)

분사된 경유가 화염 전파기간에서 발생한 화염으로 분사와 거의 동시에 연소하는 기간이며, 정압 연소과정이다.

(4) 후 연소기간(후기 연소기간 : D~E기간)

직접 연소기간 동안 연소하지 못한 경유가 연소 · 팽창하는 기간이며, 이 기간이 길면 배기가스 온도가 상승해 엔진이 과열하며 열효율이 떨어진다.

[3] 커먼레일 연료분사장치 엔진의 연소과정

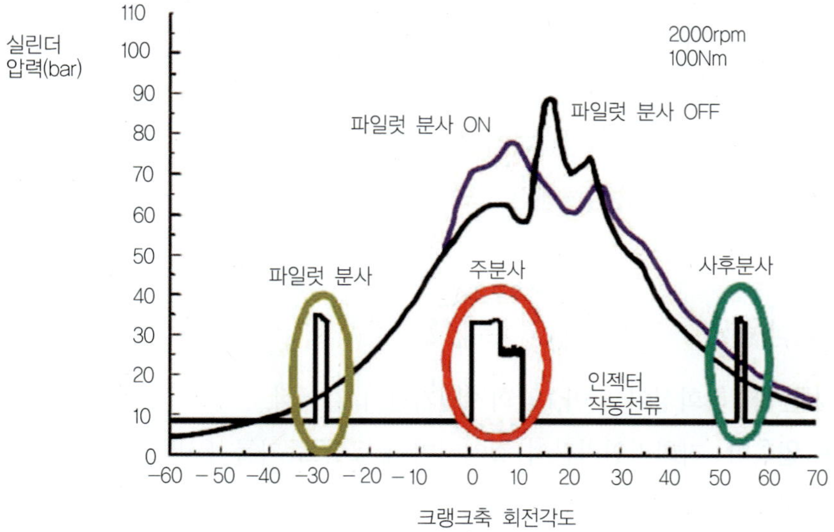

그림 2-114 커먼레일 연료분사장치 엔진의 연소과정

(1) 파일럿 분사(Pilot Injection, 착화 분사)

파일럿 분사란 주 분사가 이루어지기 전에 연료를 분사하여 연소가 원활히 되도록 하기 위한 것이며, 파일럿 분사 실시 여부에 따라 엔진의 소음과 진동을 줄일 수 있다.

(2) 주 분사(Main Injection)

엔진의 출력에 대한 에너지는 주 분사로부터 나온다. 주 분사는 파일럿 분사가 실행되었는지 여부를 고려하여 연료분사량을 계산한다. 주 분사의 기본값으로 사용되는 것은 엔진 회전력의 양(가속페달 센서값), 엔진 회전속도, 냉각수 온도, 흡입공기 온도, 대기압력 등이다.

(3) 사후 분사(Post Injection)

사후 분사는 배기가스 규제의 강화에 의해 사용되는 것이며, 이것은 연소가 끝난 후 인젝터를 작동시켜 배기행정에서 연료를 연소실로 공급하여 배기가스를 통해 촉매변환기에 공급하기 위한 것이다.

[4] 디젤 엔진의 노크

디젤 엔진에서 노킹이 일어나는 이유는 압축행정 시에 연료가 분사되고 점화시기까지의 시간이 길어지게 되면 나타나는 현상이다. 이는 점화시기의 지연과 더불어 증가된 연료가 점화되면서 연소실 내에서 정상연소 압력보다 급격한 압력상승을 유발하여 실린더 벽에 피스톤이 충격을 가하여 소음이 발생하게 되며, 이를 디젤노크(Diesel Knock)라고 한다.

디젤 엔진의 노크는 주로 연소 초기에 발생하나 가솔린 엔진의 노크는 연소 후기에 발생한다. 노크가 발생하면 실린더 내의 압력이 급상승하여 소음과 이상 진동을 동반하며, 노크가 심하면 엔진과열, 피스톤 및 실린더 벽의 손상, 엔진의 출력이 저하된다.

[5] 디젤 노크 발생원인

① **연료의 낮은 세탄가** : 착화성이 낮아, 착화지연기간이 길어짐.

② **연소실의 낮은 압축비** : 착화지연기간이 길어지며 연료량 증가를 유발.

③ **연소실의 낮은 온도** : 착화지연기간이 길어짐.

④ **과다 연료 분사량** : 잔여 연료가 발생하며, 다음 착화 시의 연료량에 더해져 압력상승 유발.

[6] 디젤 엔진 노크 방지방법

① 세탄가가 높은 연료 사용

② 실린더의 압축비를 높임

③ 연료 분사량의 적절한 제어

④ 흡기 온도 및 압력을 높임

⑤ 실린더 내의 와류 발생

03 자동차 배출가스

[1] 배기가스(exhaust gas)의 개요

배기가스는 석유, 석탄 연료의 연소로 인해 발생되는 가스다. 자동차에서 발생되는 배출가스는 주로 배기파이프에서 배출되는 배기가스(exhaust gas), 엔진 크랭크 케이스에서의 블로바이가스 및 연료탱크나 연료라인에서 발생되는 연료증발가스(fuel evaporation gas)가 있다. 일반적으로 자동차의 배출가스 중 배기가스는 약 60%, 크랭크실 블로바이가스는 약 25% 그리고 연료 증발가스는 약 20%의 비율을 가진다.

그림 2-115 자동차에서 발생되는 유해 배출가스

[2] 배기가스(exhaust gas) 종류

(1) 일산화탄소(CO : carbon monoxide)

일산화탄소는 탄소와 산소로 구성된 화합물이다. 자동차 배기가스에서 일산화탄소는 연소 시

산소의 공급이 불충분하면 불완전연소를 하여 일산화탄소가 발생된다. 이 일산화탄소는 무색, 무취로서 인체에 흡수되면 산소 대신 적혈구에 흡수되어 산소부족 현상이 발생하며 소량일 경우 두통, 현기증이 발생하나 대량이 흡수될 경우 사망을 초래한다. 일산화탄소의 배출량은 엔진에 공급되는 혼합기의 공연비에 좌우하며 희박공연비일 경우 CO 농도는 낮으나 농후공연비일 경우 높아진다.

(2) 탄화수소(HC : unburned hydro carbon)

탄화수소는 탄소와 수소만으로 이뤄진 유기화합물을 말한다. 가장 간단한 탄화수소는 탄소 하나와 수소 넷으로 이뤄진 메테인이다. 대표적인 탄화수소로 석유와 천연가스가 있고, 가솔린, 파라핀, 항공유, 윤활유, 파라핀왁스, 벤젠 등도 모두 탄화수소 혼합물이다. 자동차 배기가스에서 탄화수소는 공기 부족에 의한 불완전 연소 시에 주로 발생되는데, 실린더 또는 연소실 벽쪽은 저온이므로 이 부분에서는 연소온도에 이르지 못하고 화염이 전달되지 못하므로 미연소 HC가 발생되게 된다.

(3) 질소산화물(NOx : nitrogen oxide)

질소산화물(NOx)은 산화질소(NO)와 이산화질소(NO_2)의 총칭이다. 공기 중에는 질소가 70% 이상이므로 연소 시 질소와 산소가 반응하여 질소산화물을 배출시킨다. 질소산화물은 2,000℃ 이상의 고온고압 하에서는 산화되어 발생량이 증대된다. 이 질소산화물 발생은 최고 연소온도에 좌우되며 연소온도의 상승과 함께 급격히 증가하나 역으로 최고 연소온도를 다소 낮추면 급격히 하락된다.

(4) 입자상 물질(PM : particulate matter)

입자 상태의 대기오염물질은 아주 작은 액체 상태 또는 고체 상태의 떠다니는 부유 물질이며 이를 입자상 오염물질이라고 한다. 입자 상태의 부유 물질은 먼지, 연기, 안개, 스모그(smog) 등과 같은 상태로 존재하며, 입자상 오염물질의 입자범위는 0.001~1000㎛로 이들은 주로 불완전 연소 시 발생하지만 나쁜 연료와 윤활유도 원인이다. 입자상 물질의 입자는 75% 이상이 직경 1㎛ 이하의 미세입자이기 때문에 기관지 등에 장기간 잠재하며, 특히 폐암의 원인으로 판명되고 있어 위해성에 대한 논란이 가중되고 있다.

(5) 아황산가스(SO_2 : sulfur dioxide)

아황산가스는 화학식 SO_2인 무기화합물이며, 이산화황, 무수 아황산이라고도 한다. 산소 원자 2개와 황 원자 1개가 결합되어 있다. 색깔이 없으며 자극적인 냄새가 나는 유독성 기체이다. 화산 활동이나 화석 연료의 연소과정에서 유황성분이 산화한 것으로 대부분 SO_2로 배출되고 1~2%는 불꽃 중에서 산화하여 SO_3(삼산화황 : sulfur trioxide)로 배출된다.

[3] 배기가스 발생량에 영향을 미치는 요소

(1) 압축비

압축비가 높으면 엔진 출력이 증가하고 열효율이 향상되며 연료소비율이 향상되나, 노크 위험성이 증가하고 배기가스 발생량이 증가한다.

(2) 밸브 오버랩(valve over lap)

밸브 오버랩이 너무 길면 흡입행정에서 배기가스 일부가 다시 연소실로 유입되어 혼합기가 희박해져 내부 EGR 효과로 인하여 연소온도가 저하되어 궁극적으로 질소산화물의 감소를 가져온다. 그러나 공전에서 밸브 오버랩을 너무 크게 하면 탄화수소(HC) 발생량이 증가하고 혼합기가 희박해져 엔진 부조현상이 일어나므로 공전에서는 밸브 오버랩을 작게 하고, 고속에서는 크게 한다.

(3) 워밍업(warming up, 난기 운전) 시간

자동차에서 발생하는 상당량의 배기가스는 워밍업 동안 발생하므로 가능하면 빠른 시간 내에 워밍업을 마쳐야 한다.

(4) 점화 시기

① **점화 시기가 빠를 때 :** 연소실 온도상승으로 질소산화물(NOx) 발생량은 증가하는 반면, 배기가스의 온도 저하로 탄화수소(HC)의 재연소가 일어나지 않아 탄화수소(HC) 발생량은 증가한다.

② **점화 시기가 늦을 때 :** 연소가 완만하여 최고 연소온도가 저하되어 질소산화물(NOx) 발생량

은 감소하는 반면 동력 및 배기행정에서 가스 온도가 상승되어 탄화수소(HC)의 재연소가 촉진되어 탄화수소(HC) 발생량도 감소된다.

(5) 공연비(혼합비)

공연비는 공기량(g)을 연료량(g)으로 나눈 것으로 공연비를 기준으로 공연비가 작으면 혼합기 상태가 진하고(rich), 공연비가 크면 혼합기 상태가 희박(lean)한 것이다.

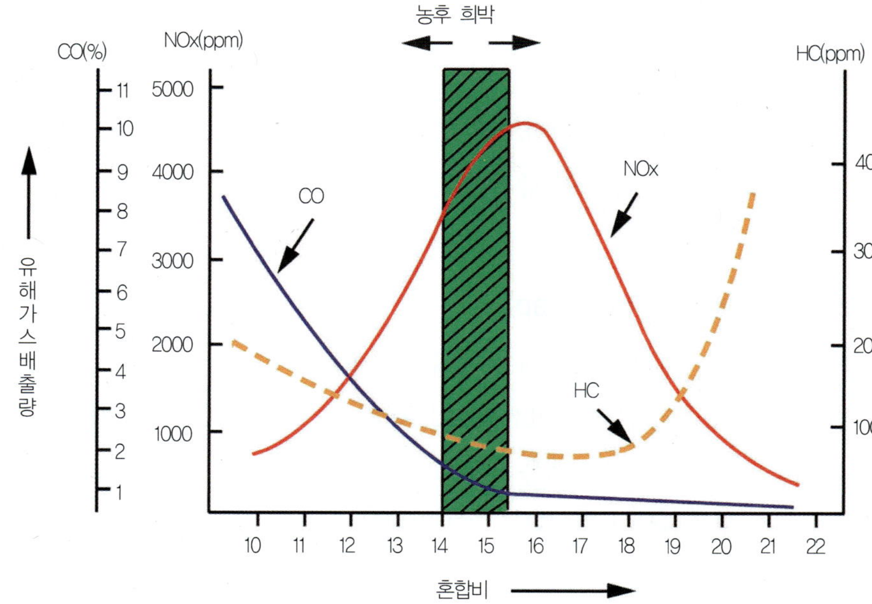

그림 2-116 혼합비와 유해가스 배출량의 관계

> **참고 이론공연비**
> 이론상으로 완전 연소되는 혼합비를 말한다[가솔린 엔진 기준 14.7:1].

(6) 온도와의 관계

엔진이 온도가 낮을 경우 시동성 향상을 위해 농후한 연료가 공급되므로 일산화탄소(CO)와 탄화수소가 증가하고, 온도가 증가하면 이론공연비 부근에서는 감소한다. 이때 이론공연비 부근의 온도 상승에 따라 질소산화물은 증가한다.

[4] 가솔린 엔진의 배출가스 제어시스템

(1) 블로바이가스 제어

실린더 벽과 피스톤 사이에 완전한 밀봉은 불가능하다. 따라서 압축행정이나 폭발행정 시 발생하는 압력으로 인하여 혼합기나 미연가스가 피스톤 링 틈새를 거쳐 크랭크 케이스로 유입되며 이를 블로바이가스(blow by gas)라 한다. 일반적으로 오토 엔진에서는 70~80% 정도의 미연소 혼합기와 20~30% 정도의 연소생성물로 되어있다.

블로바이가스를 제어하는 PCV밸브는 흡기다기관의 부압에 의해 작동되며 엔진의 작동 조건에 따른다. 엔진의 작동이 정지된 경우에는 PCV밸브가 작동하지 않으며, 진공통로는 닫히게 된다.

공회전 및 감속할 때에는 진공도가 매우 높으므로 PCV밸브는 완전히 열리고 진공 통로는 작아진다. 엔진이 정상 작동할 때에는 PCV밸브는 적당히 작동하며 진공 통로는 커진다. 그러나 블로바이가스의 발생량이 PCV밸브에서 흡인하는 양보다 많을 경우는 크랭크 케이스 내의 압력이 올라가므로 블로바이가스는 에어크리너(air cleaner)로도 흡인한다.

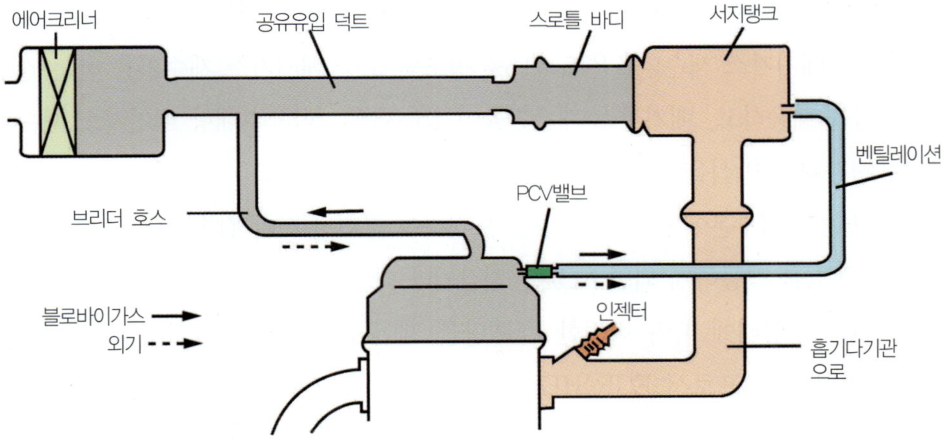

그림 2-117 밀폐식 PCV시스템

① **급가속 및 고부하일 때(PCV밸브 작동 안됨)** : 블로바이가스 → 블리더호스→ 스로틀 바디 → 서지탱크→ 흡기다기관 → 실린더에서 연소

② **경, 중부하일 때(PCV밸브 작동)** : 신선한 공기 → 블리더 호스 → 엔진 내부에서 신선한공기와 블로바이가스 혼합 → PCV밸브→ 서지탱크→ 흡기다기관 → 실린더

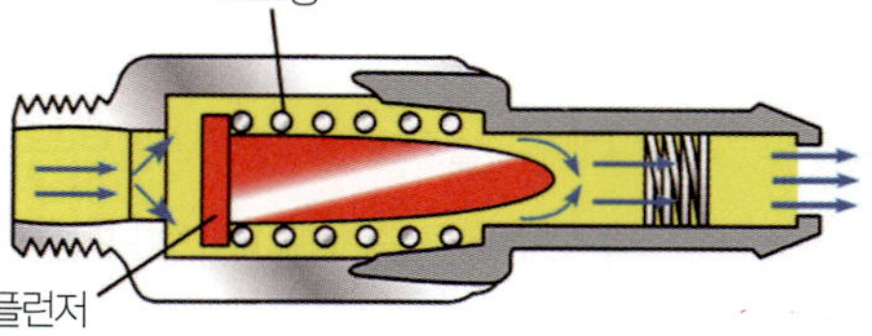

그림 2-118 PCV밸브 설치위치 및 구조

(2) 배기가스 재순환 제어(EGR : Exhaust Gas Recirculation)

일반적으로 배기가스 재순환율은 5～15% 정도의 소량 배기가스 재순환을 하는 경우에는 기계적인 방식을 채용하고, 배기가스 재순환율이 15～35% 정도의 대량 배기가스 재순환을 하는 경우에는 전자제어 방식을 사용한다.

가속 시 또는 냉각수온에 따라 EGR량을 보정하며 공회전 시나 감속 시 EGR을 정지시키도록 하고 있다. EGR을 작동하게 되면 NOx는 저감되나 착화성이나 엔진의 출력이 저하되므로 차속이나 엔진의 부하상태에 따라 적절한 EGR량을 제어할 필요가 있다.

EGR 제어량의 지표로서 EGR율(EGR rate)이 사용되며 다음과 같이 정의된다.

$$\text{EGR율} = \frac{\text{EGR량}}{\text{흡입공기량} + \text{EGR량}} \times 100(\%)$$

① 내부 EGR

흡・배기밸브 타이밍을 늦춰 실린더 내에 직접, 배기가스의 일부를 흡기측에 보내는 방법으로 아래와 같이 2가지 방법이 있다(가변밸브를 탑재하는 엔진의 대부분은 내부 EGR을 사용한다).

㉮ 흡입밸브의 빨리 열림 : 배기행정이 끝나기 직전의 상사점 앞에서 흡입밸브를 빨리 열고, 흡기포트에 배기가스의 일부를 보내준다.

㉯ 배기밸브의 늦게 닫힘 : 배기행정이 끝나고 흡입행정 시 피스톤이 상사점에서 하강하기 시작하더라도 당분간 배기밸브를 열어놓고, 배기포트에 있는 배기가스의 일부를 실린더 안으로 들여보낸다.

② 외부 EGR(Exhaust Gas Recirculation)밸브

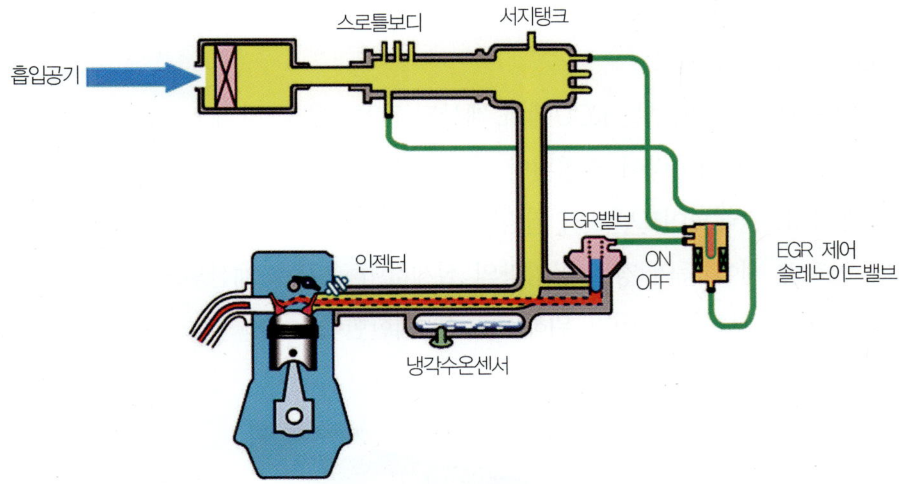

그림 2-119 배기가스 재순환장치의 구성부품

EGR밸브는 배기가스 중의 일부분을 다시 흡기 매니폴드로 유입 재연소시켜 엔진에서 배출되는 가스 중 질소산화물(NOx) 배출을 억제하기 위한 밸브이다. EGR 작동법에는 기계식과 전자식이 있다.

㉮ 기계식 EGR밸브 : 부압으로 다이어프램을 작동시켜 밸브를 개폐하는 구조이며, 밸브의 응답성이 느리고 부압 라인의 설치 및 엔진 상태에 따라 정밀한 제어가 힘들다.

㉯ E-EGR밸브 : 엔진회전 속도와 부하, 냉각수 온도 등을 감지해 엔진 작동 상태를 파악, 전자식 모터나 전자식 밸브로서 EGR밸브를 구동해 재순환 가스량을 제어하기 때문에 정밀성이 우수하고, 엔진의 각종 운전 상태에 따라 최적의 EGR율로 밸브를 개폐함으로써 우수한 EGR을 제어한다.

(a) 기계식 EGR밸브

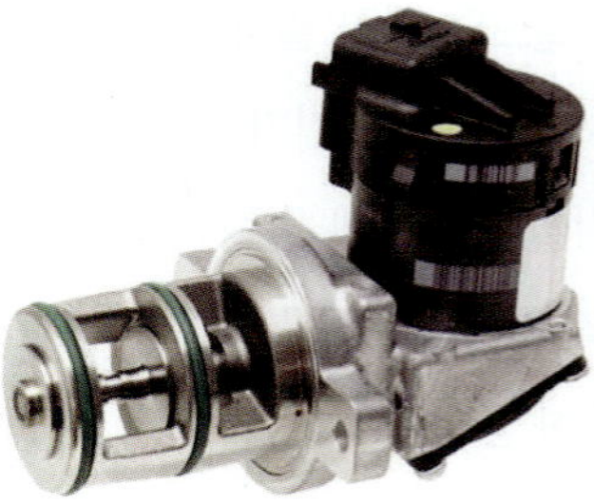

(b) 전자식 EGR밸브

그림 2-120 EGR밸브

③ EGR 솔레노이드밸브

EGR 솔레노이드밸브는 ECU에서 계산된 값을 PWM 방식으로 제어하는데 제어값에 따라 EGR 밸브 작동량이 결정된다. 각종 입력되는 센서의 값과 흡입 공기량을 계산하여 실제 EGR 솔레노이드밸브의 열림량을 출력하도록 되어 있다. EGR을 제어하는 동안 기타 연료량 제어 등의 경우 공기량의 실제값이 추가로 계산되도록 되어있다. 또한 EGR 작동시간은 부하를 줄이기 위해 rpm을 제한한다.

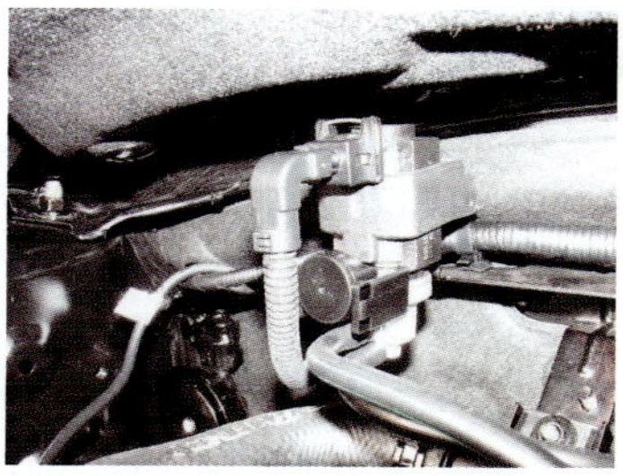

그림 2-121 EGR 솔레노이드밸브 설치위치

④ EGR 중지 명령

㉮ 아이들 시(1,000rpm 이하 52초 이상)

㉯ AFS 고장 시

㉰ EGR밸브 고장 시

㉱ 냉각수온 37℃ 이하 또는 100℃ 이상 시

㉲ 배터리 전압이 8.99V 이하 시

㉳ 연료량이 42mm 이상 분사 시(엔진 회전수에 따라 다르다.)

㉳ 시동 시

㉴ 대기압이 기준값 이하일 경우

(3) 연료증발가스 제어

자동차에서 연료증발가스는 연료탱크 등의 연료계통에서 발생하며, 주요 성분은 탄화수소(HC)이다. HC를 캐니스터에 포집한 후 퍼지 컨트롤 솔레노이드밸브의 조절에 의하여 흡기다기관을 통하여 연소실로 보내어 연소시킨다.

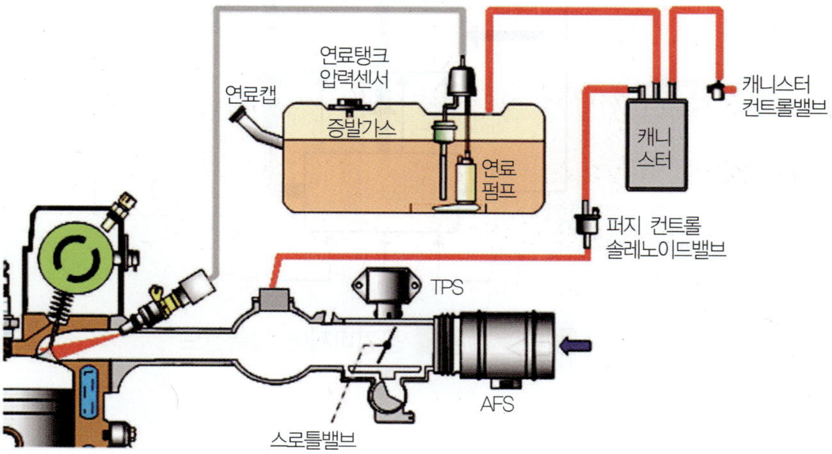

그림 2-122 연료 증발가스 제어장치의 구성 예

(4) 공기비 제어(λ closed loop control)

산소센서는 전압신호를 ECU에 전달한다. 제어기준 조건이 충족된 상태이면 ECU는 산소센서의 전압신호에 따라 혼합비를 희박하게 또는 농후하게 할지의 여부를 결정한다. $\lambda=1$에 대한 기준전압이 450mV일 경우, 산소센서로부터 발생된 전압이 기준전압보다 낮으면(=혼합기 희박) 분사량을 증량하고, 센서전압이 기준전압보다 높으면(혼합기 농후) 분사량을 감소시킨다.

그리고 시동 시, 난기운전 시, 가속 시, 전 부하 시 등에는 농후한 혼합기를 공급해야 하므로, 이때는 공기비제어 시스템의 제어기능은 일시적으로 중단된다. 그러면 엔진은 공연비제어 시스템에 의해 결정된 연료 분사량을 공급받게 된다.

공기비제어의 전제 조건은 다음과 같다.

① 센서온도가 적정 온도 이상이어야 한다. 지르코니아센서는 300℃ 이상, 티타니아센서는 600℃ 이상, 광대역센서는 700℃ 정도이어야 한다.
② 엔진이 공전영역 또는 부분 부하영역에서 운전되고 있어야 한다.
③ 엔진 냉각수온도가 40℃ 이상이어야 한다.

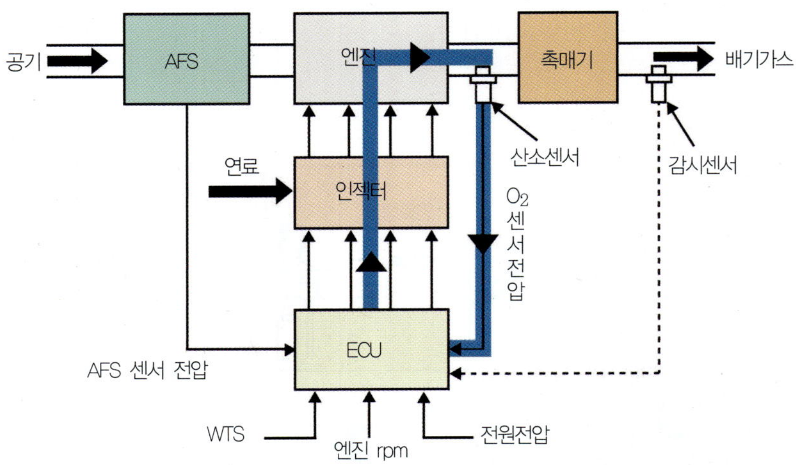

그림 2-123 공기비제어 블록선도

[5] 디젤 엔진 배출가스

(1) 배기가스 후처리 시스템

배기가스 후처리 시스템은 내연기관의 유해 배기가스를 줄이기 위한 방법 또는 장치로 PM(입자상물질) 제거를 위한 배기가스 후처리 장치는 DPF(Diesel Particulate Filter), CPF(Catalyzed Particulate Filter) 또는 CDPF로 불리는데, 디젤 배기가스 후처리장치라는 같은 의미로 모두 DPF로 통칭한다. DPF는 디젤 엔진에서 배출되는 PM을 필터로 일정거리 주행 후 포집하여 PM 발화온도 550℃ 이상으로 배기온도를 올려 태우고(재생), 다시 포집하기를 반복하는 기술로서 PM을 약 70% 이상 저감할 수 있는 장치이다. DPF는 매연 저감 성능면에서 우수하나 PM이 포집됨에 따라 엔진에 배압이 걸리며 이것에 의하여 출력과 연료소비율이 떨어지는 단점이 있다.

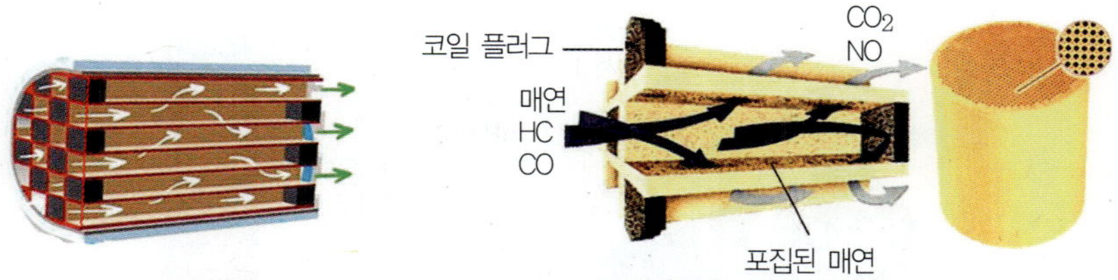

그림 2-124 배기가스 후처리장치의 내부 구조

배기가스 후처리장치는 DPF를 비롯하여 산화촉매, 차압센서, 배기온도센서 1, 2로 구성되어 있다.

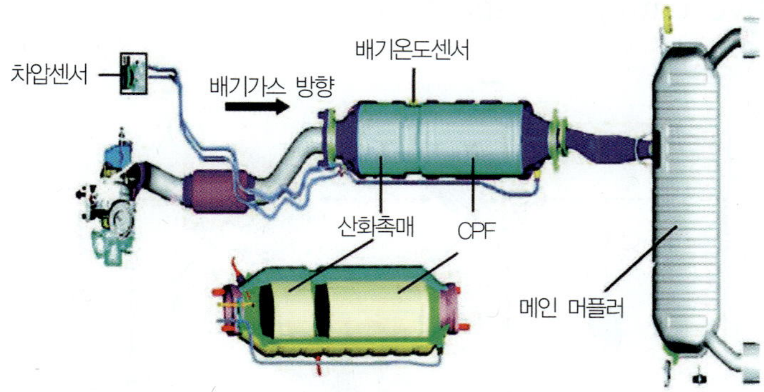

그림 2-125 배기가스 후처리장치의 구성

① **CPF(촉매필터)** : CPF는 산화촉매 뒤쪽에 설치되어 있으며, 엔진에서 발생한 고체의 입자상 물질을 사각기둥의 요소를 조합하여 포집 및 연소 재생하는 장치이다.

② **DOF(산화촉매)** : 산화촉매는 CPF 앞쪽에 설치되어 있으며, 엔진에서 발생한 일산화탄소와 탄화수소를 산화작용을 통해 이산화탄소와 물로 변환시키는 역할을 하고, CPF가 재생할 때 촉매의 온도를 높이기 위한 발열작용을 한다.

③ **차압센서** : 차압센서는 촉매 앞뒤의 압력 차이를 검출하는 센서이며, 엔진 연소과정에서 발생한 입자상물질이 CPF에 축적된 정도를 측정하여 재생 필요 유무를 판단한다.

④ **배기 온도센서 1과 2** : 배기 온도센서 1과 2는 센서가 설치된 부분의 배기가스 온도를 측정하여 엔진 ECM으로 입력시킨다. 센서 1은 VGT(가변용량 터보차저)에 설치되고, 센서 2는 CPF와 산화촉매 사이에 설치되어 CPF가 재생할 때 온도를 피드백 제어한다.

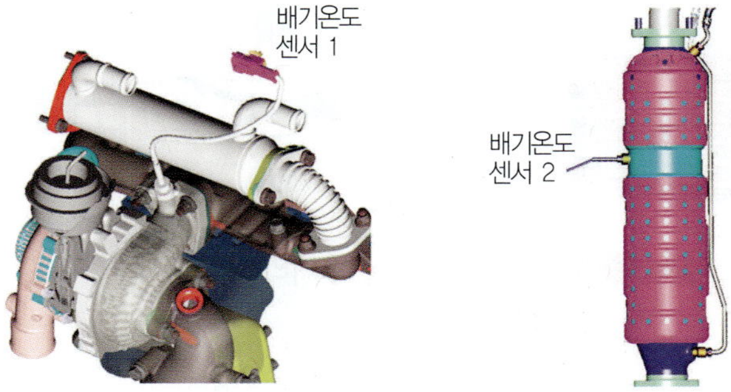

그림 2-126 배기 온도센서 설치위치

(2) SCR(Selective Catalytic Reduction)

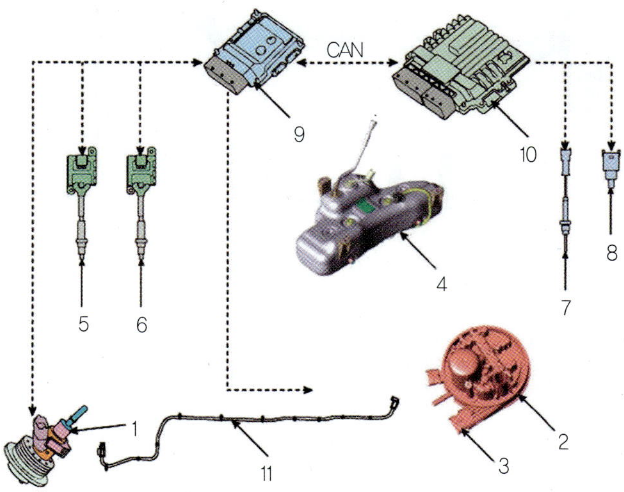

1. 도징 인젝터 2. 서플라이 모듈 3. 요소수 온도센서 4. 요소수탱크 5. PM센서 (프론트) 6. NOx 센서 (리어) 7. 배기가스 온도센서 8. 실외 온도센서 9. 도징 컨트롤 유닛(DCU) 10. ECM 11. 열선 튜브

그림 2-127 유로 6 SCR 구성부품

① SCR 시스템 개요 및 작동원리

SCR은 LNT(Lean NOx Trap), EGR과 같이 질소산화물을 줄이기 위한 장치로 불완전 연소를 의도적으로 만들어 질소산화물을 줄이던 EGR과는 달리, 엔진에 공급되는 산소 농도를 높이고 이어서 연소온도를 높여 완전연소하게 만들어 미세먼지, 매연은 줄이지만 연소온도가 높기 때문에, 다량으로 만들어진 질소산화물에 요소수로 부르기도 하는 NH_3

(암모니아)수 또는 우레아(Urea : $NH_2(2CO)$) 수용액을 전용 분사 제어장치를 통해 분사한 후 질소산화물(NOx)과 반응을 일으켜 물과 질소로 변환시키는 촉매장치이다. SCR 구성은 다음과 같다.

엔진 → DOC(디젤산화촉매) → DPF(디젤매연필터) → DM(도징모듈) → SCR(선택적환원촉매)

② SCR 시스템 구성

도징 컨트롤 유닛(DCU)은 SCR 시스템에서 필요한 양의 요소수를 분사하기 위해 도징 인젝터를 제어한다. 도징 컨트롤 유닛의 기능은 도징 인젝터 제어, 열선 튜브 제어, 외부 센서의 측정, 모니터링 기능, OBD 기능 등이 있다.

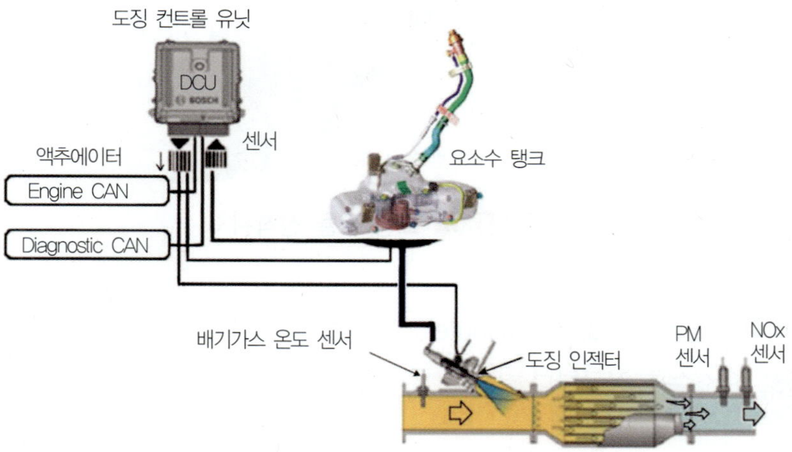

그림 2-128 도징 컨트롤 유닛 및 작동원리

㉮ 도징 모듈

㉠ 인젝터는 배기 파이프 안으로 요소수를 분사하는 역할을 한다.

㉡ 매 도징밸브의 작동마다 전류의 변화는 두 단계로 구성된다.

㉢ 영구 전류의 흐름은 코일이 과열될 수 있는 위험요소를 방지한다.

㉣ 요소수 없이는 도징 인젝터의 작동을 허용하지 않는다. 건조 상태에서의 작동은 마모와 분사 오차를 악화시키기 때문이다.

㉤ 스위치 ON 전류는 공급전압에 따른다 : 16V 이상의 배터리전압의 경우, 전압은 반드시 최대 16V일 때의 전류에 해당하는 방식으로 제어해야 한다.

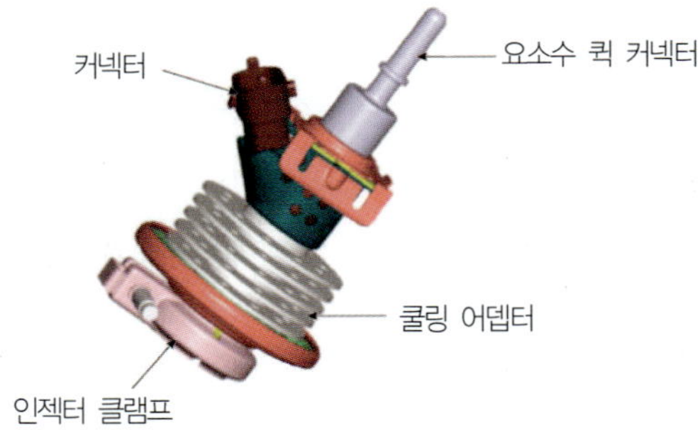

그림 2-129 도징 모듈

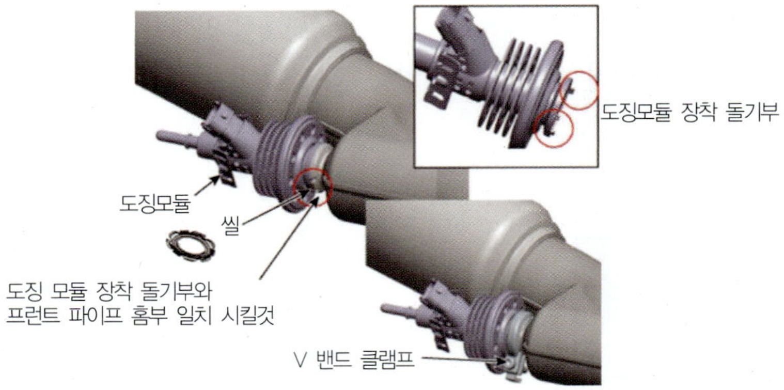

그림 2-130 도징 모듈 장착위치

㉯ 서플라이 모듈(SM : Supply Module) : 요소수 저장탱크로부터 요소수를 펌핑하여 도징 모듈로 요소수를 공급한다.

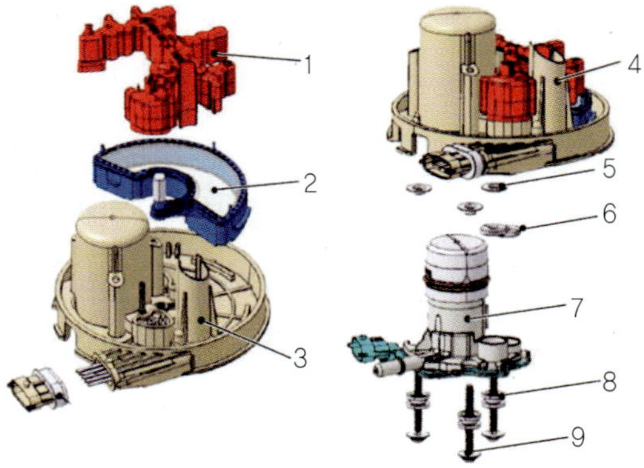

1. 히터 2. 필터 3. 레벨센서 4. 스탠다드 탱크 유닛(STU, Standard Tank Unit) 5. 슬리브
6. 씰 7. 펌프 모듈(PM : Pump Module) 8. 댐퍼 9. 스크류

그림 2-131 서플라이 모듈 구성부품

㉰ 히팅 튜브 : 열선 라인은 전기로 작동되며 겨울철 요소수 라인의 동결을 예방한다.

㉱ 요소수 : 요소수란 요소를 물에 녹이는 방식으로 요소와 초순수를 혼합한 화학물질로 무독, 무색, 무취인 수용성 물질이다. 요소수에서 요소가 차지하는 비율은 31.8~33.3% 정도이다. 요소는 암모니아(NH_3)가 희석된 형태로 열을 가하면 다시 암모니아로 변한다. 암모니아는 질소산화물과 화학반응을 일으키며 질소산화물을 질소와 물로 환원한다. SCR장치는 이 원리를 응용해 자동차에서 발생한 질소산화물을 정화시킨다. SCR 장치를 통해 줄어드는 질소산화물은 약 70~90%이며 매연이나 일산화탄소 등의 유해가스를 저감하는 효과도 있다.

그림 2-132 요소수 잔량 표시

(3) 희박 질소촉매(LNT : Lean NOx Trap)

LNT 방식은 NOx의 일부를 내보내지 않고 필터에 묶어두는 방식이다. 이후 연료를 과잉으로 내보내 필터에 쌓인 NOx를 다시 태워 필터를 환원한다. LNT은 질소산화물을 정화하기 위한 촉매로 주행 중 백금, 팔라듐, 바륨 등의 귀금속으로 코팅된 필터에 NOx를 흡장(Occlusion)하고, 정화 시에는 DPF 재생 때와 마찬가지로 후 분사를 통해 NOx를 탈장한다. 연소시켜서 없애는 방식이어서 연료효율이 떨어지는 단점이 있다.

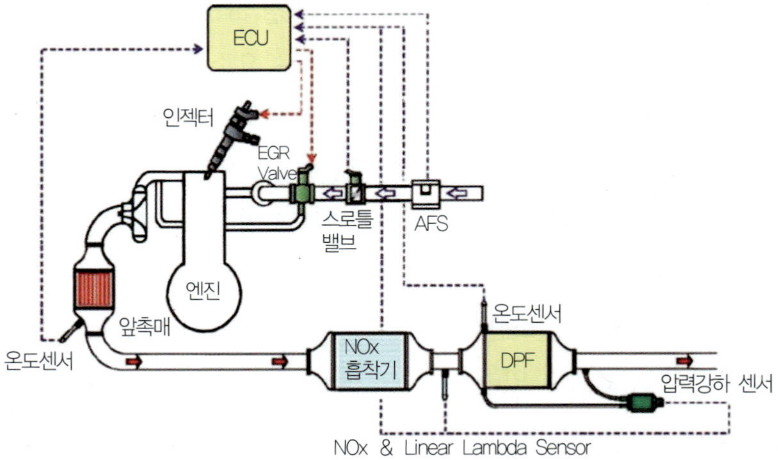

그림 2-133 LNT 시스템

① 구성

기존의 DPF 장치 내부 DOC를 LNT가 대체하면서 전단에는 배기가스 온도센서, 전 · 후방에는 람다센서가 추가되었다. 오염된 배기가스가 촉매(필터)를 거치면서 물과 이산화탄소 등으로 정제된다.

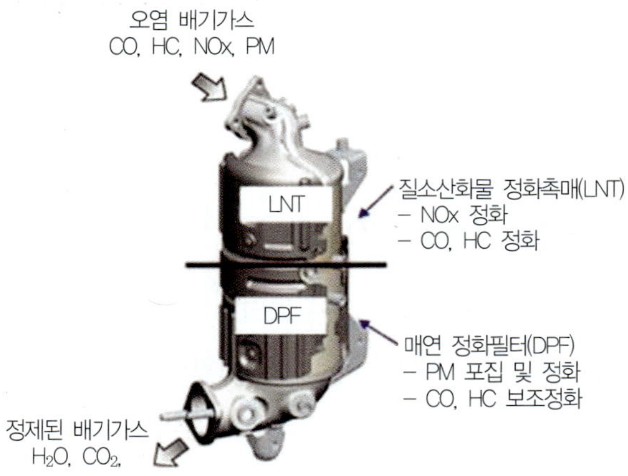

그림 2-134 LNT+DPF

② 제어(정화) 원리

LNT는 흡장과 탈장을 반복하면서 NOx를 저감한다.

㉮ 일반주행(λ>1) : 디젤 엔진은 대부분의 운전영역에서 희박 연소가 진행되기 때문에 CO, HC보다 NOx가 많이 생성되며, 생성된 NOx는 백금, 팔라듐, 바륨 등의 귀금속이 코팅된 촉매에 흡장된다.

㉯ NOx 정화(λ<1) : NOx 정화 시에는 LNT 촉매에 흡장된 NOx를 환원시키기 위해 후 분사를 실시한다.

③ 재생

㉮ NOx 흡장량 계산 : 엔진의 운전 조건에 따른 NOx 발생량을 계산하여 흡장량이 설정치보다 높은지 비교한다.

㉯ NOx 재생 : 운전 중 후 분사를 통해 농후한 연소를 만든다. 이때 LNT 전단의 람다센서의 값을 읽는다.

㉰ NOx 탈장량 계산 : 전 · 후방의 람다센서를 이용해 LNT 촉매에 흡장된 NOx량을 계산한다.

④ 탈황

LNT는 황산화물에 특히 취약해서 필터 내부에 황산화물을 제거하기 위해 후 분사를 실시하여 600℃ 이상의 고온 상태를 만들어 내부의 황산화물을 제거한다.

CHAPTER 09

전자제어 가솔린 연료분사장치

전자제어 가솔린 연료분사장치 적용 목적은 근본적으로 기계적인 제어의 한계성과 배출가스 억제에 있다. 각종 센서에서 보내준 정보를 이용하여 전자적으로 관리하는 시스템을 말하는데, ECU(Engine Control Unit)가 연료 공급량을 제어하여 인젝터를 통하여 흡기다기관에 연료를 분사하는 방식이다.

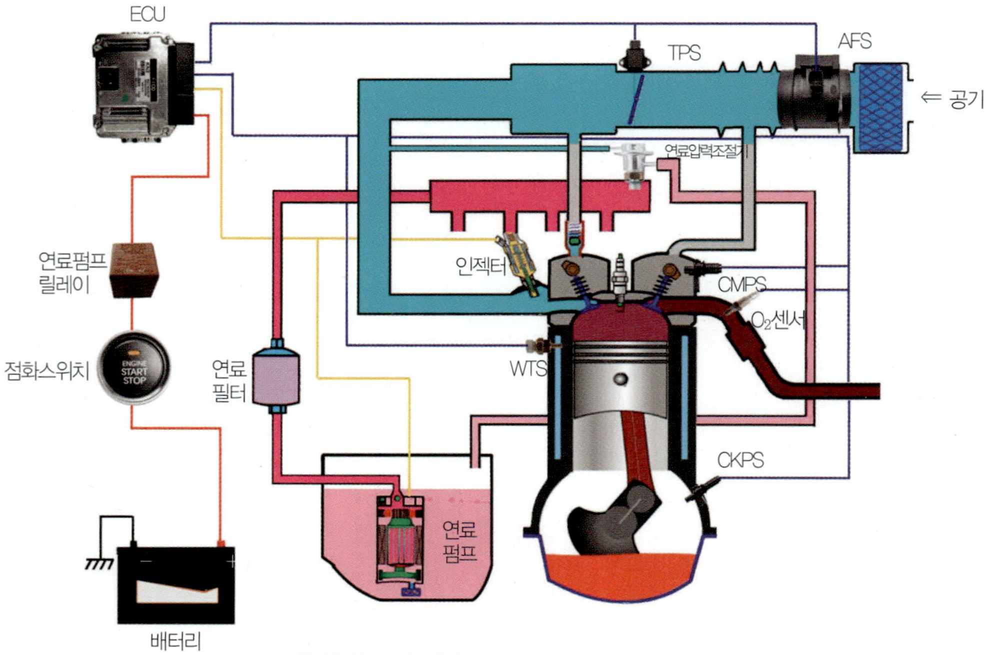

그림 2-135 전자제어 엔진 구성

전자제어 가솔린 연료분사장치의 특징은 다음과 같다.

① 연료소비율이 향상된다.

② 유해배출 가스의 배출이 감소된다.

③ 엔진의 응답성능이 향상된다.

④ 냉간 시동성능이 향상된다.

⑤ 엔진의 성능, 출력이 향상된다.

⑥ 벤투리가 없으므로 공기의 흐름 저항이 감소한다.

⑦ 온도변화에 따른 공연비가 보상된다.

⑧ 월 웨팅 현상이 감소된다.

⑨ 구조가 다소 복잡하다.

> **참고 월 웨팅(Wall Wetting)**
> 분사된 연료가 연소되지 않고 흡기포트나 밸브 등에 남아 흐르는 현상

01 전자제어 가솔린 엔진시스템

[1] 흡기계통

에어덕트로부터 유입된 공기는 에어클리너를 통하여 흐르고 공기의 양은 에어플로센서(AFS)에 의해 측정된다. 공기는 스로틀 바디를 통과하여 서지탱크로 들어간다. 매니폴드를 지난 공기는 인젝터에서 분사되는 연료와 혼합되어 실린더 안으로 흡입된다.

에어클리너 ➜ 에어플로센서 ➜ 스로틀 바디 ➜ 서지탱크 ➜ 각 매니폴드에서 실린더로

그림 2-136 흡기계통의 구성

[2] 연료계통

연료공급장치는 엔진의 작동조건에 요구되는 양의 가솔린을 분사시켜 주기 위한 것이며, 일반적으로 연료탱크, 연료펌프, 연료필터, 연료압력 레귤레이터 및 인젝터로 구성된다. 엔진 회전 시 공급된 연료펌프 모터의 전원은 펌프 모터에 공급하고, 연료펌프 모터로부터 토출된 연료는 약 4~5kg/cm^2 정도의 가압된 압력으로 연료 라인을 통해 연료 필터를 거쳐 수분과 슬러지(sludge)를 걸러 연료 압력 레귤레이터로 보내진다. 이렇게 보내진 연료는 연료 라인 내에 설치된 압력 레귤레이터를 통해 규정압이 되도록 조절하면 인젝터 노즐에서 연료를 분사한다.

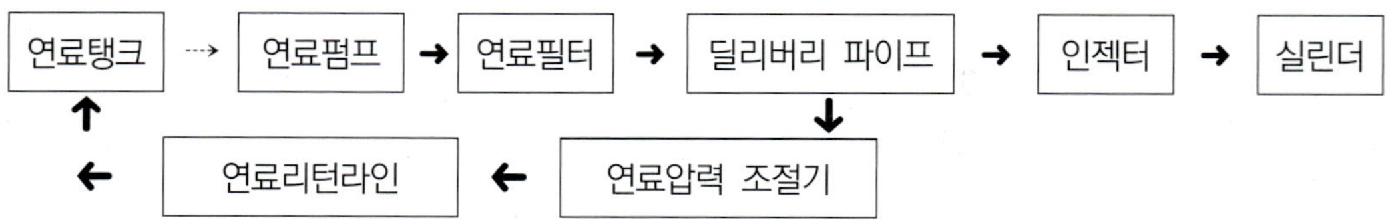

[3] 제어계통

제어계통은 엔진의 각종 센서로부터 입력신호를 받아 부하 상태와 회전속도, 차량의 운전성능, 배기가스 저감 및 연료소모율 저감 등을 고려하여 최적의 연료분사량을 산출하고, 이 데이터를 인젝터로 보내어 연료분사량을 조절하게 하는 것이다.

엔진을 전자제어하기 위해서는 입력부분(sensor), 제어부분(ECU) 및 출력부분(actuator)으로 구성되어 있다.

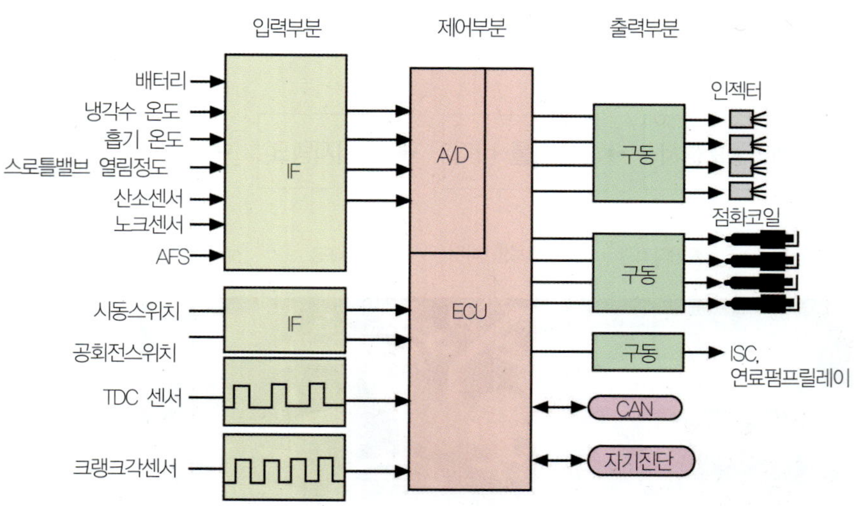

그림 2-137 제어계통의 구성

02 가솔린분사 시스템의 분류

[1] 제어방식에 의한 분류

(1) 기계식 제어방식(Mechanical Control Injection)

기계-유압방식으로 작동되는 연료분사장치로서 엔진이 작동되는 동안 계속해서 연속적으로 연료를 분사하는 방식이다. K-Jetronic이 여기에 해당된다.

(2) 전자 제어방식(Electronic Control Injection)

각 사이클마다 흡입되는 공기량을 기준으로 ECU가 각 센서를 이용하여 연료 분사량을 제어하는 방식이다. D-Jetronic, L-Jetronic이 여기에 속한다.

[2] 분사방식의 의한 분류

(1) SPI시스템(Single Point or Throttle Body Injection)

이 방식은 TBI(Throttle Body Injection)라고도 하며, 1개 또는 2개의 인젝터를 스로틀 바디(throttle body)의 벤투리 부, 즉 스로틀밸브 상단에 장착하여 연료를 분사하는 방식으로 MPI시스템에 비하여 구조가 간단하다.

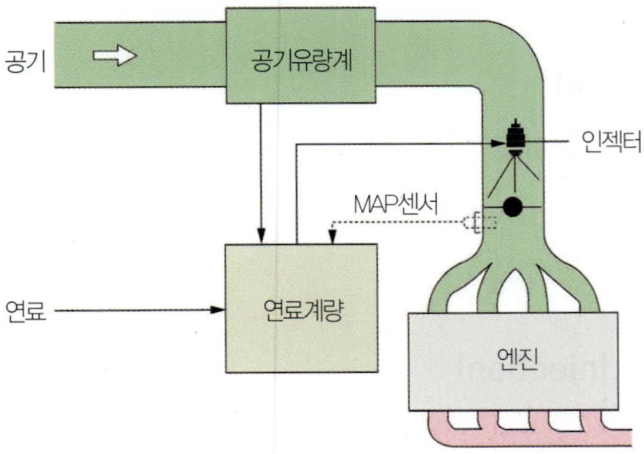

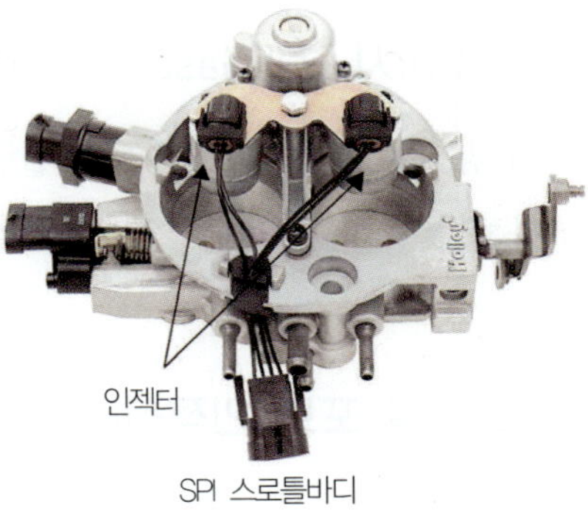

그림 2-138 SPI시스템

(2) MPI시스템(Multi Point Injection or Port Fuel Injection)

이 방식은 각 실린더에 해당하는 흡입포트(intake port)에 인젝터를 각각 1개씩 설치하여 연료를 분사하는 방식이다. 연료는 흡기밸브 바로 앞쪽에서 분사되기 때문에 월 웨팅(wall wetting)에 최소화하여 엔진의 냉 · 온 시에 관계없이 최적의 성능이 보장된다.

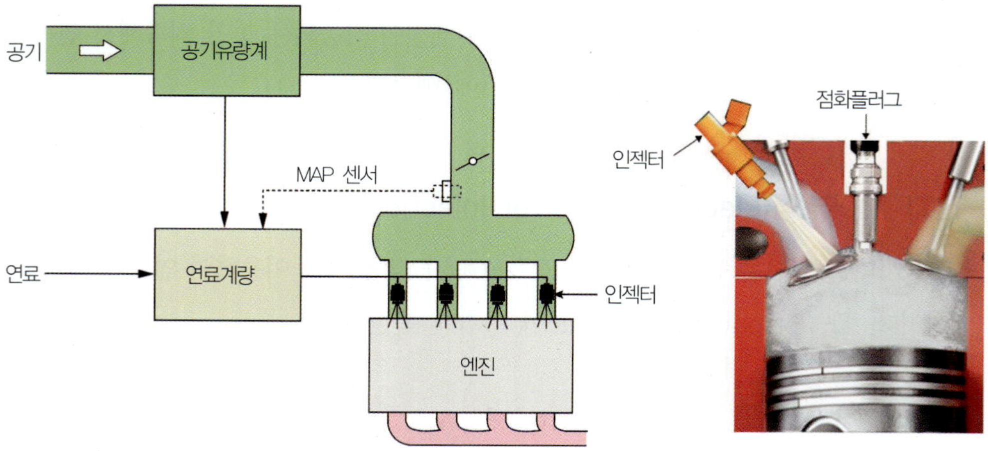

그림 2-139 MPI시스템

연료분사는 배기행정 말에 분사되며 이미 분사된 연료는 흡입포트 부근에서 흡기밸브가 열릴 때까지 기다리는 동안에 기화되며, 흡기밸브가 열리면 실린더로 공기와 함께 유입된다. 그리고 설계 시 최적 체적효율을 내는 흡기다기관의 설계가 자유로우며 저속 또는 고속에서 토크(torque) 영역의 변경이 가능하다.

(3) GDI시스템(Gasoline Direct Injection)

이 방식은 디젤 엔진과 같이 실린더 내에 먼저 공기만 넣고 피스톤 압축 시에 가솔린을 직접 분사하는 방식(GDI)으로 약 35~40 : 1의 초희박 공연비의 연소가 가능하다.

(4) 듀얼 포트 인젝션(DPI : Dual Port Injection)

실린더 하나당 두 개의 인젝터를 적용하여 우수한 혼합기 형성 및 인젝터 배치 최적화로 벽류(Wall Wetting) 현상을 최소화하고, 듀얼 인젝터의 경우 연료분사 노즐의 직경이 기존 인젝터에 비해 작고 노즐 개수도 많아 연료를 더욱 더 미립화하여 공기와의 혼합을 촉진시킬 수 있으므로 연비를 개선하고 배기가스를 저감할 수 있다. 2개의 인젝터로 분사를 제어함으로써 일반적인 주행 시에는 2개 동시분사를 하고 fuel-cut 진입 직전 시 또는 정차 중 공회전시에는 1개만 분사한다.

그림 2-140 GDI시스템

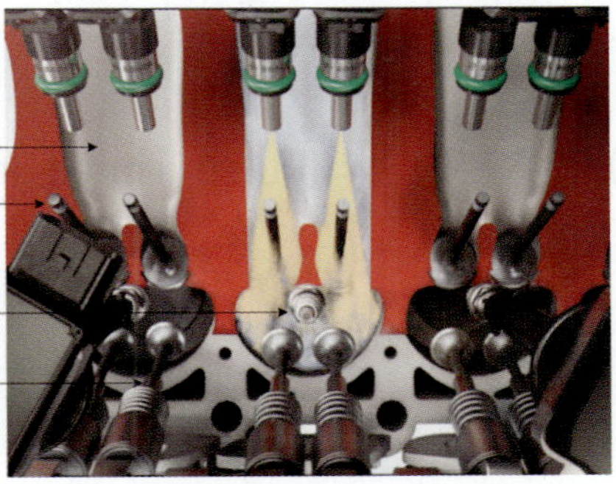

그림 2-141 DPI시스템

[3] 분사량 제어방식

(1) AFC방식(Air Flow Controlled Injection)

AFC방식은 스로틀밸브 개도에 따라 공기청정기로 유입되는 흡입공기량을 직접 공기유량계(AFM)로 검출하여 이 신호를 기준으로 기본 분사량을 결정하여 분사시키는 방식으로 L-Jetronic이 여기에 속한다.

(2) MPC방식(Manifold Pressure Controlled Injection)

MPC방식은 흡입공기량을 에어 혼(air horn) 부분에 가해지는 정압에 의해 센서플레이트를 이동시키고, 이 움직임은 연료분배기의 제어플런저의 행정을 변화시켜 분사량을 제어하는 방식으로 K-Jetronic이 여기에 속한다.

(3) MAP센서 방식(Manifold Absolute Pressure Sensor Type)

이 방식은 스로틀밸브 개도의 변화가 흡기다기관 내 진공도를 변화시키므로 흡입공기량을 흡기다기관 내 진공압력 변화를 이용하여 검출하며, 이 압력변화에 상당하는 출력전압을 ECU에 보내면 ECU가 이 신호를 기초로 기본 분사량을 결정하여 분사하는 방식으로 D-Jetronic이 여기에 속한다.

[4] 분사방식

(1) 연속분사방식(Continuous Injection type)

엔진이 기동되면 시동이 꺼질 때까지 계속적으로 연료를 분사시키는 방식으로 K- Jetronic, KE-Jetronic이 여기에 속한다.

(2) 간헐분사방식(Pulse Timed Injection Type)

일정한 시간 간격으로 연료를 분사하는 방식으로 D-Jetronic, L-Jetronic, motronic(mono Jetronic)이 여기에 속한다.

[5] 흡입공기량 계측방식

(1) 직접 계측방식(Mass Flow Type)

질량유량방식으로 공기유량센서가 직접 흡입공기량을 계측하고 이것을 전기적 신호로 변화시켜 ECU로 보내 연료분사량을 결정하는 방식으로, 베인식, 칼만와류식, 열선식, 열막식 등 L-Jetronic이 여기에 속한다.

(2) 간접 계측방식(Speed Density Type)

흡기다기관 내의 절대압력(진공을 0으로 한 압력 : 대기압력 + 진공압력), 스로틀밸브의 개도, 엔진의 회전속도로부터 흡입공기량을 간접적으로 계산하는 방식으로 D-Jetronic, motronic이 여기에 속한다. 피에조(piezo) 압전소자를 이용한 MAP센서를 사용하고 있다.

[6] 분사압력에 따른 분류

① **저압 분사(Low Pressure Injection)** : 인젝터가 흡기관에 연료를 분사할 때 흡기다기관의 압력과 분사압력의 차이가 2.039kgf/cm^2 이하인 인젝터를 말한다.

② **고압 분사(High Pressure Injection)** : 인젝터가 흡기관에 연료를 분사할 때 흡기다기관의 압력과 분사압력의 차이가 2.039kgf/cm^2 이상인 인젝터를 말한다.

03 가솔린 엔진 제어용 센서

[1] 온도 검출용 센서(Temperature Sensor)

(1) 흡입 공기온도센서(IATS : Intake Air Temperature Sensor)

흡기 공기온도센서는 흡입되는 공기의 온도를 검출하는 것으로 온도가 올라가면 저항이 감소하고, 온도가 내려가면 저항이 증가되는 부 특성(NTC : negative temperature coefficient) 서미스터(thermistor)로 되어 있다. IATS의 역할은 흡입되는 공기의 온도를 감지하고 공기의 무게(공기 분자수)를 정확히 알아 엔진에 흡입되는 실제 공기량을 계산하도록 한다.

부특성 서미스터는 보통 2선으로 이루어진 회로로 구성되며 한 선은 접지되고 다른 한 선은 기준 전압을 공급하여 온도에 따라 변화되는 온도센서의 저항값에 따라 변화되는 전압공급선의 전압으로 온도를 확인하는 방법을 사용한다.

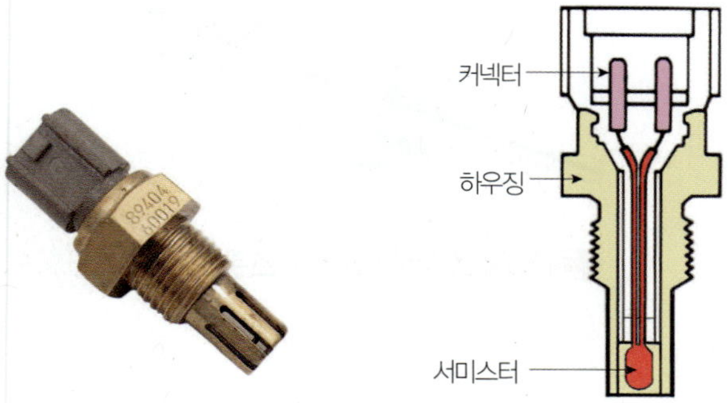

그림 2-142 흡입 공기온도센서

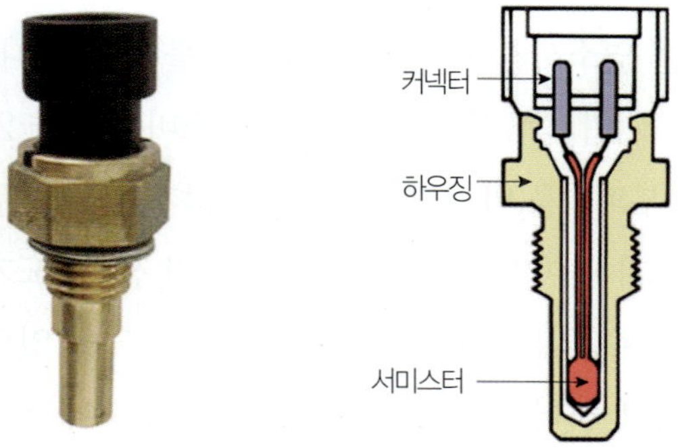

그림 2-143 수온센서

(2) 냉각수온센서(WTS : Water Temperature Sensor)

엔진 냉각수온센서는 실린더블록 또는 서모스탯 입구의 냉각수 통로에 설치되며 냉각수의 온도를 검출하여 온도가 상승하면 저항값이 작아지고, 온도가 내려가면 저항값이 커지는 부특성 서미스터(NTC thermistor)로 일종의 저항기이다. 엔진 제어시스템은 WTS 신호를 받아 점화 타이밍이나 연료분사량, 아이들 rpm, 쿨링 팬 작동, 에어컨 작동, 자동변속기의 변속시기, CVVT 시스템, 증발가스 퍼지나 증발시스템 감시 등 다양하게 사용하고 있다.

(3) EGR 가스온도센서(EGR Sensor : Exhaust Gas Recirculation Sensor)

EGR밸브의 흡기 포트 쪽에 장착되어 EGR가스 온도를 검출하는 센서로 NTC형 서미스터가 내장되어 재순환하는 배출가스의 온도를 계측하고 EGR이 작용하고 있을 때와 그렇지 않을 때의 온도 차를 이용해서 EGR장치의 고장을 판단하기 위해 사용한다.

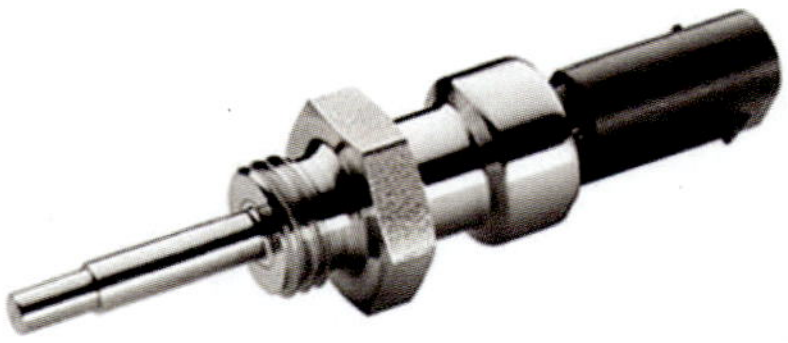

그림 2-144 EGR 가스온도센서

[2] 압력 검출용 센서(Pressure Sensor)

(1) 대기압력센서(BPS : Barometric Pressure Sensor)

자동차 엔진에서 연료를 연소시키기 위해 대기(공기)를 실린더 내부로 흡입하여 대기 중에 포함된 산소를 이용한다. 1기압 상태에서 대기 중의 산소비율은 약 21% 정도이다. 대기압력이 변화되면 대기 중 산소의 부피비율(약 21%)은 변하지 않지만 밀도(무게비율)는 변화되므로 자동차가 위치한 지역의 고도가 높아져 대기압력이 낮아지면 산소밀도가 낮아짐에 따라 산소량이 작아지지만, 엔진이 흡입할 수 있는 대기의 양(부피)은 한정되어 있으므로 고도가 낮은 지역과 동일한 공기량을 흡입했다고 하더라도 연소에 필요한 산소량이 부족하게 된다.

대기압력이 변화되면 실린더에 흡입된 공기 중 산소량도 변화되어 당연히 연료분사량도 변화되어야 하지만, 공기 중 산소밀도가 변화되면 연소가 진행되는 화염전파시간(가솔린 엔진)도

변화되므로 점화시기도 적절하게 조절하여야 한다.

그래서 고도 또는 기후에 따라 변화하는 공기의 밀도를 보정하기 위하여 대기압력을 측정하기 위한 센서가 대기압력센서이다. 일부 자동차에서는 배기가스 재순환(EGR)밸브의 가동 및 공전 속도(idle speed) 조정을 보정하기 위하여 사용되기도 한다.

일반적으로 피에조 압전효과(piezo electric effect)에 의해 스트레인 게이지(strain gauge)의 저항치가 압력에 비례해서 변화하므로 이 압력변화를 출력전압으로 절대압력을 측정한다.

그림 2-145 대기압력센서

(2) 부스트 압력센서(BPS : Boost Pressure Sensor)

부스트 압력센서는 인터쿨러 출력 파이프 상단에 장착되어 있으며, 터보차저에서 과급된 흡입 공기의 압력을 측정하는 역할을 한다. 엔진 컨트롤 모듈(ECU)은 엔진에 공급되는 기본 연료 분사량을 결정하기 위해 엔진으로 유입되는 정확한 공기량을 알아야 하므로 흡기다기관 내의 압력을 측정한다. 페일세이프 시 차량은 주행이 가능하나 엔진 출력을 제한 흡기압에 따른 연료 보정과 EGR 작동금지 등을 결정한다.

그림 2-146 부스트 압력 센서

(3) 연료탱크 압력센서(FTPS : Fuel Tank Pressure Sensor)

연료탱크 압력센서는 연료계통의 증발 가스 제어시스템의 구성 요소로서, 연료탱크, 연료펌프 또는 캐니스터 등에 장착되어 있으며, 퍼지 컨트롤 솔레노이드밸브(PCSV) 작동 상태와 증발가스 제어시스템의 누기 여부를 점검하기 위해 압전소자 방식의 압력센서가 장착되어 있다.

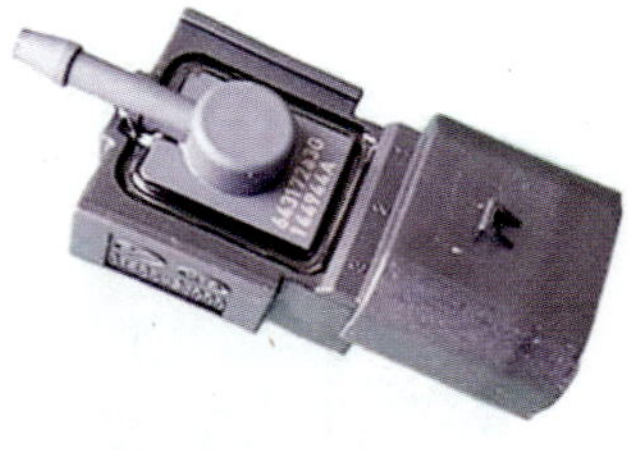

그림 2-147 연료탱크 압력센서

[3] 공기유량센서(AFS : Air Flow Sensor)

엔진제어장치에서 흡입공기의 유량은 엔진의 성능, 운전성능, 연료소비율 등에 직접적인 영향을 미치는 요소이다. 흡입되는 공기량을 계측하여 ECU로 보내고, ECU는 기본 분사 시간을 결정하도록 하는 센서이다.

(1) MAP센서(Manifold Absolute Pressure Sensor)

그림 2-148 MAP센서 설치상태

MAP센서(흡기다기관 절대압력센서)는 흡기다기관 내의 절대압력을 측정하여 실린더로 흡입되는 공기량을 간접적으로 알아내는 것이며, MAP센서는 절대압력에 비례하는 아날로그 출력신호를 ECU로 전달하고, 이 출력신호는 실린더로 흡입되는 공기량으로 환산하여 흡입공기량에 대응하는 인젝터 구동시간(연료의 기본분사량)과 분사시간 및 점화시기를 결정하는데 사용된다. 맵센서는 서지탱크에 장착되어 있으며 맵센서는 압전소자(piezo–electric element)와 압전소자의 출력신호를 증폭하는 하이브리드 IC로 구성된다.

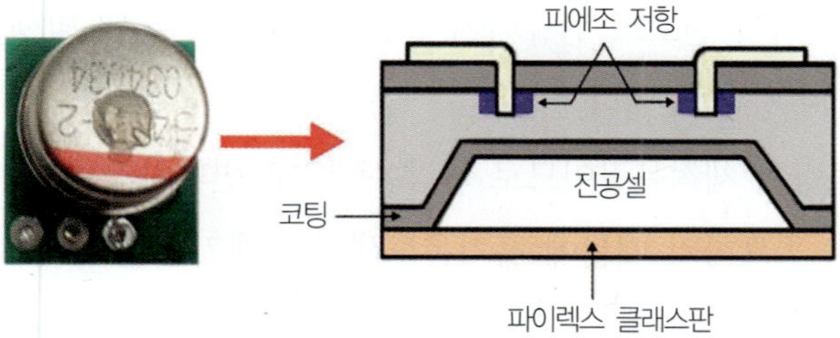

그림 2-149 MAP센서 구조

(2) 베인식 AFS(Vane Type Air Flow Sensor)

그림 2-150 베인식 AFS

에어크리너 케이스에 장착되어 엔진 내로 흡입되는 공기의 부압에 의해 가동베인(미저링 플레이트)이 회전 운동하여 가변되면 미저링 플레이트 반대편에 설치되어 있는 포텐셔미터의 슬라이더와 일축으로 연동하여 저항판 위를 움직이게 된다. 그러면 입력된 전압에 저항이 걸린 전압만큼 공기량을 직접적으로 검출하여 측정된 공기량을 전기적 신호로 변환하여 ECU로 입력하는 장치로 연료의 기본분사량을 결정하는 중요한 신호이다. 연료펌프 스위치가 AFS 내부에 장착되어 미저링 플레이트에 공기가 검출됨과 동시에 접점이 붙어 연료 모터가 작동된다.

(3) 칼만와류식 AFS(Karman Vortex Type Air Flow Sensor)

칼만와류식은 공기 흐름 속에 발생되는 소용돌이를 이용하여 흡입공기량을 검출하는 방식이다. 균일하게 흐르는 유동부분에 와류(vortex)발생장치를 놓으면 발신기로부터 발신되는 초음파가 칼만와류에 의해 잘려질 때 칼만와류수 만큼 밀집되거나 분산되는 수만큼 수신기에 전달되면 변조기에 의해 전기적 신호로 컴퓨터에 전달되어 칼만와류의 발생 주파수와 흐름속도로 유량을 계측하여 체적유량을 구한다.

그러나 측정하는 유량이 체적유량이므로 질량유량으로 변환하기 위하여 흡입공기온도 및 대기압력에 따른 보정이 필요하기 때문에 흡기온도센서와 대기압센서(BPS)가 함께 설치되어 공기밀도의 변화를 수정한다.

(a) 대기압력센서 (b) 흡기온도센서

그림 2-151 칼만와류방식 공기유량센서의 형상

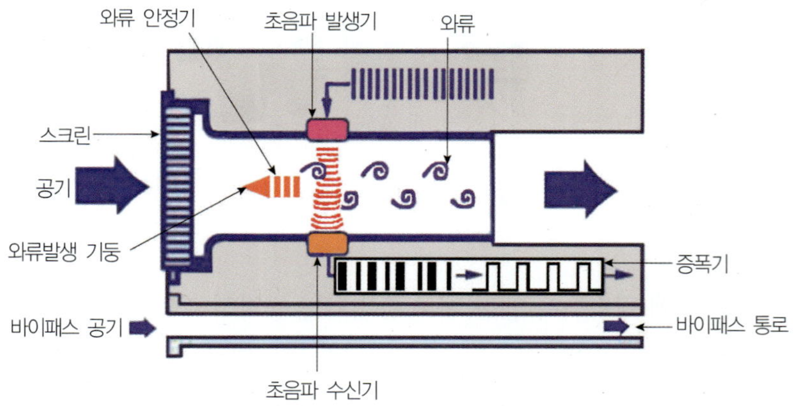

그림 2-152 칼만 와류 검출방식

(4) 핫 와이어 에어플로우센서(Hot Wire Air Mass Sensor)

엔진에 유입된 흡기질량을 직접 계측한다. 입구에 설치된 미세한 철망은 이물질로 인한 열선의 기계적 파손을 방지하는 역할도 하고, 열선은 백금 전선이다.

열선은 항상 100℃를 유지하도록 전기적으로 가열된다. 열선을 통과하는 공기가 많을수록 열선은 더 많이 냉각되므로 열선의 온도를 일정하게 유지하기 위해서는 전류를 더 많이 공급해야 한다. 따라서 공급한 전류의 값이 흡입공기량을 측정하는 기준이 된다.

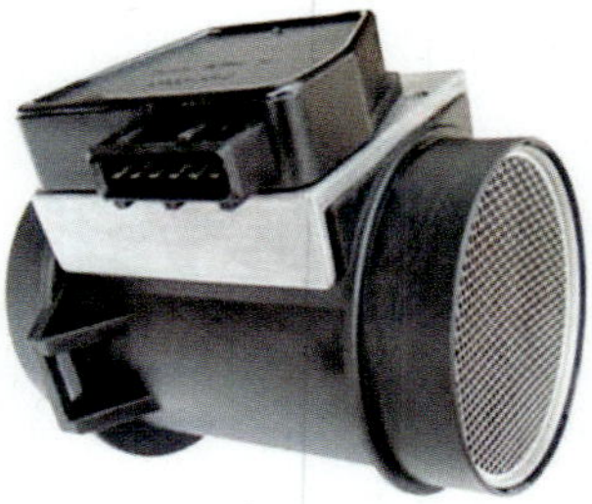
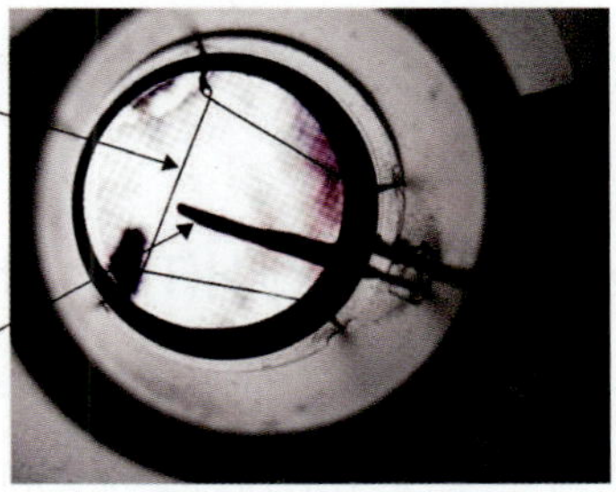

그림 2-153 핫 와이어 에어플로우센서

(5) 핫 필름 AFS(Hot Film Type Air Flow Sensor)

핫 필름 공기유량센서는 열선방식의 단점을 보완하여 등장한 것이다. 핫 필름 방식은 열선방식의 백금열선(약 70㎛ 두께의 가느다란 백금선), 온도센서, 정밀 저항기 등을 세라믹(ceramic) 기판(약 0.2mm)에 층 저항으로 집적시킨 것이며, 오염 정도가 낮고 온도차를 일정하게 유지하도록 하이브리드 IC가 제어한다. 통과 공기유량이 증가하면 열막은 냉각되어 저항이 감소하고 제어회로에서는 즉시 통과 전류를 증가시키게 되며, 이 전류의 증가는 열막의 온도가 원래의 설정온도(약 100℃)가 될 때까지 계속된다. 따라서 ECU는 이 전류의 증감을 감지하여 흡입공기량을 계산한다.

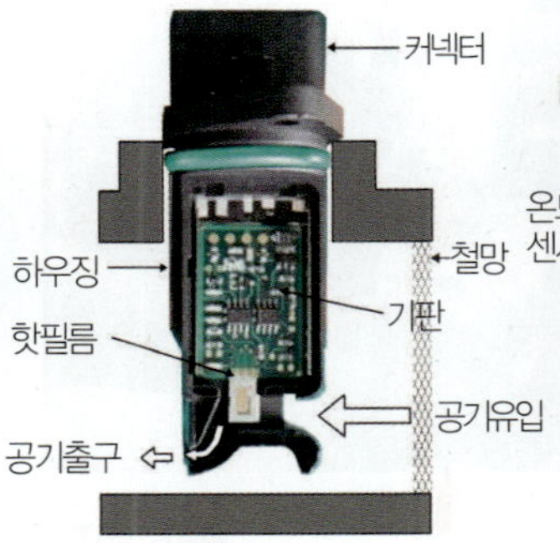

그림 2-154 핫 필름 방식 AFS의 구조

[4] 위치 및 회전각센서

엔진 제어에서의 위치 정보를 제공하는 센서는 엔진제어에서 엔진 부하 상태에 대한 정보를 제공하고, 연료분사 및 점화시기의 결정, 공전속도 조정과 배기가스 재순환 제어 등에서 매우 중요한 역할을 한다. 위치를 검출하기 위한 계측원리는 일반적으로 전위차계(potentiometer), 전기저항, 홀(hall)효과, 전자유도, 광학적인 방법 등이 사용된다.

(1) 스로틀 포지션센서(TPS : Throttle Position Sensor)

스로틀 포지션센서(TPS)는 스로틀 바디에 장착되어 있으며, 운전자가 가속페달을 밟으면 페달에 연결된 엑셀레이터 케이블에 의해 스로틀밸브 축이 회전 운동을 하게 되고, 이 회전 운동으로 스로틀밸브의 열림 정도를 검출하여 공회전, 가감속 등의 엔진부하 상태를 판별하는 센서로, 스로틀밸브의 축과 같이 연동되어 고정된 슬라이더 암이 저항레일에 접촉된 상태로 미끄럼 운동을 하는 가변 저항기의 일종인 전위차계(potentiometer)이다.

스로틀밸브가 회전하면 저항값이 변화하며 이 변화되는 저항값은 전압변화로 출력되고, ECU는 이 출력 전압값과 엔진의 회전수 등 다른 센서로부터의 입력신호를 바탕으로 엔진의 운전조건을 판정하여 분사량을 결정한다. TPS의 종류에는 선형방식(linear type)과 접점방식(switch type)이 있다.

ECU로부터 센서에 센서전원 5V가 인가되면 스로틀밸브가 완전히 닫혔을 때 전압은 약 0.5V 정도이며 완전히 개방되었을 때는 약 4.7V 정도가 된다.

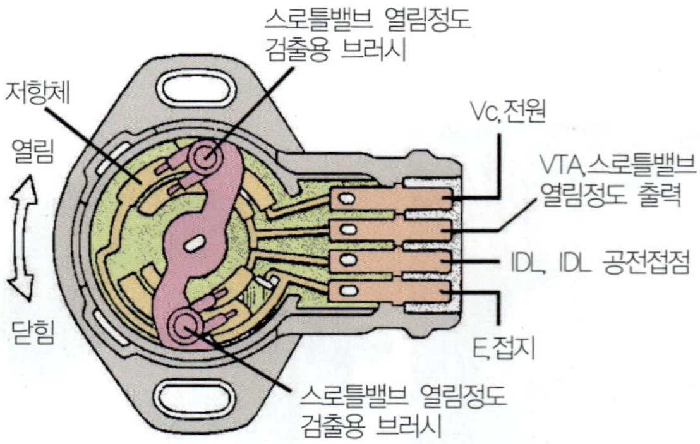

그림 2-155 스로틀 위치센서

(2) 액셀러레이터 포지션센서(APS : Accelerator Position Sensor)

액셀러레이터 위치센서는 가속페달의 밟힌 양을 감지하는 센서로 액셀러레이터와 일체로 구성되어 있다. 2개의 센서가 조합된 더블 포텐시오미터 형식으로 엔진 ECU는 센서 1의 신호로 연료분사량과 분사시기를 결정하는 주된 역할을 하며, 센서 2의 신호는 센서 1의 이상 신호를 감지하는 역할을 한다. 센서 2는 센서 1 출력의 1/2 출력을 발생하여, 센서 1과 2의 전압 비율이 일정 이상 벗어날 경우 에러로 판정된다.

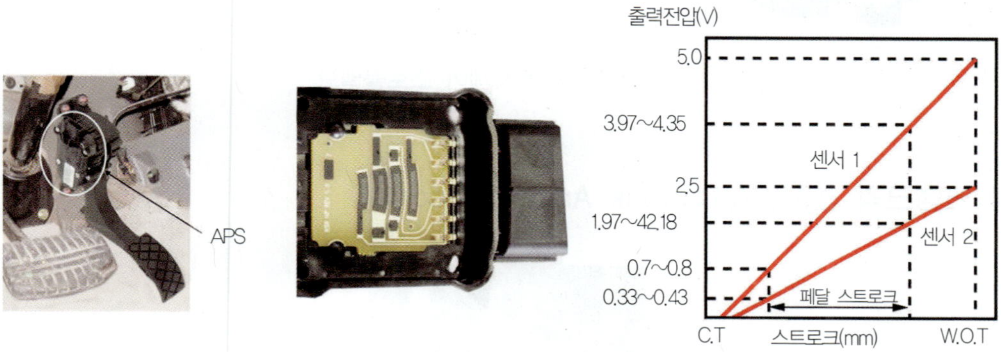

(a) 설치위치 (b) 내부 구조 (c) 출력전압

그림 2-156 액셀러레이터 포지션센서

(3) 전자제어 스로틀밸브(ETC : Electronic Throttle Control)

기존의 가속페달과 스로틀밸브를 케이블에 의해 기계적으로 연결한 것과는 달리 스로틀밸브를 모터에 의해 제어하는 시스템이다. 액셀러레이터 센서의 신호를 2계통으로 ECU에 송부하고 전자제어 스로틀 역시 스로틀밸브를 구동하는 스로틀 모터, 기어기구 및 스로틀 개도를 검출하는 2계통의 스로틀센서로 구성되어 있다.

흡입공기량을 정밀하게 제어할 수 있고, 유해배출가스의 배출을 줄일 수 있으며, 보조 공기량은 모두 전자제어 스로틀로 실시해 아이들 회전수를 제어하기 때문에 아이들 회전수 제어시스템이 필요 없다.

엔진공회전 속도제어, ABS(TCS) 제어, 정속주행 등의 여러 가지 기능을 하나의 모터로 제어하기 때문에 각종 액추에이터 및 배선, 연결 커넥터 등을 삭제시켜 시스템 간소화로 인한 고장을 저감 및 신뢰성을 확보하였다.

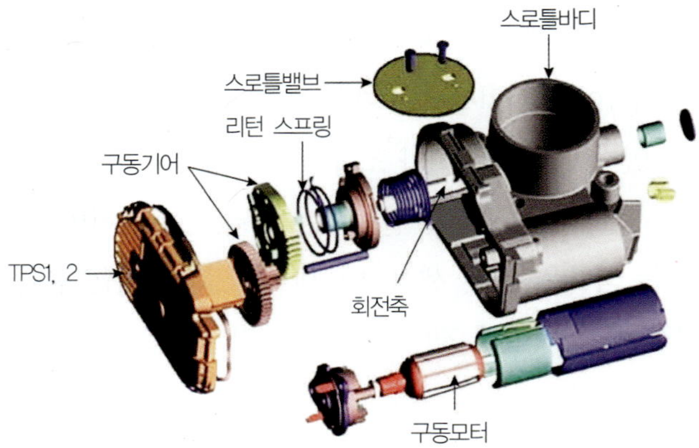

그림 2-157 전자제어 스로틀밸브

(4) 크랭크각 센서(CAS : Crank Angle Sensor)

그림 2-158 크랭크각 센서 설치위치

엔진의 점화시기를 제어하기 위해서는 피스톤의 위치를 알아야 하는데, 크랭크각과 피스톤의 변위는 서로 상관관계가 있으므로 크랭크 각도를 검출하면 피스톤의 위치를 알 수 있다. 그리고 점화 시기는 적어도 크랭크 각 1° 단위의 정도를 요구한다.

일반적으로 CAS는 점화시기의 기준인 크랭크각과 함께 회전수의 검출도 병행하고 있다. 크랭크각 센서는 엔진 회전속도 및 크랭크각의 위치를 감지하여 연료분사시기 및 연료분사시간과 점화시기 등의 기준 신호를 제공한다.

CAS는 CPS(crank position sensor, CKP sensor)라고도 하며 크랭크각의 검출방법에는 발광다이오드(LED) 및 포토다이오드 등으로 구성된 광전식(optical type), 마그네틱 픽업(magnetic pick up)과 톤 휠(tone wheel) 등을 이용한 전자식(inductive pulse generator type), 자기저항형, 홀 센서식(hall generator type) 등이 있다.

(a) 톤휠, 크랭크각 센서

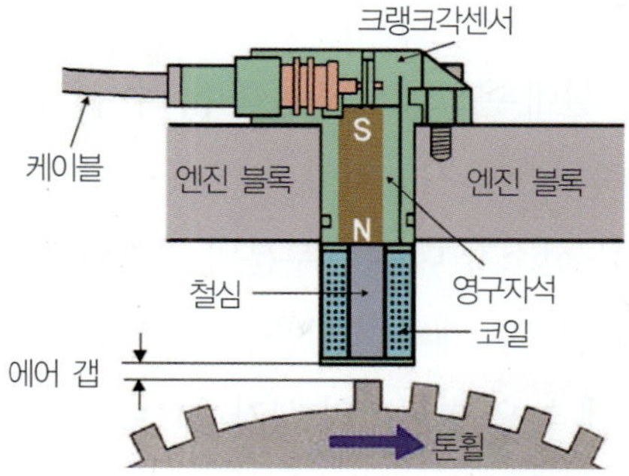

(b) 크랭크각 센서 구조

그림 2-159 마그네틱방식 크랭크각 센서의 구조

(5) 캠축 포지션센서(CMP : Cam Shaft Position Sensor & No. 1 TDC Sensor)

1번 실린더의 압축행정 상사점을 감지하는 것으로 각 실린더를 판별하여 연료분사 및 점화순서를 결정하는데 사용한다. 제조회사에 따라서 1번 실린더 상사점 센서 또는 페이스 센서(phase sensor) 등으로 부르며, 홀 효과(hall effect)를 이용하는 센서의 경우는 홀 센서라고도 한다. 크랭크 각 센서와 같은 측정원리를 사용하며, 홀 효과를 이용하는 것과 광학방식 센서의 경우는 크랭크 각 센서와 함께 설치되기도 한다.

그림 2-160 캠축 포지션 센서와 캠축 설치 상태

[5] 산소센서(O_2 Sensor, Lambda Sensor)

산소센서는 크게 나누어 농담(濃淡) 전지식과 자기식이 있다. 농담 전지식은 안정화 지르코니아를 사용하는 고체 전해질방식과 전해액(KOH 등)을 사용하는 습식전지방식(갈바니 전지 방식)이 있다. 고체 전해질방식은 수명도 길고, 사용하는 참조용 가스의 산소 농도에 따라 넓은 범위의 측정을 할 수 있다. 센서 온도를 500~800℃로 하여 사용할 필요가 있기 때문에 연도(煙道)가스 중의 산소 농도 분석이나 자동차 엔진의 연소 제어, 그 밖의 분석기기에 사용된다.

습식전지방식은 피검지 가스와 격막 내를 확산하여 셀 내에 녹아드는 산소의 환원 전류를 측정한다. 실내 온도에서 작동하며, 수 ppm~수천 ppm의 산소를 검출할 수 있기 때문에 이동식 산소 측정기에 사용된다.

자기식은 산소가 다른 대부분의 가스와 달리 상자성(常磁性)을 갖는 것을 이용한다. 휘트스톤 브리지 속에서 두 개의 저항을 백금 온도 측정 저항체로 하고, 그중 한쪽의 온도 측정 저항체를 자기장 속에 놓으면 산소의 상자성으로 인해서 기류가 생기고, 온도 측정 저항체의 온도가 변화하는 것을 이용한다. 검출 감도는 0~수%이지만, 반복 재현성이 풍부해서 공업 프로세스 계기에 사용된다.

자동차에 사용되는 산소센서는 혼합비를 이론공연비(14.6~14.7) 부근으로 정밀 제어하기 위해 배기가스 중의 산소농도를 감지하여 출력전압을 ECU로 전송한다. 이를 공연비 피드백 제어(feedback control) 또는 람다 제어(λ -control)라 한다. 산소센서가 갖추어야 할 조건은 다음과 같다.

① 이론공연비에서 전압의 급격한 변화가 있을 것.
② 배기가스 내 산소 변화에 따른 신속한 출력전압 변화가 있을 것.
③ 농후 · 희박 사이의 큰 차이가 있을 것.
④ 배기가스의 온도 변화에 대하여 안정된 전압을 유지할 것.

산소센서는 센서 팁 부분의 온도가 일정 온도(통상 370℃) 이상으로 유지되어야 하는데, 센서 내부에는 히터가 내장되어 있다. 이는 배기가스 온도가 일정 온도보다 낮을 경우, 센서가 정상적으로 작동하도록 센서 팁 부분의 온도를 일정 온도 이상으로 가열하는 역할을 한다.

그림 2-161 산소센서 설치위치

(1) 지르코니아(Zirconia)센서

지르코니아란 산소 차이에 의해 기전력을 발생시키는 물질이다. 지르코니아센서의 단점은 급격하게 출력이 변화하는 특성 때문에 공연비 검출하는데 한계가 있다. 이를 보완할 수 있는 센서가 리니어 산소센서이다. 이는 전류 흐름의 반대로 산소이온이 이동하는 원리를 접목해 만든 센서이다. 차종에 따라 촉매 전단에 리니어 타입이 들어가고 촉매 후단에 바이너리 타입이 들어가기도 하고, 촉매 전단에도 바이너리 타입을 사용, 촉매 후단에도 바이너리 타입을 사용하기도 한다.

세라믹, 즉 지르코니아(ZrO_2)와 이트륨(Yttrium, 원소기호-Y)으로 지르코니아(ZrO_2)는 티탄족인 지르코늄의 산화물로 산화지르코늄이라고도 하며, 제작된 고체 전해질 소자의 양쪽 표면에 아주 얇은 초미세 백금피막을 도금하였다.

지르코니아 산소센서는 공기와 연료의 비율이 이론공연비보다 농후하면 약 1V, 희박하면 약 0V를 출력하며 이론공연비 부근에서 출력전압이 급변한다.

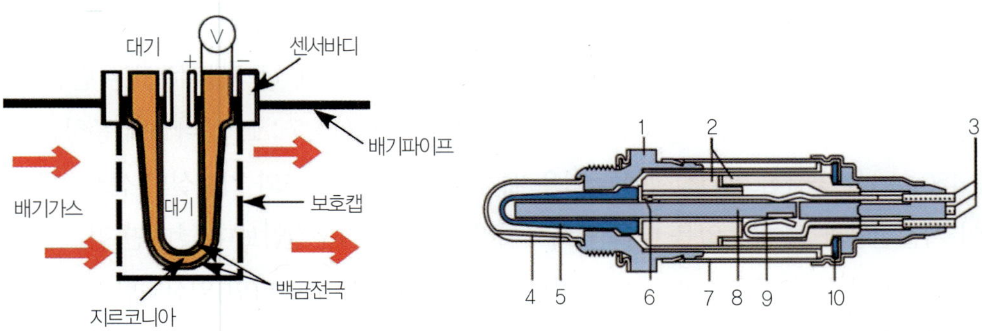

1. 센서하우징 2. 세라믹튜브 3. 배선 4. 내부 보호캡 5. 센서 엘리먼트 6. 전극연결 포인트
7. 외부 보호캡 8. 히터 엘리먼트 9. 히터연결 포인트 10. 스프링 와셔

그림 2-162 지르코니아 타입 O_2센서의 구조

(2) 티타니아(Titania)센서

센서 세라믹의 재질로는 티탄-디옥사이드(TiO_2) 또는 스트론튬 티탄산염(strontium titanate)이 주로 사용된다. 세라믹 절연체의 끝(tip)에 티타니아 소자가 설치되어 있다. 센서 세라믹의 표면은 다공성 백금전극으로 코팅되어 있다.

티타니아 산소센서는 이론공연비 부근에서 저항이 급변하는 성질을 이용한 것으로 농후한 공연비에서 0.3~ 0.8V, 희박한 공연비에서 4.3~4.7V를 출력한다. 최근에는 산소센서의 활성도를 높이기 위하여 내부에 히터를 장착하기도 한다.

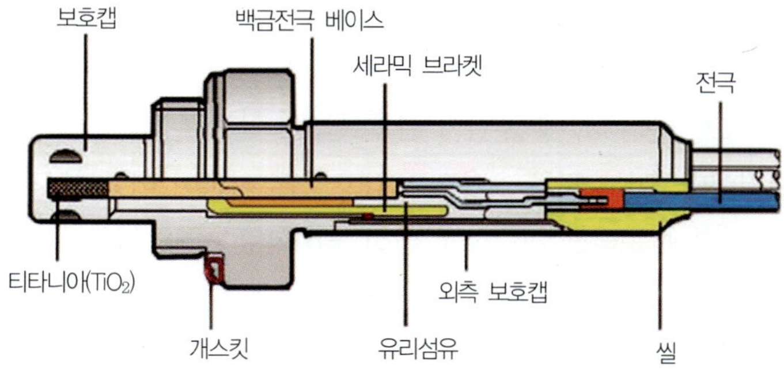

그림 2-163 티타니아타입 O_2센서의 구조

(3) 광역 산소센서(Wide Band Oxygen Sensor)

광역 산소센서는 이론공연비보다 넓은 범위의 공기연료비를 정량적으로 정확하게 알아낼 수 있는 산소센서로, 자동차용으로는 희박연소 엔진용(가솔린 린번 엔진이나 GDI 엔진)으로 사용되며 전영역 산소센서라고 부르기도 한다.

한쪽 백금전극에 직류전압을 공급하면 산소를 펌핑하는 작용을 하기도 한다. 너무 희박한 상태나 너무 농후한 상태에서는 반응폭이 작아 혼합비를 정확하게 나타낼 수 없는 단점이 있다.

희박과 농후의 기준은 기준실 백금단자(+)에 이론공연비(14.7 : 1, 람다1)에 준하는 기준전압(약 450mV)을 공급하고 확산실에 들어온 배기가스 중 산소농도와 기준실의 산소농도에 따른 전압이 기준전압과 차이가 없을 때를 람다 1이라 정하고, 기준전압보다 낮다면 펌프셀 백금전극(+)에 전기(전류)를 공급하여 산소를 펌핑하고 기준전압보다 높다면 일산화탄소를 환원하여 확산실로 펌핑되면서 전기(전류)가 발생되어 펌프셀 백금전극에서 컨트롤 회로 쪽으로 흐르게 된다. 따라서 컨트롤 회로와 펌핑셀 사이의 전류흐름 방향과 크기에 따라 희박과 농후가 결정되는데, 펌핑셀에서 컨트롤 회로로 전류가 흐르면 희박상태를 나타내고, 컨트롤 회로에서 펌핑셀 쪽으로 전류가 흐르면 농후 상태를 나타내며, 전류의 크기에 따라 공기연료비를 확인하는데, 이때의 전류는 ±3mA 정도이다.

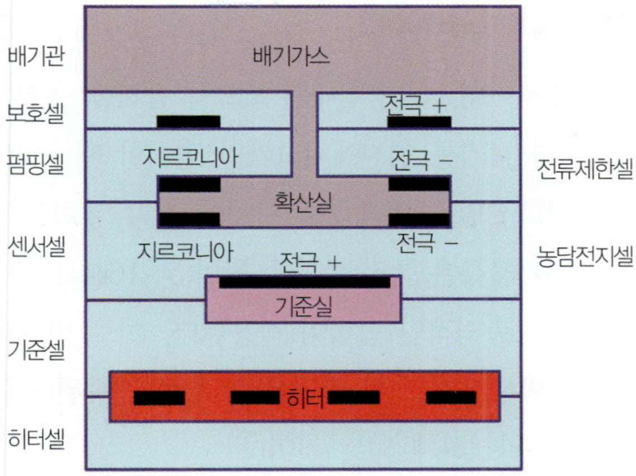

그림 2-164 광역산소 센서 내부구조

[6] NOx센서

디젤 엔진에서 배출되는 배기가스의 질소산화물량을 전단 NOx센서가 측정하여 차량 ECU에 프로그램된 요소수 분사량을 결정하게 된다. 요소수 노즐에서 분사된 요소수는 차량 온도에 수분은 증발하고, 요소수 분자가 질소산화물(NOx)을 포집하여 SCR촉매를 지난 후 후단 NOx 센서에서 차량에서 배출되는 질소산화물량을 다시 한 번 측정하게 된다.

배기가스 중 질소산화물을 감지하는 NOx센서는 가스감지 원리에 따라 반도체방식, 제한전류방식, 혼합전위방식이 있다. 반도체방식의 가스센서는 절연 기판 위에 전극, 금속산화물 세라믹 소재로 이루어진 감지막이 증착되어 있는 구조를 갖는다.

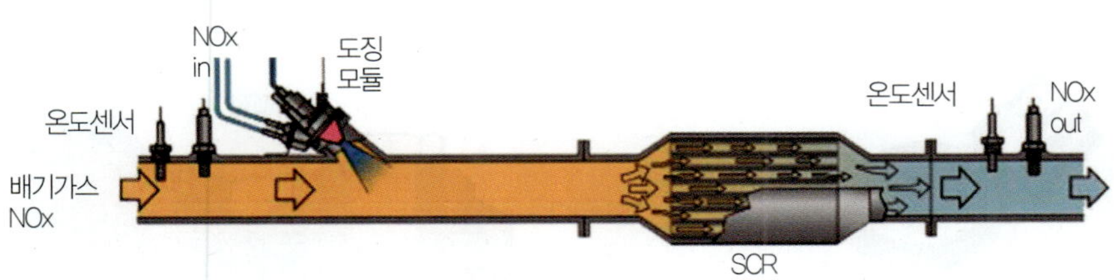

그림 2-165 NOx센서 설치위치

그림 2-166 NOx센서

[7] 노크센서(KS : Knock Sensor)

노크센서는 일종의 압전소자이며, 실린더 내의 노크를 감지할 수 있는 위치, 즉 실린더와 실린더 사이의 외벽에 설치된다. 4기통 엔진에서 1개만 설치할 때는 2번과 3번 실린더 사이에, 2개를 설치할 경우에는 1번과 2번, 3번과 4번 사이에 각각 설치한다.

노크연소가 발생하면 실린더블록은 특정 주파수 범위(5~16㎑)로 진동하게 된다. 이 진동에 의해 피에조 세라믹 소자에는 충격적인 압력이 작용한다. 이로 인하여 노크센서는 전압(최저 수십 mV에서 수백 mV)을 발생시키고 이 전압은 ECU로 전송된다. ECU는 이 전압이 일정 수준을 초과하면 노크연소로 판정하게 되는 것이다

노크연소가 발생되면 제어회로는 점화시기를 일정 수준 지각시킨다. 그래도 계속해서 노크가 발생하면 다시 일정 수준을 더 지각시킨다. 이 과정은 노크가 더 이상 발생하지 않을 때까지 계속 반복된다. 노크연소가 더 이상 발생되지 않으면 점화시기를 단계적으로 조금씩 진각시켜 원래의 고유 점화시기 특성도로 되돌아간다.

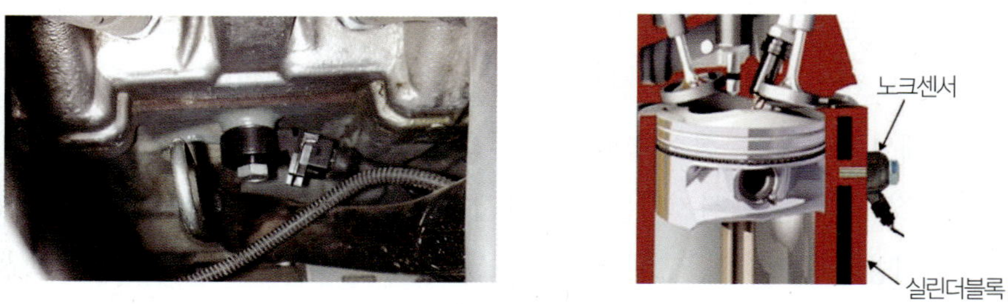

(a) 노크센서 설치상태

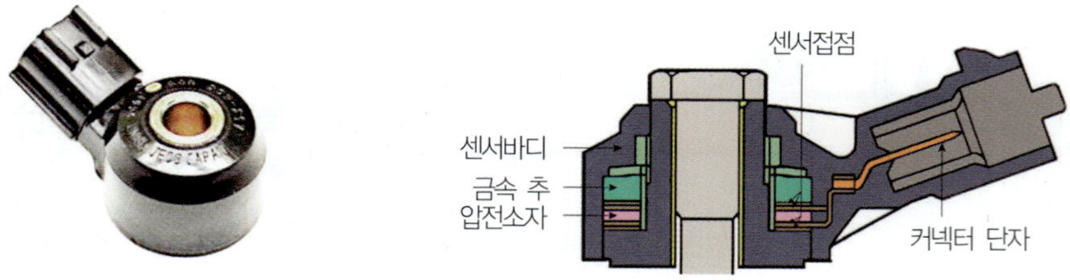

(b) 비공진형 진동식 노크센서 및 구조

그림 2-167 노크센서

진동검출형 노크센서에는 공진형과 비공진형이 있는데, 공진형에는 고주파식과 광대역식이 있고 비공진형에는 진동식과 압력식이 있다. 비공진형 진동식 노크센서는 금속파이프에 아랫부

분에는 압전소자를 윗부분에는 금속 추를 조립하고 압전소자 윗면과 아랫면에 전극을 설치한 형태로 되어 있으며, 센서가 엔진에 조립되는 중앙의 파이프 부분을 제외한 센서 전체는 강화 플라스틱으로 쌓여 있고, 엔진과 접촉되는 부분은 엔진의 진동을 확실하게 전달받기 위하여 플랜지 형태로 넓게 되어있다.

비공진형 진동식 노크센서의 작동은 노크센서 상단의 금속 추는 일정한 무게를 가지고 있어 엔진이 작동하면서 발생하는 모든 진동에 의해 연속적으로 흔들리면서 하단의 압전소자에 충격을 주어 압전소자에서 전압이 발생되도록 한다.

[8] 차속센서(Speed Sensor)

차속센서는 변속기 하우징이나 계기판 내에 장착되어 차량이 정지 상태인지 또는 주행 상태인지를 컴퓨터 및 계기판에 알려주는 기능을 한다. 컴퓨터는 이 신호에 의해 공전속도 조절밸브, 캐니스터 퍼지(canister purge), 토크 컨버터 클러치 및 자동변속기 변속단수 등을 결정하거나 제어한다.

그림 2-168 차속센서 설치위치 및 차속센서

[9] 인히비터 스위치(Inhibitor Switch)

인히비터 스위치는 P레인지와 N레인지에서만 기동전동기가 작동될 수 있도록 회로를 연결하여 주고, 크랭킹하는 동안 연료분사 시간을 조절하기 위해 설치된 스위치로 점화 스위치를 ST 위치에서 크랭킹하는 동안 크랭킹 신호를 ECU에 입력시켜 P레인지와 N레인지에 알맞은 공전속도 제어 서보를 조절한다. 그 외는 자동변속기의 각 위치에 따른 신호를 TCU에 입력시키는 역할을 한다.

그림 2-169 인히비터 스위치

04 가솔린 전자제어 연료장치

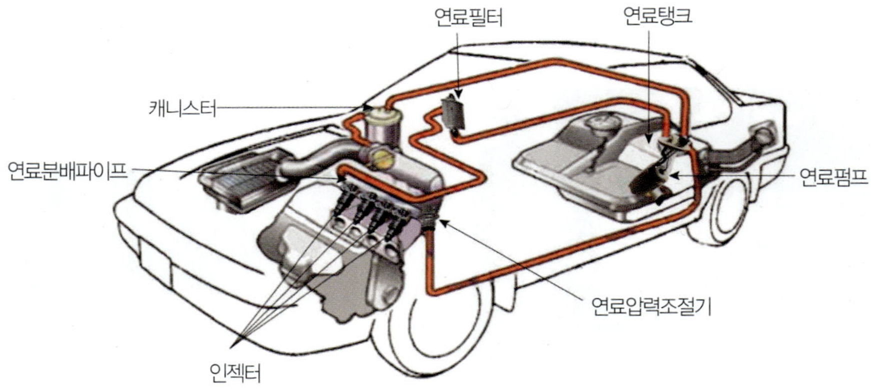

그림 2-170 전자제어 연료계통의 구조

[1] 연료탱크(Fuel Tank)

연료탱크는 자동차의 주행에 소요되는 연료를 저장하는 탱크로서 강판(steel)연료탱크 내면에는 녹스는 것을 방지하기 위하여 아연이나 주석 또는 알루미늄 등으로 피막 처리되어 있다. 일반적으로 플라스틱(plastic) 연료탱크에 사용되는 것은 HPDE로 불리는 고밀도 폴리에틸렌 플라스틱이다.

① **연료탱크(fuel tank)** : 주로 차량 뒷좌석 하단에 장착되어 연료를 저장한다.

② **캐니스터(canister)** : 자동차 시스템에 따라 연료탱크 또는 자동차 차체에 부착하며, 연료탱크 내에서 발생된 증발가스를 흡착하고, 활성탄에 의해 정화된 공기는 대기로 방출한다.

③ **에어필터(air filter)** : 연료탱크에 장착되어 탱크 부압 시 탱크 내로 유입되는 대기 중 공기 오염물을 정화한다.

④ **CCV(canister close valve)** : 연료탱크에 장착되어 연료시스템의 증발가스 누유 여부 모니터링 시(약 2분 소요, 수회/1일) CCV를 작동하여 닫으며 평상시 OPEN 상태이다.

⑤ **FTPS(fuel tank pressure sensor)** : 연료탱크 혹은 연료펌프에 부착되어 증발가스 누유 모니터링 시 탱크내부 압력 평가를 한다.

⑥ **필러넥(filler neck)** : 연료 주입구에 장착되어 연료주입 통로로 쓰인다.

⑦ **히트 실드(hear protector, heat shield)** : 머플러 장착부 윗면의 연료탱크 하단부에 장착되어 머플러 발생 열이 탱크 내 온도상승을 억제한다.

⑧ **배플(baffle)** : 연료탱크 내에 장착(조립 및 insert type이 있음)되어 차량의 주행 및 가·감속 시 연료의 거동을 안정화 및 유동 방지 기능을 한다.

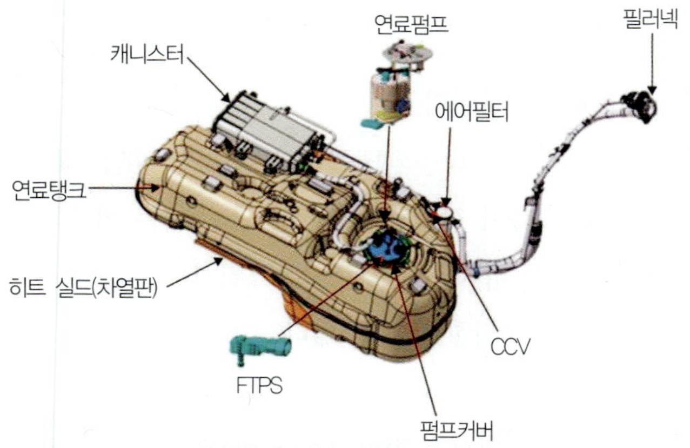

그림 2-171 연료탱크의 구성품

[2] 연료여과기(Fuel Filter)

연료여과기는 연료에 포함된 먼지나 수분 등 불순물을 제거하여 깨끗한 연료를 장치 내로 공급하는 역할을 하며, 연료탱크와 분배파이프(기화기 차량은 연료펌프) 사이에 설치되며, 독립적으로 설치된 분배형과 연료펌프와 일체로 만들어진 비분배형이 있다.

연료여과기는 보통 분배형이 많이 사용되며 금속판 또는 플라스틱 케이스 내부에 여과지나 여과 포식의 엘리먼트를 넣어 밀봉시킨 카트리지식(cartridge type)으로 되어 있다. 여과지의 여과 성능은 5~10㎛ 정도이며 연료여과기는 장시간 사용되면 오손으로 인하여 여과작용의 성능이 떨어지므로 보통 40,000km 주행 후 교환한다.

그림 2-172 연료여과기

[3] 연료펌프(Fuel Pump)

연료펌프는 연료탱크에서 인젝터(injector)까지 연료를 공급해 주는 장치이며, 전기모터식 펌프(electrical motor pump)를 사용한다.

전기모터식 연료펌프는 연료 속에서 작동되므로 연소 가능한 혼합기와 접촉되지 않아 폭발 위험성은 전혀 없고, 모터 작동 소음이 감소되며, 엔진이 요구하는 이상의 충분한 연료를 공급할 수 있다. 또한 회로 내에 잔압을 유지시키므로 점화스위치가 작동되는 순간 연료를 공급할 수 있으며, 베이퍼록(vapor lock)에 강한 이점이 있다. 이 펌프는 엔진 시동 시 점화스위치가 시동(start)에 있을 때는 시동스위치에 의하여 작동되며, 엔진이 작동된 후부터는 ECU(ECM)에 의하여 ON/OFF 제어된다. ECU에서는 점화신호나 회전수신호가 입력되지 않으면 연료펌프를 정지시킨다.

① **펌프(Pump)** : 펌프모듈의 주 부품으로 탱크 내의 연료를 엔진에 공급하기 위해 연료를 흡입한다.

② **안전밸브(Relief Valve)** : 연료라인에서 일정 압력보다 비정상적으로 올라가는 연료압력을 제어하여 항상 일정한 압력을 유지하도록 한다.

③ **체크밸브(Check Valve)** : 연료펌프가 작동 중 멈추면 체크밸브는 스프링의 힘에 의해 닫히고, 일정 압력이 연료라인에 남아 잔압을 유지하여 엔진의 재시동을 용이하게 하며, 높은 온도에서의 베이퍼 록을 방지한다.

④ **리절브 컵(Reserve Cup)** : 펌프와 필터를 감싸고 있는 케이스로 연료 끊김을 방지하기 위해 항상 연료를 저장하고 있다.

⑤ **연료센더(Fuel Sender)** : 연료의 양을 게이지로 나타내기 위한 센서가 달린 부표이다.

⑥ **Suction 필터(Filter)** : 펌프 모듈 상에서 연료를 빨아들이는 곳으로 1차적인 필터 작용을 한다.

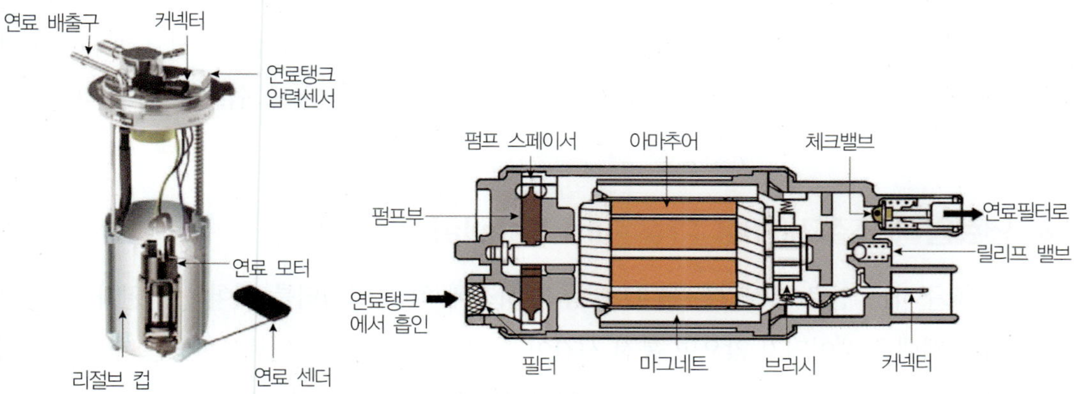

그림 2-173 연료펌프

[4] 연료파이프(Fuel Pipe)

연료파이프는 연료탱크에서 인젝터까지 각각의 장치를 연결하며 보통 구리 파이프를 사용하며, 비닐파이프나 내유성 고무파이프를 사용하는 경우도 있다. 파이프의 안지름은 보통 5~8mm 정도이며, 파이프 이음매는 연료가 누설되지 않도록 원뿔형이나 구형의 유니언으로 되어 있고 파이프너트로 조여져 있다.

[5] 딜리버리파이프(Delivery Pipe : 연료분배파이프)

그림 2-174 딜리버리파이프

연료분배파이프는 각 인젝터에 동일한 분사압력이 되도록 하며, 연료저장 기능을 지니고 있다. 연료분배파이프의 체적은 인젝터에서 분사되는 연료 공급량에 비례하므로 분사에 따른 파이프 내부 압력변동이 없도록 한다. 그리고 연료분배파이프에 각 인젝터들이 연결되어 있어 각각의 인젝터에 동일한 분사압력이 되게 할 수 있으며, 인젝터 설치도 쉽도록 해 준다.

[6] 연료압력 조절기(Fuel Pressure Regulator)

엔진이 요구하는 연료 분사량은 ECU가 통전 시간에 의해 인젝터를 제어하게 된다. 그러나 연료압력이 제대로 제어되지 않으면 통전 시간이 동일하다 하더라도 연료분사량은 제대로 제어되지 않는다. 연료압력이 높은 경우에는 연료 분사량이 많고 연료압력이 낮은 경우에는 연료 분사량이 적다.

흡기관 압력 변화에 대응하여 연료압력을 항상 일정하게 하면 ECU는 인젝터 통전 시간으로 정확한 분사량을 결정할 수 있다. 연료압력 조절기는 흡기다기관의 부압을 이용하여 연료 계통 내의 압력을 조절해 주는 것으로 차량이 주행하는 상황, 즉 언덕길이나 고속주행 같이 출력이 높게 되면 부압이 약해지므로 연료압력을 조절하여 높게 하고 일반적인 주행 상황에서는 일정한 연료압력을 유지하기도 한다. 결국 연료 계통 내의 압력을 2~3kgf/cm^{2}로 유지시켜 주는 다이어프램 조절의 오버플로(over flow)형식이다.

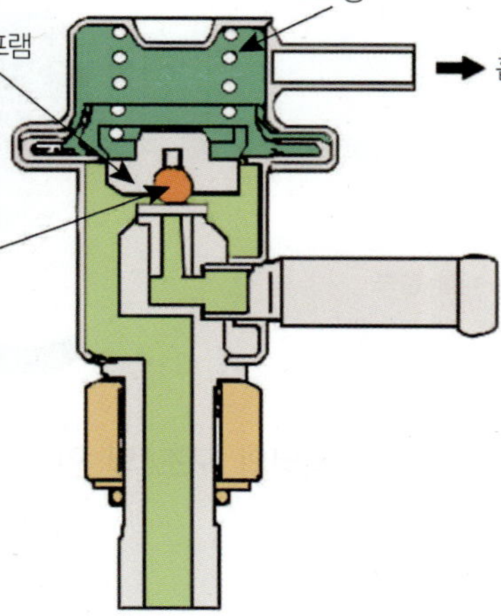

그림 2-175 연료압력 조절기

[7] 인젝터(Injector)

인젝터는 연료를 안개 형태로 고압 분사해주는 노즐이다. 연료탱크에서 출발한 연료는 인젝터와 연결된 고압 라인으로 흘러 들어가게 된다. 고압 라인에서 대기하던 연료는 ECU의 명령에 따라 인젝터의 분사구를 막고 있던 니들밸브가 움직이면서 실린더 안쪽에 분사된다. 인젝터는 연료 공급의 마지막 단계에 위치하고 있기 때문에 이 단계에서 문제가 생기면 연비 저하, 출력 저하, 진동, 소음 등의 복합적인 증상이 발생하게 된다.

인젝터는 각 실린더의 흡입밸브 앞쪽(흡기다기관)에 1개 또는 2개씩 설치되어 각 실린더에 연료를 분사하는 전류제어방식의 솔레노이드밸브이다. 인젝터는 컴퓨터로부터의 전기적 신호에 의해 작동하며, 그 구조는 밸브보디와 플런저(plunger)가 설치된 니들밸브로 되어 있다.

솔레노이드 코일에 축전지 전류가 흐르지 않을 경우 니들밸브는 스프링의 장력에 의해 밸브 시트에 밀착되어 연료의 분사를 차단하고, 솔레노이드 코일에 전류가 흐르면 솔레노이드 코일이 니들밸브를 들어 올려 연료가 원통형의 분사구멍에서 분사된다. 인젝터의 분사각도는 10~40° 정도이며, 분사시간은 1~1.5ms(ms=1/1,000sec), 분사압력은 2~3kgf/㎠이다.

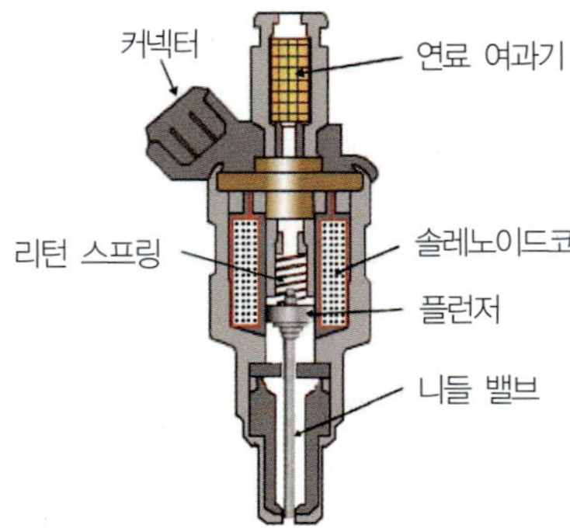

그림 2-176 인젝터의 구조 및 인젝터

05 ECU(Electronic Control Unit)

엔진제어장치로서의 ECU의 기능은 크게 점화 타이밍의 조절, 엔진 회전수의 한계 설정(퓨얼 컷), 기온 및 기타 상태에 따라서 투입하는 연료량 제어, 아이들링 상태 관리, 캠 타이밍 조절(VVT 엔진 등) 같은 기능이 있다.

그림 2-177 엔진 ECU

[1] 컴퓨터(ECU)의 구성

엔진 ECU는 디지털 제어와 아날로그 제어가 있으며, 중앙처리장치(CPU), RAM, ROM 및 입출력 단자로 구성되어 있다.

엔진 ECU는 입력부분과 제어부분 및 출력부분으로 구성되어 있으며, 입력은 엔진의 각종 상태, 즉 흡입공기량, 냉각수온도, 흡입공기온도, 엔진 회전수 및 차속 등의 상태를 각 센서를 이용하여 측정한다. 그리고 이 측정된 신호를 입력 연산 처리하여 엔진의 상태에 대응하는 최적의 연료분사량(기본분사량, 증량보정), 분사시기 및 점화시기를 출력회로를 통하여 제어함으로써 각 액추에이터를 구동시킨다.

컴퓨터는 입력되는 기본적인 입력신호를 사용하기 전에 입력신호를 적절히 조절하게 된다. 즉, 미약한 신호의 증폭, A/D(analog/digital) 변환, 노이즈(noise) 제거, 전압 수준 조정 등의 처리과정을 거쳐 입력 데이터를 만든다. 프로세서에 입력된 데이터는 기억장치에 저장된 프로그램의 명령에 따라 다양한 산술 및 논리 연산과정을 거치고, 일부는 기억장치에 저장되며, 최종 출력은 출력장치로 보내어 액추에이터를 구동한다.

① **ROM(Read Only Memory)** : ROM은 읽기만 가능한 메모리로서 생산단계에서 그 내용을 기록하고, 그 이후에는 기록된 내용을 다시 변경할 수 없도록 제작한다.

② **EPROM(Erasable Programmable ROM)** : 소거와 프로그래밍이 가능한 ROM으로 CPU는 주소버스/데이터버스를 거쳐 EPROM과 통신한다.

③ **플래시 EPROM(FEPROM)** : 플래시 EPROM은 불휘발성 메모리로서 전기적으로 소거하고, 다시 프로그래밍할 수 있다.

④ **RAM(Random Access Memory)** : 임의 접근 기억장치로 현재의 모든 데이터의 보관은 RAM에서 이루어진다. 전원으로부터 ECU를 분리할 때, RAM에 들어있는 모든 데이터는 휘발성 메모리이므로 상실된다.

⑤ **EEPROM(E2PROM)** : EEPROM은 전기적으로 소거할 수 있는 EPROM으로서, 플래시 EPROM과는 대조적으로 각각의 메모리 셀을 개별적으로 소거할 수 있다. 따라서 EEPROM은 비휘발성 쓰기, 읽기, 메모리로 사용할 수 있다.

⑥ **감시 모듈** : 마이크로프로세서와 감시모듈은 소위 질의 및 응답 기능을 이용하여 서로 상대방을 감시한다. 오류를 감지하면 쌍방은 서로 독립적으로 해당하는 대체기능을 찾게 된다.

⑦ **자기진단기능(Self Diagnostic Function)** : ECU는 엔진 전자제어 각 시스템의 고장여부를 자기진단을 할 수 있으며 고장 발생 시 계기판의 엔진 체크 경고등(warning lamp, MIL, malfunction indicate lamp)을 점등시켜 운전자에게 엔진을 정비하도록 경고한다.

⑧ **페일 백업기능(Fail Back Up)** : ECU는 어떤 센서에 고장 발생 시 그 센서 신호를 무시하게 되며, 대신 미리 입력된 프로그램 또는 수치로써 제어할 수 있도록 하는 백업기능을 가지고 있다.

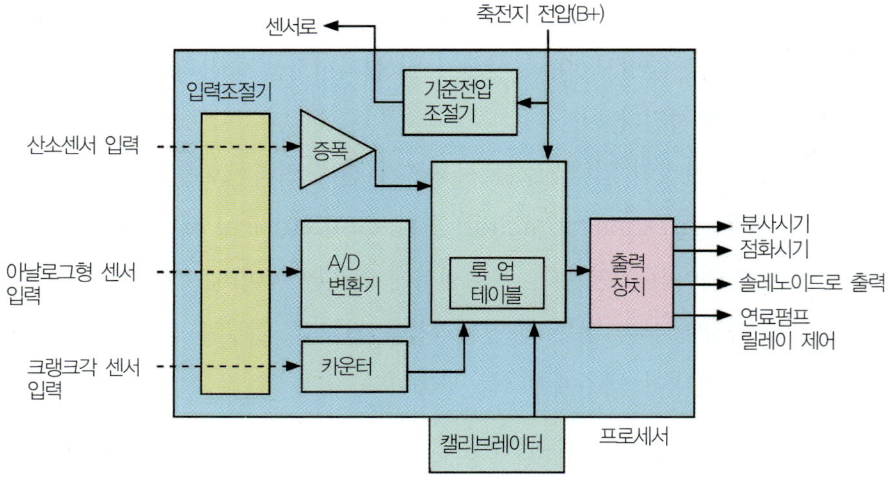

그림 2-178 ECU 내부 블록선도

[엔진제어 항목 및 내용]

항 목	제어내용
연료분사	• 엔진회전수와 흡입공기량에 맞는 기본 분사량 제어 • 워밍업 전후 연료량 보정제어 • 가감속에 대한 연료 증/감량 제어 • 공연비 피드백 제어 • 인젝터 구동시간 및 연료차단 제어
점화시기 제어	• 기본점화시기 제어 • 점화시기 보정제어(공회전, 주행조건, 촉매가열상태 등 · 노크제어 및 시동 시 점화제어
공회전속도 제어	• 시동 시 제어 • 패스트 아이들 제어 • 공회전 보상제어(idle up/down : 에어컨, 동력조향, AT 등의 부하 시) • 대쉬포트 제어(dashpot)
연료증발가스 제어	캐니스터 PCSV(purge control solenoid valve)제어
메인릴레이 제어	이그니션키 On/Off 시 제어(설정시간 : 제작사양)
연료펌프릴레이 제어	이그니션키 On/Off 시 제어(설정시간 : 제작사양)
에어컨릴레이 제어	엔진시동 및 가속 시 에어컨 컴프레서 Off 제어
자기진단 및 고장통제 기능	• 각 센서의 고장을 사전에 진단하여 경고등(warning lamp)으로 운전자에게 알림 • 고장 발생 시 ROM에 기억된 설정값으로 제어하는 기능(fail safe function / limp home function)

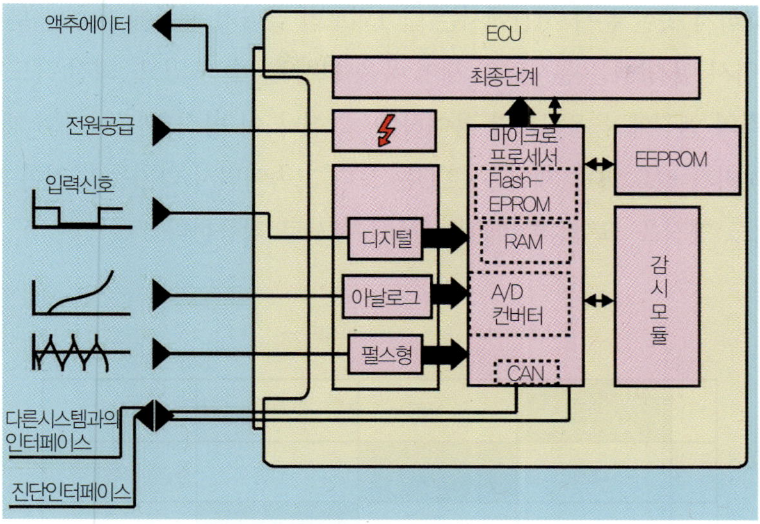

그림 2-179 ECU 신호처리

[2] 엔진 ECU 제어

컴퓨터에 의한 제어는 분사시기 제어와 분사량 제어로 나누어진다. 분사시기 제어는 점화코일의 점화신호(또는 크랭크각 센서의 신호)와 흡입공기량 신호를 자료로 기본분사 시간을 만들고, 동시에 각 센서로부터의 신호를 자료로 분사시간을 보정하여 인젝터를 작동시키는 최종적인 분사시간을 결정한다.

(1) 분사시기 제어

연료분사는 모든 실린더가 동시에 크랭크축 1회전에 1회 분사하는 동시 분사방식과 점화순서에 동기(同期)하여 그 실린더의 흡입행정의 초기에 분사하는 동기 분사방식이 있다. 동기 분사방식도 엔진을 시동할 때 및 고부하 영역 등에는 동시 분사방식으로 전환하여 분사하기도 한다.

① 동기 분사(독립분사 또는 순차분사)방식

각 실린더별로 흡입행정 직전(배기행정 끝 무렵)에서, 즉 1사이클(크랭크 2회전)에 1회 분사에 1실린더만 점화시기에 동기하여 분사한다. 이 방식은 일반적으로 과도 상태에서의 엔진 응답성 또한 상당히 좋고 혼합비 조절이 양호하다. 그리고 인젝터의 최저 분사시간이 결정된 상황에서 보다 짧은 분사량을 제어할 수 있다.

또한 유효하지 못한 분사 시간에서는 단 1회로만 끝나기 때문에 유효한 분사 시간이 길어진다. 따라서 이 방식은 분사량의 제어 폭을 크게 할 수가 있고, 회전 속도가 좋은 엔진이나 고출력의 엔진에 응용하기가 용이하다. 그러나 이 방식은 길어지는 제어 프로그램의 신속한 처리가 필요하며, 제어용 CPU는 보다 고속이면서 다기능인 것이 요구된다. 동기 분사방식도 엔진을 크랭킹할 때에는 동시 분사로 작동한다.

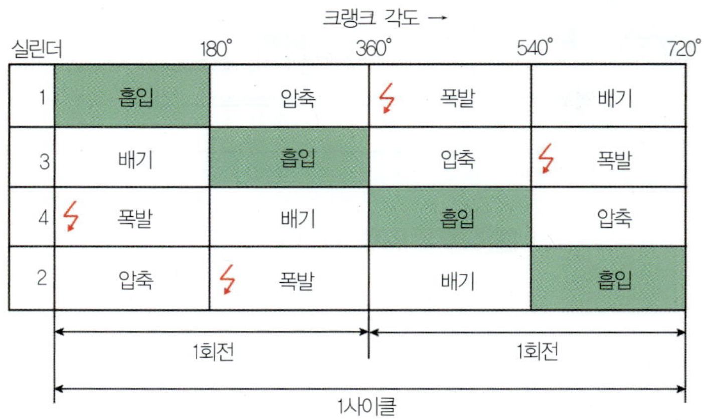

그림 2-180 동기 분사방식

② 그룹(group) 분사방식

이 분사방식은 각 실린더에 그룹(제1번과 제4번 실린더, 제2번과 제3번 실린더)을 지어 1회 분사를 할 때 2실린더씩 연료를 분사한다. 특징은 흡입행정 부근에서 연료가 분사되므로 혼합가스가 곧바로 실린더 내로 흡입되므로 가속할 때 응답성능이 좋다.

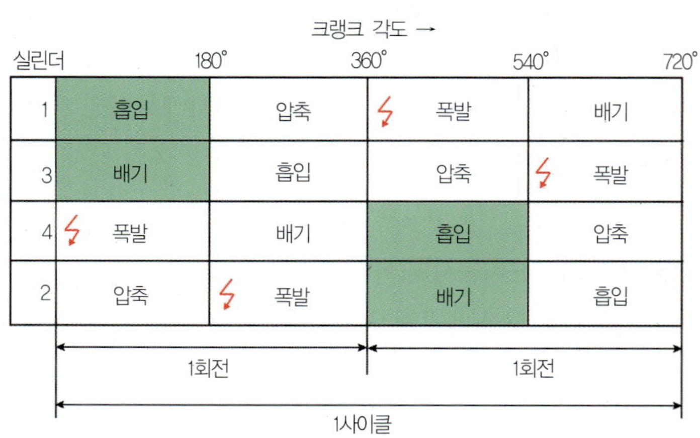

그림 2-181 그룹 분사방식

③ **동시(同時) 분사(또는 비동기 분사)방식**

크랭크축 1회전에 1회씩 모든 실린더에 동시에 분사하는 형식이다. 즉, 엔진이 요구하는 연료량을 1/2로 나누어서 1사이클당 2회씩 분사한다. 특징은 인젝터 구동회로가 간단하며 분사량 조정이 쉬우며, 인젝터 제어신호를 보냄과 동시에 연료를 분사시킨다.

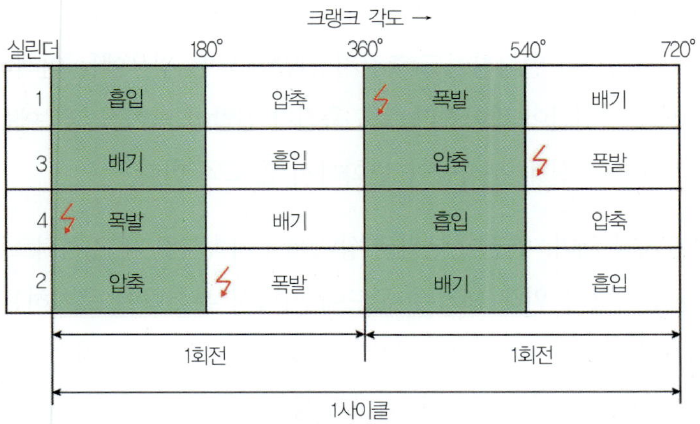

그림 2-182 동시분사방식

(2) 연료분사량 제어

연료분사량 제어는 점화코일의 (−)단자 신호(크랭크 각 센서 또는 캠축 센서의 신호)를 기초로 회전속도 신호를 만들고, 이 신호와 흡입공기량 신호에 의해 아래에 설명하는 보정을 위해서 작동시킨다.

① **기본 분사량 제어** : 인젝터는 크랭크 각 센서의 출력신호와 공기유량센서의 출력 등을 계측한 컴퓨터의 신호에 의해 인젝터가 구동되며, 분사횟수는 크랭크 각센서의 신호 및 흡입공기량에 비례한다.

② **엔진을 크랭킹할 때의 분사량 제어** : 엔진을 크랭킹할 때에는 시동성능을 향상시키기 위해 크랭킹 신호(점화스위치 St, 크랭크 각센서, 점화코일 1차 신호)와 수온센서의 신호에 의해 연료 분사량을 증가시킨다.

③ **엔진 시동 후 분사량 제어** : 엔진을 시동한 직후에는 공전속도를 안정시키기 위해 일정한 시간 동안 연료 분사량을 증가시킨다. 증가 비율은 크랭킹할 때 최대가 되고, 시동 후 시간이 흐름에 따라 점차 감소하며 증량 지속 시간은 냉각수 온도에 따라서 다르다.

④ **냉각수 온도에 따른 제어** : 냉각수 온도 80℃를 기준(증가비율 1)으로 하여 그 이하의 온도에서는 분사량을 증가시키고, 그 이상에서는 기본 분사량으로 분사한다.

⑤ **흡기 온도에 따른 제어** : 흡기 온도 20℃(증량비 1)를 기준으로 그 이하의 온도에서는 분사량을 증가시키고, 그 이상의 온도에서는 분사량을 감소시킨다.

⑥ **축전지 전압에 따른 제어** : 인젝터의 분사량은 컴퓨터에서 보내는 분사신호 시간에 의해 결정되므로 분사시간이 일정하여도 축전지 전압이 낮은 경우에는 인젝터의 기계적 작동이 지연되어 실제 분사시간이 짧아진다. 즉, 축전지 전압이 낮아질 경우에는 컴퓨터는 분사신호 시간을 연장하여 실제 분사량이 변화하지 않도록 한다.

⑦ **가속할 때의 분사량 제어** : 엔진이 냉각된 상태에서 가속시킬 때 일시적으로 혼합비가 희박해지는 현상을 방지하기 위해 냉각수 온도에 따라서 분사량이 증가하는데 공전 스위치가 ON에서 OFF로 바뀌는 순간부터 시작되며 증가비율과 증가 지속시간은 냉각수 온도에 따라서 결정된다. 가속하는 순간에 최대의 증가비율이 얻어지고, 시간이 경과함에 따라 증가 비율이 낮아진다.

⑧ **엔진의 출력을 증가할 때의 분사량 제어** : 엔진의 높은 부하영역에서 운전성능을 향상시키기 위하여 스로틀밸브가 규정값 이상 열렸을 때 분사량을 증가시킨다. 출력을 증가할 때 분사량 증가는 냉각수 온도와는 관계없으며, 스로틀 위치 센서의 신호에 따라서 제어된다.

⑨ **감속할 때 연료분사 차단(대시포트 제어)** : 스로틀밸브가 닫혀 공전스위치가 ON으로 되었을 때 엔진의 회전속도가 규정 값일 경우에는 연료분사를 일시 차단한다. 이것은 연료 절감과 탄화수소(HC) 과다발생 및 촉매 컨버터의 과열을 방지하기 위함이다.

(3) 피드백 제어(feed back control)

이 제어는 촉매 컨버터가 가장 양호한 정화 능력을 발휘하는데 필요한 혼합비인 이론 혼합비(14.7 : 1) 부근으로 정확히 유지하여야 한다. 이를 위해서 배기다기관에 설치한 산소센서로 배기가스 중의 산소농도를 검출하고 이것을 컴퓨터로 피드백(feed back)시켜 연료분사량을 증감해 항상 이론 혼합비가 되도록 제어한다. 피드백 보정은 운전성능, 안전성능을 확보하기 위해 다음과 같은 경우에는 제어를 정지한다.

① 냉각수 온도가 낮을 때

② 엔진을 시동할 때

③ 엔진 시동 후 분사량을 증가시킬 때

④ 엔진의 출력을 증가시킬 때

⑤ 연료 공급을 일시 차단할 때(농후 신호가 길게 지속될 때)

(4) 점화시기 제어

점화시기 제어는 파워 트랜지스터로 컴퓨터에서 공급되는 신호에 의해 점화코일 1차 전류를 ON-OFF시켜 제어한다.

(5) 연료펌프 제어

점화스위치가 시동(St)위치에 놓이면 축전지 전류는 컨트롤 릴레이를 통하여 연료펌프로 흐른다. 엔진 작동 중에는 컴퓨터가 연료펌프 제어 트랜지스터를 ON으로 유지하여 컨트롤 릴레이 코일을 여자시켜 축전지 전원이 연료펌프로 공급된다.

(6) 공전속도 제어

공전속도 제어는 각종 센서의 신호를 기초로 컴퓨터에서 공전속도 조절기구(ISC) 구동신호로 바꾸어 공전속도 조절기구가 스로틀밸브의 열림 정도를 제어한다.

① 공전속도 조절기구(idle speed controller)

공전속도 조절기구는 엔진이 공전 상태일 때 부하에 따라 엔진 상태를 안정된 공전속도로 유지시키는 장치이다. 그 종류에는 ISC-서보방식, 스텝모터방식, 공전 액추에이터(ISA) 방식 등이 있다.

㉮ ISC-서보방식(idle speed control servo type)

이 방식은 ISC-서보 모터, 웜 기어(worm gear), 웜휠(worm wheel) 모터위치센서(MPS), 공전 스위치 등으로 구성되어 있다. 작동은 ISC-서보 모터 축에 설치되어 있는 모터가 컴퓨터의 신호에 의해서 회전하면 모터의 회전방향에 따라 웜휠이 회전하여 플런저를 상하 직선운동으로 바꾸어 ISC-서보 레버를 작동시켜 스로틀밸브의 열림 정도를 조절하여 공전속도를 조절한다.

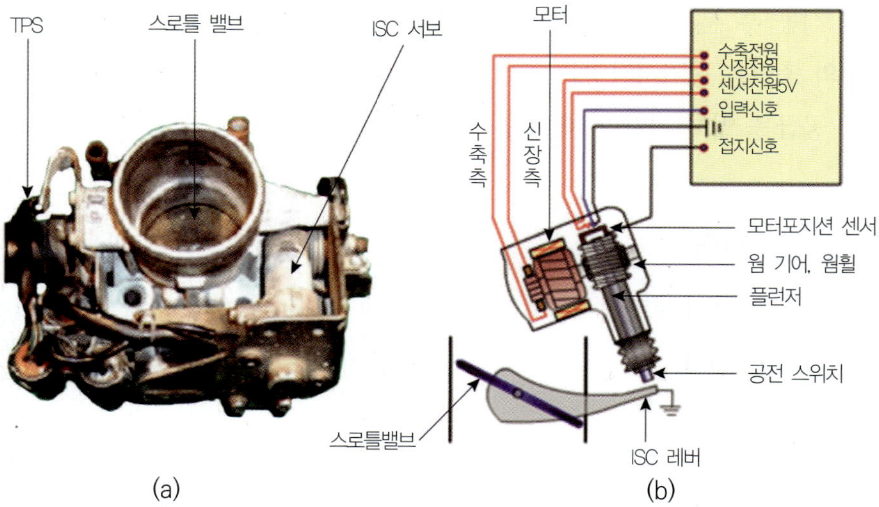

그림 2-183 ISC-서보의 구조

㉯ 스텝 모터방식(step motor type)

이 방식은 컴퓨터로부터의 작동 펄스신호에 의해 좌우 방향으로 15°만큼씩 단계적으로 마그네틱 로터가 일정하게 회전하여 마그네틱 축과 나사(screw)로 연결된 밸브의 길이가 변화하여 바이패스되는 공기량을 증감시킨다. 스텝 모터방식의 특징은 다음과 같다.

㉠ 피드백 제어(feed back control)가 필요 없어 제어계통이 단순하다.

㉡ 컴퓨터로 제어하기가 매우 쉽다.

㉢ 회전오차 각도가 누적되지 않는다.

㉣ 정지할 때 큰 정지 회전력을 갖는다.

㉤ 브러시가 없어 신뢰성이 높다.

㉥ 직류전동기보다 능률이 낮다.

㉦ 출력 당 중량이 크다.

㉧ 특정 주파수에서 공진, 진동현상이 발생한다.

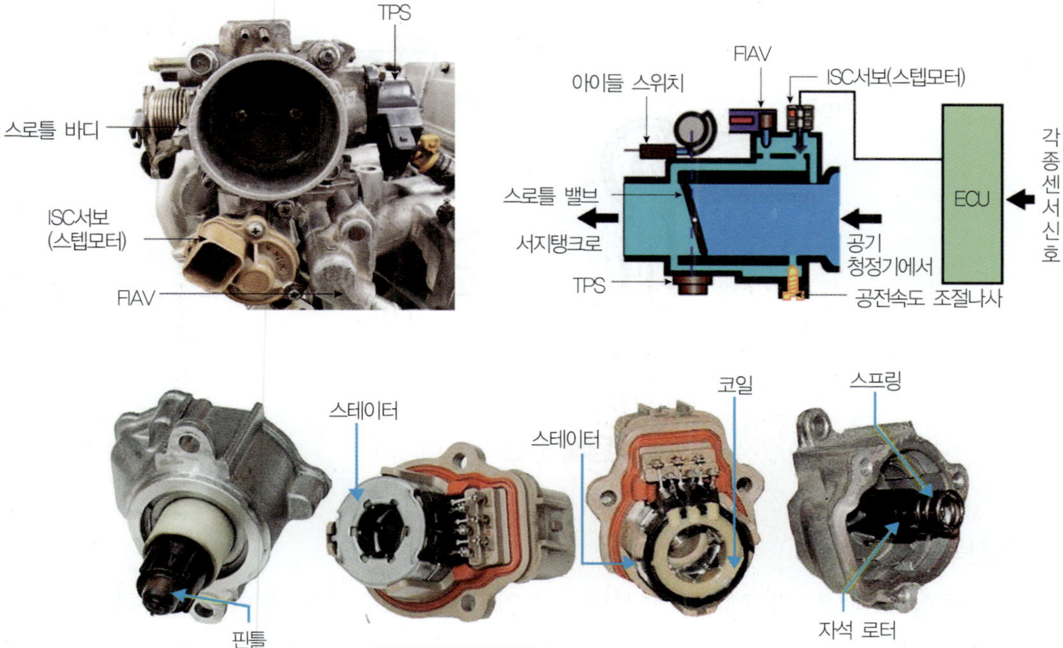

그림 2-184 스텝 모터방식

㉰ 공전 액추에이터(idle speed actuator : ISA)

이 방식은 엔진에 부하가 가해지면 컴퓨터는 엔진의 안정성을 확보하기 위해 공전 액추에이터의 솔레노이드 코일에 흐르는 전류를 듀티 제어하여 솔레노이드밸브에 발생하는 전자력과 스프링 장력이 서로 평형을 이루는 위치까지 밸브를 이동시켜 공기통로의 단면적을 제어한다.

(a) ISA 종류 및 설치위치

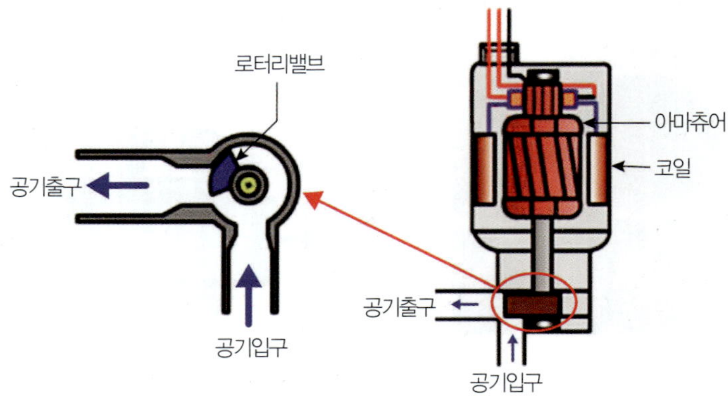

(b) 공전 액추에이터의 구성도

그림 2-185 공전 액추에이터

② 공전속도 제어 종류

㉮ 엔진을 크랭킹할 때 제어 : 스로틀밸브의 열림은 냉각수 온도에 따라 시동하기에 가장 적합한 위치로 제어한다.

㉯ 패스트 아이들(fast idle) 제어 : 공전스위치가 ON으로 되면 엔진의 회전속도는 냉각수 온도에 따라 결정된 회전속도로 제어되며, 공전스위치가 OFF되면 공전속도 조절기구가 작동하여 스로틀 밸브를 냉각수 온도에 따라 규정된 위치로 제어한다.

㉰ 공전속도 제어 : 에어컨스위치가 ON이 되거나 자동변속기가 N레인지에서 D레인지로 변속될 때 등 부하에 따라 공전속도를 컴퓨터의 신호에 의해 공전속도 조절기구를 확장 위치로 회전시켜 규정 회전속도까지 증가시킨다. 또 동력 조향장치 오일압력 스위치가 ON이 되어도 마찬가지로 증속시킨다.

㉱ 대시포트 제어(dash port control) : 이 장치는 엔진을 감속할 때 연료공급을 일시 차단시킴과 동시에 충격을 방지하기 위해 감속 조건에 따라 스로틀밸브의 닫힘 속도를 제어한다.

㉲ 에어컨 릴레이 제어 : 엔진이 공전할 때 에어컨 스위치가 ON이 되면 공전속도 조절기구가 작동하여 엔진의 회전속도를 증가시킨다. 그러나 엔진의 회전속도가 실제로 증가되기 전에 약간 지연이 있다. 이렇게 지연되는 동안에 에어컨 부하에서 회전속도를 적절히 유지시키기 위해 컴퓨터는 파워 트랜지스터를 약 0.5초 동안 OFF시켜 에어컨 릴레이 회로를 개방한다. 이에 따라 에어컨 스위치가 ON이 되더라도 에어컨 압축기가 즉시 구동되지 않으므로 엔진의 회전속도 저하가 일어나지 않는다.

(7) 노크(knock) 제어장치

노크제어는 엔진에서 발생하는 노크를 노크센서로 감지하여 점화시기 및 연료 분사량을 제어하고 엔진 보호 및 엔진성능을 향상시킨다. 노크는 점화시기를 늦추면 발생하기 어려우므로, 노크가 발생한 경우에 노크센서가 엔진의 진동을 감지하여 컴퓨터로 입력시키면 컴퓨터는 곧바로 점화시기를 늦추어 더 이상 노크가 일어나지 않도록 한다.

(8) 자기진단 기능

컴퓨터는 엔진의 여러 부분에 입 · 출력신호를 보내게 되는데 비정상적인 신호가 처음 보내질 때부터 특정 시간 이상이 지나면 컴퓨터는 비정상이 발생한 것으로 판단하고 고장코드를 기억한 후 신호를 자기진단 출력단자와 계기판의 엔진 점검등(CHECK ENGINE)으로 보낸다. 점화스위치를 ON으로 한 후 15초가 경과하면 컴퓨터에 기억된 내용이 계기판의 엔진 점검 등으로 출력되며, 정상이면 점화스위치를 ON으로 한 후 5초 후에 점검등이 소등된다. 이때 비정상(고장)항목이 있으면 점화스위치를 ON한 후 15초 동안 점등되어 있다가 3초 동안 소등된 후 고장코드가 순차적으로 출력된다.

CHAPTER 10

GDI 엔진

그림 2-186 GDI 엔진

GDI 엔진(Gasoline Direct Injection)이란 원래 디젤 엔진에서 쓰이는 기술로 연료를 흡기포트가 아닌 실린더 내로 가솔린을 직접 분사함으로써 흡기 충진 효율이 증대되고, 실린더 내 연료증발을 통하여 연소실온도를 낮추어 노킹특성을 개선하고 압축비를 증대시켜 성능/연비를 개선한 가솔린 엔진이다. 일반 엔진의 공기와 연료의 혼합기 질량비는 14.7 : 1인데, 린번 엔진의 혼합기 질량비는 최대 22~23 : 1까지 희박하게 할 수 있고, GDI 엔진은 25~40 : 1이라는 극히 희박한 혼합기 질량비가 가능하다.

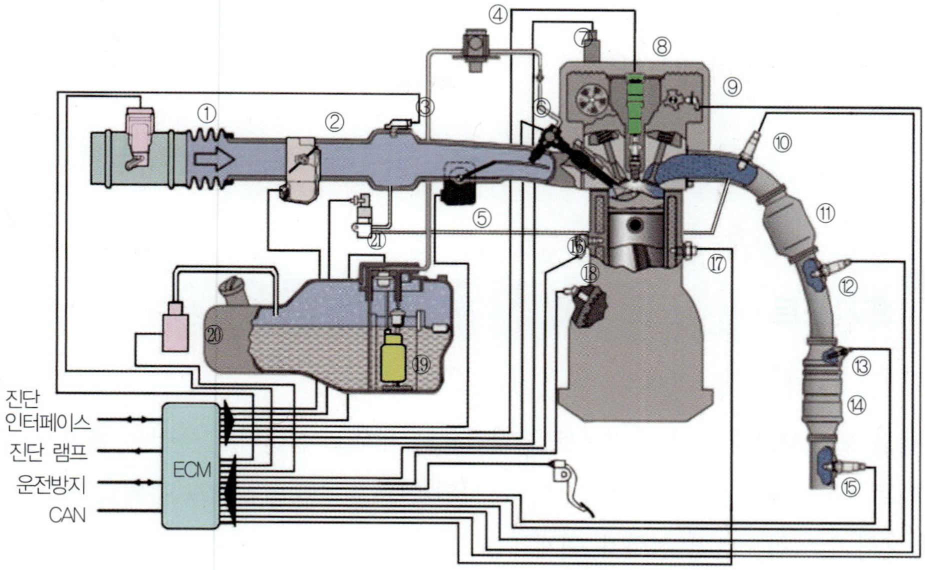

1. 공기량센서(MAFS) 2. 스로틀밸브(ETC) 3. MAP센서 4. 고압펌프 5. 에어플로우 컨트롤밸브 6. 연료레일 및 인젝터 7. 캠샤프트 액추에이터 8. 점화코일 및 플러그 9. 캠각센서(CMPS) 10. 1st 산소센서 11. 1st 카탈리스트 12. 2nd 산소센서 13. 배기가스 온도센서 14. 메인카탈리스트 15. 3rd 산소센서 16. 노크센서 17. 냉각수온센서(ECTS) 18. 크랭크각센서(CKPS) 19. 저압 연료펌프 모듈 20. 차압센서 21. EGR밸브

그림 2-187 GDI 시스템의 구성

01 GDI방식의 장단점

[1] GDI방식의 장점

① 최소의 연료로 최대의 출력을 낼 수 있다.

② 냉각효과가 있어 압축비가 높아지기 때문에 효율이 상승한다.

③ 연료 분사 타이밍의 제한을 받지 않는다.

④ 배기가스가 줄어든다.

[2] 단점

① 소음과 진동이 크다.

② 엔진의 내구성이 떨어진다.

③ 가격이 비싸다.

④ 미세먼지 필터를 장착해야 한다.

02 흡기포트

텀블 유동을 발생시키기 위해 흡기포트를 직립으로 세우고 실린더로 들어온 흡기가 실린더 안에서 아래로 내려갔다가 위로 올라오면서, 분사된 연료를 스파크플러그 주위로 모이도록 해서 농후한 혼합기로 함으로써 점화가 쉽게 되도록 한다.

한편, 스월 발생을 위해 헬리컬 포트로 하며, 스월 컨트롤밸브를 설치하여 희박공연비에서 마찬가지로 성층연소가 되도록 한다. 이때 성층혼합기가 한곳에 머무르도록 피스톤 상면은 깊게 파낸 형태로 한다.

03 연료공급

연료 공급면에 있어서, 짧은 기간에 기화 및 연소를 이루기 위해서는 연료분사압력을 기존 포트분사 엔진의 약 3bar보다 훨씬 높은 50bar 정도로 해줄 수 있는 고압연료펌프가 필요하고, 연료의 미립화와 분산특성이 우수한 고압스월 인젝터를 사용하여야 한다. 또 실린더에 분사된 연료가 공기와 잘 혼합이 되고 희박한 공연비에서도 점화가 잘 이루어지도록 저 · 중부하에서는 혼합기를 층상으로 형성시켜야 하기 때문에 흡기포트를 세우고 피스톤 상면에 움푹 페인 곳을 만들어 흡기유동을 조절해야 한다.

04 GDI 엔진의 희박연소 과정

이론공연비를 훨씬 상회하는 공연비 30~40 정도에서 초희박연소를 가능하게 하기 위해서는 연소실 내의 혼합기가 확산하지 않도록 점화플러그 주변에 집중시켜야 한다. GDI 엔진의 초희박과정은 다음과 같다.

① 연소실의 강한 상하유동 흡입공기 와류(Tumble) 형성

그림 2-188 연소실 형상 및 와류형성

② 압축 행정시 연료분사로 연료 성층화 형성

③ 초희박 연소

05 GDI 시스템의 연료공급 회로

[1] 저압회로

GDI 시스템에서 저압회로는 흡기다기관 분사방식에서의 연료공급시스템과 본질적으로 동일하다. 일반적으로 공급펌프로는 1차 압력 3~5bar를 쉽게 형성할 수 있는 용적형 펌프가 주로 사용되며, 고온 재시동성이 양호하고, 고온 작동 시에도 연료의 비등에 의한 기포 발생을 방지할 수 있을 만큼의 고압을 형성할 수 있어야 한다. 또 동시에 저압회로의 압력을 엔진의 작동상태에 따라 쉽게 변화시킬 수 있어야 한다. 대부분 고온 재시동 시에는 압력을 단기간 내에 5bar까지 상승시킬 수 있다.

[2] 고압회로

고압회로는 고압펌프, 연료분배관(rail), 압력센서 그리고 시스템에 따라서는 압력제어밸브 또는 압력제한밸브로 구성되어 있다. 고압회로는 계속공급시스템과 필요한 만큼만 공급하는 시스템으로 구분할 수 있다. ECU는 엔진의 작동상태에 따라 연료압력조절기를 통해 연료압력을 50~120bar 범위에서 제어한다. 제어회로는 압력센서를 포함한 완벽한 피드백(feed back)회로를 구성하고 있기 때문에 실제값은 항상 ECU에 피드백된다.

06 연료제어(Fuel Control)

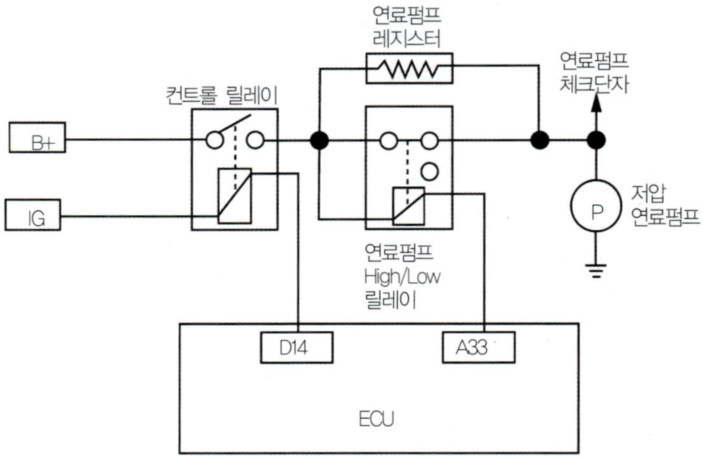

그림 2-189 연료장치의 구성도

[1] 스월형 인젝터(Swirl Injector)

2분사(spray)방식이며, 기존의 인젝터와는 달리 연료가 분사되면서 주위의 공기와 쉽게 혼합될 수 있도록 하기 위해 소용돌이를 이루면서 연료가 분사된다. 인젝터의 분사 시기는 점화시기와 동일하게 분사되며, 엔진의 부하에 따라 피스톤의 흡입행정(일반연소) 또는 압축행정(희박연소)에서 분사된다.

부분부하 영역에서는 압축행정 말기에 분사되고, 전부하 영역에서는 흡입행정 중에 분사되어 흡입공기의 열을 흡수하여 기화하는 한편 흡입공기의 냉각으로 흡입효율이 향상된다. 인젝터의 구동은 엔진 컴퓨터가 직접 하는 것이 아니라 엔진 컴퓨터가 인젝터 드라이브 A & B에 연료분사 신호를 보내면 인젝터 드라이브는 해당 인젝터를 구동한다.

그림 2-190 스월형 인젝터 설치 상태

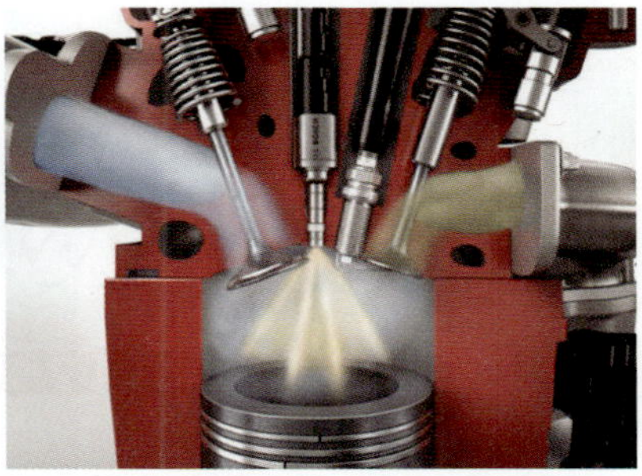

그림 2-191 GDI 연료분사

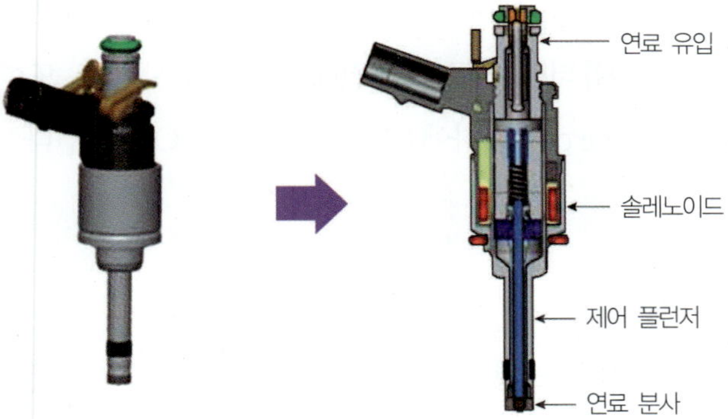

그림 2-192 스월형 인젝터

[2] 인젝터 드라이브(Injector Drive) A & B

인젝터 드라이브는 드라이브 릴레이로부터 전원을 공급받아서 각 인젝터에 전원을 공급함과 동시에 인젝터회로의 단선, 단락을 검출하여 엔진 컴퓨터로 고장유무신호를 입력시킨다. 인젝터의 구동은 엔진 컴퓨터로부터 연료분사 시간신호를 입력받아 인젝터를 구동시킨다.

인젝터 드라이브를 사용하는 목적은 연료압력이 기존 흡기관 내 분사식 엔진보다 10~20배 이상 되기 때문에 인젝터에서의 전류소모가 많으며, 발열량이 커지기 때문에 이를 방지하기 위함이다. 인젝터 드라이브는 #1, #4, #6, #7 인젝터를 구동하는 드라이브 A와 #2, #3, #5, #8 인젝터를 구동하는 드라이브 B 등 2개가 있다.

[3] 연료압력센서(Fuel Pressure Sensor)

연료압력센서는 저압연료펌프 상단에 장착되어 있으며 저압연료 라인의 압력을 측정한다. 검출된 압력을 전압신호로 컴퓨터에 입력시켜 인젝터의 연료 분사량 보정신호로 사용한다.

그림 2-193 연료압력센서

[4] 연료펌프 릴레이

연료압력센서의 고장으로 인한 엔진 경고등의 점등 또는 고압모드에서 연료의 압력이 70kgf/cm^2 이상일 때 엔진 컴퓨터는 연료펌프 릴레이를 OFF시킨다. 또한 크랭크 각센서로부터 검출된 엔진 회전속도가 50rpm 이하에서도 연료펌프를 OFF시킨다.

[5] 연료펌프 레지스터

고압펌프의 유량특성은 엔진을 크랭킹할 때에는 회전속도가 낮기 때문에 토출량이 적으며, 이 상태에서 저압연료펌프가 작동하면 연료펌프의 전류 소모가 커지게 된다. 고압펌프 이전까지의 저압계통에는 저압 레귤레이터 바이패스 압력까지 상승하여 토출 부하가 걸리게 되어 저압연료펌프의 손상이 염려된다. 이를 방지하기 위해 저압연료펌프의 배선에 레지스터(저항)를 두어 연료펌프가 천천히 구동되도록 엔진 컴퓨터에서 연료펌프 릴레이를 제어한다.

[6] 고압 연료펌프(High Pressure Fuel Pump)

좌우 실린더헤드에 각각 설치된 고압 연료펌프는 엔진의 흡입 캠축의 캠으로 구동된다. 압축된 연소실로 연료를 직접 분사하기 위해서는 연료탱크 내에 설치된 저압연료펌프만으로는 분사압력(약 3kgf/cm^2)이 매우 낮으므로 저압연료펌프에서 공급된 연료를 고압연료펌프에서 약 50kgf/cm^2 정도의 압력으로 상승시켜 인젝터에 공급한다.

[7] 고압 레귤레이터(High Pressure Regulator)

엔진 회전속도가 상승하면 고압 연료펌프의 작동이 빨라져 연료압력이 계속 상승한다. 만약 연료압력이 계속 상승한다면 연료분사량 등이 바뀔 수 있기 때문에, 연료파이프에 고압 레귤레이터를 설치하여 연료압력이 약 50kgf/cm^2 이상을 초과하면 바이패스시킨다.

또한 고압 레귤레이터 내에는 체크밸브(check valve)가 설치되어 있으나 엔진의 작동을 정지시킨 경우에는 압력이 저하되므로, 엔진을 재시동하였을 때에는 연료압력이 정상으로 되기까지는 다소 시간이 걸린다.

[8] 연료압력 조절밸브(FPRV : Fuel Pressure Regulator Valve)

연료압력 조절밸브는 고압연료펌프에 장착되어 있으며, 여러 엔진 구동 조건으로 계산된 ECU 컨트롤 신호에 의해 인젝터로 유입되는 연료량을 조절한다.

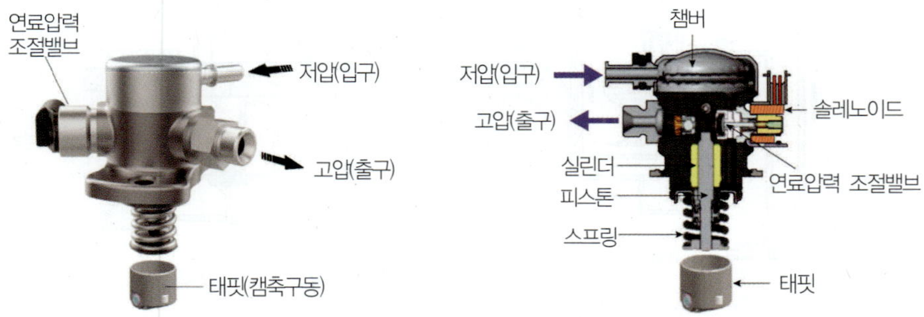

그림 2-194 고압 연료펌프 및 연료압력 조절밸브

CHAPTER 11

LPG · LPI · CNG 연료장치

01 LPG(Liquefied Petroleum Gas) 연료장치

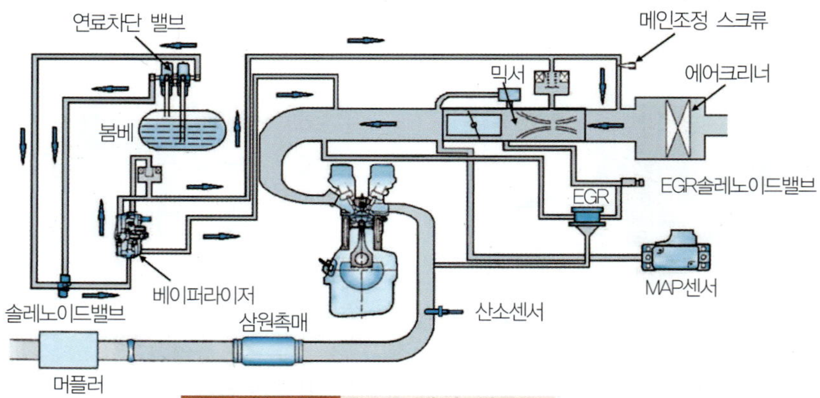

그림 2-195 LPG 엔진 계통도

(1) LPG 봄베(LPG Bombe)

LPG를 보관할 수 있는 고압용기이다. 액체 상태의 유지 압력은 7~10kgf/cm^2이며, 봄베는 충전 밸브(녹색), 기체 송출밸브(황색), 액체 송출밸브(적색) 등 3가지의 밸브와 충전량 지시장치인 액면 표시계와 플로트 게이지가 있다. 충전량은 안전을 위하여 봄베 용량의 85%까지만 충전하도록 한다. 믹서를 사용하는 LPG 엔진의 연료공급 경로는 봄베(연료탱크) → 솔레노이드밸브 → 베이퍼라이저 → 믹서 순서이다.

① **긴급 차단밸브** : 주행 중 돌발 사고로 엔진이 정지하면 연료를 차단하여 화재 위험을 방지한다(엔진룸의 액 · 기상 솔레노이드밸브와 병렬로 연결).

② **과충전 방지밸브(안전밸브)** : 연료 주입 시 85%가 충전되면 연료의 유입을 차단하고 봄베내의 압력이 24kgf/cm^2 이상 되면 연료를 방출시키고, 16kgf/cm^{2}으로 저하되면 다시 닫혀 봄베 내의 압력을 일정하게 유지시킨다.

③ **과류방지밸브** : 차량 전복으로 인하여 연료파이프가 파손되었을 때 봄배 내의 LPG 송출을 차단한다.

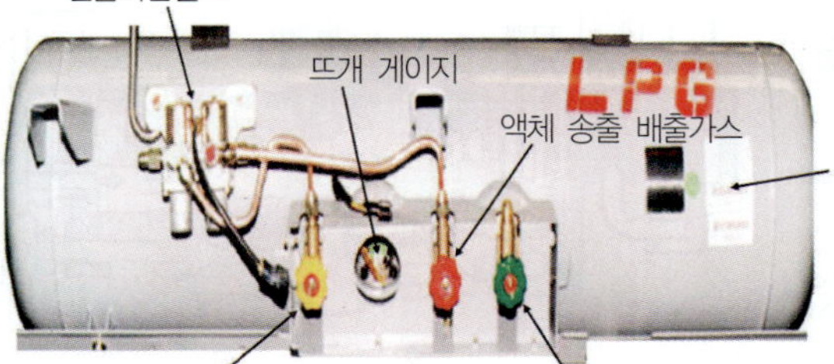

그림 2-196 LPG 봄베

(2) 솔레노이드밸브(Solenoid Valve)

엔진의 온도에 따라서 15℃ 이상에서는 액체를 15℃ 이하에서는 기체 상태의 연료를 공급 또는 차단하며, 전기적인 신호로 제어되는 일종의 전자석이다. LPG 여과기는 솔레노이드밸브 아래에 장착되어 연료 내의 불순물을 제거한다.

그림 2-197 솔레노이드밸브

(3) 베이퍼라이저(vaporizer)

봄베에서 공급되는 액체연료를 대기압에 가깝게 감압시켜 믹서로 연료를 공급하는 역할을 한다.

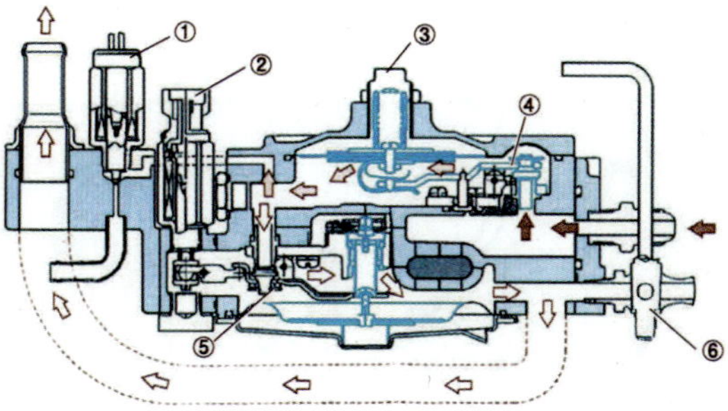

그림 2-198 베이퍼라이저

(4) LPG 믹서(mixer)

공기와 가스를 혼합시켜 주는 장치로서 전기장치나 에어컨 등을 사용하여 엔진부하가 증가하면 이를 보상해주는 장치도 같이 장착된다.

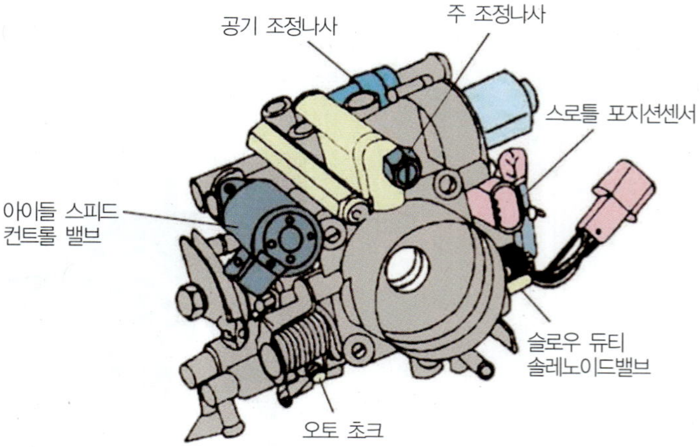

그림 2-199 믹서

02 LPI(Liquid Petroleum Injection) 연료장치

LPI장치는 LPG를 고압의 액체 상태(5~15bar)로 유지하면서 엔진 ECU(컴퓨터)에 의해 제어되는 인젝터를 통하여 각 실린더로 분사하는 방식이다. 즉, LPG가 각각의 실린더에 독립적으로 공급 제어되는 방식이다. LPI의 장점은 다음과 같다.

① 겨울철 시동성능이 향상된다.
② LPG 공급량의 정밀한 제어로 이미션(emission) 규제 대응에 유리하다.
③ 가솔린 엔진과 같은 수준의 동력성능을 발휘한다.
④ 고압 액체 상태로 연료가 분사되므로 타르 생성이 없어 타르 배출이 필요 없다.

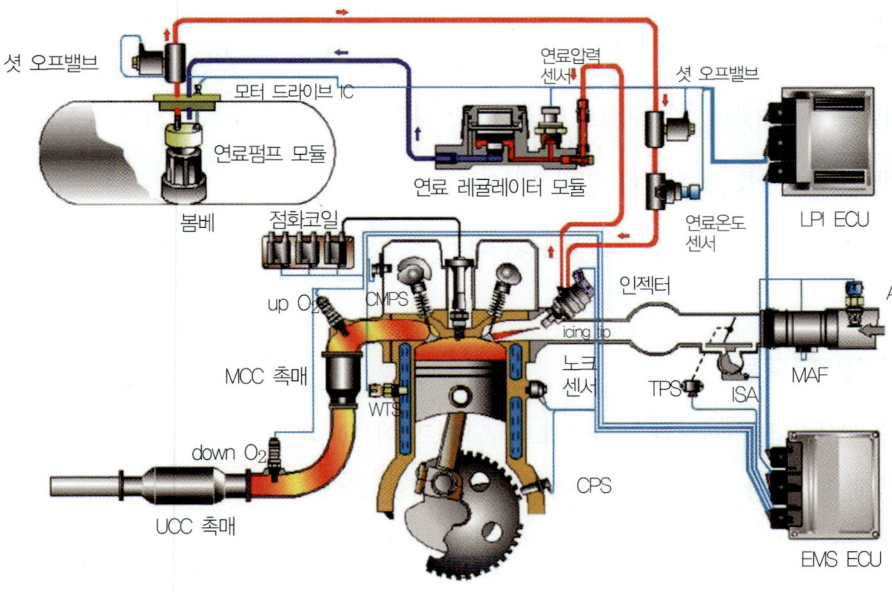

그림 2-200 LPI장치의 구성도

[1] LPI 연료 공급 장치의 구성과 작용

(1) 봄베(bombe)

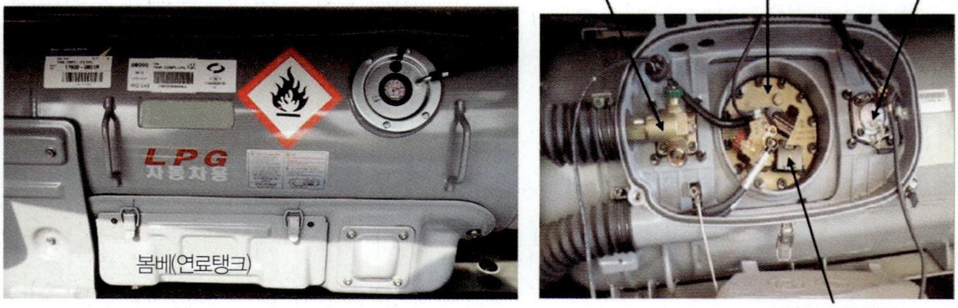

그림 2-201 LPI 봄베

① **봄베(연료탱크)** : LPG를 저장하는 탱크이며, 연료펌프를 내장하고 있다.

② **멀티밸브** : 송출밸브, 수동밸브, 연료차단 솔레노이드밸브, 과류방지밸브 등으로 구성

③ **충전밸브** : LPG를 충전하기 위한 밸브

④ **유량계** : 봄베 내의 LPG 보유량을 표시

(2) 연료펌프 모듈

연료펌프 모듈은 멀티밸브와 BLDC 모터 & 펌프 어셈블리로 구성되어 있으며, ECU의 제어에 맞춰 봄베 내 액상 LPG 연료를 송출하는 역할을 한다.

멀티밸브에는 밸브 하우징, 연료 누출 시 연료를 차단하는 연료차단 솔레노이드밸브, 장기간 차량을 운행하지 않을 때 연료를 수동으로 차단하는 수동밸브, 남은 연료를 탱크로 리턴시키는 리턴밸브, 연료라인 이상 압력 발생 시에 연료를 봄베 내로 복귀시키는 릴리프밸브로 구성되어 있다. 펌프 어셈블리에는 BLDC 모터와 양정형 펌프로 구성되어 있다.

연료펌프 모터는 BLDC(Brush Less Direct Current) 3상 모터로 구동되며, 연료 모터와 연결된 펌프 중심축은 편심 캠샤프트로 만들어져 있어서 모터가 회전하면 끝단부 편심축이 회전운동을 하고 펌프실 다이어프램이 왕복운동을 하게 된다. 펌프실 내부의 다이어프램이 스프링 힘에 의해 밀려 연료가 흡입되면서 연료 입구측 체크밸브가 열리게 되고 출구측 체크밸브는 닫힌다. 편심축이 계속 회전을 하여 펌프실 다이어프램을 밀면 연료는 압축될 때 입구측 체크밸

브를 닫고 출구측 체크밸브는 열리면서 액상의 LPG 연료를 압송하게 된다. 엔진에서 요구되는 펌프 유량에 따라 펌프 드라이브 모듈에 의해 5단계로 연료를 압송한다.

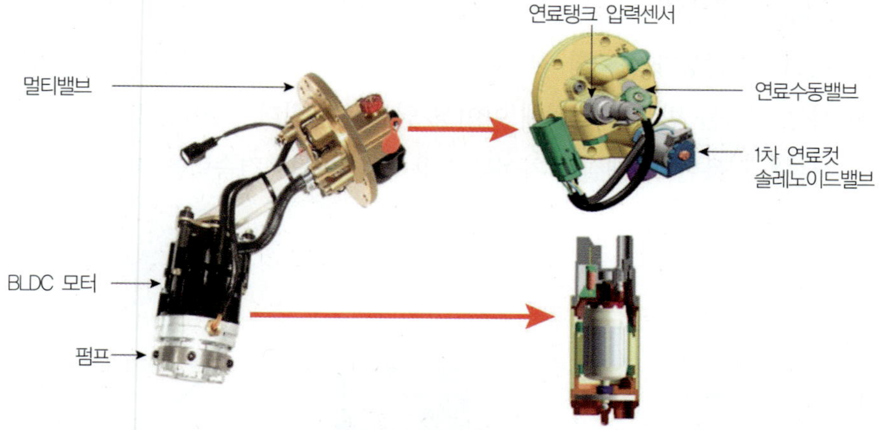

그림 2-202 LPI 연료펌프 모듈

(3) 과류 방지밸브

과류 방지밸브는 자동차 사고 등으로 인하여 LPG 공급라인이 파손되었을 때 봄베로부터 LPG 송출을 차단하여 LPG 방출로 인한 위험을 방지하는 작용을 한다.

(4) 수동밸브(액체상태 LPG 송출밸브)

수동밸브(manual valve)는 장기간 동안 자동차를 운행하지 않을 경우 수동으로 LPG 공급라인을 차단할 수 있도록 한다.

(5) 릴리프밸브

릴리프밸브(relief valve)는 LPG 공급라인의 압력을 액체상태로 유지시켜 열간 재시동 성능을 개선시키는 작용을 하며, 입구에 연결되는 판과 스프링 장력에 의해 LPG 압력이 20±2bar에 도달하면 봄베로 LPG를 복귀시킨다.

(6) 인젝터(injector)와 아이싱 팁(icing tip)

① 인젝터(injector)

인젝터 니들밸브가 열리면 연료압력 조절기를 통하여 공급된 높은 압력의 LPG는 연료파이프의 압력에 의해 분사된다. 이때 분사량 조절은 인젝터의 출구 면적이 일정하기 때문에 인젝터 통전시간 제어를 통하여 이루어지며, 이것은 LPG 공급압력을 감지한 IFB(인터페이스 박스)에 의해 제어된다.

② 아이싱 팁(icing tip)

LPG 분사 후 발생하는 기화 잠열로 인하여 주위 수분이 빙결을 형성하는데 이로 인한 엔진 성능 저하를 방지하기 위해 아이싱 팁을 사용한다. 아이싱 팁은 열 전도성이 좋은 황동 재질을 사용한다. 재질의 차이를 이용하여 얼음의 결속력을 저하시켜 얼음의 생성을 방지하는 작용을 한다.

그림 2-203 LPI 인젝터와 아이싱 팁

(7) 연료압력 조절기

연료압력 조절기는 봄베 내의 압력 변화에 대하여 분사량을 일정하게 유지하는 작용을 하며, 인젝터 내에 걸리는 LPG의 공급압력을 봄베의 압력보다 항상 5bar 정도 높도록 조정한다.

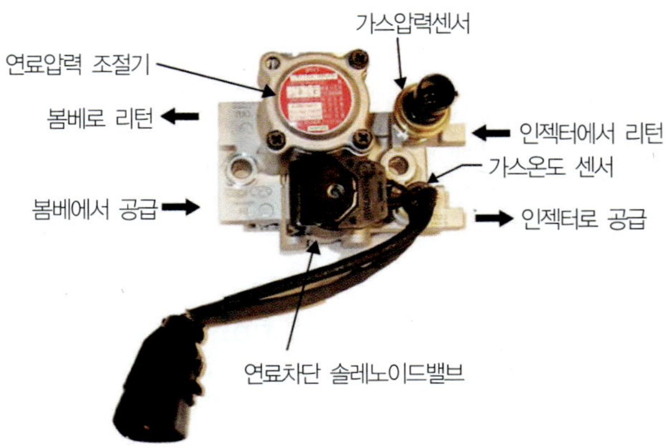

그림 2-204 연료압력 조절기의 구조

연료압력 조절기의 스프링 실(spring chamber)은 출구 쪽 압력과 연결되어 있어 항상 봄베의 압력이 형성되며, LPG 공급압력이 규정값을 초과하면 다이어프램이 밀려 올라가게 되고, 이때 LPG는 리턴라인을 거쳐 봄베로 복귀한다. 또 연료압력 조절기 이외에 분사량을 보상하기 위한 가스압력 측정센서, 가스온도 측정센서 및 연료차단 솔레노이드밸브를 내장하고 있어 LPG 공급라인의 공급 및 차단을 제어하는 작용을 한다.

(8) 연료 필터

LPI 차량의 경우 LPG 엔진 시스템보다 흡기 내 카본 슬러지가 많이 퇴적되며 인젝터의 오염도 상당히 심해지고, 고장도 자주 발생되어 시동성 및 연비, 출력에 영향을 미치므로 연료 중의 슬러지를 걸러 준다.

그림 2-205 LPI 연료 필터 및 장착 위치

[2] LPI 장치의 전자제어 입력요소

(1) 공기량 측정센서(MAF : mass air flow meter)

공기량 측정센서는 핫 필름(hot film) 소자가 흡입공기량을 측정하여 ECU로 신호를 보낸다. 이때 ECU는 LPG 분사량 및 점화시기를 결정하고, 고지(高地) 상태를 인식하여 고지에 따른 분사량 보상 및 에어컨 부하 보상, 공전제어 액추에이터 학습에 사용된다.

(2) 흡기 온도센서(ATS : air temperature sensor)

흡기 온도센서는 흡입되는 공기의 온도를 측정하여 LPG 분사량 및 점화시기를 보정하며, 공전 상태를 제어할 때 공기온도 보상 등에 사용된다.

(3) 수온센서(WTS : water temperature sensor)

수온센서는 부특성(NTC : negative temperature coefficient) 반도체 소자를 이용하여 엔진 냉각수 온도를 측정한다. 부특성 반도체 소자는 서미스터(thermistor) 저항체로 온도가 상승하면 저항값이 감소한다. 엔진을 시동할 때 기본 분사량 및 점화시기 결정, 시동할 때 기본 공전제어 듀티량 결정, 대시포트일 때 LPG 공급량 보정, 냉각 팬 제어, 구동력 제어에 필요한 배기가스 온도 모델링에 사용된다.

(4) 스로틀 위치센서(TPS : throttle position sensor)

스로틀 위치센서는 스로틀 바디 밸브축과 함께 회전하는 센서용 와이퍼(wiper, 또는 슬라이더)가 센서 내의 저항판을 따라 회전할 때 저항값의 변화량에 비례하는 센서신호가 발생한다. 스로틀 위치센서의 신호와 함께 엔진공전, 부분부하, 전부하를 결정하여 분사량 및 점화시기, 에어컨 제어(에어컨 작동 중 급가속을 할 때 일정 시간 동안 에어컨 작동을 정지시킴), 차량의 저크(울컥거림) 방지 등에 사용된다.

(5) 노크센서(knock sensor)

압전소자(piezo-ceramic)를 이용한 노크센서를 각 뱅크의 실린더블록 중앙에 설치하여 엔진 진동(각 실린더마다 노크 여부)을 감지하여 ECU로 신호를 보내어 점화시기를 제어하며, 노킹을 억제한다.

(6) 차량 속도센서

차량 속도센서의 역할은 변속기 하우징에 설치된 차량 속도센서로(1회전당 4개의 펄스 출력) 변속기 내의 투스(tooth)신호를 감지하여 ECU로 보낸다. 이 신호는 ECU의 주행속도 계산용, 타코미터의 주행속도 표시용으로 사용된다.

(7) 산소센서(HO_2S) - 지르코니아방식(ZrO_2)

촉매 컨버터가 요구하는 공연비를 실현하는 방법으로 배기다기관에 산소센서를 부착하여 공연비가 이론공연비에 대해서 농후 상태인지, 희박 상태인지를 검출하여 이론공연비가 되도록 유지한다.

(8) 캠축 위치센서(TDC 센서)

캠축 위치센서는 1개의 홀(hall)소자로 디지털 신호를 출력하며, 크랭크축 위치센서 신호와 캠축 위치센서의 신호를 비교하여 각 실린더 피스톤의 압축 상사점을 검출한다. 즉, 점화스위치 ON과 동시에 캠축의 위상을 곧바로 감지한다.

(9) 크랭크축 위치센서(CKP)

캠축 위치센서신호와 신호를 비교하여 압축 상사점에 대한 크랭크축(피스톤)의 위치를 측정한 신호로, 엔진 회전속도와 LPG 분사시기 및 점화시기를 결정하는데 사용된다. 또 스로틀 위치센서 신호와 함께 엔진 작동조건(공전, 부분부하, 전부하 등)을 결정하는데 사용되며, 2개의 홀소자로 디지털신호를 출력한다.

(10) 가스압력 측정센서(GPS : gas pressure sensor)

액체 상태의 LPG 압력을 측정하여 해당 압력에 대한 출력전압을 인터페이스 박스(IFB)로 전달하는 작용을 하며, 이때 인터페이스 박스는 ECU가 LPG 공급압력에 따른 인젝터 분사량을 계산하도록 ECU로 전달한다. 또 가스압력에 따르는 연료펌프 구동시간 결정 및 LPG 조성 비율을 판정하여 최적의 분사량을 보정하는데 이용되며, 가스온도 측정센서가 고장일 때 대처 기능으로 사용된다.

(11) 가스온도 측정센서(GTS : gas temperature sensor)

가스온도 측정센서는 연료압력 조절기 유닛 보디에 설치되어 있으며, 서미스터 소자의 원리를 이용하여 LPG 온도를 측정하여 ECU로 보낸다. ECU는 이 온도값을 이용하여 계통 내의 LPG 특성을 파악하여 분사시기를 결정한다. 가스압력 측정센서와 함께 LPG 조성비율 판정신호로도 이용되며 분사량 및 펌프 구동시간 제어에도 사용된다.

[3] LPI 전자제어 출력요소

(1) 점화코일

점화코일은 제1번과 제4번, 제2번과 제5번, 제3번과 제6번 실린더 순서로 점화되는 형식이며, ECU에 내장된 파워 트랜지스터에 의해 제어된다.

(2) 공전속도 제어 액추에이터(ISA)

공전속도 제어 액추에이터는 엔진이 공전할 경우 및 그 밖의 운전조건에 따라 필요한 공기량을 적절하게 조절한다. 2중 코일(열림과 닫힘)이 내장되어 있으며 ECU에 의해 제어된다. 기본 공전 듀티 제어량 결정, 각 엔진 운전조건(흡입 공기온도 보정, 고지(높은 지대) 보정, 부하 보정, 냉각수 온도 보정)에 따라 공전 듀티량 보정 및 공전제어에 사용한다.

(3) 인젝터

ECU 및 인터페이스 박스는 엔진 작동조건에 적합한 분사량을 계산하고 또 이 분사량을 전류구동방식의 인젝터에 펄스신호로 전달한다. 기본 분사량은 흡입공기량, 엔진 회전속도에 의해 산출되며, 연료 보정상황(공연비 제어신호, 분사량 학습값, 웜업 제어, 촉매 컨버터 가열제어, 감속할 때 분사량 제어, 공전속도 제어, 전부하일 때 분사량 증가, 가속할 때 분사량 증가, 재시동할 때)에 따라 분사량을 보정한다. 그리고 엔진 회전속도가 적당 수준에 도달하면 LPG 분사를 차단하는 안전기능이 있다.

(4) 연료차단 솔레노이드밸브

연료차단 솔레노이드밸브(cut-off solenoid valve)는 연료압력 조절기 유닛에 설치되어 있으며, 엔진 시동을 ON/OFF할 때 작동하는 ON/OFF방식이며, 엔진 시동을 OFF로 하면 봄베와 인젝터 사이의 LPG 공급라인을 차단하는 작용을 한다.

LPI장치는 연료압력 조절기 유닛과 멀티밸브에 각각 1개의 연료차단 솔레노이드밸브를 두고 있으며, 이 2개의 밸브는 동일한 조건으로 동일하게 작동하여 2중으로 LPG 공급을 차단하는 기능을 한다.

(5) 펌프 드라이버

멀티밸브 상단에 조립되어 BLDC 모터의 구동을 제어하는 컨트롤러이며, ECU 제어신호에 맞추어 엔진 부하 조건에 따라 펌프의 회전속도를 5단계(1단 : 500rpm, 2단 : 1,000rpm, 3단 : 1,500rpm, 4단 : 2,000rpm, 5단 2,800rpm)로 구동하도록 제어하는 역할을 한다.

그림 2-206 펌프 드라이버

03 천연가스 자동차(NGV : natural gas vehicle)

천연가스 자동차(NGV : natural gas vehicle)는 천연가스를 사용하는 저공해자동차의 일종이다. 연료로는 압축천연가스(CNG : compressed natural gas)를 주로 사용하며, 최근에는 액화천연가스(LNG : liquefied natural gas)를 사용하기도 한다.

[1] 천연가스 자동차 종류

① **압축천연가스 자동차** : 천연가스를 약 200~250기압의 높은 압력으로 압축하며, 분진, 유황 등 불순물이 거의 함유되지 않은 청정 연료이며, 비중이 0.6으로 고압용기에 저장하여 사용한다.

② **액화천연가스 자동차** : 천연가스를 -162℃ 이하의 액체 상태로 초저온 단열 용기에 저장하여 사용한다.

③ **흡착천연가스 자동차** : 천연가스를 활성탄 등의 흡착제를 이용하여 압축천연가스에 비해 1/5~1/3 정도의 중압(50~70기압)으로 용기에 저장한다.

[2] CNG 연료장치

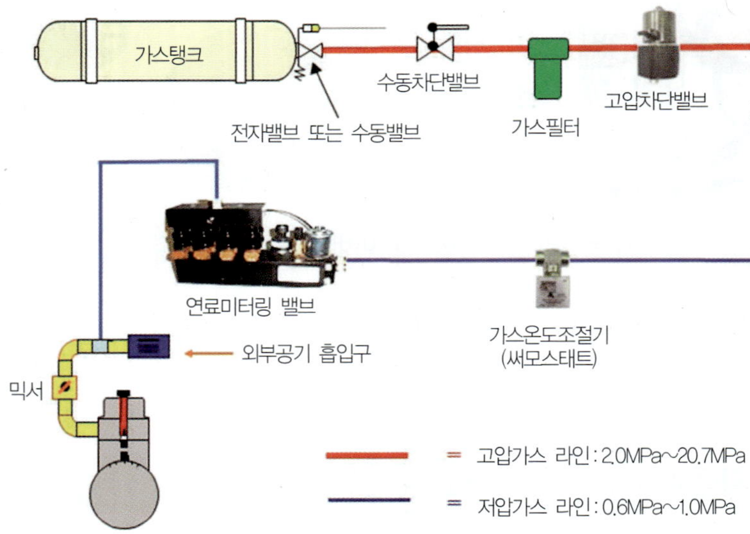

그림 2-207 CNG 연료공급 계통

(1) 가스충전밸브(가스 주입구)

가스를 충전 시 사용하는 밸브로 충전밸브에는 체크밸브가 연결되어 고압가스 충전 시 역류를 방지하는 기능을 한다.

(2) 가스압력계

가스탱크 내의 연료량을 압력으로 표시하며 탱크 잔류압력 1MPa 이하에서는 엔진 출력부족 현상이 발생하며, 3.0MPa 이하에서는 재충전을 실시하여야 한다. CNG가스 탱크완충 압력은 약 207bar(= 3,000psi = 201kgf/cm^2 = 20.7MPa)이며 연료가 기체 상태인 관계로 가스탱크의 온도에 따라 압력이 변화된다.

그림 2-208 가스충전밸브 및 가스압력계

(3) 체크밸브

가스 충전밸브 연결부 뒤쪽에 설치되어 고압가스 충전 시 역류를 방지한다.

그림 2-209 체크밸브 및 설치상태

(4) GFI 솔레노이드밸브(용기밸브)

시동 KEY ON/OFF 상태에 따라 가스용기에서 엔진으로 공급되는 가스를 공급 및 차단하는 역할을 하며, 시동 KEY "ON"상태로 5초 내에 RPM신호가 ECU에 입력되지 않으면 자동으로 밸브가 닫힌다.

(5) PRD(Pressure Relief Device)밸브

화재로 인해 용기의 파열이 발생할 우려가 있을 경우 PRD밸브의 가용전(연납)이 녹으면서 가스를 방출하여 용기의 파열을 예방한다.

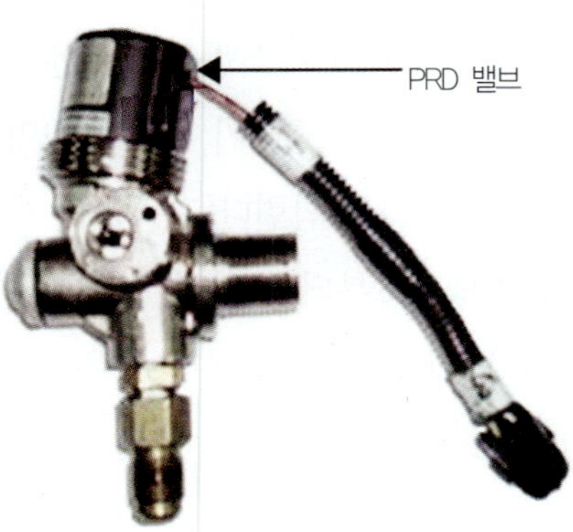

그림 2-210 GFI 솔레노이드밸브 및 PRD밸브

그림 2-211 가스필터

(6) 가스필터

수동차단밸브의 파이프라인에 설치되며, 가스 내의 불순물을 여과하여 불순물이 엔진에 공급되는 것을 방지한다. 가스 필터 점검 또는 교환 시에는 반드시 수동차단밸브를 잠그고 엔진이 정지된 후 작업해야 하며, 가스필터 관리 주기는 점검은 약 5,000km마다, 교환은 20,000km마다 한다.

(7) 기계식 수동밸브(용기밸브)

가스용기에서 엔진으로 공급되는 가스를 공급 및 차단하는 밸브로 각각의 용기에 설치되고, 수동으로 밸브를 열고 닫는다.

(8) 수동차단밸브

엔진 정비 시 엔진 배관에 남아있는 가스를 제거할 때 사용한다. 수동차단 밸브를 잠그고 엔진 시동을 걸어 엔진 측 배관 내의 잔류가스가 제거되면 엔진은 자동으로 정지된다.

(9) CNG탱크 온도센서(NGTTS : natural gas tank temperature sensor)

CNG탱크 온도센서는 부특성 서미스터로 탱크 위에 설치되어 있으며 탱크 속의 연료 온도를 측정한다. 연료온도는 연료를 구동하기 위해 탱크 내의 압력센서와 함께 사용된다.

(10) 고압차단밸브(high pressure lock-off valve)

고압차단밸브는 가스필터와 가스압력 조정기 사이에 설치되며 가스탱크에서 엔진에 공급되는 압축천연가스를 과다한 압력 및 누기 발생 시 차량과 엔진을 보호하기 위하여 고압 가스라인을 차단하는 안전밸브이다. 시동키 “ON/OFF”시 동시에 열리고 닫힌다(전원공급 시 플런저가 상향운동으로 밸브 개방 및 폐쇄). 밸브가 열리면 가스탱크로부터 고압의 가스가 연료라인을 따라 가스압력조절기로 공급된다. 연료공급압력은 3.0~20.7MPa로 매우 높은 압력이다.

그림 2-212 고압차단밸브

그림 2-213 가스압력 조정기 및 가스탱크 압력센서

(11) 가스압력 조정기(gas pressure regulator)

가스압력 조정기는 고압차단 밸브로부터 공급되는 고압의 가스를 0.62MPa로 감압시켜 감압 시 압력팽창에 의한 온도저하 및 동파 방지를 위해서 엔진의 냉각수가 유입된다. 가스압력 조정기 바디에 가스탱크 압력센서가 장착되어 있어 가스탱크의 가스압력 검출이 가능하며, 이 검출된 값이 계기판의 연료게이지에 표시된다. 가스압력 조정기의 가스 출구 측에는 과도압력조절장치(PRD)가 장착되어 있어 가스출구압력이 1.1MPa 이상일 경우에는 가스를 대기로 방출시킨다. 또한 가스압력 조정기에는 흡기관 압력보상 장치가 있어 흡기압력에 따라 가스의 토출압력이 변하게 되어 있다.

(12) 가스열 교환기(heat exchanger)

가스열 교환기는 가스압력 조정기와 가스 온도 조절기 사이 프레임 상단에 설치되어 가스탱크에 압축된 가스는 가스압력 조정기를 통과하면서 압력이 팽창하여 가스 온도저하 및 동파방지를 위하여 상대적으로 따뜻한 냉각수를 공급하여 가스의 온도를 상승시키는 역할을 한다. 정확한 연료량 제어를 위하여 적정한 가스온도(−40~45℃)로 유지하는 기능을 한다. 가스의 온도가 과냉 또는 과열되면 연료 유동 상태가 나빠진다.

그림 2-214 가스열 교환기

그림 2-215 가스온도 조절기

(13) 가스온도 조절기(gas thermostat)

가스온도 조절기는 열 교환기에서 나온 가스는 플렉시블 호스를 통해 고압차단 밸브 우측에 설치된 온도 조절기로 공급된다. 엔진 냉각수의 유입을 자동적으로 조절하여 가스의 과냉 및 과열을 방지한다. 최적의 작동 온도로 유지하기 위해 일정 온도에서 냉각수의 흐름을 제어한다. 개방온도는 10~16℃이고, 시동 시에는 완전히 개방되며 닫힘 온도는 40~49℃이다.

(14) 연료 미터링밸브(fuel metering valve)

연료 미터링밸브는 가스온도 조절기를 거친 가스는 플렉시블 호스를 통해 엔진의 좌측면에 설치된 연료 미터링밸브로 공급되며, 디젤 엔진 인젝션펌프와 유사하다. 8개의 인젝터가 개별적 또는 간헐적으로 유로를 개폐하여 연료의 압력을 조정해서 엔진에 필요한 연료가스를 공급하며, 가속페달의 밟힘량 및 엔진회전수신호 등을 ECU에서 펄스신호로 제어하여 인젝터를 개방(인젝터의 개방시간으로 연료량을 제어)한다.

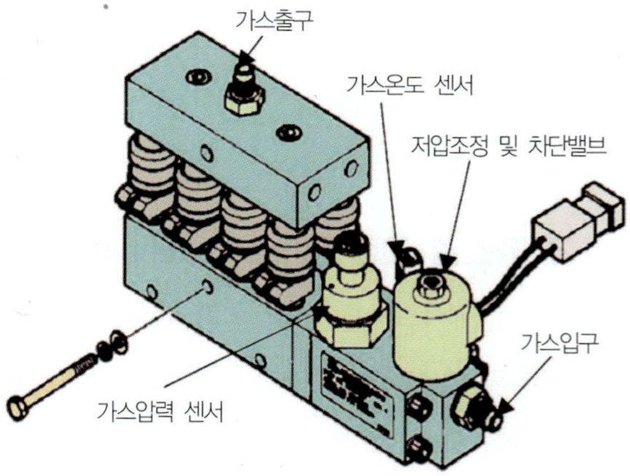

그림 2-216 연료 미터링밸브

(15) 가스혼합기(gas mixer)

가스혼합기는 연료 미터링밸브에서 공급된 가스와 압축공기를 혼합시킨다.

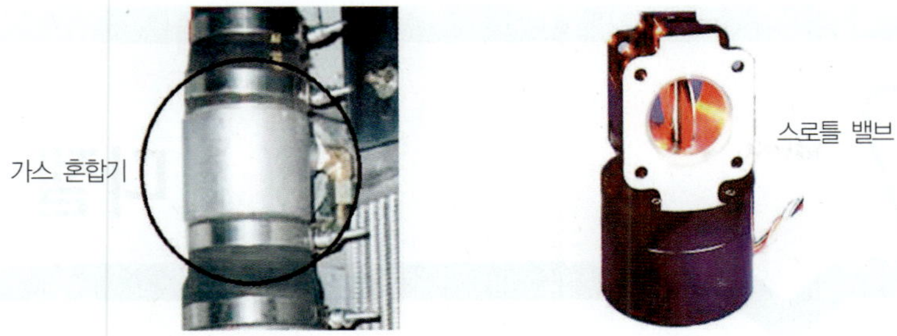

그림 2-217 가스 혼합기 및 스로틀밸브

(16) 스로틀밸브(throttle valve)

스로틀밸브는 엔진 흡기 매니폴드 파이프에 장착되어 가스 혼합기를 통과한 혼합가스가 엔진 실린더로 들어가는 양을 조절한다. 스로틀밸브는 ECM에 의해 구동되는 모터와 스로틀밸브의 위치를 파악하기 위한 스로틀밸브 위치센서(TPS)가 일체로 구성되어 있다.

CHAPTER 12

디젤 엔진

기계식 디젤 엔진은 흡입행정에서 공기만 흡입한 후 15~20 : 1의 높은 압축비로 압축하여 그 온도가 500~600℃가 되게 한 후 연료를 분사펌프로 가압하여 분사 노즐로 실린더 내에 분사시켜 자기착화(압축착화)시키는 엔진이다.

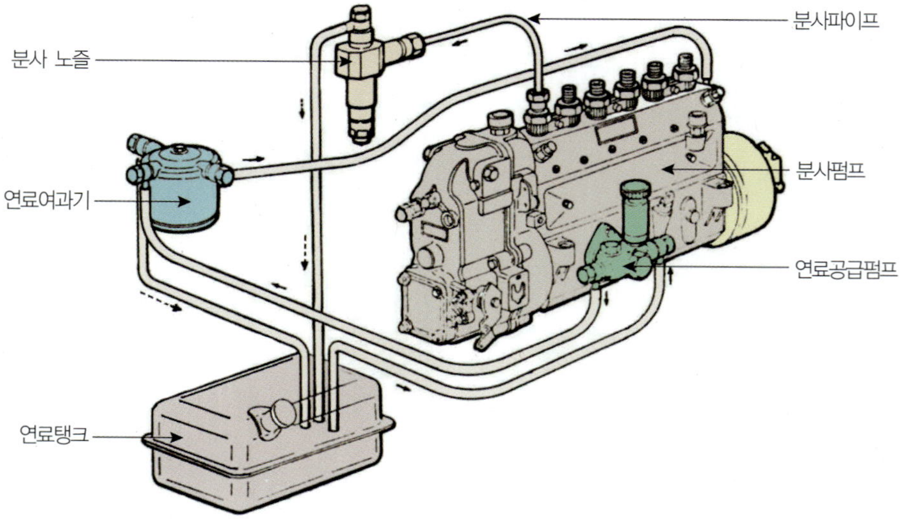

그림 2-218 디젤 연료 계통도

01 기계식 디젤 엔진의 개요

[1] 디젤 엔진의 장 · 단점

(1) 디젤 엔진의 장점

① 열효율이 높고, 연료소비율이 적다.

② 인화점이 높은 경유를 연료로 사용하므로 그 취급이나 저장에 위험이 적다.

③ 대형 엔진 제작이 가능하다.

④ 경부하에서의 효율이 그다지 나쁘지 않다(저속에서 큰 회전력이 발생한다).

⑤ 배기가스가 가솔린 엔진보다 덜 유독하다.

⑥ 점화장치가 없어 이에 따른 고장이 적다.

(2) 디젤 엔진의 단점

① 폭발압력이 높아 엔진 각 부분을 튼튼하게 하여야 한다.

② 엔진의 출력당 무게와 형체가 크다.

③ 운전 중 진동과 소음이 크다.

④ 연료 분사장치가 매우 정밀하고 복잡하며, 제작비가 비싸다.

⑤ 압축비가 높아 큰 출력의 기동전동기가 필요하다.

[2] 디젤 엔진의 시동 보조기구

디젤 엔진의 시동 보조기구에는 감압장치, 예열장치가 있으며, 이외에 연소 촉진제 공급장치를 두기도 한다.

(1) 감압장치(de-compression device)

흡입밸브나 배기밸브를 캠축의 운동과는 관계없이 강제로 열어 실린더 내의 압축압력을 낮추어 엔진의 시동을 도와주며, 디젤 엔진의 작동을 정지시킬 수도 있는 장치이다. 또 감압장치는 엔진을 시동할 때 압축압력 높아 한랭 시 원활한 크랭킹이 어렵기 때문에 실린더 내의 압축압력을 감압시켜 기동전동기에 무리가 가는 것을 방지할 수 있으며, 엔진의 고장을 발견하고자 할 때 크랭크축을 수동으로 가볍게 회전시킬 수 있도록 한다.

(2) 예열장치(preheating system)

디젤 엔진은 압축착화방식이므로 한랭한 상태에서는 연료(경유)가 잘 착화하지 못해 시동이 어렵다. 따라서 예열장치는 흡기다기관이나 연소실 내의 공기를 미리 가열하여 시동을 쉽도록 하는 장치이다.

① 흡기 가열방식

직접분사실식 연소실에는 예열 플러그를 설치할 적당한 곳이 없기 때문에 흡입 다기관에 히터를 설치한 것이다. 실린더 내로 흡입되는 공기를 흡기다기관에서 가열하는 방식이며, 흡기 히터와 히트 레인지가 있다. 흡기 히터는 연료탱크와 흡기 히터로 구성되어 있다. 연료탱크는 흡입다기관 윗부분에 흡기 히터는 흡입 다기관 내에 설치되었다. 히트 레인지의 히터의 용량은 400~600W이며 축전지 전압이 가해지게 되어있다. 즉, 히트 레인지는 흡입다기관에 설치된 열선에 전원을 공급하여 발생되는 열에 의해 흡입되는 공기를 가열하는 예열장치이다.

그림 2-219 히트레인지

② 예열플러그방식(glow plug type)

예열플러그방식은 연소실 내의 압축공기를 직접 예열하는 형식이며, 예열플러그, 예열플러그 파일럿, 예열플러그 저항기, 히트 릴레이 등으로 구성되어 있으며, 주로 예연소실식 연소실과 와류실식 연소실에서 사용한다.

㉮ 코일형(coil type)의 특징

㉠ 히트코일이 노출되어 있어 적열 시간이 짧다.

㉡ 전압값이 작아 직렬로 결선되며, 예열플러그 저항기를 두어야 한다.

㉢ 히트코일이 연소가스에 노출되므로 기계적 강도 및 내부식성이 적다.

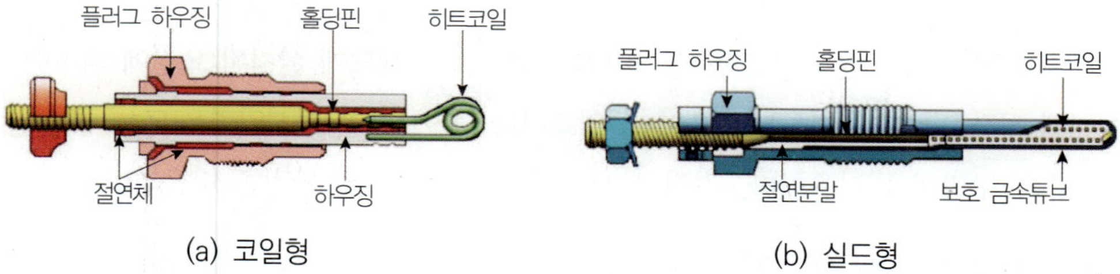

그림 2-220 예열플러그

㉯ 실드형(shield type)의 특징

㉠ 히트코일을 보호 금속튜브 속에 넣은 형식이다.

㉡ 병렬로 결선되어 있으며, 전류가 흐르면 금속 튜브 전체가 적열된다.

㉢ 적열까지의 시간이 코일형에 비해 조금 길지만 1개당의 발열량과 열용량이 크다.

㉣ 히트코일이 연소열의 영향을 적게 받으며, 병렬 결선이므로 어느 1개가 단선되어도 다른 것들은 계속 작용한다.

구분	코일형	실드형
발열량	30~40W	60~100W
발열부 온도	950~1050℃	
전압	0.9~1.4V	24V식은 20~23V, 12V식은 9~11V
전류	30~60A	24V식은 5~6A, 12V식은 10~11A
예열시간	40~60초	60~90초

[3] 연소실

디젤 엔진의 연소실은 단실식인 직접 분사실식과 복실식인 예연소실식, 와류실식, 공기실식 등으로 나누어진다. 연소실의 구비조건은 다음과 같다.

① 분사된 연료는 짧은 시간에 완전 연소시켜야 한다.

② 평균 유효압력이 높고, 연료소비율이 적어야 한다.

③ 고속 회전 시 연소 상태가 좋아야 한다.

④ 시동이 용이하고, 디젤 노크가 적어야 한다.

(1) 직접 분사실식 연소실

직접 분사실식 연소실은 연소실이 실린더헤드와 피스톤 헤드에 설치된 요철에 의하여 형성되며, 여기에 직접 연료를 분사하는 방식이다. 압축비는 13~16 : 1, 분사압력은 200~300kgf/cm^2, 분사 노즐은 구멍형을 사용한다. 직접 분사실식 연소실의 장 · 단점은 다음과 같다.

① 직접 분사실식 연소실의 장점

㉮ 실린더헤드의 구조가 간단하므로 열효율이 높고, 연료소비율이 작다.

㉯ 연소실 체적에 대한 표면적 비율이 작아 냉각손실이 작다.

㉰ 엔진의 시동이 쉽다.

② 직접 분사실식 연소실의 단점

㉮ 분사압력이 가장 높으므로 분사펌프와 노즐의 수명이 짧다.

㉯ 사용연료 변화에 매우 민감하다.

㉰ 노크발생이 쉽다.

㉱ 엔진의 회전속도 및 부하의 변화에 민감하다.

㉲ 다공형 분사 노즐을 사용하므로 값이 비싸다.

㉳ 분사 상태가 조금만 달라져도 엔진의 성능이 크게 변화한다.

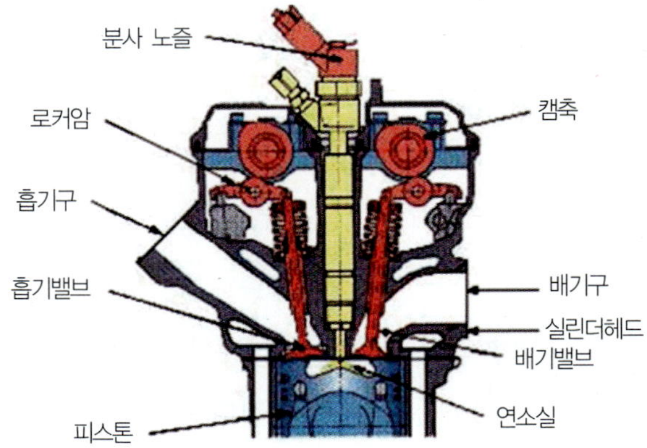

그림 2-221 직접 분사실식 연소실

(2) 예 연소실식 연소실

예 연소실식 연소실은 실린더헤드와 피스톤 사이에 형성되는 주연소실 위쪽에 예연소실을 둔 것이며, 먼저 분사된 연료가 예연소실에서 착화하여 고온 · 고압의 가스를 발생시키며, 이것에 의해 나머지 연료가 주 연소실에 분출하여 공기와 잘 혼합하여 완전연소한다. 예 연소실의 체적은 전체 압축체적의 30~40%이며, 압축비는 15~20 : 1, 분사압력은 100~120kgf/cm^2, 분사노즐은 핀틀형이나 스로틀형을 사용한다.

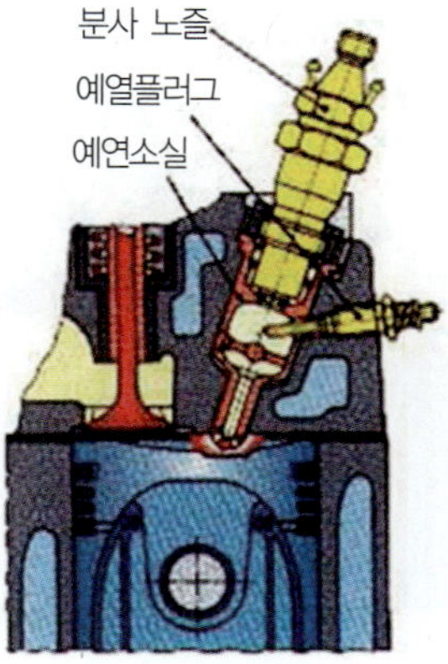

그림 2-222 예 연소실식 연소실

① **예 연소실식 연소실의 장점**

㉮ 분사압력이 낮아 연료장치의 고장이 적고, 수명이 길다.

㉯ 사용 연료변화에 둔감하므로 연료의 선택범위가 넓다.

㉰ 운전 상태가 조용하고, 노크 발생이 적다.

② **예 연소실식 연소실의 단점**

㉮ 연소실 표면적에 대한 체적비율이 크므로 냉각손실이 크다.

㉯ 실린더헤드의 구조가 복잡하다.

㉰ 시동 보조 장치인 예열플러그가 필요하다.

㉱ 압축비가 높아 큰 출력의 기동전동기가 필요하다.

㉲ 연료소비율이 비교적 크다.

(3) 와류실식 연소실

실린더나 실린더헤드에 와류실을 두고 압축행정 중에 이 와류실에서 강한 와류가 발생하도록 한 형식이며, 와류실에 연료를 분사한다. 와류실에 분사된 연료는 강한 선회운동을 하고 있는 공기와 만나 빨리 혼합되어 착화연소하면서 주 연소실로 분출되어 다시 여기서 연소되지 못한 연료가 새로운 공기와 만나면서 연소하는 형식이다. 와류실의 체적은 전체 압축체적의 50~60% 정도이다. 압축비는 15~17 : 1, 분사압력은 100~140kgf/cm^2이다.

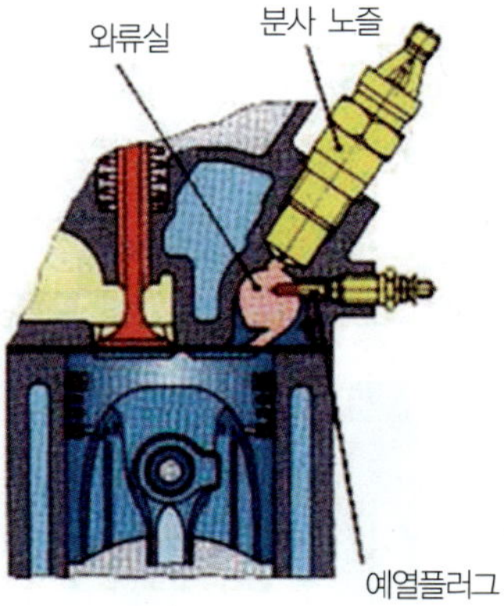

그림 2-223 와류실식 연소실

① **와류실식 연소실의 장점**

㉮ 압축행정에서 발생하는 강한 와류를 이용하므로 회전속도 및 평균 유효압력이 높다.

㉯ 분사압력이 낮아 연료소비율이 비교적 적다.

㉰ 엔진 회전속도 범위가 넓고, 운전이 원활하다.

② **와류실식 연소실의 단점**

㉮ 실린더헤드의 구조가 복잡하다.

㉯ 분출구멍의 조임 작용, 연소실 표면적에 대한 체적비율이 커 열효율이 낮다.

㉰ 저속에서 노크 발생이 크다.

㉱ 엔진을 시동할 때 예열플러그가 필요하다.

[4] 기계식 디젤 엔진 연료공급 장치

연료탱크 ⇨ 연료여과기 ⇨ 공급 펌프 ⇨ 연료여과기 ⇨ 분사파이프
⇩
연소실 ⇦ 분사 노즐 ⇦ 분사파이프 ⇦ 분사 펌프 ⇦ 연료여과기

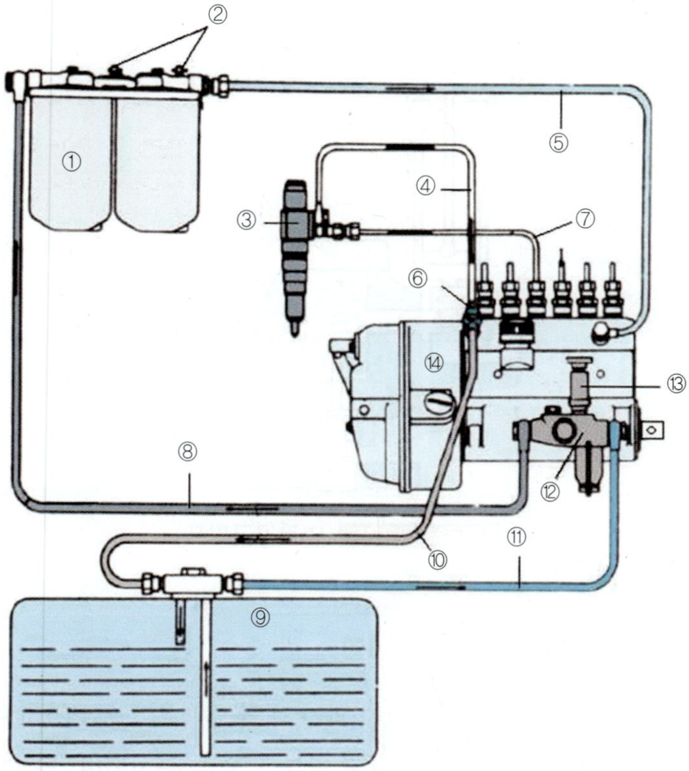

① 연료필터	② 공기빼기나사	③ 분사 노즐
④ 리턴파이프	⑤ 연료 공급 파이프	⑥ 오버플로우 밸브
⑦ 연료분사 파이프	⑧ 연료공급 파이프	⑨ 연료탱크
⑩ 리턴 파이프	⑪ 흡입 파이프	⑫ 연료공급 펌프
⑬ 플라이밍 펌프	⑭ 분사펌프	

그림 2-224 디젤 엔진 연료공급장치

연료탱크 내 연료를 분사펌프로 가압하여 분사 노즐을 통해 실린더에 분사하는 장치이며, 기계식 디젤 연료장치 에어빼기 작업은 공급펌프 → 연료여과기 → 분사펌프 순서로 빼며, 플라이밍 펌프를 작동시키면서 벤트 플러그(vent plug)를 열고 기포가 없어질 때까지 작동한다. 이때 연료가 배출되기 시작하면 벤트 플러그를 잠그고 플라이밍펌프를 고정한다. 구성은 다음과 같다.

(1) 연료공급펌프(fuel feed pump)

공급펌프는 연료탱크 내의 연료를 일정한 압력(2~3kgf/㎠)으로 압력을 가하여 분사펌프로 공급하는 장치이며, 분사펌프 옆에 설치되어 분사펌프 캠축에 의하여 구동된다. 공급펌프에는 연료 공급계통의 공기빼기작업 및 공급펌프를 수동으로 작동시켜 연료탱크 내의 연료를 분사펌프까지 공급하는 플라이밍펌프(priming pump)를 두고 있다.

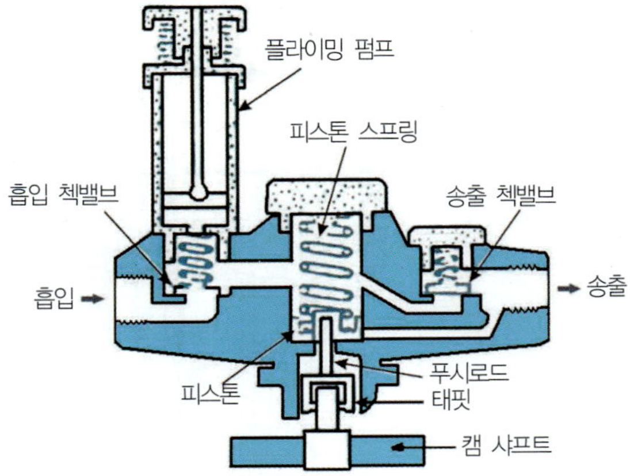

그림 2-225 연료공급펌프

(2) 연료여과기(Fuel Filter)

연료 속의 먼지나 수분을 제거, 분리하며 여과기 내의 압력은 1.5kgf/㎠이다. 연료여과기는 바디, 엘리먼트, 중심 파이프, 커버, 드레인 플러그 등으로 구성되며, 엘리먼트는 여과지식과 견포식이 있다.

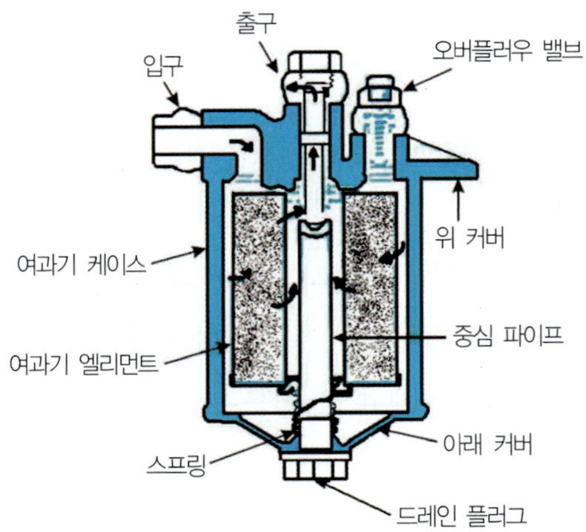

그림 2-226 연료여과기

오버플로밸브가 설치되어 송유 압력이 규정 압력 이상 시 탱크로 다시 보내지며, 디젤 연료는 분사펌프의 플런저나 분사 노즐의 윤활도 겸하기 때문에 여과 성능이 좋아야 한다. 디젤 엔진은 연료 공급 계통에 공기가 침입하면 분사펌프에서 연료 압송이 불량해 노즐에서 분사 상태가 불량해져 엔진의 회전 상태가 불량하고, 진동이 발생한다. 심한 경우는 엔진의 작동이 정지된다.

(3) 분사펌프

공급펌프에서 송출된 연료를 고압으로 변환시켜 분사파이프를 거쳐 분사 노즐에 보내는 일을 한다. 분사펌프는 하우징, 캠축, 태핏, 펌프 엘리먼트, 제어 기구 등으로 구성된다. 분사펌프의 형식에는 독립형, 분배형, 공동형 등이 있다.

① **펌프 하우징(pump housing)**

펌프 하우징은 분사펌프의 주요 몸체 부분이며, 위쪽에는 딜리버리밸브와 그 홀더가 설치되어 있고, 중앙 부분에는 플런저 배럴, 플런저, 제어래크, 제어 피니언, 제어 슬리브, 스프링, 태핏 등이, 아래쪽에는 캠축이 설치되어 있다

그림 2-227 독립형 분사펌프

② **캠축과 태핏**

㉮ 분사펌프의 캠축(cam shaft) : 분사펌프 캠축은 크랭크축에 구동되며 4행정 사이클 엔진은 크랭크축의 1/2로 회전하고, 2행정 사이클 엔진은 크랭크축 회전속도와 같다. 캠축에는 태핏을 통해 플런저를 작용시키는 캠과 공급펌프 구동용 편심륜이 있고, 캠의 수는 실린더 수와 같고 구동 부분에는 타이머가, 반대쪽에는 조속기가 설치되어 있다.

㉯ 분사펌프의 태핏(tappet) : 태핏은 펌프 하우징 태핏구멍에 설치되어 캠에 의해 상하 운동을 하여 플런저를 작동시킨다.

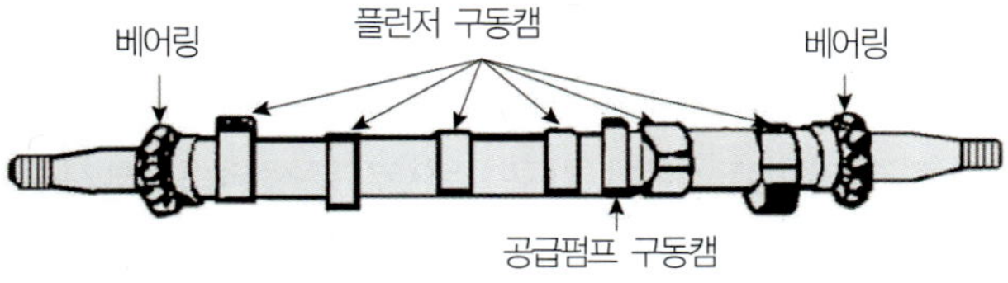

그림 2-228 캠축

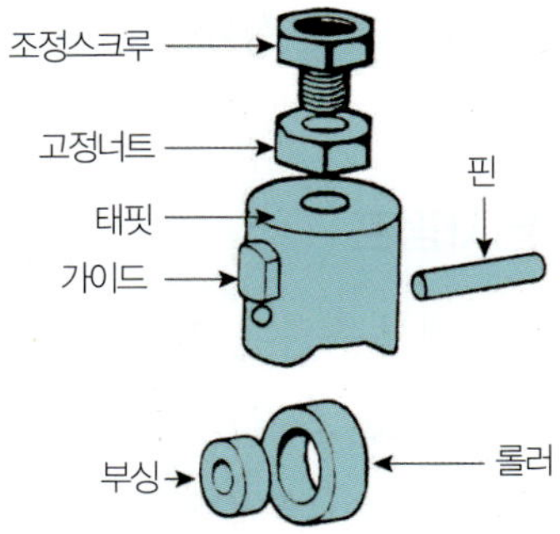

그림 2-229 태핏

③ 플런저 배럴과 플런저

펌프 하우징에 고정된 플런저 배럴 속을 플런저가 상하 운동하여 고압의 연료를 형성한다.

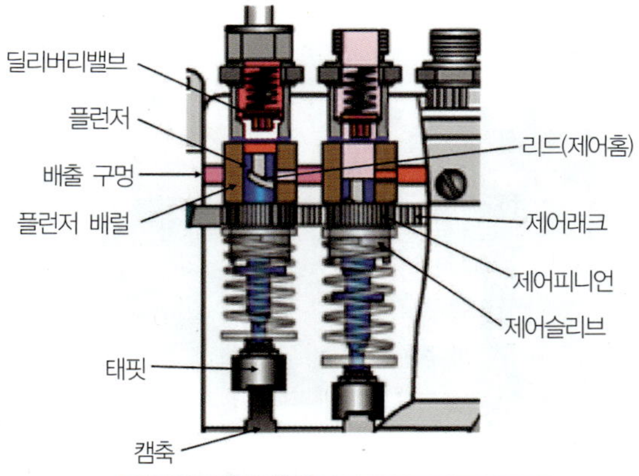

그림 2-230 플런저 구성부품

㉮ 플런저(plunger) : 플런저에는 분사량 조절을 위한 리드(제어 홈)와 이것과 통하는 배출구멍이 중심 부분에 뚫어져 있다. 아래쪽에는 제어 슬리브(control sleeve)의 홈에 끼워지는 구동 플랜지와 플런저 아래 스프링 시트를 끼우기 위한 플랜지가 마련되어 있다.

㉯ 플런저의 작용 : 플런저 바깥 둘레는 비스듬한 리드와 구멍을 뚫어 내부의 통로와 연결되어 있다. 이 리드가 비스듬하게 되어 있으므로 플런저를 돌리면 분사 끝의 시기가

달라져 분사량이 조절된다. 플런저의 회전은 랙의 이동으로 하며, 기어 작용으로 플런저의 플랜지를 슬리브가 돌린다. 플런저의 헤드가 흡입구로부터 아래의 위치에 있으며, 연료는 배럴에 흡입되어 상승해서 흡입구를 지나면 압축 작용이 시작된다(분사 시작). 또 상승하여 플런저 리드가 흡입구에 오게 되면 배럴내의 연료는 플런저 내 통로를 역류 누출하여 압축압력은 없어진다(분사 끝). 그 후 상사점까지 흡입구는 누출구로 하여 작용한다(분사 리턴). 하강하여 흡입구를 열면 연료가 유입하여 압축행정으로 들어간다.

㉰ 플런저 예행정(plunger pre stroke) : 플런저 예행정이란 플런저헤드가 하사점에서부터 상승하여 흡입구멍을 막을 때까지 플런저가 이동한 거리를 말한다.

㉱ 플런저 유효행정(plunger available stroke) : 플런저 유효행정이란 플런저헤드가 연료공급을 차단한 후부터 리드가 플런저 배럴의 흡입구멍에 도달할 때까지 플런저가 이동한 거리이다. 즉, 플런저가 연료를 압송하는 기간이다. 연료의 분사량(토출량 또는 송출량)은 플런저의 유효행정으로 결정된다. 따라서 유효행정을 크게 하면 분사량이 증가한다.

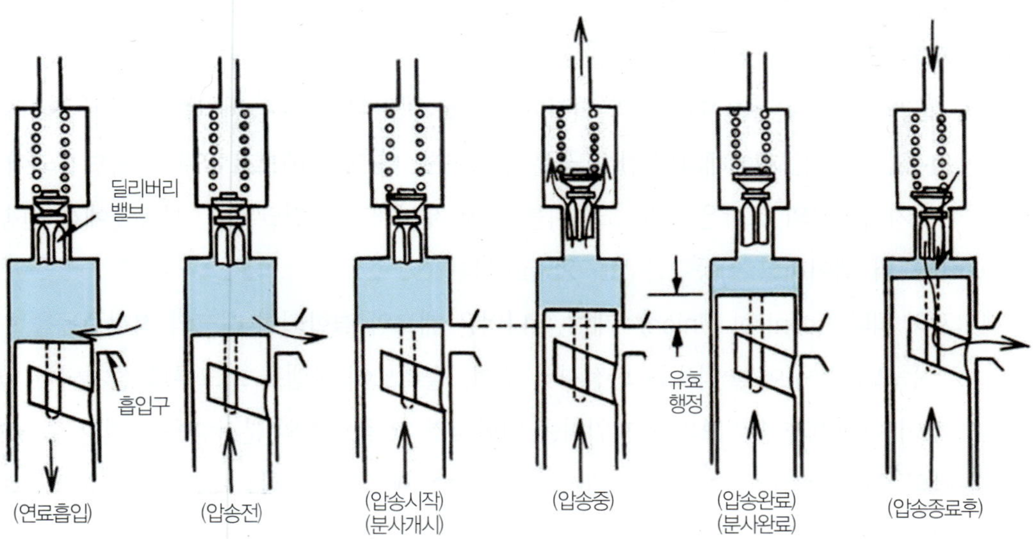

그림 2-231 플런저의 작동과정

④ 리드 종류

㉮ 정 리드형(normal lead type) : 분사개시 때의 분사시기가 일정하고, 분사말기가 변화

하는 리드이다.

㉯ 역 리드형(revers lead type) : 리드가 플런저헤드에도 파져 있으며, 분사개시 때의 분사시기가 변화하고 분사말기가 일정한 리드이다.

㉰ 양 리드형(combination lead type) : 상하로 리드를 파서 분사개시와 말기의 분사시기가 모두 변화하는 리드이다.

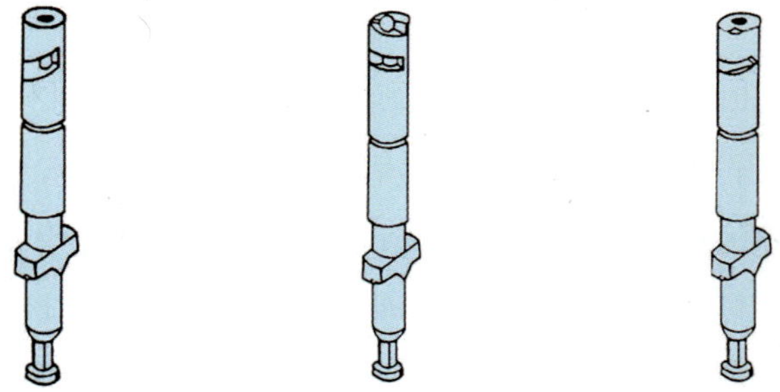

(a) 정 리드　　(b) 역 리드　　(c) 양 리드

그림 2-232 리드 종류

⑤ **플런저 회전기구(분사량 조절기구)**

㉮ 제어래크(control rack) : 제어래크는 슬리브에 끼워져 있는 피니언과 결합되어 있으며, 래크의 직선 운동을 피니언의 회전 운동으로 바꾸어 모든 플런저를 동시에 회전시키는 일을 한다. 제어래크의 한쪽 끝은 링크(link)나 핀(pin)으로 조속기에 연결되어 있어 가속페달의 조작은 모두 조속기를 거쳐 제어래크로 전달된다. 무송출에서 전송출까지의 제어래크 이동량은 21~25mm이다.

㉯ 제어 피니언(control pinion) : 제어 피니언은 래크와 결합되어 래크의 직선운동을 회전운동으로 바꾸어 슬리브를 회전시켜 주며, 슬리브에 클램프 스크루로 설치되어 있어 제어 피니언과 슬리브의 관계위치를 변화시켜 각 플런저의 분사량을 조절할 수 있다.

㉰ 제어 슬리브(control sleeve) : 제어 슬리브는 아래 홈에 끼워진 플런저의 구동 플랜지를 통해 피니언의 회전운동을 플런저로 전달하여 플런저가 상하 운동을 하면서 연료의 분사량을 증감할 수 있도록 한다.

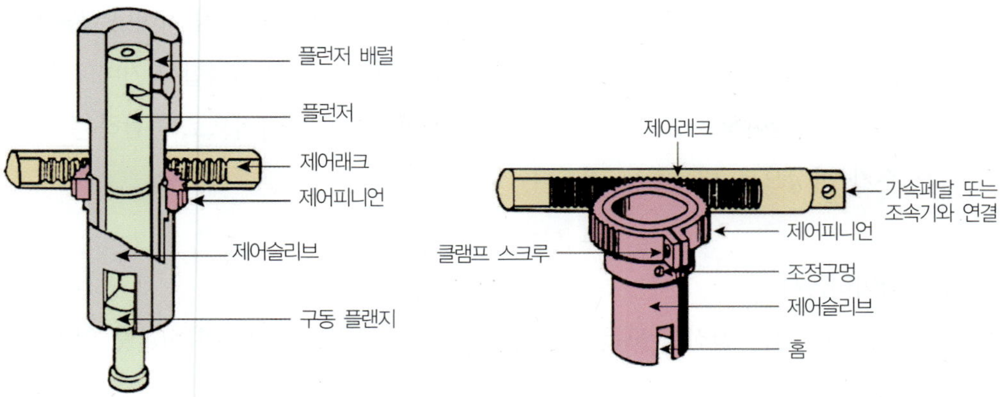

그림 2-233 플런저 회전기구

⑥ **딜리버리밸브(delivery valve : 토출밸브)**

딜리버리밸브는 플런저의 상승행정으로 배럴 내의 압력이 규정 값(약 10kgf/㎠)에 도달하면 이 밸브가 열려 연료를 분사파이프로 압송한다. 그리고 플런저의 유효행정이 완료되어 배럴 내의 연료압력이 급격히 낮아지면 스프링 장력에 의해 신속히 닫혀 연료의 역류(분사 노즐에서 펌프로의 흐름)를 방지하고, 후적을 방지하며, 분사파이프 내에 잔압을 유지시킨다. 딜리버리밸브 유압시험 시 밸브 내 압력을 150kgf/㎠ 이상 10초 이상 유지해야 한다.

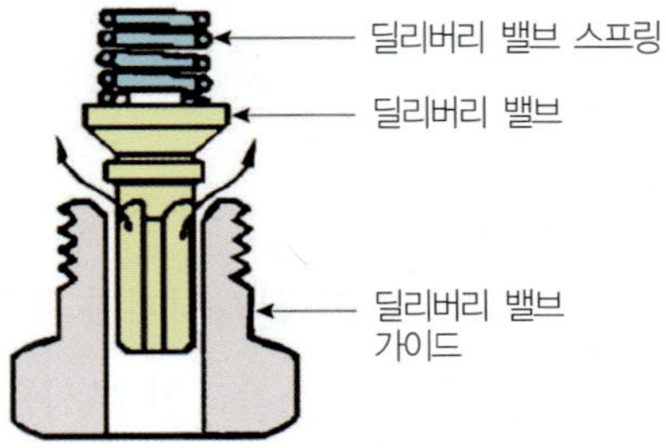

그림 2-234 딜리버리밸브

⑦ **조속기(governor)**

조속기는 디젤 엔진의 연료 분사량 제어를 적절히 증감해서, 엔진회전을 안정되게 하기 위한 장치이다. 안정된 분사를 항시 할 수 있도록 거버너(조속기)를 설치하여, 엔진 회전 상승 시에는 분사량을 감소하여 과회전을 방지하고, 가속 페달을 놓더라도 자동적으로 분사량을 증가해서 공회전 상태를 유지하도록 하고 있다. 가속 페달은 제어 레버, 거버너를 거쳐서 분사량을 제어한다. 흡입 시의 유속 부압을 이용하는 공기식 거버너, 플라이 웨이트(원심추)의 원심력을 이용한 기계식 거버너, 이 양자를 조합시킨 복합식 거버너가 이용된다. 헌팅(hunting) 현상은 조속기 작용이 둔하여 공회전이 주기적으로 증감하는 진동으로서 회전수가 파상으로 변동하는 것이다.

⑧ 앵글라이히장치

앵글라이히장치는 엔진의 모든 회전속도 범위에서 공기와 연료의 비율을 알맞게 유지하는 작용을 한다.

⑨ 분사량 불균율

실린더 수가 많은 엔진에서 각 실린더마다 분사량의 차이가 생기면 폭발압력의 차이가 발생하여 진동을 일으킨다. 불균율 허용범위는 전부하 운전에서는 ±3%, 무부하 운전에서는 10~15%이다. 분사량 불균율은 다음의 공식으로 산출한다.

$$(+)\text{불균율} = \frac{\text{최대 분사량} - \text{평균 분사량}}{\text{평균 분사량}} \times 100$$

$$(-)\text{불균율} = \frac{\text{평균 분사량} - \text{최소 분사량}}{\text{평균 분사량}} \times 100$$

⑩ 타이머(timer)-분사시기 조정장치

엔진의 부하 및 회전 속도에 따라 분사시기를 자동적으로 조정하며 수동식과 자동식이 있다. 수동식은 조정 레버에 의해 스플라인 부시를 움직이면 플런저와 캠축 위치가 변화되어 진각하며, 자동식은 엔진 회전 속도가 증가되면 원심추의 작용으로 작동한다.

(4) 분사파이프(injection pipe)

분사파이프는 분사펌프의 각 펌프 출구와 분사 노즐을 연결하는 고압 파이프이며, 그 길이는 연료의 분사지연을 줄이기 위하여 가능한 한 짧은 것이 바람직하며 모든 실린더의 분사지연이 같아지도록 길이가 같다. 분사파이프의 양끝에는 높은 압력의 연료가 누출되지 않도록 하기 위해 유니언 피팅(union fitting)으로 확실하게 결합한다.

(5) 분사 노즐(injection nozzle)

분사펌프로부터 보내진 고압 연료를 미세한 안개 모양으로 연소실에 분사한다. 분사 노즐의 윤활은 디젤연료로 한다. 노즐의 요구 조건은 다음과 같다.

㉠ 연료를 미세한 안개 모양으로 하여 쉽게 착화하게 할 것.
㉡ 분무를 연소실 구석구석까지 뿌려지게 할 것.
㉢ 분사 끝을 완전히 차단해서 후적이 일어나지 않게 할 것.
㉣ 고온 고압의 가혹한 조건하에서 장시간 사용 가능할 것.

① 분사 노즐의 종류

분사 노즐의 종류에는 개방형과 밀폐형(또는 폐지형) 노즐이 있으며, 밀폐형에는 구멍형, 핀틀형 및 스로틀형 노즐이 있다.

㉮ 구멍형(hole type) 분사 노즐

구멍형 분사 노즐은 니들밸브 앞 끝이 원뿔 모양이며, 분사구멍은 볼록하게 된 노즐 바디의 앞 끝에 노즐 중심선에 대하여 대칭으로 어떤 각도를 두고 1~8개 뚫어져 있다. 분사구멍의 지름은 0.2~0.4mm이고, 분사개시 압력은 200~300kgf/cm^2이며, 직접분사실식 연소실에서 사용한다. 이 형식은 분사구멍이 1개인 단공형과, 여러 개의 분사구멍이 있는 다공형이 있다. 구멍형 분사 노즐의 장점은 분사압력이 높아 안개화가 좋고 엔진의 시동이 쉬우며, 연료가 완전 연소될 수 있어 연료 소비량이 적다. 단점은 분사구멍이 작아 가공이 어렵고 분사구멍이 막힐 염려가 있으며 분사압력이 높아 분사펌프, 노즐의 수명이 짧고 또 각 연결 부분에서 연료가 누출되기 쉽다.

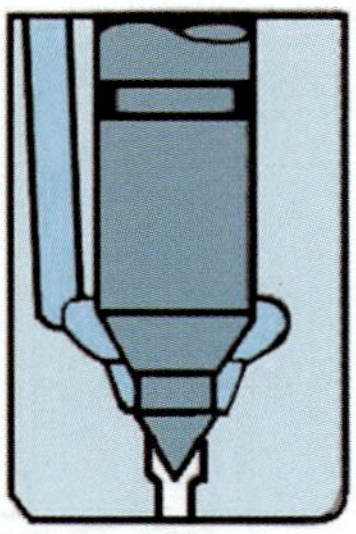
(a) 단공형

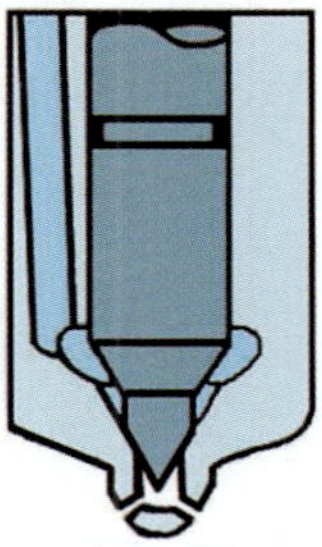
(b) 다공형

그림 2-235 구멍형 노즐

㉯ 핀틀형(pintle type) 분사 노즐

핀틀형 분사 노즐은 원기둥 모양의 구멍과 구멍보다 조금 작은 원기둥 모양의 니들밸브 앞 끝 핀으로 구성되어 있으며, 고압의 연료에 의해 자동적으로 열려 4° 정도의 정각을 가지는 원뿔 모양으로 분사한다.

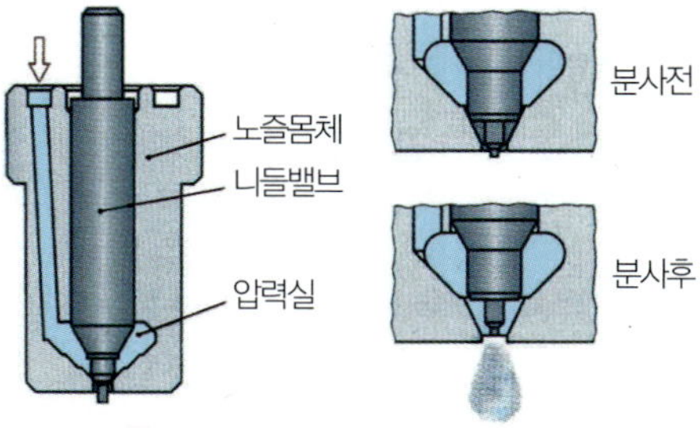

그림 2-236 핀틀형

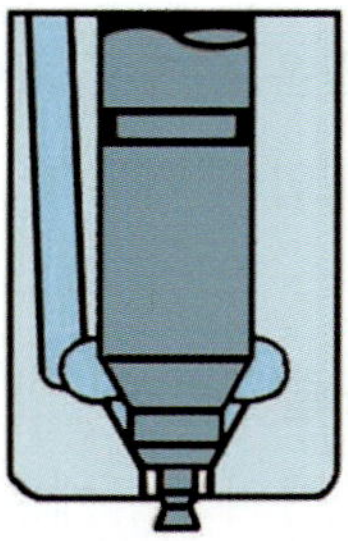

그림 2-237 스로틀형

㉰ 스로틀형(throttle type) 분사 노즐

스로틀형 분사 노즐은 니들밸브의 앞 끝부분이 길고 나팔 모양으로 테이퍼 가공되어 있으며, 노즐 바디에서 조금 돌출되어 있다. 이 노즐은 핀틀형을 개량하여 분사개시 때 분사량을 적게 하고, 잠시 후 많은 양의 연료를 분사시켜 디젤 엔진 노크를 방지할 수 있다.

② 분사 노즐의 구조

분사 노즐은 노즐 홀더 바디(nozzle holder body)를 중심으로 옆쪽에는 분사펌프에서 보내준 높은 압력의 연료가 들어오는 입구 커넥터가 설치되고, 위쪽으로는 분사압력 조정용 스크루, 니들밸브가 열릴 때 스프링을 밀어 올려주는 푸시로드 그리고 니들밸브(needle valve)를 시트에 밀착시키는 스프링이 있다.

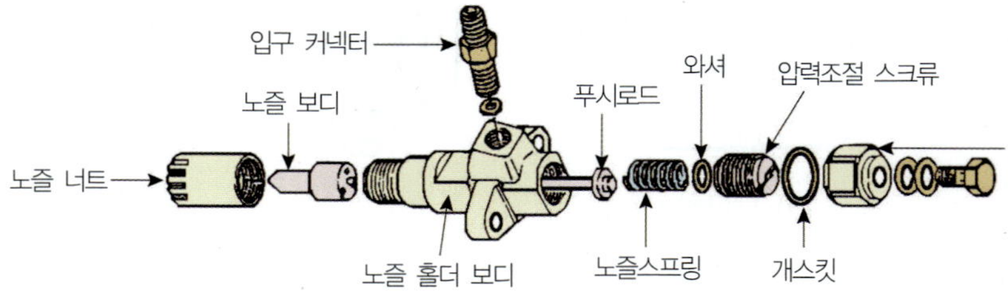

그림 2-238 분사 노즐

③ **분사 노즐의 작동**

분사 노즐의 작동은 분사펌프에서 보내준 높은 압력의 연료가 입구 커넥터를 거쳐 노즐홀더 보디 내로 들어오면 스프링에 의해 시트에 밀착되어 있던 니들밸브가 상승하여 연료가 연소실에 분사된다. 분사되는 동안 높은 압력의 연료 일부는 니들밸브와 노즐 바디 사이에서 니들밸브와 노즐 바디를 윤활하고, 푸시로드와 노즐홀더 바디 사이를 거쳐 연료탱크로 복귀한다. 니들밸브와 노즐 바디 사이의 간극은 0.001~0.0015mm 정도이다. 노즐 작동이 불량하면 연소불량, 노크현상, 회전이 고르지 못하고 출력감소와 카본 부착으로 배기의 매연이 증가한다.

④ **연료 분무의 3대 요건**

㉮ 안개화(무화 : atomization)가 좋아야 한다.

㉯ 관통력이 커야 한다.

㉰ 분포(분산)가 골고루 이루어져야 한다.

02 CRDI(CRDI : Common Rail Direct Injection) 연료분사장치

[1] CRDI 연료분사장치의 개요

커먼레일 디젤 분사장치는 고압펌프와 커먼레일을 이용한 초고압분사방식의 디젤연료 분사장치이다. 또한 기존 인젝션펌프 디젤 엔진에 비하여 약 20%의 출력 향상과 약 15%의 연비 향상을 얻어냈으며 유해 배출가스의 감소 및 디젤 엔진에서의 차량 응답성 또한 많은 향상을 가져왔으나, 커먼레일 디젤 엔진은 주요 구성부품들이 정밀도가 높기 때문에 부품의 수리나 교체에 드는 비용이 값이 비싸며, 연료품질에 민감하다.

그림 2-239 CRDI 엔진

[2] 커먼레일 연료분사장치의 구성

커먼레일 연료분사장치 엔진은 연료탱크에서 고압펌프 입구까지 저압 연료계통, 고압 연료펌프부터 인젝터까지 고압 연료계통 및 인젝터/고압 연료펌프부터 연료탱크까지 복귀계통 등 3단계로 구분을 할 수 있다.

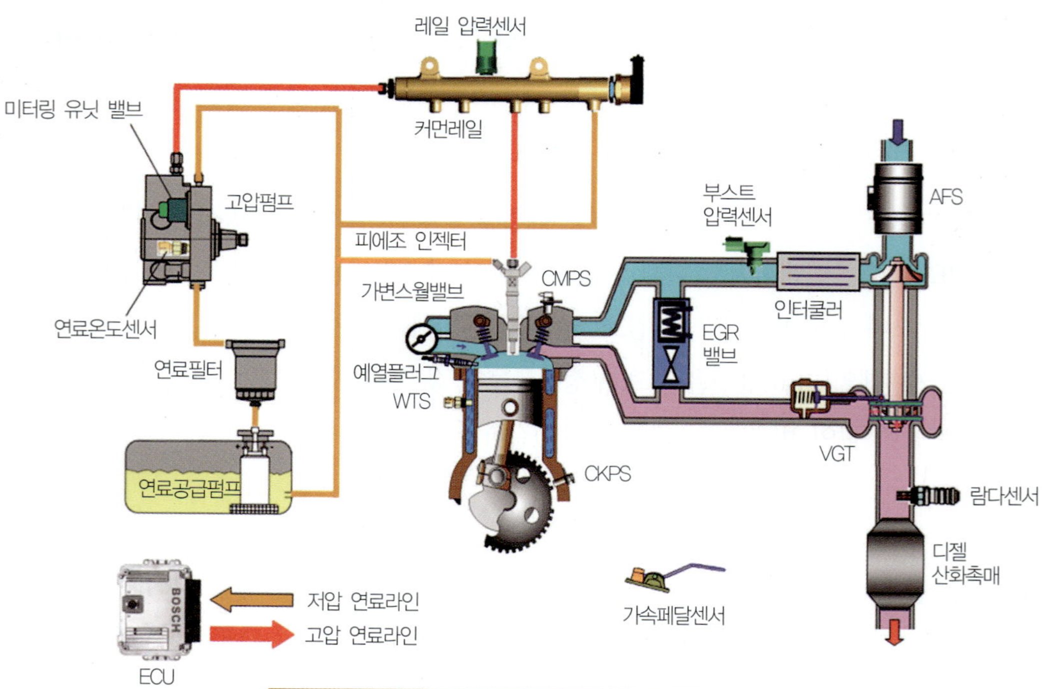

그림 2-240 커먼레일 연료분사장치의 구성도

(1) 저압 연료계통

커먼레일 연료분사장치 엔진의 저압 연료장치는 연료탱크, 연료여과기, 저압 연료펌프로 구성되어 있다.

① 연료여과기(Fuel Filter)

커먼레일 디젤 엔진의 경우는 연료시스템이 수분에 상당히 민감하다. 1차 연료여과기는 연료탱크에 내장되어 있으며, 그물망과 같은 형식으로 비교적 큰 이물질을 여과한다. 2차 연료여과기는 엔진룸에 설치되어 연료 속의 이물질과 수분을 여과한다. 연료필터의 여과지 여과성능은 5~10㎛ 정도이다.

㉮ 오버플로밸브(Over Flow Valve) : 연료압력을 일정하게 조정한다. 조절압력은 1.5~2.0bar 정도이며, 일정한 유량을 바이패스시킨다.

㉯ 연료히터(Fuel Heater) : 추운 지역에서 냉간된 상태의 엔진을 시동을 할 때 시동성능 향상을 위해 연료여과기 중간에 설치되어 연료를 직접적으로 가열한다.

㉰ 프라이밍펌프(Priming Pump) : 저압 연료펌프를 기계식 연료펌프(기어펌프)를 이용하는 엔진에서 주로 사용하며, 저압 연료계통에 공기가 침입하였을 경우 연료계통의 공기빼기 작업을 한다.

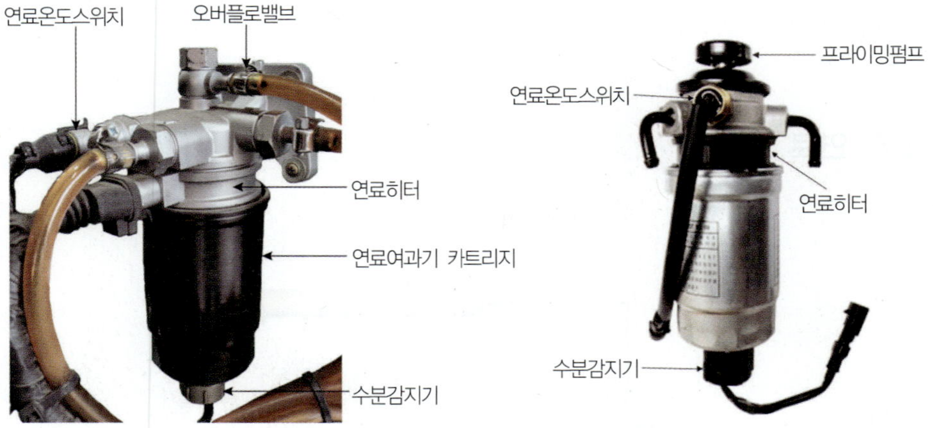

(a) 저압 연료펌프 전동기 사용 시 여과기 (b) 저압 연료펌프 기계식 사용 시 여과기

그림 2-241 연료여과기

② 저압 연료펌프(Low Pressure Fuel Pump)

저압 연료펌프(1차 연료공급 펌프)의 종류에는 기계식과 전동식이 있다.

㉮ 기계식 저압 연료펌프

기계식 저압 연료펌프는 기어펌프를 사용하며, 고압 연료펌프와 일체로 구성되어 있어 엔진의 가동과 동시에 작동된다. 엔진이 가동되면 캠축이나, 타이밍체인과 연결된 구동축에 의해 작동을 시작하며, 연료탱크의 연료를 흡입하여 고압 연료펌프로 공급한다.

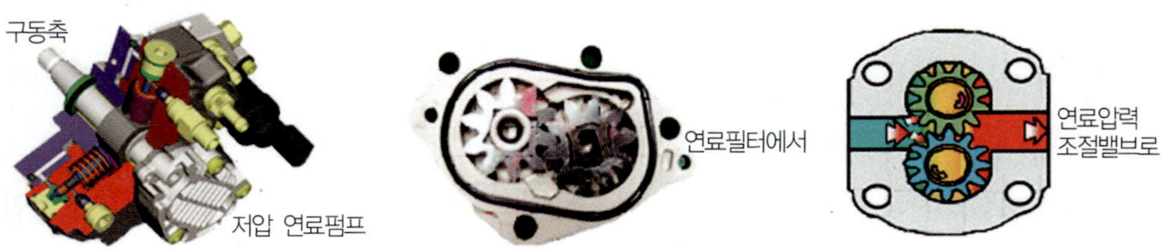

그림 2-242 기계식 저압 연료펌프의 구조

㉯ 전동식 저압 연료펌프

전동식의 저압 연료펌프는 전자제어 가솔린 엔진에서 사용하는 연료펌프와 거의 같은 구조로 되어있으며, 6.5~8.5bar의 연료를 고압 연료펌프로 공급한다. 전동식 저압 연료펌프의 작동은 엔진의 회전속도에 관계없이 연속적으로 작동하며, 과잉 공급된 연료는 오버플로밸브를 거쳐 연료탱크로 복귀된다.

(2) 고압 연료 계통

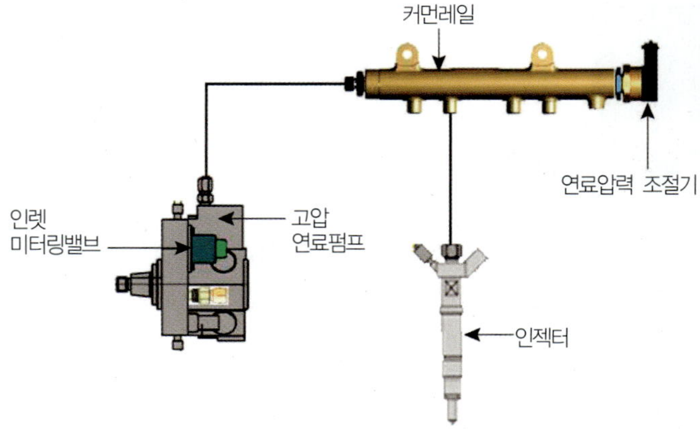

그림 2-243 고압 연료계통

① **고압 연료펌프(High Pressure Fuel Pump)**

고압 연료펌프는 엔진의 타이밍체인(벨트)이나 캠축에 의해 구동되며, 저압 연료펌프에서 공급된 연료를 높은 압력으로 형성하여 커먼레일로 공급한다. 공급된 연료압력을 연료압력 조절밸브에서 규정값으로 유지시킨다. 보통 작동 최고압력은 1,600bar 정도이고 ECU 제어 최고압력은 1,350bar 정도이다. 고압 연료펌프 내에는 별도의 윤활장치 없이 연료에 의해 이루어진다.

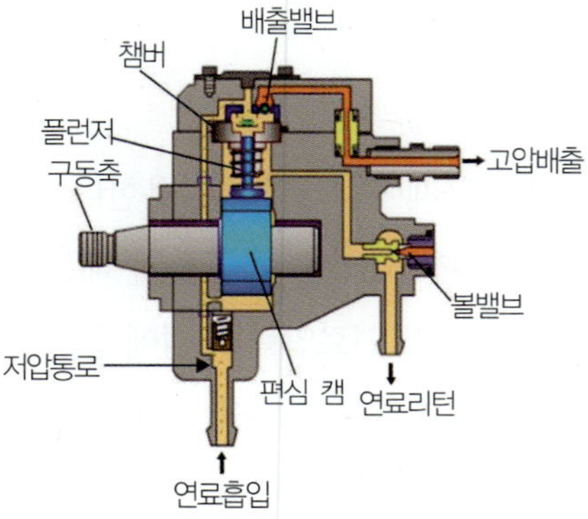

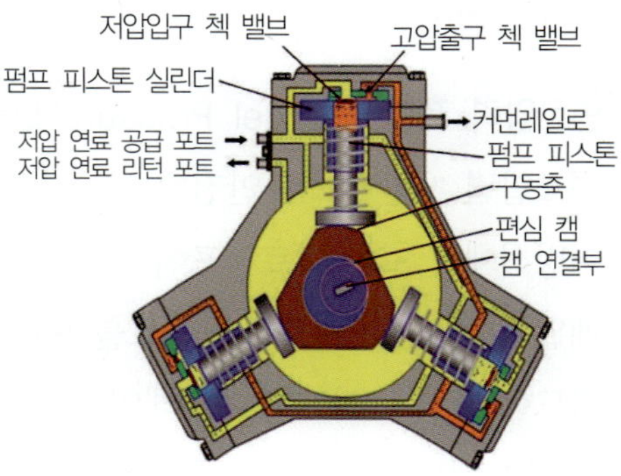

그림 2-244 고압 연료펌프

② **커먼레일(Common Rail, 고압 어큐뮬레이터)**

커먼레일은 고압 연료펌프에서 공급된 높은 압력의 연료가 저장되는 부분으로 모든 실린더에 공통적으로 연료를 공급하며, 커먼레일 내의 연료압력을 일정하게 유지한다. 또 고압 연료펌프에서 연료를 압송할 때 맥동이 발생하는 경우 맥동을 완화시킨다.

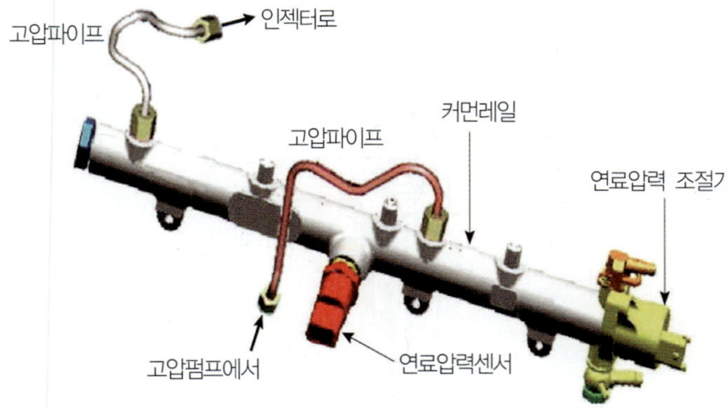

그림 2-245 커먼레일 및 구성품

③ 연료압력 조절밸브(Fuel Pressure Control Valve)

기계식 저압 연료펌프를 사용하는 방식에서는 저압 연료펌프와 고압 연료펌프의 연료 통로 사이에 연료압력 조절밸브가 설치(입구제어방식)되며, 고압 연료펌프로 보내지는 연료량을 제어하는 역할을 하는데, ECU로부터의 전기적신호, 즉 전류제어로 연료압력을 조절한다. 전동식 저압 연료펌프를 사용하는 경우에는 커먼레일에 연료압력 조절밸브(출구제어방식)가 설치되어 있다. 이 밸브는 고압 연료펌프에서 높은 압력으로 된 연료를 복귀계통으로 배출하여 연료압력을 제어하는 방식이며, 시동스위치(키)를 OFF로 하면 항상 닫혀있는 방식이다.

④ 연료압력 제한밸브(Fuel Pressure Limited Valve)

연료압력 제한밸브는 안전밸브와 같은 역할을 하며 입구제어방식에서 사용한다. 입구 제어방식에서 고압 연료펌프에서 압력이 조절된 연료를 커먼레일로 공급하기 때문에 커먼레일에서는 복귀계통으로 연료를 보내지 못한다. 이에 따라 연료압력 조절에 문제가 있어 과도한 압력의 연료가 커먼레일로 공급된다면 고압 연료계통의 파손을 초래한다. 연료압력 제한밸브는 커먼레일 끝부분에 설치되며, 연료압력이 한계(1750bar)값 이상 되면 과잉압력의 연료는 복귀 계통을 통하여 연료탱크로 돌아간다.

⑤ 인젝터(Injector)

인젝터는 각 실린더헤드에 장착되어 있으며, ECU의 제어 신호에 따라 커먼레일에 저장된 압축 연료를 실린더에 직접 분사하는 장치이다. 유로6 S2 엔진에는 기존 유로5 S2 엔진에 적용한 1,800bar 피에조 인젝터를 그대로 적용해서 별다른 출력변화는 없는데 유로6 R엔진에는 2,000bar 솔레노이드 인젝터가 적용되어 있다.

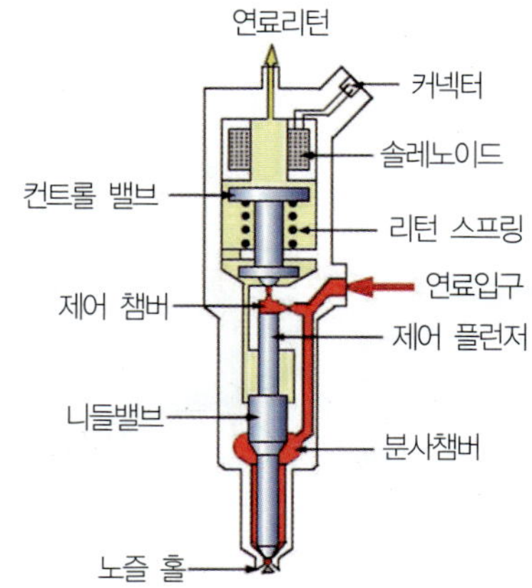

그림 2-246 인젝터 구조

㉮ 점화분사 금지조건

점화분사의 기본값은 냉각수 온도와 흡입공기량에 의해 조정되며, 그 밖의 제약에 따라 점화분사가 중단될 수 있다. 점화분사가 금지되는 조건은 다음과 같다.

㉠ 점화분사가 주 분사를 너무 앞지르는 경우

㉡ 엔진 회전속도가 3,200rpm 이상인 경우

㉢ 연료 분사량이 너무 많거나 주 분사를 할 때 연료 분사량이 불충분한 경우

㉣ 연료압력이 최소값(약 100bar) 이하인 경우

㉤ 엔진 가동 중단에 오류가 발생한 경우

㉯ 인젝터 니들밸브 닫힘

이 상태에서는 솔레노이드밸브에 전류가 공급되지 않아 인젝터의 니들밸브(Need Valve)가 닫혀있게 된다. 또 배출구멍이 닫힌 상태이기 때문에 커먼레일 내의 연료는 제어 챔버(Control Chamber)와 니들밸브 아랫부분에 같은 압력이 형성되어 양쪽의 압력이 균형을 이룬 상태이므로 인젝터 니들밸브는 리턴 스프링에 의해 닫혀 있는 위치를 유지한다.

㉰ 인젝터 니들밸브 열림

인젝터가 닫힌 상태에서 솔레노이드밸브에 전류가 공급되면 배출구멍이 열린다. 배출구멍이 열리면 제어 챔버에 있던 연료가 배출구멍을 통해 배출되므로, 제어 챔버의 압력이 낮아져 제어 챔버와 인젝터 니들밸브 아랫부분에 압력 차이가 일어나 양쪽 압력의 균형이 깨진다.

이때 인젝터 니들밸브 아랫부분의 압력이 높아지는 현상에 의해 리턴 스프링의 장력보다 높은 압력으로 니들밸브를 들어올린다. 이에 따라 노즐의 분사구멍이 열린다.

[3] 커먼레일 연료분사장치 엔진의 전자제어

커먼레일 연료분사장치 엔진의 전자제어가 가솔린 엔진의 전자제어와 다른 점은 디젤 엔진의 특성에 의해 전기 점화기능과 흡입 공기제어(공전할 때 흡입 공기제어)를 하지 않는다.

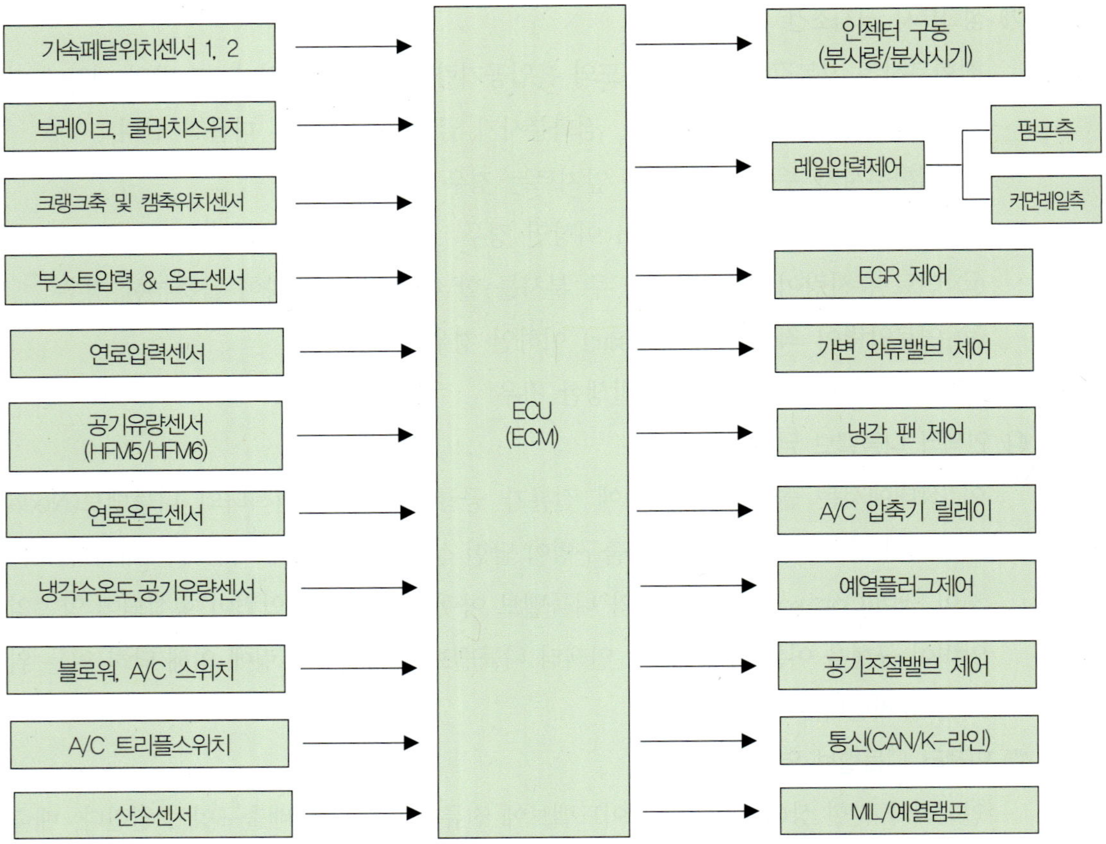

그림 2-247 커먼레일 연료 분사장치 엔진의 입·출력도

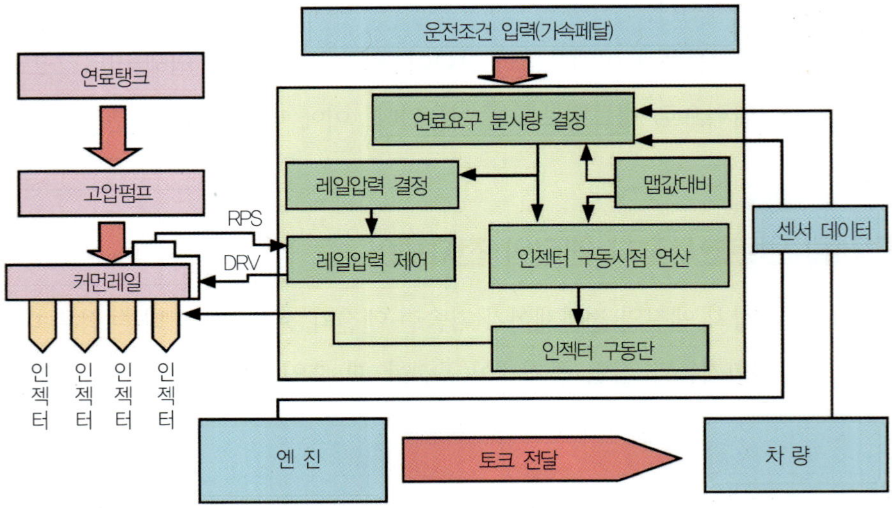

그림 2-248 연료장치의 전자제어 개요도

(1) 커먼레일 연료분사장치 엔진 ECM 제어

ECM의 기능에는 기본적인 기능과 보조 제어기능이 있다. 기본적인 기능은 연료분사를 적절한 시간에 알맞은 양과 정확한 분사압력으로 제어하여 엔진을 원활하고 경제적으로 작동하도록 한다. 그리고 보조 제어기능은 유해 배기가스의 배출감소 및 연료소비율의 향상, 안전성, 승차감각, 편리성 향상을 위해 사용된다. 또 CAN(Control Area Network)통신을 사용하여 다른 전기 계통(자동변속기와 ABS)과의 데이터 교환이 원활하도록 한다. ECM의 제어는 다음과 같다.

① 축전지 전압에 따른 공전 제어
② 스모그(Smog) 제어
③ 엔진 과열방지 제어
④ 연료압력 제어
⑤ 연료압력 모니터링
⑥ 연료분사 제어
⑦ 배기가스 재순환(EGR) 제어
⑧ 스로틀 플랩 제어(Throttle Flap Control)
⑨ VGT(Variable Geometry Turbo Charger) 제어
⑩ 예열장치 제어
⑪ 보조히터 제어
⑫ 실린더 평형 제어(Cylinder Balance Control)

(2) ECM 입력요소

① 레일압력센서(RPS)

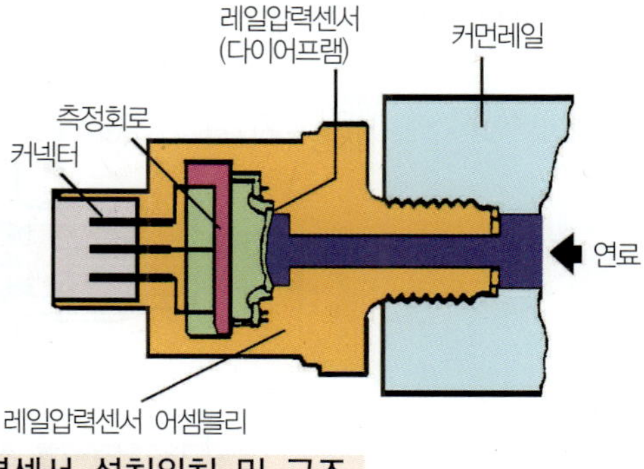

그림 2-249 레일압력센서 설치위치 및 구조

연료압력센서는 레일압력센서(RPS : Rail Pressure Sensor)라고도 하며, 커먼레일 내의 연료압력을 측정해 ECM으로 입력시켜 연료 분사량 및 연료 분사시기를 결정하는 신호로 사용한다. 보통 연료압력센서는 커먼레일의 중간에 부착돼 실시간으로 변하는 연료압력을 센서의 다이어프램에 부착된 피에조 압력소자에 의해 감지하며, 이 센서가 불량하면 엔진회전수가 3,000rpm 이상 상승하지 않거나 시동 꺼짐 현상이 발생할 수 있다.

② 공기유량센서(AFS) & 흡기온도센서(ATS)

공기유량센서는 열막(Hot Film)방식을 사용하며, 가솔린 엔진과는 달리 공기유량센서의 주 기능은 EGR 피드백 제어이며, 또 다른 기능으로는 스모그 리미트 부스트 압력(Smog Limit Boost Pressure) 제어용으로 사용된다. 흡기온도센서는 부특성 서미스터 방식을 사용하며, 각종 제어(연료 분사량, 분사시기, 시동할 때 연료 분사량 제어 등)에 보정신호로 사용된다.

③ 액셀러레이터 포지션센서(APS) 1, 2

전자제어 가솔린 엔진에서 사용하고 있는 스로틀 위치센서와 동일한 원리로, 가속페달 위치센서 1(주 센서)에 의해 연료분사량과 분사시기가 결정된다. 센서 2는 센서 1을 검사하는 센서로 엔진의 이상작동을 방지하기 위한 것이다.

④ 연료온도센서(FTS)

연료온도센서는 고압펌프 입구의 연료 온도를 감지한다. 수온센서와 동일한 부특성 서미스터이며, 연료온도에 따른 연료 분사량 보정신호로 사용된다. 연료온도가 높아지면 ECM은 연료 분사량을 감소시킨다.

⑤ 수온센서(WTS)

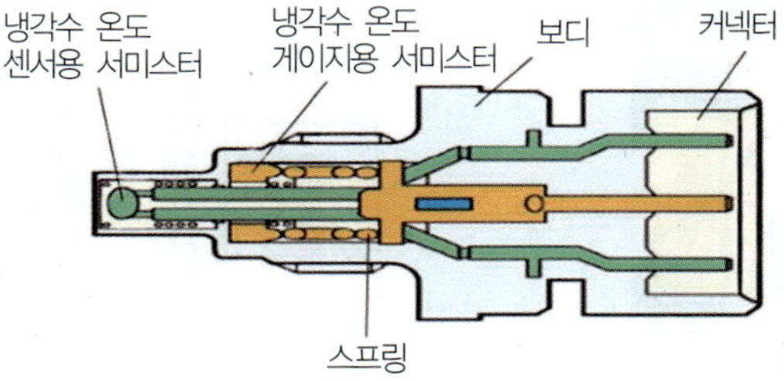

그림 2-250 수온센서의 구조

엔진의 냉각수온도를 감지하여 냉각수온도의 변화를 전압으로 변화시켜 ECM으로 입력시키면 ECM은 이 신호에 따라 연료 분사량을 증감하는 보정신호로 사용되며, 열간 상태에서는 냉각 팬 제어에 필요한 신호로 사용된다.

⑥ 크랭크축 위치센서(CPS, CKP)

크랭크축 위치센서는 마그네틱 인덕티브방식(Magnetic Inductive Type)이며, 실린더블록 또는 변속기 하우징에 설치되어 크랭크축과 일체로 되어 있는 센서 휠(Sensor Wheel)의 돌기를 검출하여 크랭크축의 각도 및 피스톤의 위치, 엔진 회전속도 등을 감지하여 연료 분사시기를 결정하는데 중요한 역할을 한다.

⑦ 캠 포지션센서(CMP)

CMP센서는 홀 센서방식(Hall Sensor Type)이며, 캠축에 설치되어 캠축 1회전(크랭크축 2회전)당 1개의 펄스신호를 발생시켜 ECM으로 입력시킨다. ECM은 이 신호에 의해 1번 실린더 압축 상사점을 검출하게 되며, 연료분사의 순서를 결정한다.

⑧ 부스터 압력센서(BPS)

이 센서는 VGT(Variable Geometry Turbo Charger)가 설치된 엔진에 있는 센서이며, 실제 흡기다기관의 압력(부스터 압력 : 과급기 작동압력)을 계측하여 목표로 하는 부스터 압력으로 맞추도록 피드백 제어를 하기 위한 센서이다.

⑨ 그 밖의 입력요소

㉮ 클러치 스위치 신호 : 클러치 스위치는 접점형이며, 스위치 신호에 따라 매연을 감소시킬 때 필요한 변속기어 단수 인식과 충격감소 보정용으로도 사용된다.

㉯ 에어컨 스위치 : 에어컨이 작동할 때 엔진 회전속도가 낮아지는 것을 방지하기 위해 연료분사량 보정신호로 사용된다.

㉰ 송풍기 모터 스위치 : 전기적인 부하에 따른 엔진 회전속도가 낮아지는 것을 방지하기 위해 연료분사량을 보정하는 신호로 사용된다.

㉱ 2중 브레이크 스위치 : 브레이크 신호는 가속페달 위치센서 고장여부 신호로 사용되는데, 예를 들어 브레이크 신호 뒤에 가속페달 위치센서 신호가 낮게 들어오면 정상이나 가속페달 위치센서 신호가 높게 들어오면 가속페달 위치센서 고장이라고 판단한다.

(3) ECM의 출력요소

① 인젝터(Injector)

고압 연료를 연소실에 직접 분사하는 부품이다.

② 연료압력 조절밸브

커먼레일 내의 연료압력을 조정하는 밸브이다.

③ 배기가스 재순환장치

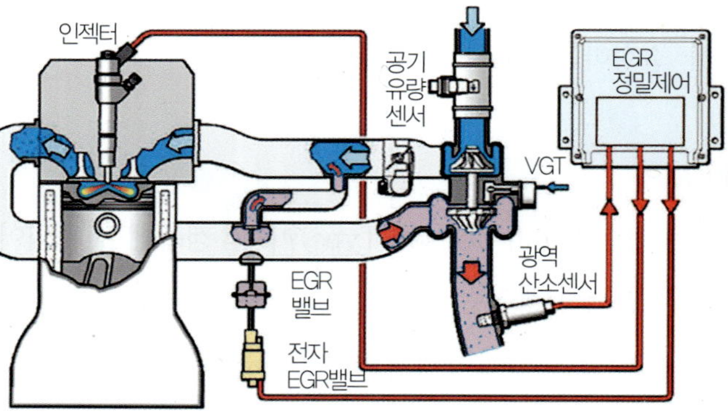

그림 2-251 배기가스 재순환 정밀 제어장치의 구성

㉮ EGR밸브

EGR밸브는 엔진에서 배출되는 가스 중 질소산화물 배출을 억제하기 위한 것으로 배기가스 일부를 흡기다기관으로 유입시키는 장치이다.

㉯ EGR 솔레노이드밸브

EGR 솔레노이드밸브는 ECM에서 계산된 값을 PWM방식으로 제어하는데 제어값에 따라 EGR밸브의 작동량이 결정되며, 각종 센서에서 입력되는 값과 흡입공기량을 계산하여 실제 제어값을 출력한다. 배기가스 재순환장치를 제어하는 동안 기타 보조장치(연료량 제어 등)의 경우 공기량의 실제값이 추가로 계산된다. 또한 EGR 작동시간은 부하를 감소시키기 위해 회전속도를 제한한다.

참고 **PWM(Plus width modulation)**

전류제어 방식은 펄스폭 변조방식으로 전류가 흐를 때 ON/OFF를 반복하여 흐르는 방식으로 솔레노이드밸브를 제어할 때 정밀한 제어를 위하여 선택한다.

㉰ 배기가스 재순환장치 중지명령

㉠ 엔진이 공회전할 때(1,000rpm 이하에서 52초 이상)

㉡ 연료압력 조정밸브가 고장일 때

㉢ 공기유량센서가 고장일 때

㉣ EGR밸브가 고장일 때

㉤ 냉각수온도가 37℃ 이하 또는 100℃ 이상일 때

㉥ 축전지 전압이 8.99V 이하일 때

㉦ 연료 분사량이 42ms 이상 분사될 때

㉧ 엔진을 시동할 때

④ 프리 히터(Pre-Heater)장치

커먼레일 연료분사장치 엔진에는 가열 플러그방식 히터, 열선을 이용하는 PTC 히터 등이 있다. 가열 플러그방식과 PTC 히터는 ECM에서 제어하고 또 예열장치의 제어가 완료되어야만 보조 히터장치가 작동한다. PTC 히터는 히터 코어 내부에 열선을 삽입해 온도를 올려주는 방식이다. 이러한 프리 히터나 PTC를 쓰는 이유는 엔진이 정상적으로 작동하기 이전에 히터의 성능(작동온도)을 좀 더 빨리 끌어올리기 위한 것이다.

㉮ 가열플러그방식

겨울철에 전류에 의한 발열로 엔진의 냉각수를 가열하여 실내 히터 열교환기로 보내는 장치이다.

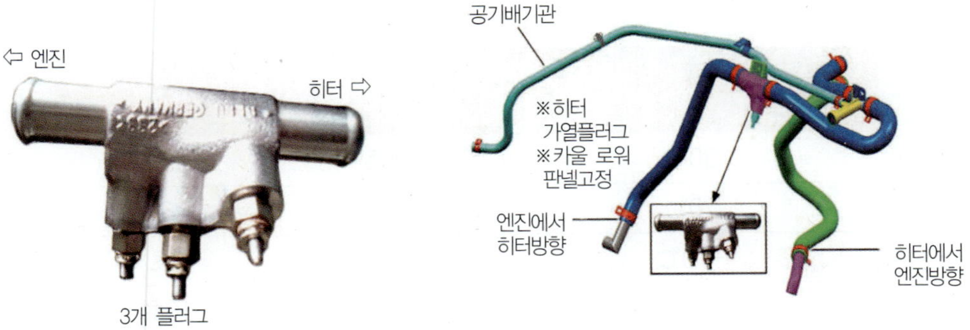

(a) 구조 (b) 라인

그림 2-252 가열플러그의 구조 및 라인

㉯ PTC(Positive Temperature Coefficient) 히터

PTC 서미스터를 이용한 전기발열체 소자로 히터 라디에이터 뒤쪽에 설치되어 있어 공기를 직접 가열하여 난방을 향상시킨다.

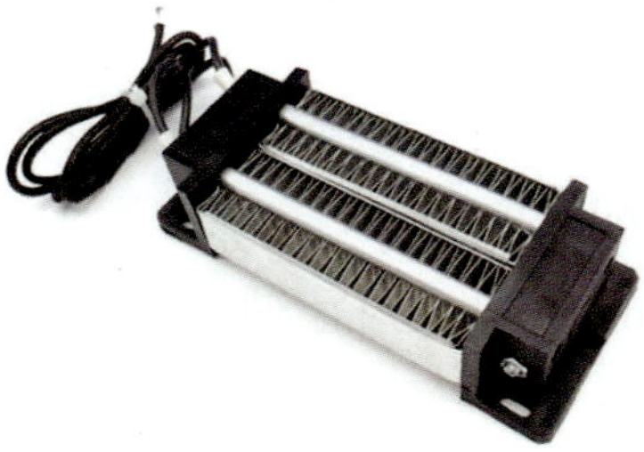

그림 2-253 PTC 히터

⑤ **예열장치**

엔진이 냉간된 상태에서 시동이 원활히 하기 위한 장치이며, 이것은 배기가스와 매우 밀접한 관계가 있다. 예열장치는 냉각수 온도와 엔진 회전속도에 의해 제어된다.

㉮ **프리 글로우(Pre-Glow, 예비 예열)** : 프리 글로우 단계는 컴퓨터에 전원공급과 동시에 개시된다. 작동 중 엔진의 회전속도 45rpm, 분사시간 480ms 이상을 초과하면 예비 예열은 작동을 중지한다. 수온센서값에 따라 예비 예열 제어시간이 변경되는데, 수온센서가 고장일 경우에는 −24.9℃로 결정하여 활용한다.

[예비 예열 제어시간]

냉각수 온도 \ 축전지 전압	10V	14.9V
30℃	0.5초	0.5초
20℃	3초	1.5초
-10℃	5초	5초
-20℃	16초	16초

㉯ **스타트 글로우(Start-Glow, 시동 예열)** : 스타트 글로우는 60℃ 이하인 경우 매번 실시되며, 엔진 회전속도 45rpm과 480ms 이상을 초과할 때 실시한다. 또한 스타트 글로우는 스타트 글로우 시간 15초 경과 후, 냉각수 온도가 60℃ 이상일 때는 종료한다.

㉰ **포스트 글로우(Post-Glow, 사후 예열)** : 포스트 글로우시간은 냉각수온도에 따라 결정되며, 전원공급 후 단 1회만 실시하고, 연료량이 75mm^{3}를 초과할 때 엔진 회전속도가 3,500rpm 이상일 때는 종료한다.

⑥ 냉각팬 제어

㉮ 에어컨 압축기 Cut Off 온도 : 115℃

㉯ 수온센서 고장일 때 : 콘덴서팬, 냉각팬 High 구동

㉰ 에어컨 ON조건은 압축기스 위치 신호기준이며, 압축기 ON, OFF는 관계가 없다.

03

PART

자동차 섀시

CHAPTER 01

자동차 섀시 성능

01 주행성능

[1] 구동력

엔진의 회전력은 변속기 및 최종 감속장치를 거쳐서 마지막으로는 노면과의 마찰에서 발생되는 저항을 이기고 차량을 움직이게 하는 것을 의미한다. 타이어를 회전시키면 자동차가 앞으로 나가는 이유는 노면과 타이어 사이에서 마찰이 발생하기 때문이다.

구동력은 구동축의 회전력에 비례하고, 구동바퀴의 반지름에 반비례한다. F[kgf]는 다음 공식으로 산출한다.

$$F = \frac{T}{R}$$

R : 구동바퀴 반지름[m], T : 구동축 회전력[kgf · m]

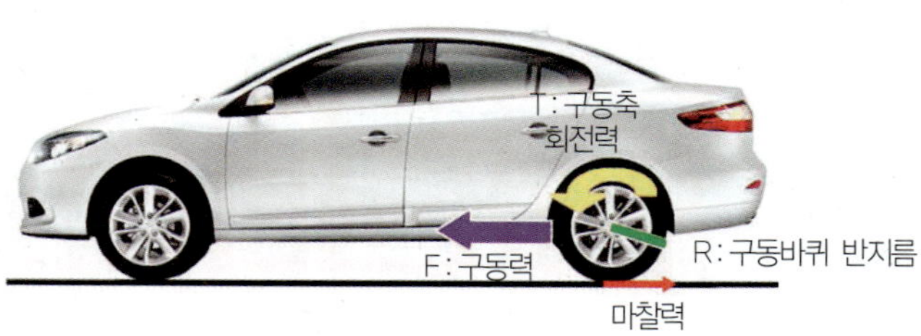

그림 3-1 구동력

마찰이 구동력을 발생시키는 원인은 바로 뉴턴의 운동법칙 중 하나인 작용 및 반작용의 법칙에 따르기 때문이다. "물체 A가 물체 B를 미는 힘이 있으면 반드시 물체 B가 물체 A를 미는 힘도 있다. 두 힘의 크기는 같으며 방향은 반대가 된다."라는 것이 작용 및 반작용의 법칙이다. 한편 자동차의 구동력에서 전주행저항을 뺀 값을 "여유구동력"이라 한다(여유구동력 = 구동력 - 주행저항).

[2] 주행저항

자동차의 주행저항은 자동차 주행을 방해하는 쪽으로 작용하는 힘의 총칭으로 구름저항, 공기저항, 등판저항, 가속저항 등 4가지가 있다.

(1) 구름저항

구름저항은 바퀴가 노면 위를 굴러갈 때 발생하는 것이며, 이 저항의 주된 원인은 도로와 타이어와의 변형, 도로 위의 요철과의 충격, 타이어 미끄럼 등이다. 구름저항이 높을수록 이러한 힘을 극복하는 데 드는 더 많은 에너지가 필요하다. 그러므로 타이어 구름저항은 연료 소비량에 상당한 영향을 미치고, 타이어 수명에도 영향을 미친다. 구름저항이 30% 증가하면 연료소비량이 3~5% 증가하며, 타이어 공기압이 0.3bar 부족 시 +6%, 1bar 공기 부족 시 +30% 구름저항이 증가한다. 구름저항은 다음 공식으로 나타낸다.

$$Rr = \mu r \times W$$

Rr : 구름저항(kgf), μr : 구름저항 계수, W : 차량 총중량(kgf)

(2) 공기저항

공기저항은 자동차가 주행할 때 진행방향에 방해하는 공기의 힘이며, 자동차 공기저항은 압력저항이 주된 것이지만 그중 형상저항이 전체의 60%를 차지한다.

① **형상저항** : 차체 형상에 의해 결정되며 전 투영면적에 적용되는 풍압에 의해 크게 작용한다(항력).

② **유로저항** : 고속이 되면 차체를 들어 올리려는 힘이 발생한다(양력).

③ **마찰저항** : 공기의 점성 때문에 차체 표면과 공기 사이에 발생한다.

④ **표면저항** : 차체 표면에 있는 요철이나 돌기 등에 의해 발생한다.

⑤ **내부저항** : 엔진냉각 및 차량 실내 환기를 위해 들어오는 공기 흐름에 발생한다.

공기저항은 자동차의 정면 면적에 비례하고 자동차 속도의 제곱에 비례한다. 다음 공식으로 표시한다.

$$Ra = \mu a \times A \times V^2$$

Ra : 공기저항(kgf), μa : 공기저항 계수, A : 자동차 전면 투영면적(㎡)

V : 자동차의 공기에 대한 상대 속도(km/h)

그림 3-2 공기저항

(3) 구배(등판)저항

구배저항은 자동차가 언덕길을 올라갈 때 노면에 대한 평행한 방향의 분력($W \times \sin\theta$)이 저항과 같은 효과를 내므로 이것을 구배저항이라고 하며, 다음 공식으로 표시된다.

$$Rg = W \times \sin\theta \text{ , 또는 } Rg = \frac{WG}{100}$$

Rg : 구배저항(kgf), W : 차량 총중량(kgf), $\sin\theta$: 도로면 경사각도, G : 구배(%)

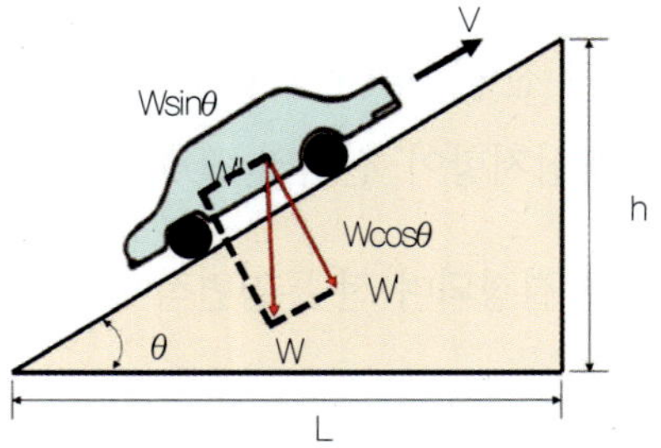

그림 3-3 구배(등판)저항

(4) 가속저항

가속저항은 자동차의 주행속도의 변화를 주는데 필요한 힘으로 관성저항이라고도 한다.

$$Ri = \frac{(1+a)W}{g} \times a$$

Ri : 가속저항, a : 가속도(m/sec²), W : 차량총중량(kgf), g : 중력가속도(9.8m/sec²)

(5) 전 주행저항

① **평탄한 도로 주행 시** : 구름저항(Rr)+공기저항(Ra)

② **경사로 등속 주행 시** : 구름저항(Rr)+공기저항(Ra)+등판저항(Rg)

③ **평탄한 도로 등 가속 주행 시** : 구름저항(Rr)+공기저항(Ra)+가속저항(Ri)

④ **경사로 등 가속 주행 시** : 구름저항(Rr)+공기저항(Ra)+등판저항(Rg)+가속저항(Ri)

02 클러치 용량

클러치 용량이란 클러치가 전달할 수 있는 회전력의 크기이며, 일반적으로 사용 엔진 회전력의 1.5~2.5배 정도이다. 클러치 용량이 너무 크면 클러치가 엔진 플라이휠에 접속될 때 엔진이 정지되기 쉬우며, 반대로 너무 작으면 클러치가 미끄러져 클러치판의 라이닝 마멸이 촉진된다.

[1] 클러치가 미끄러지지 않을 조건

$P\mu r$(클러치 용량) $\geq T$

P : 클러치 스프링 장력(kgf), μ : 클러치판과 압력판 사이의 마찰계수

r : 클러치판의 평균 반지름(m), T : 엔진 회전력(kgf · m)

[2] 클러치의 전달효율

$$\text{전달효율} = \frac{\text{클러치에서 나온 동력}}{\text{클러치로 들어간 동력}} \times 100[\%]$$

또한 회전 동력은 회전속도의 곱에 비례하기 때문에 위 공식은 다음과 같이 된다.

$$\eta = \frac{T_2 \times N_2}{T_1 \times N_1}$$

T_1 : 엔진의 발생 회전력(kgf · m) T_2 : 클러치의 출력 회전력(kgf · m)

N_1 : 엔진의 회전속도(rpm) N_2 : 클러치의 출력 회전속도(rpm)

03 변속비와 주행속도

변속비(또는 기어비)는 엔진의 회전수(또는 입력축 구동 기어의 회전수)와 추진축(또는 변속기 주축)의 회전수와의 비를 말한다.

$$\text{기어비} = \frac{\text{카운터 기어(부축기어) 잇수}}{\text{입력축 기어 잇수}} \times \frac{\text{변속단 출력축 기어 잇수}}{\text{변속단 카운터 기어 잇수}}$$

자동차의 주행속도는 주행저항을 계산에 넣지 않는다면 엔진의 회전수, 변속비, 종감속비 및 바퀴 크기에 따라 정해진다.

$$V_1 = \pi D \frac{N}{r_t\ r_f}(m/\min) = \pi D \times \frac{N}{r_t\ r_f} \times \frac{60}{1000}(km/h)$$

V_1 : 자동차 주행속도(km/h), N : 엔진회전수(rpm), r_t : 변속기의 기어비, r_f : 종감속비, D : 바퀴직경(m)

04 조향성능

[1] 자동차의 조향특성

자동차 조향휠의 회전 각도를 일정하게 유지한 상태에서 일정 속도로 주행하면 자동차는 선회반경이 일정한 원운동을 하며, 다음의 특성을 가지고 있다.

① **언더 스티어(under steer)** : 가속 시 처음의 궤적에서 이탈 바깥쪽으로 벌어짐

② **오버 스티어(over steer)** : 안쪽으로 감겨 들어감

③ **정상(neutral steer)** : 그대로 같은 궤적을 형성

일반적인 승용차는 완만한 언더 스티어 조향특성을 갖도록 설계되어 있다.

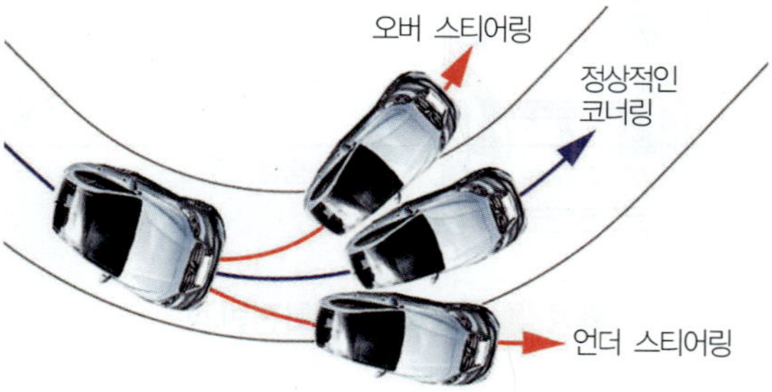

그림 3-4 자동차의 조향특성

[2] 조향 기어비

$$\text{조향 기어비} = \frac{\text{조향핸들이 움직인 각도}}{\text{피트먼암이 움직인 각도}}$$

[3] 최소 회전반경 산출 공식

$$R = \frac{L}{\sin\alpha} + r$$

R : 최소 회전반경(m), L : 축거(m), $\sin\alpha$: 바깥쪽 앞바퀴의 조향각도

r : 킹핀과 바퀴 접지 면과의 거리(m)

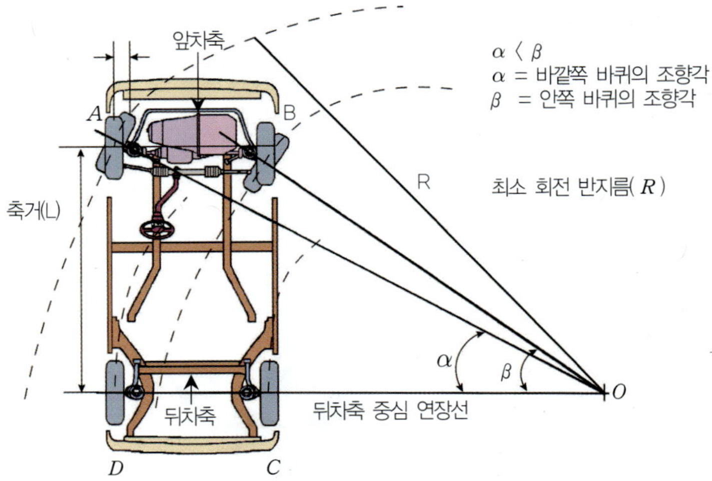

그림 3-5 최소 회전반경

05 제동성능

[1] 브레이크 드럼에 발생하는 제동토크

$$T_B = \mu \mathrm{Pr}$$

T_B : 드럼에 발생하는 제동토크, μ : 드럼과 라이닝의 마찰계수

r : 드럼의 반지름, P : 드럼에 가해지는 힘

[2] 정지거리와 정지시간

① **공주거리와 공주시간** : 운행 중 교통장애물을 인지하고 브레이크를 밟아서 브레이크가 작동되기까지 자동차가 주행한 거리이다. 이때까지 소요된 시간을 공주시간이라 한다.

② **제동거리와 제동시간** : 브레이크가 작동된 후(제동이 시작된 후) 자동차가 완전히 정차할 때까지 주행한 거리를 말한다. 이때까지 소요된 시간을 제동시간이라 한다.

③ **정지거리와 정지시간** : 정지거리는 전방의 장애물을 인식한 뒤 브레이크를 작동하여 차량이 완전히 멈추게 될 때까지 이동하는 거리(정지거리 = 공주거리 + 제동거리)를 말한다. 이때

까지 소요된 시간을 정지소요 시간(정지시간 = 공주시간 + 제동시간)이라 한다.

[3] 제동거리의 산출 공식

$$S = \frac{V^2}{254} \times \frac{W}{F}$$

S : 제동거리(m), V : 주행속도(km/h),
W : 차량총중량(kgf), F : 제동력(kgf)

[4] 공주거리 산출 공식

$$S_2 = \frac{V}{3.6} t$$

S_2 : 공주거리, t : 공주시간

[5] 정지거리 산출 공식

정지거리는 제동거리+공주거리이므로

$$S_3 = \frac{V^2}{254} \times \frac{W + W'}{F} + \frac{V}{3.6} \times t$$

CHAPTER 02

동력 전달장치

자동차를 구성하고 있는 부분을 크게 나누면 차체(body)와 섀시(chassis)로 분리할 수 있다. 섀시를 구성하는 각 장치는 자동차가 주행하는데 필요한 장치들로 이루어져 있고, 자동차의 성능을 좌우하는 주된 역할을 한다. 섀시에서 동력 전달장치(power train)는 동력 발생장치에서 발생한 동력을 주행상황에 맞게 적절한 상태로 변화를 주어 바퀴에 전달하는 장치이다. 구성은 클러치, 변속기(트랜스 액슬), 드라이브 라인, 종감속기어, 차동장치, 차축 및 구동바퀴 등으로 되어 있다. 하이브리드 전기차 및 전기차에서는 배터리, 전기 구동 시스템, 제어 전자 장비까지 포함한다.

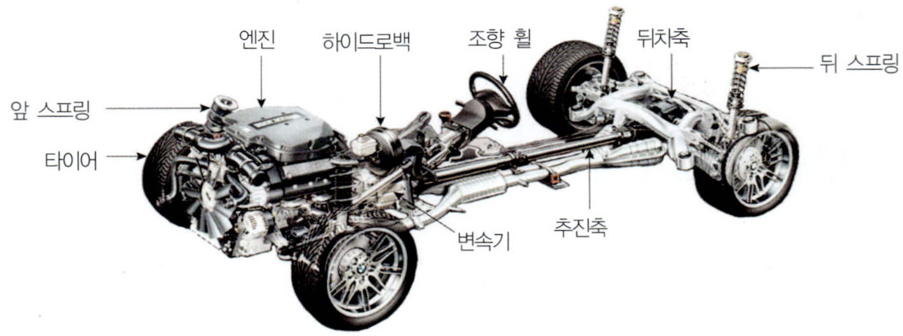

(a) 내연기관차 파워트레인 구성(FR 구동방식)

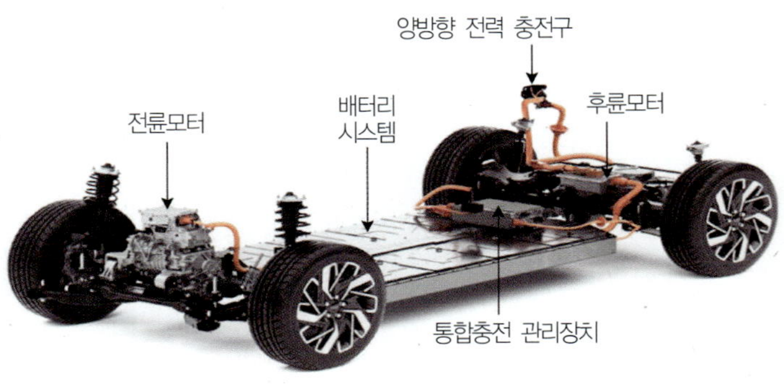

(b) 전기차 파워트레인 구성

그림 3-6 섀시의 구성

01 클러치(clutch)

클러치(clutch)는 엔진 플라이휠과 변속기 입력축 사이에 설치되며, 엔진의 동력을 변속기에 전달하거나 차단하는 역할을 한다. 엔진 시동을 걸 때나 기어를 변속할 때는 동력을 끊고, 출발할 때에는 엔진의 동력을 연결하는 일을 하며, 그 조작은 운전석에서 페달을 사용하여 조작할 수 있도록 되어 있다.

[1] 클러치의 필요성

① 엔진을 시동할 때에는 엔진을 무부하 상태로 하기 위해
② 변속기의 기어를 변환할 때 엔진의 회전력을 일시 차단하기 위해
③ 자동차를 관성운전을 하려면 엔진과의 연결을 차단하기 위해

[2] 클러치의 구비조건

① 회전관성이 적어야 한다.
② 동력을 전달할 때에는 미끄럼을 일으키면서 서서히 전달되고, 전달된 후에는 미끄러지지 않아야 한다.
③ 회전 부분의 평형이 좋아야 한다.
④ 냉각이 잘 되어 과열하지 않아야 한다.
⑤ 구조가 간단하고, 다루기 쉬우며 고장이 적어야 한다.
⑥ 단속 작용이 확실하며, 조작이 쉬워야 한다.

[3] 클러치의 작동

(1) 기계식 클러치

기계식은 페달 밟는 힘을 케이블을 거쳐 릴리스 포크로 전달하여 릴리스 베어링을 이동시킨다. 작동 순서(원리)는 클러치 페달 → 클러치 케이블 → 릴리스 포크 → 릴리스 베어링 → 베어링 → 압력판(릴리스 레버) → 압력판(뒤쪽으로) → 클러치 디스크가 플라이휠과 압력판에서

분리되어 엔진의 동력이 변속기로 전달되지 않는다.

(2) 단판 클러치

① 클러치 페달을 밟지 않은 경우

클러치 페달을 놓으면 클러치 스프링(또는 다이어프램 스프링)의 장력에 의하여 압력판이 클러치판을 플라이휠에 압착시켜 플라이휠과 함께 회전한다. 클러치판은 변속기 입력축의 스플라인에 설치되어 있으므로 클러치판이 회전하면 엔진의 동력이 변속기로 전달된다.

② 클러치 페달을 밟은 경우

클러치 페달을 밟으면 릴리스 베어링이 릴리스 레버(다이어프램 스프링)를 밀게 되므로 압력판이 뒤쪽으로 이동한다. 이에 따라 압착되어 있던 클러치판이 플라이휠과 압력판에서 분리되어 있으므로 엔진의 동력이 변속기로 전달되지 않는다.

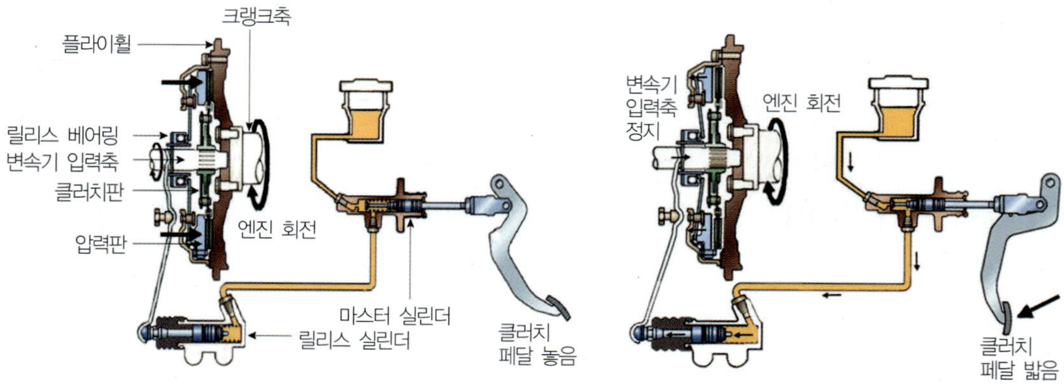

(a) 클러치 연결 (b) 클러치 분리

그림 3-7 클러치 작동

[4] 클러치의 종류 그 특징

(1) 코일 스프링 클러치(coil spring clutch)

이 클러치는 몇 개의 코일 스프링을 클러치 압력판과 커버 사이에 설치한 것이며, 스프링의 크기와 수는 클러치 용량이나 설계에 따라서 다르나 약 6~12개로 되어 있다.

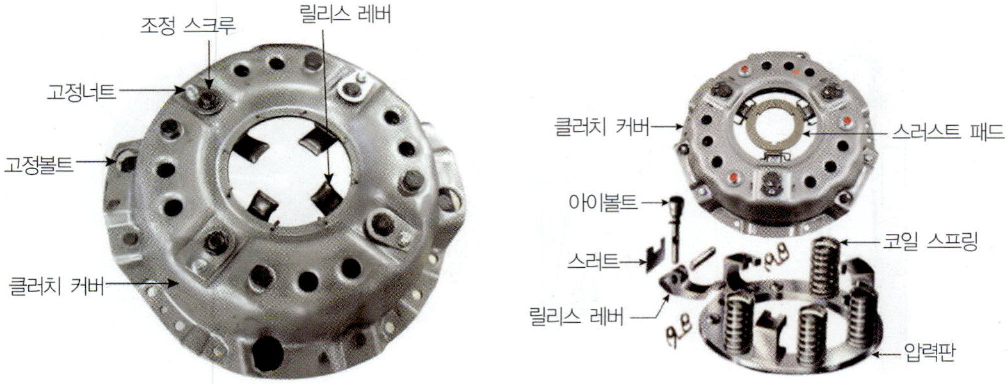

그림 3-8 코일 스프링 클러치의 구조

(2) 다이어프램 스프링 클러치(diaphragm spring clutch)

다이어프램이 클러치 스프링의 작용과 릴리스 레버의 작용을 겸하는 방식이며, 다이어프램 스프링은 원둘레 방향으로 놓인 피벗 링(pivot ring)에 의해 클러치 커버에 결합되어 있다. 따라서 다이어프램 스프링은 피벗 링을 지점으로 하여 스프링 둘레의 끝부분으로 압력판을 누르고 있다. 클러치 페달을 밟으면 릴리스 베어링에 의해 스프링 핑거 부분에 압력이 가해져 전체 다이어프램 스프링이 안쪽으로 구부러지면서 압력판을 뒤로 잡아당겨 클러치판을 플라이휠로부터 분리시킨다. 클러치 페달을 놓아 핑거부분의 압력이 풀리면 다이어프램 스프링이 원위치로 돌아가 클러치판이 플라이휠에 압착된다.

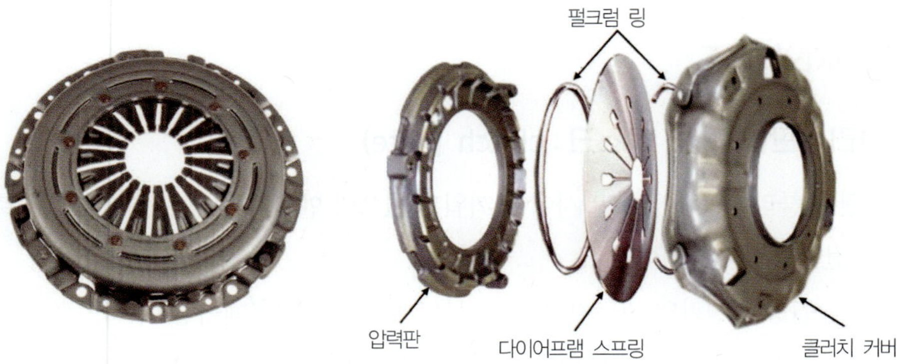

그림 3-9 다이어프램 스프링 클러치 구조

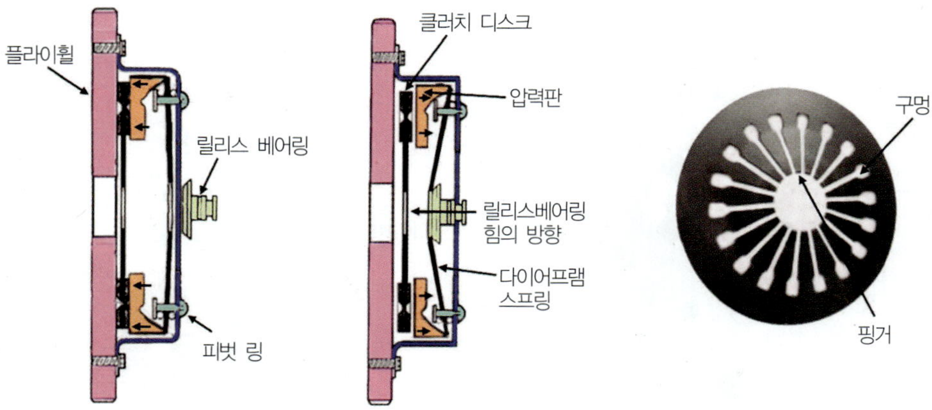

(a) 클러치 연결 (b) 클러치 차단 (c) 다이어프램 스프링

그림 3-10 다이어프램 스프링 클러치의 작동

다이어프램 스프링 클러치의 특징은 다음과 같다.

① 클러치를 구성하는 부품이 원판형이므로 평형을 잘 이룬다.
② 압력판에 작용하는 압력이 균일하다.
③ 고속회전에서 원심력을 받아도 스프링 장력의 감소가 적다.
④ 클러치판이 어느 정도 마모되어도 압력판에 가해지는 압력 변화가 적다.
⑤ 클러치 페달을 밟는 힘이 적어도 된다.
⑥ 클러치의 구조와 다루기가 간단하다.

[5] 클러치의 구조

(1) 클러치판(클러치 디스크 : clutch plate)

클러치판은 플라이휠과 압력판 사이에 끼워져 있으며 엔지의 동력을 변속기 입력축을 통하여 변속기로 전달하는 마찰판이다.

그 구조는 원형 강철판의 가장자리에 마찰물질로 된 라이닝(페이싱)이 리벳으로 설치되어 있고, 중심부분에는 허브(hub)가 있으며 그 내부에 변속기 입력축을 끼우기 위한 스플라인(spline)이 파져 있다.

비틀림 코일 스프링은 클러치판이 플라이휠에 접속될 때 회전충격을 흡수하는 일을 하고, 쿠션 스프링은 클러치를 급속히 접속 시 클러치판의 편마모, 변형, 파손 등의 방지하는 역할을 한다. 라이닝은 대부분 석면을 주재료로 한 것을 사용하고 있으나, 최근에는 금속제 라이닝을 사용하기도 한다. 라이닝의 마찰계수는 0.3~0.5 정도이다.

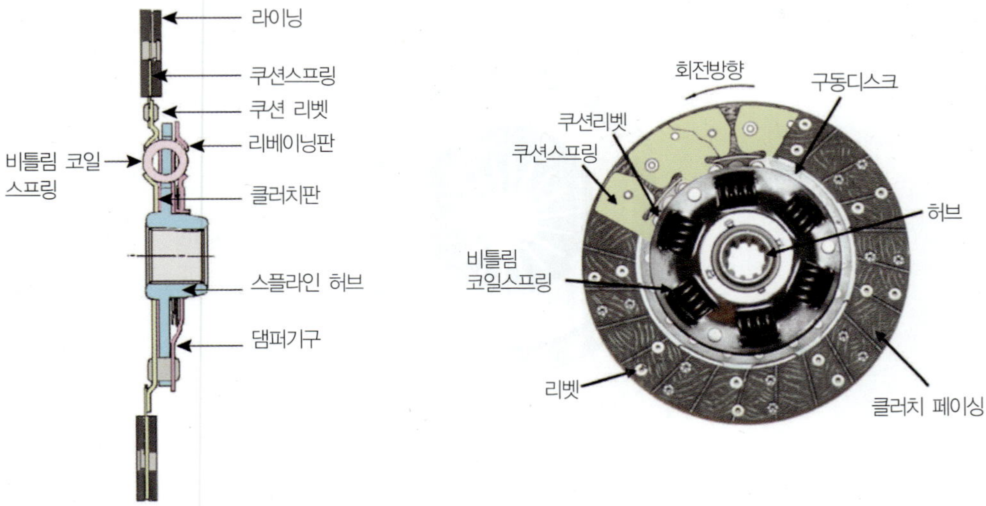

그림 3-11 클러치판의 구조

(2) 변속기 입력축(클러치축)

변속기 입력축은 클러치 디스크가 받은 엔진의 동력을 변속기로 전달하며, 축의 스플라인 부에 클러치 디스크 허브의 스플라인이 끼워져 클러치 디스크가 길이 방향으로 미끄럼 운동을 한다. 앞 끝은 플라이휠 중앙부에 설치된 파일럿 베어링(pilot bearing)에 의해 지지되고, 뒤끝은 볼 베어링(ball bearing)에 의해 변속기 케이스에 지지되어 있다.

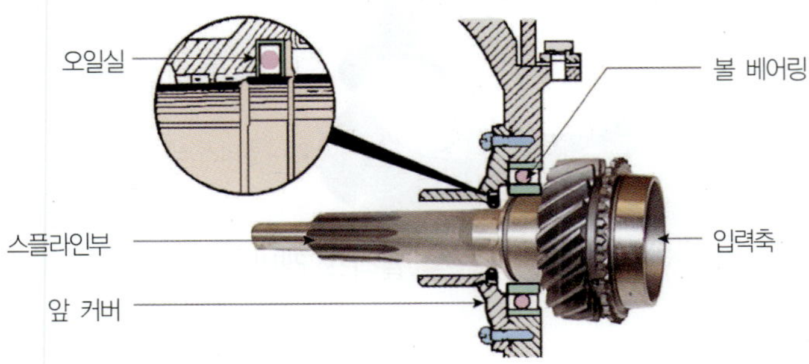

그림 3-12 변속기 입력축의 구조

(3) 클러치 압력판

압력판은 다이어프램 스프링(또는 클러치 스프링)의 힘으로 클러치판을 플라이휠에 밀착시키는 작용을 한다. 클러치를 접촉할 때에는 클러치판과의 사이에 미끄럼이 발생하므로 내마모성, 내열성능이 좋고, 열전도성이 큰 특수주철을 사용한다.

그림 3-13 압력판

(4) 릴리스 레버(release lever)

엔진의 동력을 차단할 때에는 릴리스 베어링으로부터 힘을 전달받아 압력판을 후퇴시키고, 굽히는 힘이 반복되어 작용하기 때문에 충분한 강도와 강성이 있어야 한다. 레버의 높이가 서로 다르면 자동차가 출발할 때 진동을 일으키므로 코일 스프링 클러치는 레버의 높이가 다르면 고정 볼트와 조정 스크루를 이용하여 레버의 높이를 일정하게 조정해야 하며, 다이어프램 스프링 클러치는 조정이 불가능하므로 클러치를 교환해야 한다.

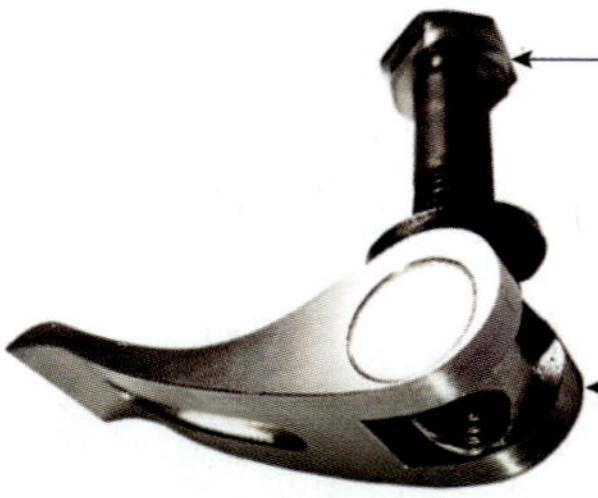

그림 3-14 릴리스 레버

(5) 클러치 스프링(clutch spring)

클러치 스프링은 클러치 커버와 압력판 사이에 설치되어 있으며, 압력판에 압력을 발생시키는 작용을 한다.

(6) 클러치 커버(clutch cover)

클러치 커버는 압력판, 다이어프램 스프링(코일 스프링형식에서는 릴리스 레버, 클러치 스프링) 등이 조립되어 플라이휠에 함께 설치되는 부분으로 압력판 등을 지지하는 역할을 하며, 클러치 커버에는 오번형, 아웃레버형, 반원심형, 다이어프램형, 이너레버형 등이 있다.

[6] 클러치 조작기구

(1) 클러치 페달(clutch pedal)

클러치 페달은 조작력을 감소시키기 위해 지렛대 원리를 이용하며, 그 설치방법에 따라 펜던트형(pendant type)과 플로어형(floor type)이 있다.

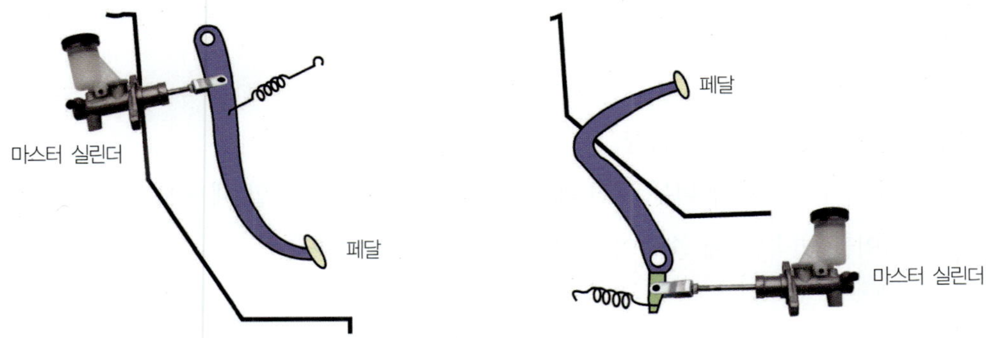

(a) 펜던트형　　(b) 플로어형

그림 3-15 클러치 페달의 종류

① 클러치 페달의 자유간극(유격)

자유간극(또는 유격)이란 클러치 페달을 밟은 후부터 릴리스 베어링이 다이어프램 스프링(또는 릴리스 레버)에 닿을 때까지 페달이 이동한 거리를 말하며, 클러치의 미끄러짐을 방지할 목적으로 둔다.

페달의 자유간극은 기계 조작방식의 경우는 20~30mm, 유압조작 방식은 6~10mm 정도이며, 자유간극 조정은 클러치 링키지에서 한다.

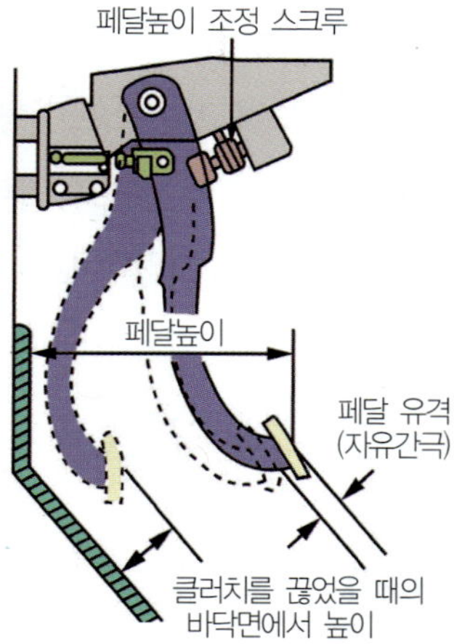

그림 3-16 클러치 페달의 자유간극

② 자유간극이 너무 적을 때의 영향

자유간극이 규정값보다 작으면 클러치가 미끄러지며, 이 미끄럼으로 인하여 클러치판이 과열되어 손상된다.

③ 자유간극이 너무 클 때의 영향

자유간극이 규정값보다 너무 크면 페달을 밟아 클러치를 차단할 때 차단이 불량하여 변속기의 기어를 변속할 때 소음이 발생하고 기어가 손상된다.

(2) 릴리스 포크(release fork)

릴리스 포크는 주철이나 강철판의 프레스 제품이며, 릴리스 레버와 같은 역할을 하며, 릴리스 베어링 칼라가 끼워지는 요크(yoke) 부분과 클러치 커버에 설치하기 위한 핀 구멍부분, 레버 등으로 되어 있다.

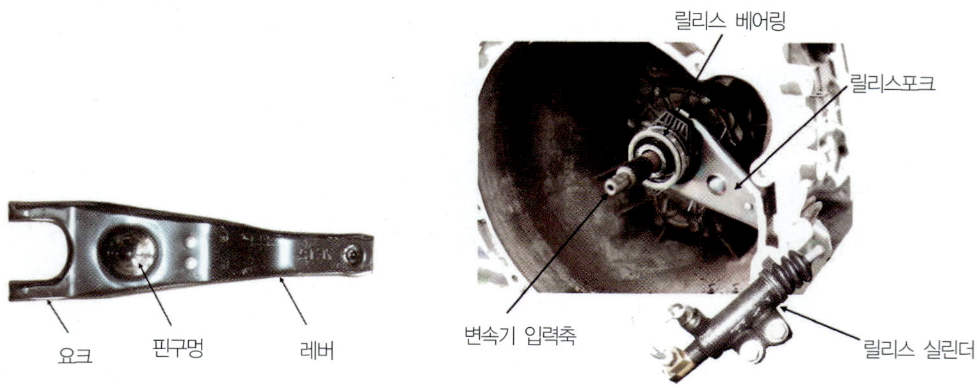

그림 3-17 릴리스 포크의 구조 및 설치상태(릴리스 포크 타입)

(3) 릴리스 베어링(release bearing)

릴리스 베어링은 릴리스 포크에 의해 변속기 입력축의 길이 방향으로 작동하며, 회전 중인 릴리스 레버를 눌러 동력을 차단하는 작용을 한다. 이 베어링은 스러스트 볼 베어링(thrust ball bearing)이 들어 있는 케이스로 되어 있으며 베어링 칼라에 끼워져 있다.

릴리스 베어링의 종류에는 앵귤러 접촉형(angular contact type), 볼 베어링형(ball bearing type), 카본형(carbon type) 등이 있다. 카본형은 구리 또는 납을 포함한 특수한 흑연을 사용한다. 릴리스 베어링은 영구 주유 베어링을 주로 사용하며 이러한 베어링은 주유를 하지 않는다. 따라서 솔벤트 등의 세척제 속에 넣고 세척해서는 안 된다.

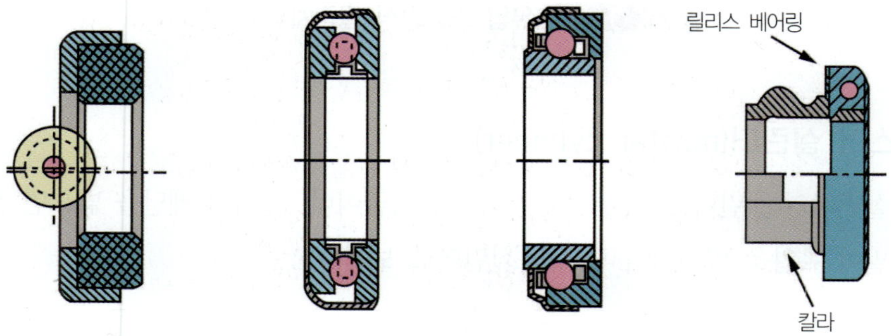

그림 3-18 릴리스 베어링의 종류와 형상

[7] 유압식 클러치 조작방식

유압식 클러치 조작기구는 클러치 페달을 밟으면 마스터 실린더에 유압이 발생하고 이 유압은 파이프를 통해 릴리스 실린더에 압송된다. 릴리스 실린더는 이 유압에 의해 릴리스 레버를 밀게 되어 클러치의 작동이 이루어진다.

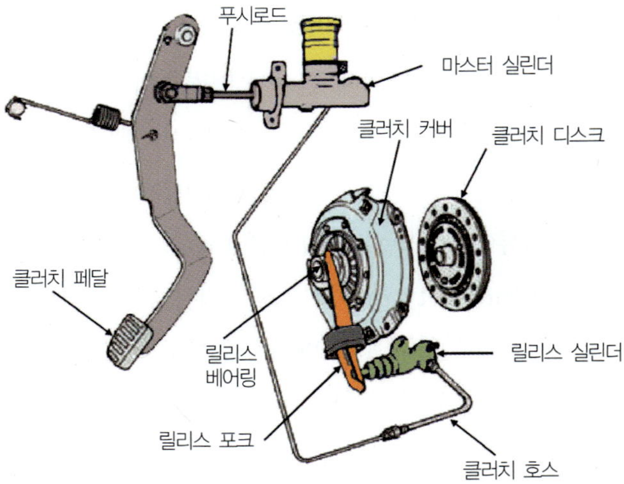

그림 3-19 유압 조작방식 클러치의 구성

(1) 마스터 실린더(master cylinder)

마스터 실린더의 실린더는 주철이나 알루미늄 합금이며, 클러치 페달을 밟으면 푸시로드가 피스톤을 밀어 유압을 발생시켜 릴리스 실린더로 보낸다.

그림 3-20 마스터 실린더의 구조

(2) 릴리스 실린더(release cylinder : 슬레이브 실린더)

릴리스 실린더는 마스터 실린더에서 보내준 유압을 피스톤과 푸시로드에 작용하여 릴리스 포크를 미는 작용을 한다. 또 릴리스 실린더에는 유압 회로 내에 침입한 공기를 배출시키기 위한 공기빼기용 나사가 있다.

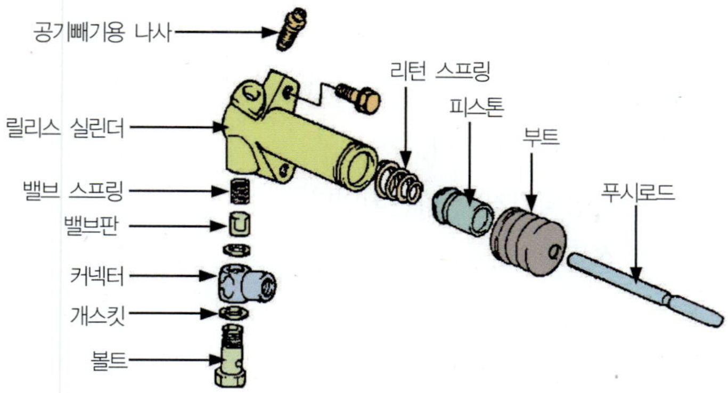

그림 3-21 릴리스 실린더

[8] 유압식 클러치 고장원인 및 증상

(1) 클러치가 미끄러지는 원인

클러치의 미끄러짐이란 출발 또는 주행 중 가속을 하였을 때 엔진의 회전속도는 상승하지만 출발이 잘 안되거나 주행속도가 증속되지 않는 경우이며, 그 원인은 다음과 같다.

① 클러치 페달의 자유 간극(유격)이 작다.

② 클러치 디스크의 마멸이 심하다.

③ 클러치 디스크에 오일이 묻었다(크랭크축 뒤 오일 실 또는 변속기 입력축 오일 실이 파손되었을 때).

④ 플라이휠 및 압력판이 손상되었다.

⑤ 클러치 스프링의 장력이 약하거나, 자유 높이가 감소되었다.

⑥ 클러치가 물렸을 때 클러치의 미끄러짐은 가속할 때 큰 회전력이 작용하므로 클러치 용량이 감소하여 일어나기 쉽다.

(2) 클러치가 미끄러질 때의 영향

① 연료 소비량이 증가한다.

② 엔진이 과열한다.

③ 등판능력이 감소한다.

④ 구동력이 감소하여 출발이 어렵고, 증속이 잘 되지 않는다.

(3) 클러치 고장

① 클러치 차단 불량 원인

㉮ 클러치 페달의 자유 간극이 크다.

㉯ 릴리스 베어링이 손상되었거나 파손되었다.

㉰ 클러치 디스크의 흔들림(rut out)이 크다.

㉱ 유압 계통에 공기가 침입하였다.

㉲ 플라이휠 및 압력판이 변형되었다.

㉳ 클러치 차단이 불량하면 변속기의 기어를 변속할 때 소음이 나고 변속이 어려워진다.

② 클러치의 떨림 현상

클러치의 떨림은 클러치를 연결할 때(페달을 놓을 때) 발생하는 가벼운 진동이며, 그 원인은 클러치 링키지의 이상, 비틀림 코일 스프링 및 쿠션 스프링이 파손되었을 때 일어난다.

③ 클러치의 끌림 현상

클러치 끌림은 페달의 자유 간극이 클 때 클러치 디스크가 완전히 떨어지지 않아 페달을 밟아도 변속기로 엔진의 동력이 전달되는 현상이다.

④ 클러치의 소음

클러치의 소음은 클러치가 연결되었을 때에는 클러치 디스크 허브와 변속기 입력축 스플라인의 간극이 클 때 발생하기 쉽고, 클러치를 차단하였을 때의 소음은 릴리스 베어링이 원인이며 공전 상태에서 현저하다.

[9] 듀얼 클러치 변속기(DCT : dual clutch transmission)

듀얼 클러치는 건식 듀얼 클러치와 습식 듀얼 클러치로 나눌 수 있다. 건식 DCT는 단판 클러치로 클러치가 작동할 때 오일이 개입하지 않는 방식으로 작고 무게가 가볍다. 반면 클러치가 마찰에 노출되기 때문에 열이 많이 발생하고 내구성이 취약하다. 따라서 높은 토크를 내는 엔진에 사용하기 어렵고 변속충격이 강하여 승차감이 떨어진다.

습식 DCT는 클러치 작동에 있어 오일이 개입하는 방식으로 판이 여러 개인 다판 클러치 방식으로 부드러운 변속이 가능하다. 오일이 마찰면의 윤활제 역할을 하고 쿨러로 가열된 오일을 쿨링 하는 방식으로 강한 내구성이 있어 높은 토크의 엔진에도 사용할 수 있어 고출력 차량에 주로 사용된다. 오일이 많이 사용되므로 미션오일을 자주 교환해 주어야 하고, 오일을 제어할 오일 펌프 및 솔레노이드밸브, 쿨러 등의 추가 부품이 들어가기 때문에 연비도 떨어진다.

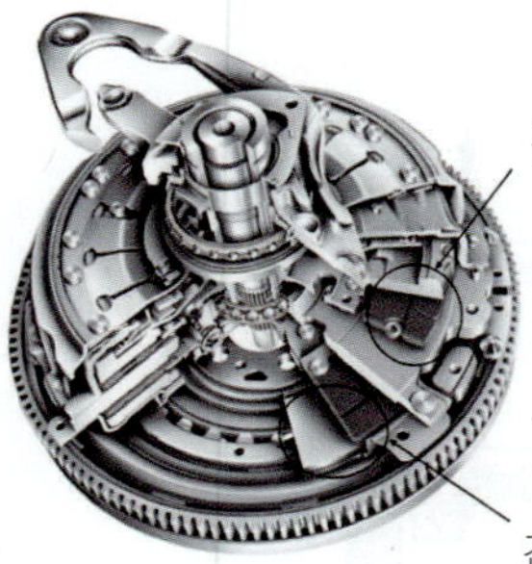

(a) 건식

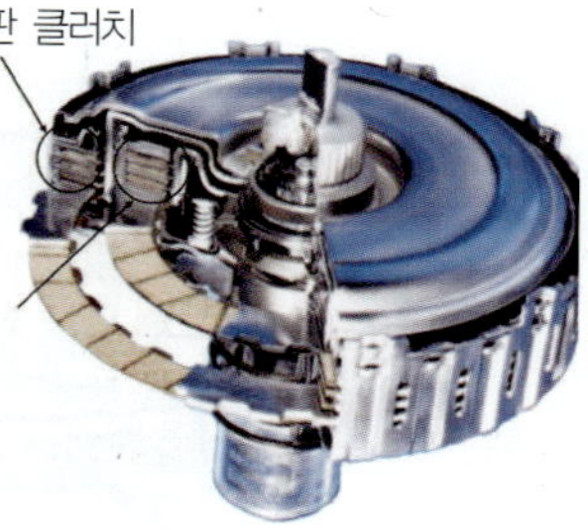

(b) 습식

그림 3-22 듀얼 클러치

(1) DCT의 장·단점

① 장점

㉮ 매우 빠르고 부드러운 변속

㉯ 동력손실이 매우 적고 자동변속기 대비 6~10% 이상 연비가 좋다.

㉰ 일반 자동변속기와 같이 편리하다.

② 단점

㉮ 구조상 공간이 협소하여 클러치의 마찰면을 싱글 클러치만큼 크게 할 수가 없다.

㉯ 허용 토크값이 낮다.

㉰ 미션이 차지하는 공간과 무게가 크다.

(2) 듀얼 클러치 변속기의 작동

운전자가 가속 페달을 조작하면 컴퓨터가 최적의 변속시점을 판단하여 자동으로 변속된다. 듀얼 클러치 변속기는 클러치가 2개이고, 톱니바퀴가 배열된 회전축이 2개이다. 즉, 듀얼 클러치 변속기는 각 단을 2개의 축으로 구분하여 배열하고(1-3-5, 2-4-6), 2개의 축을 각각 담당하는 클러치를 2개를 둠으로써 다음 변속을 최대한 빠르게 한 변속기이다.

하나의 회전축은 1-3-5단을 담당하고 다른 회전축은 2-4-6단을 담당하되, 클러치와 연결된 회전축선은 하나이지만 안쪽과 바깥쪽으로 구분하여 회전축을 구동한다. 즉, 1-3-5단이 물릴 때는 안쪽 회전축이 회전하고, 2-4-6단이 물릴 때는 바깥쪽 회전축이 회전한다.

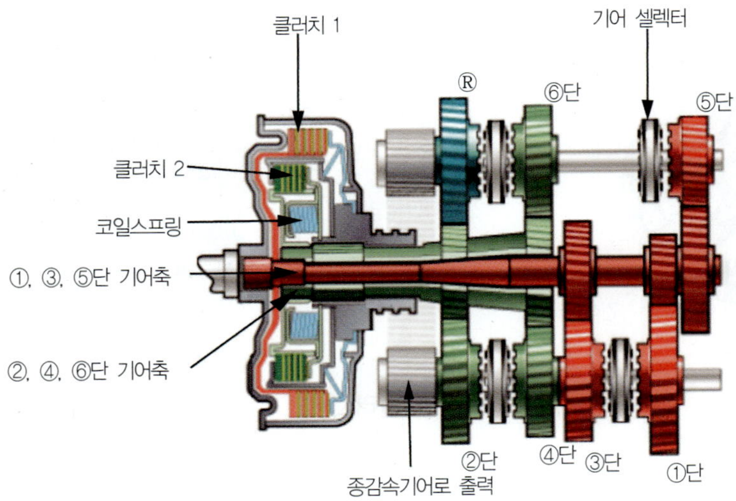

그림 3-23 DCT의 구조

(3) 주요 구성부품

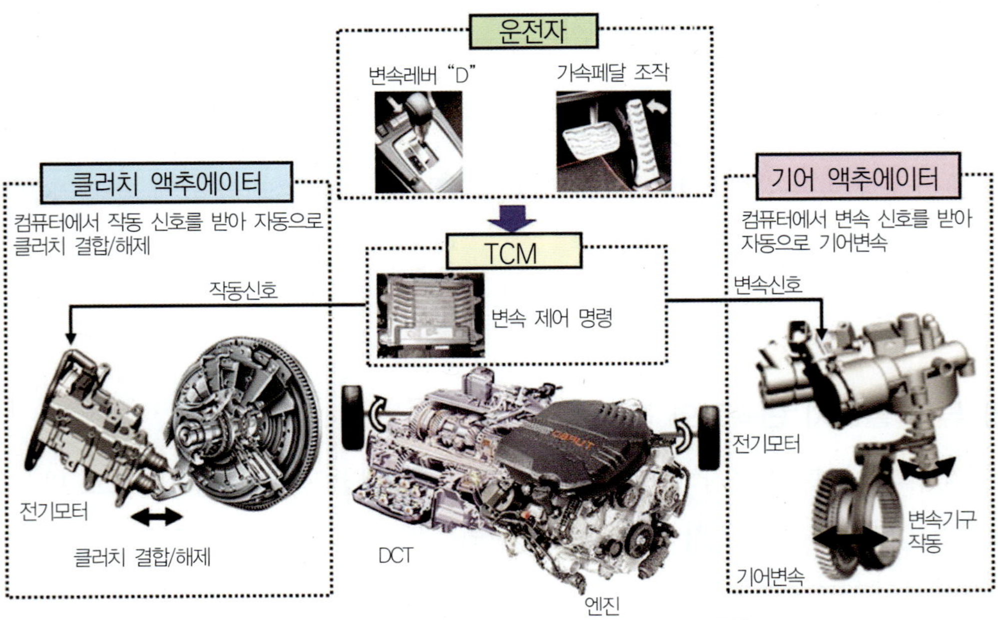

그림 3-24 듀얼 클러치 변속기 작동 원리

① 클러치 액추에이터 어셈블리

클러치 액추에이터는 트랜스미션 컨트롤 모듈(TCM)로부터 신호를 받아 클러치를 결합 및 해제하는 역할을 한다.

② 기어 액추에이터 어셈블리

기어 액추에이터는 시프트 모터와 셀렉트 솔레노이드로 구성되어 있으며, TCM의 신호를 받아 시프트 모터와 셀렉트 솔레노이드를 제어한다.

③ 입력축 속도센서 1, 2

입력축 속도센서는 변속기 입력축 회전수를 감지하여 TCM으로 전달하는 입력센서이며, 이 출력센서는 전자제어에 있어 중요한 입력 정보로 피드백 제어, 변속단 설정 제어 기타 센서 고장 판정 기준 등 모든 작동 범위에서 필요한 정보이다.

02 수동변속기(MT : manual transmission)

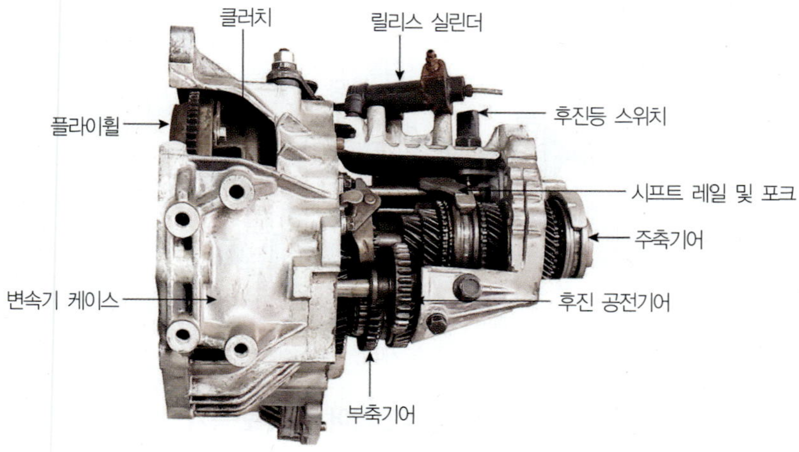

그림 3-25 수동 트랜스액슬

[1] 변속기의 필요성과 구비조건

(1) 변속기의 필요성

① 엔진과 차축 사이에서 회전력을 증대시킨다.

② 엔진을 시동할 때 엔진을 무부하 상태로 한다(변속레버 중립위치에서).

③ 자동차를 후진시키기 위하여 필요하다.

(2) 변속기의 구비조건

① 소형 · 경량이고, 고장이 없으며 다루기 쉬워야 한다.

② 조작이 쉽고, 신속, 확실, 정숙하게 작동되어야 한다.

③ 단계가 없이 연속적으로 변속이 되어야 한다.

④ 전달효율이 좋아야 한다.

[2] 변속기의 분류

(1) 점진기어 형식 변속기

이 변속기는 운전 중 제1속에서 직접 톱 기어(top gear)로 또는 톱 기어에서 제1속으로 변속이 불가능한 형식이다.

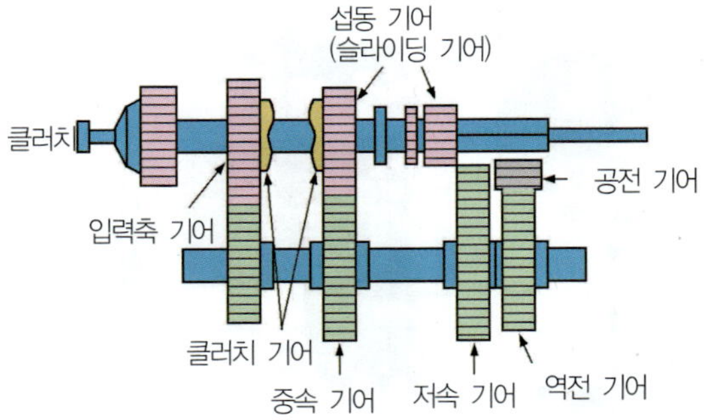

그림 3-26 점진기어 형식 변속기

(2) 선택기어 형식 변속기

① 활동(섭동)기어 형식(sliding gear type)

이 변속기는 주축과 부축이 평행하며 주축에 설치된 각 기어는 스플라인에 끼워져 축 방향으로 미끄럼 운동을 할 수 있다. 변속을 할 때에는 변속레버의 조작으로 주축에 설치된 기어 중에서 1개를 선택하여 미끄럼 운동을 시켜서 부축기어에 물려 동력을 전달한다. 기어와 주축의 회전속도 차이를 맞추기 어려워 기어가 파손되기 쉽다.

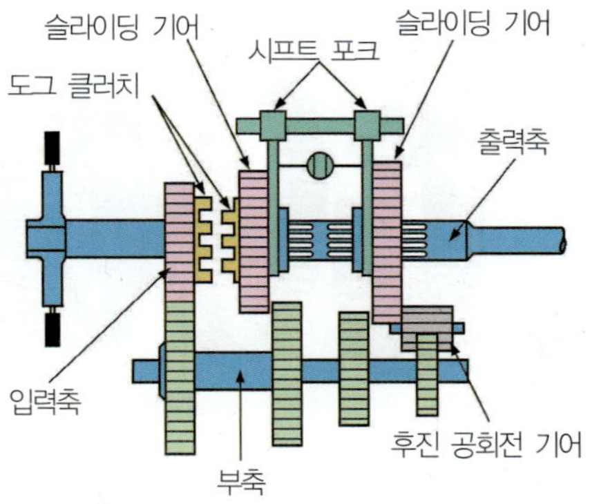

그림 3-27 섭동 기어형식 변속기

② **상시 물림형식(constant mesh type)**

이 변속기는 주축기어와 부축기어가 항상 물려 있는 상태로 작동하며, 주축에 설치된 모든 기어는 공전을 한다. 변속을 할 때에는 주축의 스플라인에 설치된 도그 클러치(dog clutch or clutch gear)가 변속레버에 의하여 이동해 공전하고 있는 주축기어 안쪽의 도그 클러치에 끼워져 주축과 기어에 동력을 전달한다.

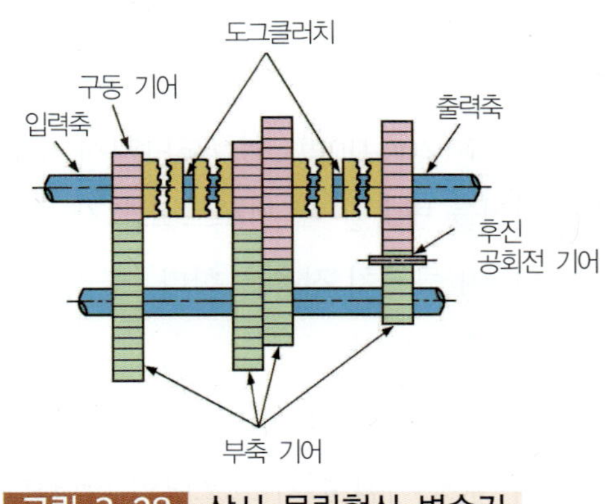

그림 3-28 상시 물림형식 변속기

③ **동기 물림형식(synchro mesh type)**

동기 물림형식은 주축 위를 항상 공전하고 있는 변속기어와 주축 및 스플라인에 의해 결합된 허브기어 사이에 원추형의 마찰면을 가진 싱크로나이저 링(클러치)과 슬리브를 이용한 것이다. 변속할 때 변속레버로 슬리브를 움직이면 싱크로나이저 링이 작용하고, 이 링의 마찰력에 의해 주축과 변속되는 기어가 부드럽게 물리게 되므로 조용하게 변속을 시킬 수 있다.

그림 3-29 동기 물림장치의 구성

㉮ 클러치 허브(clutch hub) : 클러치 허브는 안쪽에 있는 스플라인에 의해 변속기 주축의 스플라인에 고정되어 주축의 회전속도와 동일한 회전을 하며, 그 바깥둘레에 싱크로나이저 키가 3개 설치되어 있다. 바깥둘레에는 스플라인을 통하여 클러치 슬리브가 설치되어 있다.

㉯ 클러치 슬리브(clutch sleeve) : 클러치 슬리브는 바깥둘레에는 시프트 포크(shift fork)가 끼워지는 홈이 파져 있고, 안쪽의 스플라인을 통해 클러치 허브에 끼워져 변속레버의 작동에 의해서 앞 · 뒤로 미끄럼 운동을 하여 싱크로나이저 키를 싱크로나이저 링 쪽으로 밀어줌으로써 주축 기어와 주축을 연결하거나 차단하는 작용을 한다.

㉰ 싱크로나이저 링(synchronizer ring) : 싱크로나이저 링은 주축기어의 원뿔부분(cone)에 끼워져 있으며, 기어를 변속할 때 시프트 포크가 클러치 슬리브를 미끄럼 운동시키면 원뿔 부분과 접촉하여 클러치 작용을 한다. 클러치 작용이 유효하게 이루어지도록 안쪽 면에 나사 홈이 파져 있다.

㉱ 싱크로나이저 키(synchronizer key) : 싱크로나이저 키는 뒷면에 돌기가 있고, 클러치 허브에 마련된 3개의 홈에 끼워져 키 스프링의 장력으로 클러치 슬리브 안쪽에 압착되어 있다. 또 그 양끝은 일정한 간극을 두고 싱크로나이저 링에 끼워지며 클러치 슬리브를 고정시켜 기어 물림이 빠지지 않도록 한다.

[3] 변속기 조작기구

(1) 직접 조작방식 변속기

직접 조작방식(floor shift type)은 변속레버는 변속기의 뒷부분에 부착되어 변속레버에 의해 시프트 포크(shift fork)가 선택되고, 각 시프트 포크는 시프트 레일(shift rail)과 함께 앞뒤로 작동하며, 시프트 레일에 고정된 시프트 포크가 싱크로나이저 슬리브 홈에 들어가서 슬리브를 작동시킨다.

(2) 원격 조작방식 변속기

① 컬럼형(column type) 원격 조작방식

이 방식은 로드(rod)를 이용한 것이며, 변속레버를 움직이면 로드가 이동하여 시프트 포크가 작동하여 변속이 이루어진다.

② 플로어형(floor type) 원격 조작방식

이 방식은 운전석 옆에 있는 변속레버의 동작에 따라 시프트 케이블(shift cable)과 셀렉터 케이블(selector cable)이 움직이고, 2개의 케이블은 시프트 레버와 셀렉터 레버를 움직여 변속이 이루어진다.

[4] 인터록 플런저와 포핏 스프링(록킹볼)

① **인터록 플런저(inter-lock plunger)** : 기어가 변속될 경우, 동시에 2중으로 변속이 이루어지지 않도록 2중 물림방지를 한다.

② **포핏 스프링(록킹볼)** : 포핏 스프링은 볼을 일정한 힘으로 밀어 시프트 레일의 헐거운 움직임을 제한하는 역할을 한다.

[5] 수동 트랜스액슬(trans axle)

트랜스액슬은 앞 엔진 앞바퀴 구동방식(FF) 자동차에서 종감속 기어와 차동장치를 일체로 제작한 것이다. 조작방법, 구조 및 작동은 뒷바퀴 구동방식과 거의 같으며 특징은 다음과 같다.

① 실내 유효공간이 넓다.

② 자동차의 경량화로 인해 연료소비율이 감소한다.
③ 가로방향에서 받는 바람에 대한 안전성 및 직진 성능이 좋다.
④ 방향 안전성이 우수하며, 험한 도로를 주행할 때 안전성이 좋다.
⑤ 제동할 때 안전성이 우수하다.

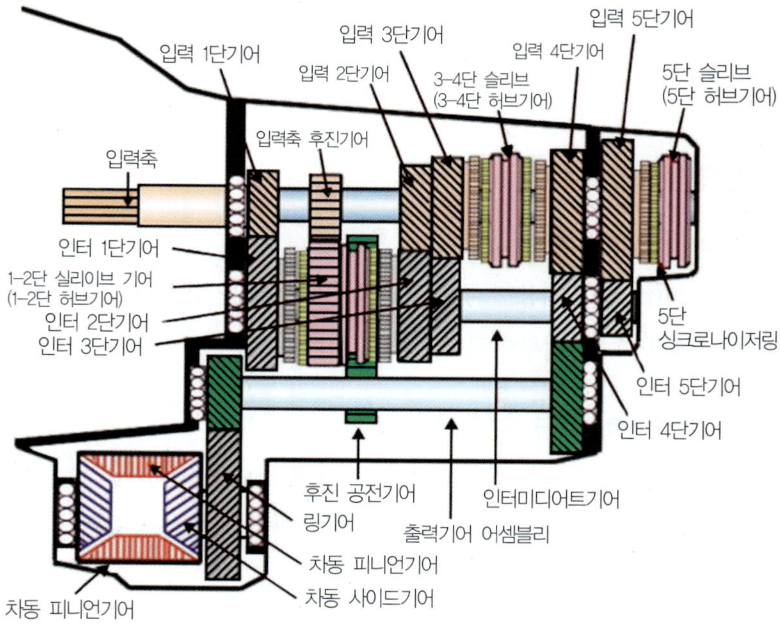

그림 3-30 트랜스액슬의 단면도

03 자동 변속기(AT : automatic transmission)

자동변속기는 클러치 조작 기구를 조작하지 않아도 쉽게 운전할 수 있는 장치로 운전자의 가속페달에 의해 엔진에서 발생한 동력을 자동으로 회전속도와 회전력을 변화시켜 바퀴를 구동하는 장치이다. 구조는 토크 컨버터, 변속제어 기구(유압제어, 전자제어), 유성기어장치, 작동기구(클러치, 브레이크)가 있다.

[1] 자동변속기의 장 · 단점

(1) 장점

① 주행 중 빈번하게 변속레버를 조작하지 않아도 되므로 운전이 편리하다.

② 클러치 페달을 조작하지 않아도 되므로 운전 피로를 줄일 수 있다.

③ 조작 실수로 인한 엔진의 가동정지가 없다.

④ 동력전달을 오일로 하기 때문에 진동과 충격을 흡수하여 부드러운 출발과 감속을 할 수 있어 엔진과 동력 전달장치를 보호할 수 있다.

⑤ 출발할 때 토크컨버터의 회전력 증대작용으로 가속성능이 우수하다.

(2) 단점

① 구조가 복잡하고, 값이 비싸며, 연료소비율이 크다.

② 밀거나 끌어서 엔진을 시동할 수 없다.

③ 다이내믹한 운전이 어렵다.

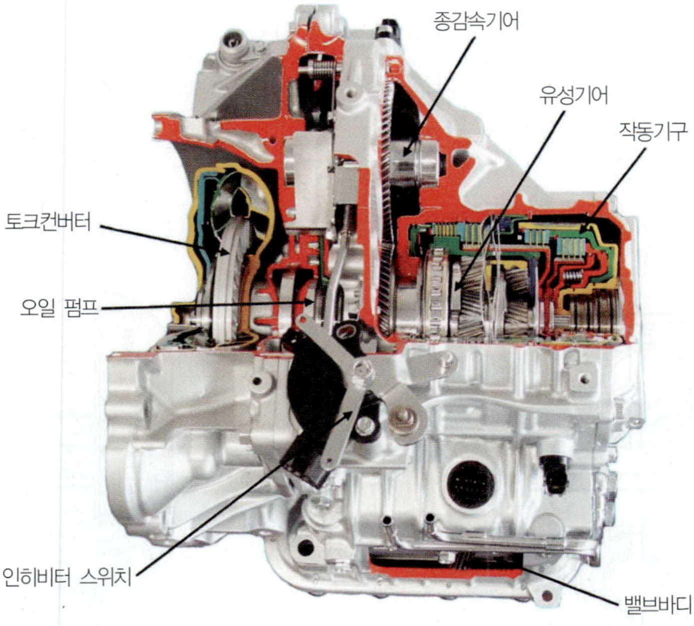

그림 3-31 자동변속기의 구조

[2] 유체 클러치(fluids clutch)

(1) 유체 클러치의 작동원리

유체 클러치는 2개의 날개차 사이에 오일을 가득 채운 후 한쪽의 날개차를 회전시키면 오일은 원심력에 의해 상대편 날개차를 회전시킬 수 있다. 이 원리를 이용하여 엔진의 동력을 오일의 운동에너지로 바꾸고, 이 에너지를 다시 회전력으로 바꾸어 변속기로 전달하는 장치이다.

(2) 유체 클러치 성능

유체 클러치에서는 오일이 순환 운동을 하지 않으면 토크가 전달되지 않는다. 따라서 오일에 항상 순환 운동을 할 만큼의 운동에너지를 남겨 두지 않으면 안 된다. 또한 오일이 보유한 순환 운동의 에너지만큼 미끄럼(slip)이 되어 터빈이 받는 에너지는 엔진의 에너지보다 작게 된다. 유체 클러치의 펌프와 터빈 사이의 토크 비율은 미끄럼 때문에 1 : 1이 되지 못한다. 미끄럼값은 2~3%이며, 전달 효율은 최대 98% 정도이다.

(3) 유체 클러치의 구조

유체 클러치는 엔진 크랭크축에 펌프(pump) 또는 임펠러(impeller)를, 변속기 입력축에 터빈(turbine) 또는 런너(runner)를 설치하고, 오일의 맴돌이 흐름(와류)을 방지하기 위하여 가이드 링(guide ring)을 두고 있다. 그리고 유체 클러치의 날개는 모두 반지름 방향으로 직선 방사선 상을 이루고 있다.

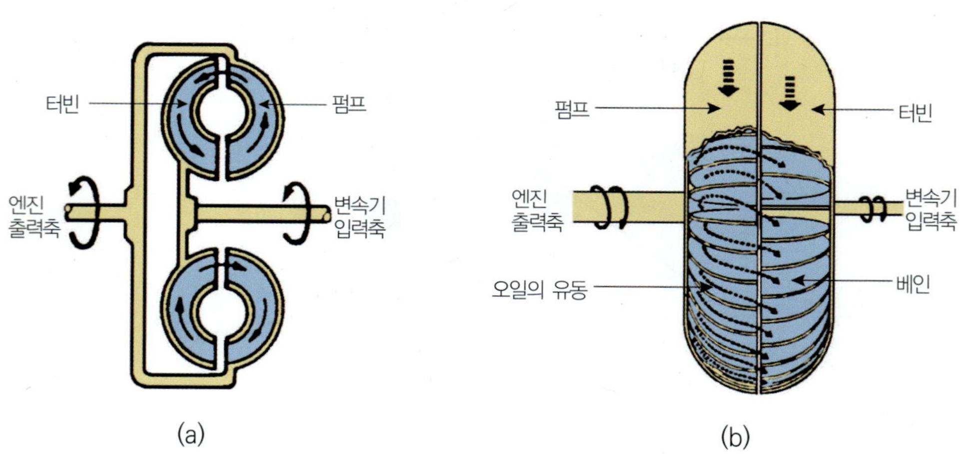

그림 3-32 유체 클러치의 구조

[3] 토크 컨버터(torque converter)

(1) 토크 컨버터의 개요

토크 컨버터는 그 내부에 오일이 가득 채워져 있고 자동차의 주행저항에 따라 자동적, 연속적으로 구동력을 변환시킬 수 있으며, 그 기능은 다음과 같다.

① 엔진의 회전력을 변속기에 원활하게 전달하는 기능
② 회전력을 변환시키는 기능
③ 회전력을 전달할 때 충격 및 크랭크축의 비틀림 완화 등의 기능을 한다.

토크 컨버터의 터빈과 펌프와의 회전속도 비율[$\frac{\text{터빈의 회전속도}}{\text{펌프의 회전속도}}$]에 대하여 그 회전력 변환비율[$\frac{\text{터빈의 회전력}}{\text{펌프의 회전력}}$] 및 동력 전달효율[회전속도 비율×회전력 변환비율]을 표시한다. 회전력은 회전속도 비율 0에서 최대가 되며, 이 점을 스톨 포인트(stall point)라 한다. 또 회전력 변환비율은 회전속도 비율이 높아짐에 따라 감소하며 어떤 회전속도 비율에서는 회전력 변환비율이 1이 된다. 이 점을 클러치 점(clutch point)이라 한다. 그 이상의 회전속도 비율에서는 회전력 변환비율이 1 이하가 된다.

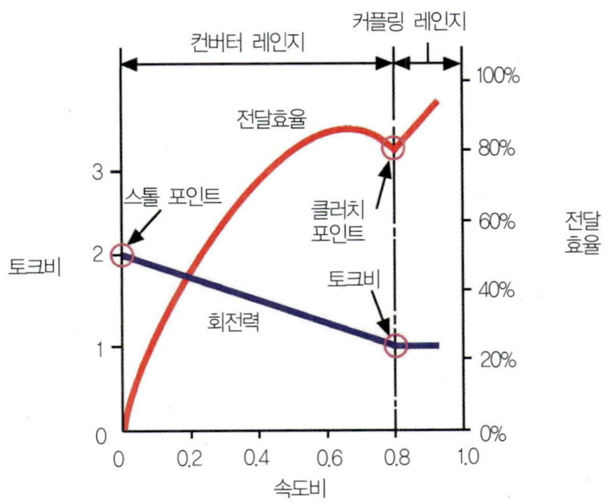

그림 3-33 토크 컨버터의 성능곡선

동력 전달효율은 스톨 포인트에서는 0이 되고 회전속도 비율이 높아짐에 따라 증가하는데, 일반적으로 클러치 점보다 낮은 회전속도 비율에서 최대가 되고 이후에는 급격히 낮아진다. 그 이상에서는 토크 컨버터의 일반적인 특성으로 회전력 변환비율 1의 클러치 점에서는 유체 클러치로 변환한다. 따라서 스테이터와 프레임 사이에 원웨이 클러치(one way clutch, 일방향 클러치)를 설치하고 있는데, 이 원웨이 클러치에 의하여 클러치 점에 도달하면 지금까지 작동을 멈추고 있던 스테이터 날개의 뒷면에 오일이 작용하기 때문에 스테이터가 회전하기 시작하여 유체 클러치와 같은 작용(동력만 전달)을 한다. 그리고 유체 클러치는 토크 변환율 1 : 1이지만 토크 컨버터 토크 변환율은 약 2~3 : 1 정도이다.

(2) 토크 컨버터의 작동

① **이동정지(stall)** : 엔진이 동력을 임펠러에 공급하지만 터빈은 회전하지 않는다. 예를 들면, 한 자동차에서 운전자가 변속기를 기어에 걸었지만 지속적으로 브레이크를 밟는 방식으로 자동차의 이동을 제한할 때 이러한 작동단계가 발생한다.

② **가속(acceleration)** : 부하는 엑셀러레이팅이 추진되고 있지만 임펠러와 터빈 속도 사이에는 여전히 큰 차이가 있는 경우에 컨버터는 토크를 증대시킨다. 단, 토크의 증대는 이동정지될 정도보다는 작다. 늘어나는 토크는 펌프와 터빈 속도 차이와 여러 디자인 감안사항들에 따른다.

③ **커플링** : 터빈 속도가 임펠러 속도의 90%에 근접할 때 토크의 증대는 중지되며 토크 컨버터는 간단한 유체 커플링과 유사하게 작동한다. 통상적으로 이 단계에 락업클러치를 적용시키며 이로서 연료의 효율성을 향상시킨다.

(3) 토크 컨버터의 구조

토크 컨버터(Torque converter)는 자동변속기에서 사용되는 장치로서 엔진과 유성기어(planetary gear) 사이에서 유체 커플링으로 동력을 전달하는 장치이다. 자동차의 주행 저항에 따라 자동적, 연속적으로 구동력을 변화시킬 수 있다. 토크 컨버터는 분해 및 조립을 할 수 없는 비분해식이다.

그림 3-34 토크 컨버터

① **펌프 임펠러** : 드라이브 플레이트를 통해 크랭크 샤프트에 연결되어 있다. 오일 펌프 스테이터는 우측 방향으로만 회전 가능한 원웨이 클러치를 통해 컨버터 하우징에 지지되어 있다.

② **터빈 런너** : 펌프 임펠러에서 전달된 구동력을 파워 트레인계에 전달하는 터빈 샤프트가 서플라인과 결합하고 있다. 토크 컨버터는 액체가 가득 채워진 하우징 내에 3개 요소가 들어 있으며, 펌프 임펠러는 용접되어 있으므로 엔진이 회전하면 같이 회전한다.

③ **스테이터** : 스테이터는 토크 컨버터에서 토크 작용이라는 중요한 작용을 하고 있다. 스테이터는 전면에 자동변속기 오일이 부딪혀서 흐름을 바꾸고 있을 때는 펌프 임펠러가 터빈 런너에 비해 많이 회전하고 있다. 즉, 회전 속도의 차가 클 때이다. 차이가 크면 펌프 임펠러에서의 자동변속기 오일이 터빈 런너에서 튕겨 나온다. 자동변속기 오일이 스테이터에 부딪쳐 각도를 바꾸어 펌프 임펠러에 되돌아올 때 토크의 증대 작용이 일어난다(스테이터는 스테이터 축을 통해서 고정되어 있다). 이때 만약 스테이터가 스테이터축에 고정되어 있지 않고 펌프 임펠러의 회전 방향과 반대 방향으로 회전했을 때, 즉 스테이터가 역회전 했을 때는 반대로 전달효율이 떨어진다. 이유는 환류가 펌프 임펠러의 회전을 방해하기 때문이다.

④ **토크 컨버터 베인 형상** : 유체 운동에너지를 이용하여 토크로 변환하며, 3요소(펌프, 터빈, 스테이터) 1단(터빈의 수) 2상형(토크 컨버터 영역, 유체 커플링 영역)이다.

⑤ **원웨이 클러치** : 스테이터는 펌프 임펠러와 터빈 런너의 회전 속도의 차가 클 때는 유효하지만 반대로 회전속도가 적을 때는 토크 컨버터 내의 자동변속기의 흐름에 변화가 생기게 된다. 런너로 흘러 스테이터의 전면에 자동변속기 오일이 부딪쳐 흐름의 방향을 바꾸고 있었으나, 회전차가 없어지게 되면 자동변속기 오일의 흐름도 대부분 와류상태가 되어

펌프 임펠러와 터빈 런너는 같은 속도로 회전하려 한다. 이때 스테이터가 스테이터축에 고정되어 있으면 스테이터의 뒷면에서 자동변속기 오일이 흘러 들어가 스테이터도 다른 펌프나 터빈과 함께 회전하려고 한다. 이때 스테이터를 회전시키지 않으면 전달 효율이 나빠져 토크비는 1 이하가 된다. 이것을 방지하기 위해서 스테이터에는 펌프 임펠러의 회전 방향과 같은 방향으로 돌리는 힘이 작용했을 때 회전하며, 반대 방향으로 힘이 가해졌을 때 고정되는 프리장치, 즉 원웨이 클러치가 설치되어 있다.

⑥ **댐퍼 클러치(록업 클러치)** : 토크 컨버터는 펌프 임펠러와 터빈 런너 간의 회전차에 의해서 엔진의 동력이 변속기에 전달되는 구조이다. 이 현상은 토크가 증대되면 컨버터 레인지에서 커플링 레인지로 변환되어 펌프 임펠러와 터빈 러너가 동일한 회전을 하기 때문에 미끄럼에 의한 손실이 크고, 기계식 마찰 클러치에 비해서 약 10% 정도 동력전달 효율이 떨어진다. 따라서 펌프 임펠러와 터빈 런너의 사이에 기계식 마찰 클러치 또는 커플링 레이지의 경우와 같이 댐퍼 클러치에 의해서 회전차가 없도록 직결시켜 동력전달 효율 및 연비의 향상을 위해서 설치된 것이 댐퍼 클러치이다. 댐퍼 클러치가 작동하지 않는 범위는 다음과 같다.

㉮ 제1속 및 후진할 때
㉯ 엔진 브레이크가 작동할 때
㉰ 변속할 때
㉱ 브레이크 스위치가 ON 상태일 때
㉲ 엔진이 공전할 때
㉳ 냉각수 온도 50℃, 오일 온도 60℃ 이하 시

[4] 유성기어장치

(1) 유성기어장치의 구성

그림 3-35 유성기어 구성

① **포워드 선 기어(forward sun gear)** : 전진용 선 기어이며, 리어 클러치 허브를 통하여 구동력이 전달되면 포워드 선 기어는 숏 피니언을 구동한다.

② **리버스 선 기어(reverse sun gear)** : 후진용 선 기어이며, 프론트 클러치 리테이너에 설치되어 프론트 클러치가 작동할 때 킥다운 드럼의 중계로 구동력이 리버스 선 기어에 전달되어 롱 피니언을 구동한다.

③ **유성 캐리어(planetary carrier)** : 유성 캐리어는 로 & 리버스 브레이크 허브 및 원웨이 클러치 아웃 레이스와 일체로 되어 있으며, 4단 자동변속기에서 엔드 클러치축의 중계로 엔드 클러치와 연결되어 있으며, 엔드 클러치가 작동될 때 구동력을 링 기어로 전달한다.

④ **링 기어(ring gear or annulus gear)** : 출력 플랜지와 연결되어 있으며, 출력 플랜지에 설치된 트랜스퍼 구동 기어로 구동력을 전달한다.

(2) 유성기어 변속장치의 작용

유성기어 변속장치는 유압에 따라 변속 제어장치에 의하여 자동차의 주행속도에 따라 자동변속이 이루어진다. 이것에 의하여 토크 컨버터의 회전력 변환능력 부족분량을 보충하여 자동차의 구동력을 증대시키고 또 후진할 때 회전방향을 변환하여 자동변속기의 기능이 충분히 발휘되도록 한다. 유성 기어장치의 작동은 다음과 같다.

① **증속시킬 경우**

㉮ 링기어를 증속시키고자 할 경우에는 선기어를 고정시키고, 유성 캐리어를 구동하면 증속되며, 링기어의 증속은 다음 공식으로 산출된다.

$$N = \frac{A+D}{D} \times n$$

N : 링 기어의 회전, A : 선 기어 잇수, D : 링 기어 잇수, n : 유성 캐리어의 회전수

㉯ 선기어를 증속시키고자 할 경우에는 링기어를 고정시키고, 유성 캐리어를 구동하면 증속된다.

② **감속시킬 경우**

㉮ 선기어를 고정시키고 링기어를 구동하면 유성 캐리어가 감속한다.

㉯ 링기어를 고정시키고 선기어를 구동하면 유성 캐리어가 감속한다.

③ 후진(역회전)시키고자 할 경우

㉮ 유성 캐리어를 고정하고 선기어를 회전시키면 링기어가 역전 증속한다.

㉯ 유성 캐리어를 고정하고 링기어를 회전시키면 선기어가 역전 감속한다.

④ 직결시킬 경우

선기어, 유성 캐리어, 링기어의 3요소 중에서 2요소를 고정하면 동력은 직결(top gear)된다. 또한 유성기어를 자동변속기의 보조 변속기로 사용하는 이유는 다음과 같다.

㉮ 유성기어 트레인의 각 기어는 항상 물려 있기 때문에 동력전달 중에도 기어의 변속이 가능하다.

㉯ 1세트의 유성기어 트레인로 2가지의 변속비율을 얻을 수 있다. 가령 2세트의 유성 기어세트인 경우 전진 3단, 후진 1단의 변속 비율을 얻을 수 있다.

㉰ 수동변속기에 비해 소형화할 수 있다.

[5] 유압 제어장치

자동변속기는 유압 제어장치에 의해 자동차의 주행속도에 따라 자동적으로 유성 기어장치의 브레이크 밴드와 클러치를 결합시키기도 하고 해제하기도 한다.

(1) 오일 펌프(oil pump)

오일 펌프는 유압 제어장치의 유압 발생원으로 적당한 유압과 유량을 공급한다. 오일 펌프는 내접기어형이며, 구동기어와 피동기어로 되어있고, 초승달 모양의 크레센트(crescent)를 사이에 두고 서로 맞물려 있으며 엔진 시동과 동시에 유압을 발생한다.

(2) 거버너밸브(governor valve)

이 밸브는 유성 기어장치의 변속이 그때의 주행속도에 적응되도록 한다. 작동은 오일 펌프에서 유압을 받아 이를 주행속도에 비례하는 유압(이것을 거버너 압력이라 함)으로 조정하여 최종적으로 이 유압을 밸브 바디 내의 시프트밸브(shift valve)의 끝부분에 작용시킨다. 이 유압에 의해 시프트 밸브가 이동하여 오일회로가 열리면서 주 라인압력이 클러치, 브레이크 밴드로 송출되어 클러치 또는 브레이크 밴드가 작용하여 유성 기어장치가 변속된다. 즉, 거버너밸브에 의하여 시프트 업이나 시프트 다운이 자동적으로 이루어진다.

(3) 밸브 바디(valve body)

밸브 바디는 변속기 내부에 장착되어 있고, 밸브 바디는 자동변속기 제어의 중추적인 구성품으로 오일 펌프에서 공급되는 유체를 제어하는 각종 밸브가 내장되어 있다. 압력을 조절하는 레귤레이터밸브, 오일의 방향을 바꿔주는 변환밸브, 변속을 실행하는 시프트밸브, 변속레버와 연결된 매뉴얼밸브 등이 있다. 밸브 바디 몸체에는 전자 솔레노이드밸브가 장착되어 있어 최상의 변속 감을 실행시킨다.

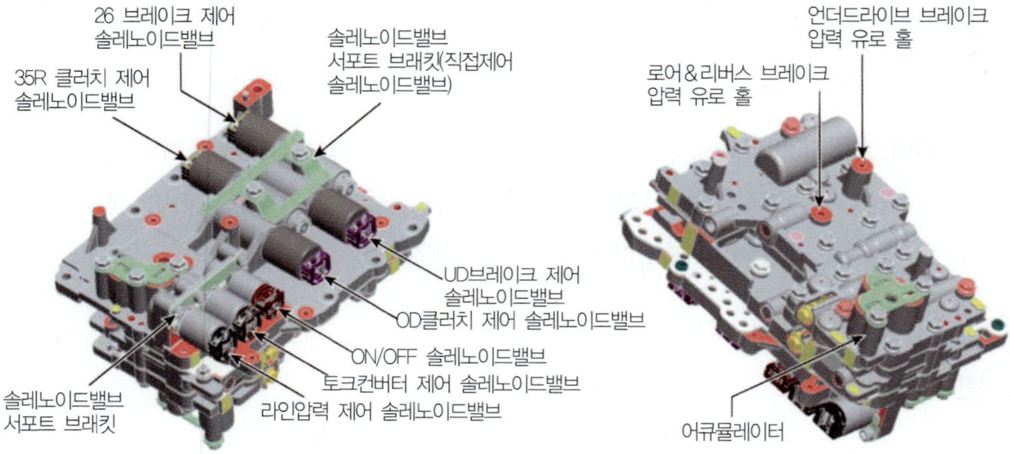

그림 3-36 밸브 바디의 구조

[6] 전자제어 자동변속기용 센서

① **스로틀 위치센서(TPS)** : 스로틀밸브 열림 정도에 따른 변속시기를 결정한다.

② **수온센서(WTS)** : 엔진 냉각수 온도가 50℃ 미만에서는 OFF되고, 그 이상에서는 ON으로 되어 컴퓨터(TCU)로 입력시킨다.

③ **오일온도(유온)센서** : 자동변속기 오일(ATF)의 온도에 따라 점도 특성 변화를 참조하기 위해 설치한다.

④ **펄스 제너레이터 A&B(pulse generator A&B)** : 펄스 제너레이터 A는 킥다운 드럼의 회전속도를, 펄스 제너레이터 B는 트랜스퍼 피동 기어의 회전속도를 검출하여 Na/Nb를 컴퓨터에서 연산하여 자동적으로 변속 단수를 결정한다.

⑤ **가속페달 스위치(accelerator pedal S/W) :** 가속페달을 밟으면 OFF, 놓으면 ON으로 되어 이 신호를 컴퓨터로 보내며 주행속도 7km/h 이하, 스로틀밸브가 완전히 닫혔을 때 크리프(creep)량이 적은 제2단으로 유도하기 위한 검출기구이다. 또 스로틀밸브가 완전히 닫힌 상태에서는 ON이나 조정 불량 등으로 OFF가 되면 복잡한 작동을 하게 된다.

⑥ **차속센서 :** 변속기 속도계 구동기어의 회전속도(주행속도)를 펄스신호로 검출하여 펄스 제너레이터 B에 이상이 있을 때 페일 세이프 기능을 갖도록 한다.

⑦ **컴퓨터(TCU : transmission control unit) :** 컴퓨터는 각종 센서에서 보내 온 신호를 받아서 댐퍼클러치 제어 솔레노이드밸브(DCCSV), 변속제어 솔레노이드밸브(SCSV), 압력제어 솔레노이드밸브(PCSV) 등을 구동하여 댐퍼 클러치의 작동과 변속 조절을 한다.

⑧ **인히비터 스위치(inhibitor S/W) :** 변속레버를 P(주차) 또는 N(중립) 레인지 위치에서만 기관 시동이 가능하도록 하고, 그 외의 위치에서는 시동이 불가능하게 하며, R(후진)레인지에서는 후퇴등(back up lamp)이 점등되게 한다.

[7] 변속레버

(1) 기계식 변속 레버(SBC : shift by cable)

기계식 변속 레버의 작동은 운전자의 의지를 반영하는 변속 레버와 자동변속기에 장착된 인히비터 스위치를 연결하는 케이블에 의해 이루어진다. 운전자가 변속 레버를 조작하게 되면 변속 레버와 케이블로 연결된 인히비터 스위치는 변속기 내부의 밸브 바디 유로 흐름을 변경하게 되고, 이 정보는 TCU가 판단하여 자동차의 변속 상태를 만들어 낸다.

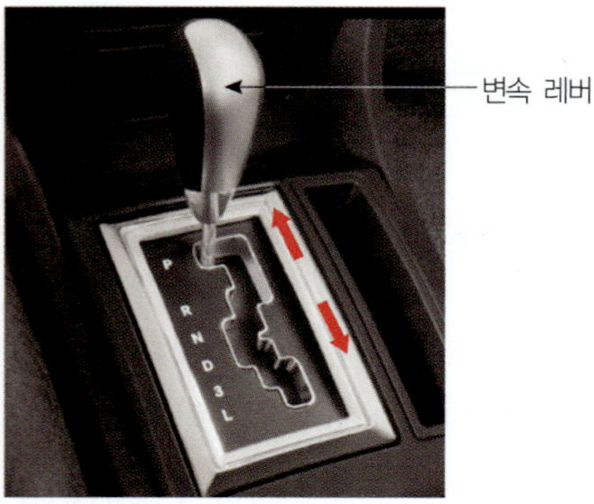

(a) 노멀형 6위치 변속레버

(b) 스포츠 모드 4위치 변속레버

그림 3-37 기계식 변속레버

① **노멀형(normal type) 6위치 변속레버**

㉮ P(Parking) 레인지 : P 레인지는 자동차의 주차기능이며, 엔진을 시동할 수 있다. 정차할 때에는 반드시 P 레인지를 선택하여야 한다.

㉯ R(Reverse) 레인지 : R 레인지는 자동차의 후진 시 위치이며, 엔진 시동은 불가능하다.

㉰ N(Neutral) 레인지 : N 레인지는 자동차의 프리휠링(free wheeling) 상태이다. P 레인지와 함께 엔진 시동이 가능하다.

㉱ D(Drive) 레인지 : D 레인지는 주행을 위한 위치이며, 제1속부터 4속까지 변속이 가능하다. 그리고 D 레인지 제1속에서는 엔진 브레이크가 작동하지 않는다.

㉲ 3 레인지 : 3 레인지는 1속부터 3속까지 변속이 가능하며, 3 레인지 제1속에서는 엔진 브레이크가 작동하지 않는다.

㉳ L(Low) 레인지 : L 레인지는 제1속 고정이며, 엔진 브레이크 효과를 얻을 수 있다.

② **스포츠 모드(sports mode) 4위치 변속레버**

㉮ P(Parking) 레인지 : P 레인지는 자동차의 주차기능이며, 엔진을 시동할 수 있다. 정차할 때에는 반드시 P 레인지를 선택하여야 한다.

㉯ R(Reverse) 레인지 : R 레인지는 자동차의 후진 시 위치이며, 엔진 시동은 불가능하다.

㉰ N(Neutral) 레인지 : N 레인지는 자동차의 프리휠링(free wheeling) 상태이다. P 레인지와 함께 엔진 시동이 가능하다.

㉱ D(Drive) 레인지 : D 레인지는 주행을 위한 위치이며, 제1속부터 4속까지 변속이 가능하다. 그리고 D 레인지 제1속에서는 엔진 브레이크가 작동하지 않는다.

㉲ 스포츠모드(+) : 스포츠모드 (+)는 운전자의 의지대로 수동으로 변속할 수 있으며 (+)쪽으로 한 번 밀면 현재 변속단계에서 1단 상향 변속(up shift)된다.

㉳ 스포츠모드(-) : 스포츠모드 (–)는 운전자의 의지대로 수동으로 변속할 수 있으며 (–)쪽으로 한 번 밀면 현재 변속단계에서 1단 하향 변속(down shift)된다.

(2) 전자식 변속 레버(SBW : shift by wire)

SBW는 자동변속기와 변속 레버가 CAN통신 제어로 변속되는 시스템으로, 변속 레버 조작에 따른 진동이 없고 작은 조작력과 동선만으로 변속이 가능하여 편의성이 뛰어나다. 전자제어에 의한 변속이 가능하기 때문에 자율 주행 자동차를 구현하는데 필수적이다.

그림 3-38 전자식 변속 레버

전동식 전자식 변속 레버는 변속 버튼 또는 레버 조작 시 전기 신호에 따라 모터의 회전을 이용하여 P/R/N/D 변속을 가능하게 한다. 하지만 차종의 종류에 따라 제어 방법의 차이가 있다. 제어 방법의 차이는 동력을 전달하는 매개체인 감속기/변속기에 따라 달라지게 된다.

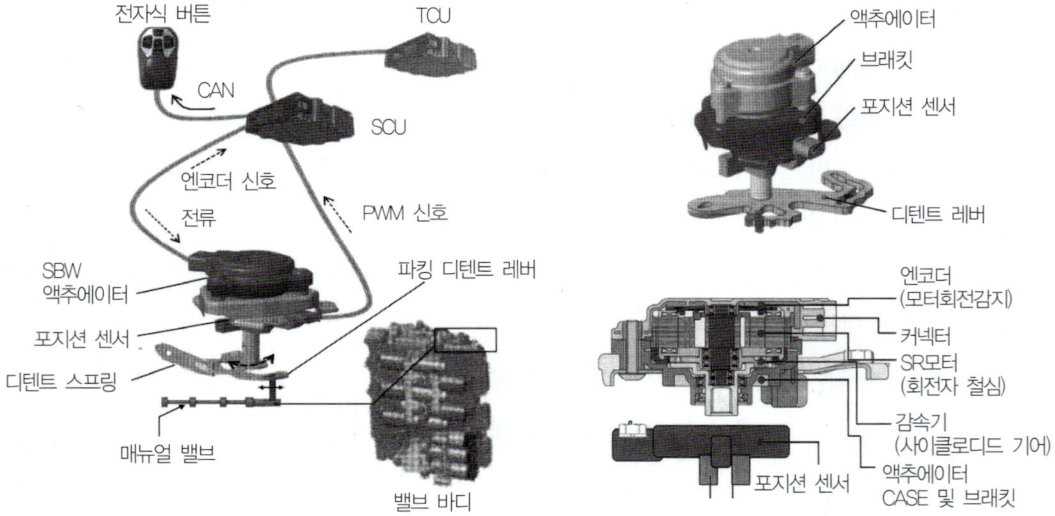

(a) 전동식 SBW 구성도 (b) 전동식 SBW 측면부 단면도

그림 3-39 전동식 SBW

변속기의 포지션 스위치(인히비터 스위치)와 변속 레버 간 연결되어 있던 시프트 케이블은 SBW 타입에서는 삭제되고, 시프트 케이블 브래킷 및 시프트 레버 역시 불필요하기 때문에 삭제된다. 또한 차량의 변속을 기계적인 움직임 대신 통신으로 제어하는데, 이를 위한 SCU(SBW Control Unit)가 추가된다. SCU는 SBW, TCU, ECU등 각종 제어기와 CAN통신을 하며, SBW 액추에이터와 Hard wire로 연결되어 있다.

전동식 SBW에 적용되는 포지션 센서는 기존 자동변속기의 인히비터 스위치(포지션센서) 역할을 하는 부품으로써, 변속기 내부를 P/R/N/D 위치로 바꾸게 되는 역할을 한다. 포지션센서는 총 4핀으로 센서접지, 센서전원, Signal 1, Signal 2로 구성되는데, 이 중 Signal 1과 Signal 2의 PWM값이 변속단을 결정하는 신호값이다.

[8] 자동변속기 오일

(1) 자동변속기 오일의 구비조건

① 기포가 생기지 않을 것
② 저온 유동성이 좋을 것
③ 점도 변화가 적을 것
④ 방청성이 있을 것
⑤ 마찰계수가 클 것
⑥ 고착 방지성과 내마모성이 있을 것

(2) 자동변속기 오일 상태 점검 방법

① 오일량 점검은 평탄한 곳에서 실시한다.
② 오일을 작동온도 상태에서 변속레버를 움직여 클러치나 서보에 오일을 충분히 채운 다음 오일량을 점검한다.
③ 오일량은 COLD와 HOT의 중간 부위에 있어야 한다.
④ 오일이 부족하면 자동변속기 오일(ATF)을 보충한다.

(3) 자동변속기 오일 색깔

① **정상** : 투명도가 높은 붉은 색

② **갈색 또는 니스 모양** : 장시간 고온에 노출되어 열화 발생

③ **투명도가 없는 검은색** : 클러치판의 마멸 분말에 의한 오일의 오손, 부싱 및 기어가 마모된 경우

④ **백색** : 수분이 유입된 경우

[9] 오일 쿨러(Oil Cooler)

오일 쿨러를 내장하거나 추가함으로써 ATF의 상태를 적절하게(겨울에는 따뜻하고/여름에는 차게) 유지시킬 수 있다. ATF가 동력전달을 위해 힘을 받게 되면 열이 증대된다.

이 열은 소산시켜 주어야 하는 데, 그렇지 못하면 ATF의 효율이 떨어지게 된다. 자동차의 냉각 시스템은 유체가 라디에이터의 온도로 되돌아 갈 수 있도록 해 준다. 과도한 열이 올라가도록 내 버려두면 변속기의 수명이 단축된다. ATF는 밀폐된 쿨러 내를 흐르며, 쿨러는 차량의 라디에이터에 장착된다. 어떤 차량에는 보조 쿨러가 라디에이터 바깥에 마운팅되어 있는 것도 있다.

04 무단 변속기(CVT : continuously variable transmission)

무단 변속기란 연속적으로 가변시키는 장치이다. 무단 변속기의 최대 장점은 무단으로 변속을 실행하므로 변속기에서 발생할 수 있는 변속 충격방지 및 연료소비율 향상과 가속성능이 우수한 점이다. 무단 변속기는 엔진을 항상 최적 운전 상태로 유지할 수 있어 효율이 10~20% 정도 높아진다. 무단 변속기의 특징은 다음과 같다.

① 가속성능이 향상된다.
② 최저 연비소모에 주행하도록 변속 패턴에 따라 운전하여 연비가 향상된다.
③ 정해진 변속단이 없으므로 변속 충격이 거의 없다.
④ 무게가 감소한다.
⑤ 엔진 출력특성을 최대한 이용하는 파워트레인 통합 제어의 기초가 된다.
⑥ 높은 엔진 출력을 이겨내지 못하는 약한 내구성
⑦ 수리비용이 높다.
⑧ 변속기 이상 시 응급조치가 어렵다.

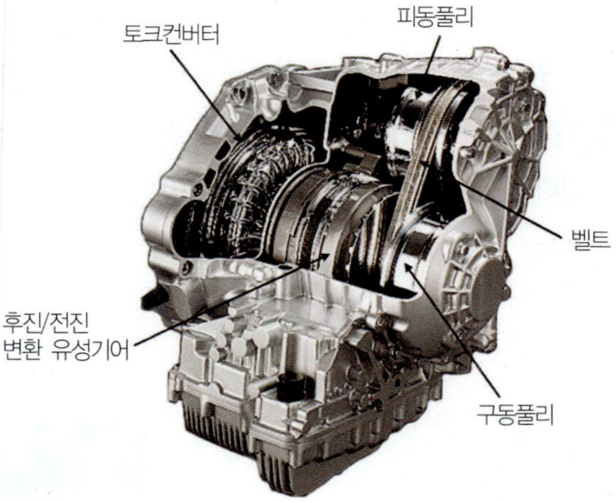

그림 3-40 무단 변속기

[1] 무단 변속기의 구성별 분류

(1) 변속방식에 의한 분류

① 벨트 구동방식

㉮ 고무벨트방식 : 고무벨트는 알루미늄 합금 블록의 측면, 즉 변속기 풀리와의 접촉면이 내열 수지로 성형되어 있다.

㉯ 금속벨트(스틸벨트)방식 : 금속벨트 방식은 두께 0.2mm의 금속밴드를 12장씩 겹친 밴드 사이에 끼워 넣은 상태의 금속 V-벨트이며, 특이한 점은 고무벨트는 인장력으로 동력을 전달하지만 금속벨트방식은 금속블록 사이의 압축력에 의해서도 동력을 전달한다.

㉰ 금속체인벨트방식 : 금속벨트와 비슷한 구조이다.

(a) 고무벨트 (b) 스틸벨트 (c) 체인벨트

그림 3-41 CVT 벨트

② 익스트로이드방식

익스트로이드방식의 작동원리는 입력축과 출력축 원판에 하중을 작용시키고 롤러가 회전함에 따라 접촉 반지름이 변화하여 이것의 반지름 비율에 의해 변속이 된다. 익스트로이드방식은 구동 원리상 뒷바퀴 구동 차량에 사용할 수 있는 구조를 지녔으며, 현재 뒷바퀴 구동 차량에 설치되고 있다.

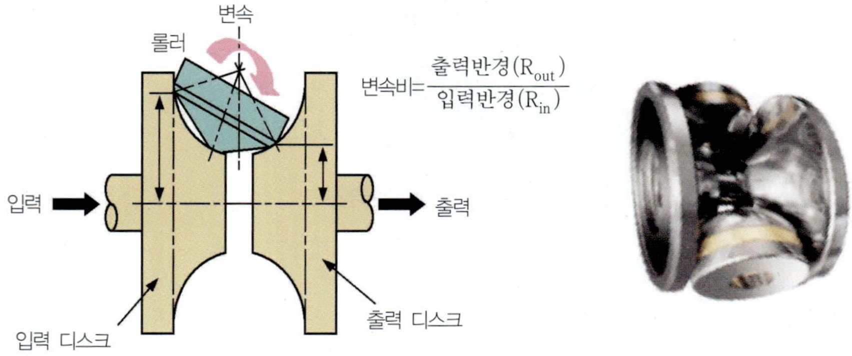

그림 3-42 익스트로이드방식

③ 유압모터 · 펌프의 조합방식

유압펌프와 유압모터로 이루어져 있으며, 펌프에서 만들어진 동력은 기계적인 동력으로 바뀌는 유압식 변속기 구조이다.

(2) 동력 전달방식에 의한 분류

① 토크 컨버터방식

토크 컨버터방식에서 사용하는 무단 변속기의 토크 컨버터는 자동변속기에서 사용하는 토크 컨버터와 같다. 그러나 무단 변속기 특성상 록업(lock up) 구간(댐퍼 클러치 제어영역)을 자동변속기에 비해 작동영역을 크게 할 수 있어 연료소비율 개선에 큰 효과를 볼 수 있다.

② 전자 클러치방식(전자 분말방식)

전자 클러치방식(electronic clutch type)은 구동판(drive plate)에 볼트로 고정되어 있으며, 변속기 입력축과 연결된 로터(rotor), 구동판과 연결된 클러치 하우징의 요크(yoke) 및 코일(coil) 등으로 구성되어 있다.

컨트롤러(controller)에서 브러시(brush)에 전류를 공급하면 슬립 링(slip ring)을 통해 코일이 자화되어 요크와 로터 사이에 있는 자석 성분의 분말이 연속적으로 연결된다. 이 결합력에 의해 요크와 변속기 입력축과 연결된 로터가 연결되어 동력을 전달한다. 이 결합력은 전류의 세기에 비례하며 컨트롤러에서 전류를 차단하면 분말의 연결 상태가 해제되어 클러치가 분리되므로 동력이 차단된다.

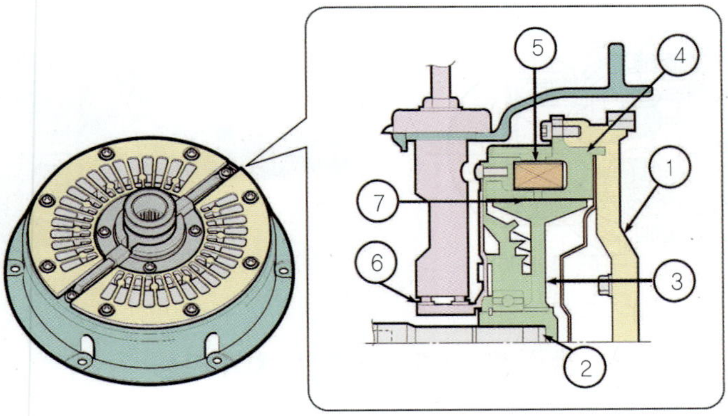

1 드라이브 플레이트 2 변속기 입력축 3 로터 4 클러치 하우징의 요크
5 코일 6 슬립링 7 자석성분의 파우더

그림 3-43 전자 분말 클러치방식의 구조

[2] 토크 컨버터방식 무단 변속기의 구성요소와 작동

(1) 토크 컨버터(torque converter)

토크 컨버터는 기관의 동력을 변속기로 전달해 주는 유체 동력학적 동력 전달장치이다. 무단 변속기용 토크 컨버터는 록업(lock up) 클러치의 강성화와 정숙성 확보, 록업 영역의 확대로 낮은 연료소비율 실현 및 출발성능 등이 향상되었다.

(2) 오일 펌프(oil pump)

오일 펌프는 항상 기관에 의해 구동되는데 토크 컨버터의 뒤쪽에 설치될 경우 토크 컨버터의 펌프커버 허브에 의해 구동되며, 변속기 케이스 뒤쪽이나 밸브 바디 내에 설치될 경우에는 토크 컨버터 커버와 연결된 별도의 오일 펌프 구동축에 의해 구동된다.

(3) 전 · 후진장치

무단 변속기를 설치한 차량도 후진을 하여야 한다. 이를 위해 전 · 후진장치를 두고 있다. 전 · 후진장치의 작동은 유성 기어장치를 사용하며, 유성 기어장치의 구성은 링기어 유성 캐리어, 선기어, 더블 피니언(double pinion) 등이다. 이것은 전진에서 후진으로의 동력 전달방향을 변환할 때 회전방향을 바꾸기 위한 기구이다.

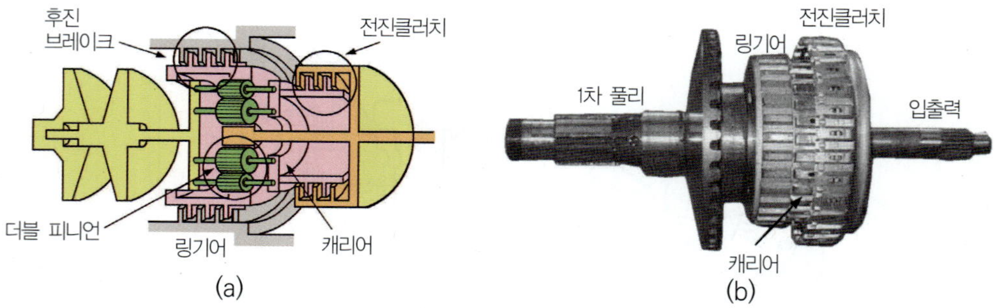

그림 3-44 전 · 후진장치의 구성

그리고 유성 기어장치를 제어하기 위한 클러치 및 브레이크가 있으며, 전진할 때 유성 캐리어를 직접 구동하기 위한 전진 클러치 1세트와 후진에서 링기어를 케이스에 고정하기 위한 후진 브레이크 1세트가 마련되어 있다.

(4) 가변 풀리

무단 변속기에서 변속비율이 제어되는 곳이 가변 풀리이다. 즉, 지름이 다른 풀리 2개가 벨트를 통하여 연결되어 있으며, 각 풀리는 벨트가 설치되어 지름을 변경할 수 있도록 되어 있다. 풀리의 지름 변경은 1차 풀리 피스톤과 2차 풀리 피스톤에 의한다. 각 풀리장치, 즉 구동과 피동 풀리는 고정 및 이동 시브(sheave)로 구성되어 있다. 고정 시브와 이동 시브 사이에는 볼 스플라인(ball spline)을 사용하여 축 방향 이동은 자유스럽지만 회전 운동은 제한을 받는다. 이렇게 이동 시브가 축 방향으로 이동함에 따라 벨트의 접촉 반지름이 바뀌게 되어 풀리 비율이 변화한다. 벨트의 접촉력을 발생시키는 유압실은 피스톤, 이동 풀리 및 풀리 커버로 구성되어 있다.

① 1차 풀리

1차 풀리, 즉 구동 풀리는 더블 피스톤을 사용한다. 이것은 1차 풀리의 역할이 구동 중 변속비율 제어와 관련이 있다. 저속 단계로 운행 중인 자동차를 고속 단계로 변속을 하기 위해서는 1차 풀리의 유압 실에 유압을 가하게 되는데, 이때 벨트는 가장 안쪽에 위치하고 있다가 바깥쪽으로 이동을 한다. 이때 벨트가 위치해 있는 풀리의 지름 비율이 곧 변속비율이 된다.

② 2차 풀리

2차 풀리의 내부 구조 및 원리는 1차 풀리와 거의 비슷하다. 그러나 1차 풀리가 변속 비율 제어가 주 역할이었다면 2차 풀리는 벨트의 장력 제어가 주 역할이다.

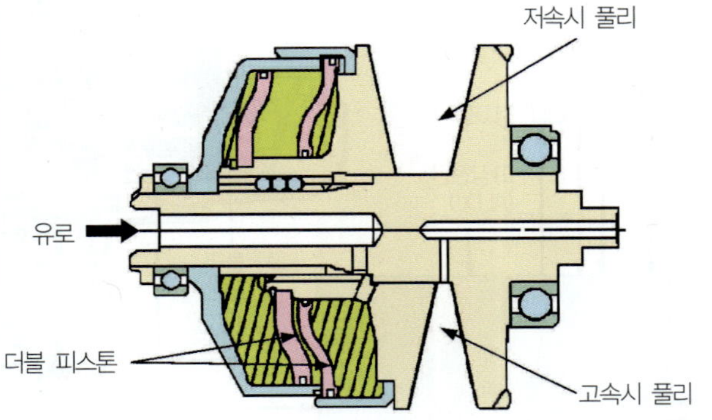

그림 3-45 1차 풀리의 구성

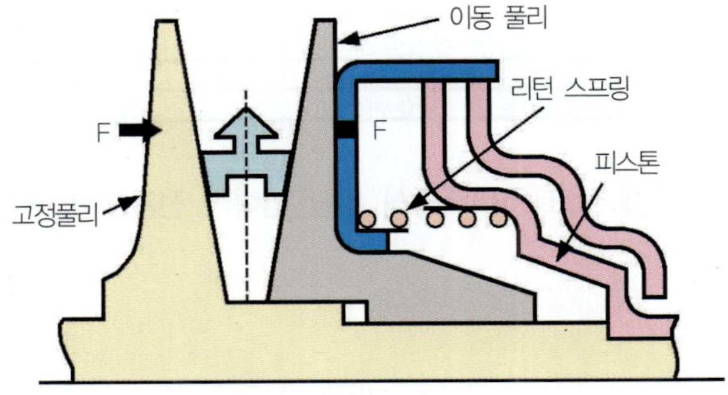

그림 3-46 2차 풀리의 구성

[3] 토크 컨버터방식 무단 변속기의 전자제어

(1) 각종 액추에이터와 센서의 구성 및 작동원리

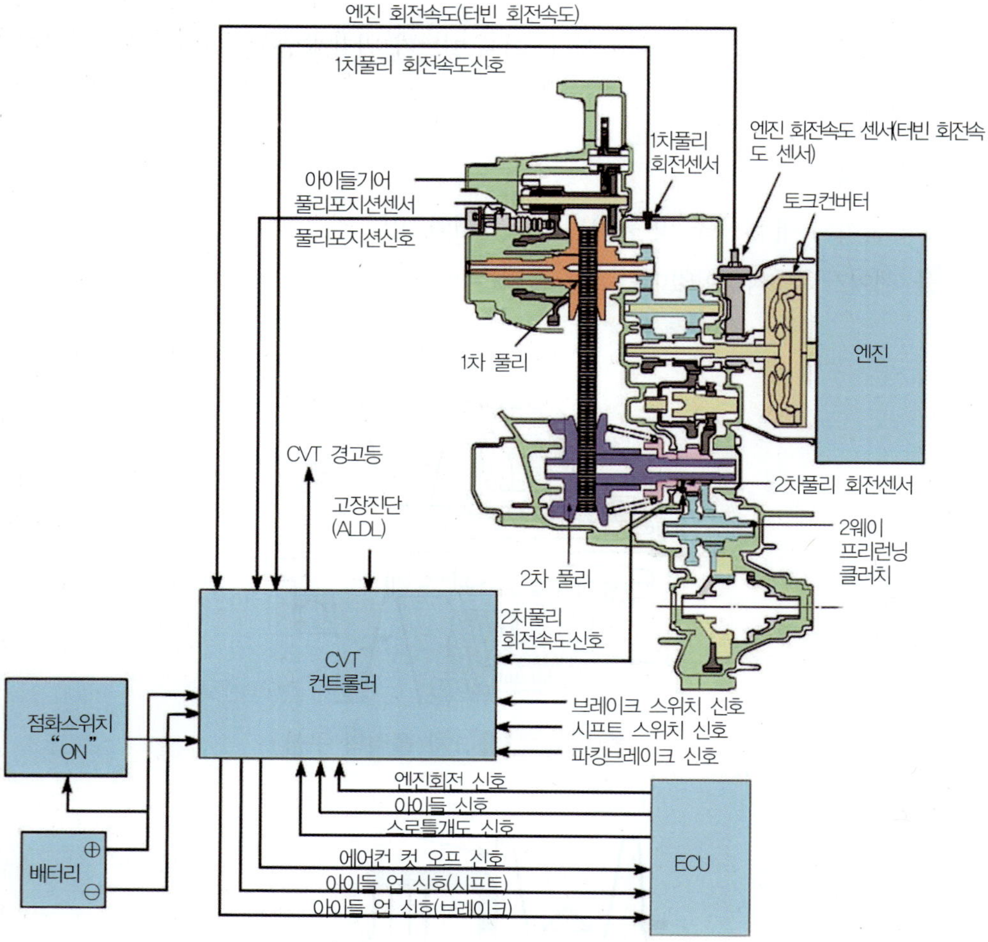

그림 3-47 토크 컨버터방식 무단 변속기 전자제어 구성도

① 솔레노이드밸브

솔레노이드밸브는 컴퓨터의 작동신호를 받아 작동하며, 그 종류에는 댐퍼클러치 컨트롤 솔레노이드밸브, 클러치 압력 컨트롤 솔레노이드밸브, 라인압력 컨트롤 솔레노이드밸브, 시프트 컨트롤 솔레노이드밸브 등이 있다.

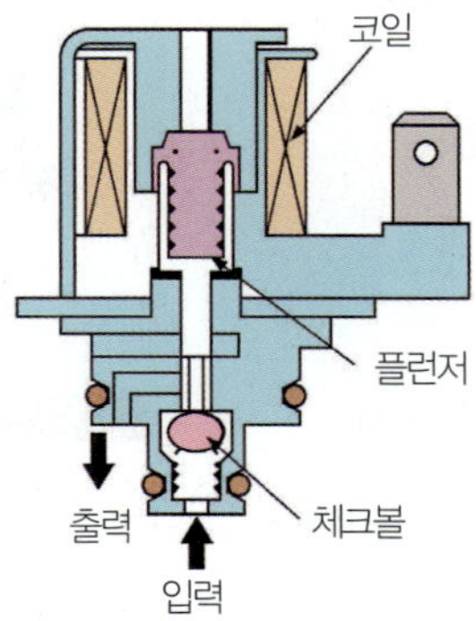

그림 3-48 솔레노이드밸브의 구조

② 오일온도(유온)센서

변속기 오일의 온도를 서미스터로 검출하여 댐퍼 클러치 작동 및 미작동영역을 검출하고, 변속할 때 유압제어 정보 등으로 사용한다.

③ 유압센서

무단 변속기의 유압센서는 라인압력 또는 1차 풀리쪽 압력 검출용과 2차 풀리쪽 압력 검출용 2개가 설치된다.

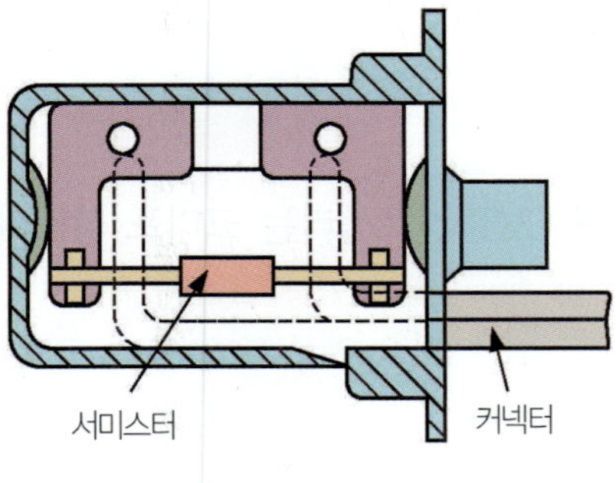

그림 3-49 오일온도센서의 구조

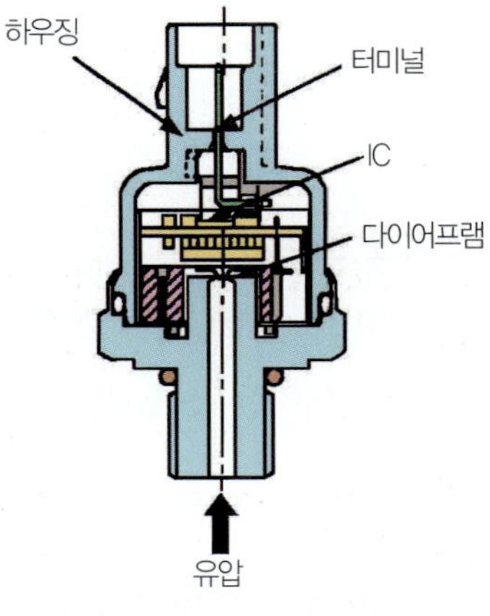

그림 3-50 유압센서의 구조

④ 회전속도센서

회전속도센서의 종류에는 터빈 회전속도 센서, 1차 풀리 회전속도 센서, 2차 풀리 회전속도 등 3가지가 있으며, 1, 2차 풀리 회전속도 센서는 공용화가 가능하다. 회전속도 센서는 홀센서(hall sensor) 형식이다.

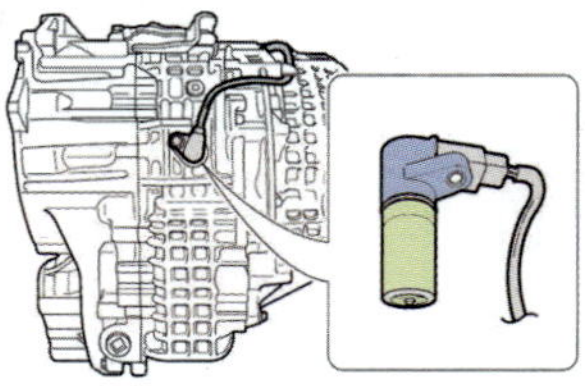

그림 3-51 1차 풀리 회전센서

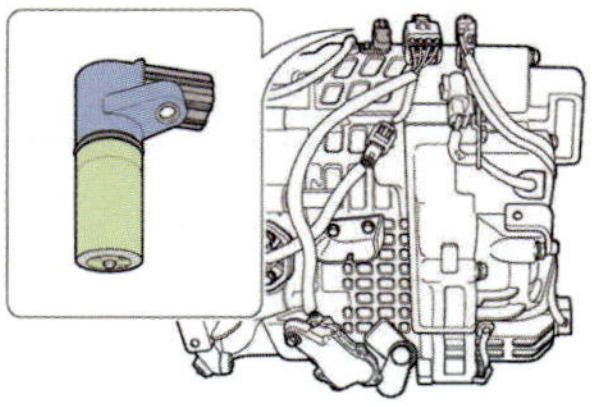

그림 3-52 2차 풀리 회전센서

⑤ **풀리 포지션센서**

풀리 포지션센서는 1차 풀리의 가동 풀리 측면에 설치되어 있으며 가동 풀리의 이동량을 감지하여 신호를 CVT 컨트롤러로 전송한다. CVT 컨트롤러에서 DC모터를 제어함에 따라 액추에이터 기어가 구동하면 가동 풀리가 축 방향으로 이동되며, 이 이동값은 풀리 포지션센서 내부의 로드가 움직임으로써 변화된 저항값을 CVT 컨트롤러로 전송되어 변속비를 검출한다.

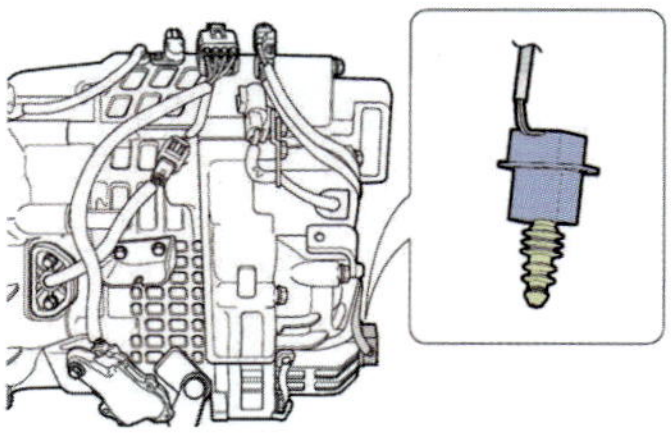

그림 3-53 풀리 포지션 센서

⑥ **브레이크 스위치**

주 브레이크 신호를 CVT 컨트롤러에 전송하며 CVT 컨트롤러는 크리프 상태와 같이 클러치를 제어하는 신호로 사용한다.

⑦ **파킹브레이크 스위치**

파킹브레이크 신호를 CVT 컨트롤러에 전송한다. 파킹브레이크 신호는 무단변속기 결함 코드를 소거하는 기능을 한다.

⑧ **스로틀 개도신호**

스로틀 개도신호는 엔진 제어의 주요소가 될 뿐만 아니라, 무단 변속기가 원활한 무단 변속을 하기 위한 중요한 신호가 된다. ECU는 스로틀 포지션센서에서 스로틀 개도량에 대응한 전압신호를 검출하여 이 신호를 듀티비로 전환하여 CVT 컨트롤러로 출력한다. CVT 컨트롤러는 이 신호를 연산 처리하여 변속 제어를 한다.

⑨ 아이들 신호

엔진 ECU는 스로틀 포지션센서에서 스로틀 개도에 대응한 전압신호를 검출하여 이 신호로부터 액셀페달을 밟고 있는지 또는 밟고 있지 않는지를 ON/OFF 신호로 변환하여 CVT 컨트롤러로 출력하고 있다.

⑩ 에어컨 컷오프 신호

아이들 신호가 "ON"이고 차속이 약 10km/h 이상이며 셀렉터버를 D에서 Ds로 전환하거나 또는 차속이 20km/h 이하이고 스로틀 개도가 40° 이상인 상태에서 CVT 컨트롤러는 에어컨 컷오프 신호를 ECU로 보내면 ECU는 4초간 에어컨 작동을 차단한다.

(2) 유압 제어장치

유압 제어장치는 유압을 발생시키는 오일 펌프, 컴퓨터(CVT 컨트롤 유닛)의 전기신호를 받아 유압을 조절하는 솔레노이드밸브, 솔레노이드밸브에서의 제어압력을 기초로 작동하는 컨트롤밸브 및 라인압력을 일정한 압력으로 조정하는 레귤레이터밸브 그리고 이들을 구성하는 밸브 바디 등으로 구성되어 있다. 컴퓨터는 각 센서 정보에서 신호를 받아 4개의 솔레노이드밸브를 구동하고 주행 조건에 대한 제어를 실행한다. 유압 제어에는 라인압력 제어, 변속비율 제어, 출발 제어, 클러치 압력 제어 등이 있다.

[4] 전자 파우더방식 무단 변속기의 구성요소와 작동

(1) 전자 마그네틱 파우더 클러치

전자 마그네틱 파우더 클러치는 드라이브 플레이트에 볼트로 고정되어 있으며, 변속기 입력축과 연결되어 있는 로터, 드라이브 플레이트와 연결된 클러치 하우징의 요크 및 코일 등으로 구성되고 있고, 기관회전속도, 가속페달개도, 차속 등을 입력신호로 하여 CVT 컨트롤러에 의해 그 체결력을 제어한다. 전자 마그네틱 파우더 클러치는 운전 조건에 따라 R, D, Ds(스포츠 주행), P 및 N의 5가지 모드를 가지고 있다.

(2) 브러시 홀더

변속기 케이스 외부에 장착되어 있으며, 브러시 끝부분이 전자 마그네틱 파우더 클러치의 슬립링에 접촉되어 있어서 CVT 컨트롤러에서 전송되는 전류를 전자 마그네틱 파우더 클러치에 전달하는 역할을 한다.

(3) 전 · 후진 전환기구

입력축에 설치되어 있으며, 싱크로메시식으로 이루어져 셀렉트 레버와 케이블 및 링크장치로 연결되어 전진 및 후진을 수동으로 전환할 수 있다.

(4) 2웨이 프리러닝 클러치

무단 변속기의 동력 전달 계통은 차량 발진 시에 사용되는 부동력 전달 계통과 일반 주행 시 사용되는 주동력 전달 계통이 있으며, 이러한 동력을 전환해 주는 장치가 2웨이 프리러닝 클러치이다. 클러치의 입력축과 출력축의 속도차에 따라 동력을 전달하며, 프리러닝 클러치 상태가 되면 주동력 계통으로 동력이 전달된다. 2웨이 프리러닝 클러치는 스위칭 플레이트를 두어 전진과 후진의 두 방향으로 동력을 전달한다.

(5) 입력축 풀리

1차 풀리라고도 하며, 고정 풀리와 축 위를 이동하는 가동 풀리로 구성되어 있다. CVT 컨트롤러에 의해 제어를 받는 DC 모터에 의해 가동 풀리가 이동함으로써 풀리의 폭이 변화된다. 이에 따라 건식 벨트가 풀리의 상하로 이동하여 벨트의 지름이 변화되어 무단 변속이 이루어진다.

(6) 출력축 풀리

2차 풀리라고도 하며, 입력축 풀리 폭의 변경에 따라 풀리의 폭이 바뀐다. 출력축 풀리의 가동 풀리 뒤편에 있는 스프링과 토크 캠의 작동에 의한 벨트의 추력에 의해 벨트가 미끄러지지 않고 동력을 전달하게 된다.

(7) DC 모터

K 모터는 무단 변속 제어를 하기 위해 기관 회전 속도, 스로틀밸브의 개도량, 차속센서 및 스위치의 신호 등을 감지한 CVT 컨트롤러에 의해 구동된다. K 모터의 회전량은 액추에이터

기어를 통해 입력축 풀리의 가동 풀리를 축 방향으로 슬라이딩시켜 풀리의 폭을 변경시켜 무단 변속을 한다.

(8) 액추에이터 기어

K 모터와 입력축 풀리 사이에 위치하며, 입력축 풀리의 가동 풀리를 이동시켜 무단 변속을 가능하게 한다.

(9) 센서 및 스위치류

① **입력축 풀리 회전센서** : 변속기 케이스에 장착되어 있는 입력축 풀리 회전센서는 입력축 풀리의 회전 속도를 검출하며, 전자 픽업 자석의 무접점 센서로서 영구 자석과 코일로 구성되어 있다.

② **출력축 풀리 회전센서** : 변속기 케이스에 장착되어 있는 출력축 풀리 회전센서는 출력축 풀리의 회전 속도를 검출하며, 전자 픽업 자석의 무접점 센서로서 영구 자석과 코일로 구성되어 있다.

③ **풀리 포지션센서** : 입력축 풀리의 가동 풀리 측면에 설치되어 있으며, 가동 풀리의 이동량을 감지하여 신호를 CVT 컨트롤러로 전송한다. CVT 컨트롤러에서 DC 모터를 제어함에 따라 액추에이터 기어가 구동하면 가동 풀리가 축 방향으로 이동되며, 이 이동값은 풀리 포지션센서 내부의 로드가 움직임으로써 변화된 저항값이 CVT 컨트롤러로 전송되어 변속비를 검출한다.

④ **P/N 스위치** : P/N 스위치는 변속기 케이스에 장착되어 있으며, 운전자가 선택한 셀렉터 레버의 상태를 CVT 컨트롤러에 전달해 주는 일종의 매개체 역할을 하는 스위치이다.

⑤ **브레이크 스위치** : 주 브레이크신호를 CVT 컨트롤러에 전송하며, CVT 컨트롤러는 크리프 상태와 같이 전자 마그네틱 파우더 클러치를 제어하는 신호로 사용한다.

⑥ **주차 브레이크 스위치** : 주차 브레이크신호를 CVT 컨트롤러에 전송한다. 주차 브레이크신호는 무단 변속기 결함 코드를 소거하는 기능을 한다.

05 드라이브 라인, 뒷차축 어셈블리 및 바퀴

[1] 드라이브 라인(drive line)

드라이브 라인은 앞 엔진 뒷바퀴 구동(FR)차량에서 변속기의 출력을 종감속 기어로 전달하는 부분이며 슬립이음, 자재이음 및 추진축 등으로 구성되어 있다.

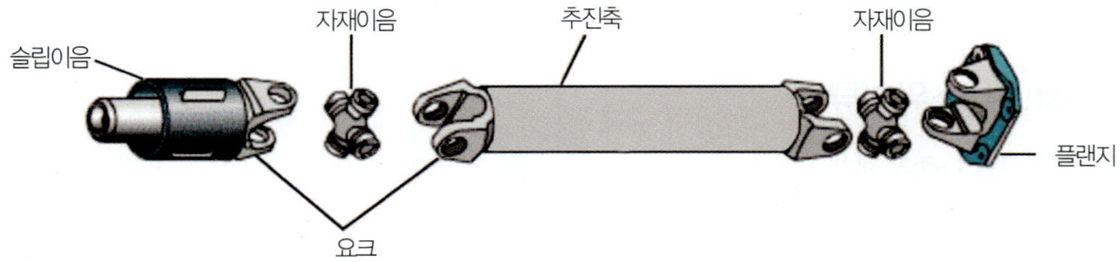

그림 3-54 드라이브 라인의 구성

(1) 슬립이음(slip joint)

슬립이음은 변속기 주축 뒤끝에 스플라인을 통하여 설치되며, 뒷차축의 상하 운동에 따라 변속기와 종감속 기어 사이에서 길이 변화를 가능하도록 하기 위해 두고 있다.

(2) 자재이음(universal joint)

자재이음은 변속기와 종감속 기어 사이의 구동각도 변화를 주는 장치이며, 종류에는 십자형 자재이음, 플렉시블이음, 볼엔드 트러니언 자재이음, 등속도 자재이음 등이 있다.

① 십자형 자재이음(훅 조인트)

이 형식은 중심 부분의 십자축과 2개의 요크(yoke)로 구성되어 있으며, 십자축과 요크는 니들 롤러 베어링을 사이에 두고 연결되어 있다. 설치 각도는 12~18° 이하로 하여야 한다.

그림 3-55 십자형 자재이음

② 플렉시블 음(flexible joint)

이 형식은 3가닥의 요크 사이에 가죽이나 경질 고무로 만든 커플링(coupling)을 끼우고 볼트로 조인 것이다. 설치 각도는 3~5° 이상 되면 진동을 일으키기 쉽다.

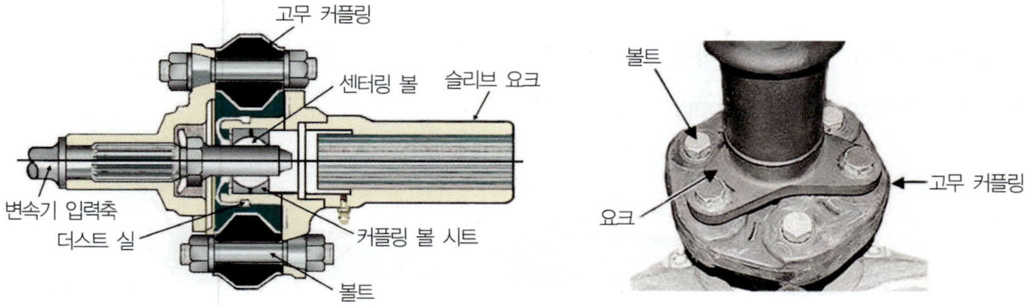

그림 3-56 플렉시블이음

③ 등속도(CV) 자재이음

등속도 자재이음은 주로 앞바퀴 구동방식(FF) 차량의 차축에서 사용된다. 종류에는 트랙터형, 벤딕스 와이스형, 제파형, 파르빌레형, 이중 십자이음 등이 있다.

이 중에서 파르빌레형(parville type)은 구조가 간단하고 용량이 커 앞바퀴 구동 차량에서 주로 사용하며, 변속기 쪽에 있는 것을 더블 오프셋이음(DOJ; double off-set joint), 바퀴 쪽에 있는 것을 버필드이음(BJ; birfield joint)이라 한다.

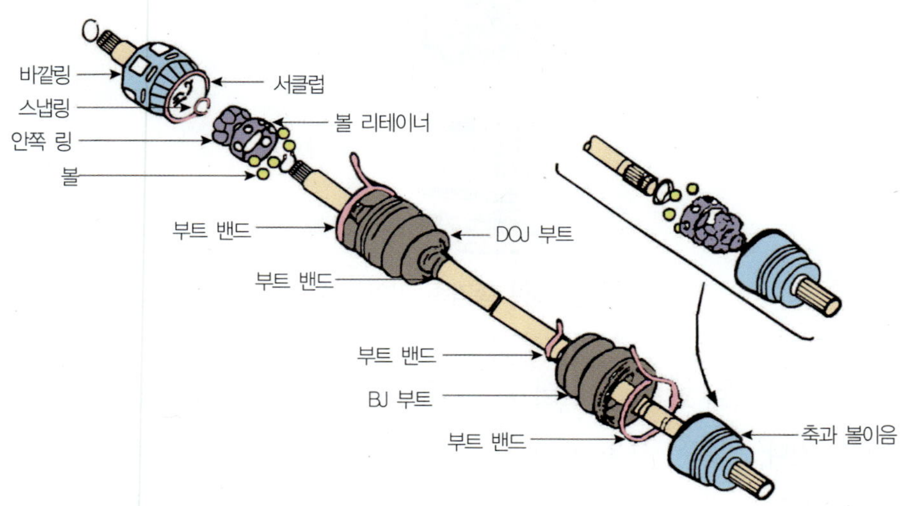

그림 3-57 파르빌레형

(3) 추진축(propeller shaft)

추진축은 강한 비틀림을 받으면서 고속 회전하므로 이에 견딜 수 있도록 속이 빈 강관(steel pipe)을 사용한다. 회전평형을 유지하기 위해 평형추가 부착되어 있으며, 그 양쪽에는 자재이음의 요크가 있다. 축간거리가 긴 자동차에서는 추진축을 2~3개로 분할하고, 각 축의 뒷부분을 센터 베어링으로 프레임에 지지하고, 대형 자동차의 추진축에는 비틀림 진동을 방지하기 위한 토션 댐퍼(torsional damper)를 두고 있다.

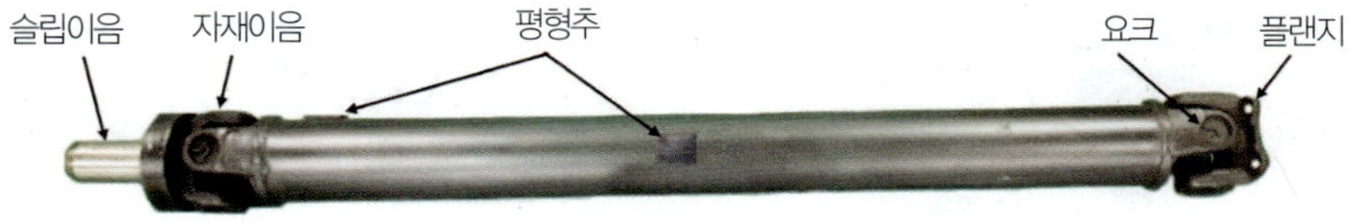

그림 3-58 추진축

[2] 종감속 기어와 차동장치

(1) 종감속 기어(final reduction gear)

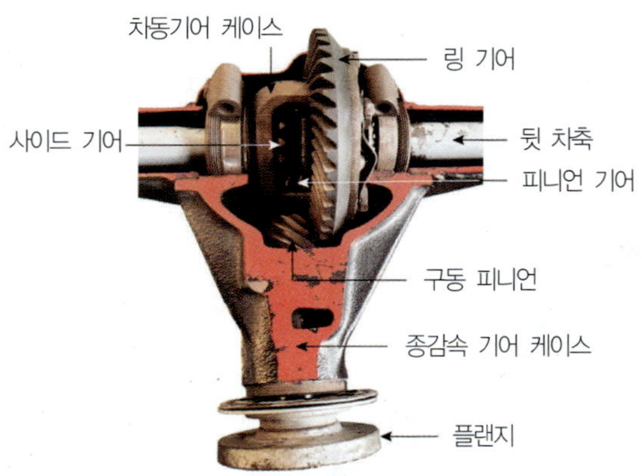

그림 3-59 종감속 기어의 구조

종감속 기어는 추진축의 회전력을 직각으로 전달하며 엔진의 회전력을 최종적으로 감속시켜 구동력을 증가시킨다. 구조는 구동 피니언과 링기어로 되어 있으며, 종류에는 웜과 웜 기어, 베벨 기어, 하이포이드 기어가 있다. 현재는 주로 하이포이드 기어를 사용한다.

(a) 웜과 웜 기어 (b) 스퍼 베벨 기어 (c) 스파이럴 베벨 기어 (d) 하이포이드 기어

그림 3-60 종감속 기어의 종류

하이포이드 기어(hypoid gear)는 링 기어의 중심보다 구동 피니언의 중심이 10~20% 정도 낮게 설치된 스파이럴 베벨 기어의 전위(off-set) 기어이며, 장 · 단점은 다음과 같다.

① 하이포이드 기어의 장점

㉮ 구동 피니언의 오프셋에 의해 추진축 높이를 낮출 수 있어 자동차의 중심이 낮아져 안전성이 증대된다.

㉯ 동일 감속비, 동일 치수의 링 기어인 경우에 스파이럴 베벨 기어에 비해 구동 피니언을 크게 할 수 있어 강도가 증대된다.

㉰ 기어 물림률이 커 회전이 정숙하다.

② 하이포이드 기어의 단점

㉮ 기어 이의 폭 방향으로 미끄럼 접촉을 하므로 압력이 커 극압 윤활유를 사용하여야 한다.

㉯ 제작이 조금 어렵다. 또한 링 기어의 잇수와 구동 피니언의 잇수 비율을 종감속비라 한다.

$$\text{종감속비} = \frac{\text{링 기어의 잇수}}{\text{구동 피니언의 잇수}}$$

종감속비는 나누어서 떨어지지 않는 값으로 하는데, 그 이유는 특정의 이가 항상 물리는 것을 방지하여 편마멸을 방지하기 위함이다. 또한 종 감속비는 기관의 출력, 차량중량, 가속성능, 등판능력 등에 따라 정해지며, 종감속비를 크게 하면 가속성능과 등판능력은 향상되나 고속성능이 저하한다. 그리고 변속비×종감속비를 총 감속비라 한다. 이에 따라 변속기어가 톱기어(top gear)이면 기관의 감속은 종감속 기어에서만 이루어진다.

③ 구동 피니언과 링 기어의 접촉상태

㉮ 정상 접촉 : 구동 피니언과 링 기어의 접촉이 링 기어의 중심부 쪽으로 50~70% 정도 물리는 상태의 접촉이다.

㉯ 힐(heel) 접촉 : 기어 잇면의 접촉이 힐쪽(기어 이빨이 넓은 바깥쪽)으로 치우친 접촉이며, 수정방법은 구동 피니언을 밖으로 이동시켜야 한다.

㉰ 페이스(face) 접촉 : 기어의 물림이 잇면의 끝부분에 접촉하는 것이며, 수정방법은 구동 피니언을 안으로 이동시켜야 한다.

㉱ 토우(toe) 접촉 : 기어 잇면의 접촉이 토우쪽(기어 이빨이 좁은 안쪽)으로 치우친 접촉이며, 수정방법은 구동 피니언을 안으로 이동시켜야 한다.

㉲ 플랭크(flank) 접촉 : 기어의 물림이 이뿌리 부분에 접촉하는 것이며, 수정방법은 구동 피니언을 밖으로 이동시켜야 한다.

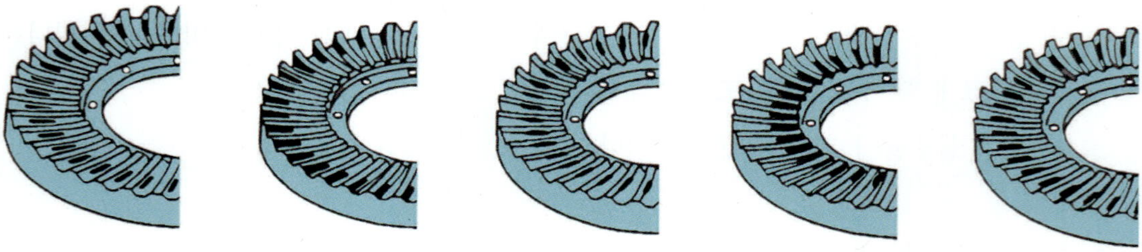

(a) 정상 접촉 (b) 힐 접촉 (c) 페이스 접촉 (d) 토우 접촉 (e) 플랭크 접촉

그림 3-61 구동 피니언과 링 기어의 접촉상태

(2) 차동장치(differential)

① 차동장치의 개요

차동장치는 자동차가 선회할 때 양쪽 바퀴가 미끄러지지 않고 원활하게 선회하려면 바깥쪽 바퀴가 안쪽바퀴보다 더 많이 회전하여야 하며, 울퉁불퉁한 노면을 주행할 때에도 양쪽 바퀴의 회전속도가 달라져야 한다. 즉, 차동장치는 노면의 저항을 적게 받는 구동바퀴 쪽으로 동력이 더 많이 전달될 수 있도록 하며 차동 사이드 기어, 차동 피니언, 피니언축 및 케이스로 구성되어 있다.

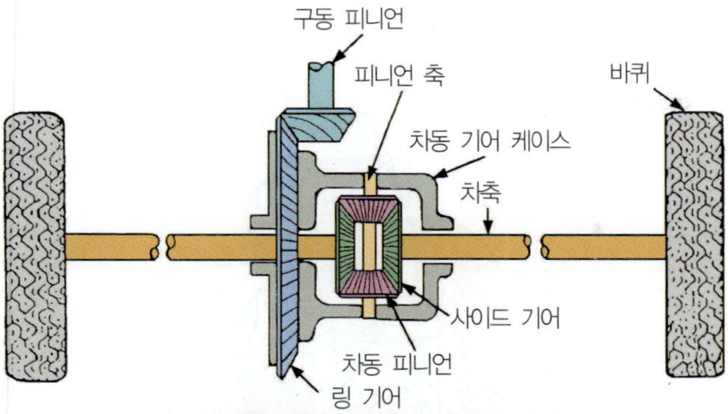

그림 3-62 차동장치의 구성도

② 차동장치의 작용

차동장치의 원리는 움직이는 2개의 랙(Rack) 사이에 피니언을 결합하여 피니언을 위로 끌어올릴 경우 양쪽 랙에 무게가 같은 추를 올려놓았을 때는 피니언의 좌우에 걸리는 저항이 같기 때문에 피니언은 자전할 수 없고, 양쪽 랙은 함께 끌려 올라간다. 그러나 어느 한쪽 랙의 무게를 가볍게 한 상태에서는 피니언을 끌어올리면 좌우의 뒤차축을 연결하여 피니언을 종감속 기어에 의해 공전하도록 한 것이다.

평탄한 길을 직진할 때는 좌우 구동 바퀴의 회전 저항이 같기 때문에 차동 피니언의 공전에 따라 사이드 기어는 같은 회전수로 움직여 전체가 1개의 블록이 되어 회전한다.

선회 시에는 차동 피니언이 공전하려면 고정되어 있는 사이드 기어 위를 굴러가야 하기 때문에 자전을 시작하여 회전하려는 바깥쪽 사이드 기어를 구동하게 되며, 결국 회전하는 바깥쪽 사이드 기어는 차동 피니언의 공전의 2배의 회전수로 구동하게 되어 원활한 선회 주행을 할 수 있게 된다.

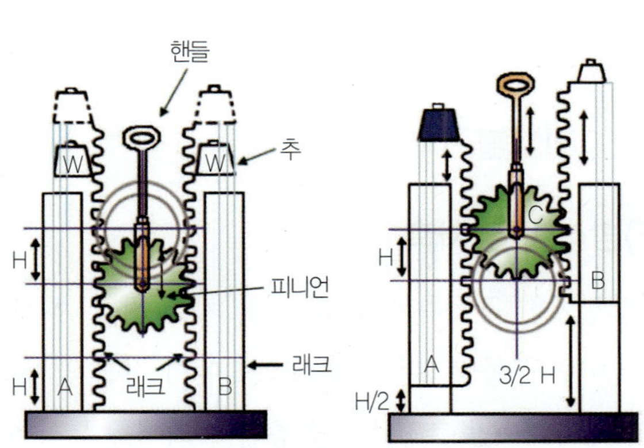

그림 3-63 차동장치의 작용

(3) 자동 제한 차동장치(LSD : limited slip differential)

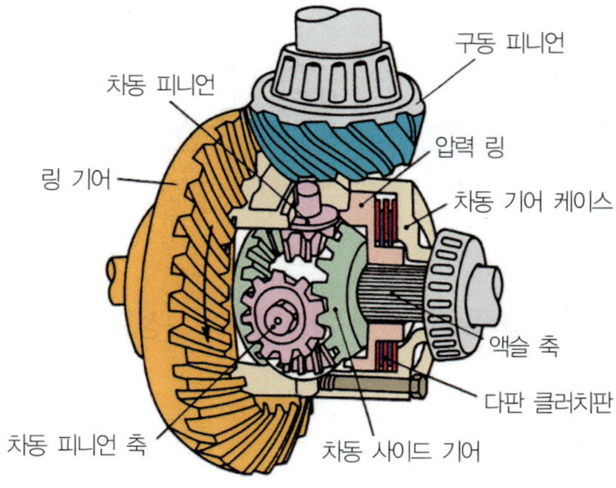

그림 3-64 자동 제한 차동장치의 단면도

일반적인 차동장치는 커브길을 선회하거나 미끄럼이 생기기 쉬운 도로에서는 노면의 저항이 작은 쪽 바퀴가 공전하여 구동력이 감소되고, 반대쪽 구동 바퀴는 저항이 증가되어 회전을 하지 못한다. 이것을 방지하기 위해 미끄럼으로 공전하고 있는 바퀴의 구동력을 감소시키고 반대쪽 저항이 큰 구동바퀴에 공전하고 있는 바퀴의 감소된 분량만큼의 동력을 더 전달시킴으로써 미끄럼에 따른 공전 없이 주행할 수 있도록 하는 장치이다. 이 장치의 장점은 다음과 같다.

① 미끄러운 노면에서 출발이 쉽다.
② 미끄럼이 방지되어 타이어 수명을 연장할 수 있다.
③ 고속 직진주행을 할 때 안전성이 좋다.
④ 울퉁불퉁한 노면을 주행을 할 때 뒷부분의 흔들림을 방지할 수 있다.

[3] 차축(axle shaft) 어셈블리

(1) 앞바퀴 구동(FF)방식의 앞차축

등속도(CV) 자재이음을 설치한 구동축과 조향 너클, 차축 허브, 허브 베어링 등으로 구성되어 있다. 동력의 전달은 앞바퀴 구동방식은 트랜스 액슬에서 직접 앞차축으로 보내지며, 4바퀴 구동방식에서는 트랜스퍼 케이스→앞 추진축→앞 종감속 기어를 통하여 양끝에 등속도 자재이음이 설치된 앞차축과 차축 허브를 거쳐 앞바퀴로 보내진다. 차량의 하중은 바퀴에서 차축 허브를 거쳐 허브 베어링에 전달된 반력 조향 너클과 현가 스프링을 통하여 차체에 전달됨으로써 지지된다.

(2) 뒷바퀴 구동(FR)방식의 뒷차축 지지방식

이 방식은 차동장치를 거쳐 전달된 동력을 뒷바퀴로 전달하며 뒷차축의 끝부분은 스플라인을 통하여 차동 사이드 기어에 끼워지고, 바깥쪽 끝에는 구동바퀴가 설치된다. 뒷차축의 지지방식은 다음과 같다.

① **전 부동식** : 이 방식은 안쪽은 차동 사이드 기어와 스플라인으로 결합되고, 바깥쪽은 차축허브와 결합되어 차축허브에 브레이크 드럼과 바퀴가 설치된다. 차축은 동력만 전달하며 바퀴를 빼지 않고도 차축을 빼낼 수 있다. 자동차에 가해지는 하중 및 충격과 바퀴에 작용하는 작용력 등은 차축 하우징이 받는다.

② **반 부동식** : 이 방식은 구동바퀴가 직접 차축 바깥에 설치되며, 차축의 안쪽은 차동 사이드 기어와 스플라인으로 결합되고 바깥쪽은 리테이너로 고정시킨 허브 베어링과 결합된다. 이에 따라 내부 고정 장치를 풀지 않고는 차축을 빼낼 수 없다. 뒷바퀴 구동방식 승용 자동차에서 많이 사용된다. 반부동 방식은 자동차 하중의 1/2을 차축이 지지한다.

③ **3/4 부동식** : 이 방식은 차축 바깥쪽 끝에 차축허브를 두며, 차축 하우징에 1개의 베어링을 두고 허브를 지지하는 방식이다. 3/4 부동방식은 차축이 자동차 하중의 1/3을 지지한다.

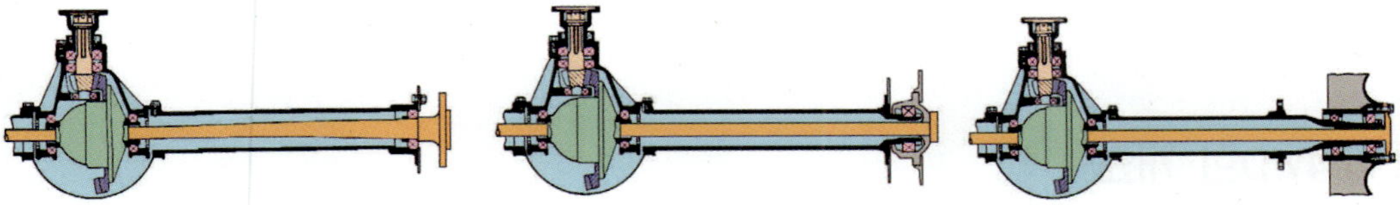

(a) 반 부동식 (b) 3/4 부동식 (c) 전 부동식

그림 3-65 FR 구동방식의 뒷차축 지지방식

(3) 차축 하우징(axle housing)

차축 하우징은 종감속 기어, 차동장치 및 뒷차축을 포함하는 튜브 모양의 고정축이며 중간에는 종감속 기어와 차동장치의 지지를 위해 둥글게 되어 있고, 양끝에는 플랜지 판이나 현가스프링 지지 부분이 마련되어 있다. 차축 하우징의 종류에는 벤조형, 분할형, 빌드업형 등 3가지가 있다.

(a) 벤조형 (b) 스플릿형 (c) 빌드업형

그림 3-66 차축 하우징의 종류

06 4WD(4wheel drive)

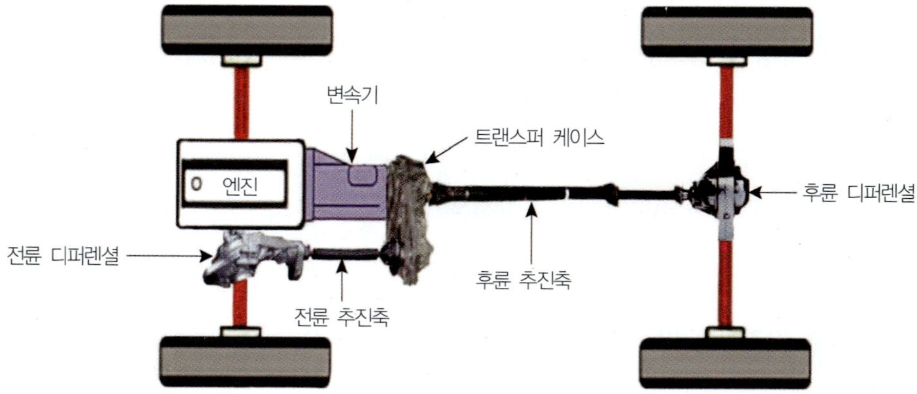

그림 3-67 4바퀴 구동장치의 구성

[1] 4WD의 개요

4WD는 앞뒤 4바퀴에 모두 엔진의 동력을 전달하는 방식이다. 2WD(2바퀴 구동방식)에 비해 추진력이 매우 크기 때문에 험한 도로, 경사가 매우 가파른 도로 및 도로면이 미끄러운 곳을 주행할 때 효과적이다. 4WD는 파트타임방식, 풀타임(TOD)방식, AWD(all wheel drive)방식 등이 있다. 4WD의 장점은 다음과 같다.

① 험한 도로를 주행할 때 한쪽 바퀴가 구동력을 상실하더라도 동력전달이 가능하다.

② 눈길이나 모래길에서도 부드러운 주행이 가능하다.

③ 경사가 심한 언덕길이나 내리막길을 주행할 때 차량무게 중심변동에 따른 대응능력을 향상시킨다.

④ 4바퀴 구동력 배분으로 미끄러운 도로면에서의 타이어 점착력을 향상시켜 직진성능이 향상된다.

⑤ 4바퀴 구동력 배분으로 큰 사이드 포스(side force)를 발생시켜 선회할 때에 유리하다.

[2] 파트타임(part time) 전자제어 4WD

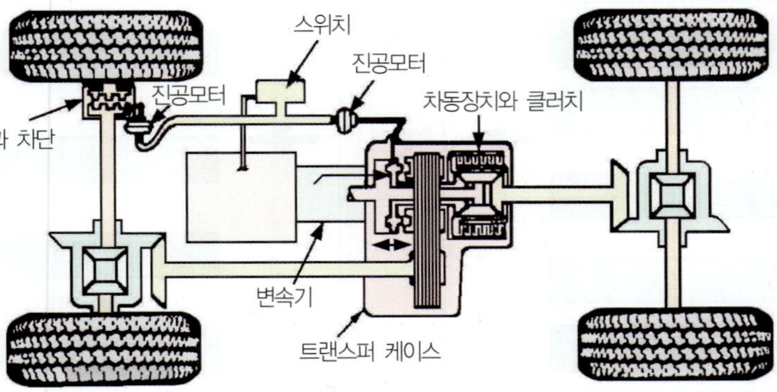

그림 3-68 파트타임 4WD의 구성부품

(1) 파트타임 전자제어 4WD의 개요

파트타임 4WD는 평상시에는 2WD(뒷바퀴)로만 주행하다가 운전자의 필요에 따라 4WD로 전환하는 방식이다.

중앙 차동장치가 없기 때문에 선회할 때 앞바퀴와 뒷바퀴의 회전반경이 차이를 보정하지 못하므로 타이트 코너 브레이크(tight corner braking) 현상이 발생한다. 타이트 코너 브레이크 현상이란 건조하고 포장된 도로에서 급선회 시 앞 · 뒷바퀴의 선회 반지름 차이가 타이어의 회전속도 차이 및 구동축의 회전 속도 차이에 의해 앞바퀴는 브레이크가 걸린 느낌이고, 뒷바퀴는 공전하는 느낌이 드는 현상이다.

(2) 파트타임 4WD의 구성 및 작동원리

전자제어 파트타임 4WD는 입력부분, 제어부분, 출력부분으로 분류되며, 각종 센서로부터 입력된 정보를 바탕으로 TCCU(transfer case control unit)가 제어 연산하여 출력부분인 시프트 모터(shift motor)를 작동시킨다. 이때 중요한 입력신호는 차량의 변속상태, 주행속도 그리고 스위치의 위치 등이다.

TCCU는 시프트 모터를 구동하고 시프트 모터의 작동 여부를 알려주는 MPS(motor position sensor)에 의해 피드백(feed back)을 받아 작동 여부를 확인한다.

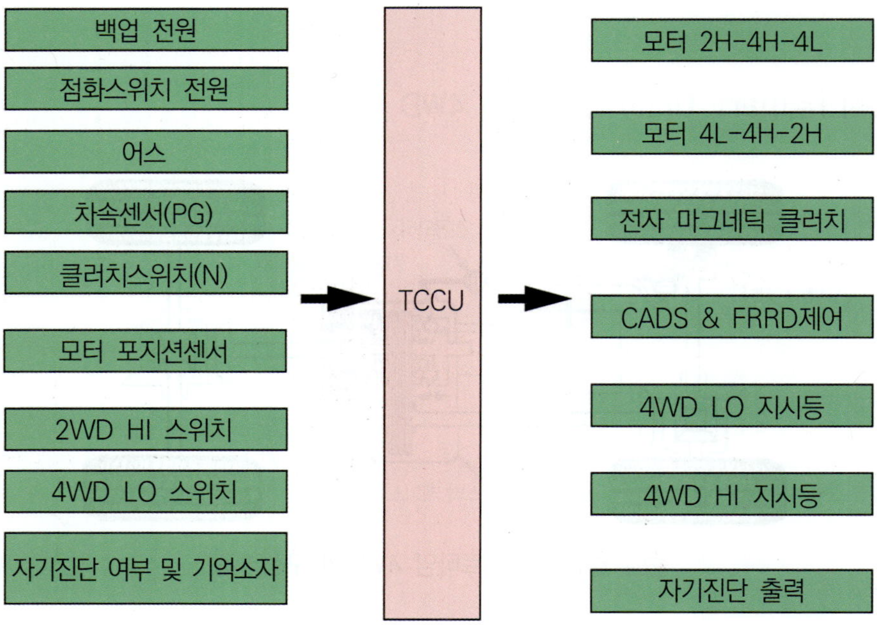

그림 3-69 파트타임 4WD 전자제어 입·출력도

① TCCU(transfer case control unit)

TCCU는 운전석 시트 아래쪽에 설치되어 있으며, 운전자의 스위치 조작에 따라 주행 중에도 2WD → 4WD HIGH로 변환이 가능하도록 하고, 4WD → 4WD LOW은 차량을 일단정지 시킨 후 변환시켜 주는 기능뿐 아니라 고장이 발생하였을 때 진단기능도 한다.

② 시프트 모터(shift motor)

㉮ 시프트 모터의 기능 : 이 모터는 직류(DC)모터이며, TCCU에 의해 제어된다. 2H-4H-4L모드로 변환할 때 시프트 모터를 회전시키면 모터와 연결된 전자축(electronic shaft)과 축의 캠(shaft cam)이 회전하여 감속 시프트 포크(reduction shift fork)와 록업 포크(lock up fork)를 제어하여 4WD로 변환시키는 역할을 한다.

㉯ 시프트 모터의 구성 회로도 : 2H-4H-4L 모드로 제어할 때는 컴퓨터 ①번과 ②번 단자

에 "B+"가 출력되어 ⑯, ⑰번 단자 쪽으로 접지된다. 4L-4H-2L 방향으로 제어할 때는 극성이 바뀌어 ⑯, ⑰번 단자에 "B+"가 ①번과 ②번 단자에는 (-)로 제어하도록 되어 있다.

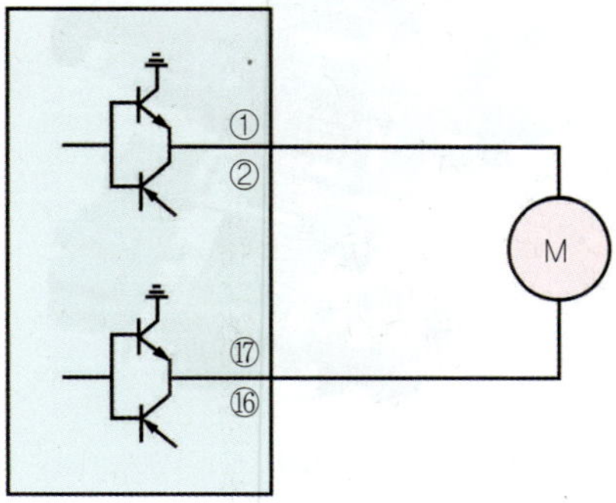

(a)

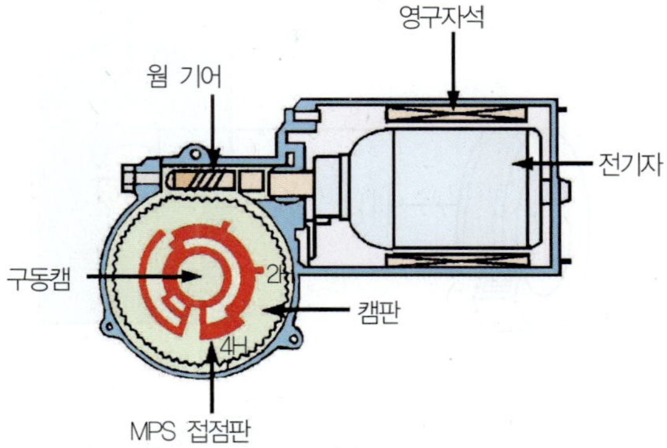

(b)

그림 3-70 시프트 모터 회로구성

③ MPS(motor position sensor or position encoder)

MPS는 시프트 모터의 회전방향과 위치를 인코더(encoder)를 이용한 4개의 스위치 신호를 시프트 모터의 작동을 TCCU로 전달하는 센서이다.

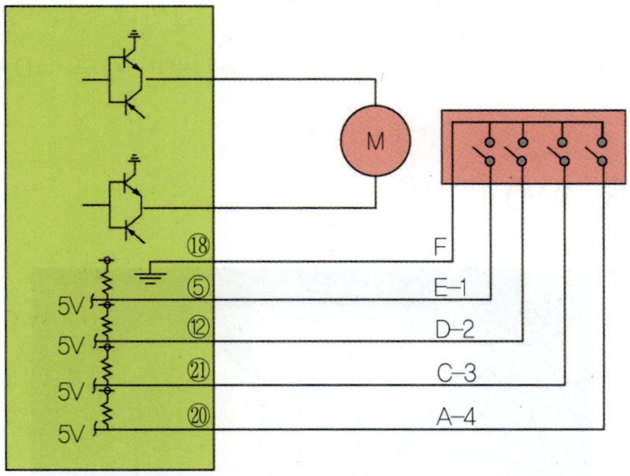

그림 3-71 MPS 회로구성

④ 전자 다판 클러치(magnetic clutch)

전자 다판 클러치는 4WD HIGH 모드에서 시프트 모터에 의해 작동된 록업 포크(lock up fork)가 록업장치를 일정한 위치까지 이동시키면 이때부터 출력축의 구동기어와 록업

장치의 피동기어를 연결시킬 때 작동되어 기어를 물림시킨다. 전자 다판 클러치는 TCCU에 의해 작동된다(4WD HIGH, LOW모드에서 작동).

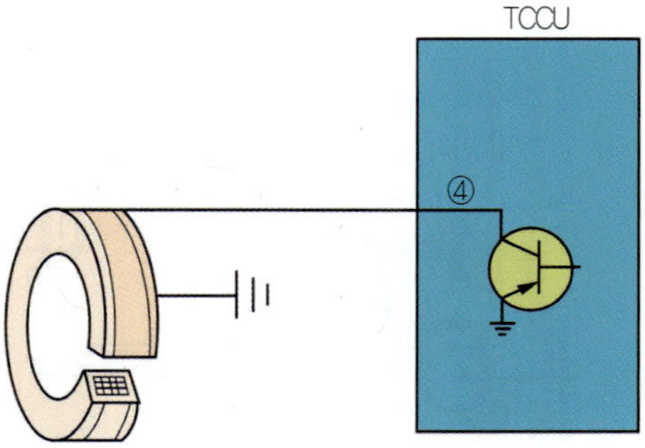

(a)

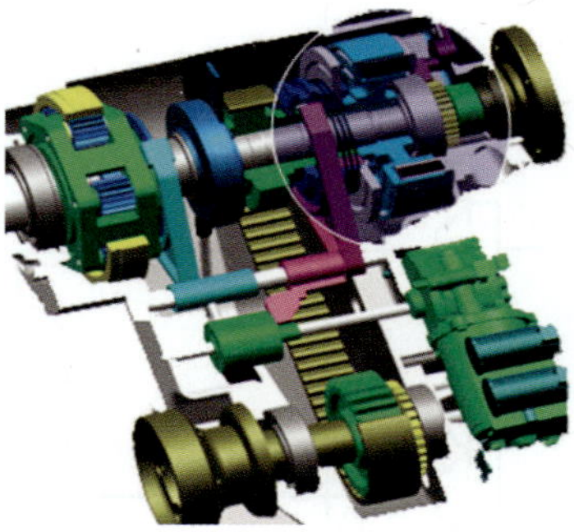

(b)

그림 3-72 전자 다판 클러치

⑤ **차속센서(vehicle speed sensor)**

차속센서는 코일이 감긴 영구자석 양극 사이에서 전자 다판 클러치가 회전하면 철심에 인가되었던 영구자석의 자속에 변화가 생기고 이 자속의 변화에 의해 교류전압이 발생된다. 이 교류전압은 전자 다판 클러치의 회전속도에 비례하여 주파수가 변화하기 때문에 TCCU가 센서로부터 시간당 주파수를 검출하여 차량의 주행속도를 검출한다. 트랜스퍼 케이스 하우징에 설치되어 있으며 TCCU는 이 센서를 이용하여 주행속도를 검출하여 4WD LOW모드로 변환할 때 0~3km/h 이하에서만 작동 여부를 결정한다.

⑥ **지시등(4WD HIGH, 4WD LOW)**

그림 3-73 4WD 지시등

지시등은 4WD HIGH와 4WD LOW 지시등이 계기판에 설치되어 있으며, 운전자의 선택스위치 선택에 따라 점등 및 소등된다. 또 4WD에 고장이 발생하면 4WD HIGH와 4WD LOW지시등을 동시에 점등시켜 장치 이상 여부를 알려준다.

⑦ 4WD 선택스위치

이 스위치는 운전자의 의지에 따라 4WD HIGH, 4WD LOW, 2WD HIGH 모드 선택여부를 TCCU로 입력시킨다.

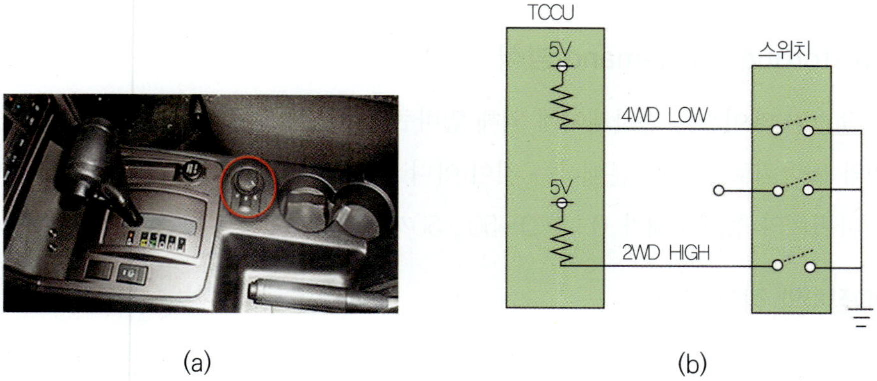

그림 3-74 4WD 선택스위치

[3] 풀타임 전자제어 4WD

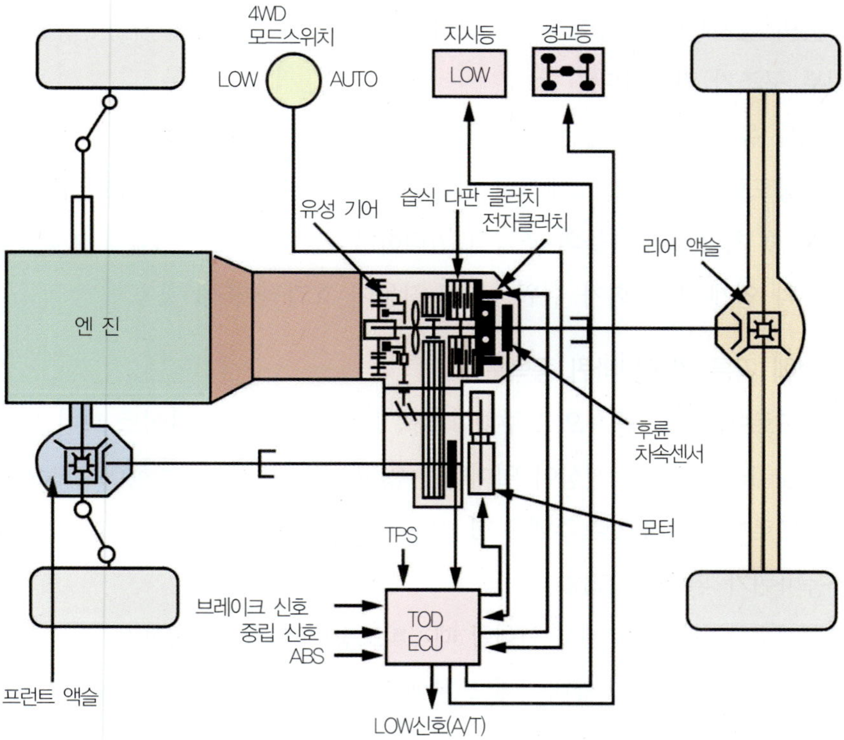

그림 3-75 풀타임 4WD 구성도

풀타임방식은 상시 4WD를 의미하며, 뒷바퀴 구동(FR)차량의 TOD(torque on demand)방식과 앞바퀴 구동(FF)차량의 ITM(interactive torque management system)방식으로 나누어진다.

(1) TOD(torque on demand)방식

TOD 트랜스퍼 케이스는 전자제어에 의해 앞바퀴와 뒷바퀴로 동력을 분배한다. 즉, 일률적으로 앞바퀴와 뒷바퀴로 동력을 분배하는 것이 아니라, 도로조건이나 차량 주행상태에 따라서 앞바퀴와 뒷바퀴로의 동력분배가 0 : 100~50 : 50까지 자동으로 수시로 변경된다.

① TOD장치의 장점

㉮ 동력이 앞바퀴와 뒷바퀴로 분배되어 4WD구동 상태에서 연료소비율이 향상된다.

㉯ 동력이 앞바퀴와 뒷바퀴로 조건에 따라 적절히 분배되므로 각 바퀴가 최적의 접지력을 발휘한다. 이것은 최적의 주행성능 유지, 선회할 때 안정성 유지, 브레이크를 작동할 때 효율향상 등의 효과가 있음을 의미한다.

㉰ 도로면 변화에 따른 반응이 신속하다.

㉱ 기존의 장치보다 경량화가 가능하다.

㉲ 내부 구조가 간단하다.

㉳ 컨트롤 유닛에 의해 자동 제어되므로 작동이 쉽고, 편리하다.

㉴ 비포장도로 및 포장도로에서의 직진안정성 및 주행성능이 우수하다.

㉵ 주행 중 차량 조향핸들의 조작이 편리하다.

㉶ ABS와 연계 및 조화가 쉬워, ABS 작동이 효과적이다.

② 도로조건에 따른 앞·뒷바퀴 동력분배

㉮ 포장도로에서 저·중속으로 주행할 때 : TOD장치에서는 타이트 코너 브레이킹(tight corner braking)이 현상이 일어나지 않고, 뒷바퀴 구동 주행이 가능하다.

㉯ 포장도로에서 고속으로 주행을 할 때 : 포장도로에서 고속주행을 할 때는 뒷바퀴가 주구동바퀴가 된다(약 85%).

㉰ 마찰계수가 낮은 도로에서 선회할 때 : 비포장도로, 눈길, 빙판길, 진흙길 등에서 선회할 때 필요한 동력을 앞바퀴에도 분배한다.

㉱ 마찰계수가 낮은 도로에서 등판주행 또는 출발할 때 : 비포장도로, 눈길, 빙판길, 진흙길 등에서 등판주행 또는 출발을 할 때에는 필요에 따라 50 : 50의 동력을 앞·뒷바퀴

에 분배하여 4WD 최대 접지력과 구동력을 발휘할 수 있다.

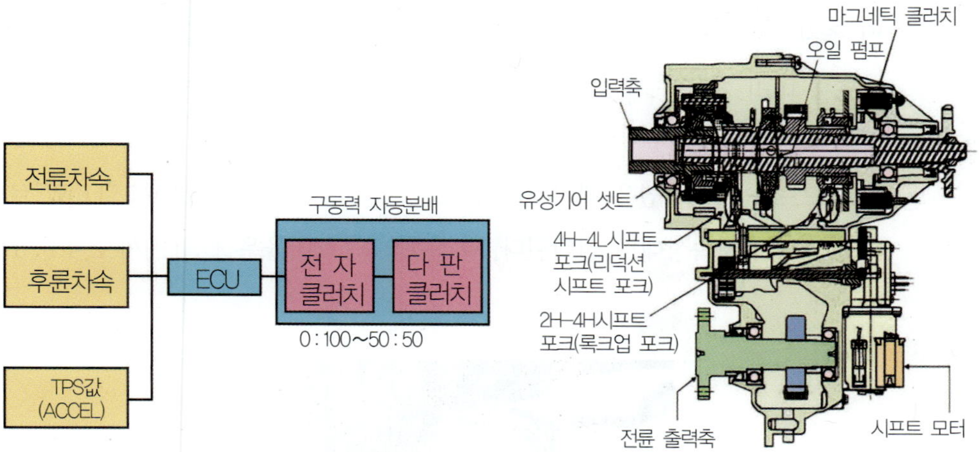

그림 3-76 TOD의 구동력 자동분배

③ TOD 전자제어장치의 기능 및 작동

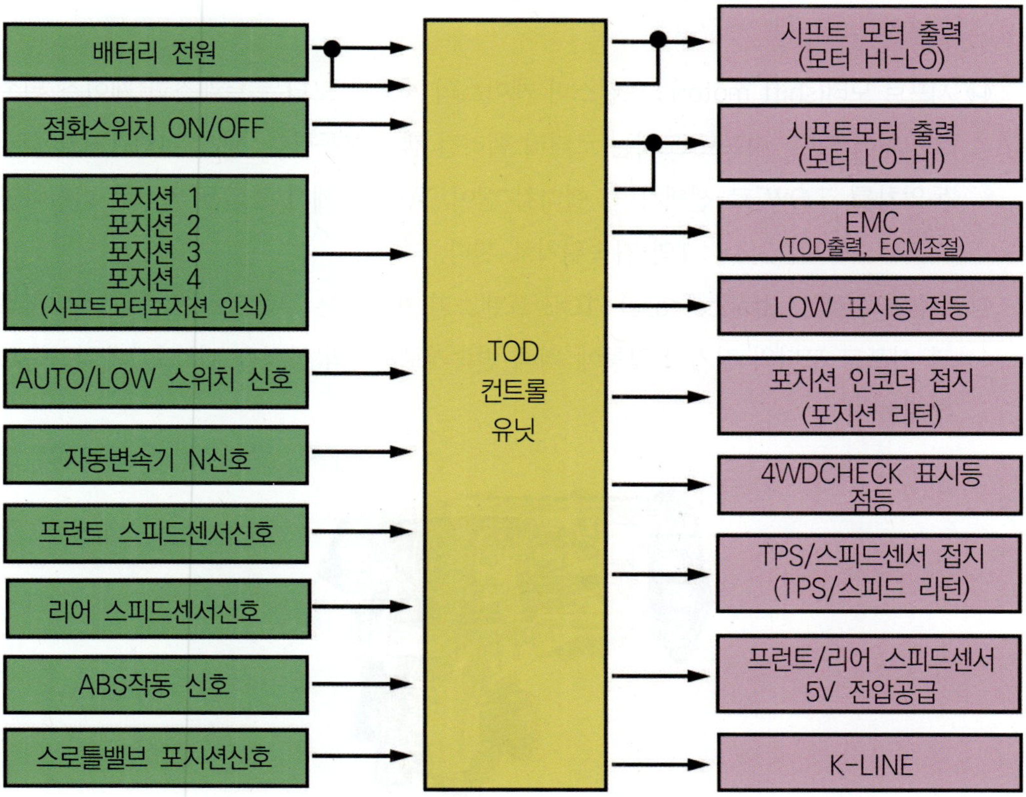

그림 3-77 TOD 전자제어 입·출력 회로도

㉮ TOD 선택모드 스위치 : TOD는 AUTO 및 LOW 2가지 모드가 있다.

㉠ AUTO모드를 선택할 때의 기능 : TOD는 클러치의 메커니즘을 전자 제어하여 앞뒤 추진축의 출력 회전속도를 검출하고, 그 차이가 설정된 값 이상일 경우 초과된 속도를 미리 계산한 후 그에 상응하는 동력을 전자 다판 클러치(EMC)를 통해 앞바퀴로 전달한다.

㉡ LOW모드를 선택하였을 때의 기능 : 모드 스위치(mode switch)를 "LOW"로 선택하면, 4WD 저속상태로 선택된다. 추진축의 동력비율은 1 : 1에서 2.48 : 1로 변환된다.

그림 3-78 TOD 선택 스위치 설치위치

㉯ 시프트 모터(shift motor) : 트랜스퍼 케이스의 시프트 모터는 트랜스퍼 케이스 뒤쪽에 설치되어 있다. 시프트 모터는 로터리 헬리컬 캠을 구동한다. 모드 선택스위치에서 구동위치를 "LOW"로 선택하면, 헬리컬 캠이 "AUTO"에서 "LOW"위치로 회전하면서 시프트 포크가 2.48 : 1의 감속위치로 된다.

㉰ 트랜스퍼 케이스(trance case) : TOD 트랜스퍼 케이스는 "AUTO"/ "LOW"스위치조작과 시프트 모터의 전기적 작동에 의해 변속기로부터의 동력을 뒤차축 및 앞차축으로 분배한다.

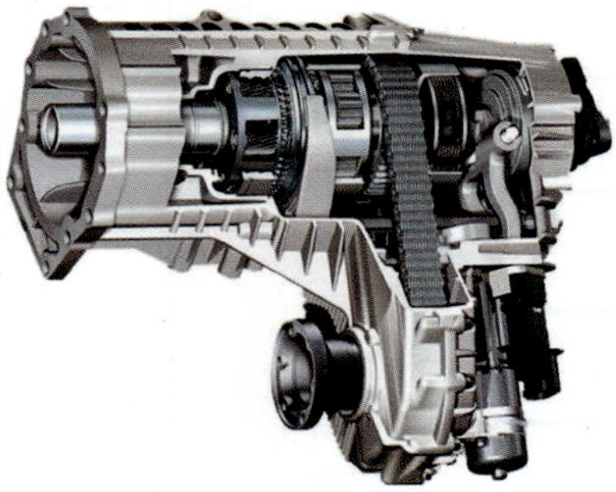

그림 3-79 트랜스퍼케이스의 구조

㉣ 뒤 스피드센서(rear speed sensor) : 뒤 스피드센서는 홀 효과를 이용한 센서(hall effect sensor)이며, 30개의 이(tooth)를 가진 휠의 회전에 따라 0~5Vdc의 사각파형(square wave)을 발생시킨다. 이의 수가 30개인 휠은 트랜스퍼 케이스 내부에 설치되어 뒤 추진축과 결합되어 있으며, 뒤 추진축이 회전하면 1회전당 휠의 잇수 만큼의 스피드센서 펄스신호가 발생한다.

㉤ 앞 스피드센서(front speed sensor) : 앞 스피드센서는 뒤 스피드센서와 동일하며, 앞 추진축과 결합되어 있다.

㉥ 전자 다판 클러치(EMC : electromagnetic clutch) : 전자 다판 클러치는 도로조건 및 차량의 주행상태에 따라 요구되는 양 만큼의 동력을 앞 추진축에 적용하기 위해 사용된다.

(2) ITM(interactive torque management)방식

ITM방식의 4WD는 주로 앞바퀴 구동형, 즉 온로드(on road)용 자동차에서 사용하는 상시 4WD TOD와 함께 풀타임 방식이라 한다. 앞에서 설명한 트랜스퍼 케이스 형식과 달리 매우 간단한 장치로 구성되어 있다. ITM는 견인력을 향상시키며, 선회 주행에서의 안정성, 그 밖의 주행안정성에 효과가 우수하다.

① ITM방식의 작동 개요

앞바퀴 구동형 자동변속기에서 뒷바퀴 쪽으로 동력을 인출하는 트랜스퍼 케이스를 거친 동력은 추진축으로 전달되고, 추진축과 종감속기어 사이에 설치된 ITM에서 전기적으로 동력을 전달하면 4WD가 되고 동력을 차단하면 2WD로 작동한다.

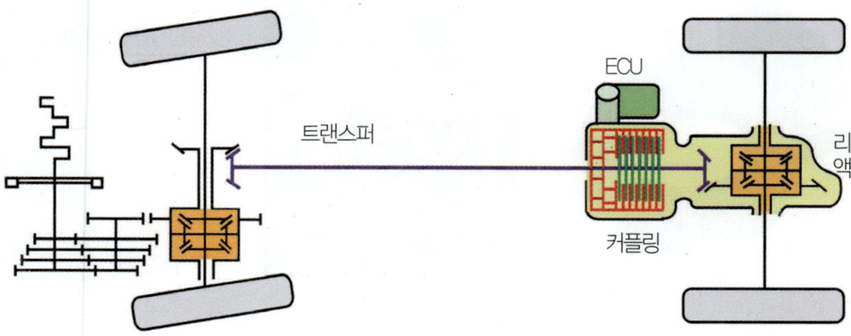

그림 3-80 ITM 작동 계통도

② ITM의 작동원리

ITM 컨트롤 유닛이 4WD 작동영역을 판단하면 ITM에 설치된 전자 다판 클러치(EMC) 코일을 작동시켜 ITM 내의 클러치판을 압착시킨다. 이에 따라 추진축으로부터 전달된 동력이 뒤 종감속기어를 거쳐 뒷바퀴로 전달된다.

③ ITM 전자제어 입·출력 구성도

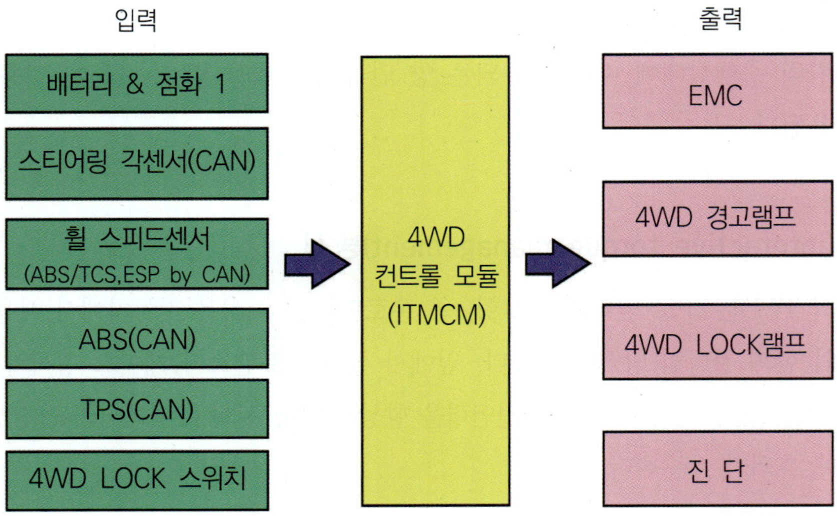

그림 3-81 ITM 전자제어 입·출력도

㉮ 조향핸들 각속도센서 : 조향핸들 각속도센서는 조향핸들의 조향 정도를 파악하여 선회주행을 할 때 4WD 구동력을 조절하여 안정된 선회가 가능하도록 유도한다.

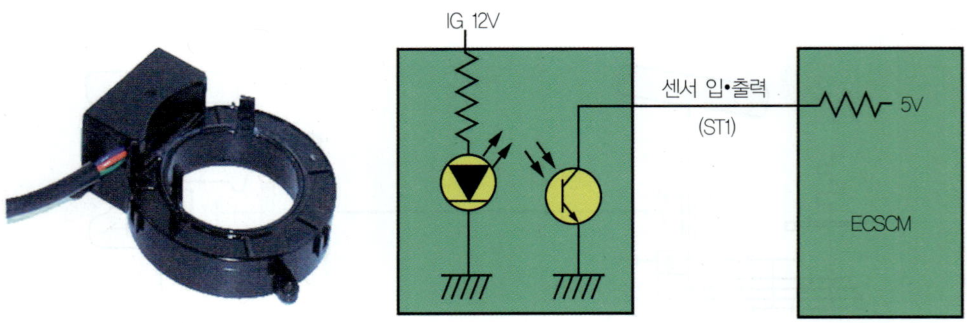

(a) (b)

그림 3-82 조향핸들 각속도센서

㉯ 휠 스피드센서 : 휠 스피드센서는 각 바퀴의 회전속도를 판단하여 ITM 컨트롤 유닛으로 보내준다.

㉰ CAN 데이터 : ITM 컨트롤 유닛은 CAN라인으로부터 스로틀 위치센서(TPS)값과 ABS 작동 여부 신호를 입력받는데, 먼저 스로틀 위치센서는 운전자의 가속의지를 확인하여 제어에 활용한다.

㉱ 4WD 록(LOCK) 스위치 : 차량이 습지대에 빠졌거나 그밖에 상시 4WD가 필요할 경우 이용하는 스위치이며, 이 스위치를 ON하면 상시 4WD로 동작한다. 4WD LOCK스위치를 ON한 상태로 고속으로 주행하면 자동으로 록이 해제된다.

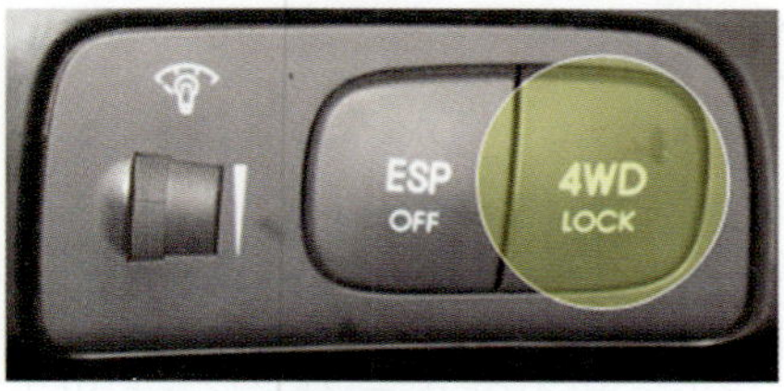

(a) 4WD LOCK 스위치

(b) 4WD LOCK 램프

그림 3-83 4WD 록(lock) 스위치

㉲ 전자 다판 클러치(EMC) 코일 출력제어 : ITM 컨트롤 유닛은 ITM 작동조건이 각종 센서로부터 입력되면 EMC 코일을 듀티제어하여 4바퀴를 제어한다.

CHAPTER 03

현가장치

01 현가장치(suspension system)의 개요

현가장치는 차축과 차체를 연결하여 주행할 때 차축이 노면에서 받는 진동이나 충격이 차체에 직접 전달되지 않도록 하여 차체나 화물의 손상을 방지하고 승차 감각을 향상시키는 장치이다.

현가장치는 코일 스프링, 판 스프링, 쇽업소버, 토션바 스프링, 에어 스프링 등이 있으며, 현재는 마이크로컴퓨터를 이용한 전자제어 현가장치(ECS)도 사용되고 있다. 현가장치의 구비조건을 들면 다음과 같다.

① 도로 면에서 받는 충격을 완화하기 위해 상·하 방향의 연결이 유연해야 한다.

② 바퀴에 발생하는 구동력, 제동력 및 선회할 때의 원심력 등을 이겨낼 수 있도록 수평 방향의 연결이 튼튼해야 한다.

③ 가벼워야 한다(스프링 질량의 절반은 스프링 아래 질량(unspring mass)으로 취급한다).

④ 설치공간을 적게 차지해야 한다.

⑤ 정비가 쉬워야 한다.

⑥ 적차 또는 공차상태를 막론하고 가능한 차체의 고유진동수가 같도록 해야 한다.

⑦ 적차 또는 공차상태에도 차체의 최저 지상고는 가능한 한 변화가 적어야 한다.

02 현가장치용 스프링

[1] 판 스프링(leaf spring)

판 스프링은 보통 스프링 강을 적당히 구부린 띠 모양으로 된 것을 몇 장 겹쳐서 그 중심에서 센터볼트(center bolt)로 조인 것이다. 판 스프링은 코일 스프링과 달리 판간 마찰을 갖기 때문에 진동의 억제력이 큰 반면 작은 진동을 흡수하는 데는 불리하다.

판 스프링은 스프링 강 맨 위쪽에 길이가 가장 긴 주 스프링 판의 양끝에는 스프링 아이(spring eye)를 두고 섀클 핀을 통하여 차체에 설치하게 되어 있다. 스프링 아이 중심 사이의 거리를 스팬(span), 판 스프링의 휨 양을 캠버(camber)라 한다. 판 스프링을 차체에 설치한 부분을 브래킷 또는 행거(bracket or hanger)라 하며, 다른 끝은 섀클(shackle)이라 한다. 섀클은 스팬의 길이 변화를 위하여 설치하며 사용되는 부싱에 따라 고무 부싱 섀클, 나사 섀클, 청동 부싱 섀클 등이 있다.

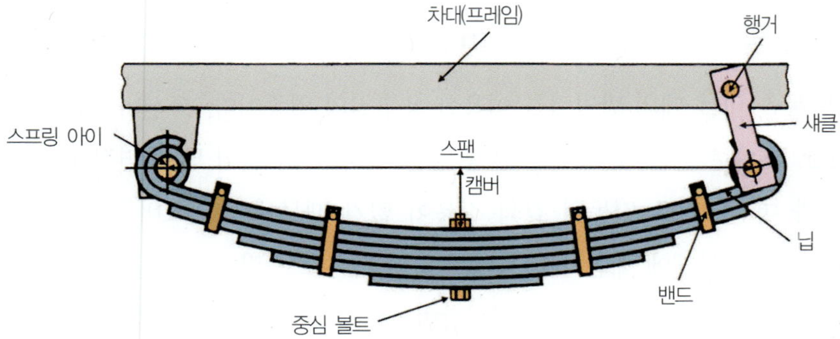

그림 3-84 판 스프링의 명칭

[2] 코일 스프링(coil spring)

코일 스프링은 스프링 강을 코일 모양으로 제작한 것이며, 외부의 힘에 의해 변형되는 경우 판 스프링은 구부러지면서 응력을 받으나 코일 스프링은 코일 1개 단면마다 비틀림에 의해 응력을 받는다. 코일 스프링은 링크 연결 기구나 쇽업소버를 필요로 하고 구조가 복잡하나 에너지 흡수율이 판스프링보다 커서 미세한 진동에도 민감하게 작용하므로 현재의 승용차에서는 앞·뒷차축에서 모두 사용되고 있다. 코일 스프링은 모양에 의한 분류로 코일이 원통형으로 감겨 있는 원통형 코일 스프링이 있으며, 원통형 코일 스프링의 플랫와이어 스프링(Flat wire spring)은 원통형 코일 스프링의 특수한 종류이다. 이 형태의 스프링은 선의 단면이 원형이 아닌 직사각형이며, 스프링 바인드가 자주 일어나는 상황에 사용한다. 외형이 배럴(barrel)처럼 생긴 배럴형 스프링(barrel spring) 및 꼬깔콘/원뿔(cone, conical) 모양의 외형을 가진 코니컬 스프링(conical spring) 있다.

(a) 원통형 코일 스프링 (b) 플랫와이어 스프링 (c) 배럴형 스프링 (d) 코니컬 스프링

그림 3-85 코일 스프링 종류

[3] 토션바 스프링(torsion bar spring)

토션바는 금속 봉을 비틀 때의 반발력을 이용한 용수철의 일종이다. 토션바 스프링은 스프링 강의 막대(torsion bar)로 만든 것이며, 스프링 강은 바(Bar)의 길이 및 단면적에 따라 결정되고, 코일 스프링과 마찬가지로 진동의 감쇠 작용이 없기 때문에 쇽업소버를 사용해야 한다.

토션바 스프링은 단위 무게에 대한 에너지 흡수원이 다른 스프링에 비해 크기 때문에 가볍고 구조도 간단하게 할 수 있는 장점이 있다. 설치방법은 차체와 수평으로 설치하는 세로 설치 방식과 차체와 직각으로 설치하는 가로 설치 방식이 있다. 또한 좌우의 것이 구분되어 있다.

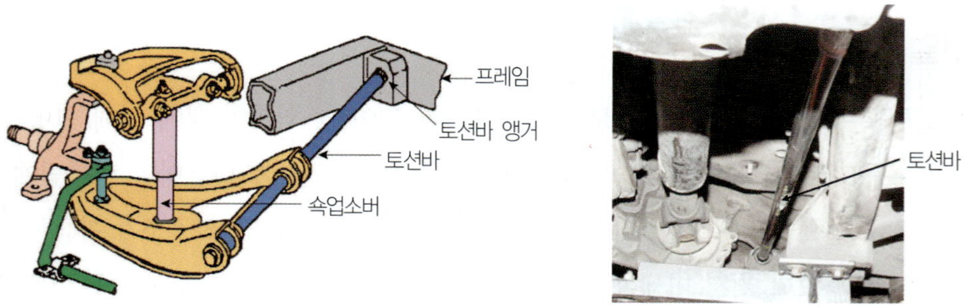

그림 3-86 토션 바 스프링

03 쇽업소버(shock absorber)

쇽업소버는 도로 면에서 발생한 스프링의 불필요한 진동을 흡수하여 스프링에 가해지는 피로를 줄이고, 차체를 빠르게 안정시켜 이를 통해 자동차의 주행 안정성을 확보하고 승차감을 향상시킨다. 쇽업소버는 스프링이 압축될 때에는 급격히 압축되고 늘어날 때는 천천히 작용하며, 스프링의 상하 운동에너지를 열에너지로 변환시키는 방식으로 충격을 흡수한다.

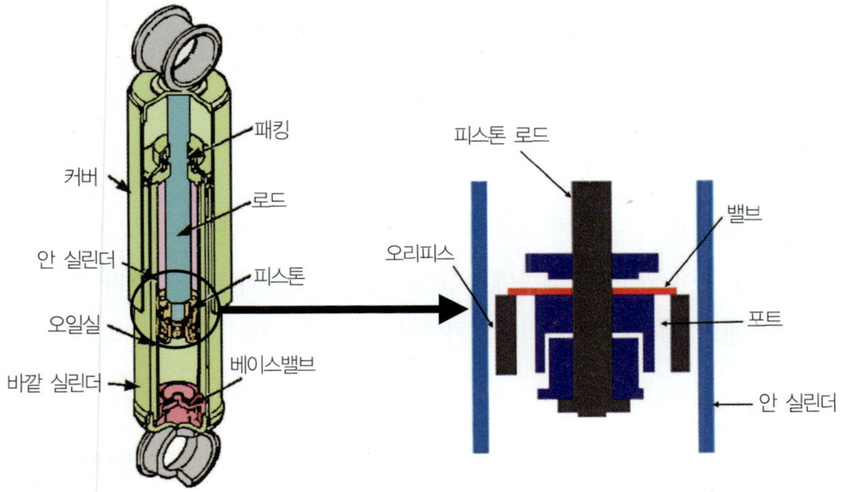

그림 3-87 쇽업소버의 구조

[1] 단동형과 복동형

(1) 단동형(mono tube)

단동형은 스프링이 늘어날 때에는 통과하는 오일의 저항으로 진동을 조절하고, 스프링이 압축될 때에는 오일이 저항 없이 통과하도록 하여 차체에 충격을 주지 않으므로 좋지 못한 곳에서 유리하다.

(2) 복동형(double tube)

복동형은 스프링이 늘어날 때와 압축될 때 모두 저항이 발생되는 형식이며, 출발할 때 노스업(nose up)이나 제동할 때 노스다운(nose down)을 방지할 수 있다.

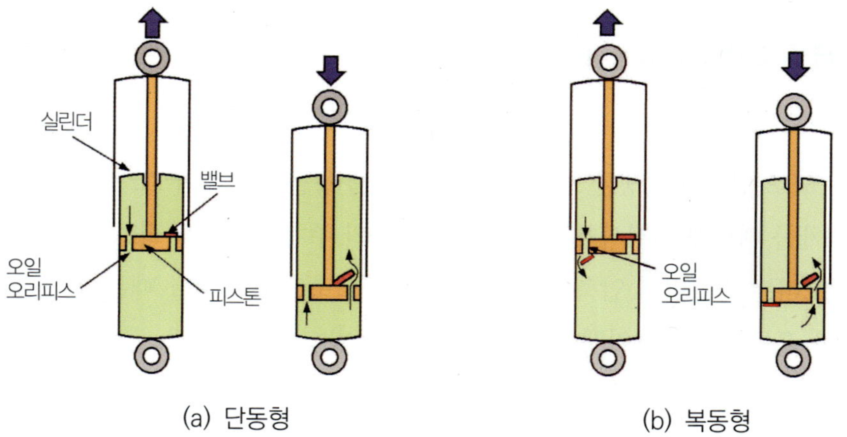

그림 3-88 단동형과 복동형 쇽업소버

[2] 드가르봉식(가스 봉입) 쇽업소버

드가르봉식은 유압식의 일종이며 프리 피스톤(free piston)을 더 두고 있으며, 프리 피스톤의 위쪽에는 오일이 들어 있고, 아래쪽에는 고압(30kgf/cm²)의 질소가스가 봉입되어 내부에 압력이 걸려 있고 1개의 실린더가 있다. 드가르봉식 쇽업소버의 특징은 다음과 같다.

① 구조가 간단하다.
② 작동할 때 오일에 기포 발생이 없어 장시간 작동하여도 감쇠 효과의 감소가 적다.
③ 실린더가 1개이므로 냉각 성능이 크다.
④ 내부에 압력이 걸려 있어 분해하는 것은 위험하다.

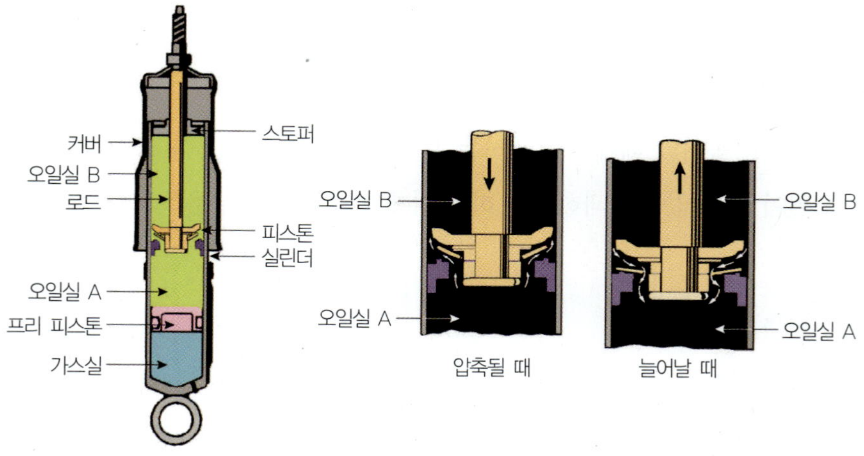

그림 3-89 드가르봉식

04 스테빌라이저(stabilizer)

스테빌라이저는 토션바 스프링의 일종이며, 양끝이 좌우의 컨트롤 암에 연결되며, 중앙부분은 차체에 설치되어 커브 길을 선회할 때 차체가 롤링(rolling : 좌우 진동)하는 것을 방지하며, 차체의 기울기를 감소시켜 평형을 유지하는 기구이다.

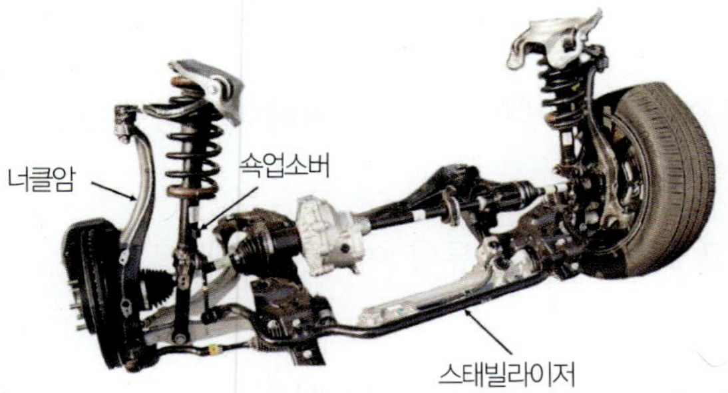

그림 3-90 스태빌라이저 설치상태 및 스태빌라이저

05 현가방식

[1] 일체 차축 현가방식(solid axle suspension)

일체 차축 현가방식은 일체로 된 차축에 양쪽 바퀴가 설치되고 다시 이것이 스프링을 거쳐 차체에 설치된 형식으로 판스프링이 주로 사용되며, 그 배치에 따라 평행 판스프링 형식과 옆 방향 판스프링 형식이 있다.

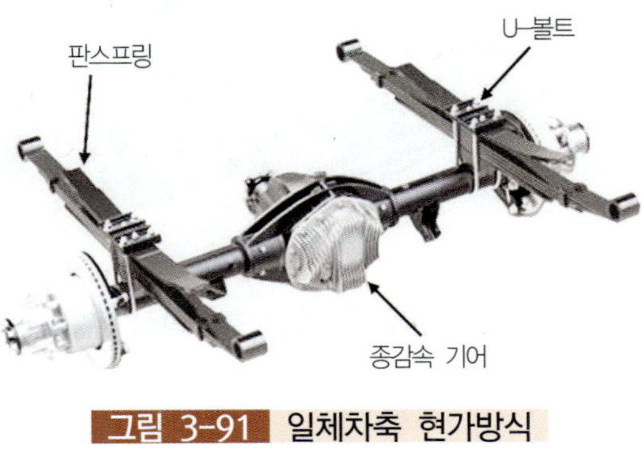

그림 3-91 일체차축 현가방식

(1) 일체 차축 현가장치의 장점

① 휠 얼라인먼트 변화와 타이어 마모가 적다.
② 강도가 크고 부품수가 적어 구조가 간단하고, 가격이 싸다.
③ 공간을 적게 차지하여 차체 바닥(floor)을 낮게 할 수 있다.
④ 선회할 때 차체의 기울기가 적다.

(2) 일체 차축 현가장치의 단점

① 스프링 하중이 무겁고 좌우 바퀴 한쪽이 충격을 받아도 연동되거나 가로방향 진동이 생겨 승차감각과 조종 안정성이 나쁘다.
② 휠 얼라인먼트의 설계 자유도가 적고 조종 안정성 튜닝 여지가 적다.
③ 스프링 밑 질량이 커 승차감각이 불량하다.
④ 앞바퀴에 시미 발생이 쉽고, 스프링 정수가 너무 적은 것은 사용하기 어렵다.

[2] 독립 현가방식(Independent Suspension)

독립 현가방식은 차축을 분할하여 양쪽 바퀴가 서로 관계없이 움직이게 하며 승차감각이나 안정성이 향상되게 하는 것으로서 위시본(wishbone) 형식과 맥퍼슨(macpherson) 형식이 있다.

그림 3-92 독립 현가방식

(1) 독립 현가방식의 장점

① 스프링 밑 질량이 작아 승차 감각이 좋다.
② 무게중심이 낮아 안전성이 향상된다.
③ 옆 방향 진동에 강하고 타이어의 접지 성능 양호하다.
④ 휠 얼라인먼트 자유도가 크고 튜닝 여지가 많다.
⑤ 현가 암 등을 이용하여 방진을 할 수 있어 소음방지에도 유리하다.
⑥ 바퀴의 시미현상이 적으며, 로드 홀딩(road holding)이 우수하다.
⑦ 스프링 정수가 작은 것을 사용할 수 있다.

(2) 독립 현가방식의 단점

① 부품수가 많고 높은 정밀도가 요구되므로 가격이 비싸고 정비면에서 불리하다.
② 휠 얼라인먼트 변화에 따른 타이어 마모가 크다.
③ 쇽업소버, 링크 등을 함께 설치해야 하므로 설치 공간을 크게 차지한다.
④ 바퀴의 상하 운동에 따라 윤거(tread)나 휠 얼라인먼트가 틀려지기 쉬워 타이어 마멸이 크다.
⑤ 앞뒤의 강성을 낮게 하기 어렵기 때문에 소음이 발생하기 쉽다.
⑥ 볼 이음 부분이 많아 그 마멸에 의한 휠 얼라인먼트가 틀려지기 쉽다.

06 독립 현가방식의 종류

[1] 위시본 형식(wishbone type)

위시본방식의 현가장치는 상하 2개의 현가 암인 위·아래의 컨트롤 암(upper & low control arm)이 축에 의해 프레임에 장착되며, 아래 컨트롤 암과 프레임 사이에 설치되어 완충 작용을 하는 코일 스프링과 볼 조인트에 의해 상하 운동과 조향을 위한 회전 운동을 할 수 있는 조향너클(steering knuckle) 등으로 구성되어 있어 바퀴가 스프링에 의해 완충되면서 상하 운동을 하게 되어 있다.

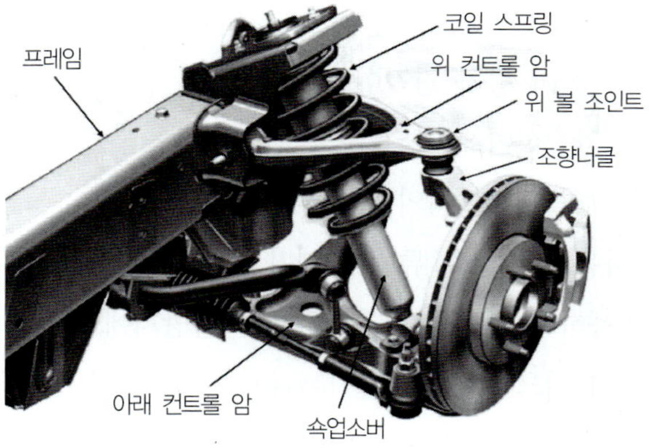

그림 3-93 위시본 형식

(1) 평행사변형 형식(parallelogram type)

평행사변형 형식은 위 · 아래 컨트롤 암을 연결하는 4점이 평행사변형을 이루고 있다. 따라서 바퀴가 상하 운동을 하면 조향너클과 연결되는 2점이 평행 이동을 하게 되어 윤거가 변화하기 때문에 타이어 마멸이 촉진된다. 그러나 캠버가 변화하지 않기 때문에 커브 길 주행에서 안전성이 증대된다. 토(toe)는 약간 변화한다.

(2) SLA 형식(short long arm type)

SLA 형식은 아래 컨트롤 암이 위 컨트롤 암보다 길게 되어 있다. 따라서 위 컨트롤 암은 비교적 작은 원호를 그리고, 아래 컨트롤 암은 큰 원호를 그리게 되어 윤거의 변화가 일어나지 않는다. 그러나 컨트롤 암이 상 · 하로 움직일 때마다 캠버(camber)와 토(toe)가 변화하는 결점이 있다.

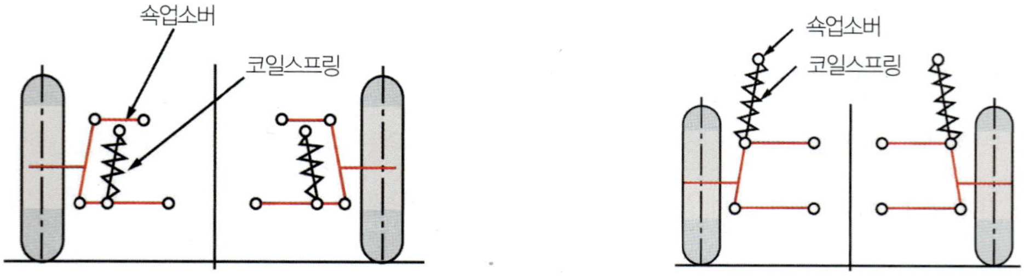

(a) SLA 형식 (b) 평행사변형 형식

그림 3-94 위시본 형식의 종류

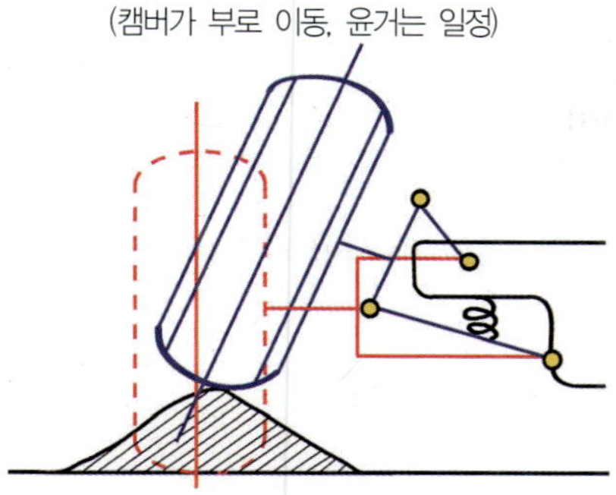

그림 3-95 SLA 형식

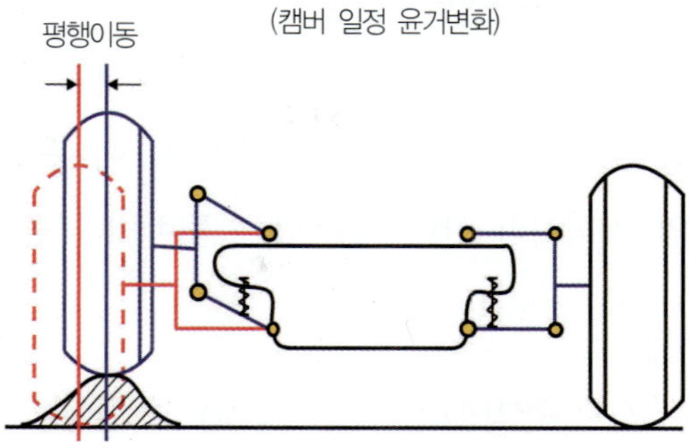

그림 3-96 평행사변형 형식

(3) 더블 위시본방식(double wishbone type)

더블 위시본 형식은 위시본 형식의 단점을 보완한 것으로, 일반적인 구조는 위시본 형식과 비슷하나 엔진실의 공간을 효율적으로 활용할 수 있다. 작동은 2개의 위아래 컨트롤 암이 평행사변형 형식의 상하 운동을 하는 원리이다.

[2] 스윙 차축(swing axle)방식

좌우 각각의 차축이 중심 부근에서 결합되어 독립적으로 상하 운동하며 이 차축 위에 쇽업소버와 스프링을 설치하는 형식으로 차축이 상하로 움직임에 따른 수평 방향의 각도 변화가 곧바로 타이어의 캠버 변화로 이어진다.

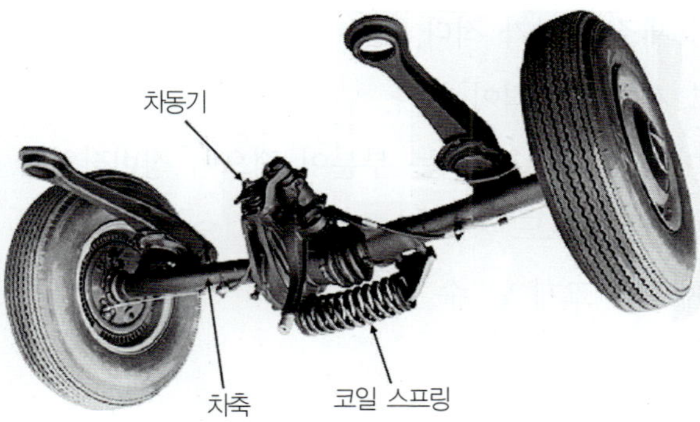

그림 3-97 스윙 차축형식

[3] 세미 트레일링 암(semi trailing arm)방식

뒷바퀴 전용 현가방식으로 차축 앞쪽에서 차체의 피벗(pivot)과 차축을 A형의 암으로 결합하는 형식을 트레일링 방식이라 하는데, 이 중 암 회전축이 비스듬하게 설정된 것을 세미 트레일링 암 방식이라 한다. 최근에는 뒷바퀴 구동방식의 감소와 더불어 사용되지 않고 있다.

[4] 스트럿방식(strut type : 맥퍼슨 형식)

쇽업소버를 바퀴의 위치를 결정하는 스트럿(strut : 기둥)으로 이용하는 형식으로서 승용차의 앞바퀴 현가장치로 사용되며, 뒷바퀴 현가장치로도 이용된다.

이 형식은 쇽업소버가 내부에 들어 있는 스트럿 및 볼 이음, 컨트롤 암, 스프링으로 구성되어 있다. 스트럿 위쪽에는 현가 지지를 통하여 차체에 설치되며 현가 지지에는 스러스트 베어링(thrust bearing)이 들어 있어 스트럿이 자유롭게 회전할 수 있다. 그리고 아래쪽에는 볼 이음을 통하여 현가 암에 설치되어 있다. 코일 스프링을 스트럿과 스프링 시트 사이에 설치하며, 스프링 시트는 현가 지지의 스러스트 베어링과 접촉되어 있다. 따라서 차량 중량은 현가 지지를 통하여 차체를 지지하고 조향할 때에는 조향 너클과 함께 스트럿이 회전한다.

(1) 스트럿 방식의 장점

① 공간을 적게 차지하여 실내 공간을 크게 할 수 있다.
② 스프링 무게가 가벼워 승차 감각과 접지성능이 양호하다.
③ 차체 측의 피벗(pivot)점의 간격이 커 강도면에서 유리하다.
④ 휠 얼라인먼트의 제조 오차가 적다.
⑤ 구조가 간단하고 가볍고 가격이 싸다.
⑥ 구조가 간단해 마멸되거나 손상되는 부분이 적으며 정비작업이 쉽다.
⑦ 스프링 밑 질량이 작아 로드 홀딩이 우수하다.
⑧ 엔진실의 유효 체적을 크게 할 수 있다.

(2) 스트럿 방식의 단점

스트럿 축과 하중 축이 어긋나 스트럿에 휘어지는 모멘트가 발생하며, 이 모멘트가 쇽업소버의 미끄럼 운동 부분의 마찰을 발생시켜 승차 감각을 저하시킨다.

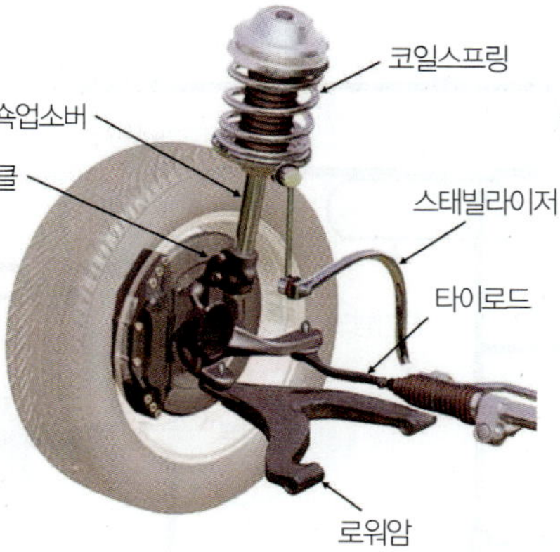

그림 3-98 맥퍼슨(스트럿) 형식

07 공기 현가장치

[1] 공기 현가장치의 개요

공기 현가장치는 압축공기의 탄성을 이용한 것이며, 공기 스프링, 레벨링밸브, 공기탱크, 공기 압축기로 구성되어 있다. 현가장치에 적용되는 하중에 따라서 스프링 상수를 변화시킬 수 있으며, 자동차의 높이 조정이 가능하기 때문에 승차감과 차체 안정성을 향상할 수 있다. 공기 현가장치를 작동시키기 위해서는 공기압축기와 공기탱크와 같은 부속장치가 필요하다. 즉, 하중이 감소하여 자동차의 높이가 높아지게 되면 레벨링밸브가 작동이 돼서 공기스프링 안쪽의 공기를 방출하고, 반대로 하중이 증가하는 경우에는 공기탱크에서 공기를 보충하여 높이를 일정하게 유지하도록 해주는 원리이며, 이 형식의 특징은 다음과 같다.

① 하중 증감에 관계없이 차체 높이를 항상 일정하게 유지하며 앞뒤, 좌우의 기울기를 방지할 수 있다.

② 스프링 정수가 자동적으로 조정되므로 하중의 증감에 관계없이 고유 진동수를 거의 일정하게 유지할 수 있다.

③ 고유 진동수를 낮출 수 있으므로 스프링 효과를 유연하게 할 수 있다.

④ 공기 스프링 자체에 감쇠성이 있으므로 작은 진동을 흡수하는 효과가 있다.

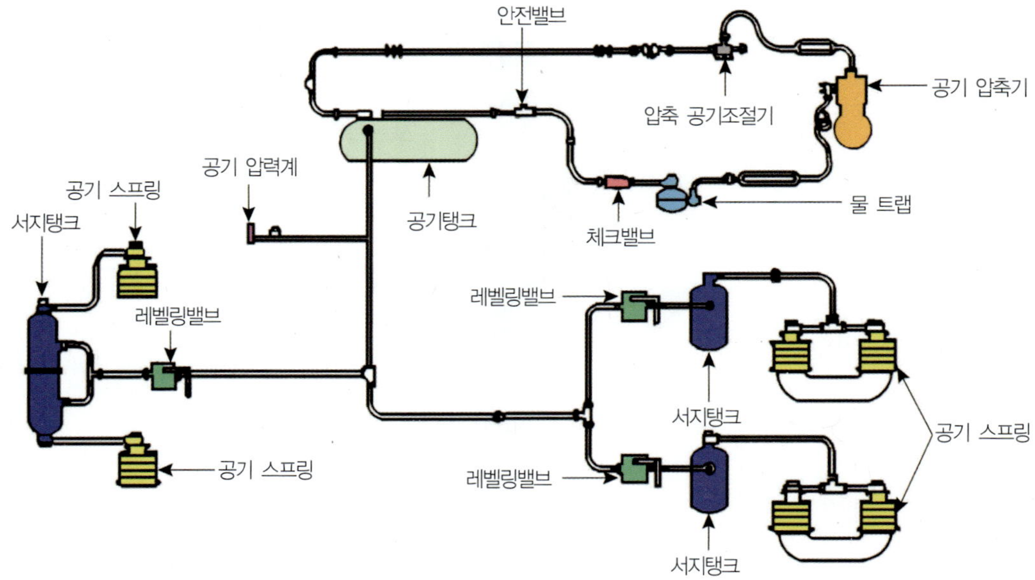

그림 3-99 공기 현가장치 구성도

[2] 공기 현가장치의 구조 및 기능

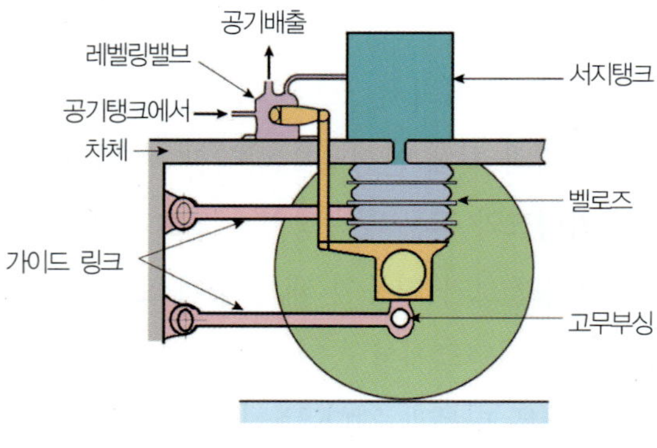

(a) 공기 스프링의 구조

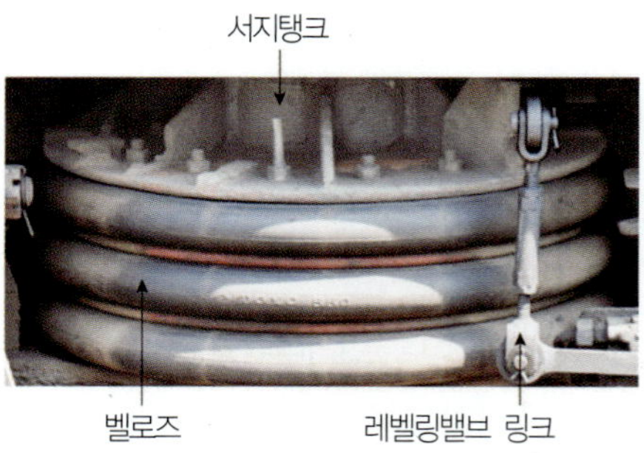

(b) 공기 스프링

그림 3-100 공기 스프링의 구조 및 공기 스프링

① **공기 압축기(air compressor)** : 엔진의 크랭크축에 의해 V벨트로 구동되며 압축공기를 생산하여 공기탱크로 보낸다.

② **서지탱크(surge tank)** : 공기 스프링 내부의 압력 변화를 완화하여 스프링 작용을 유연하게 해주는 것이며, 각 공기 스프링마다 설치되어 있다.

③ **공기 스프링(air spring)** : 공기 스프링에는 벨로즈형(bellows type)과 다이어프램형(diaphragm type)이 있으며, 공기탱크와 스프링 사이의 공기 통로를 조정하여 도로 상태와 주행속도에 가장 적합한 스프링 효과를 얻도록 한다.

④ **레벨링밸브(leveling valve)** : 공기탱크와 서지탱크를 연결하는 파이프 도중에 설치된 것이며, 자동차의 높이가 변화하면 압축공기를 스프링으로 공급하거나 배출시켜 차량 높이를 일정하게 유지시킨다.

08 진동수와 승차감각 및 자동차 진동

[1] 진동수와 승차 감각

사람이 보통 일반적으로 걷는다고 하면 머리 부분의 상하진동은 60~70cycle/min 정도 된다. 물론 분당 기준으로 달릴 때는 120~160cycle/min이 발생하게 된다. 일반적인 현가장치의 경우 120~160cycle/min의 상하 운동이 승차감에는 매우 좋다. 진동수가 120cycle/min을 넘으면 딱딱하게 느껴지고, 45cycle/min 이하로 떨어지면 진동을 느끼며 멀미를 느끼게 된다.

[2] 자동차 진동

자동차는 현가 스프링에 의해 지지되는 스프링 위 질량과 타이어와 현가장치 사이에 있는 스프링 아래 질량으로 분류되며 각각의 고유 진동에는 다음과 같은 것들이 있다.

(1) 스프링 위 질량진동

① **바운싱(bouncing, 상하진동)** : 차체가 Z축 방향과 평행운동을 하는 고유 진동

② **피칭(pitching, 앞뒤진동)** : 차체가 Y축을 중심으로 회전운동을 하는 고유 진동

③ **롤링(rolling, 좌우진동)** : 차체가 X축을 중심으로 회전운동을 하는 고유 진동

④ **요잉(yawing, 차체 뒷부분 진동)** : 차체가 Z축을 중심으로 회전운동을 하는 고유 진동

(2) 스프링 아래 질량진동

① **휠 홉(wheel hop)** : 차축이 Z방향의 상하 평행 운동을 하는 고유 진동이다.

② **휠 트램프(wheel tramp)** : 차축이 X축을 중심으로 하여 회전 운동을 하는 고유 진동이다.

③ **와인드 업(wind up)** : 차축이 Y축을 중심으로 회전 운동을 하는 고유 진동이다.

(a) 위 질량 (b) 아래 질량

그림 3-101 스프링 질량 진동

09 전자제어 현가장치(ECS : Electronic Control Suspension System)

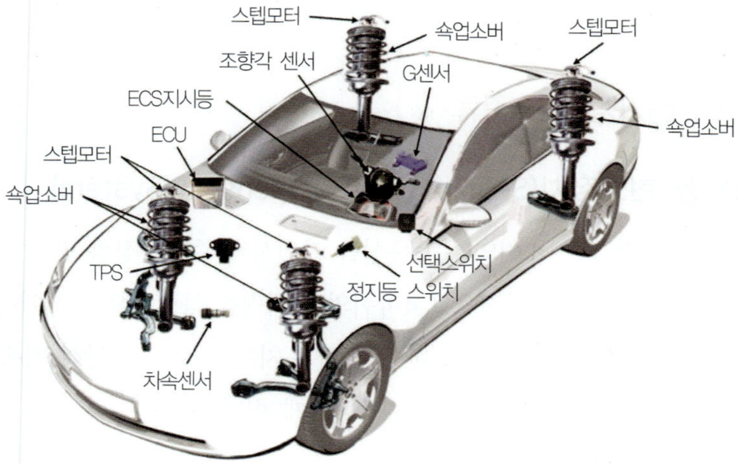

그림 3-102 전자제어 현가장치의 구성

컴퓨터(ECU), 각종 센서, 액추에이터 등을 설치하고 노면의 상태, 주행 조건, 운전자의 선택 등과 같은 요소에 따라서 자동차의 높이와 현가 특성(스프링 정수 및 감쇠력)이 컴퓨터에 의해 자동적으로 조절되는 현가장치로 급제동을 할 때 노스다운(nose down)을 방지하고, 급선회할 때 원심력에 대한 차체의 기울어짐을 방지한다. 노면으로부터의 차량 높이를 조절할 수 있어 노면의 상태에 따라 승차 감각을 조절할 수 있다.

[1] 기능

① 급제동을 할 때 노스다운(nose down)을 방지한다.
② 급선회 또는 급회전을 할 때 원심력에 의한 자동차의 기울어짐 현상을 방지한다.
③ 노면으로부터의 자동차 높이를 조정한다.
④ 노면 상태에 따라 승차감을 조절한다.

[2] ECS의 장점

① 고속으로 주행할 때 차체의 높이를 낮추어 공기저항을 감소시키므로 안정성이 있다.
② 조향할 때 차체가 쏠리는 현상이 적어 조종 안정성을 향상시킨다.

③ 노면으로부터의 충격을 감소하므로 승차감이 좋다.

④ 굴곡이 심한 장파형의 노면을 주행할 때 흔들림이 적은 평행한 승차감을 실현한다.

⑤ 스프링 상수 및 감쇄력(댐핑력)을 제어한다.

[3] 전자제어 현가장치의 종류

(1) 반 능동형 현가장치(Semi-Active Suspension System)

반 능동형 현가장치는 쇽업소버의 운동특성을 가변시켜 주행안정성 및 승차감을 향상시킨 것이다. 반 능동형 현가장치는 일반적으로 4바퀴의 감쇠력을 독립적으로 제어하여 독립 현가장치의 장점을 최대한 보완한 장치이며, 각 바퀴의 위쪽 차체에 설치한 상하 가속도(G)센서로 바퀴의 작동상태를 검출하여 독립적인 제어를 가능하게 한다.

(2) 능동형 현가장치(Full-Active Suspension System)

능동형 현가장치는 반 능동형보다 진보된 형태의 전자제어 현가장치이며, 외부에서 에너지를 공급하여 스프링상수나 감쇠력을 주행 조건에 대응하여 적절하게 조절하는 장치이다.

(3) 도로면 감지(프리뷰 제어) 능동형 현가장치

프리뷰 전자제어 서스펜션 기술은 과속방지턱이나 포트 홀과 같이 승차감을 크게 훼손하거나 차체에 충격을 주는 극단적인 주행 상황에 대응한다. 전방 카메라로 인식한 노면 정보와 내비게이션의 지도 정보를 바탕으로 서스펜션의 감쇠력을 바꿔 차체 움직임을 제어한다. 프리뷰 전자제어 서스펜션 기술 구현을 위해서는 여러 정보를 실시간으로 분석하고 서스펜션을 빠르게 제어해야 한다.

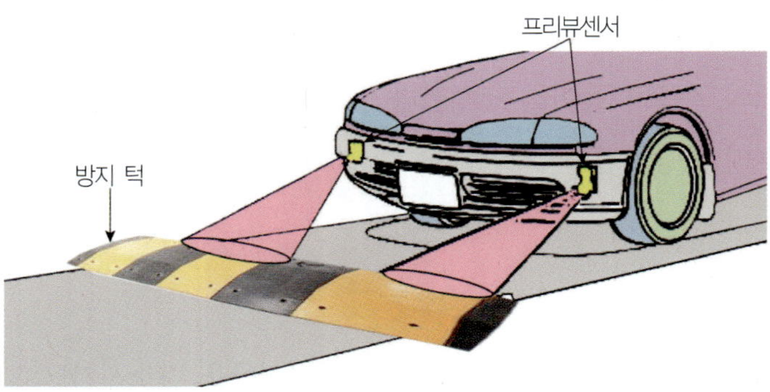

그림 3-103 도로면 감지 능동형 현가장치

[4] 구성부품 및 작용

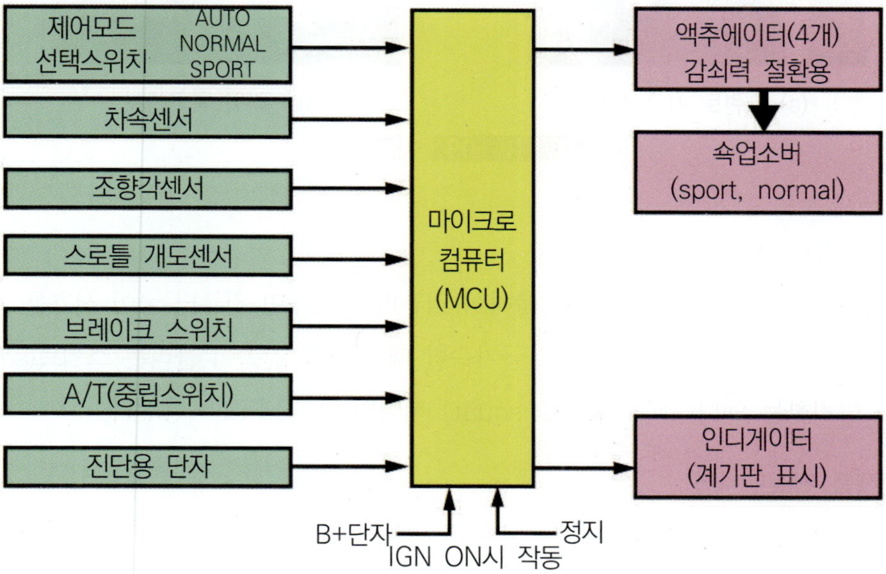

그림 3-104 전자제어 현가장치의 제어도

(1) 전자제어 현가장치 입력요소

① 차속센서

변속기 주축이나 속도계(speed meter) 구동축에 설치되어 있으며, 자동차 주행속도를 검출하여 컴퓨터로 입력시킨다. 컴퓨터는 차속센서의 신호를 기준으로 자동차가 선회할 때 롤(roll) 정도를 예측하고, 제동할 때 차체가 앞쪽으로 기울어지는 다이브(dive) 현상을 방지하는 앤티-다이브(anti-dive) 제어, 출발할 때 차체의 앞쪽이 들리는 스쿼트(squat) 현상을 방지하는 앤티-스쿼트(anti-squat) 제어 및 고속안정성을 제어한다.

② 차고센서

자동차 높이 변화에 따른 바디(body, 차체)와 차축의 위치를 검출하여 컴퓨터로 입력시키는 일을 하는 것이다. 앞뒤 차축에 1개씩 두고 있다. 작동은 레버의 회전량이 센서 바디로 전달되므로 차고 변화에 따른 보디와 차축의 위치를 검출한다.

(a) 프런트 차고센서

(b) 리어 차고센서

그림 3-105 차고센서

③ 스로틀 위치센서(TPS)

엔진의 급가속 및 감속 상태를 검출하여 컴퓨터로 보내면 컴퓨터는 이 신호를 기준으로 운전자의 가감속 의지를 판단하고 급가속할 때 차체의 앞쪽이 들리는 스쿼트(squat) 현상을 방지하는 앤티-스쿼트(anti-squat) 제어의 주 신호로 사용된다.

④ 조향핸들 각속도센서

조향핸들의 조작 정도를 검출하는 것으로, 2개의 광 단속기와 1개의 디스크로 구성되어 있으며 광 단속기는 조향 칼럼 스위치의 바디에, 디스크는 조향축에 고정되어 조향핸들과 함께 회전한다. 이때 조향핸들을 일정하게 돌리면 컴퓨터는 롤(roll) 상태로 판단하여 앤티-롤(anti-roll) 제어를 한다.

(a) 장착위치

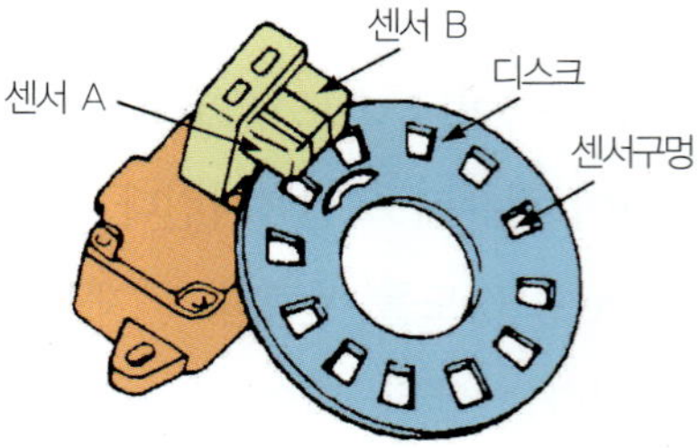

(b) 구조

그림 3-106 조향핸들 각속도센서

⑤ G(gravity)센서

G센서(가속도센서)는 자동차 선회 시 G센서 내부의 철심이 자동차가 기울어진 쪽으로 이동하면서 유도되는 전압이 변화되는데, ECU는 유도되는 전압의 변화량을 검출하여 차체의 기울어진 방향과 기울어진 양을 검출하여 안티 롤(anti roll)을 제어할 때 보정신호로 사용한다.

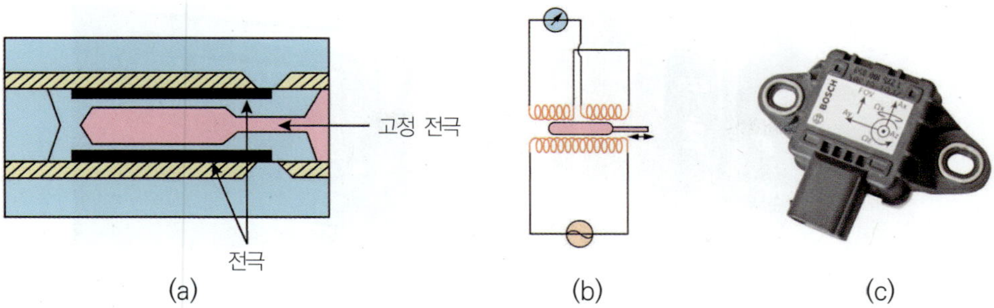

그림 3-107 G센서(가속도센서)

⑥ 뒤 압력센서(Rear Pressure Sensor)

뒤 압력센서는 뒤쪽 쇽업소버 내의 공기압력을 검출하는 역할을 한다. 뒤쪽 쇽업소버 내의 공기압력은 뒷좌석의 승차인원이나 트렁크의 화물 적재량에 따라 많은 변화가 일어난다. ECU는 뒤 압력센서의 신호로 자동차 뒤쪽의 무게를 감지하여 무게에 따라 뒤 쇽업소버의 공기스프링에 급·배기를 할 때 급기시간과 배기시간을 다르게 한다. 또 승차인원이 과다하거나 화물의 적재량이 많아서 뒤 쇽업소버 공기스프링 내의 공기압력이 규정압력 이상으로 높아지면 자세를 제어할 때 뒤쪽 제어를 금지한다.

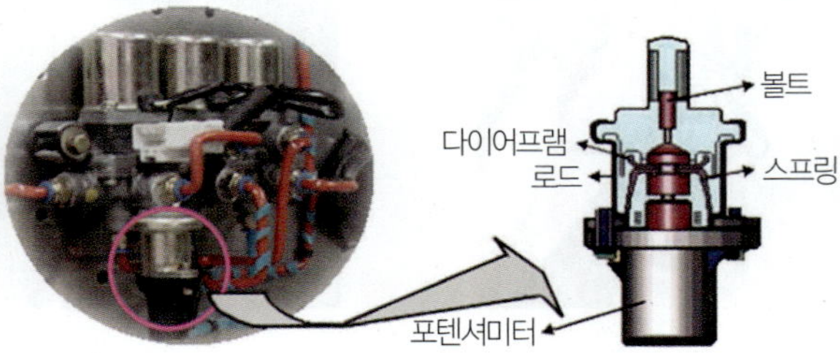

그림 3-108 뒤 압력센서

⑦ 전자제어 현가장치 모드 선택스위치

전자제어 현가장치 모드 선택스위치는 운전자가 주행조건이나 도로면 상태에 따라 쇽업소버의 감쇠력 특성과 자동차 높이(차고)를 변화시키고자 할 때 사용한다. 액티브 현가장치용은 하이(HIGH) 모드를 선택하면 계기판의 하이(HIGH) 램프가 점등되면서 자동차 높이(차고)가 하이(HIGH) 위치로 상승된다.

감쇠력 가변용은 감쇠력 가변 현가장치용으로 오토(AUTO) 모드를 선택하면 쇽업소버의 감쇠력이 주행조건이나 도로면 상태에 따라 자동적으로 제어되며, 이때 계기판의 오토(AUTO) 램프가 점등된다.

(a) 액티브 현가장치용

(b) 감쇠력 가변용

그림 3-109 전자제어 현가장치 스위치

⑧ 각종 스위치

㉮ 브레이크 스위치 : 브레이크 스위치 신호는 브레이크 페달을 밟았을 때 다이브 제어(dive control)의 기준신호로 사용한다.

㉯ 자동변속기 인히비터 스위치 : 자동변속기 인히비터 스위치 신호는 변속할 때 진동을 억제하기 위해 감쇠력 제어하는 앤티 시프트 스쿼트 제어(anti shift squat control)의 기준신호로 사용한다.

(a) 브레이크 스위치

(b) 전조등 스위치

(c) A/T장착용 인히비터 스위치

(d) 도어스위치

그림 3-110 현가장치에 사용되는 스위치

㉰ 전조등 스위치 : 전조등 스위치는 주행 중 전조등을 점등하였을 때 앞 · 뒤 자동차 높이(차고)를 모두 로우(Low)로 내려 전조등의 광도가 변화하는 것을 방지한다.

㉣ 도어 스위치신호 : 도어 스위치신호는 승 · 하차 여부를 판단하여 승 · 하차를 할 때 차체의 흔들림을 방지하기 위해 쇽업소버의 감쇠력을 제어한다.

㉤ 공전스위치(idle switch) 신호 : 공전스위치(idle switch) 신호는 가속페달의 조작 여부를 검출하는 스위치이며, 출발할 때 차체의 앞쪽이 들리는 스쿼트 현상을 방지하기 위한 앤티 스쿼트(anti squat) 제어와 변속레버를 조작할 때 차체의 진동이 발생되는 현상을 방지하기 위한 앤티 시프트 스쿼트(anti shift squat) 제어를 실행한다.

⑨ 프리뷰센서(Preview Sensor)

프리뷰센서는 초음파에 의해 차체 앞쪽의 도로면에 있는 돌기 및 단차를 검출하는 기능을 하며, 앞 범퍼 안쪽의 좌 · 우에 설치되어 있다.

(2) 전자제어 현가장치 출력요소

① 스텝모터(Step Motor)

스텝모터는 각각의 쇽업소버 위쪽에 설치되며, ECU의 신호로 작동된다. ECU는 자동차 운행 중 쇽업소버의 감쇠력을 변화시켜야 할 조건이 되면 스텝모터를 회전시키고, 스텝모터가 회전하여 스텝모터와 연결된 컨트롤 로드(control rod)가 회전하면서 쇽업소버 내부의 오일회로가 크게 변화되어 감쇠력이 가변된다.

② 전자제어 현가장치 지시등

오토(AUTO) 모드일 때에는 소등되며, 운전자가 스포트(SPORT) 모드를 선택하면 ECU는 계기판에 스포트(SPORT) 모드 표시등을 점등시켜 운전자에게 알려준다. 또 장치에 고장이 발생하면 ECU는 "SPORT"표시등을 점멸시켜 고장을 알려 준다.

그림 3-111 스텝모터

그림 3-112 전자제어 현가장치 지시등

(3) 컴퓨터(ECU) 제어기능(자세제어)

컴퓨터는 각종 센서들로부터 보내 온 신호들을 이용하여 쇽업소버 감쇠력 제어용 액추에이터를 작동시킨다. 컴퓨터로 입력되는 신호에는 주행속도, 조향핸들 각속도, 브레이크 압력 스위치 신호, 전조등 릴레이, 도어(door) 스위치, 스로틀 위치센서 등이 있다.

그림 3-113 감쇠력 가변장치의 제어기능

① 앤티 롤(Anti-Roll) 제어

롤(roll)은 자동차가 주행 중 조향휠을 조작하여 선회할 때 차체가 좌 · 우로 흔들리는 현상이며, 원심력에 의해 선회하는 차체의 안쪽은 올라가고 바깥쪽은 내려간다. 이로 인하여 차체는 안쪽으로 더욱 쏠리게 되어 조향성능이 불량해진다.

이때 ECU는 조향휠 각속도 센서, 차속센서, G센서의 신호를 기초로 하여 자동차의 주행속도와 조향휠의 조작속도, 차체에 발생되는 쏠림 정도(G)를 판단하여 다음과 같이 쇽업소버의 감쇠력 변환과 공기 스프링에 공기를 공급하거나 배출시켜 롤을 방지한다.

감쇠력	AUTO	MEDIUM 또는 HARD
	SPORT	HARD
급·배기	개시	바깥쪽 바퀴 : 공기공급, 안쪽 바퀴 : 공기배출
	복귀	좌우 공기통로 연결

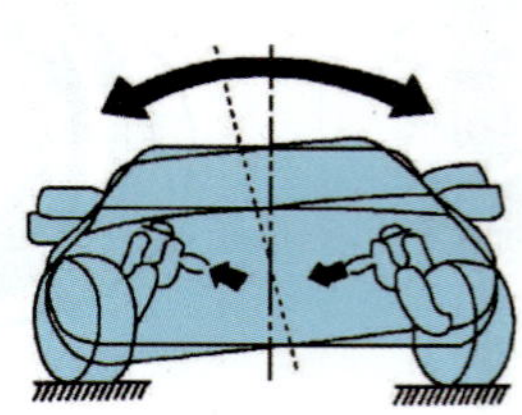

그림 3-114 앤티 롤 제어방법

② 앤티 스쿼트(Anti-Squat) 제어

자동차를 출발하거나 가속을 하기 위해 가속페달을 급격하게 밟으면 자동차의 무게 중심이 뒤쪽으로 이동하면서 앞쪽은 올라가고 뒤쪽은 내려간다. 이러한 차체자세를 스쿼트라 하며, 이로 인해 앞바퀴 구동형의 자동차인 경우 접지 구동력이 감소하여 미끄럼이 발생될 수 있으며, 급 가속할 때 바퀴의 접지력 부족으로 조향 안정성이 저하될 수 있다. 이때 ECU는 차속센서의 신호와 스로틀 위치센서(TPS)의 신호를 기초로 급출발 또는 급가속이 판단되면 앞바퀴 공기 스프링에서는 공기를 배출하고 뒷바퀴 공기 스프링에는 공기를 공급하며, 쇽업소버의 감쇠력은 미디움(medium) 또는 하드(hard)로 변환시켜 스쿼트 현상을 방지한다.

감쇠력	AUTO	MEDIUM 또는 HARD
	SPORT	HARD
급배기	개시	앞바퀴 : 공기 배출 뒷바퀴 : 공기 공급
	복귀	앞바퀴 : 공기 공급 뒷바퀴 : 공기 배출

그림 3-115 앤티 스쿼트 제어방법

③ 앤티 다이브(Anti-Give) 제어

다이브는 자동차 주행 중 브레이크 페달을 밟으면 자동차의 무게 중심이 앞쪽으로 이동하면서 앞쪽은 내려가고 뒤쪽은 들리는 현상으로 노즈 다운(nose down)이라고도 한다.

감쇠력	AUTO	MEDIUM 또는 HARD
	SPORT	HARD
급배기	개시	앞바퀴 : 공기공급 뒷바퀴 : 공기배출기
	복귀	앞바퀴 : 공기배출 뒷바퀴 : 공기공급

그림 3-116 다이브 제어방법

이때 ECU는 일정 주행속도 이상에서 브레이크 페달을 밟으면 브레이크 스위치 신호와 차속센서의 신호를 기초로 하여 감속도를 계산하여 앞바퀴 공기 스프링에는 공기를 공급하고 뒷바퀴 공기 스프링에서는 공기를 배출시키며, 쇽업소버의 감쇠력은 미디움(medium) 또는 하드(hard)로 변환하여 다이브 현상을 방지한다.

④ **앤티 피칭, 바운싱(Anti-Pitching/Bouncing)**

피칭은 스쿼트와 다이브 현상이 교대로 반복되는 현상이며, 바운싱은 차체가 전체적으로 균일하게 상하로 직진하는 진동현상으로 요철이 심한 도로를 주행하는 경우에 발생된다. 이때 ECU는 차고센서로부터 행정(stroke) 주파수를 검출하면 행정 변화(피칭, 바운싱)에 대하여 쇽업소버의 감쇠력은 소프트(soft)에서 하드(hard)로 변환시키고, 공기 스프링에는 공기공급 및 배출을 하여 앤티 피칭, 바운싱 제어를 실행한다.

감쇠력	AUTO	MEDIUM 또는 HARD
	SPORT	HARD
급배기	개시	신장 쪽 : 공기배출 수축 쪽 : 공기공급
	복귀	신장 쪽 : 공기공급 수축 쪽 : 공기배출

그림 3-117 앤티 바운싱 제어방법

⑤ **앤티 시프트 스쿼트(Anti-Shift Squat)**

자동변속기를 설치한 자동차가 정지 상태에서 승객의 승·하차나 변속레버를 조작할 때에 발생하는 자동차의 진동을 시프트 스쿼트라 한다. 이때 ECU는 자동변속기의 P, N 위치를 검출한다.

자동차의 정지 상태에서 승객의 승·하차나 변속레버를 조작할 때에 발생할 수 있는 자동차의 진동을 예측하여 쇽업소버의 감쇠력을 소프트(soft)에서 하드(hard)로 변환시키며, 앞바퀴 공기 스프링에서는 공기를 배출하고 뒷바퀴 공기 스프링에는 공기를 공급한다. 자동차가 출발하여 규정 주행속도 이상이 되면 다시 쇽업소버의 감쇠력은 소프트(soft)로 복귀시키고, 앞바퀴 공기 스프링에는 공기를 공급하고 뒷바퀴 공기 스프링에서는 공기를 배출시켜 시프트 스쿼트 제어를 실행한다.

감쇠력	AUTO	MEDIUM 또는 HARD
	SPORT	HARD
급배기	개시	앞바퀴 : 공기배출 뒷바퀴 : 공기공급
	복귀	앞바퀴 : 공기공급 뒷바퀴 : 공기배출

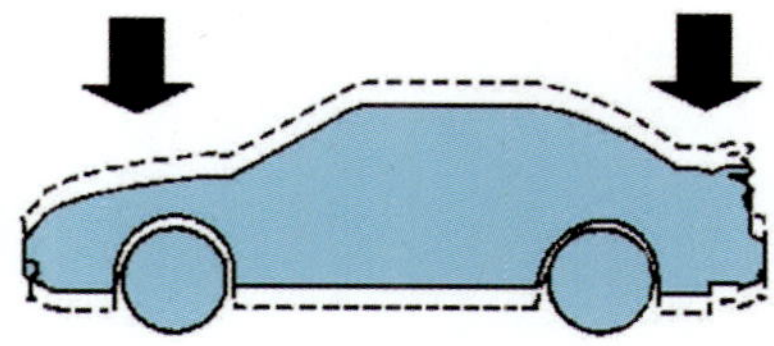

그림 3-118 시프트 스쿼트 제어방법

⑥ **차속 감응 제어(vehicle speed control)**

자동차가 고속으로 주행할 때에는 차체의 안정성이 결여되기 쉬운 상태이므로 쇽업소버의 감쇠력은 소프트(soft)에서 미디움(medium)이나 하드(hard)로 변환된다.

⑦ **앤티 쉐이크 제어(anti-shake control)**

사람이 자동차에 승하차할 때 하중의 변화에 따라 차체가 흔들리는 것을 쉐이크라라고 한다. 자동차의 속도를 감속하여 규정속도 이하가 되면 컴퓨터는 승차 및 하차에 대비하여 쇽업소버의 감쇠력을 Hard로 변환시킨다. 그리고 자동차의 주행속도가 규정 값 이상 되면 쇽업소버의 감쇠력은 초기 모드로 된다.

[5] 자동차 높이 조절 공기회로 구성부품

① **쇽업소버(shock absorber)** : 쇽업소버는 공기실(air chamber)과 감쇠력 2단 변환밸브를 포함하고 있으며, 스프링 정수 및 감쇠력을 Hard 또는 Soft로 선택하는 기능과 차량 높이를 조절하는 스위칭 로드, 액추에이터 등이 부착되어 있다.

㉮ 액추에이터(air actuator) : 쇽업소버 위쪽에 설치되며 Hard-Soft 스위칭 로드를 규정 각도만큼 회전시켜 주는 부분이다. 공급밸브로부터 액추에이터로 공기가 들어오면 스프링 장력을 이기고, 피스톤이 작동하며 이에 따라 스위칭 로드가 회전하여 Hard나 Soft로 현가특성을 선택한다.

㉯ 스위칭 로드(switching rod) : 액추에이터에 의해 피스톤 내에서 약 60° 정도 회전하며, 이 회전에 의해 스프링 정수와 쇽업소버 감쇠력이 Hard나 Soft로 변화한다.

㉰ 공기실(air chamber) : 공기실의 유동 부분에는 롤링 다이어프램(rolling diaphragm)이 설치되어 있으며, 공기실 내의 공기는 스위칭 로드의 구멍을 거쳐 흡입 또는 배출되어 공기실의 체적이 증가하거나 감소하여 차고가 조절된다.

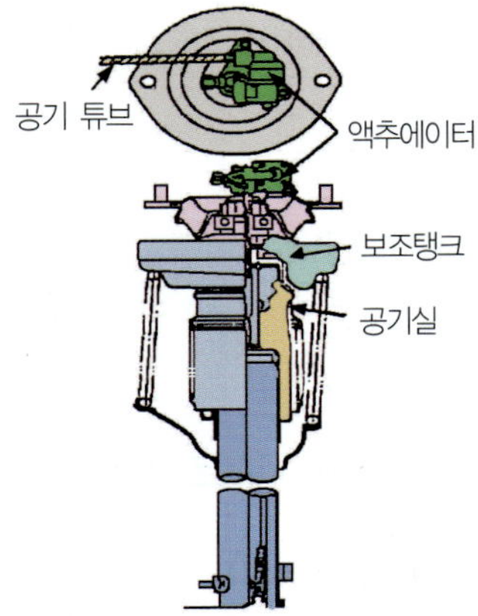

그림 3-119 쇽업소버

② **공기 압축기와 릴레이** : 릴레이는 컴퓨터로부터 전원이 공급되면 전동기에 전원을 공급하여 공기 압축기에서 압축 공기를 생산하여 공기탱크로 보낸다.

그림 3-120 공기압축기

③ **공기탱크** : 압축기에서 생산된 압축 공기를 저장하며 드라이어(dryer), 어큐뮬레이터, 체크 밸브, 압력 스위치, 공기공급 솔레노이드밸브 등이 부착되어 있다.

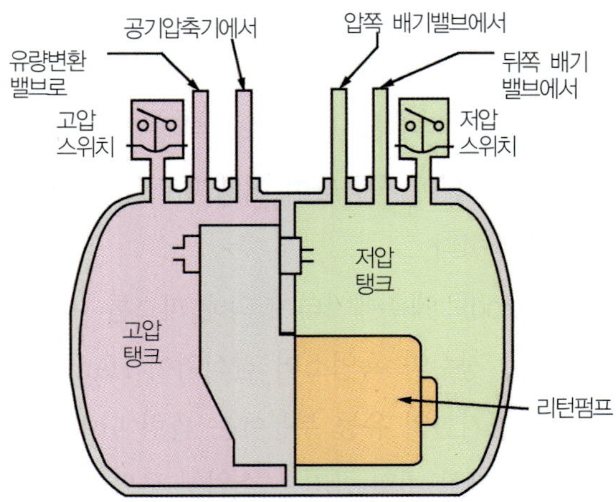

그림 3-121 공기탱크

④ **솔레노이드밸브(solenoid valve)** : 이 밸브는 쇽업소버에 부착되어 차고를 조정하거나 현가 특성을 Hard나 Soft로 변환하는 작용을 한다.

⑤ **보조밸브 어셈블리** : 유량 제어밸브(자세제어, 급속하게 자동차 높이를 제어할 때 ON), 앞 배기밸브(앞쪽을 배기할 때 ON), 뒤 배기밸브(뒤쪽을 배기할 때 ON) 등으로 구성되어 있다.

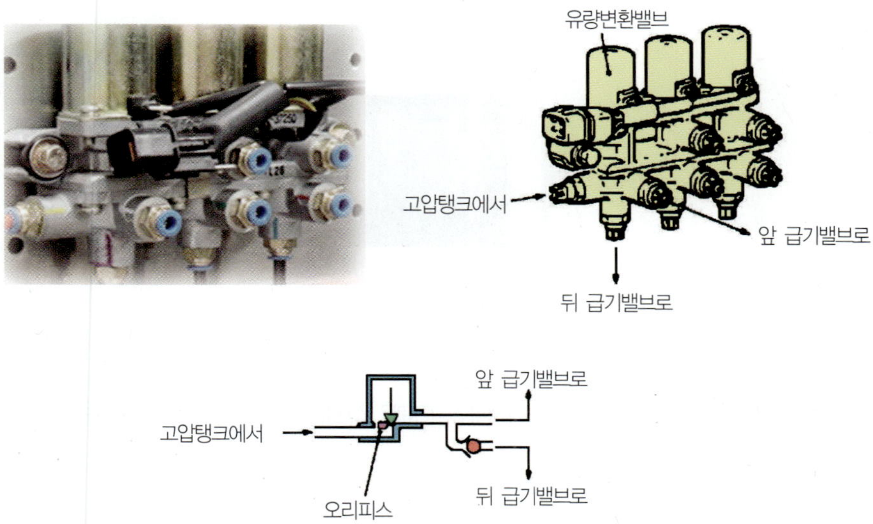

그림 3-122 보조밸브 어셈블리

⑥ **앞 밸브 어셈블리** : 앞 공급밸브(자세를 제어할 때 좌우 공기 스프링에 공기 공급), 앞 좌측 공급밸브, 앞 우측 공급밸브 등으로 구성되어 있다.

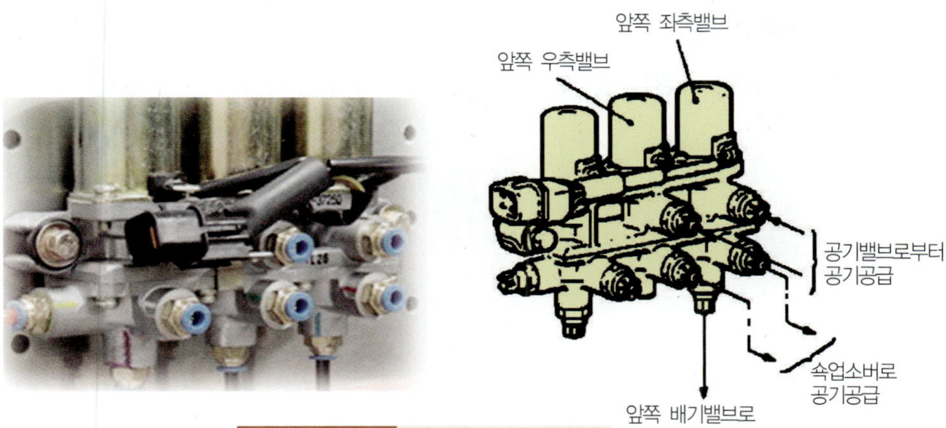

그림 3-123 앞 밸브 어셈블리

⑦ **뒤 밸브 어셈블리** : 뒤 공급밸브(자세를 제어할 때 좌우 공기 스프링에 공기 공급), 뒤 좌측 공급밸브, 뒤 우측 공급밸브로 구성되어 있으며, 앞 밸브 어셈블리와 동일한 구조이나 뒤 압력센서가 설치되어 있다.

⑧ **드라이어(dryer)** : 공기압축기와 공기탱크 사이에 설치되어 압축공기 중의 수분을 방습제에 의해 흡수하여 장치 내의 부식을 방지한다. 배기할 때의 건조한 공기에 의해 흡수한 수분을 방출하기 때문에 수명은 반영구적이다.

그림 3-124 드라이어

⑨ **전조등 릴레이** : 이것은 전조등의 ON, OFF 상태를 컴퓨터로 입력시켜 차량 높이 조절에 사용된다.

⑩ **발전기 L단자** : 발전기 L단자의 전압 발생신호에 의해 엔진의 작동 여부를 감지하여 차량 높이 조절에 사용된다.

⑪ **도어 스위치** : 모든 도어 스위치는 병렬로 연결되어 있으며 한쪽의 도어만 열려도 컴퓨터에 입력되며, 컴퓨터는 앤티 쉐이크 제어를 한다.

⑫ **ECS 지시 패널** : 운전석 계기판에 있으며 운전자가 직접 선택하여 조작할 수 있으며, 현가 특성, 차량 높이 조절을 할 때 등에는 지시등이 점등되며 부저가 울려 작동을 표시한다.

CHAPTER

04 조향장치

01 조향장치의 개요

조향장치는 자동차의 진행 방향을 운전자가 의도하는 바에 따라서 임의로 조작할 수 있는 장치이며, 조향핸들을 조작하면 조향 기어에 그 회전력이 전달되며 조향 기어에 의해 감속하여 앞바퀴의 방향을 바꿀 수 있도록 되어 있다.

[1] 조향장치의 원리(애커먼-장토식(ackerman-jantoud type))

조향 각도를 최대로 하고 선회할 때 선회하는 안쪽 바퀴의 조향 각도가 바깥쪽 바퀴의 조향 각도보다 크게 되며, 뒷차축 연장선상의 한 점 E를 중심으로 동심원을 그리면서 선회하여 사이드슬립 방지와 조향핸들 조작에 따른 저항을 감소시킬 수 있는 방식이다.

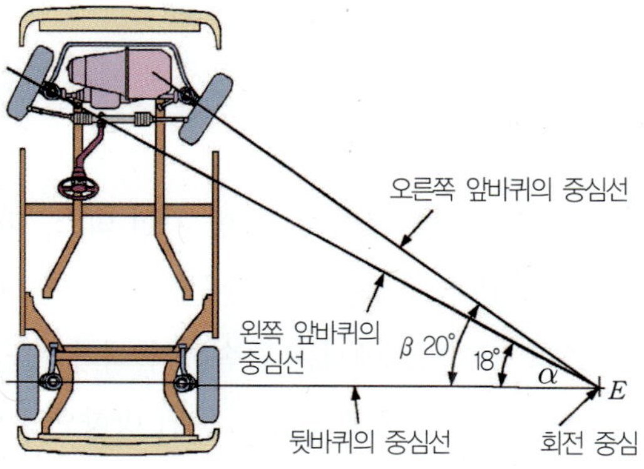

그림 3-125 조향원리(애커먼 장토식)

[2] 조향장치의 구비조건

① 조향 조작이 주행 중의 충격에 영향을 받지 않을 것

② 조작이 쉽고, 방향 변환이 원활하게 행해질 것

③ 회전 반지름이 작아서 좁은 곳에서도 방향 변환을 할 수 있을 것

④ 진행방향을 바꿀 때 섀시 및 보디 각 부에 무리한 힘이 작용되지 않을 것

⑤ 고속주행에서도 조향핸들이 안정될 것

⑥ 조향핸들의 회전과 바퀴 선회 차이가 크지 않을 것

⑦ 수명이 길고 다루기나 정비하기가 쉬울 것

[3] 조향장치 방식

① **비가역식(non-reversible type)** : 핸들로 바퀴를 움직일 수 있으나 그 반대로는 조작이 불가능하며 바퀴의 충격이 핸들에 전달이 안된다.

② **가역식(reversible type)** : 핸들과 바퀴 쪽에서의 조작력이 서로 전달되며, 바퀴를 움직이면 핸들도 회전된다.

③ **반가역식(semi-reversible type)** : 비가역과 가역성의 중간 특성을 가졌으며, 바퀴의 움직임이 핸들에 전달되면서 노면으로부터의 충격도 완화된다.

02 조향장치의 구조와 작용

[1] 일체 차축방식의 조향기구

일체 차축방식의 조향기구는 조향핸들, 조향축, 조향 기어 박스, 피트먼 암, 드래그 링크, 타이로드, 너클암 등으로 구성되어 있다. 작동은 조향핸들을 돌리면 그 조작력이 조향축을 거쳐 조향 기어박스로 전달된다. 조향 기어박스에서는 감속하여 섹터축을 회전시키며, 섹터축이 회전하면 피트먼 암이 원호 운동을 하여 드래그 링크를 앞뒤 방향으로 이동시킨다. 이에 따라 오른쪽이나 왼쪽 바퀴가 조향너클에 의해 선회하게 되고, 타이로드를 통해 반대쪽 바퀴를 선회시켜 진행 방향을 변환시킨다.

[2] 독립 차축방식의 조향기구

독립 차축방식 조향기구에는 타이로드가 둘로 나누어져 있다. 구성은 조향핸들, 조향축, 조향 기어박스, 피트먼 암, 센터 링크, 타이로드, 너클 암 등으로 구성되어 있다.

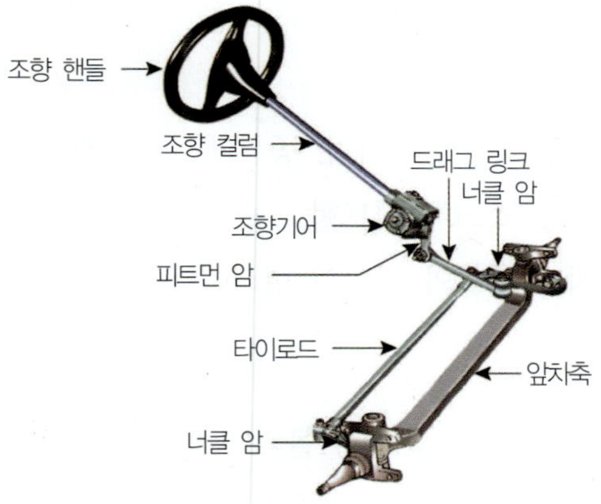

그림 3-126 일체 차축방식의 조향기구

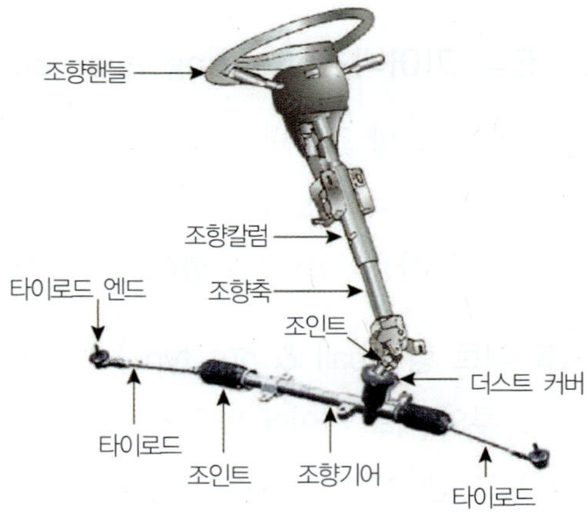

그림 3-127 독립 차축방식의 조향기구

[3] 조향기구

(1) 조향핸들(조향휠)

조향핸들은 림(rim), 스포크(spoke) 및 허브(hub)로 구성되어 있으며, 스포크나 림 내부에는 강철이나 알루미늄 합금 심으로 보강되고, 바깥쪽은 합성수지로 성형되어 있다. 조향핸들은 조향축에 테이퍼(taper)나 세레이션(serration) 홈에 끼우고 너트로 고정시킨다.

그림 3-128 조향핸들

(2) 조향축(steering shaft)

조향축은 조향핸들의 회전을 조향 기어의 웜(worm)으로 전하는 축이며, 웜과 스플라인을 통하여 자재이음으로 연결되어 있다.

(3) 조향 기어박스(steering gear box)

조향 기어는 조향 조작력을 증대시켜 앞바퀴로 전달하는 장치이며, 종류에는 웜 섹터형, 웜 섹터 롤러형, 볼-너트형, 캠 레버형, 래크와 피니언형, 스크루 너트형, 스크루 볼형 등이 있으며, 현재 주로 사용되고 있는 형식은 볼 너트 형식과 래크와 피니언 형식이다.

① 볼-너트 형식(ball & nut type)

스크루와 너트 사이에 많은 볼이 들어 있어 조향핸들의 회전을 볼의 동력 전달 접촉으로 너트로 전달한다. 작동은 조향핸들이 회전하면 스크루 홈을 이동하여 너트의 한끝에서 밖으로 나와 안내 튜브를 지나서 다시 스크루 홈으로 들어간다. 볼은 2줄로 나누어 순환하며, 이 순환 운동으로 너트는 직선 운동을 하고 섹터는 원호 운동을 한다.

② 래크와 피니언 형식(rack & pinion type)

이 형식은 조향핸들의 회전 운동을 래크를 통해 직선 운동으로 바꾸어 조향하도록 되어 있으며, 조향축 아랫부분에 피니언이 래크와 결합되어 있다.

따라서 래크는 피니언의 회전운동에 따라 조향 기어박스 내에서 좌우로 직선 운동을 하여 그 양끝의 타이로드를 거쳐 좌우의 너클암을 이동시켜 조향한다. 조향 기어비의 값이 작으면 조향핸들의 조작은 신속히 되지만 큰 조작력이 필요하게 된다.

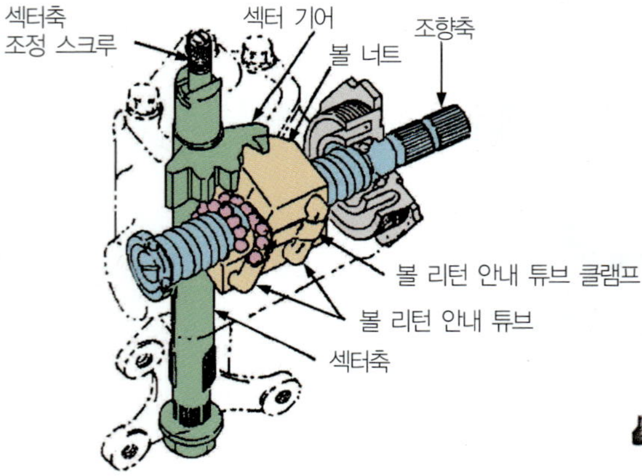

그림 3-129 볼-너트 형식

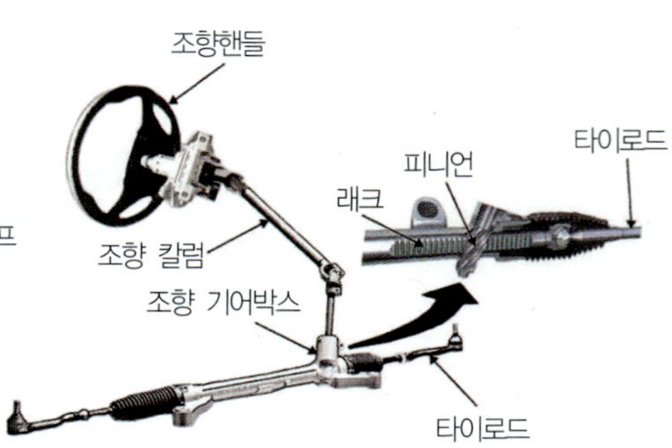

그림 3-130 래크와 피니언 형식

(4) 피트먼 암(pitman arm)

조향핸들의 움직임을 일체 차축방식의 조향 기구에서는 드래그 링크로, 독립 차축방식의 조향기구에서는 센터 링크로 전달한다.

그림 3-131 피트먼 암

(5) 드래그 링크(drag link)

일체 차축방식 조향기구에서 피트먼 암과 조향 너클 암(제3암)을 연결하는 로드로 양끝이 볼 이음으로 되어 있다. 볼 섭동부 마모를 적게 하고 노면 충격을 흡수하기 위하여 볼 속에는 스프링이 들어있다.

그림 3-132 드래그 링크

(6) 센터 링크(center link)

독립 차축방식 조향기구에서 피트먼 암과 볼 이음을 통하여 연결되며, 작동은 조향핸들을 회전시키면 피트먼 암으로부터의 힘을 타이로드로 전달한다. 그러나 래크와 피니언 형식의 조향 기어박스를 사용하는 독립 차축방식에서는 센터 링크를 두지 않아도 된다.

(7) 타이로드(tie-rod)

볼-너트 형식의 조향 기어박스를 사용하는 독립 차축 방식 조향기구에서는 센터 링크의 운동을 양쪽 너클 암으로 전달하며, 래크와 피니언 형식에서는 래크축에 2개로 나누어져 볼 이음으로 각각 연결되어 있다. 타이로드의 길이를 조정하여 토인(toe-in)을 조정할 수 있다.

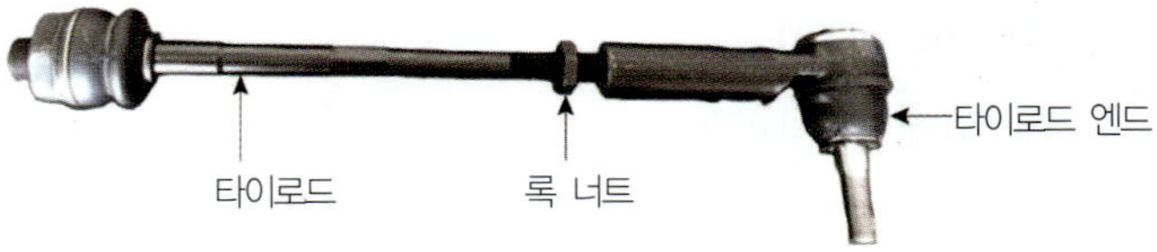

그림 3-133 타이로드

(8) 너클 암(knuckle arm, 제3암)

일체 차축방식 조향기구에서 드래그 링크의 운동을 조향너클에 전달하는 기구이다.

(9) 일체 차축방식 조향기구의 앞차축과 조향너클

일체 차축방식(ridge axle)의 앞차축은 강철을 단조한 I 단면의 빔이며, 킹핀 설치 부분에는 킹핀을 통해 조향너클이 설치된다. 조향너클은 킹핀을 통해 앞차축과 연결되는 부분과 바퀴 허브가 설치되는 스핀들(spindle)로 되어 있어 킹핀을 중심으로 회전하여 조향작용을 한다. 그리고 앞차축과 조향너클의 설치 방식에는 엘리옷형(앞차축 양끝 부분이 요크로 되어 있음), 역엘리옷형(조향너클에 요크가 설치), 마몬형(앞차축 윗부분에 조향너클이 설치), 르모앙형(앞차축 아랫부분에 조향너클이 설치)) 등이 있다.

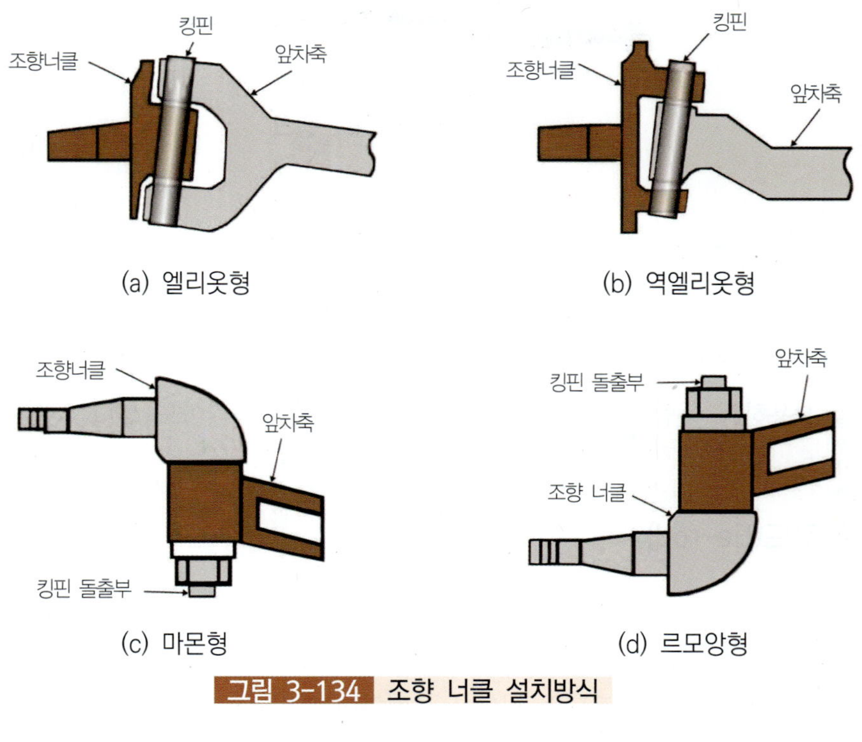

그림 3-134 조향 너클 설치방식

(10) 킹핀(king pin)

일체 차축방식 조향기구에서 앞차축에 대해 규정의 각도(킹핀 경사각)를 두고 설치되어, 앞차축과 조향너클을 연결하며 고정 볼트에 의해 앞차축에 고정되어 있다.

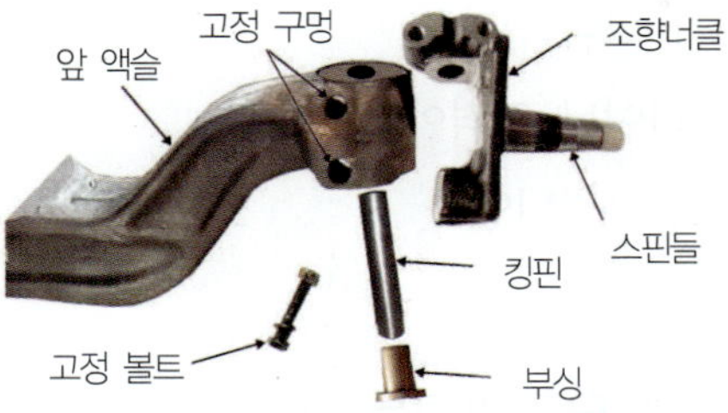

그림 3-135 킹핀

[4] 조향핸들의 이상증상 원인

(1) 조향핸들의 유격이 크게 되는 원인

① 볼 이음부분이 마멸되었다.

② 조향너클이 헐겁다.

③ 앞바퀴 베어링이 마멸되었다.

④ 조향 기어의 백래시가 크다.

⑤ 조향 링키지의 접속부가 헐겁다.

⑥ 조향너클의 베어링이 마모되었다.

(2) 주행 중 조향핸들이 한쪽 방향으로 쏠리는 원인

① 브레이크 라이닝 간극 조정이 불량하다.

② 휠이 불평형하다.

③ 쇽업소버의 작동이 불량하다.

④ 타이어 공기압력이 불균일하다.

⑤ 휠 얼라인먼트가 불량하다.

⑥ 한쪽 휠 실린더의 작동이 불량하다.

⑦ 뒤 차축이 차량의 중심선에 대하여 직각이 되지 않는다.

(3) 주행 중 조향핸들이 떨리는 현상

① 휠 얼라인먼트가 불량하다.
② 바퀴의 허브너트가 풀렸다.
③ 쇽업소버의 작동이 불량하다.
④ 조향 기어의 백래시가 크다.
⑤ 브레이크 패드 또는 라이닝 간격이 과다하다.
⑥ 앞바퀴의 휠 베어링이 마멸되었다.

(4) 주행 중 조향핸들이 무거워지는 이유

① 앞 타이어의 공기가 빠졌다.
② 조향 기어박스의 오일이 부족하다.
③ 볼 조인트가 과도하게 마모되었다.
④ 조향 기어의 백래시가 작다.
⑤ 휠 얼라인먼트가 불량하다.
⑥ 타이어의 마모가 과다하다.

03 동력 조향장치(power steering system)

[1] 동력 조향장치의 개요

자동차의 대형화 및 저압 타이어의 사용으로 앞바퀴의 접지압력과 면적이 증가하여 신속하고 경쾌한 조향이 어렵다. 이에 따라 가볍고 원활한 조향 조작을 위해 엔진의 동력으로 오일 펌프를 구동하여 발생한 유압을 이용하는 동력 조향장치를 설치하여 조향핸들의 조작력을 경감시키는 장치이다.

(1) 동력 조향장치의 장점

① 조향 조작력이 작아도 된다.

② 조향 조작력에 관계없이 조향 기어비를 선정할 수 있다.
③ 노면으로부터의 충격 및 진동을 흡수한다.
④ 앞바퀴의 시미현상을 방지할 수 있다.
⑤ 조향 조작이 경쾌하고 신속하다.

(2) 동력 조향장치의 단점

① 구조가 복잡하고 값이 비싸다.
② 고장이 발생한 경우에는 정비가 어렵다.
③ 오일 펌프 구동에 엔진의 출력이 일부 소비된다.

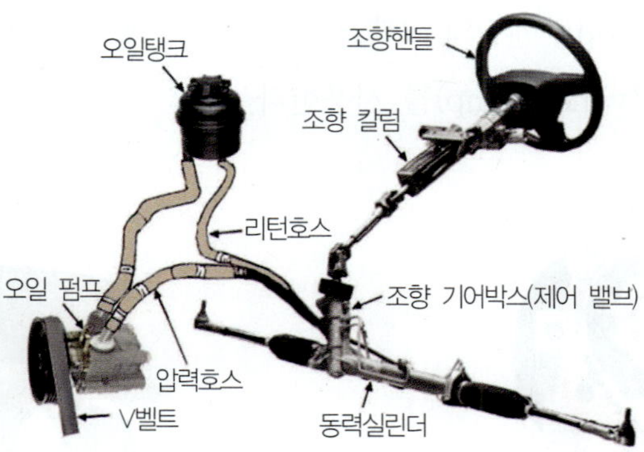

그림 3-136 동력 조향장치의 구조

[2] 동력 조향장치의 분류

(1) 링키지형(linkage type)

동력실린더를 조향 링키지 중간에 둔 것이며, 조합형과 분리형이 있다.

① **조합형(combined type)** : 이 형식은 동력 실린더와 제어밸브가 일체로 된 것이다.

② **분리형(separate type)** : 이 형식은 동력 실린더와 제어밸브가 분리된 것이다.

(2) 일체형

동력 실린더를 조향 기어박스 내에 설치한 형식이며, 인라인형과 오프셋형이 있다.

① **인라인형(in line type)** : 이 형식은 조향 기어박스와 볼-너트를 직접 동력기구로 사용하도록 한 것이며, 조향 기어박스 상부와 하부를 동력 실린더로 사용한다.

② **오프셋형(off-set type)** : 이 형식은 동력 발생 기구를 별도로 설치한 형식이다.

[3] 동력 조향장치의 구조

동력 조향장치는 작동부분, 제어부분, 동력부분의 세 주요부와 유량 제어밸브 및 유압 제어밸브와 안전 체크밸브 등으로 구성되어 있다.

(1) 오일 펌프 - 동력부분

오일 펌프는 유압을 발생하며 엔진의 크랭크축에 의해 V벨트를 통하여 구동된다. 오일 펌프의 형식은 주로 베인펌프(vane pump)를 사용한다.

(a)

(b)

그림 3-137 오일 펌프

(2) 동력 실린더 - 작동부분

동력 실린더는 실린더 내에 피스톤과 피스톤 로드가 들어 있으며, 오일 펌프에서 발생한 오일을 피스톤에 작용시켜서 조향방향 쪽으로 힘을 가해 주는 장치이다. 또 동력 실린더는 피스톤에 의해 한쪽 방에 오일이 들어오면 반대쪽 방에서는 오일이 오일탱크로 복귀하는 복동식이다.

(3) 제어밸브 - 제어부분

제어밸브는 조향핸들의 조작력을 조절하는 기구이며, 조향핸들을 돌려 피트먼 암에 힘을 가하면 오일 펌프에서 보내준 오일을 조향방향으로 동력 실린더의 피스톤이 작동하도록 오일회로를 변환시킨다. 제어밸브는 밸브 바디 안쪽에 3개의 홈과 오일 펌프에서 보내준 오일을 동력 실린더 2개의 방으로 공급하기 위한 오일통로가 있다.

밸브 스풀(valve spool)에는 밸브 바디에 있는 3개의 홈에 대응하는 3개의 랜드(land)가 있어 밸브 스풀의 이동에 따라 밸브 바디의 오일 통로가 개폐된다.

(4) 안전 체크밸브(safety check valve)

제어밸브 속에 들어 있으며 엔진이 정지된 경우 또는 오일 펌프의 고장, 회로에서의 오일 누출 등의 원인으로 유압이 발생하지 못할 때 조향핸들의 조작을 수동으로 할 수 있도록 해주는 밸브이다.

04 전자제어 동력 조향장치(ECPS : electronic control power steering)

[1] 차속 감응형 유량 제어방식의 작동

차속센서가 주행속도를 컴퓨터로 입력시키면 컴퓨터에서는 동력 실린더의 유압을 변화시킨다. 즉, 저속에서는 유압을 정상값으로 하고 주행속도가 증가할수록 유압을 낮춘다.

유압제어는 동력 실린더 양쪽 체임버(chamber)를 연결하는 바이패스회로에 솔레노이드밸브를 설치하여 솔레노이드밸브가 열리면 고압 쪽의 오일은 드레인에 연결된 저압 쪽으로 들어가 유압을 저하시켜 배력작용을 감소시키므로 저항력이 커진다.

[2] 반력 제어방식의 작동

차속센서가 로터리형 유압모터로 되어 있으며 통과하는 유량을 주행속도에 따라 조절하고 제어밸브의 움직임을 변화시켜 적절한 조향력을 얻도록 하고 있다. 제어밸브 양끝에는 롤러가 부착되어 있으며, 여기에 반동 플런저가 설치되어 있다.

반동 플런저는 스프링의 장력과 반동실에 가해지는 유압을 받아 롤러를 가압한다. 이에 따라 제어밸브의 작동은 반동실에 가해지는 유압에 따라 변화하며, 이 유압을 주행속도에 대응시키면 적절한 조향력을 얻을 수 있다. 차속센서에 작용하는 유압모터의 유로는 동력 실린더와 병렬로 연결되며, 반동실의 유압 제어는 컷 오프밸브(cut-off valve)가 한다.

05 전동형 동력 조향장치

[1] 전동형 동력 조향장치의 구성

전동형 동력 조향장치는 차속센서, 회전력센서, 제어기구, 조향 기어박스, 전동기, 전동기 회전각도센서, 감속기구 등으로 구성되어 있다.

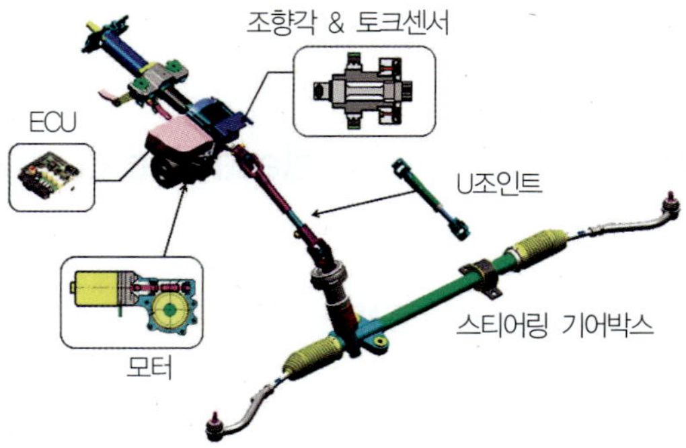

그림 3-138 전동형 동력 조향장치의 기본구성

(1) 제어기구(controller)

제어기구는 회전력의 신호에 의해 최적의 배력(assist)을 실행하기 위하여 전동기를 제어한다. 또한 각종 신호를 검출하고, 고장이 발생하였을 경우에는 수동 상태로 하는 페일세이프 기능을 지니고 있다.

(2) 3상 브러시 없는 전동기(중공 형식)

전동기의 스테이터 쪽에 코일을, 로터 쪽에 영구자석을 배치한 3상 직류 브러시 없는 전동기와 로터 안쪽에 래크축(rack shaft)과 볼-너트를 배치하고, 너트의 회전(전동기의 회전)에 의해 래크축과 일체의 볼-너트가 직선 운동을 한다. 제어기구에서의 전류에 의해 배력을 발생시킨다.

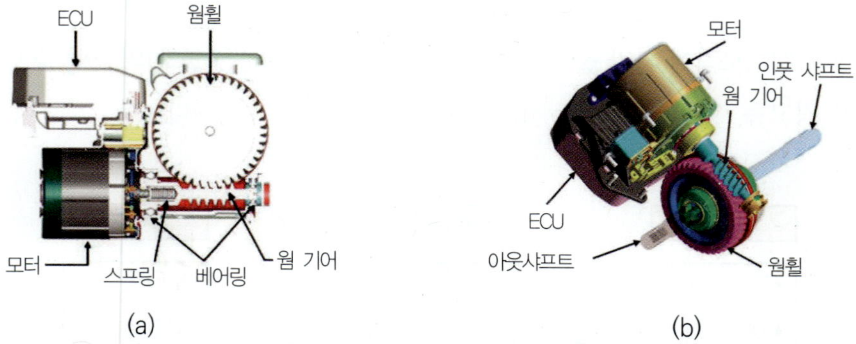

그림 3-139 전동기의 구조

(3) 전동기 회전각도센서

전동기의 로터 위치를 검출한다. 이 신호에 의해 컴퓨터가 전류 출력의 위상을 결정한다.

(4) 회전력센서

이 센서는 비접촉형 센서이며, 운전자의 조향핸들 조작력을 검출한다.

(5) 차속센서

이 센서는 자동차의 주행속도를 검출한다.

(6) 조향 기어박스

조향 기어박스는 바퀴를 노면 반발력에 대항해 조향시키는 액추에이터이며, 전동기에서 발생한 회전력을 증대시킨다. 조향력은 운전자로부터 기어의 입력축으로 전달되고 토션바에서 바퀴로 전달되며, 배력은 회전력센서의 출력에 대한 제어 기구의 전류에 따라 전동기에서 발생시키는 힘이 볼-너트를 통해 증대되어 래크로 전달되고, 바퀴로 전달된다.

[2] 제어회로의 구성과 작동

전동방식 동력 조향장치는 입력부분, 제어부분, 출력부분으로 구성되어 있다. 입력부분은 입력센서신호로부터 운전상황을 판단하는 역할을 하며, 제어부분은 입력센서의 정보를 바탕으로 ECU에 설정된 제어로직에 따라 출력부분을 제어한다. 출력부분은 ECU의 신호를 받아 전동기를 구동하며 경고등, 아이들 업(idle up), 자기진단 기능을 수행한다.

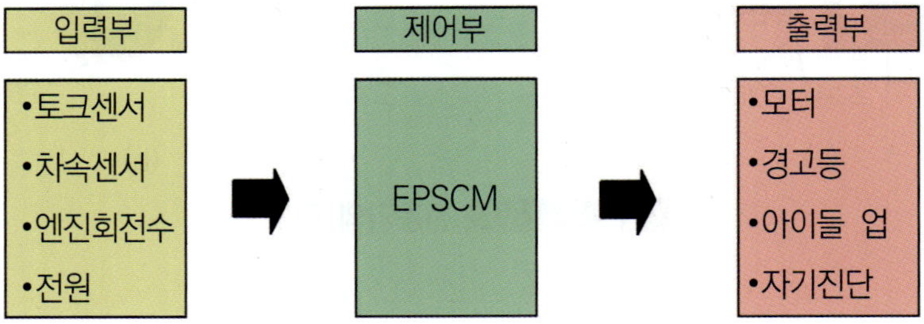

그림 3-140 출력 다이어그램

06 4WS(4-wheel steering)

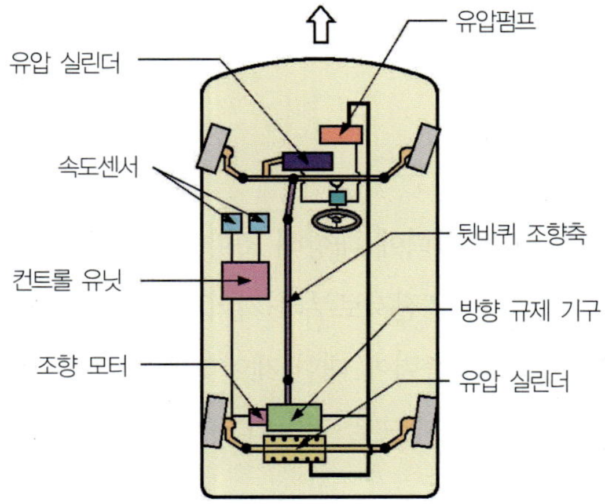

그림 3-141 4WS의 구성도

[1] 4WS의 장점

① **고속 직진성능이 향상된다.** : 직선도로를 고속주행할 때도 운전자는 가로방향의 바람이나 노면의 요철 때문에 조향핸들을 조금씩 계속 움직여서 자동차의 궤적과 주행코스를 일치시키려고 노력하게 된다. 4WS는 이와 같은 작은 조향을 할 때에도 뒷바퀴를 앞바퀴와 같은 방향으로 조향시키므로 부드럽고 안정된 주행이 가능하다.

② **차로변경이 쉽다.** : 차로변경을 위해 앞바퀴를 작은 각도로 조향할 때 뒷바퀴도 거의 동시에 같은 방향으로 조향되므로 안정된 차로 변경이 가능해진다.

③ **쾌적한 고속 선회가 가능하다.** : 선회할 때 뒷바퀴도 앞바퀴와 같은 방향으로 조향되어 코너링 포스가 발생하므로, 차체 뒷부분이 원심력에 의해 바깥쪽으로 쏠리는 스핀현상 없이 안정된 선회를 할 수 있다.

④ **저속에서 선회를 할 때 최소 회전반지름이 감소한다.** : 교차로와 같이 90°의 예각으로 선회할 때 또는 U턴 등을 할 때 뒷바퀴는 앞바퀴와 조향방향이 반대로 되어 최소 회전반지름을 작게 한다.

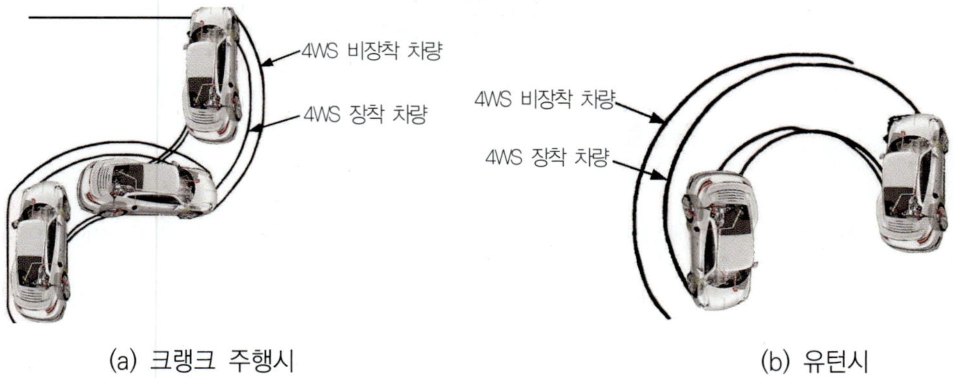

그림 3-142 4WS 차량의 궤적

⑤ **차고주차 및 일렬주차가 편리하다.** : 차고에 주차를 할 때 저속으로 작은 곡률로 조향핸들을 움직이면 앞 · 뒷바퀴가 역방향으로 되어 2WS보다 최소 회전반지름과 안쪽 바퀴의 차이가 작아져서 조향핸들의 반복을 조작을 줄일 수 있다. 또한 일렬로 주차할 때에도 앞 · 뒷바퀴가 역방향으로 조향되므로 회전반지름이 감소하므로 주차 역시 용이해진다.

⑥ **미끄러운 도로를 주행할 때 안정성이 향상된다.** : 빙판이나 눈길 또는 도로면이 미끄러운

도로에서 주행할 때 4WS는 뒷바퀴의 조향에 의해 차체 뒷부분의 미끄럼을 줄일 수 있어 주행 안정성이 향상된다. 그러나 타이어가 도로면과 마찰력을 상실하면 2WS나 4WS나 모두 아무런 효과를 기대할 수 없다.

[2] 4WS의 작동원리

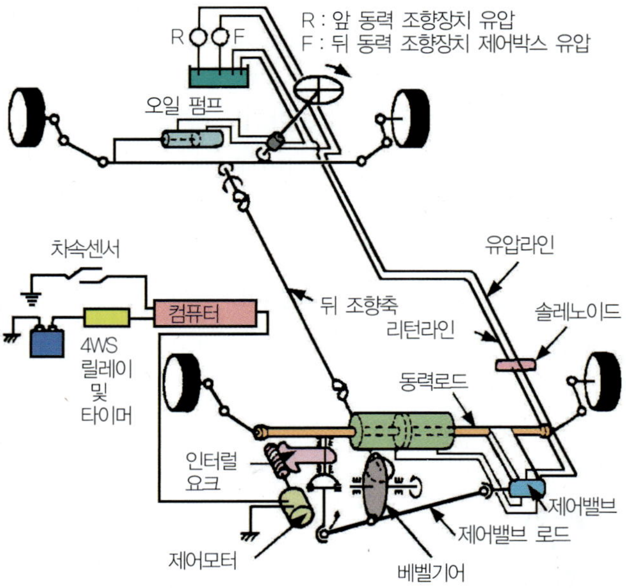

그림 3-143 차속 감응형 4WS 작동도

① 4WS 컴퓨터는 차속센서의 신호에 따라서 적합한 신호를 뒤 조향 컨트롤박스(rear steering control box)의 컨트롤 모터(조향모터)로 보내 컨트롤 요크를 회전시킨다.

② 앞바퀴 조향각에 따라 뒤 조향축이 뒤 조향 컨트롤박스 내의 베벨 기어를 회전시킨다.

③ 컨트롤 요크와 베벨 기어의 회전이 위상제어기구 내에서 조합되어 컨트롤밸브 로드(control valve rod)의 행정(stroke)량과 방향을 결정한다.

④ 컨트롤밸브 내에서 오일회로가 변환되어 파워 로드(power rod)가 뒷바퀴를 조향한다.

07 휠 얼라인먼트

[1] 휠 얼라인먼트(wheel alignment)의 개요

휠 얼라인먼트는 타이어가 틀어졌을 때 이를 가지런히 정렬하는 교정 작업이라고 할 수 있다. 이를 통해 자동차 주행 중 발생하는 마찰, 중력, 원심력 등 모든 힘을 균형 있게 조절, 차량 운행 최적의 상태로 만들어주는 역할을 한다. 휠 얼라인먼트는 안전 운행을 위해서도 꼭 필요한 작업이지만 휠 얼라인먼트 점검을 소홀히 할 경우 타이어의 편마모, 자동차 연비의 저하, 핸들의 불안정함과 떨림 등의 문제가 발생한다.

자동차의 앞부분을 지지하는 앞바퀴는 어떤 기하학적인 관계를 두고 설치되어 있는데, 이와 같은 앞바퀴의 기하학적인 각도 관계를 말하며 캠버, 캐스터, 토인, 조향축(킹핀) 경사각 등이 있다. 그리고 휠 얼라인먼트의 역할은 다음과 같다.

① 조향핸들의 조작을 확실하게 하고 안전성을 준다. – 캐스터의 작용
② 조향핸들에 복원성을 부여한다. – 캐스터와 조향축 경사각의 작용
③ 조향핸들의 조작력을 가볍게 한다. – 캠버와 조향축 경사각의 작용
④ 타이어 마멸을 최소로 한다. – 토인의 작용

[2] 휠 얼라인먼트 요소의 정의와 필요성

(1) 캠버(camber)

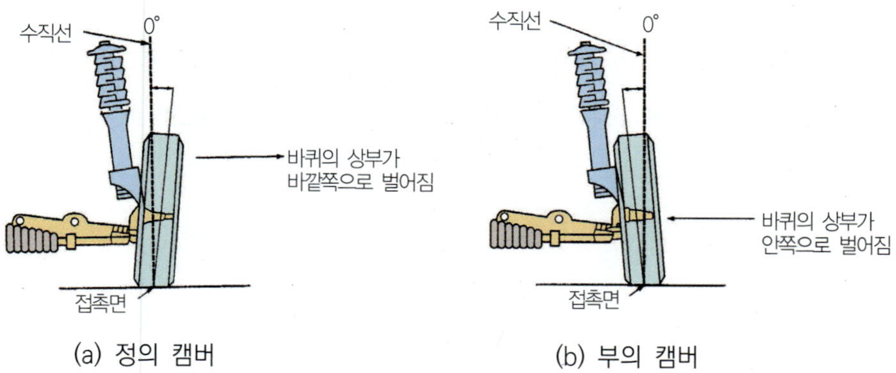

그림 3-144 캠버

자동차를 앞에서 보면 그 앞바퀴가 수직선에 대해 어떤 각도를 두고 설치되어 있는데, 이를 캠버라 하며 그 각도를 캠버 각도라 한다. 캠버 각도는 일반적으로 0.5~1.5° 정도이다. 그리고 바퀴의 윗부분이 바깥쪽으로 기울어진 상태를 정의 캠버(positive camber), 바퀴의 중심선이 수직일 때를 0의 캠버(zero camber) 그리고 바퀴의 윗부분이 안쪽으로 기울어진 상태를 부의 캠버(negative camber)라 한다.

캠버의 역할은 다음과 같다.

① 수직방향 하중에 의한 앞차축의 휨을 방지한다.
② 조향핸들의 조작을 가볍게 한다.
③ 하중을 받았을 때 앞바퀴의 아래쪽(부의 캠버)이 벌어지는 것을 방지한다.

(2) 캐스터(caster)

자동차의 앞바퀴를 옆에서 보면 조향너클과 앞차축을 고정하는 조향축(일체 차축 방식에서는 킹핀)이 수직선과 어떤 각도를 두고 설치되는데, 이를 캐스터라 하며 그 각도를 캐스터 각도라 한다. 캐스터 각도는 일반적으로 1~3° 정도이다.

그리고 조향축 윗부분(또는 킹핀)이 자동차의 뒤쪽으로 기울어진 상태를 정의 캐스터, 조향축의 중심선(또는 킹핀)이 수직선과 일치된 상태를 0의 캐스터, 조향축의 윗부분(또는 킹핀)이 앞쪽으로 기울어진 상태를 부의 캐스터라 한다. 캐스터의 역할은 다음과 같다.

① 주행 중 조향 바퀴에 방향성을 부여한다.
② 조향하였을 때 직진 방향으로의 복원력을 준다.

킹핀(또는 조향축)의 중심선과 바퀴 중심을 지나는 수직선이 노면과 만나는 거리를 리드 또는 트레일(lead or trail)이라 하며, 이것이 캐스터 효과를 얻게 한다. 캐스터 효과는 정의 캐스터에서만 얻을 수 있으며 주행 중에 직진성이 없는 자동차는 더욱 정의 캐스터로 수정하여야 한다.

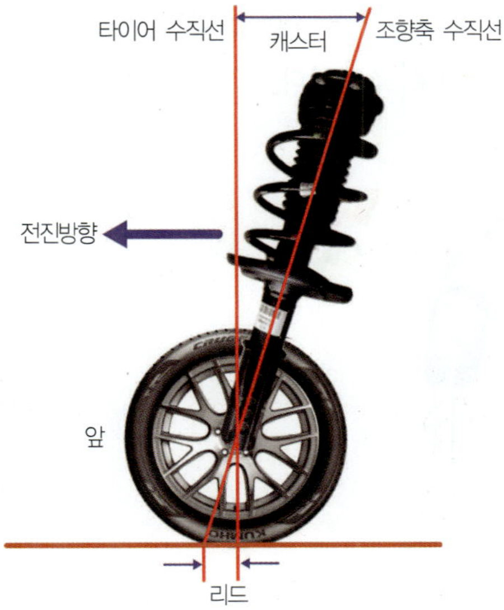

그림 3-145 캐스터

(3) 토우(toe)

앞바퀴를 위에서 보았을 때 앞으로 향하고 있는 타이어의 거리가 뒤쪽보다 좁은 경우를 토인(toe-in), 넓은 경우 토아웃(toe-out) 이라 한다. 기본적으로 일반 승용차는 직진 안정성을 우선시하기 때문에 토인으로 세팅되며 보통 2~6mm 정도이다.

후륜구동방식 자동차의 경우, 주행 중 전륜은 캠버나 구름 저항에 의해 차체의 바깥쪽을 향해서 벌어지려는 토우아웃의 경향이 나타난다. 또 조향장치 각부의 링크나 부시에서 약간의 유격이 있어 이러한 작용을 증대시키는 역할을 한다. 이렇게 되면 타이어 접지면이 안쪽이 심하게 마모가 된다. 따라서 직진 정차 상태에서 약간 토우인으로 조정하면 직진 주행 상태에서 토우제로가 되도록 한다.

전륜구동방식의 자동차에서는 구동력의 반작용력 때문에 전륜이 바깥쪽에서 안쪽으로 조향되는 경향이 있다. 따라서 이 경우에는 직진 정차 시 토우아웃으로 조정하여 주행 시 토우제로가 되도록 한다. 토우제로가 되면 차륜의 직진성이 향상되고 시미현상이 감소한다.

최근에는 광폭 타이어, 래디얼 타이어 그리고 거의 0에 가까운 캠버, 새로운 형식의 스티어링 기어, 맥퍼슨 스트럿의 적용 등으로 토우의 양은 점점 작아지고 있으며, 토인의 역할은 다음과 같다.

① 앞바퀴를 평행하게 회전시킨다.

② 앞바퀴의 사이드 슬립(side slip)과 타이어 마멸을 방지한다.

③ 조향 링키지 마멸에 따라 토아웃(toe-out)이 되는 것을 방지한다.

④ 토인은 타이로드의 길이로 조정한다.

(a) 토인　　(b) 토아웃

그림 3-146 토인과 토아웃

(4) 조향축 경사각(킹핀 경사각)

자동차를 앞에서 보면 독립 차축방식에서의 위아래 볼이음(또는 일체 차축방식의 킹핀)의 중심선이 수직에 대하여 어떤 각도를 두고 설치되는데, 이를 조향축 경사(또는 킹핀 경사)라고 하며 이 각을 조향축 경사각이라 한다. 조향축 경사각은 일반적으로 7~9° 정도 둔다. 그리고 조향축 경사각의 역할은 다음과 같다.

① 캠버와 함께 조향 핸들의 조작력을 가볍게 한다.

② 캐스터와 함께 앞바퀴에 복원성을 부여한다.

③ 앞바퀴가 시미(shimmy)현상을 일으키지 않도록 한다.

(5) 선회할 때의 토아웃(toe-out on turning)

자동차가 선회할 때 애커먼 장토식의 원리에 따라 모든 바퀴가 동심원을 그리려면 안쪽 바퀴의 조향각이 바깥쪽 바퀴의 조향각보다 커야 한다. 즉, 자동차가 선회할 경우에는 토아웃이 되어야 하며 이 관계는 너클암, 타이로드 및 피트먼 암에 의해 결정된다.

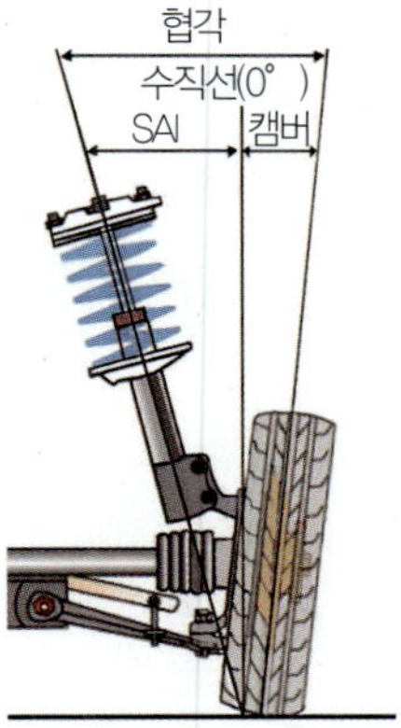

그림 3-147 조향축 경사각

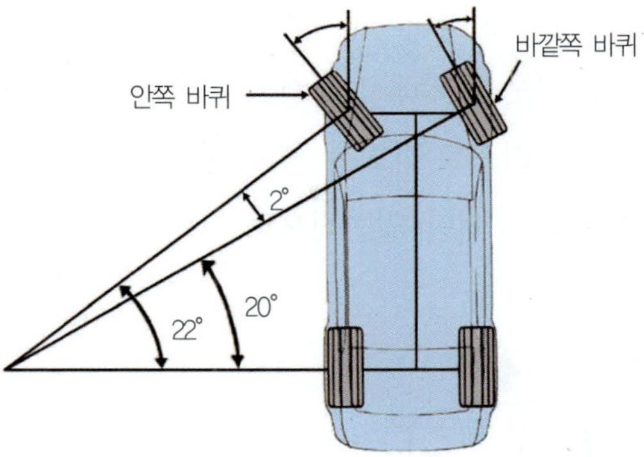

그림 3-148 선회할 때 토아웃

[3] 올 휠 얼라인먼트(all wheel alignment)

(1) 셋백(set back)

셋백은 앞뒤 차축의 평행도를 나타내는 것으로 앞차축과 뒤차축이 완전하게 평행 되는 경우를 셋백 제로라 한다. 그리고 셋백은 뒷차축을 기준으로 하여 앞차축의 평행도를 각도로 나타낸다. 축간거리의 차이가 발생된 경우에는 조향핸들이 한쪽으로 쏠리는 원인이 된다.

(2) 뒷바퀴 정렬(rear wheel alignment)

뒷바퀴의 정렬은 캠버와 토(toe) 각도로 이루어진다. 캠버는 앞바퀴와 공통으로 하여야 하며, 토 각도에 대해서는 4바퀴 조향 자동차를 제외하고는 조향장치를 조작하기 때문에 앞바퀴의 안쪽을 분할하여 좌우에는 각각 독립된 수치가 주어야 한다. 뒷바퀴 얼라인먼트는 자동차의 진행방향을 결정하여 주행 안정성이나 앞바퀴 얼라인먼트에 영향을 미치지 않도록 한다.

(3) 차축 오프셋

앞뒤 차축을 평행하도록 하고 차량 중심선에 대하여 차축 중심선을 일치시키지 않고, 서로 좌우로 엇갈리게 되어 있는 상태를 차축 오프셋이라 한다. 축간 거리의 차이가 발생된 경우에는 선회할 때 좌우 회전 반지름의 차이가 발생되어 앞지르기를 할 때 영향을 미친다.

(4) 스러스트 각도(thrust angle)

자동차 중심선과 바퀴의 진행선이 이루는 각도로 바퀴의 진행선은 뒷바퀴의 진행선은 뒷바퀴의 토인과 토아웃에 의해서 결정된다. 뒤 좌우 바퀴의 토인과 토아웃 차이의 크기가 커지는 정도에 따라서 스러스트 각도는 커지며, 자동차의 기울기가 진행되는 것을 방지하고 스러스트 각도는 0을 요구할 때만 일반적으로 10° 이하로 설정되어 있다.

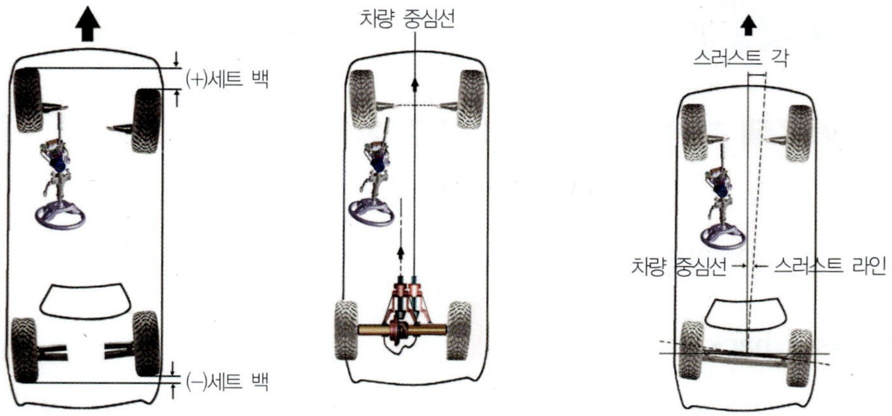

(a) 세트 백　　(b) 차축 오프셋　　(c) 스러스트 각도

그림 3-149 올 휠 얼라인먼트

CHAPTER 05

제동장치

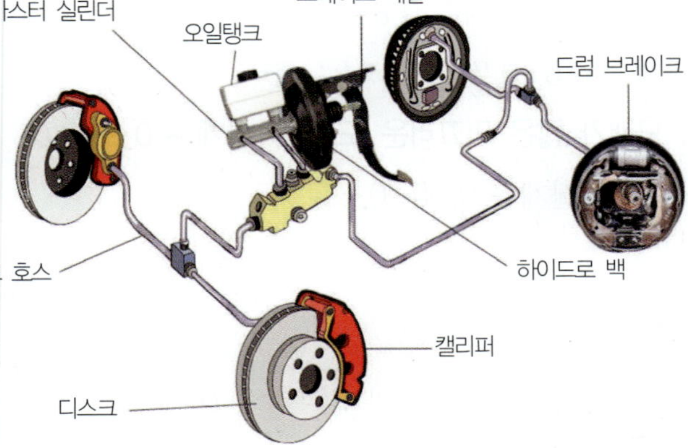

그림 3-150 제동장치

01 제동장치(brake system)의 개요 및 기능

[1] 개요

제동장치는 주행 중인 자동차를 감속 또는 정지시키고, 주차 상태를 유지하기 위하여 사용되는 매우 중요한 장치이다. 제동장치는 마찰력을 이용하여 자동차의 운동에너지를 열에너지로 바꾸어 제동작용을 하며, 제동장치에는 주행할 때 사용하는 주 브레이크와 주차할 때 사용하는 주차 브레이크(parking brake)가 있다. 주 브레이크는 운전자의 발로 조작하기 때문에 풋 브레이크(foot brake)라 하며, 주차 브레이크는 보통 손으로 조작하기 때문에 핸드 브레이크라고도 한다. 제동장치 조작기구는 로드나 와이어를 사용하는 기계식과 유압을 이용하는 유압식이 있다.

[2] 제동장치 구비조건

① 작동이 확실하고, 제동 효과가 클 것
② 신뢰성과 내구성이 클 것
③ 점검과 정비가 쉬울 것

[3] 도로 상태에 따른 마찰계수 및 구름저항계수값

(1) 마찰계수

① **노면이 건조한 포장도로** : 마찰계수 0.8~0.9
② **비포장도로** : 마찰계수 0.5~0.7
③ **빗길 또는 기름, 모래가 많은 미끄러운 도로** : 마찰계수 0.2~0.65
④ **결빙되어 있는 경우** : 마찰계수 0.05~0.1

(2) 구름저항계수값

① **양호한 평활 아스팔트 포장로** : 구름저항계수 약 0.01
② **양호한 평활 콘크리트 포장로** : 구름저항계수 약 0.011
③ **손질이 잘된 평탄한 비포장도로** : 구름저항계수 약 0.04
④ **손질이 불량한 돌이 많은 도로** : 구름저항계수 약 0.08
⑤ **새롭게 자갈을 깐 도로** : 구름저항계수 약 0.12
⑥ **부드러운 모래와 점토질의 도로** : 구름저항계수 약 0.2~0.3

02 유압 브레이크 구조

유압 브레이크는 파스칼의 원리를 응용한 것이며, 유압을 발생시키는 마스터 실린더, 이 유압을 받아서 브레이크 슈(또는 패드)를 드럼(또는 디스크)에 압착시켜 제동력을 발생시키는 휠 실린더(또는 캘리퍼) 및 마스터 실린더와 휠 실린더 사이를 연결하여 오일회로를 형성하는 파이프(pipe)나 플렉시블 호스 등으로 구성되어 있다.

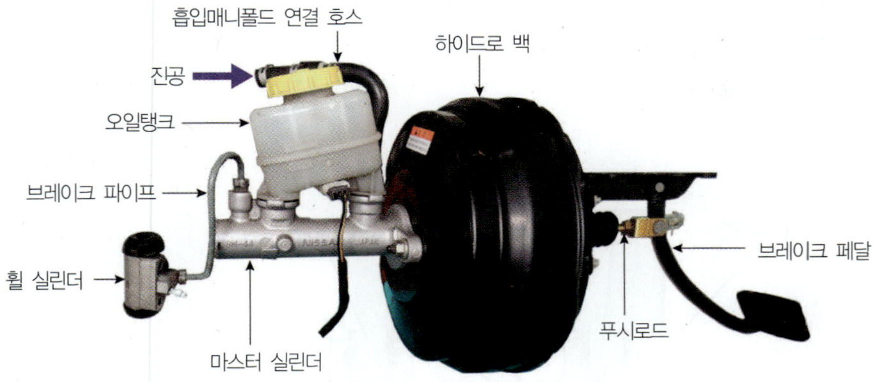

그림 3-151 유압 브레이크 구성

[1] 브레이크 페달(brake pedal)

브레이크 페달은 조작력을 경감시키기 위해 지렛대 원리를 이용하며, 펜던트형 브레이크 페달과 플로워형 브레이크 페달이 있다. 브레이크 페달의 유격은 보통 20~25mm이나 소형은 5~15mm 정도이다. 유압식 브레이크 유격 조정을 푸시로드에서 한다.

(a) 펜던트형 브레이크 페달

(b) 플로워형 브레이크 페달

그림 3-152 브레이크 페달

[2] 마스터 실린더(master cylinder)

(1) 마스터 실린더 구조 및 작용

마스터 실린더는 브레이크 페달을 밟는 것에 의하여 유압을 발생시키는 일을 하며, 그 구조는 실린더 바디, 오일탱크 그리고 실린더 내에는 피스톤, 피스톤 컵, 체크밸브, 피스톤 리턴 스프링 등이 들어 있다. 마스터 실린더의 형식에는 피스톤이 1개인 싱글형과 피스톤이 2개인 탠덤형이 있으며, 현재는 탠덤형을 사용하고 있다.

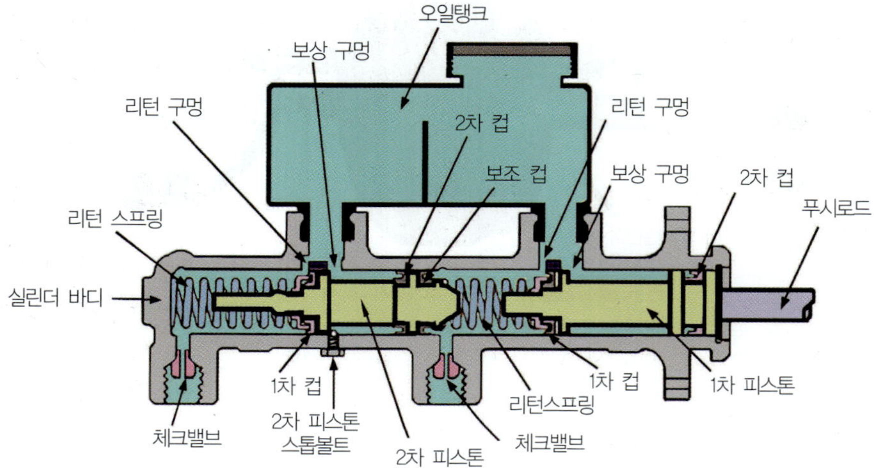

그림 3-153 탠덤 마스터 실린더의 구조

(2) 탠덤 마스터 실린더의 작용

탠덤 마스터 실린더는 유압 브레이크에서 안정성을 높이기 위해 앞뒤 바퀴에 대하여 각각 독립적으로 작동하는 2계통의 회로를 두는 형식이다. 실린더 위쪽에 앞뒤 바퀴 제동용 오일탱크 속이 분리되어 있으며, 실린더 내에 피스톤이 2개가 들어 있다. 이 경우 푸시로드 쪽의 피스톤이 뒷바퀴용이다. 각각의 피스톤은 리턴 스프링과 스토퍼(stopper)에 의해 그 위치가 결정되며 앞뒤 피스톤에는 리턴 스프링이 각각 설치되어 있고, 각각의 피스톤에 대응하는 보상구멍과 리턴구멍 및 체크밸브가 설치되어 있다.

작동은 페달을 밟으면 뒷바퀴 제동용 피스톤이 푸시로드에 의해 리턴 스프링을 압축시키면서 앞바퀴 제동용 피스톤과의 사이에 오일을 압축하여 뒷바퀴를 제동시킨다. 이와 동시에 앞바퀴 제동용 피스톤도 뒷바퀴 제동용 피스톤에 의해 발생한 유압으로 앞바퀴에 유압을 작동시킨다.

[3] 파이프(pipe)

브레이크 파이프는 강철제 파이프와 플렉시블 호스를 사용한다. 파이프는 진동에 견디도록 클립으로 고정하고 연결부분은 2중 플레어로 하며, 호스는 차축이나 바퀴와 연결하는 부분에서 사용하며 연결부분에는 금속제 피팅이 설치되어 있다.

그림 3-154 브레이크 파이프

[4] 휠 실린더(wheel cylinder)

휠 실린더는 마스터 실린더에서 압송된 유압에 의하여 브레이크 슈를 드럼에 압착시키는 일을 하며, 구조는 실린더 보디, 피스톤, 피스톤 컵 그리고 실린더 보디에는 파이프와 연결되는 오일 구멍과 회로 내에 침입한 공기를 제거하기 위한 블리더 스크루가 있고, 실린더 내에는 확장 스프링이 들어 있어 피스톤 컵을 항상 밀어서 벌어져 있도록 한다.

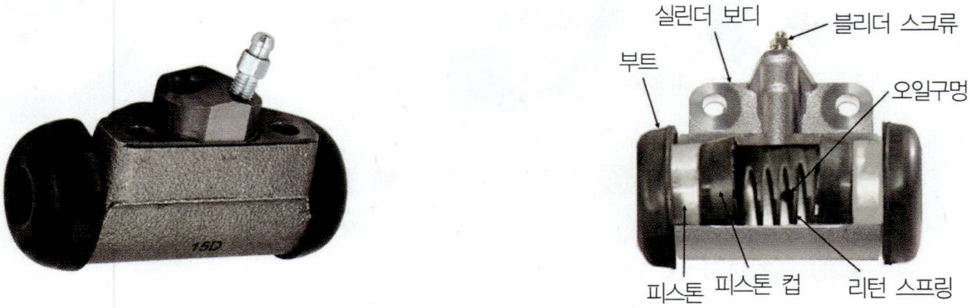

(a) 동일 지름형

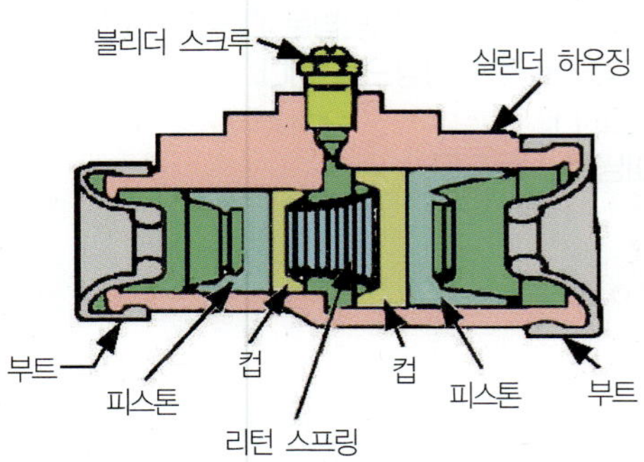

(b) 계단 지름형

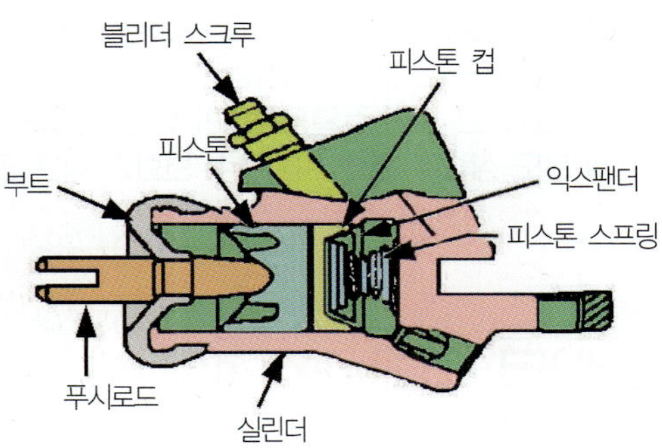

(c) 단일 지름형

그림 3-155 휠 실린더의 종류

[5] 브레이크 슈(brake shoe)

브레이크 슈는 휠 실린더의 피스톤에 의해 드럼과 접촉하여 제동력을 발생하는 부분이며, 라이닝이 리벳이나 접착제로 부착되어 있다.

그리고 슈에는 리턴 스프링을 두어 마스터 실린더 유압이 해제되었을 때 슈가 제자리로 복귀하도록 하며, 홀드다운 스프링(hold down spring)에 의해 슈를 알맞은 위치에 유지시킨다. 라이닝의 종류에는 위븐 라이닝, 몰드 라이닝, 반금속 라이닝, 금속 라이닝 등이 사용되고 있다. 그리고 라이닝은 다음과 같은 구비 조건을 갖추어야 한다.

① 열에 견디는 성질이 크고, 페이드(fade) 현상이 없을 것
② 기계적 강도 및 마멸에 견디는 성질이 클 것
③ 온도의 변화, 물 등에 의한 마찰계수 변화가 적을 것

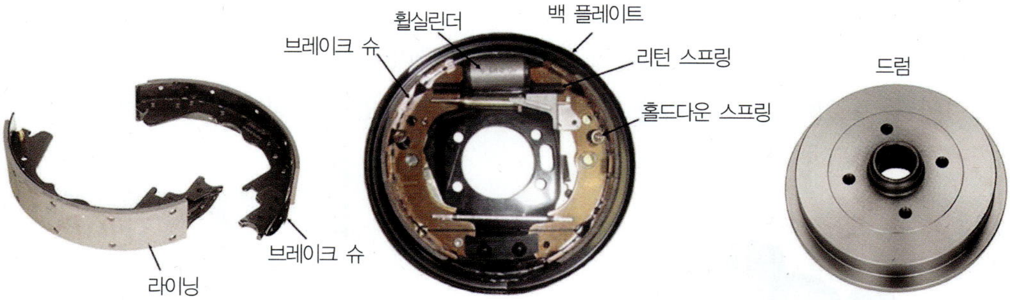

그림 3-156 브레이크 슈와 백 플레이트 및 드럼

> **참고 페이드(fade) 현상**
>
> 브레이크 페달의 조작을 반복하면 드럼과 슈에 마찰열이 축적되어 제동력이 감소하는 현상이다. 원인은 드럼과 슈의 열팽창과 라이닝 마찰계수 저하에 있으며 방지방법은 다음과 같다.
> ① 브레이크 드럼의 냉각성능을 크게 하고, 열팽창률이 적은 형상으로 한다.
> ② 브레이크 드럼은 열팽창률이 적은 재질을 사용한다.
> ③ 온도 상승에 따른 마찰계수 변화가 적은 라이닝을 사용한다.

[6] 브레이크 드럼(brake drum)

브레이크 드럼은 휠 허브에 볼트로 설치되어 바퀴와 함께 회전하며 슈와의 마찰로 제동을 발생시키는 부분이다. 또 열방산을 크게 하고 강성을 높이기 위해 원둘레 방향으로 핀(fin)이나 직각방향으로 리브(rib)를 두고 있다. 그리고 제동할 때 발생한 열은 드럼을 통하여 냉각되므로

드럼의 면적은 마찰 면에서 발생한 열 방산 능력에 따라 결정된다. 드럼이 갖추어야 할 조건은 다음과 같다.

① 가볍고 강도와 강성이 클 것
② 정적 · 동적 평형이 잡혀 있을 것
③ 냉각이 잘되어 과열하지 않을 것
④ 마멸에 견디는 성질이 클 것

03 브레이크 슈와 드럼의 조합

[1] 자기작동 작용

자기작동 작용이란 회전 중인 드럼에 제동을 걸면 슈는 마찰력에 의해 드럼과 함께 회전하려는 경향이 발생하여 확장력이 커지므로 마찰력이 증대되는 작용이다. 한편, 드럼의 회전 반대방향 쪽의 슈는 드럼으로부터 떨어지려는 경향이 생겨 확장력이 감소된다. 이때 자기작동 작용을 하는 슈를 리딩 슈(leading shoe), 자기작동 작용을 하지 못하는 슈를 트레일링 슈(trailing shoe)라 한다.

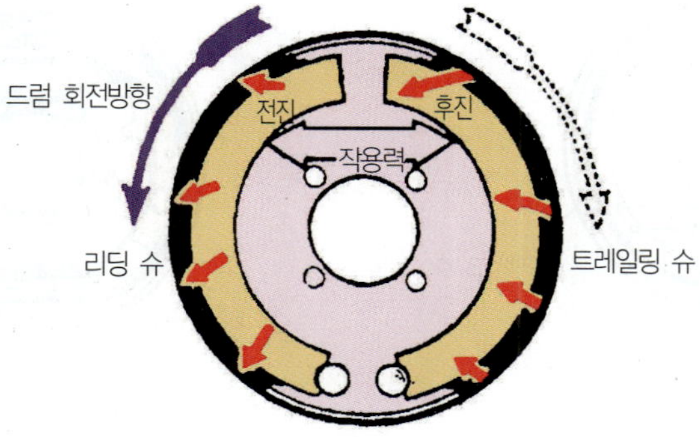

그림 3-157 자기작동 작용

[2] 작동상태에 따른 분류

(1) 넌 서보 브레이크(non-servo brake)

브레이크가 작동될 때 자기작동 작용이 해당 슈에만 발생하게 된 것이며, 전진방향에서 자기작동 작용을 하는 슈를 전진 슈, 후진방향에서 자기작동 작용을 하는 슈를 후진 슈라 한다.

(2) 서보 브레이크(servo brake)

이 형식은 브레이크가 작동될 때 모든 슈에 자기작동 작용이 일어나는 것이며, 먼저 자기작동 작용이 일어나는 슈를 1차슈, 나중에 자기작동 작용이 일어나는 슈를 2차 슈라 한다.

① 유니 서보형식(uni-servo type)

이 형식은 전진에서는 휠 실린더 피스톤에 의하여 1차 슈가 밀려지면 2차 슈에도 자기작동작용이 일어나 모든 슈가 리딩 슈가 되지만, 후진에서는 2개의 슈가 모두 트레일링 슈로 되어 제동력이 감소하는 것이다.

② 듀어 서보형식(duo-servo type)

이 형식은 슈가 드럼에 압착되어 있을 때 드럼의 회전방향에 따라 고정측이 바뀌어 전진 또는 후진에서 모두 자기 작동작용이 일어나 강력한 제동력이 발생한다.

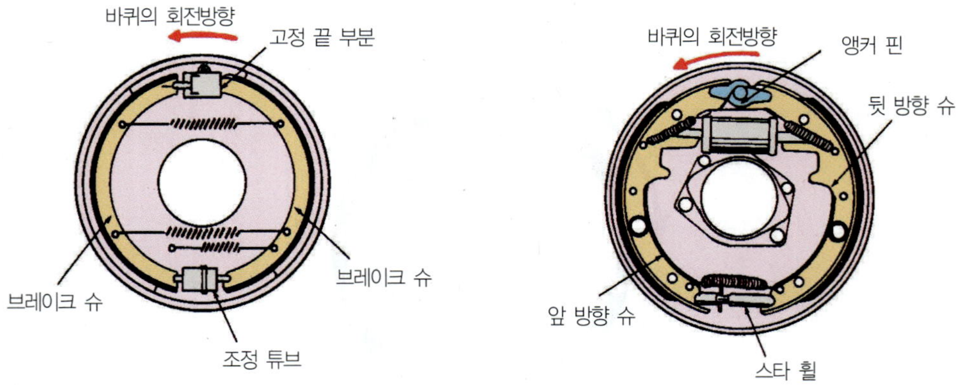

(a) 유니 서보형식 (b) 듀어 서보형식

그림 3-158 유니 서보형식과 듀어 서보형식

[3] 자동 조정 브레이크

브레이크 라이닝이 마멸되면 라이닝과 드럼의 간극이 커지므로 페달 밟는 양이 증가한다. 이에 따라 필요할 때마다 라이닝 간극을 조정하여야 한다. 이 형식은 라이닝 간극조정이 필요할 때 후진에서 브레이크 페달을 밟으면 자동적으로 조정된다.

04 브레이크 오일

브레이크 오일은 피마자기름에 알코올 등의 용제를 혼합한 식물성 오일을 사용하였으나, 지금은 합성유로 바꾸었다. 브레이크 오일은 글리콜(폴리 글리콜 에텔), 실리콘계, 광유계로 크게 구분을 할 수 있는데, 이 중에서 폴리글리콜 에텔이 많이 사용되고 있다. 구비조건은 다음과 같다.

① 점도가 알맞고 점도지수가 클 것
② 윤활 성능이 있을 것
③ 빙점이 낮고, 비등점이 높을 것
④ 화학적 안정성이 클 것
⑤ 고무 또는 금속 제품을 부식, 연화, 팽창시키지 않을 것
⑥ 침전물 발생이 없을 것

05 디스크 브레이크(disc brake)

[1] 디스크 브레이크의 개요

디스크 브레이크는 마스터 실린더에서 발생한 유압을 캘리퍼로 보내어 바퀴와 함께 회전하는 디스크를 양쪽에서 패드(pad, 슈)로 압착시켜 제동을 시킨다. 디스크 브레이크는 디스크가 대기 중에 노출되어 회전하므로 페이드 현상이 작으며 자동 조정 브레이크 형식이다.

그리고 이 형식의 구성은 바퀴와 함께 회전하는 디스크, 디스크와 함께 제동력을 발생시키는 패드, 패드와 피스톤을 지지하며 스핀들이나 판에 고정된 캘리퍼 등으로 구성되어 있다. 디스크 브레이크의 장점과 단점은 다음과 같다.

(1) 디스크 브레이크의 장점

① 디스크가 대기 중에 노출되어 회전하므로 냉각 성능이 커 제동성능이 안정된다.

② 자기작동 작용이 없어 고속에서 반복적으로 사용하여도 제동력 변화가 적다.

③ 부품의 평형이 좋고, 한쪽만 제동되는 일이 없다.

④ 디스크에 물이 묻어도 제동력의 회복이 크다.

⑤ 구조가 간단하고 부품수가 적어 차량의 무게가 경감되며 정비가 쉽다.

(2) 디스크 브레이크의 단점

① 마찰 면적이 적어 패드의 압착력이 커야 한다.

② 자기작동 작용이 없어 페달 조작력이 커야 한다.

③ 패드의 강도가 커야 하며, 패드의 마멸이 크다.

④ 디스크에 이물질이 쉽게 부착된다.

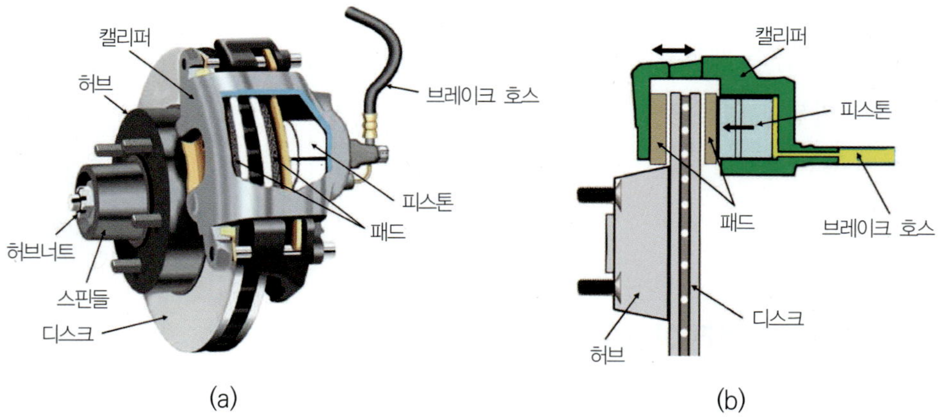

그림 3-159 디스크 브레이크

[2] 디스크 브레이크의 분류

(1) 부동형 캘리퍼

캘리퍼 한쪽에만 1개의 브레이크 실린더를 두고 마스터 실린더에서 유압이 작동하면 피스톤이 패드를 디스크에 압착하고, 이때의 반발력으로 캘리퍼가 이동하여 반대쪽 패드도 디스크를 압착하여 제동을 하는 것이다.

(2) 대향형 피스톤 캘리퍼

브레이크 실린더 2개를 두고 디스크를 양쪽에서 패드로 압착시켜 제동을 하는 것이다.

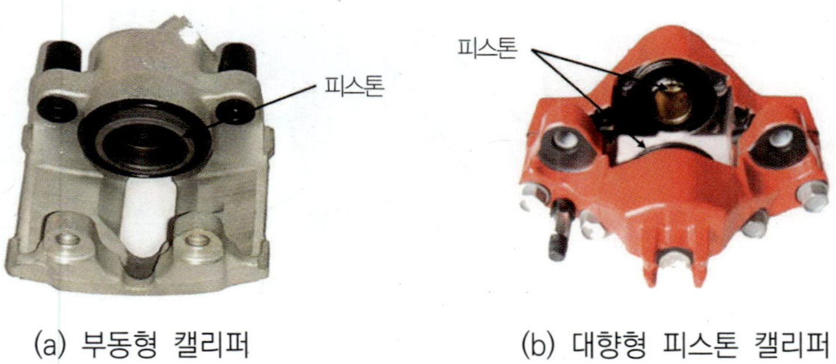

그림 3-160 디스크 브레이크 분류

06 배력 브레이크 하이드로 백(hydro-vac)

[1] 진공 배력방식의 원리

흡기다기관 진공과 대기압력과의 차이를 이용한 것이므로 배력장치에 이상이 발생하여도 일반적인 유압 브레이크로 작동할 수 있도록 하고 있다. 원리는 흡기 다기관에서 발생하는 진공이 50cmHg이며, 대기압력이 76cmHg이므로 이들 사이에는 76cmHg − 50cmHg = 26cmHg = $0.34kgf/cm^2$이다.

그러므로 대기압력 $1.0332kgf/cm^2 - 0.34kgf/cm^2 = 0.7kgf/cm^2$이 된다. 이 압력 차이가 진공 배력방식 브레이크를 작동시키는 힘이다.

[2] 직접 조작형 - 마스터 백

브레이크 페달을 밟으면 작동 로드가 포핏과 밸브 플런저를 밀어 포핏이 동력 실린더 시트에 밀착되어 진공밸브를 닫으므로 동력 실린더(부스터)에 진공도입이 차단된다. 동시에 밸브 플런저는 포핏으로부터 떨어지고 공기밸브가 열려 동력 실린더 뒤쪽에 여과기를 거친 공기가 유입되어 동력 피스톤이 마스터 실린더의 푸시로드를 밀어 배력작용을 한다.

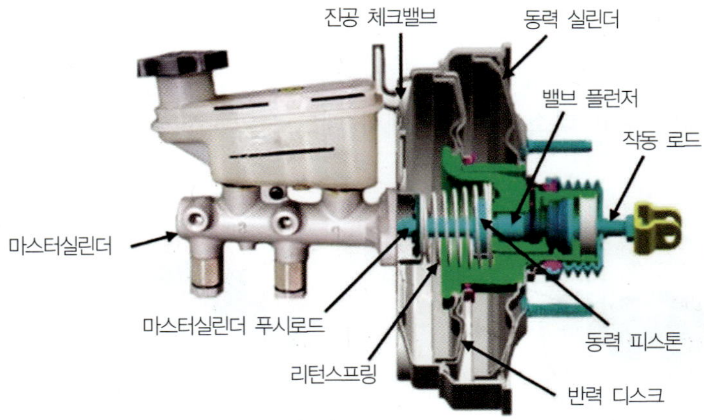

그림 3-161 직접 조작형

그리고 페달을 놓으면 밸브 플런저가 리턴 스프링의 장력에 의해 제자리로 복귀됨에 따라 공기밸브가 닫히고 진공밸브를 열어 동력 실린더 내의 압력이 같아지면 마스터 실린더의 반작용과 다이어프램 리턴 스프링의 장력으로 동력 피스톤이 제자리로 복귀한다. 이 형식의 특징은 다음과 같다.

① 진공밸브와 공기밸브가 푸시로드에 의해 작동하므로 구조가 간단하고 무게가 가볍다.

② 배력장치에 고장이 발생하여도 페달 조작력은 작동로드와 푸시로드를 거쳐 마스터 실린더에 작용하므로 유압 브레이크로만으로 작동을 한다.

③ 페달과 마스터 실린더 사이에 배력장치를 설치하므로 설치 위치에 제한을 받는다.

07 공기 브레이크

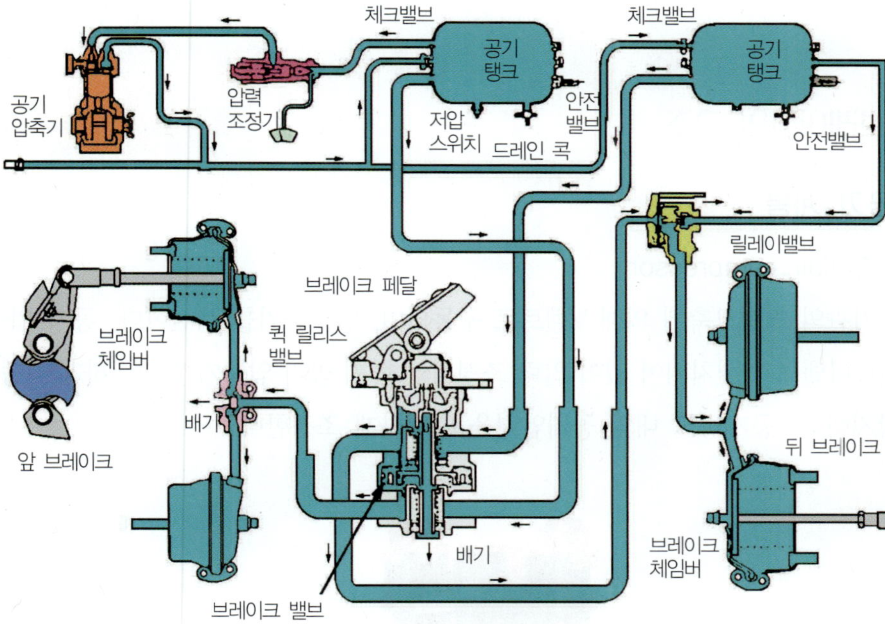

그림 3-162 공기 브레이크의 배관 및 구조

[1] 공기 브레이크의 개요

공기 브레이크는 압축공기의 압력을 이용하여 모든 바퀴의 브레이크 슈를 드럼에 압착시켜서 제동작용을 하는 것이며, 브레이크 페달로 밸브를 개폐시켜 공기량으로 제동력을 조절하며 장점 및 단점은 다음과 같다.

(1) 공기 브레이크의 장점

① 차량 중량에 제한을 받지 않는다.

② 공기가 다소 누출되어도 제동 성능이 현저하게 저하되지 않는다.

③ 베이퍼 록 발생 염려가 없다.

④ 페달 밟는 양에 따라 제동력이 조절된다(유압식 페달 밟는 힘에 의해 제동력이 비례한다).

(2) 공기 브레이크의 단점

① 공기 압축기 구동에 기관의 출력이 일부 소모된다.

② 구조가 복잡하고 값이 비싸다.

[2] 공기 브레이크의 구조

(1) 압축공기 계통

① **공기 압축기(air compressor)**

이것은 기관의 크랭크축에 의해 V벨트로 구동되며, 압축공기를 생산한다. 공기 입구 쪽에는 언로더밸브가 설치되어 있어 압력 조정기와 함께 공기 압축기가 과다하게 작동하는 것을 방지하고, 공기탱크 내의 공기압력을 일정하게 조정한다.

그림 3-163 공기 압축기

② **압력 조정기와 언로더밸브**

압력 조정기는 공기탱크에 설치되어 공기탱크 내의 압력이 5~7kgf/cm^2 이상 되면 공기탱크에서 공기 입구로 들어온 압축공기가 스프링 장력을 이기고 밸브를 밀어 올린다. 이에 따라 압축공기는 공기 압축기의 언로더 밸브 위쪽에 작동하여 언로더밸브를 내려 밀어 열기 때문에 흡입밸브가 열려 공기 압축기 작동이 정지된다. 또 공기탱크 내의 압력이 규정값 이하가 되면 언로더밸브가 제자리로 복귀되어 공기 압축작용이 다시 시작된다.

③ 공기탱크

이 탱크는 공기 압축기에서 보내 온 압축 공기를 저장하며 탱크 내의 공기압력이 규정값 이상이 되면 공기를 배출시키는 안전밸브와 공기 압축기로 공기가 역류하는 것을 방지하는 체크밸브 및 탱크 내의 수분 등을 제거하기 위한 드레인 콕크가 있다.

그림 3-164 공기탱크

(2) 공기 브레이크의 제동 계통

① 브레이크밸브(brake valve)

이 밸브는 페달에 의해 개폐되며 페달을 밟는 양에 따라 공기탱크 내의 압축공기를 도입하여 제동력을 조절한다.

그림 3-165 브레이크밸브

② 퀵 릴리스밸브(quick release valve)

이 밸브는 페달을 밟으면 브레이크 밸브로부터 압축공기가 입구를 통하여 작동되면 밸브가 열려 앞 브레이크 체임버로 통하는 양쪽 구멍을 연다. 이에 따라 브레이크 체임버에 압축공기가 작동하여 제동된다. 또 페달을 놓으면 브레이크밸브로부터 공기가 배출됨에 따라 입구 압력이 낮아진다. 이에 따라 밸브는 스프링 장력에 의해 제자리로 복귀하여 배기 구멍을 열고 앞 브레이크 체임버 내의 공기를 신속히 배출시켜 제동을 푼다.

그림 3-166 퀵 릴리스밸브

③ 릴레이밸브(relay valve)

이 밸브는 페달을 밟아 브레이크 밸브로부터 공기압력이 작동하면 다이어프램이 아래쪽으로 내려가 배기밸브를 닫고 공급밸브를 열어 공기탱크 내의 공기를 직접 뒤 브레이크 체임버로 보내어 제동시킨다. 또 페달을 놓아 다이어프램 위에 작동하던 브레이크밸브로부터의 공기압력이 감소하면 브레이크 체임버 내의 압력이 다이어프램 위에 작동하던 압력보다 커지므로 다이어프램을 위로 밀어 올려 윗부분의 압력과 평행이 될 때까지 밸브를 열고 공기를 배출시켜 신속하게 제동을 푼다.

④ 브레이크 체임버(brake chamber)

브레이크 체임버는 페달을 밟아 브레이크밸브에서 조절된 압축공기가 체임버 내로 유입되면 다이어프램은 스프링을 누르고 이동한다. 이에 따라 푸시로드가 슬랙 조정기를 거쳐 캠을 회전시켜 브레이크 슈가 확장하여 드럼에 압착되어 제동을 한다. 페달을 놓으면 다이어프램이 스프링 장력으로 제자리로 복귀하여 제동이 해제된다.

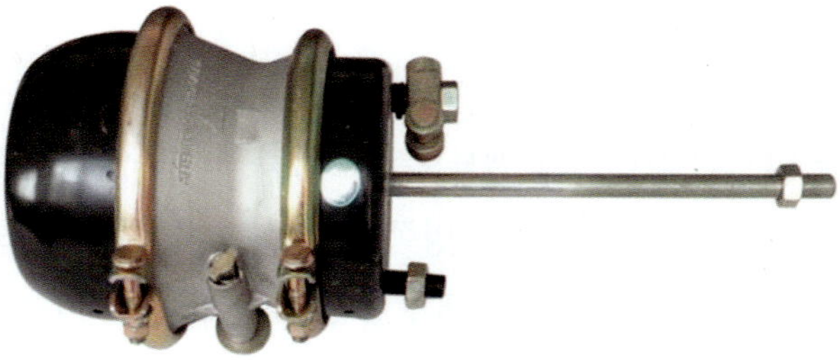

그림 3-167 브레이크 체임버

08 ABS(Anti Lock Brake System)

[1] ABS의 개요

(1) ABS의 필요성

ABS란 주행 중 제동을 할 때 바퀴의 고착을 방지하는 것으로 급제동 또는 노면의 악조건 상태에서 제동을 할 때 바퀴의 고착으로 인하여 차량이 제어 불능상태로 진행되어 조향력 상실은 물론 제동거리 또한 길어지게 된다. ABS는 이러한 바퀴의 고착 현상을 미연에 방지하여 최적의 점착력을 유지하므로 사전에 사고의 위험성을 감소시키는 예방 안전장치이다.

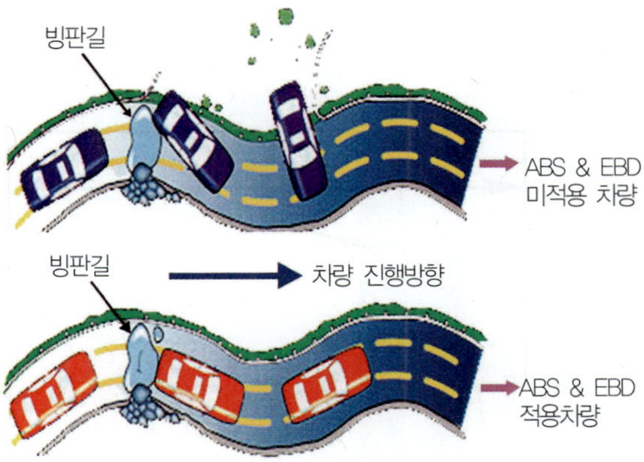

그림 3-168 ABS를 설치한 자동차와 설치하지 않은 자동차의 빙판길 비교

(2) ABS의 설치 목적

① 방향 안정성 확보(stability) : 스핀(spin) 방지

② 조정 성능 확보(steerability)

③ 제동거리 단축(stopping distance)

[2] ABS의 제어 원리

(1) 슬립률과 노면과의 관계

주행 중 제동을 할 때 타이어와 노면과의 마찰력으로 인하여 타이어의 회전속도가 낮아진다.

이때 자동차 주행속도와 타이어 회전속도에 차이가 발생하는 것을 슬립현상이라고 하며, 그 슬립량을 백분율로 표시하는 것을 슬립률(%)이라 한다.

$$슬립률 = \frac{V - Vw}{V} \times 100$$

V : 자동차 주행속도, Vw : 타이어의 회전속도

(2) 제동력 및 코너링 포스의 특성

그림 169의 가로축은 타이어의 슬립률을 표시하고, 0%는 타이어의 노면에 대하여 회전하는 상태를 나타내고, 100%는 타이어가 고착된 상태이다. 브레이크 특성에 따라 슬립률이 약 20% 전후에 최대 마찰계수가 얻어지지만 이후에는 감소한다. 코너링 포스의 특성에 따라서는 슬립률이 증대하면 마찰계수는 감소하여 슬립률이 100%에서는 마찰계수가 0이 된다.

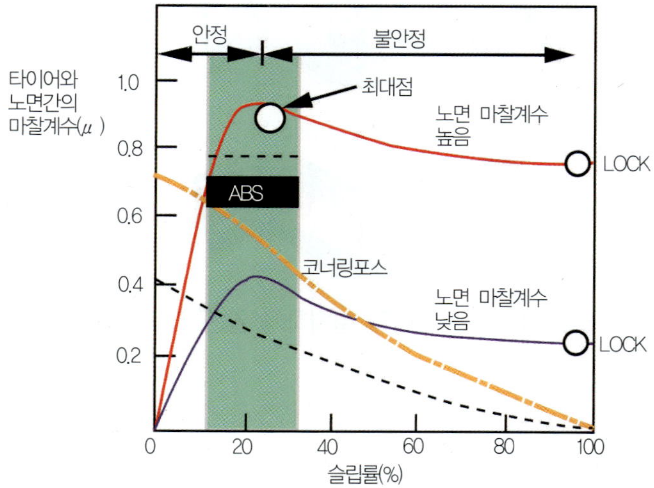

그림 3-169 제동력과 코너링포스의 특성

[3] ABS 제어채널 종류

ABS는 4개의 바퀴를 제어하는데 뒷바퀴의 경우는 공동 제어하는 경우도 있으며, 4바퀴의 회전속도를 검출하여 4바퀴를 각각 제어하면 4센서 4채널이 되는 것이다.

(1) 4센서 4채널

4센서 4채널은 4개의 센서와 4개의 제어채널을 가지고 있으며 각 바퀴를 개별적으로 제어하는 장치이다. 즉, 브레이크 유압을 각 바퀴에 독립적으로 작용시키기 때문에 조향성능과 제동거리는 가장 우수하지만, 비대칭 도로면(양쪽 바퀴가 놓여 있는 도로면의 마찰계수가 다른 도로면)에서는 방향안정성이 우수하지 못하다.

(2) 4센서 3채널

4센서 3채널 ABS 시스템은 앞바퀴는 개별적으로 제어하고, 뒷바퀴는 하나의 유닛으로 동일하게 관리한다. 즉, 휠센서에 의해 각 바퀴는 독립적으로 속도가 측정되지만, 뒷바퀴 중 하나의 타이어라도 Lock이 걸리게 되면 뒷바퀴 모두에 동일하게 브레이크 압력이 감소하게 된다. 이러한 시스템은 상대적으로 단순한 구조로 가격적인 장점을 가지지만 안전성과 조향력 컨트롤이 부족하다는 단점을 보인다.

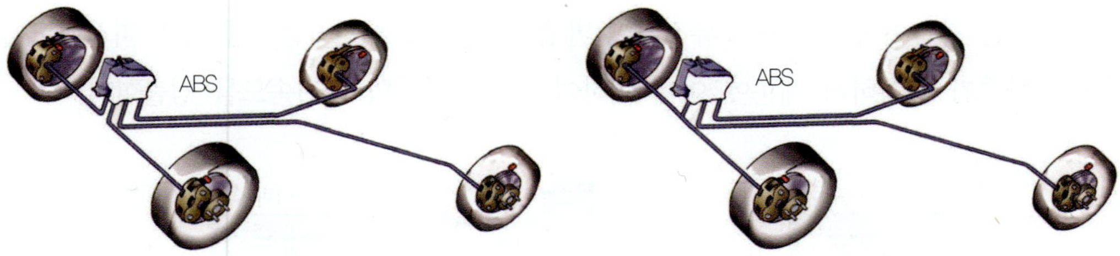

(a) 4센서 4채널 (b) 4센서 3채널

그림 3-170 ABS 제어채널 종류

[4] ABS의 구성

바퀴의 회전속도를 감지하는 휠 스피드 센서에서 고착 예정 상태를 판단하여 감압 및 증압 명령을 내리는 컴퓨터, 컴퓨터의 명령에 의하여 휠 실린더의 유압을 제어하는 하이드롤릭 유닛(hydraulic unit) 등이 주요 구성부품이다.

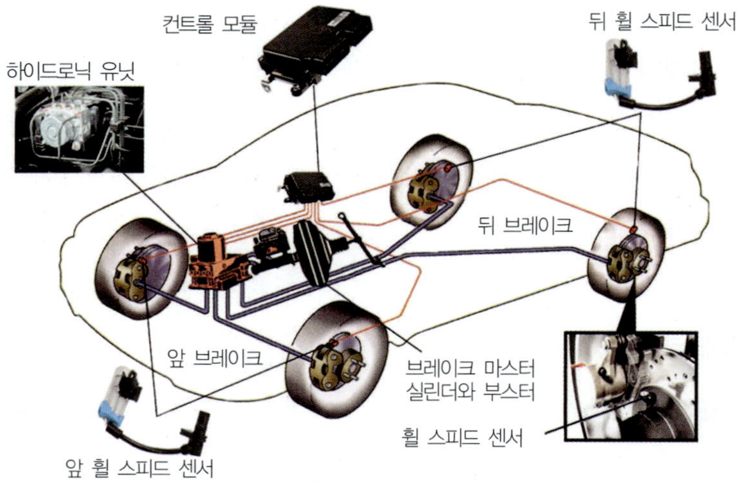

그림 3-171 ABS의 기본 구성도

(1) 휠 스피드센서(wheel speed sensor)

휠 스피드센서는 마그네트와 코일로 구성되어 있으며, 톤 휠(tone wheel)은 휠 스피드센서로부터 나오는 자속이 변화하며 교류전압이 발생한다. 이 교류전압은 구동축의 회전속도에 비례하여 주파수가 변화하기 때문에 이에 의하여 4바퀴 각각의 회전속도를 검출한다.

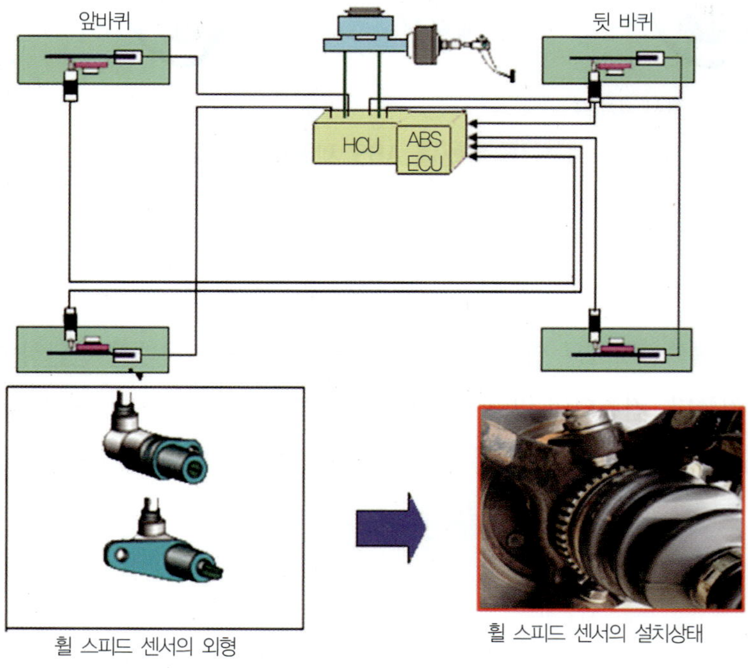

그림 3-172 휠 스피드센서의 구조

(2) G-센서(4WD)

자동차 앞뒤 방향의 가속도를 검출하였을 때 전압 차이에 대응하는 신호를 컴퓨터로 입력시킨다. G-센서의 작동 원리는 속이 빈 공간에 작은 쇠구슬이 들어 있다고 하면, 공 안쪽면에는 전기신호 발생장치가 촘촘히 붙어있어 쇠구슬이 닿을 때마다 신호가 발생한다. 각각의 신호발생장치는 서로 다른 전압을 발생시키기 때문에 위치를 구분할 수가 있다. 쇠구슬은 중력에 의해 항상 아래쪽에 위치하므로 발생되는 전압을 측정하면 공의 어느 면이 아래쪽을 향하고 있는지 알 수가 있다.

(3) 하이드롤릭 유닛(유압 조절기 : HCU)

(a) HCU 설치 상태

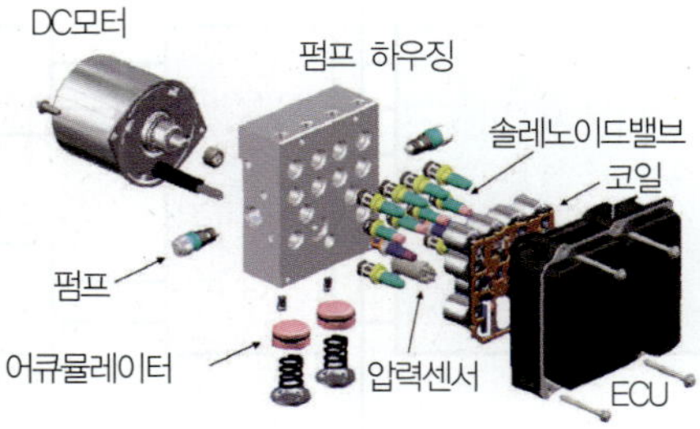

(b) HCU 구성도

그림 3-173 하이드로릭 유닛

컴퓨터 제어 신호에 의해서 각 휠 실린더로 가는 유압을 조절하여 바퀴의 회전 상태를 제동 제어한다.

① **솔레노이드밸브** : 컴퓨터에 의해 전류가 ON일 때 코일에 발생된 자력에 의하여 플런저를 움직여 감압 모드를 수행하고 전류가 OFF되면 스프링 장력에 의하여 플런저가 다시 닫혀 증압 모드를 수행한다.

② **오일탱크** : 제동을 할 때 바퀴가 고착되기 직전에 컴퓨터의 신호에 의해 솔레노이드밸브를 작동할 때 캘리퍼 내의 유압은 감압되며, 이때 복귀된 브레이크 오일이 오일탱크로 들어가 저장된다.

③ **어큐뮬레이터** : ABS가 작동할 때 펌프로부터 토출된 고압의 브레이크 오일을 일시적으로 저장하여 유압의 맥동을 완화시키는 역할을 한다.

④ **펌프** : FL(front left)/RR(rear right), FR(front right)/RL(rear left)회로용 2개의 방사형 유압 발생 피스톤으로 구성되어 있으며, ABS가 작동할 때 유압을 발생시켜 압송하는 역할을 한다.

⑤ **모터** : 모터는 12V DC 4극으로 구성되어 있으며 모터 축에 압입된 편심 캠의 회전으로 피스톤 펌프를 작동시키는 역할을 한다.

(4) 컴퓨터

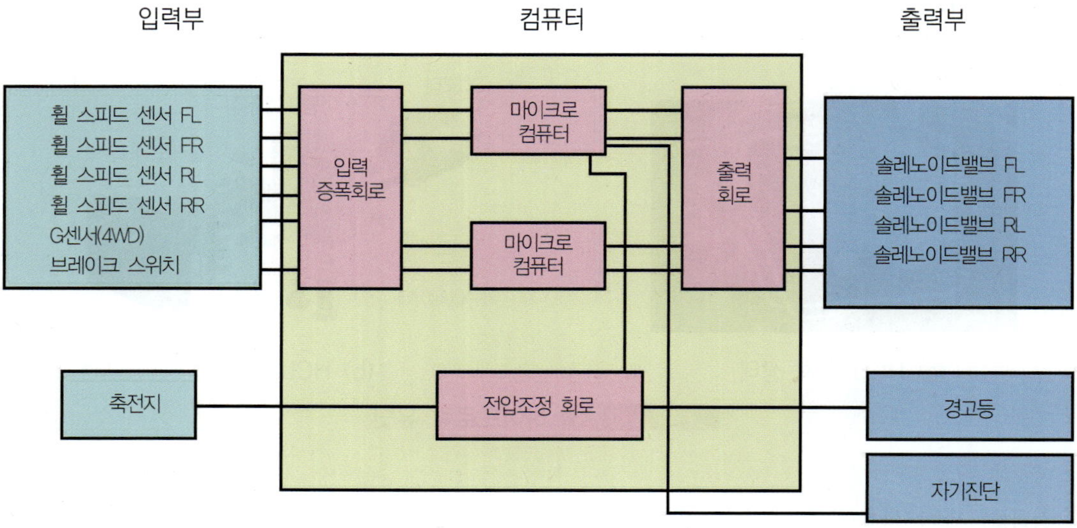

그림 3-174 입·출력 블록도

컴퓨터는 ABS 제어기능을 실행하는 부분으로 안전성과 직접 연결되는 만큼 매우 높은 신뢰성이 요구된다. 휠 스피드센서 신호를 입력 처리하는 입력 증폭회로, 제어를 위한 연산과 페일세이프(fail safe)를 실행하는 ABS 제어 및 안전회로 및 하이드롤릭 유닛의 구동을 실행하는 출력회로, 전압을 일정하게 유지하는 전압 조정회로 및 고장을 기억하는 페일 메모리(fail memory)회로 등으로 구성되어 있다. 고장이 발생한 경우에도 페일세이프 기능이 작동하여 통상의 브레이크로 작동하도록 한다.

[5] ABS 작동원리

(1) ABS가 작동하지 않을 때

ABS가 작동하지 않는 통상 브레이크의 경우에는 ABS-컴퓨터로부터 솔레노이드밸브 in, out에 통전이 되면 각 솔레노이드밸브는 off 상태가 된다. 이때 솔레노이드밸브는 스프링의 작용에 따라 in은 열리고, out은 닫힌다. 브레이크 페달을 밟으면 마스터 실린더의 유압은 솔레노이드밸브를 지나 캘리퍼에 도달하며 제동이 된다. 그 후에 브레이크 페달을 놓으면 마스터 실린더 내의 유압은 낮아지고 오일은 솔레노이드 in 및 체크밸브를 지나 마스터 실린더로 돌아오면 제동이 해제된다.

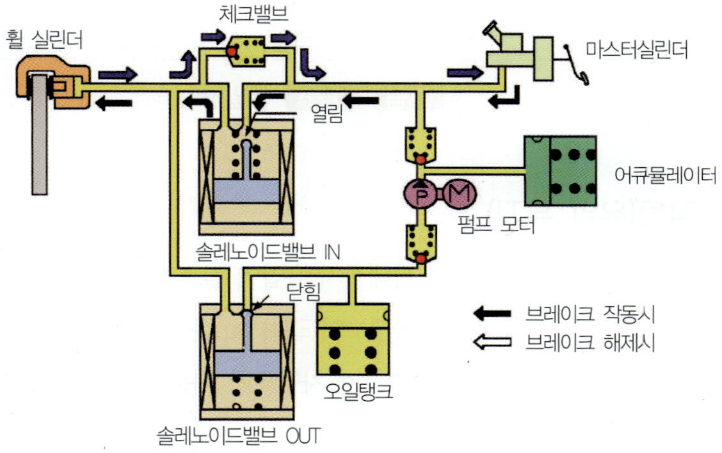

솔레노이드밸브	통전상태	밸브개폐	개폐 통로
in	off	열림	마스터실린더 ↔ 캘리퍼
out	off	닫힘	캘리퍼 ↔ 오일탱크

그림 3-175 ABS가 작동하지 않을 때

(2) ABS작동(유압 감소)

급제동을 할 때 타이어가 고착되려고 하면 ABS-컴퓨터는 유압을 감압시키는 신호를 솔레노이드밸브에 출력시키므로 각 솔레노이드밸브는 on이 된다. 이때 솔레노이드밸브 in이 닫혀 마스터 실린더로부터 오일회로를 차단한다. 또한 솔레노이드밸브 out는 열려 캘리퍼로부터 오일탱크로의 오일회로를 연다. 따라서 캘리퍼 내의 유압은 솔레노이드밸브 Out를 지나 오일탱크에 도달하고 감압하게 된다.

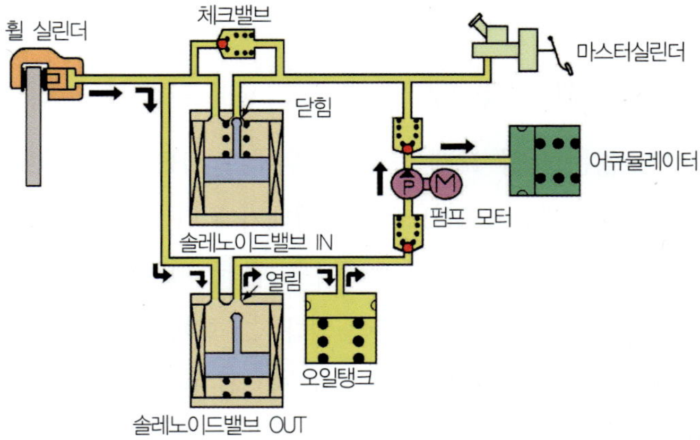

솔레노이드밸브	통전상태	밸브개폐	개폐 통로
in	on	닫힘	마스터실린더 ↔ 캘리퍼
out	on	열림	캘리퍼 ↔ 오일탱크

그림 3-176 유압감소

(3) ABS 작동(유압 유지)

브레이크 캘리퍼의 유압이 최종적인 상태까지 유압이 감소되면 ABS-컴퓨터는 유압을 유지시키는 신호를 솔레노이드밸브에 출력시켜 솔레노이드밸브 in은 on이 되고, out은 off된다. 이때 솔레노이드밸브 in과 out은 모두 닫혀 오일회로가 차단되기 때문에 캘리퍼 내의 유압은 유지가 된다.

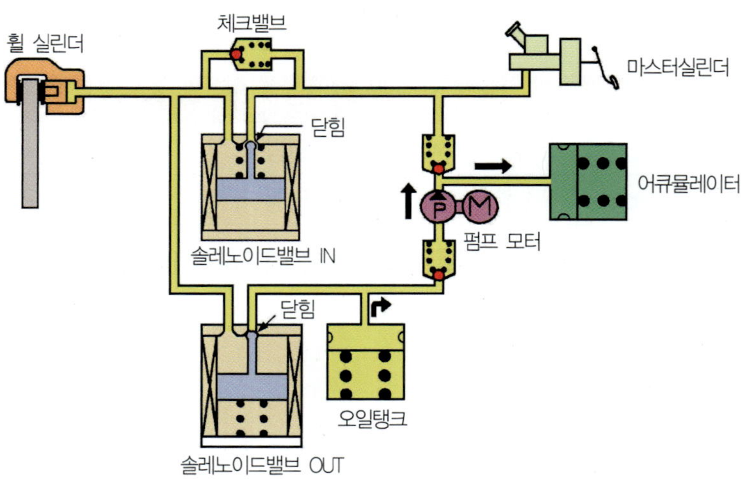

솔레노이드밸브	통전상태	밸브개폐	개폐 통로
in	on	닫힘	마스터실린더↔캘리퍼
out	off	닫힘	캘리퍼↔오일탱크

그림 3-177 유압유지

(4) ABS 작동(유압 증가)

ABS-컴퓨터가 타이어에 고착 현상이 없다고 판단되면 ABS-컴퓨터는 솔레노이드밸브에 통전을 차단한다. 따라서 각 솔레노이드밸브는 off되고, 펌프 모터에 의한 유압은 솔레노이드밸브 in을 거쳐 브레이크 캘리퍼에 도달하여 증압이 된다.

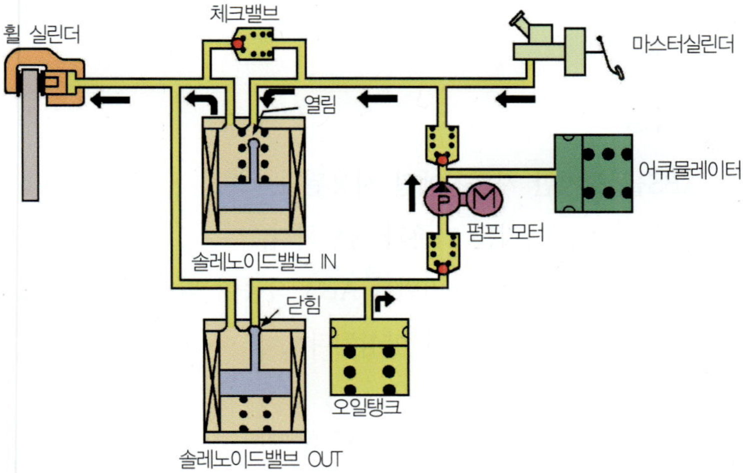

솔레노이드밸브	통전상태	밸브개폐	개폐 통로
in	off	열림	마스터실린더↔캘리퍼
out	off	닫힘	캘리퍼↔오일탱크

그림 3-178 유압 증가

09 BAS(brake assist system), VDC

[1] 브레이크 보조시스템(BAS)의 개요

BAS는 브레이크 보조장치를 말하며, 자동차가 비상상태일 때 갑작스러운 브레이크 작동을 보정해 준다. 이 장치의 개발은 운전자들이 급제동을 하더라도 브레이크 페달을 약하게 밟는 경향이 많다는 것에서 착안하여 자동차의 상태가 비상 브레이크 상태임을 파악하면 브레이크 진공부스터의 모든 동력을 모아서 즉시 유압이 가해질 수 있도록 만든 것이다. 현재 사용되는 BAS는 기계방식과 전자방식이 있으며 기계방식은 진공부스터 안에 부품을 추가로 설치하였으며, 전자방식은 기존의 ABS/VDC에 소프트웨어만 추가하였다.

[2] BAS의 장점 및 특징

(1) BAS의 장점

① 일정한 힘 이하로 브레이크 페달을 밟는 힘이 약할 때 추가적으로 배력이 발생한다.

② 브레이크 페달을 밟는 힘이 부드럽다.

③ 2단계 배력비율이 발생한다.

(2) BAS의 특징

① BAS는 ABS를 설치한 자동차에만 사용된다.

② 일정한 페달 밟는 힘까지는 기존과 동일하다.

③ 과도한 브레이크 사용에서는 빈번한 ABS 작동이 나타날 수 있다.

④ 브레이크 효과는 기존과 같거나 향상된다.

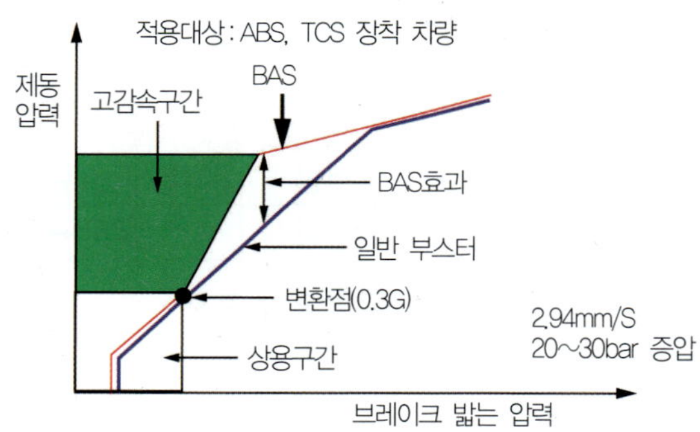

그림 3-179 BAS의 출력특성

[3] BAS의 종류

(1) 기계방식 BAS

기계방식 BAS는 기존에 진공부스터에 추가로 진공라인을 설치한 것이라고 보면 된다. 즉, 기존의 진공부스터는 브레이크 페달을 밟기 전에는 진공막을 사이에 두고 양쪽이 진공 상태로 유지되다가 브레이크 페달을 밟으면 한쪽은 진공 상태이고, 다른 한쪽은 대기가 통해 그 압력 차이에 의해서 브레이크에 배력효과를 준다. 기계방식 BAS의 구성부품은 다음과 같다.

① **플런저** : 브레이크가 작동될 때 작용하여 대기실과 진공실을 차단하는 포핏밸브를 밀어 포핏

밸브에 의해 진공실과 대기실을 차단시킨다.

② **입력로드** : 브레이크 페달을 밟으면 푸시로드가 밀리며, 이 푸시로드가 입력로드를 밀고, 입력로드가 플런저를 민다.

③ **출력로드** : 입력로드에 의해 밀린 푸시로드가 끝까지 밀리면 마스터 실린더에서 유압을 발생시키는데 일조한다.

④ **리액션 디스크** : 브레이크 페달을 놓을 때 작용하여 복귀를 원활히 한다.

⑤ **진공밸브** : 브레이크가 작동할 때 진공실에 진공이 유입되지 않도록 차단한다.

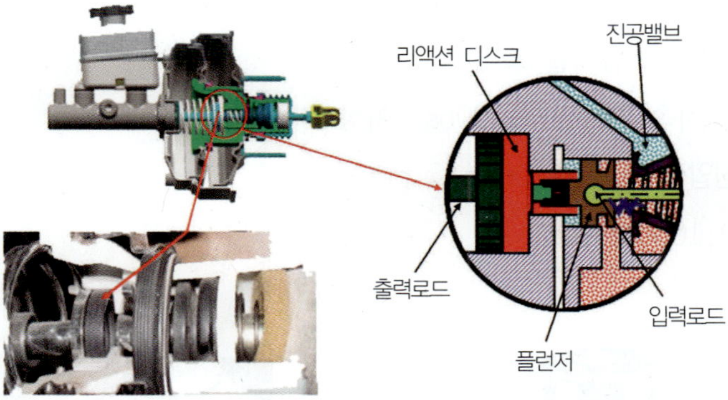

그림 3-180 기계식 BAS의 내부 구조

(2) 전자방식 BAS

전자방식 BAS는 HBA(hydraulic brake assist)라고도 하며, VDS를 설치한 자동차에서만 사용된다. 즉, 기존에 VDS작용을 활용한 것으로 운행 중 긴박한 상황에서 VDS 스스로 브레이크 유압을 만들어내어 해당 바퀴에 브레이크를 작용시켰지만, 전자방식 BAS는 운전자가 급브레이크를 작동시켰는데도 원하는 시간에 브레이크 유압이 측정되지 않으면 내부적으로 설치된 제동유압 감지센서에 의해 급제동 여부를 판단하여 급제동일 경우 ESP의 HECU가 제동유압을 강제적으로 급격히 상승시킨다. 그리고 유압 피드백은 압력센서로부터 모니터링한다.

① 전자식 BAS의 효과

㉮ 제동거리를 단축시킬 수 있고 운전자별 제동거리 편차를 줄일 수 있다.

㉯ 급브레이크를 작동시킬 때 브레이크 유압이 증가한다.

㉰ 소프트웨어(software)만 추가하면 사용이 가능하다.

② **전자식 BAS 압력변화**

㉮ 급브레이크에 필요한 유압 : 80bar

㉯ BAS 진입조건 : 0.7bar/1ms의 기울기

㉰ 제어유압 : 40~80bar

㉱ 증가유압 : 150bar

㉲ 일반운전자가 페달을 밟았을 때의 유압 : 100~150bar

③ **마스터 실린더 압력센서**

㉮ ESP 작동 중에 운전자의 브레이크 답력을 감지

㉯ 예비 브레이크 압력을 조절

㉰ 작동압력 : 저속 7km/h & 20bar 이상

㉱ 최대 측정압력 : max 170bar

㉲ 작동시 : 1,100bar/sec

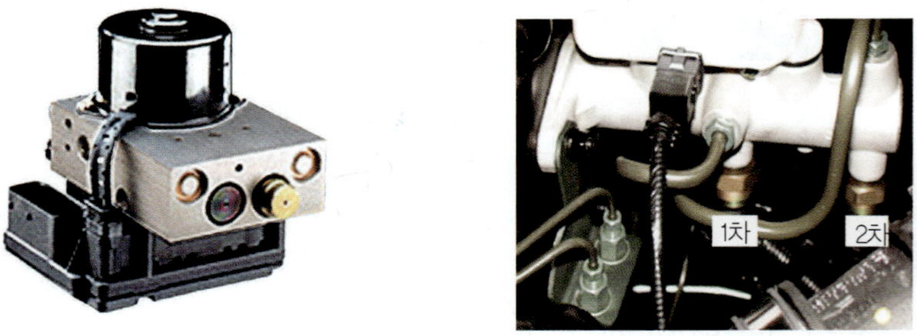

(a) ESP HECU (b) 압력센서

그림 3-181 전자식 BAS

10 EBD(electronic brake-force distribution control)

[1] EBD의 필요성

주행 중 급제동을 하면 자동차 무게의 이동으로 인하여 뒷바퀴가 앞바퀴보다 먼저 고착되어 자동차 스핀 발생으로 인한 사고를 일으킬 수 있다. 자동차가 스핀하는 것을 방지하기 위해서 프로포셔닝밸브(proportioning)를 설치하는데, 이 프로포셔닝밸브로는 부족하기 때문에 유압을 전자 제어하여 급제동에서 스핀을 방지할 수 있도록 뒷바퀴와 앞바퀴를 동일하게 제어하거나 또는 뒷바퀴가 늦게 고착되도록 ABS의 컴퓨터가 제어하는 방식을 EBD(전자 제동력 분배제어)라 한다.

[2] EBD의 원리

기존의 P밸브 대신 ABS 컴퓨터에 논리(logic)를 추가하여 뒷바퀴 제동력을 요구 유압 분배곡선(이상 제동 배분곡선)에 가깝게 제어한다. 즉, 제동할 때 각각의 휠 스피드센서로부터 슬립률을 연산하여 뒷바퀴 슬립률을 앞바퀴보다 항상 작거나 동일하게 유압을 제어한다. 따라서 뒷바퀴의 고착이 앞바퀴보다 먼저 일어나지 않는다.

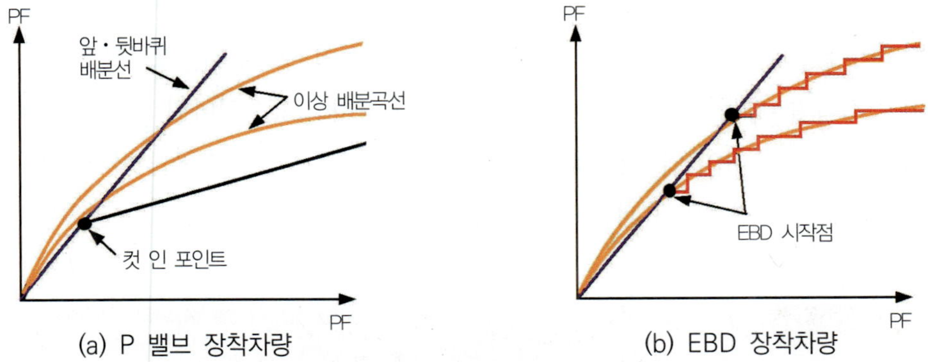

그림 3-182 EBD의 원리

[3] 작동과 효과

(1) EBD의 작동

뒷바퀴가 앞바퀴보다 먼저 고착되기 직전에 ABS 컴퓨터는 고착되려는 바퀴 쪽의 NC밸브를 ON(열림)으로 하여 고착되려는 바퀴의 브레이크 유압을 감소시켜 고착을 방지한다. 이때 제동력이 감소하여 바퀴가 회전하면 다시 NC밸브를 OFF(닫음)하여 가해진 유압을 캘리퍼로 전달한다. 이때 모터펌프는 작동하지 않는다.

솔레노이드 밸브	NO	OFF
	NC	OFF
펌프 모터		OFF
※뒷바퀴 NC 밸브만 ON		

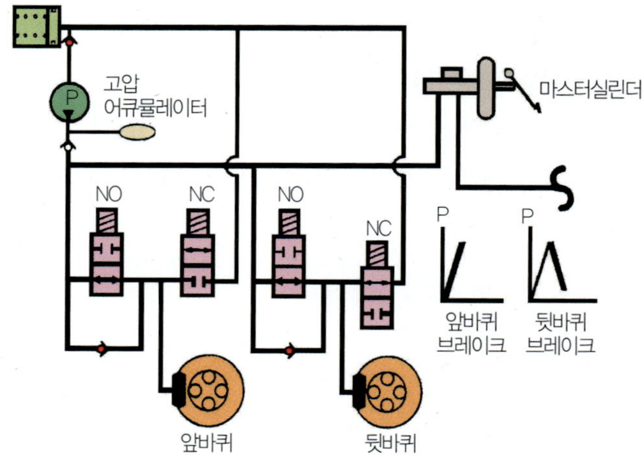

그림 3-183 EBD의 작동

(2) EBD의 효과

기존의 P밸브보다 뒷바퀴의 제동력을 향상시키므로 제동 거리가 단축되며, 뒷바퀴의 유압을 각각 독립제어가 가능하므로 선회하면서 제동할 때 안정성이 확보된다. 그리고 브레이크 페달 밟는 힘이 감소하며, 제동할 때 뒷바퀴의 제동 효과가 증가하므로 앞바퀴 브레이크 패드 마모 및 온도상승 등이 감소하여 안정된 제동효과를 얻을 수 있다. EBD만 설치한 경우와 EBD와 P밸브를 함께 설치한 경우의 효과는 다음과 같다.

	EBD만 설치한 경우	EBD와 P밸브를 함께 설치한 경우
일반 성능 비교	자동차의 무게가 무겁고, 고속인 상태에서 급제동을 하면 30bar보다 훨씬 큰 압력 제어가 가능하므로 이상적인 뒤 브레이크 유압 분배가 가능하다.	자동차의 무게가 무겁고, 고속인 상태에서 급제동을 하면 30bar보다 훨씬 큰 압력의 제어가 요구되지만 P밸브가 30bar 정도의 압력에서 유지시키므로 EBD 기능이 한정된다.
고장이 발생하였을 때	일반적인 브레이크로 전환되지만 P밸브가 없어 스핀 발생이 염려된다.	일반적인 브레이크로 전환되며, P밸브는 계속 작동되어 자동차의 스핀을 방지한다.

(3) EBD의 안정성

ABS의 고장원인 중 다음과 같은 사항에서도 EBD는 계속 작동하므로 ABS보다 고장률이 감소된다.

① 휠 스피드 센서 1개 고장

② 모터펌프 고장

③ 전압저하 고장

또한 P밸브가 고장을 일으켰을 때 운전자가 알 수 있는 경고장치가 없어 고장 여부를 알 수 없으며, 만약 고장인 상태에서 급제동을 하면 차체의 스핀이 발생할 수 있으나, EBD가 고장일 때에는 기존의 주차 브레이크 램프를 점등시켜 운전자에게 경고한다. 그리고 EBD의 페일세이프(fail safe)는 다음과 같다.

고장 원인	EBD 제어 계통		경고등	
	ABS	EBD	ABS	EBD
none	작동	작동	OFF	OFF
센서 1개 고장	비작동	작동	ON	OFF
모터 펌프 고장	비작동	작동	ON	OFF
전압 저하 고장	비작동	작동	ON	OFF
센서 2개 이상 고장 밸브 고장, 컴퓨터 고장 기타 고장	비작동	비작동	ON	ON

CHAPTER 06

주행 및 구동장치

01 바퀴

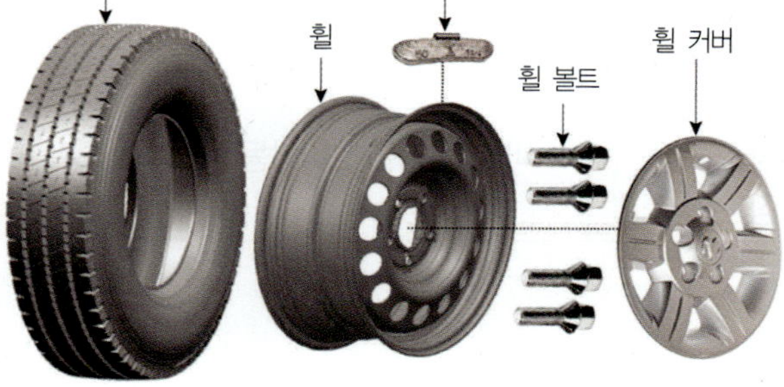

그림 3-184 휠(wheel)과 타이어(tire)

바퀴는 휠(wheel)과 타이어(tire)로 구성되어 있다. 바퀴는 차량의 하중을 지지하고, 제동 및 주행할 때의 회전력, 노면에서의 충격, 선회할 때의 원심력, 차량이 경사졌을 때의 옆 방향 작용을 지지한다. 휠은 타이어를 지지하는 림(rim)과 휠을 허브에 지지하는 디스크(disc)로 되어 있으며, 타이어는 림 베이스(rim base)에 끼워진다.

(1) 휠의 종류

휠의 종류에는 연한 강철판을 프레스 성형한 디스크를 림과 리벳이나 용접으로 접합한 디스크휠(disc wheel), 림과 허브를 강철선의 스포크로 연결한 스포크휠(spoke wheel) 및 방사선상의 림 지지대를 둔 스파이더휠(spider wheel)이 있다.

(2) 림의 분류

림은 타이어를 지지하는 부분으로 그 종류에는 2분할 림(two splat rim), 드롭 센터 림(drop center rim), 광폭 드롭 센터 림(wide base drop center rim), 세미 드롭 센터 림(semi drop center rim), 인터 림(inter rim), 안전 리지 림(safety ridge rim) 등이 있다.

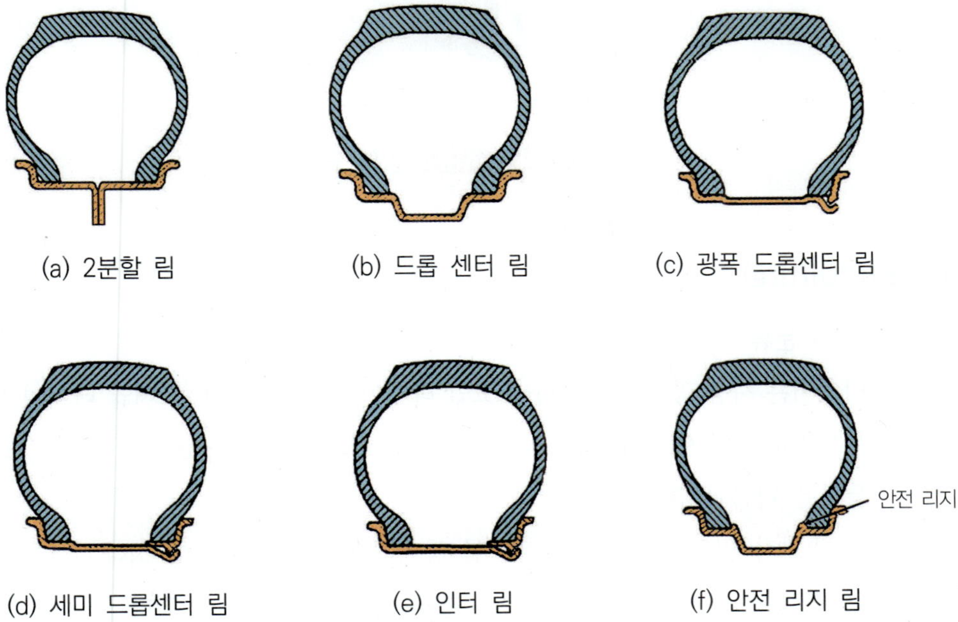

그림 3-185 림의 종류

(3) 림의 표시기호 및 호칭

림은 너비(인치로 표시), 플랜지 형상, 림 지름(인치로 표시), 림의 종류로 표시한다.

① **림 폭** : 휠의 양쪽 림 가장자리의 타이어 접촉 표면 사이의 거리

② **림 직경** : 반대편 타이어 솔더의 타이어 접촉 표면 사이의 거리

③ **플랜지** : 타이어 측면 비드 스톱

④ **오프셋** : 휠 림의 중심선으로부터 디스크 휠의 안쪽 접촉면(휠 설치 평면)까지의 거리

⑤ **중앙구멍** : 중심 지점에 사용

그림 3-186 림의 표시

(4) 타이어(tire)

① 타이어의 분류

㉮ 타이어는 사용 공기압력에 따라 고압 타이어, 저압 타이어, 초저압 타이어 등이 있다.

㉯ 튜브(tub) 유무에 따라 튜브 타이어와 튜브리스 타이어가 있으며, 튜브리스 타이어의 특징은 다음과 같다.

㉠ 튜브가 없어 조금 가벼우며, 못 등이 박혀도 공기누출이 적다.

㉡ 펑크 수리가 간단하고, 고속 주행을 할 때에도 발열이 적다.

㉢ 림이 변형되어 타이어와의 밀착이 불량하면 공기가 새기 쉽다.

㉣ 유리 조각 등에 의해 손상되면 수리가 어렵다.

② 타이어 형상에 따른 분류

㉮ 바이어스 타이어

이 타이어는 카커스 코드(carcass cord)를 빗금 방향으로 하고, 브레이커(breaker)를 원둘레 방향으로 넣어서 만든 것이다.

㉯ 레이디얼(radial) 타이어

이 타이어는 카커스 코드를 단면 방향으로 하고, 브레이커를 원둘레 방향으로 넣어서 만든 것이다. 따라서 반지름 방향의 공기압력은 카커스가 받고, 원둘레 방향의 압력은 브레이커가 지지한다.

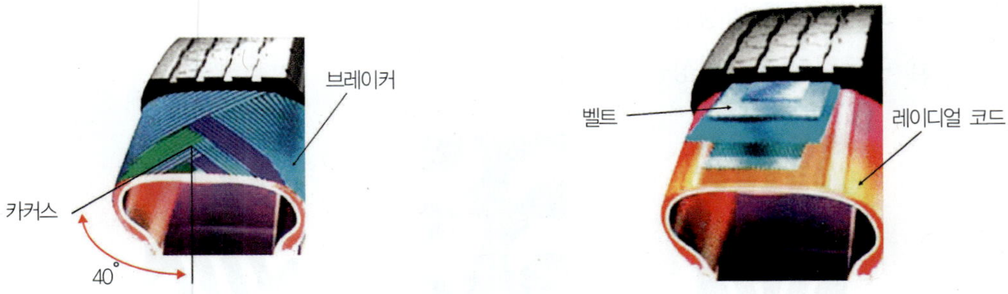

(a) 바이어스 타이어

(b) 레이디얼 타이어

그림 3-187 바이어스 타이어와 레이디얼 타이어

㉰ 스노(snow) 타이어

이 타이어는 눈길에서 체인을 감지 않고 주행할 수 있도록 제작한 것이며, 중앙 부분의 깊은 리브 패턴이 방향성을 주고, 러그 및 블록 패턴이 견인력을 확보해준다. 그리고 스노 타이어를 사용할 때 주의할 사항은 다음과 같다.

㉠ 바퀴가 고정(lock)되면 제동거리가 길어지므로 급제동을 하지 말 것

㉡ 스핀(spin)을 일으키면 견인력이 급격히 감소하므로 출발을 천천히 할 것

㉢ 트레드 부분이 50% 이상 마멸되면 체인을 병용할 것

㉣ 구동바퀴에 걸리는 하중을 크게 할 것

㉱ 편평 타이어

이 타이어는 타이어 단면의 가로, 세로 비율을 적게 한 것이며, 타이어 단면을 편평하게 하면 접지면적이 증가하여 옆방향 강도가 증가한다. 또 제동 출발 및 가속을 할 때 등에서 내 미끄럼 성능과 선회성능이 좋아진다.

승용차용 타이어 편평 비율은(타이어 편평 비율 = $\frac{\text{타이어 높이}}{\text{타이어 폭}}$)로 나타내며, 편평 비율이 0.6일 때 60시리즈(60 series)라 하며, 이것은 폭이 100일 때 높이가 60인 타이어를 말한다.

③ 타이어의 구조

㉮ 트레드(tread)

트레드는 노면과 직접 접촉하는 고무 부분이며, 카커스와 브레이커를 보호하는 부분이다. 트레드 패턴의 필요성은 다음과 같다.

㉠ 타이어의 사이드슬립이나 전진 방향의 미끄럼을 방지한다.

㉡ 타이어 내부에서 발생한 열을 방산한다.

㉢ 트레드에서 발생한 절상의 확산을 방지한다.

㉣ 구동력이나 선회성능을 향상시킨다.

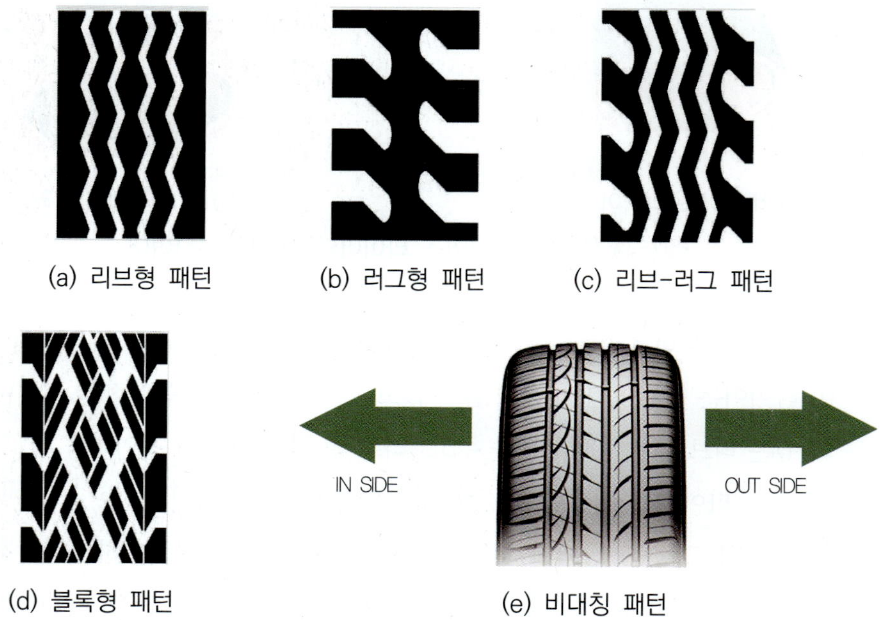

그림 3-188 트레트 패턴의 종류

㉯ 브레이커(breaker)

브레이커는 트레드와 카커스 사이에 있으며, 몇 겹의 코드 층을 내열성의 고무로 싼 구조로 되어 있으며, 트레드와 카커스의 분리를 방지하고 노면에서의 완충작용도 한다.

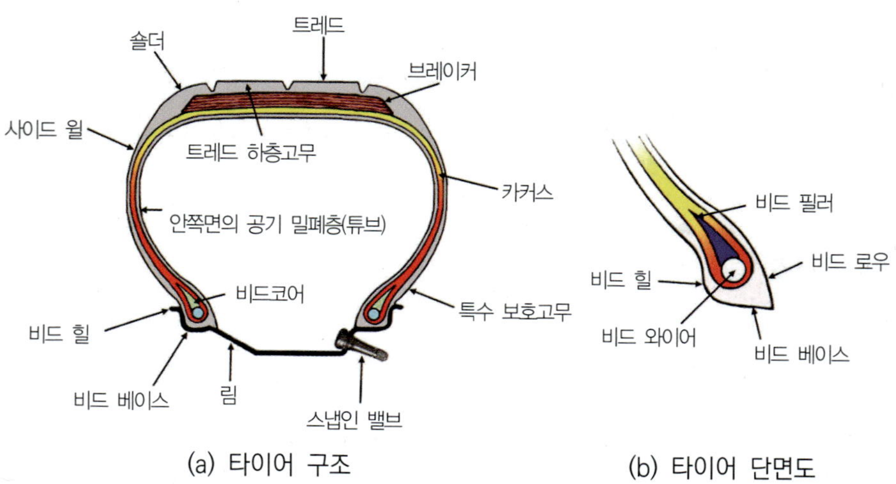

그림 3-189 타이어의 구조

㉰ 카커스(carcass)

카커스는 타이어의 뼈대가 되는 부분이며, 공기압력을 견디어 일정한 체적을 유지하고, 하중이나 충격에 따라 변형하여 완충작용을 한다. 카커스를 구성하는 코드 층의 수를 플라이 수(ply rating, PR)라 한다.

㉱ 비드 부분(bead section)

비드 부분은 타이어가 림과 접촉하는 부분이며, 비드 부분이 늘어나는 것을 방지하고, 타이어가 림에서 빠지는 것을 방지하기 위해 내부에 몇 줄의 피아노선이 원둘레 방향으로 들어 있다.

㉲ 사이드 월(Side Wall)

트레드에서 비드부까지의 카커스를 보호하기 위한 고무층이며, 노면과는 직접 접촉하지 않는다. 그러나 하중이나 노면으로부터의 충격에 의하여 계속적인 굴곡 운동을 하게 되므로 굴곡성 및 내 피로성이 높은 고무이어야 하며, 규격, 하중, 공기압 등 타이어의 기본 정보가 문자로 각인된 부위이다.

④ **타이어의 강도표시**

타이어의 강도는 프라이 레이팅(P.R)으로 표시하며 프라이 레이팅 숫자가 높을수록 고하중에 견딜 수 있도록 설계된 타이어이다. 비슷한말로 실사용 포층수라는 말이 있는데 종전 면 코드지를 사용했을 때에는 실포층수만 표시하였고, 강도가 높은 레이온, 나일론, 폴리에스터 등의 코드지 출현으로 실포층수가 현저하게 줄어들게 되었다.

그러나 소비자 입장에서는 과거에는 실포층수가 몇 매인 타이를 사용했는데 고강도 코드지 출현으로 포층수가 줄은 것은 이해하나 과거 면 코드지 사용시 실포층수 몇 매짜리와 같은 강도를 지닌다는 것을 표시하기 위하여 프라이 레이팅(P.R)이라는 말이 사용되기 시작했다.

6P.R이란 실포층수는 6매가 아니지만 면 코드 6매를 사용한 타이어와 강도가 같다는 의미이다.

⑤ **타이어의 호칭치수**

㉮ 고압 타이어의 호칭 치수 : 바깥지름(inch) × 폭(inch) − 플라이수(ply rating)

㉯ 저압 타이어의 호칭 치수 : 폭(inch) − 안지름(inch) − 플라이수

㉰ 레이디얼 타이어 : 레이디얼 타이어는 가령 165/70 SR 13인 타이어는 폭이 165mm, 편평 비율이 0.7, 안지름이 13inch이며, 허용 최고속도가 180km/h 이내에서 사용되

는 타이어란 뜻이다. 여기서 S 또는 H는 허용 최고속도표시 기호이며 R은 레이디얼의 약자이다.

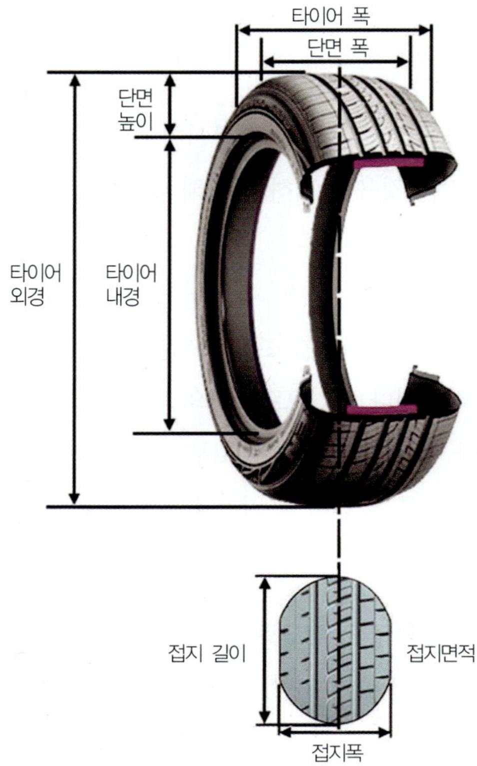

그림 3-190 타이어 치수

⑥ 타이어에서 발생하는 이상 현상

㉮ 스탠딩 웨이브 현상(standing wave)

이 현상은 고속으로 달리는 타이어의 접지부 뒤쪽에 나타나는 파상(波狀)의 변형을 말한다. 스탠딩 웨이브가 발생하면 타이어 내부의 고열로 인해 트레드 부분이 원심력을 견디지 못하고 분리되며 파손된다. 스탠딩 웨이브의 방지방법은 타이어 공기압력을 표준보다 15~20% 높여주거나 강성이 큰 타이어를 사용하면 된다. 타이어의 임계 온도는 120~130℃이다.

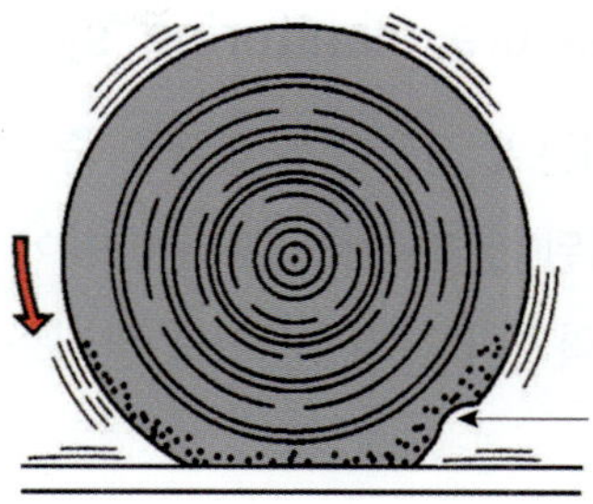

그림 3-191 스탠딩 웨이브 현상

㉯ 하이드로 플래닝(hydro planing : 수막 현상)

이 현상은 물이 고인 도로를 고속으로 주행할 때 일정 속도 이상이 되면 타이어의 트레드가 노면의 물을 완전히 밀어내지 못하고 타이어는 얇은 수막에 의해 노면으로부터 떨어져 제동력 및 조향력을 상실하는 현상이다. 이를 방지하는 방법은 다음과 같다.

㉠ 트레드 마멸이 적은 타이어를 사용한다.

㉡ 타이어 공기압력을 높이고, 주행속도를 낮춘다.

㉢ 리브 패턴의 타이어를 사용한다. 러그 패턴의 경우는 하이드로 플래닝을 일으키기 쉽다.

㉣ 트레드 패턴을 카프(calf)형으로 세이빙(shaving)가공한 것을 사용한다.

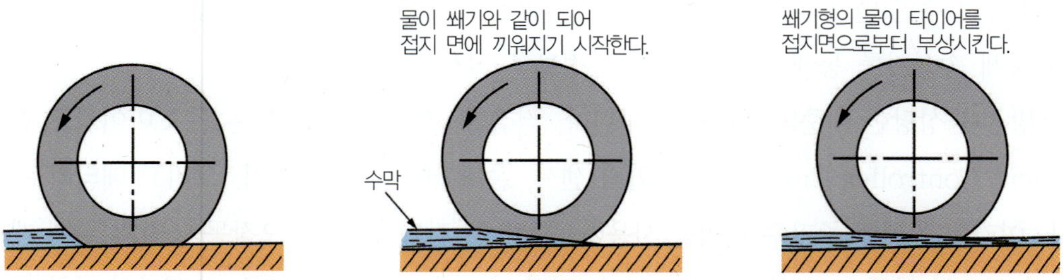

(a) 전면 접지(60km/h) (b) 유체쐐기(70~80km/h) (c) 하이드로플레이닝(80km/h)

그림 3-192 하이드로 플래닝 현상

⑦ **바퀴평형(wheel balance)**

㉮ **정적평형** : 타이어가 정지된 상태의 평형이며, 정적 불평형에서는 바퀴가 상하로 진동하는 트램핑(tramping, 바퀴의 상하 진동)현상을 일으킨다.

㉯ **동적평형** : 회전 중심축을 옆에서 보았을 때의 회전 상태의 평형, 동적 불평형이 있으면 바퀴가 좌우로 흔들리는 시미(shimmy, 바퀴의 좌우 진동) 현상이 발생한다.

(5) TPMS(TPMS : tire pressure monitoring system)의 개요

타이어 공기압 경보장치 TPMS는 안전운행에 영향을 줄 수 있는 타이어 압력 변화를 경고하기 위해 타이어 내부의 휠에 탑재된 개별 센서로부터 타이어 내부압력을 측정하여 이를 실시간 무선송신하고, 수신 모듈에서 압력저하 감지 시 이를 클러스터에 표시하여 운전자에게 경고해주는 시스템이다.

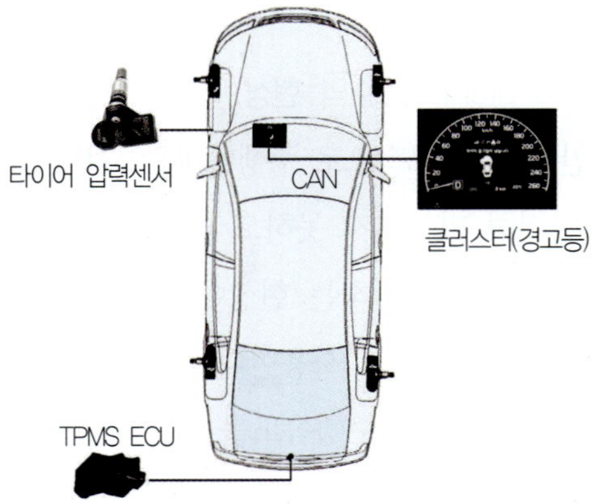

그림 3-193 TPMS의 구성

자동차의 TPMS는 감지 방식에 따라 크게 직접방식과 간접방식으로 나뉜다. 직접방식은 타이어의 공기 주입 밸브에 센서가 부착되는 형태다. 이 센서가 타이어 내 공기압과 온도를 감지하여 자체 송신기를 통해 차내 수신기로 정보를 실시간으로 전달한다.

이 방식은 상당한 수준의 기술을 요구한다. 직접방식의 TPMS 센서는 주로 마이크로 컨트롤러(Micro Controller Unit, MCU), 압력 센서, 온도 센서, RF 송신기, 그리고 배터리로 구성된다. 여기에 동일한 주파수 대역을 사용하는 TPMS 간의 간섭 및 오작동을 막기 위해 개개의 자동차 전용의 인증 코드를 부여해야 한다. 또한 타이어 자체가 끊임없는 노면과의 마찰로 인해 열을 많이 받는 부위이기 때문에, 여기에 사용되는 센서는 최소한 영상 40도~영상 180도까지 오르는 가혹한 운행 조건을 견뎌내야 한다. 오늘날에는 분해능(分解能) 감도가 높은 센서의 개발과 같은 기술 발전으로 이러한 난점들이 대부분 해결된 상태로, 대중적으로 쓰이고 있다.

간접방식은 안티-록 브레이크 시스템(Anti-lock Break System, ABS)에서 습득하게 되는 바퀴의 회전수에 대한 정보를 토대로, 타이어의 공기압 상태를 판별하는 방식이다. 공기압이 높으면 타이어의 둘레가 커지고, 낮으면 작아지는 원리를 이용한 것이다.

간접방식은 타이어의 공기압을 측정하는 데 필요한 분해능 감도가 직접방식에 비해 낮다.

02 TCS(traction control system)

비에 젖은 노면이나 얼어붙은 노면과 같은 미끄러지기 쉬운 노면 위에서 출발하거나 가속할 때, 구동바퀴의 바퀴가 스핀하는 일이 있다. 이때 앞바퀴 구동방식의 차량에서는 조향성, 뒷바퀴 구동의 차량에서는 안전성을 잃는다.

엔진의 출력을 저하시키거나 구동 바퀴에 브레이크를 걸든지 하여 바퀴와 노면과의 슬립률을 최적인 값으로 유지하는 제어를 하여, 구동바퀴가 스핀하지 않도록 최적의 구동력을 얻는 것이 TCS(구동력 제어장치)이다. 도로와 바퀴의 마찰계수의 관계는 TCS에서도 마찬가지로 취급한다. 즉, 슬립률이 15~20%으로 되도록 구동력을 제어한다. TCS의 기능은 다음과 같다.

[1] TCS의 주요 기능

① 구동 성능이 향상된다. – 구동바퀴의 슬립(slip)이 제어되므로 차체의 흔들림이 적고 발진 성능가속 성능 및 등판능력이 향상된다.

② 선회 및 앞지르기 성능이 향상된다. – 선회할 때 안전한 코너링 및 앞지르기가 가능해진다.

③ 조향 안전성이 향상된다. – 조향핸들을 돌릴 때 구동력에 의한 가로 방향의 작용력을 우선적으로 제어하므로 조향이 용이하다.

[2] TCS의 일반적인 기능

TCS는 엔진의 여유 출력을 제어하는 모든 장치를 말하며, 눈길 등의 미끄러지기 쉬운 노면에서 가속성 및 선회 안전성을 향상시키는 슬립 제어(slip control) 기능과 일반 도로에서의 주행 중 선회 가속을 할 때 자동차의 가로 방향 가속도 과다로 인한 언더 또는 오버 스티어링을 방지하여 조향 성능을 향상시키는 트레이스 제어(trace control)가 있다. 슬립 또는 트레이스 제어 모두 엔진의 회전력을 저하시키는 방식을 채택하며 엔진 제어방식은 다음과 같은 특징이 있다.

① 미끄러운 노면에서 발진 및 가속할 때 미세한 가속페달의 조작이 불필요하므로 주행 성능을 향상시킨다.

② 일반 노면에서 선회 가속할 때 운전자의 의지대로 가속을 보다 안정되게 하여 선회 성능을 향상시킨다. – 트레이스 제어

③ 선회 가속할 때 조향 핸들의 조작 량을 감지하여 가속페달의 조작 빈도를 감소시켜 선회 능력을 향상시킨다. – 트레이스 제어

④ 미끄러운 노면에서 뒷바퀴 휠 스피드센서에서 구한 차체 속도와 앞바퀴 휠 스피드센서로 구한 구동바퀴의 속도를 검출 비교하여 구동바퀴의 슬립률이 적절하도록 기관의 회전력을 감소시켜 주행 성능을 향상시킨다.

⑤ 일반 노면에서 운전자의 의지로 인한 가로 방향 가속도가 규정값을 초과할 경우 TCS의 컴퓨터가 운전자의 의지를 판단하여 기관 출력을 제어함으로써 선회 안전성을 향상시킨다.

⑥ 운전자의 의지로 트레이스 제어 Off 또는 트레이스 제어와 슬립 제어 Off의 모드 선택으로 TCS를 부착하지 아니한 자동차와 동일한 작동이 가능하므로 스포티브 운전 및 다양한 운전 영역을 제공한다.

[3] TCS의 종류

(1) 엔진 제어방식(engine control system)

① 흡입공기량 제어방식

흡입공기량 제어방식은 스로틀밸브로 흡입되는 공기량을 제어하여 엔진 출력을 제어하므로 엔진 출력의 절대량을 연속적으로 안정되게 조정이 가능한 반면, 미세 슬립 영역에서는 충분한 기능 발휘가 어려운 결점이 있다.

② 엔진 조종방식(EM : engine management type)

이 방식은 전자제어 연료 분사장치 엔진에서 액추에이터의 추가 없이 소프트웨어만의 대응이 가능하여 연료분사 제어와 점화시기 제어방식이 있다.

③ 브레이크 제어방식(brake control system)

브레이크 제어방식은 슬립이 발생하는 바퀴 자체를 제어하는 방식이며, ABS의 액추에이터(모듈레이터)를 수정 보완한 것을 ABS와 함께 사용한다.

(2) 동력 전달장치 제어방식

동력 전달장치 제어방식에는 차동장치 제어방식과 4WD(4wheel drive) 및 클러치 제어방식이 있다. 차동장치 제어방식은 차동장치에 차동제한장치(LSD)를 기계방식, 비스코스 커플링방식, 전자방식 등으로 작동시키는 것이다.

(3) 통합 제어방식

TCS의 통합 제어방식에는 스로틀밸브와 브레이크 제어를 복합한 방식, 엔진 조종과 브레이크 제어를 복합한 방식, 스로틀밸브와 브레이크 제어 및 차동 제한장치를 복합한 방식 등이 있다.

03 차체자세제어장치(VDC : Vehicle Dynamic Control)

VDC는 EPS(Electronic Stability Program)이라고도 하며, 스핀(spin) 또는 언더 스티어링(under steering) 등의 발생을 억제하여 이로 인한 사고를 미연에 방지하는 장치이다. 이 장치는 자동차에 스핀이나 언더 스티어링 등이 발생하면 자동적으로 안쪽바퀴나 바깥쪽 바퀴에 제동을 가하여 자동차의 자세를 제어하여 안정된 상태를 유지하며(ABS 연계 제어), 스핀 한계 직전에서 자동 감속하며(TCS 연계 제어) 이미 발생한 경우에는 각 바퀴별로 제동력을 제어하여 스핀이나 언더 스티어링의 발생을 미연에 방지하여 안정된 운행을 도모한다.

VDC는 요 모멘트제어, 자동 감속제어, ABS(anti lock brake system) 및 TCS (traction control system) 제어 등에 의하여 스핀방지, 오버 스티어링 방지, 굴곡도로를 주행할 때 요잉(yawing)발생 방지, 제동할 때 조정 안정성 향상, 가속할 때 조종 안정성을 향상 등의 효과가 있다. 이 장치는 브레이크 제어방식의 TCS에 요 레이트 센서(yaw rate sensor), G센서, 마스터 실린더 압력센서 등을 추가시킨 것이다.

[1] 차체자세 제어장치 제어이론

자동차가 주행할 때 발생되는 롤(roll), 피칭(pitch ing), 바운싱(bouncing), 요잉(yawing) 등을 포함한 그 밖의 차체 변화에 대해 적극적으로 대응하여 항상 최적의 주행안정성을 확보하는 제어를 말한다.

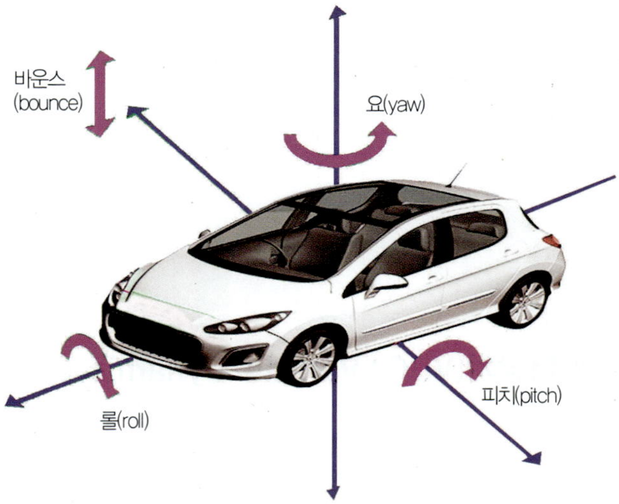

그림 3-194 주행 중 자동차의 자세변화

[2] 제어의 개요

조향핸들 각속도 센서, 마스터 실린더 압력센서, 차속센서, G센서 등의 입력값을 연산하여 자세 제어의 기준이 되는 요 모멘트와 자동 감속제어의 기준이 되는 목표 감속도를 산출하여 이를 기초로 4바퀴의 각각 제동압력과 엔진 출력을 제어한다.

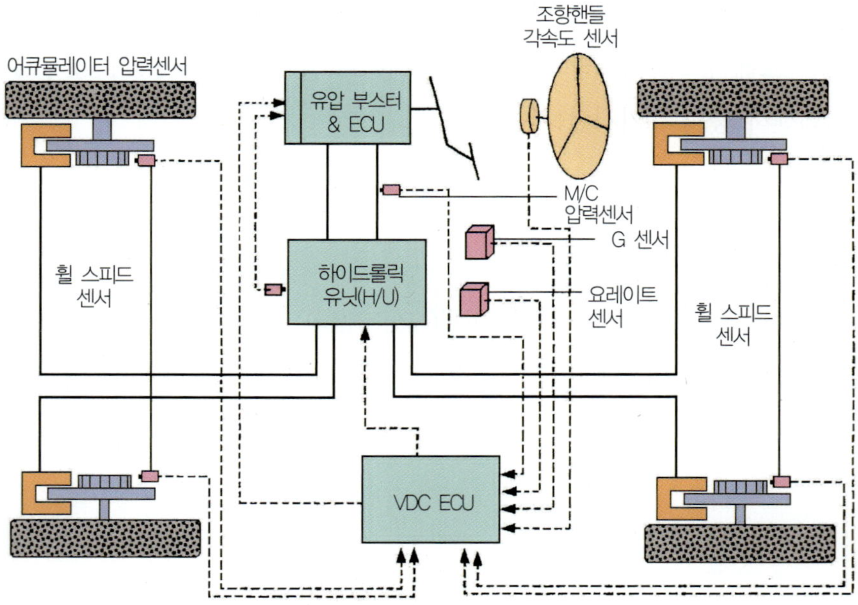

그림 3-195 제어의 개요도

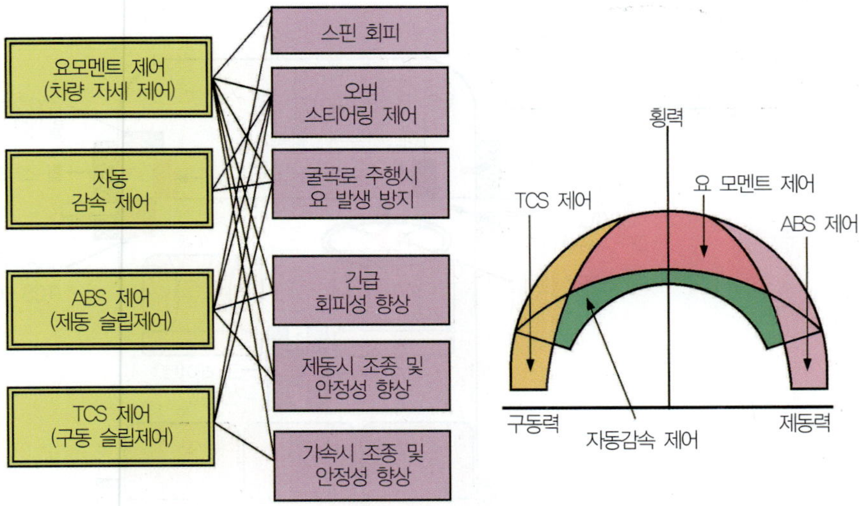

그림 3-196 제어의 종류

[3] VDC의 구조

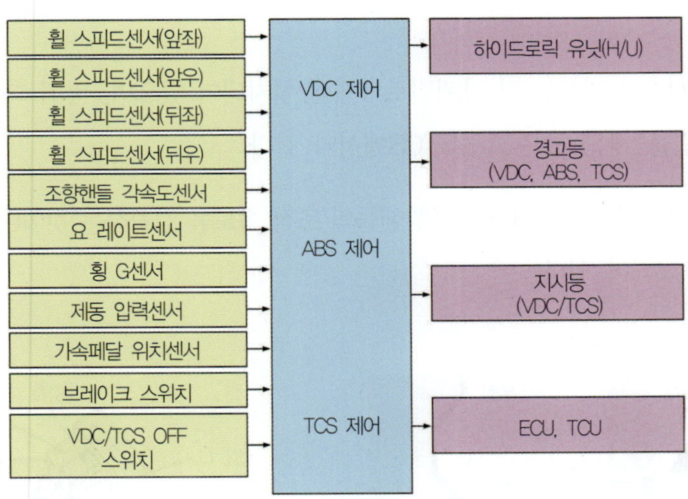

그림 3-197 입·출력도

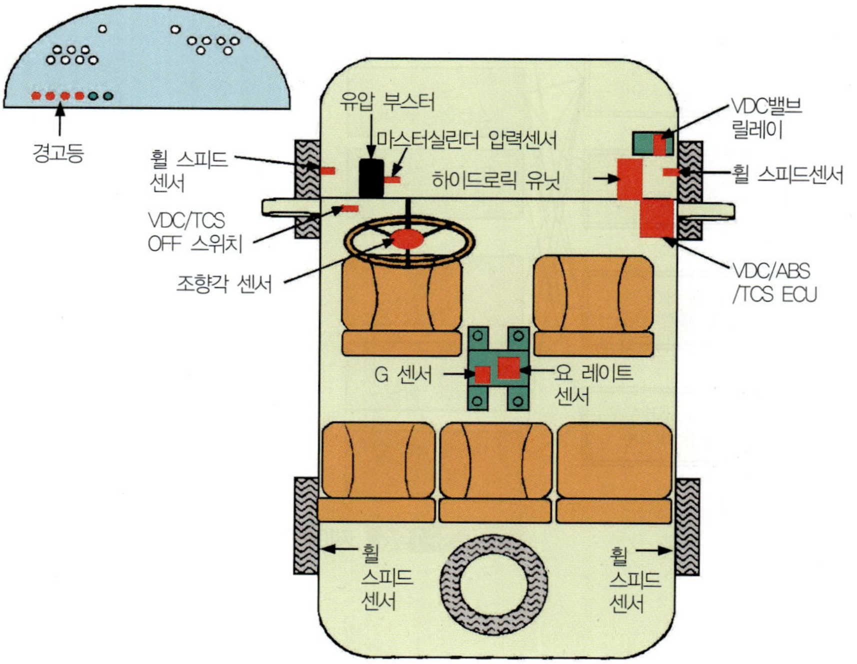

그림 3-198 VDC의 구성도

① **휠 스피드센서** : 이 센서는 각 바퀴별로 1개씩 설치되어 있으며, 바퀴 회전속도 및 바퀴의 가속도, 슬립률 계산 등은 ASC/TCS에서와 같다.

② **조향핸들 각속도 센서** : 이 센서는 조향핸들의 조작 속도를 검출하는 것이며, 3개의 포토트랜지스터로 구성되어 있다.

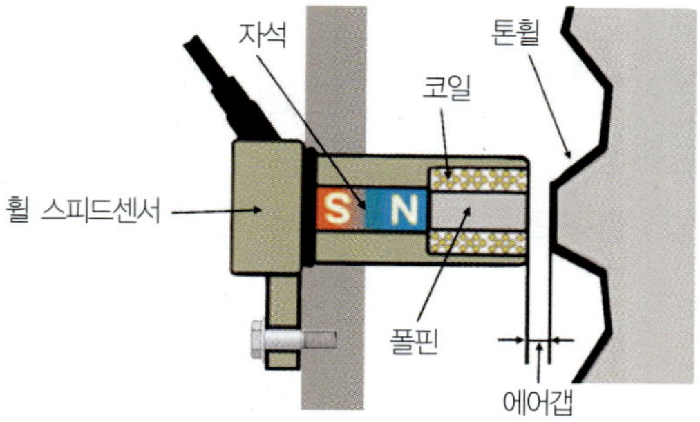

그림 3-199 휠 스피드센서의 구조

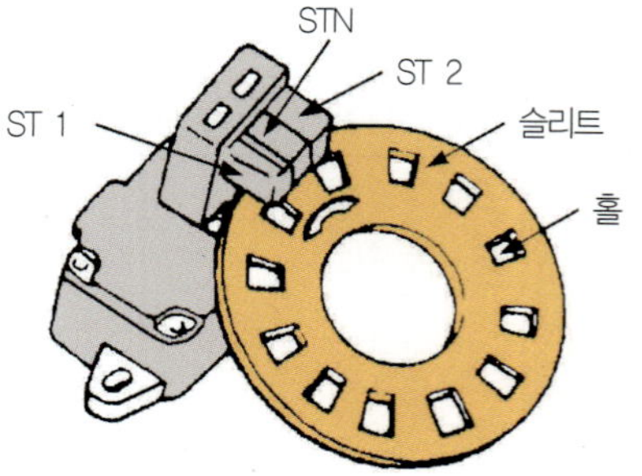

그림 3-200 조향핸들 각속도 센서의 구조

③ **요 레이트센서** : 센터 컨솔 아래쪽에 횡 G센서와 함께 설치되어 있다. 요 레이트센서는 진동 빔에 회전이 가해지면 그 회전속도에 따라서 발생하는 횡력(橫力)을 검출하는 진동형 각속

도센서이다. 진동자는 사각 빔의 인접한 2면에 압전소자를 부착하여 진동에 의해서 접점에서 발생하는 전압이 변화한다.

④ **횡 G센서** : 센터 컨솔 아래쪽에 요 레이트센서와 함께 설치되어 있다. 검출 부분은 이동전극과 고정전극으로 구성되어 있으며, 횡 가속도가 가해지면 이동전극이 이동하여 고정전극과 이동 전극 사이에 전위차가 발생하여 두 전극의 용량 차이가 발생한다. 이 차이의 크기로 가속도의 크기를 검출한다. 절대값 검출형이며, 직류(DC) 출력의 검출이 가능하다.

그림 3-201 요 레이트센서

그림 3-202 횡 G센서의 외관

⑤ **하이드롤릭 유닛(hydraulic unit)** : 엔진룸 오른쪽에 부착되어 있으며 12개의 솔레노이드밸브가 들어있다.

⑥ **유압 부스터(hydraulic booster)** : 흡기다기관 부압을 이용한 기존의 진공 배력식 부스터 대신 유압모터를 이용한 것이다. 유압 부스터는 액추에이터와 어큐뮬레이터에서 전동기에 의하여 형성된 중압 유압을 이용한다.

그림 3-203 유압 부스터 및 유닛

⑦ **마스터 실린더 압력센서** : 제동 시 마스터 실린더 내부에서 발생되는 압력을 검출하여 ECU로 보내면 VDC ECU는 이 신호를 기준으로 EBD 제어 여부를 판단하는데 쓰인다.

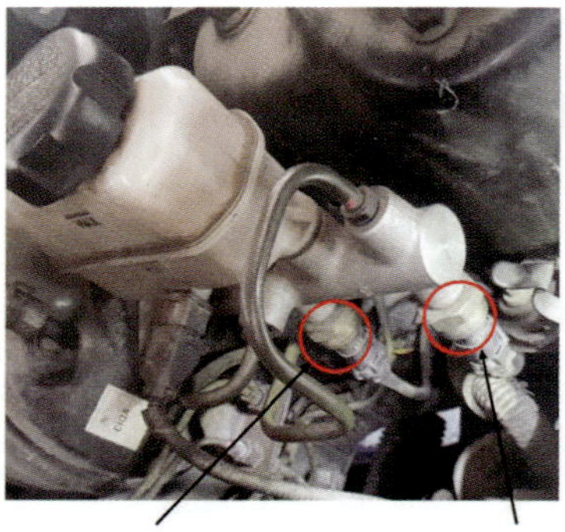

그림 3-204 마스터 실린더 압력센서

⑧ **VDC(ESP) OFF 스위치** : 이 스위치는 VDC 기능을 OFF하는 스위치가 아니라 TCS기능을 OFF하는 스위치이다. 출발을 하거나 코너링 주행할 때 등 TCS 제어를 필요로 하지 않는 운전자를 위한 스위치이다. 이 스위치를 OFF하더라도 긴급한 상황에서는 VDC(ESP)는 작동되어야 한다.

⑨ **제동등 스위치** : 제동 여부를 컴퓨터에 전달하여 VDC, ABS 제어의 판단 여부를 결정하는 역할을 한다. ABS 및 VDC 제어의 기본적인 신호로 사용된다.

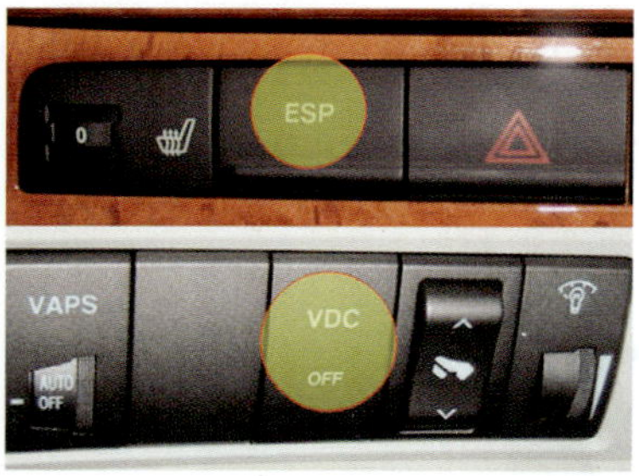

그림 3-205 TCS(VDC) OFF 스위치의 설치위치

그림 3-206 제동등 스위치

⑩ **가속페달 위치센서** : 가속페달의 조작상태를 검출하는 센서이며, VDC 및 TCS의 제어 기본 신호로 사용된다.

⑪ **경고등 및 지시등** : 초기 점검 중에 점등된다.

그림 3-207 경고등 및 지시등

⑫ **컴퓨터(electronic control unit) :** 승객석 오른쪽 아래에 설치되어 있으며, 2개의 CPU로 상호 점검하여 오작동을 감지한다. 시리얼(SCI)통신에 의해 컴퓨터 및 TCU와 통신을 한다.

⑬ **CAN통신 :** VDC ECU는 엔진 ECU와 자동변속기 TCU간 CAN통신을 통해 서로의 정보를 교환한다. VDC 쪽에서는 TCS나 VDC를 제어할 때 엔진의 회전력 감소를 요구하여 TCS 및 VDC 효과를 극대화할 수 있도록 한다. 또 자동변속기에게는 현재 TCS나 VDC 작동상태를 알려 현재 변속단계를 유지하도록 요구한다. 그리고 엔진에서는 현재 엔진에 데이터인 엔진 회전력, 형식, TPS값 등의 정보를 전달하여 VDC 제어를 극대화할 수 있게 도와준다.

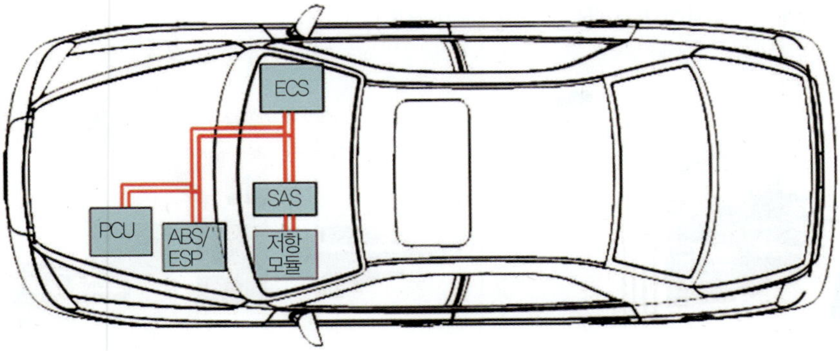

그림 3-208 CAN 라인구성

04 iEB(Integrated Electronic Brake : 통합형 전동 브레이크)

운전자가 브레이크를 밟는 힘을 브레이크액을 통해 전달하는 기존의 유압식과 달리 전동식 시스템은 전동모터로 직접 전달하기 때문에 제어 성능이 더 높다.

친환경차용 차세대 제동장치는 회생제동 브레이크시스템을 구성하는 압력공급부와 압력제어부를 하나의 전동식 시스템으로 통합해 차체 자세제어 시스템(ESC), ABS, 적응형 순항제어 시스템(ACC), 자동 긴급제동 시스템(AEB) 등 첨단 제동 기능들을 통합 구현할 수 있게 됐다.

[1] iEB의 특징

① 압력 공급부 & 압력제어부(ESC) 통합 시스템

② 모터에서 발생된 제동 유압이 휠로 직접 제어

③ 제동 시 필요한 만큼의 유압 생성(기존 : 상시 180bar의 유압 유지)

④ 제동 시 필요한 만큼 모터 및 기어 세트를 작동하여 유압 형성

⑤ 일반 차량에서 약 30kph 주행 중 발생하는 HECU(모터 및 밸브 구동음)의 자기 진단음도 key On에서 실시하여 iEB는 작동음이 없다.

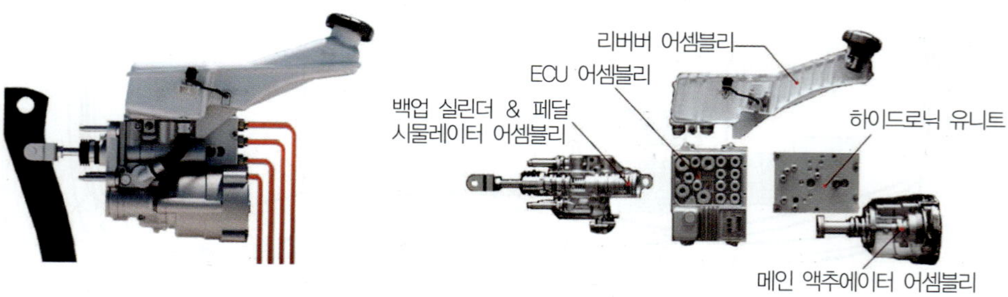

그림 3-209 iEB(통합형 전동 브레이크) 구조

[2] iEB의 작동원리

① 모터 작동 → 웜 기어 → 피니언 기어(회전운동) → 랙(직선운동) → 피스톤 작동 → 유압 형성

② 조향 기어와 같은 원리(회전 운동 → 직선 운동)로 유압 형성

③ 랙 기어를 좌/우로 작동하여 유압 가변 – 회생제동 협조 제어

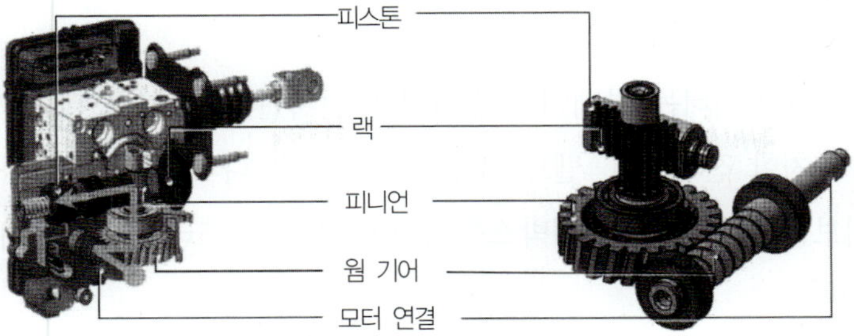

그림 3-210 iEB(통합형 전동 브레이크) 작동원리

05 전자 주차 브레이크(EPB : Electronic Parking Brake)

전자식 파킹 브레이크는 모터 구동방식으로, 운전자가 직접 주차브레이크를 작동하던 일을 전자식으로 제어하는 자동화된 주차 브레이크 방식으로 버튼식으로 동작한다. EPB의 오토홀드 기능은 변속기가 D(드라이브) 상태에서도 자동으로 파킹 브레이크가 작동하고, 가속페달을 밟아서 풀 수 있다.

그림 3-211 전자 주차 브레이크

[1] EPB 기능

① 주차 시 차량을 제자리에 유지한다.

② 서비스 브레이크 시스템 고장 시 비상 제동

③ 오르막길에서 출발할 때 차가 뒤로 물러나는 것을 방지한다.

[2] EPB장치

주차 브레이크 액추에이터는 브레이크 캘리퍼에 설치된다. 주차 브레이크 전기 드라이브는 하나의 하우징에 위치한 전기모터, 벨트, 유성 환원 기어, 나사 드라이브로 구성된다. 전기 모터는 벨트 드라이브를 통해 유성 기어박스를 구동하고 나사 드라이브는 브레이크 피스톤의 병진 운동을 담당한다.

[3] EPB 전자제어장치

입력신호는 핸드 브레이크 버튼, 경사센서(컨트롤 유닛 자체에 통합됨) 및 클러치 페달센서(컨트롤 유닛에 있음)에서 최소한 세 가지 요소에서 제어 장치로 전달된다. 클러치 액추에이터, 클러치 페달의 해제 위치와 속도를 감지한다. 제어장치는 센서신호(예 : 구동 모터)를 통해 액추에이터에 작용한다. 따라서 제어장치는 엔진 관리 및 방향 안정성 시스템과 직접 상호 작용한다.

[4] 전자식 주차브레이크(EPB)의 주요 기능

① **수동 정차 기능** : 자동차의 속도가 3km/h 이하에서 EPB 스위치의 조작으로 작동과 해제가 가능하다. 정차 기능을 해제하기 위해서는 이그니션 ON 상태에서 브레이크 페달을 밟고, EPB 스위치를 당기면 EPB는 해제되고 동시에 클러스터 계기판의 브레이크 램프도 소등된다.

② **비상제동 기능** : 자동차의 속도가 3km/h 이상으로 주행 중에 브레이크 페달을 조작하기 힘든 상황이 있을 수 있다. EPB 스위치 계속 누르게 되면 운전자가 원하는 속도로까지 감속할 수가 있다. 자동차의 속도를 최대한 감속하여 제동 안전성을 확보하기 위한 기능이라고 할 수 있다.

③ **EPB 자동해제 기능** : EPB 작동 중이라도 가속페달을 밟게 되면 자동으로 EPB가 해제되는 기능이다. 다만 운전석 도어가 열려있거나, 운전석 시트벨트가 미착용된 경우 그리고 보닛(혹은 후드)가 열려있거나, 트렁크가 열려있는 경우에는 EPB가 자동으로 해제되지 않는다.

④ **엔진 정지 시 주차기능** : 엔진 시동이 꺼진 경우에 자동으로 EPB가 작동하는 기능이다. 다시 시동을 걸어 출발 시에는 EPB가 자동으로 해제된다. 다만 주차장에서 일렬 주차해야 할 상황이라면 차량이 밀릴 수 있도록 EPB를 해제상태로 주차를 해야 하므로 브레이크를

밟고 EPB 스위치를 당긴 상태에서 시동을 끄거나, EPB 스위치를 당겼다가 놓은 후 약 5초 이내에 시동을 끄면 된다.

⑤ **자동 정차 유지 기능** : 도로 신호대기 등으로 정차 시에 브레이크 페달을 밟지 않더라도 자동으로 EPB가 작동하여 자동으로 자동차가 정지되는 기능이다. 이 기능을 통하여 언덕과 같은 경사로에 정차한 후 재출발하는 경우에 자동차의 밀림 방지을 방지한다.

CHAPTER 07

친환경자동차 시스템 구성 및 기본 동력전달

01 하이브리드 전기자동차

하이브리드시스템(HEV : hybrid electric system)은 자동차에 2종류 이상의 동력원을 설치한 자동차를 말하는데, 내연기관과 전동기를 동시에 설치한 형태가 대표적이다.

[1] 하이브리드의 장 · 단점

(1) 장점

① 엔진과 모터의 장점을 이용하여 효율을 증대시킨다.

② 연비가 높다(연료소모 50% 감소).

③ 환경친화적이다.

④ HC, CO, NOx 배출량이 90% 정도 감소된다.

⑤ CO_2 배출량이 50% 정도 감소된다.

(2) 단점

① 구조가 복잡해 정비가 어렵고 수리비용이 비싸다.

② 대중화되어 있지 않아 차량 가격이 비싸다.

③ 배터리, 인버터 등 부품이 증가하므로 계통이 복잡하고 중량이 무겁다.

④ 고전압 축전지의 수명이 짧고 비싸다.

⑤ 복수의 동력을 탑재하므로 복잡하고 공간이 필요하다.

[2] 하이브리드 전기자동차 원리의 3가지 핵심

① **Idle stop** : 정차 시 엔진이 자동으로 정지되어 연료소모량을 줄인다.

② **동력 보조** : 가속 및 등판 시 엔진과 전기모터가 적절한 힘의 분배를 하여 연료소모량을 줄인다.

③ **감속 시 충전(회생 브레이크)** : 감속 시 배터리를 자동으로 충전하여 전기에너지를 재생산한다.

[3] 하이브리드 전기자동차의 종류

(1) HEV의 모터 사용 정도 구분에 의한 분류

하이브리드 전기자동차는 모터 사용 정도에 따라 micro(mild) HEV, soft(power assist) HEV, hard(full) HEV로 분류된다.

① Micro(mild) HEV

Micro(mild) HEV는 공회전 시 시동이 자동으로 꺼지고 출발 시 액셀러레이터를 밟으면 시동이 켜지는 idle stop & go system을 장착한 자동차로, 모터는 이때 보조역할만 하는 단순한 시스템이다. 기존의 내연 엔진에 부착하거나 제약조건이 많은 소형 자동차에 적합한 방식이다.

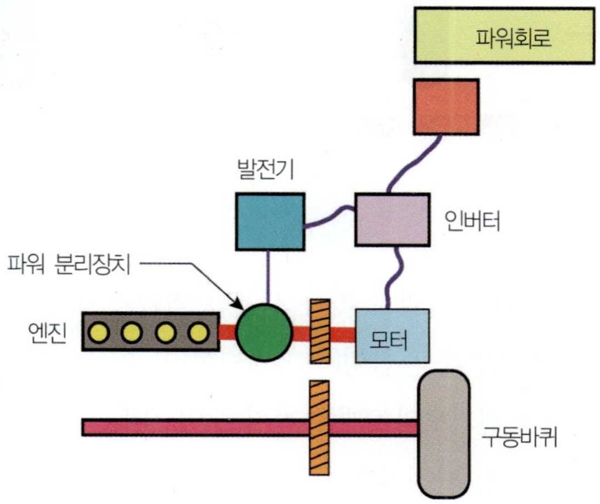

그림 3-212 Micro(mild) HEV

② Soft HEV

Soft HEV의 경우 micro(mild) HEV 방식보다는 모터의 보조역할이 더 크다. 대부분의 병렬형 방식이 soft 타입으로 엔진 + 전기모터 한 개, + CVT로 구성되어 있다. 이 경우 엔진과 변속기 사이에 모터가 삽입되어 있으며 모터가 엔진의 동력 보조역할을 수행하게 된다. 전기모터 단독으로 차를 움직일 수 있지만 모터는 단지 추진의 보조역할을 한다. Soft 하이브리드 시스템은 전기적인 비중이 적어 가격이 저렴한 장점이 있지만, 순수 전기모드 구현이 불가능하여 배기가스 저감 및 연비 개선에서 상대적으로 불리하게 된다. Soft 타입은 시동이나 가속순간에만 모터가 엔진을 보조하고 정속주행 시는 일반 자동차와 동일하게 엔진으로만 구동하는 타입이다. 그래서 hard 타입에 비하여 연비가 나쁜 것이다.

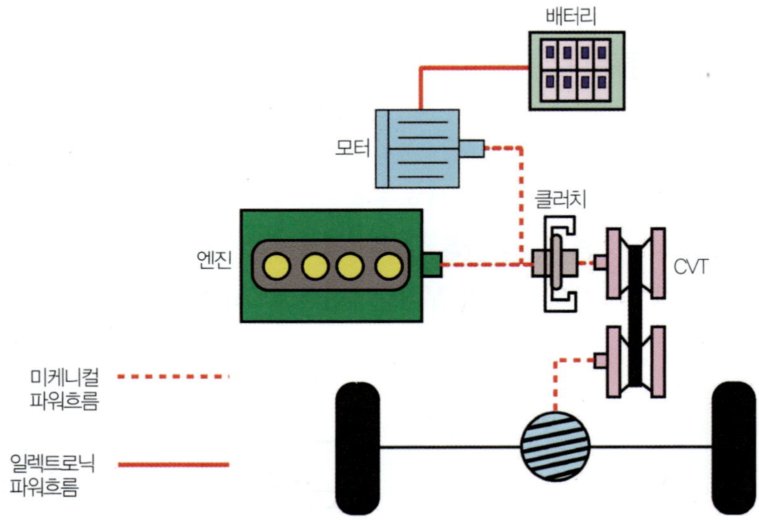

그림 3-213 Soft(power assist) HEV

③ Hard(full) HEV

Hard(full) HEV은 전기모터가 출발과 가속 시에만 역할을 하는 게 아니라 주행에 주되게 사용되는 방식이다. 직렬형과 혼합형(직 · 병렬형)이 이 방식에 속한다.

Hard 하이브리드는 엔진에 전기모터 2개를 가지고 있으며 CVT로 구성된 하이브리드 시스템이다. 이 경우 엔진, 모터, 발전기의 동력을 분할/통합하는 기구인 유성 기어를 채택하여 효율적으로 동력을 배분하고 있으며, 모터 2개가 유기적으로 작동하여 동력보조역할도 수행하면서 순수 전기자동차로 작동도 가능하다.

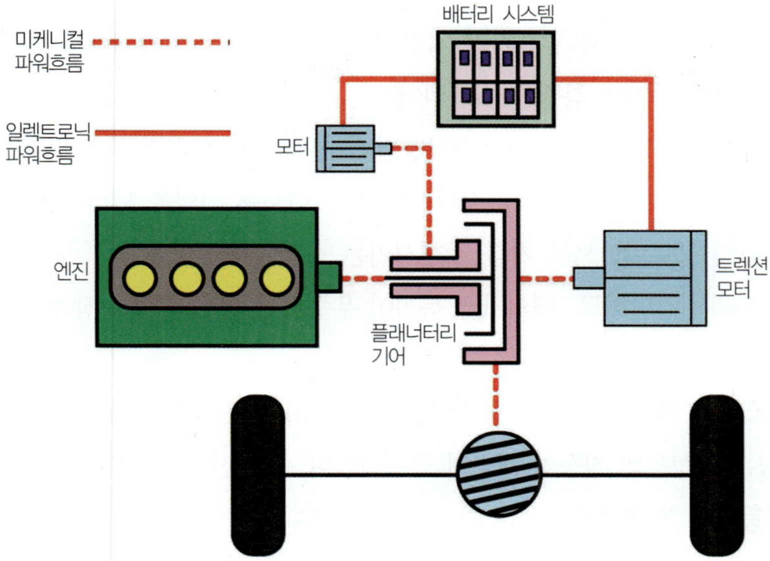

그림 3-214 Hard(full) HEV

(2) HEV의 동력전달 방식 구분에 의한 분류

하이브리드 전기자동차는 바퀴를 돌리기 위한 모터, 모터의 회전력을 바퀴에 전달하는 변속기, 모터에 전기를 공급하는 축전지 그리고 전기 또는 동력을 발생시키는 엔진으로 구성된다. 이들 중 엔진과 모터의 연결 방식에 따라 직렬형(series type), 병렬형(parallel type), 직 · 병렬형(series-parallel type)으로 구분된다.

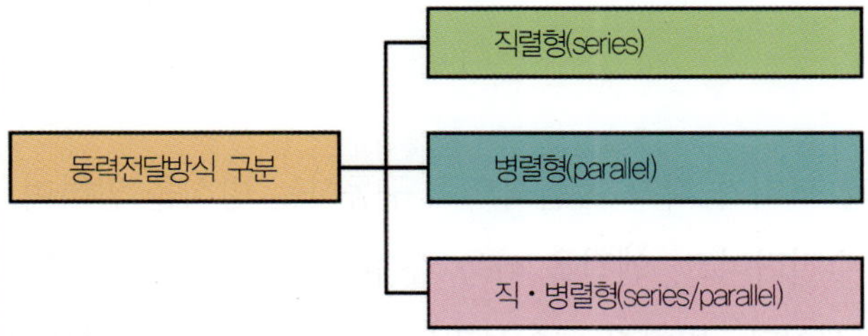

그림 3-215 HEV의 동력전달 방식 구분에 의한 분류

① 직렬형

직렬형에 사용되는 엔진은 바퀴를 돌리기 위한 것이 아니라 축전지를 충전하기 위한 것이다. 따라서 엔진에는 발전기가 연결되고, 이 발전기에서 발생되는 전기는 축전지에 저장

된다. 발생한 전기에 의해 모터가 구동축(바퀴)을 움직이는 방식이다. 엔진이 구동축에 연결되어 있지 않고 엔진과 발전기가 직접 연결되어 있어 직렬형이라고 부른다. 직렬형 하이브리드 전기자동차의 특징은 다음과 같다.

㉮ 직렬형 하이브리드 전기자동차는 엔진, 발전기, 전동기가 직렬로 연결되어 있으며, 엔진을 항상 최적점에서 작동시키면서 발전기를 이용해 전력을 모터에 공급하고, 순수하게 모터의 구동력만으로 차를 주행시키는 방식이다.

㉯ 제어가 비교적 간단하고, 배기가스 특성이 우수하며, 별도의 변속장치가 필요 없다는 것이 장점이다.

㉰ 전체 시스템의 에너지 효율이 병렬형에 비해 낮고, 자동차의 주행성능을 모두 만족시킬 수 있는 고성능의 전동기 개발이 필수적이며, 동력전달구조 자체가 크게 바뀌므로 기존 자동차에 적용하기는 어렵다는 단점이 있다.

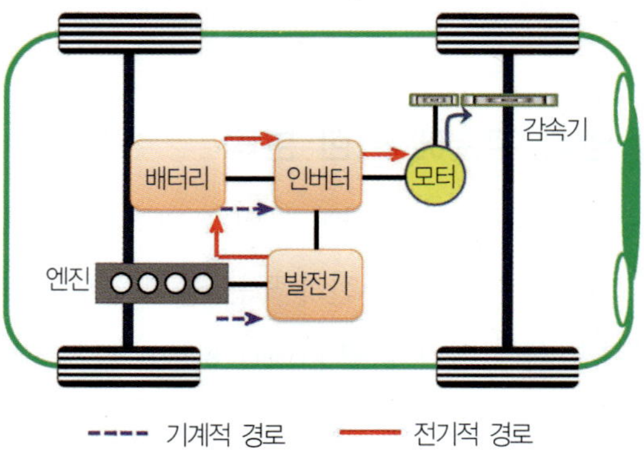

그림 3-216 직렬형 하이브리드 전기자동차

② **병렬형**

병렬형은 엔진과 모터가 각각 독립적으로 구동하는 방식을 말하며, 주 동력원은 엔진을 이용한 기계적 추진력이고, 엔진을 더욱 가속할 때나 출력이 부족할 때 주동력원을 모터가 보조하는 방식이다. 병렬형 하이브리드 전기자동차의 특징은 다음과 같다.

㉮ 변속기의 전후에 엔진 및 전동기를 병렬로 배치하여 주행 상황에 따라 최적의 성능과 효율을 갖게끔 자동차 구동에 필요한 동력을 엔진과 전동기에 적절히 분배하는 방식이다.

㉯ 엔진의 힘이 운전자가 요구하는 동력 이상으로 발휘될 수 있을 때는 여유 동력으로 모터를 구동시켜 전기를 저장한다(모터는 발전기 역할).

㉰ 엔진과 모터의 힘을 합한 큰 동력 성능이 필요할 때 모터를 움직인다.

㉱ 병렬형은 기존 자동차의 구조를 이용 가능하므로 제조 비용면에서 직렬형에 비해 유리하다는 장점이 있으나, 동력전달 구조 및 제어가 복잡하다는 단점이 있다.

㉲ 도시 규모가 작은 지역에서는 전기자동차로 주행하고, 도시간의 고속주행이 요구되는 경우는 엔진 주체의 주행으로 하는 방식이다.

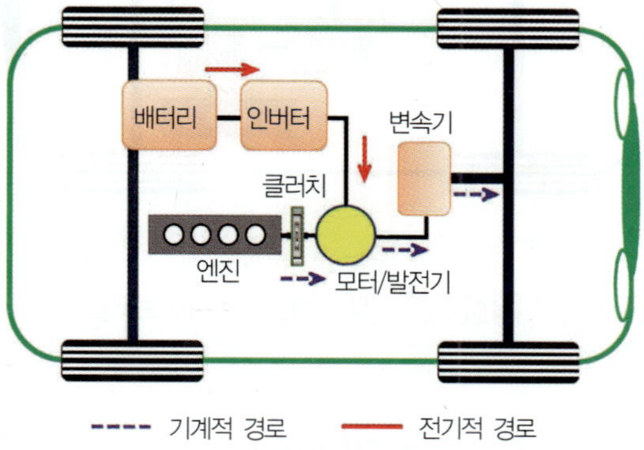

그림 3-217 병렬형 하이브리드 전기자동차

③ 직 · 병렬형

혼합형(직 · 병렬형)은 직렬형과 병렬형을 혼합한 방식으로 엔진과 모터가 동시에 작동되거나, 모터 단독 또는 엔진 단독으로 그리고 엔진과 회생제동을 통해 발전기를 돌려 구동축을 움직이는 방식을 말한다. 엔진 효율이 좋은 주행상태에서는 엔진으로 발전기를 돌려 축전지에 충전하여 두는 것이 주요 동작과정이다. 바퀴 회전속도를 측정하여 엔진구동이 효율적이라고 판단되면 엔진으로 바퀴를 직접 구동하도록 하고, 이보다 엔진-발전기-모터의 효율이 좋다고 판단되면 엔진은 발전기가 된다. 혼합형 하이브리드 전기자동차 작동원리는 다음과 같다.

㉮ Starting or light load : 엔진이 최대 효율로 작동하지 않으므로 모터에 의해서만 자동차를 구동

㉯ Normal driving : 엔진이 바퀴를 구동하고, 나머지 출력은 모터 구동용 전기를 발생 - 최대 효율을 얻을 수 있도록 각 경로에 분배되는 출력비율을 제어

㉰ Full acceleration : 엔진/모터 동시 사용. 축전지에서 모터에 전력 공급(축전지에서 모터에 전력 공급)

㉱ Decelerating or braking : 바퀴의 관성에 의해 발전기가 구동되고, 발전기에서 발생

된 전기는 축전지에 저장 역할.

㉱ Idling : 엔진 정지. 단 축전지의 재충전이 필요한 경우에는 가동

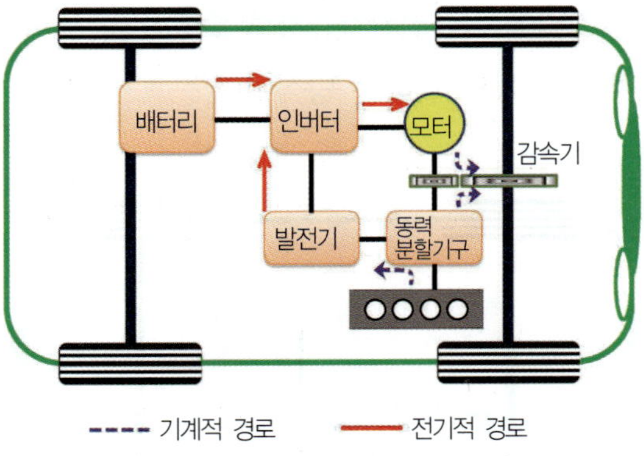

그림 3-218 직 · 병렬형 하이브리드

(3) 플러그인 하이브리드 전기자동차(PHEV)

플러그인 하이브리드 전기자동차(PHEV)의 기본은 하이브리드 전기자동차이지만, 축전지 용량을 하이브리드 전기자동차와 전기자동차의 중간 크기로 하고, 비상시에는 다시 충전해 두는 것으로 단거리는 전기자동차로서 활용하는 형식이다. 가정 전원이 이용 가능하고, 어디서도 충전할 수 있다는 간편성을 염두에 둔 방식이다. 전지 코스트를 줄인 가솔린 자동차와 전기자동차의 하이브리드 방식이다.

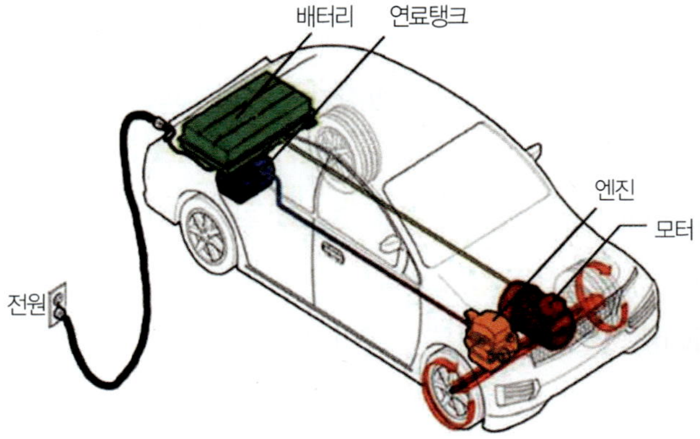

그림 3-219 플러그인 하이브리드 전기자동차

[4] 하이브리드 자동차의 주행 모드

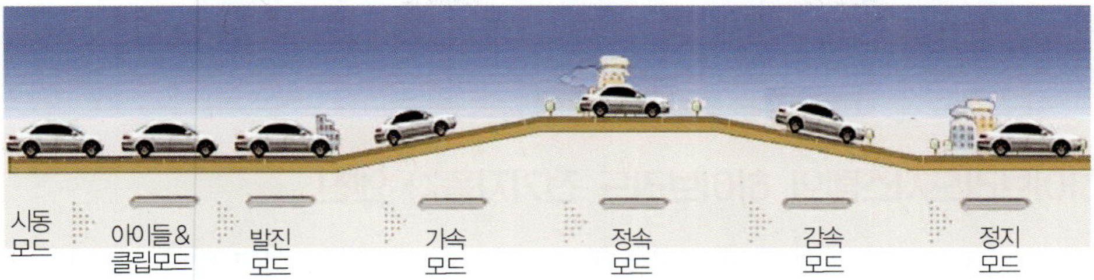

그림 3-220 주행 모드별 HCU의 작동

① **시동 모드** : 시동 모드에서 엔진은 작동하지 않는다. 따라서 시동 모드란 변속신호에 따라 바로 발진을 하기 위한 모터의 발진 준비 상태를 말한다.

② **아이들과 클립 모드** : 아이들 모드와 클립 모드는 공회전하는걸 말하는 건데, 차가 출발하기 전이나 멈춘 후 엔진만 돌고 있는 상태에서 기어를 넣었을 때 액셀러레이터를 밟지 않아도 차가 조금씩 움직이는 상태를 말한다. 클립 모드란 자동차가 도로 주행 시 연비가 최상의 조건에서 운행하는 상태를 말한다.

③ **발진 모드** : 발진 모드란 한 마디로 차를 출발시키는 것이다. 액셀러레이터를 밟으면 자동차가 정지 상태에 있거나 클립 상태에 있는 차를 앞으로 나아가게 되는 발진 하는 것으로 하이브리드 자동차의 방식에 따라 HCU에서 모터와 엔진을 제어하는 방식이 틀리다.

④ **가속 모드** : 가속 모드는 주행모드 중 힘이 가장 많이 들어가는 모드이다. 따라서 HCU는 MCU, ECU와 서로의 상태에 대한 정보를 가장 많이 주고받으며 제어를 하게 되는데, 가속 모드는 구동력을 증가시켜 자동차의 속도가 올라가는 단계로서 엔진에 의해서도, 하이브리드 모터에 의해서도 가속이 될 수가 있다.

⑤ **정속 모드** : 자동차가 속도를 올리며 주행을 하다 원하는 정도의 속도가 되면 일정한 속도의 정속으로 주행을 하게 되며, 이때도 직렬방식은 모터로만 정속주행을 하고 병렬방식의 하드방식과 소프트방식은 엔진동력으로만 주행을 실시하도록 HCU가 엔진과 모터를 컨트롤 한다.

⑥ **감속 모드** : 감속 시에는 차를 움직이는데 구동력이 쓰이지 않고 오히려 바퀴의 회전에 제동을 걸어야 한다. 때문에 바퀴에서 발생되는 회전 동력을 전기에너지로 전환하여 배터리로

충전(회생에너지)을 하게 되다.

⑦ **정지 모드** : 하이브리드 전기자동차에서 정지 모드는 일반 자동차와는 달리 감속 상태에서 이미 엔진이 모두 꺼진 상태이므로 아이들 모드 없이 곧바로 정지된다.

[5] 하이브리드시스템의 하이브리드 전기자동차 엔진

가솔린 엔진 자동차의 내연 엔진은 전통적인 오토 사이클을 사용하고 있다. 그러나 하이브리드 자동차에 탑재된 엔진의 특징은 앳킨슨 사이클과 밀러 사이클을 적절하게 혼용 및 변형하여 사용하였다. 일반적으로 오토 사이클 엔진의 4행정(흡입–압축–팽창(폭발)–배기) 순서로 작동을 하게 된다.

(1) 앳킨슨 사이클(Atkinson Cycle)

오토 사이클과 앳킨슨 사이클의 다른 점은 팽창비와 압축비에 있다. 일반적인 오토 사이클 가솔린 엔진은 흡기과정에서 피스톤의 모든 행정 길이를 흡기에 소비한다. 즉, (행정 길이의) 팽창비와 압축비는 같다. 그러나 앳킨슨 사이클은 다르다. 1887년 제임스 앳킨슨은 흡입과정의 행정 길이를 줄이고(연료흡입량과 압축비는 감소) 폭발과정에서는 행정 길이를 늘려(팽창비는 증가) 피스톤이 더 일을 하도록 하는 방법을 고안했다. 이 방법은 흡입과 배기할 때 발생하는 손실(펌핑로스)을 줄여 높은 효율을 가져올 수 있었다.

앳킨슨 사이클은 다소 복잡한 3점 링크로 구동되며, 오토 사이클은 4행정(1사이클) 시 크랭크축이 두 번 회전하지만, 위 구조의 앳킨슨 사이클은 한 번 회전할 때 1사이클이 이루어진다. 피스톤이 한 번 올라갈 때(흡입)는 조금 올라가고, 피스톤이 다시 올라갈 때(폭발)는 더 많이 올라가게 하는 링크로 구성되어 있다. 그러나 높은 효율에도 불구하고 연결 구조가 복잡하고 고회전이 힘들다는 단점으로 자동차 엔진으로 쓰이지 않게 되었다.

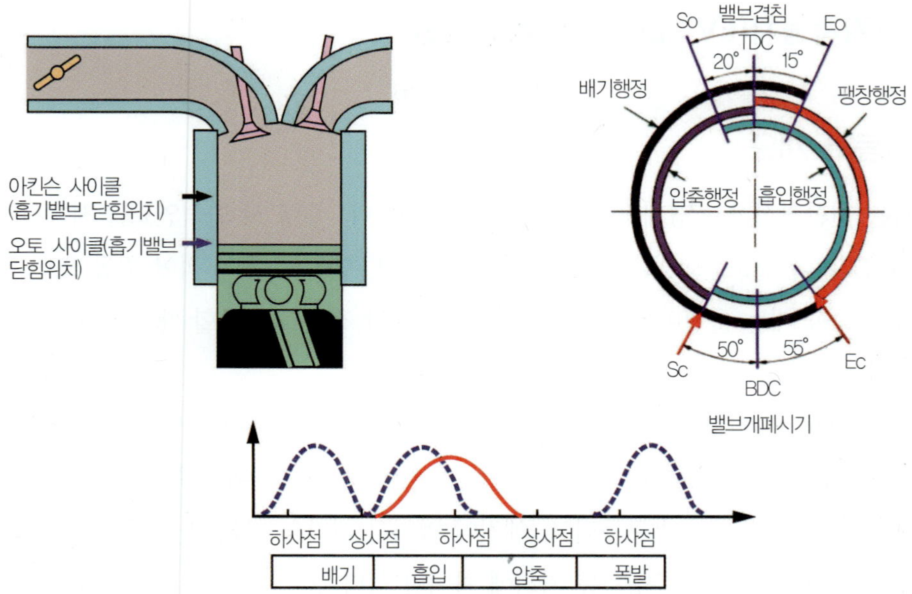

그림 3-221 앳킨슨 사이클

(2) 밀러 사이클(Miller Cycle)

밀러 사이클은 앳킨슨 사이클을 응용한 사이클이다. 복잡한 링크 구조를 "가변밸브타이밍"기술로 대체할 수 있게 되었다. 구조는 오토 사이클과 같으나, 밀러 사이클은 압축행정에서도 흡기밸브를 열어놓아 닫힘 시간을 지연시키면서 실린더 안으로 들어갔던 일정량의 혼합기는 다시 흡기밸브로 되밀려 돌아가기 때문에 연료가 절약된다. 그리고 폭발 시에는 피스톤이 행정 끝까지 닫혀있다가 늦게 열리게 하여 피스톤이 더 많은 일을 하도록 하는 앳킨슨 사이클과 같은 효과를 가져올 수 있게 되었다. 또한 압축비가 클 경우 노킹(knocking)이 발생하는데, 밀러 사이클에서는 흡기과정 일정량의 혼합기가 되돌아가므로 노킹이 발생하지 않는다. 즉, 오토 사이클보다 압축비를 크게 설정할 수 있다.

밀러 사이클의 단점은 피스톤을 끝까지 밀어 내리므로 1사이클 이후 토크는 동일 배기량의 가솔린 엔진 대비 떨어지며, 저속 구간에서는 RPM의 가용범위가 좁아져 밀러 사이클은 1990년 초중반에 고안됐음에도 저속 구간(실용 구간)에서 미미한 연료절약 효과와 출력이 약해 소비자들에게 외면을 받았다. 가변밸브 타이밍 기술과 최적의 회전수를 사용할 수 있도록 CVT 변속기, 저속 구간에서는 전기모터를 가용하여 단점들을 보완하게 되면서 밀러 사이클은 현재도 직분사, 슈퍼차저, 변속기, 모터 등의 개발로 진화하여 응답성은 아직 조금 부족하지만 가속력 면에서는 탁월한 효과를 보인다.

02 전기자동차(EV : Electric vehicle)

[1] 전기자동차 개요

전기자동차는 친환경적이고 경제적이며, 안전 및 편리하다. 주행 시 화석연료를 사용하지 않아 이산화탄소(CO_2)나 질소산화물(NOx)을 배출하지 않고, 엔진 소음이 적어 진동 또한 적다. 전기모터로만 구동할 때는 운행비용이 가장 저렴하며, 심야 전기를 이용할 때에는 비용을 더욱 낮출 수가 있다.

전기자동차는 고전압 배터리에서 전기에너지를 전기모터로 공급하여 구동력을 발생시키는 차량으로, 화석연료를 전혀 사용하지 않는 무공해 차량이다. 내연기관 자동차와 달리 엔진이 없이 배터리와 모터만으로 차량이 구동되고, 엔진이 없어서 대기오염물질과 온실가스를 배출하지 않으며, 배터리 용량에 따라 주행가능 거리에 차이가 있다. 전기자동차는 외부 전력 공급을 통한 충전이 필요하면, 급속충전기는 50kW급으로 완전 방전상태에서 80% 충전까지 30분이 소요되며, 주로 고속도로 휴게소와 공공기관 등 외부 장소에 설치되어 있다.

완속 충전기는 약 6~7kW급으로 완전 방전에서 완전충전까지 4시간에서 5시간이 소요되며, 주로 주택이나 아파트에 설치된다. 또한, 내연기관의 엔진 없이 충전된 배터리에서 공급되는 전기에너지만을 동력원으로 전기모터를 구동하며, 회생 제동 기능을 이용한 운행 중 배터리 충전으로 제동 횟수가 많은 도심에서 에너지 효율성을 극대화한다. 여기서 회생 제동은 브레이크 제동 시 모터가 발전기로 전환되어 역으로 배터리를 충전하는 것이다.

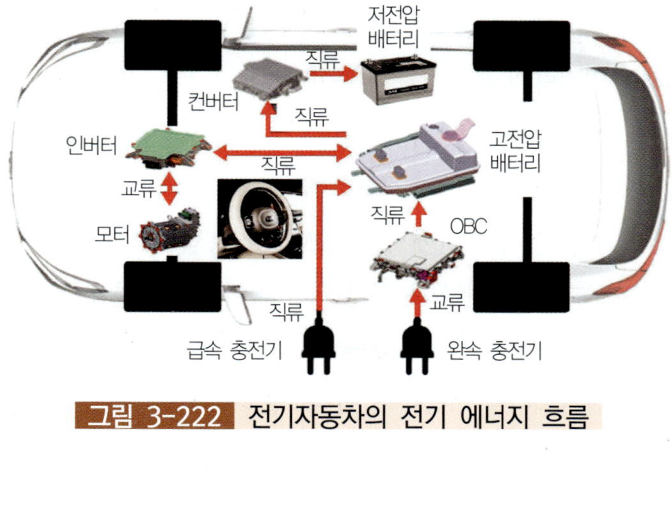

그림 3-222 전기자동차의 전기 에너지 흐름

[2] 전기자동차의 장 · 단점

(1) 장점

① 주행시 CO_2를 배출하지 않는다. 소형 전기자동차가 충전 전기 제조 시 주행 1km당 40g(소형 가솔린 자동차의 경우는 170g)의 CO_2를 발생한다.

② 부품수가 하이브리드카는 물론, 내연기관차보다 적어(엔진, 트랜스미션 등이 불필요) 시스템이 단순화가 가능하므로, 고장 리스크 범위도 줄일 수 있고 고장이 적은 편이다.

③ 값싼 심야전기를 이용할 경우 비용을 더 낮출 수 있고 자택에서 충전이 가능하다.

④ 주행 중 화석연료를 전혀 사용하지 않아 가장 친환경적이다.

⑤ 차량 소음이 적고, 진동이 적고, 차량 수명이 상대적으로 길다.

⑥ 사고 시 폭발의 위험성이 적다.

⑦ 다양한 에너지원을 이용할 수 있고, 에너지 효율이 높다.

⑧ 차량디자인 및 부품배치 자유도가 크다.

⑨ 운전 중에 기어를 바꿔줄 필요가 없어 운전조작이 간편하다.

⑩ 낼 수 있는 에너지당 중량이 석유계 연료에 비해서 매우 크다.

(2) 단점

① 차량 총 중량 20ton 트럭일 경우 현재 기술에서는 전지만으로도 5ton 정도 되고, 따라서 대형차에 맞지 않는다.

② 고가의 전지가 필요하기 때문에 차량 가격이 비싸다.

③ 자동차 수명보다 전지 수명이 짧다.

④ 장거리 주행을 위해서는 급속 충전 스탠드의 전국 규모로 충전해야 한다.

⑤ 일반 가솔린 자동차에 비해 속도가 느리고, 배터리 1회 충전으로 주행할 수 있는 거리(항속거리)가 짧다.

⑥ 충전시간이 오래 걸리고, 별도의 충전 시설을 위한 인프라 구축도 선행돼야 한다.

⑦ 겨울철에 주행거리의 편차가 심하고, 사고 시 수리비가 많이 나온다.

[3] 감속기

감속기는 모터의 특성에 맞춰 동력을 바퀴에 더 효율적으로 전달하기 위해 고안된 일종의 변속기이다. 모터는 분당 회전수(RPM)가 내연기관 엔진보다 훨씬 높다. 회전수를 상황에 맞게 바꾸는 변속이 아닌, 회전수를 하향 조정(감속)해야 하기 때문에 변속기가 아닌 감속기라고 부른다. 감속기는 모터의 회전수를 필요한 수준으로 낮춰 전기차가 더 높은 회전력(토크)을 얻을 수 있도록 한다. 감속기의 기어비는 고정되어 있는데, 보통 7.2~9.4 : 1로 되어 있다.

03 수소연료 전지자동차(FCEV : fuel cell electronic vehicle)

[1] 수소연료전지 자동차 개요

수소가 연료전지에 공급되면, 전자와 수소이온으로 분리된다. 이때 발생한 전자들이 연료전지의 양극(+)에는 산소로, 음극(−)에는 수소로 생성되는데, 수소(H_2)와 산소(O)가 반응해 물(H_2O)을 생성하고, 이로 인해 자동차를 움직일 수 있는 전기가 발생하고, 발생되는 전기적인 에너지를 저장해 전원으로 사용하는 자동차를 말한다.

수소연료 전지자동차는 연료전지스택, 모터, 배터리, 수소탱크, 열 · 물 관리 장치, 공조 장치, 전력변환장치, 고압밸브 등이 탑재되어 있고, 이 중 연료전지스택(Stack)은 일반적으로 수백 개의 셀을 직렬로 쌓아 올린 연료전지 본체로, 수소와 산소의 화학반응이 일어나 전기가 발생한다.

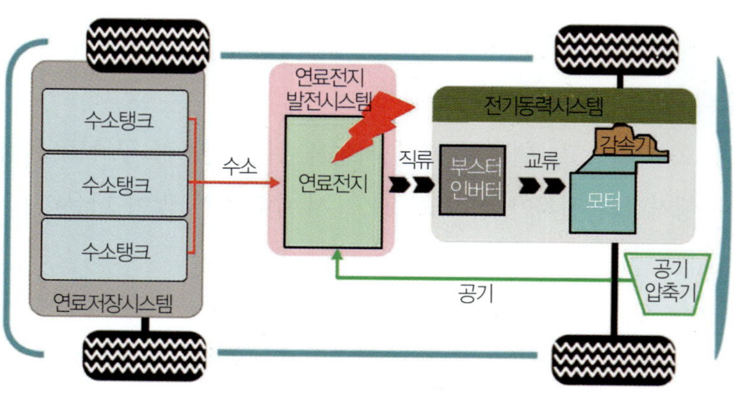

그림 3-223 수소연료 전지자동차

[2] 연료전지의 특징

(1) 장점

① 발전효율이 40~60%이며, 열병합 발전 시 80% 이상 가능

② 천연가스, 메탄올, 석탄가스 등 다양한 연료 사용 가능

③ **환경공해 감소** : 배기가스 중 NOx, SOx 및 분진이 거의 없으며, CO2 발생량에 있어서도 미분탄 화력발전에 비하여 20~40% 감소

④ 회전 부위가 없어 소음이 없으며, 기존 화력발전과 같은 다량의 냉각수 불필요

⑤ 도심 부근 설치가 가능하여 송배전 시의 설비 및 전력손실 적음

⑥ 부하 변동에 따라 신속히 반응하며, 설치 형태에 따라서 현지 설치용, 분산 배치형, 중앙 집중형 등의 다양한 용도 사용 가능

(2) 단점

① 기존의 모터, 모터 드라이브로 구성된 전기차 체계에서 연료전지와 수소탱크가 추가된다.

② 정비가 극히 까다롭고 전용 시설이 필요하다.

③ 수소 공급, 저장 등 인프라 구축 어려움이 있다. 40톤이 넘는 튜브 트레일러 1대가 고작 500kg의 수소를 운반할 수 있다.

④ 화석연료 수준의 가격 경쟁력과 생산성을 확보하기 위해서는 천연가스나 석유에서 수소를 추출해야 하는데, 이 방법은 결국 이전과 똑같이 화석연료에 의존하게 된다는 문제가 있다.

⑤ 차량의 수소탱크가 거의 비어있을 때만 주입이 가능하다.

⑥ 수소 스택을 제외하면 전반적인 구성이 전기차와 동일하다. 즉, 전기차의 일부 약점을 고스란히 가지고 있는 셈이다.

⑦ 초기 설치비용이 고가

[3] 수소연료전지 자동차 구동원리

① **평지 주행 시** : 차량에 부하가 적을 경우, 스택에서 생산된 전기로 모터를 구동한다.

② **등판 주행 시** : 차량에 부하가 클 경우, 스택의 전기 생산량을 높여(수소 및 공기 공급 많아짐) 모터에 공급되는 전압을 높인다. 또한 스택에서 생산된 전기가 부족할 경우 고전압 배터리에 저장된 전기를 추가로 사용하여 모터를 구동한다.

③ **강판 주행 시** : 차량에 부하가 없을 경우, 스택으로 공급되는 연료를 차단하여 스택을 차단하여 스택을 정지시킨다. 또한 회생제동으로 생산된 전기는 고전압 배터리를 충전하여 연비를 향상시킨다(회생제동으로 생산된 전기는 스택으로 가지 않고 고전압 배터리 충전에 사용된다).

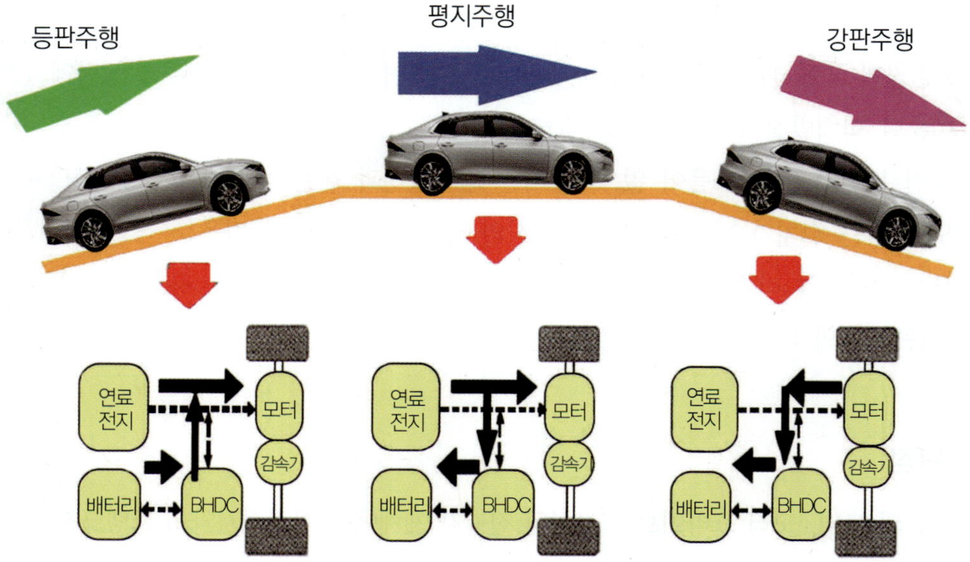

그림 3-224 수소연료전지 자동차 주행특성

04

PART

자동차 전기 · 전자

CHAPTER 01 전기 · 전자 및 자동차 제어장치와 통신장치

01 전기 · 전자 일반

[1] 전기의 본질

(1) 전기와 물질

일반적으로 자유전자가 흐를 때 "전기가 흐른다"라고 하며, 물질 내부에서 자유전자가 자유롭게 이동하는(전기가 잘 통하는) 물질을 도체, 자유전자가 잘 흐르지 못하는(전기가 통하지 않는) 물질을 부도체, 도체와 부도체의 중간 특성을 가진 물질을 반도체라고 한다.

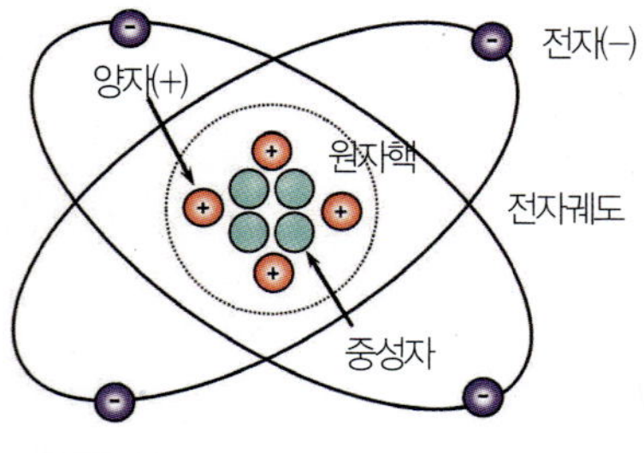

그림 4-1 원자의 구조

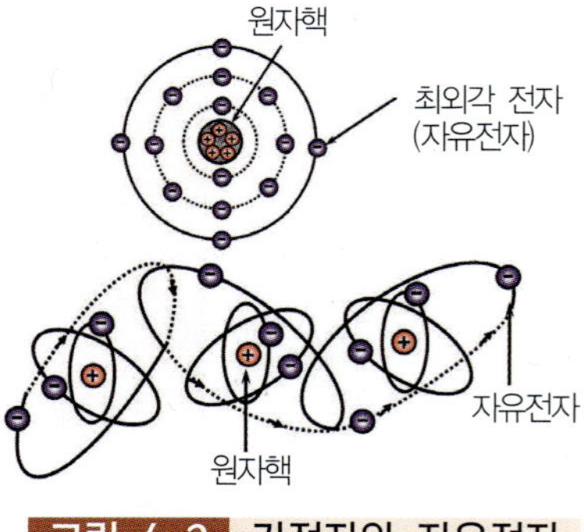

그림 4-2 가전자와 자유전자

① **양자(proton)** : 최소량의 (+)전기를 가지고 있으며, 질량은 전자의 약 1,840배이고, 중성자와 함께 핵을 구성한다.

② **중성자(neutron)** : 질량은 양자와 거의 같으나, 전기적으로는 중성이며, 양자와 함께 핵을 구성한다.

③ **전자(electron) :** 최소량의 (−)전기를 가지고 있으며, 원자핵의 주위를 원형 또는, 타원형 궤도를 따라 빛의 1/10 정도의 속도로 운동한다.

④ **자유전자(Free electron) :** 원자핵으로부터 인력이 약해 궤도를 이탈하는 전자

⑤ **정공(hole) :** 전자가 이탈하게 되면 전자가 빠져나간 자리

(2) 정전기

전기를 발생시키기 위해서는 일정한 형태의 에너지를 사용하여 전자의 작용을 일으키게 한다. 정전기란 전기가 물질에 정지한 상태에 있는 경우이다. 이 정전기는 방전할 때 순간 전류가 되므로 에너지원으로 사용을 하지 못한다.

(3) 동전기

전하가 물질 속을 이동하는 전기의 형태

① **직류 전기 :** 시간의 경과에 대해 전압 및 전류가 일정값을 유지하고 흐름 방향도 일정한 전기(예 : 축전지, 건전지)

② **교류 전기 :** 시간의 경과에 대해 전압 및 전류가 계속 변화하고 흐름 방향이 정방향과 역방향으로 차례로 반복되는 전기(예 : 교류발전기, 가정용 전기)

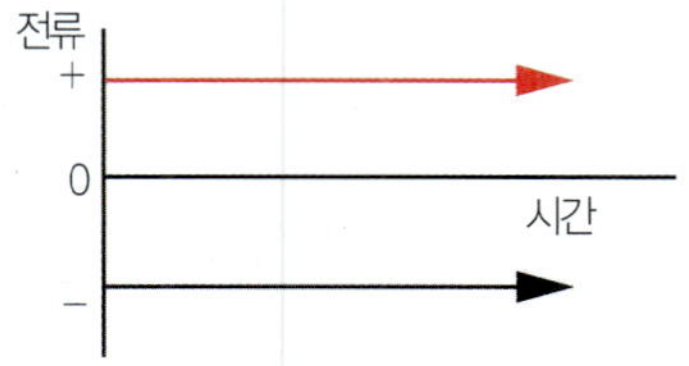

(a) 직류

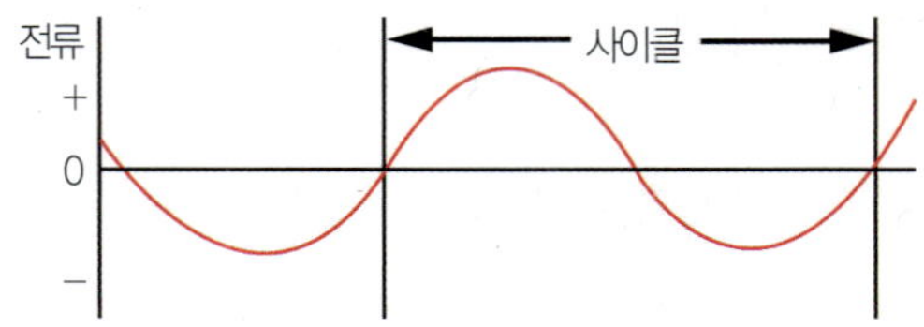

(b) 교류

그림 4-3 동전기의 종류

(4) 전하

전하는 물체가 가진 속성 중 전기적인 현상을 일으키는 원인으로서, 전하와 전하 사이에 일어나는 전기력(서로 같은 극성은 척력, 서로 다른 극성은 인력) 때문에 전하를 띤 입자의 이동 현상이 일어난다.

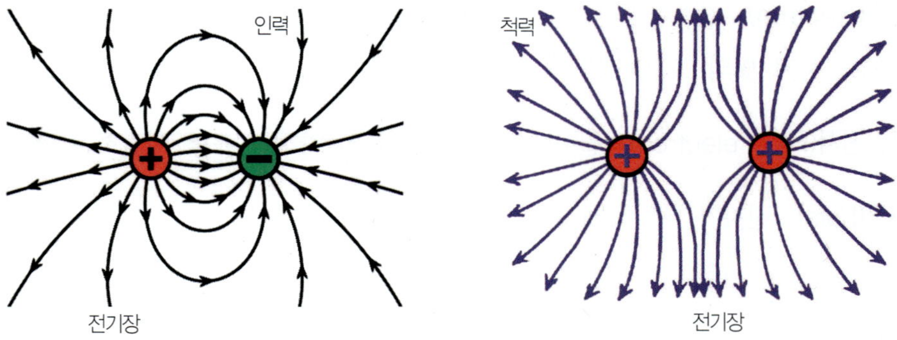

그림 4-4 전하의 전기력

전하를 띤 입자에는 태생적으로 (+)극성의 전하를 띤 양자와 (-)극성의 전자 그리고 전기적으로 균형이 깨져 생긴 양이온(+극성), 음이온(−극성)이 있다. 전기적으로 중성인 원자가 균형이 깨져 전자를 잃게 되면 양이온이 되며, 전자를 얻게 되면 음이온으로 변한다.

[2] 전류, 전압 및 저항

(1) 전류

일반적으로 도선을 따라 흐르는 전류는 (-)전하를 띤 전자의 흐름으로서, 전류의 세기는 어떤 도체의 단면을 1초간에 통과하는 전하량으로 정의되며, 기호는 I, 단위는 A(암페어)를 사용한다. 여기서 Q는 전하량이며 단위는 C(쿨롱)이다.

$$I = \frac{Q}{t}[A]$$

전류는 전류계로 측정하며, 전류계는 회로 내 직렬(series)로 연결하여 사용한다. 도체나 물질 속에 전류가 흐를 때 발생하는 전류의 3대 작용은 다음과 같다.

① **발열작용** : 도체에 전류가 흐를 때 도체의 저항으로 인해 발열되는 작용, 즉 전기에너지가 열에너지로 변환된다(예 : 시거라이터, 전구, 전열기).

② **화학작용** : 전류가 물질 속을 흐를 때 화학작용(화학반응, 전기분해반응)에 의해 기전력이 발생하는 작용, 즉 화학에너지가 전기에너지로 상호 변환된다(예 : 축전지, 전기도금).

③ **자기작용** : 도체에 전류가 흐르면 자계가 형성되는 작용, 즉 전기적 에너지를 기계적 에너지로 바꾸는 것을 말한다(예 : 전동기, 솔레노이드, 릴레이, 발전기).

(2) 저항

저항이란 전자가 도체 내에서 이동할 때 전자의 흐름을 방해하는 성질을 말한다. 저항의 기호는 R, 단위는 Ω(옴)을 사용한다. 전기저항은 자유전자가 도체 내를 이동 시에 원자들과 충돌하여 방해를 받으며, 전자가 저항을 지날 때 전압손실이 생긴다.

① 도체의 저항

도체의 저항은 재료의 종류, 형상(길이, 직경), 온도 및 물리적 상태에 영향을 받는다.

㉮ 고유저항(비저항) : 20℃에서 일정 형상 도체의 재료에 따른 저항(기호 : ρ , 단위 : $\mu\Omega \cdot cm$)

재료명	고유저항(μΩ · cm)	재료명	고유저항(μΩ · cm)
은	1.62	니켈	6.9
구 리	1.69	철	10.0
금	2.40	강	20.6
알루미늄	2.62	주 철	57~114
황 동	5.7	니켈-크롬	100~110

㉯ 형상에 따른 저항 : 도체의 단면적에 반비례하고 길이에 비례

$$R = \rho\frac{L}{A}\ [\Omega]$$

A : 단면적[cm^2], L : 길이[㎝], ρ : 고유저항[$\mu\Omega \cdot cm$]

㉰ 온도에 따른 저항

㉠ 온도상승 시 저항 증가(대부분의 금속) : 정온도 특성(PTC)

$$R_t = R_{20}(1+\alpha \quad \Delta T)$$

R_{20} : 20℃에서의 저항(Ω), α : 온도계수, ΔT : 온도차

㉡ 온도상승 시 저항감소(대부분의 반도체) : 부온도 특성(NTC)

㉱ 물리적 조건

㉠ 절연저항 : 절연체의 저항(절연체를 통해 흐르는 미소전류를 누설전류)

㉡ 접촉저항 : 도체와 도체 연결 접촉부위의 형상 및 특성에 따라 발생하는 저항

② 저항의 직렬연결

㉮ 합성저항은 각 저항의 합과 동일하다.

㉯ 각 저항에 흐르는 전류는 일정하다.

㉰ 각 저항에 가해지는 전압의 합은 전원의 합과 동일하다.

㉱ 동일 전압을 연결하면 전압은 개수의 배가되고 용량은 1개 때와 동일하다.

㉲ 다른 전압을 연결하면 전압은 각 전압의 합과 같고 용량은 평균값이 된다.

㉳ 큰 저항과 아주 작은 저항을 연결하면 아주 작은 저항은 무시된다.

$$R = R_1 + R_2 + R_3 + \cdots\cdots + R_n$$

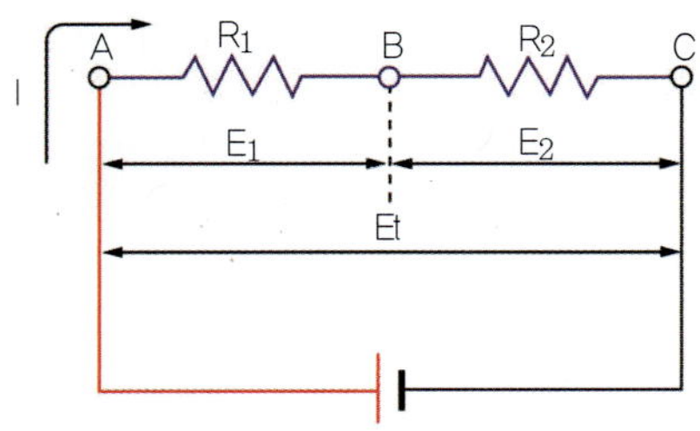

(a)

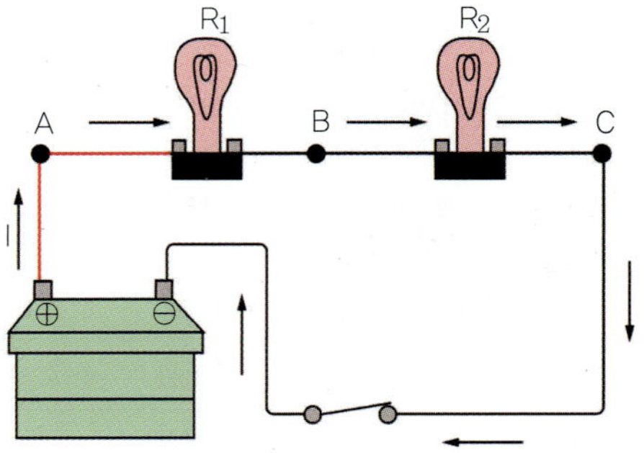

(b)

그림 4-5 직렬연결

③ 저항의 병렬연결

㉮ 합성저항은 각 저항의 역수의 합의 역수와 같다.

㉯ 각 회로에 흐르는 전류는 상승된다.

㉰ 각 회로의 전압은 일정하다.

㉱ 동일 전압을 연결하면 전압은 1개 때와 동일하고 용량은 개수의 배가 된다.

㉲ 아주 큰 저항과 적은 저항을 연결하면 아주 큰 저항은 무시된다.

$$\frac{1}{R} = \frac{1}{R_1} + \frac{1}{R_2} + \frac{1}{R_3} + \cdots\cdots + \frac{1}{R_n}$$

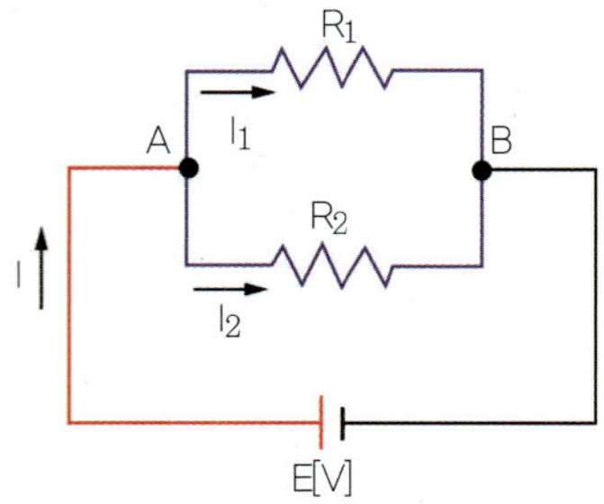

(a)

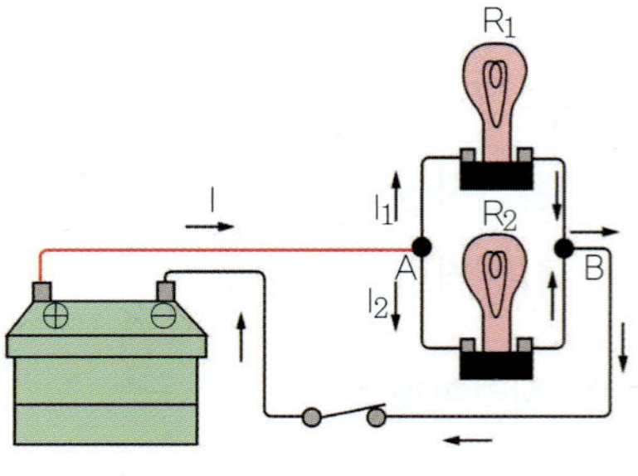

(b)

그림 4-6 병렬연결

④ **직・병렬접속의 특징**

㉮ 합성저항은 직렬 합성저항과 병렬 합성저항을 더한 값이다.

㉯ 전압과 전류 모두 상승한다.

$$R = R_1 + \frac{R_2 \times R_3}{R_2 + R_3}$$

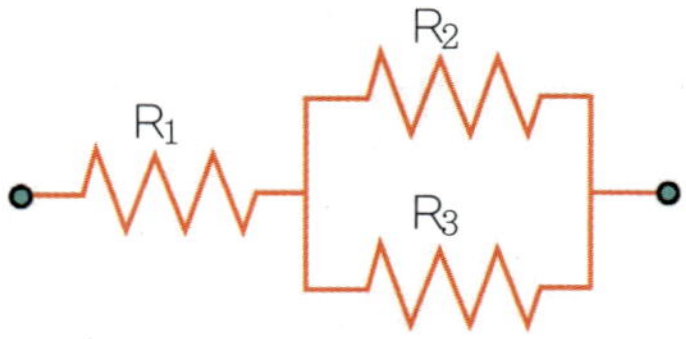

그림 4-7 직・병렬저항의 접속

(3) 전압(전위차)

전류를 흐르게 하는 전기적인 압력을 전압이라 하며, 두 점(위치)의 전하량(전위)의 차이로 나타낸다. 전압의 기호는 E(또는 V), 단위는 V(볼트)이며, 전압계(Voltmeter)를 사용하여 회로 내 병렬로 연결하여 측정한다. 1Ω의 도체에 1A의 전류를 흐르게 할 수 있는 전기의 압력을 1V라고 한다.

① **전기회로 내의 전원**

전기회로는 전원, 전선, 스위치, 부하 등을 연결해 놓은 전기적 통로로 전원부, 제어부, 작동부로 구성되어 있다.

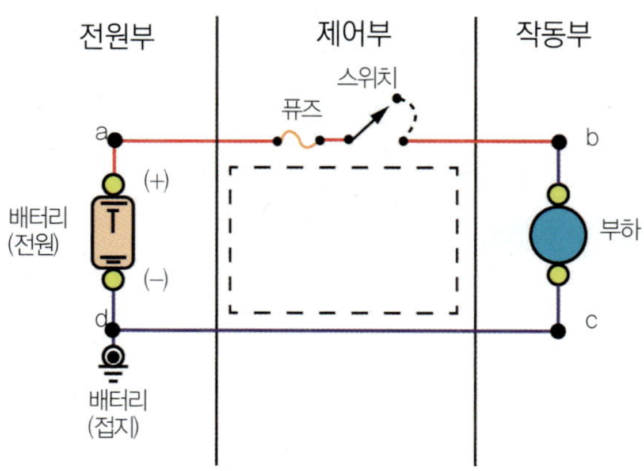

그림 4-8 전기회로 및 전기회로도

② 인가전압과 전압강하

㉮ 인가전압 : 부하(load)를 작동시키는데 유효한 회로 내 인가된 전압으로, 공급전압(에너지) 중 측정 위치에서 얼마나 에너지가 남아있는지 측정한다.

㉯ 전압강하 : 회로 내 대부분의 부품(부하)은 저항을 가지고 있으며, 저항을 갖는 모든 요소는 전압강하를 발생시킨다. 저항을 지나면서 얼마나 에너지를 소비했는지 측정한다.

③ 전지(전원)의 직병렬 연결

㉮ **직렬연결** : 전지의 (+)와 (−)를 연결한 것으로 전압은 개수배로 상승, 전류는 1개의 양과 같다.

㉯ **병렬연결** : 전지의 (+)와 (+)를, (−)와 (−)를 같은 극성끼리 연결한 것으로 전압은 1개의 전압과 같고, 전류는 개수배로 상승한다.

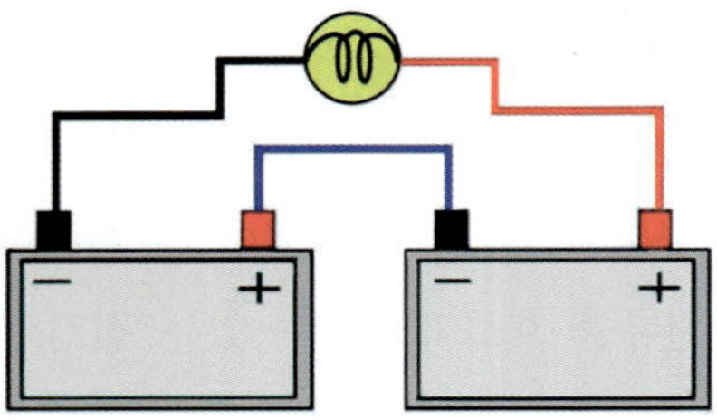

(a) 직렬연결

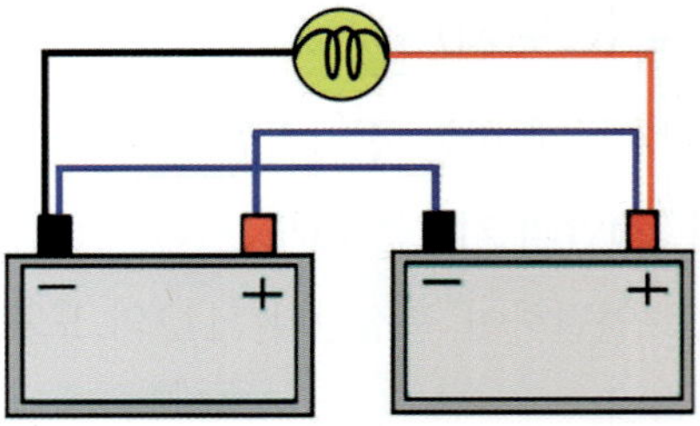

(b) 병렬연결

그림 4-9 전지의 직렬 및 병렬연결

(4) 전류 · 전압 및 저항의 관계

① 전류가 크고 저항이 클수록 전압강하도 커진다.

② 각각의 회로에서 전압강하의 총합은 회로의 공급전압과 같다.

③ 저항이 일정할 경우 전압이 높을수록 전류는 커진다.

④ 저항이 크고, 전압이 낮을수록 전류는 적게 흐른다.

⑤ 도체의 단면적이 큰 경우 저항이 적다.

⑥ 도체의 경우 온도가 높아지면 저항은 커진다.

[3] 옴의 법칙

도체에 흐르는 전류의 크기(I)는 전압(E)에 비례하고, 그 도체의 저항(R)에는 반비례한다는 법칙이다.

$$I = \frac{E}{R},\ E = IR,\ R = \frac{E}{I}$$

[4] 키르히호프의 법칙(Kirchhoff ′ s Law)

(1) 제1법칙

이 법칙은 전류의 법칙으로 회로 내의 "어떤 한 점에 들어온 전류의 총합과 나간 전류의 총합은 같다"는 법칙이다.

$$(I_1 + I_3 + I_4) - (I_2 + I_5) = 0 \ \therefore\ \Sigma I = 0$$

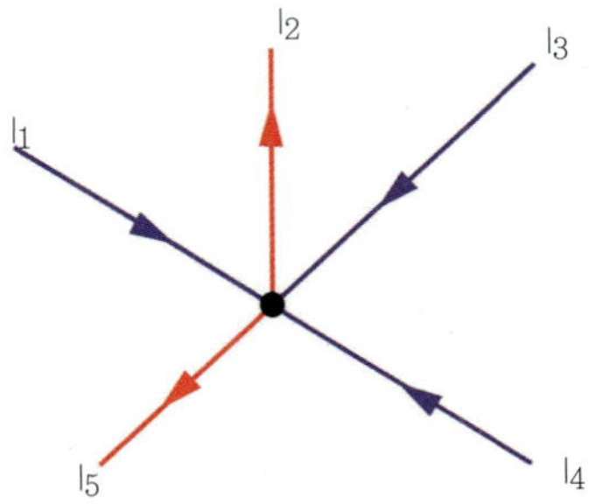

그림 4-10 키르히호프의 제1법칙

(2) 제2법칙

이 법칙은 전압의 법칙으로 "임의의 폐회로에 있어서 기전력의 총합과 저항에 의한 전압강하의 총합은 같다." 따라서 키르히호프의 제2법칙은 에너지 보존법칙으로 임의의 한 폐회로에서 소비된 전압강하의 총합과 기전력의 총합과 같다. 즉 전압강하의 총합은 기전력의 총합이다.

$$V_T - (V_1 + V_2 + V_3) = 0,\ \therefore\ \Sigma V = 0$$

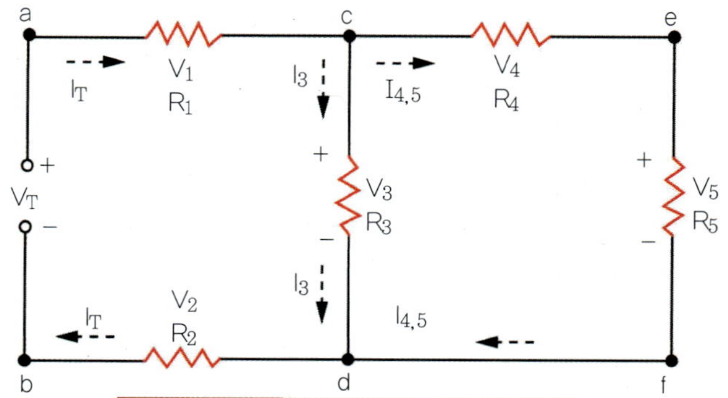

그림 4-11 키르히호프의 제2법칙

[5] 전력과 전력량

(1) 전력

전력이란 전기가 단위시간 동안에 한 일의 양이며 전등, 전동기 등에 전압을 가하여 전류를 흐르게 하면 기계적 에너지를 발생시켜 여러 가지 일을 할 수 있도록 하는 것을 말한다. 전력(P)은 전압(E)과 전류(I)를 곱한 것에 비례하고, 전력의 측정단위는 와트(W)나 킬로와트(kW)를 사용한다.

$$P = EI,\ P = I^2R,\ P = \frac{E^2}{R}$$

P : 전력, E : 전압, I : 전류, R : 저항

(2) 전력량

전력량이란 전류가 어떤 시간 동안에 한 일의 총량을 말한다. 따라서 전력(P)을 t초 동안에 사용하였을 때 전력량 W는 P×t로 표시된다. I(A)의 전류가 R(Ω)의 저항 속을 t초 동안 흐를 경우에는 $W = I^2Rt$로 표시한다. 그리고 전력량의 측정 단위로는 WS 또는 kW/h이다.

[6] 회로 보호장치

전기회로에서 절연이 파괴되어 단락이 되면, 회로 내 저항이 감소되어 과도한 전류가 흘러 전선은 물론 화재의 원인이 된다. 이것을 방지하기 위한 장치를 회로 보호장치라 한다.

(1) 퓨즈

퓨즈는 단락 및 누전에 의해 과대전류가 흐르면 차단되어 전류의 흐름을 방지하는 부품이며, 전기회로에 직렬로 설치된다. 재질은 납과 주석의 합금이고, 회로에 합선이 발생하면 퓨즈가 용단되어 전류의 흐름을 차단한다.

(2) 퓨즈 블링크

퓨즈 블링크는 자동차사고나 화재 시에 퓨즈 이전의 소손 발생 시에 회로를 보호하기 위해 적용되는 것으로, 축전지로부터 가까운 쪽에 설치되어 있다.

(3) 서킷 브레이크

퓨즈나 퓨즈 블링크와 함께 회로를 보호하는 장치이다. 회로에 과도한 전류가 흐를 때 퓨즈처럼 용단되는 것이 아니라, 이 장치는 열에 의해 회로가 차단된 후 시간이 경과되어 어느 정도 냉각되면 다시 연결되는 On/Off 형식의 열감지 스위치로 생각할 수 있다.

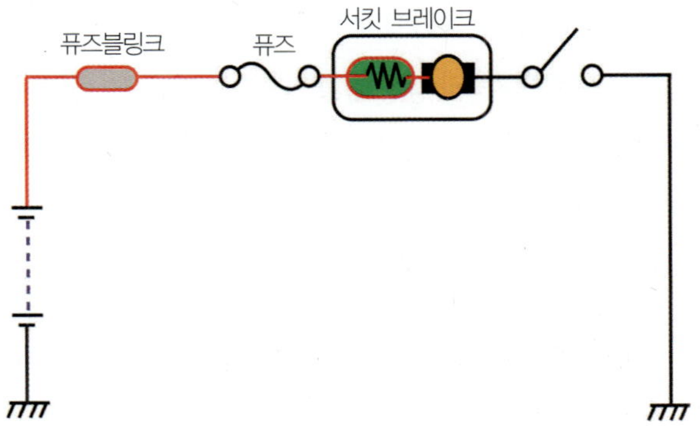

그림 4-12 회로 보호장치(예)

[7] 콘덴서(condenser, 축전기)

(1) 축전기의 작동과 구조

축전기란 절연체를 사이에 두고 2장의 얇고 평평한 금속판 A, B를 매우 가까이 한 후 각각의 전원에 (+), (−)를 연결하고 전압을 가하면 전원으로부터 2장의 금속판으로 (+), (−)의 전하가 이동하여 A판의 (+)전하와 B판의 (−)전하가 서로 흡인하기 때문에 전기를 저장해 둘 수 있다.

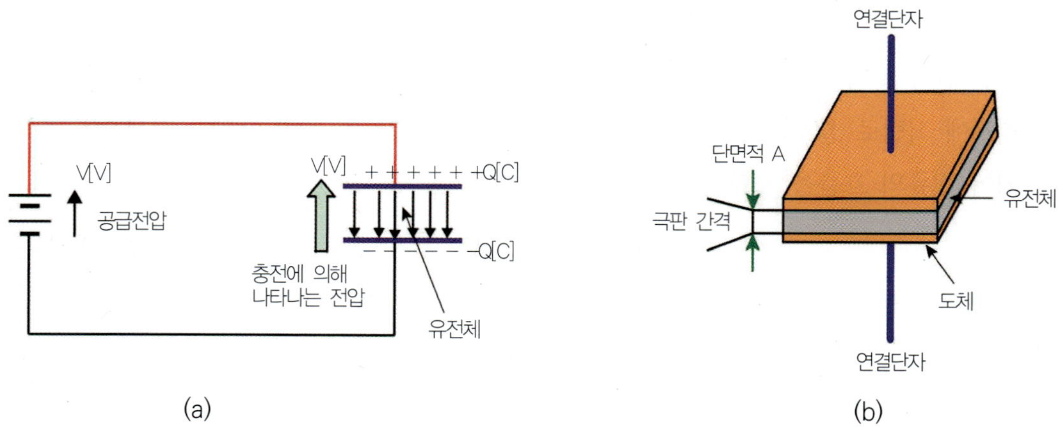

그림 4-13 콘덴서의 구조

(2) 축전기의 특성

축전기가 설치된 회로에 직류(DC)전압을 공급하면 축전기에는 짧은 시간 동안 충전이 되며, 충전이 완료된 후에는 직류전류는 더 이상 흐르지 못하고 차단이 된다. 이때 축전기의 저항은 무한대에 가깝다.

충전할 때 전원은 축전기의 한쪽 금속판으로부터 전자를 흡인하여 반대쪽 금속판으로 보낸다. 즉, 2장의 금속판 중 하나는 전자 과잉상태가 되고 반대쪽은 전자부족 상태로 되어 2장의 금속판 사이에 전압이 저장된다. 이 상태에서 전원을 제거하여도 2장의 금속판에는 전압이 그대로 유지된다. 다음에 회로를 단락회로(short circuit)로 하면 축전기에 충전되어 있던 전하가 방전이 된다. 그리고 축전기의 2장의 금속판에 가하는 전압을 점차 증가시켜 일정 수준 이상이 되면 절연체가 손상되고 축전기는 통전된다. 이것을 절연파괴라 한다.

(3) 축전기의 기능

① 전압이 높은 경우 전하를 모으는 기능을 한다.

② 전압이 낮으면 전하를 방출하여 전원 전압과 동일한 전위차를 유지한다.

③ 전압의 급격한 변화를 막아주는 역할이다.

④ 직류를 차단하고 교류는 흐를 수 있도록 해준다.

⑤ 저주파는 막고 고주파는 잘 통과시켜 노이즈를 잡아준다.

(4) 축전기의 종류

축전기는 용량의 가변성 여부에 따라 고정형과 가변형으로 분류되며, 자동차에서는 주로 고정형을 사용한다. 절연체의 종류에 따라 종이축전기, 운모축전기, 세라믹 축전기, 전해(電解)축전기 등이 있다.

그림 4-14 각종 축전기

(5) 콘덴서의 정전용량

콘덴서에 축적되는 전하량(Q)은 인가하는 전압(V)에 비례한다.

$$Q = C \times V, \ C = \frac{Q}{V}(F)$$

C : 정전용량, Q : 전하량, V : 전압

C는 콘덴서의 정전용량(충전능력)으로 형상 및 유전율에 따라 달라지며, 단위는 F(패럿)를 사용한다.

> **참고** $1\mu F = 10^{-6}F$, $1pF = 10^{-6}\mu F = 10^{-12}F$
>
> $C = \epsilon \frac{A}{d}$, ϵ : 유전율, A : 극판의 단면적, d : 극판 사이의 거리

콘덴서(축전기)의 정전용량의 크기는 다음과 같다.

① 가해지는 전압에 반비례한다.

② 상대하는 금속판의 면적에 비례한다.

③ 금속판 사이의 절연체의 유전율에 비례한다.

④ 금속판 사이의 거리에 반비례한다.

(6) 콘덴서의 직병렬 연결 시의 정전용량

① **직렬연결** : $1/C = 1/C_1 + 1/C_2 + \cdots\cdots + 1/Cn$

② **병렬연결** : $C = C1 + C2 + \cdots\cdots + Cn$

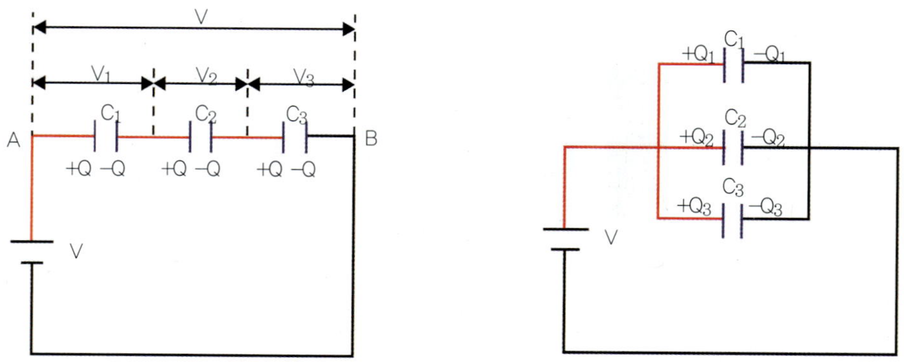

(a) 직렬연결 (b) 병렬연결

그림 4-15 축전기의 직렬 및 병렬연결

[8] 코일(coil)

코일은 인덕터(inductor) 또는 인덕턴스(inductance)라고도 하며, 도선을 원형의 모양이나 기타의 모양으로 감거나 두 도선을 동시에 감아 놓은 형태를 말한다. 코일의 기호는 L, 단위는 H(헨리)를 사용한다.

(1) 자기성질

① 자성체란 자기유도에 의해 자화되는 물질이다.

② 자석은 자기를 가지고 있는 물체를 말한다.

③ 자석은 동종(같은 극)반발, 이종(다른 극)흡인의 성질이 있다.

④ 자성체에는 상자성체와 반자성체가 있다.

㉮ 자성체 : 철, 니켈, 코발트, 크롬

㉯ 반자성체 : 인, 구리, 안티몬

㉰ 비자성체 : 알루미늄, 아연, 황동, 백금

(2) 릴레이

전류의 자기 작용을 이용한 전기기기로 전자석(솔레노이드)에 직렬로 연결된 제어용 스위치를 ON하게 되면 코일에 전류가 흘러 전자석이 되며, 전자석 극부분에 위치한 가동철편은 흡착한다. 가동철편이 흡착되면 가동철편에 붙은 대전류 접점이 ON되어 부하측에 전류를 흐르게 한다. 즉, 전자석 작동을 위한 소전류로 대전류의 부하를 제어할 수 있는 것이 릴레이이다. 전체의 자속은 코일에 의한 자력선과 철심의 자화에 의한 자력선의 합이 된다.

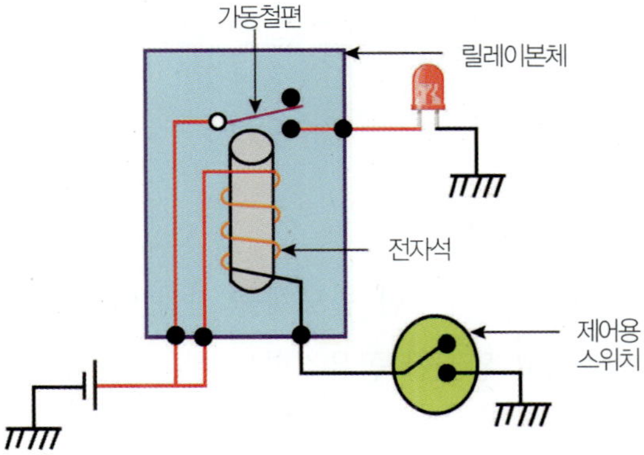

그림 4-16 릴레이의 구조

(3) 자체 인덕턴스와 상호 인덕턴스

① **자체 인덕턴스**

코일이 하나만 있는 경우에도 코일 자신에 유도 기전력이 유도되는 현상을 자체 유도라고 하며, 코일의 자체 유도 능력의 정도를 나타내는 것을 자체 인덕턴스라 한다.

② **상호 인덕턴스**

두 개의 코일을 서로 가까이 하면 한쪽 코일의 전류가 변화할 때, 다른 쪽 코일에서 유도 기전력이 발생하는 현상을 상 유도라 하고, 그 상호 유도작용의 정도를 상호 인덕턴스라고 한다.

[9] 반도체(semi conductor)

(1) 반도체의 개요

게르마늄(Ge)이나 실리콘(Si) 등은 도체와 절연체의 중간인 고유저항을 지닌 것이다.

반도체의 성질은 불순물의 유입에 의해 저항을 바꿀 수 있고, 빛을 받으면 고유저항이 변화하는 광전효과가 있으며, 자력을 받으면 도전도가 변하는 홀(hall) 효과가 있다. 또 온도가 높아지면 저항값이 감소하는 부(負) 온도계수의 물질이다.

[각 물질의 고유저항]

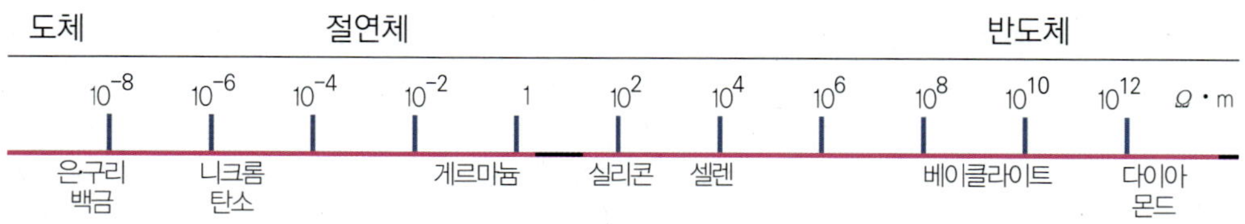

(2) 반도체의 종류와 그 작용

불순물을 포함하고 있지 않은 순수한 반도체를 진성 반도체라 하며, 실리콘(Si), 게르마늄(Ge) 등과 같은 4족 원소이고 완전한 공유결합을 이룬다. 불순물을 포함하고 있는 반도체를 불순물 반도체라 하며, P형과 N형이 있다.

① 진성 반도체(intrinsic semiconductor)

진성 반도체란 불순물을 첨가하지 않은 순수한 반도체로(실리콘 결정의 순도는 99.9999999999%) 도체의 결정에 불순물이 없거나, 있더라도 매우 적고 게르마늄이나 실리콘은 결정이 같은 수의 전자와 홀(hole, 정공(+)전기가 남아 있는 빈자리)이 있는 반도체이며, 절연체에 가까워 원자핵에 결합되어 있는 전자가 움직일 수 없기 때문에 외부에 전압을 걸어도 전류는 흐르지 않는다.

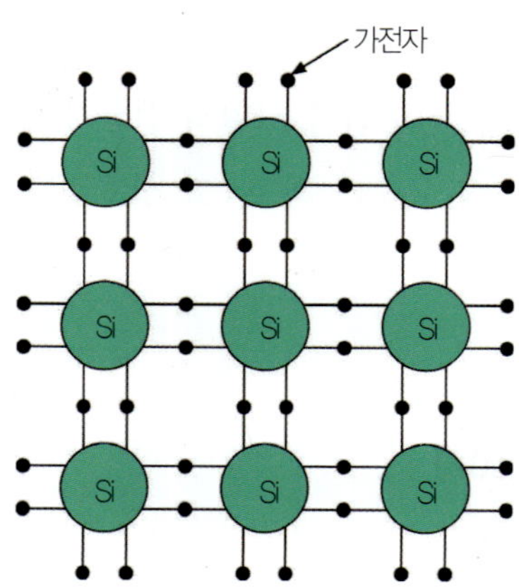

그림 4-17 진성 반도체 실리콘의 공유결합

② 불순물 반도체(impurity semiconductor)

진성 반도체에 미량의 불순물을 혼입하여 만든 반도체로 전압이나 온도에 대하여 민감한 반도체 성질을 얻는 것을 불순물 반도체라고 한다. 이 불순물 반도체에는 P형과 N형이 있다.

㉮ P(positive)형 반도체

자유전자보다 정공을 증가시킨 반도체이다. 진성 반도체에 정공을 증가시키기 위해 불순물인 3가 원소(알루미늄(Al), 붕소(B), 갈륨(Ga), 인듐(In))를 첨가한다. 규소의 가전자는 4개이고 갈륨은 3개이므로 공유결합하기 위해서는 가전자 1개가 부족하다. 이때 전자가 부족한 곳이 정공이 되고, 전체의 캐리어(carrier)는 자유전자보다 정(positive)의 전기를 갖는 정공 쪽이 많아지게 되고, positive의 머리문자를 따서 P형 반도체라 한다.

㉯ N(negative)형 반도체

진성 반도체(실리콘) 속에 5가의 비소(As), 안티몬(Sb), 인(P) 등의 불순물 원소를 첨가한 반도체이다. 불순물 원자가 실리콘 원자 1개를 밀어내고 그 자리에 들어가 실리콘 원자와 공유결합을 한다.

가전자 1개가 남는 전자를 과잉전자라 하며, 과잉전자를 만드는 불순물을 도너(donor)라고 한다. 자유전자가 다수 캐리어이고, 정공은 소수 캐리어가 된다.

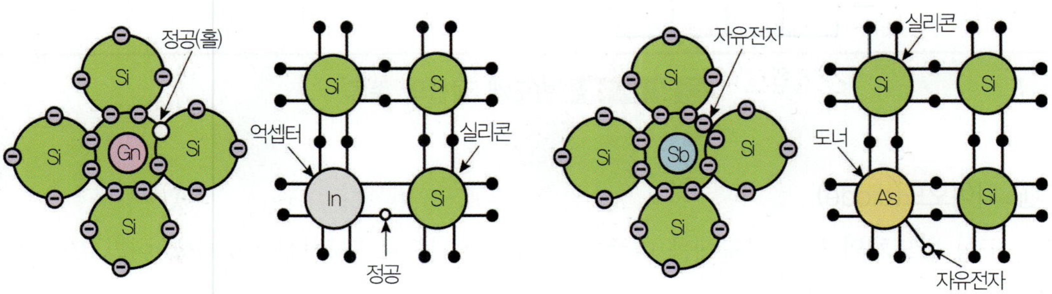

(a) P형 반도체 (b) N형 반도체

그림 4-18 P형 반도체와 N형 반도체

(3) 반도체 장·단점

① 반도체의 장점

㉮ 매우 소형이고, 가볍다.

㉯ 내부 전력 손실이 매우 적다.

㉰ 예열시간을 요하지 않고 곧바로 작동한다.

㉱ 기계적으로 강하고, 수명이 길다.

② 반도체의 단점

㉮ 온도가 상승하면 그 특성이 매우 나빠진다(게르마늄은 85℃, 실리콘은 150℃ 이상 되면 파손되기 쉽다).

㉯ 역내압(역방향으로 전압을 가했을 때의 허용한계)이 매우 낮다.

㉰ 정격값 이상이 되면 파괴되기 쉽다

(4) 반도체의 종류

반도체 소자는 접합 방식에 따라 무접합, 단접합, 2중접합, 다중접합으로 구분된다.

구 분	접합도	적용 반도체
무접합	P N	서미스터, CdS(광검출 소자), 외형 게이지
단접합	PN	다이오드, LED(발광다이오드), 제너다이오드
이중접합	PNP NPN	트랜지스터, 포토트랜지스터
다중접합	PNPN	사이리스터(SCR), 트라이액

그림 4-19 반도체 접합의 종류

① 다이오드(diode)

P형 반도체와 N형 반도체를 마주대고 접합한 것으로 PN정션(junction)이라고도 하며, 순방향으로는 전류가 흐르고 역방향으로는 전류가 흐르지 않는 특성으로 교류발전기의 정류회로 등에 활용된다.

순방향 전류가 흐르도록 외부 직류전압을 인가하는 방법을 순방향 바이어스라 하며, 순방향으로 전류가 흐르기 시작하는 시점의 인가전압을 임계전압 또는 문턱전압이라고 하며, 보통 실리콘(Si)은 0.6~0.7V, 게르마늄(Ge)은 0.3~0.4V이다.

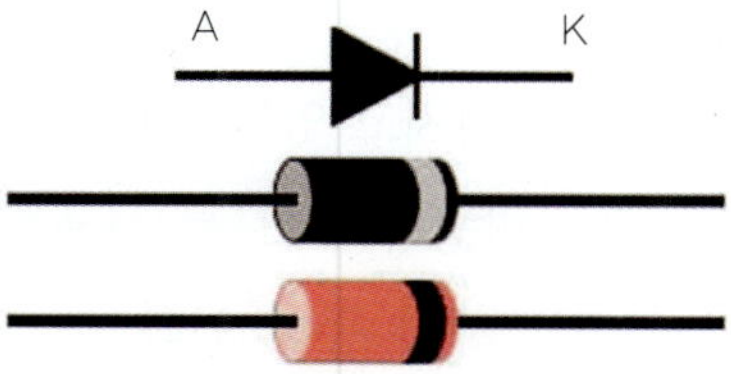

(a) 기호 및 모형

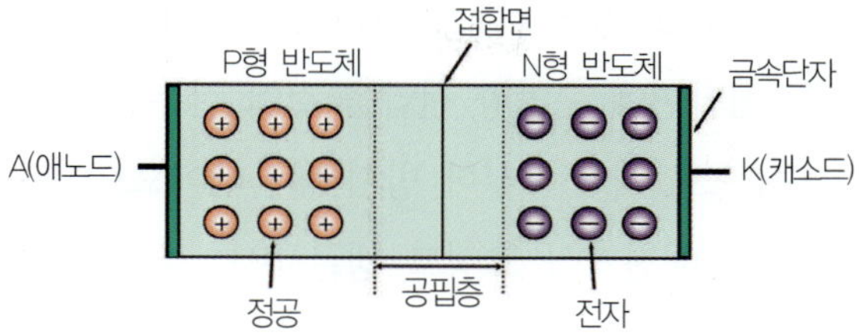

(b) 다이오드 구조

그림 4-20 PN 접합 다이오드의 구조

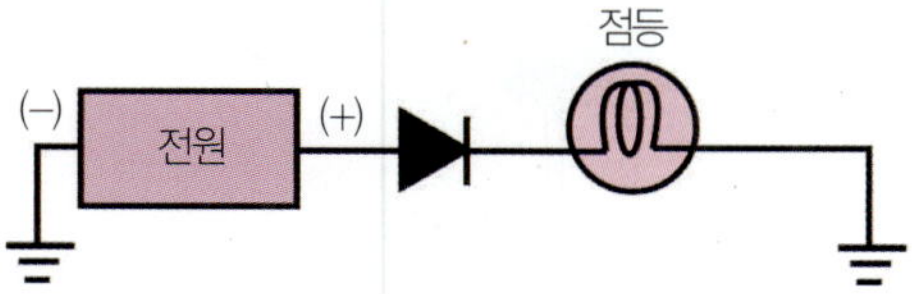

(a) 순방향

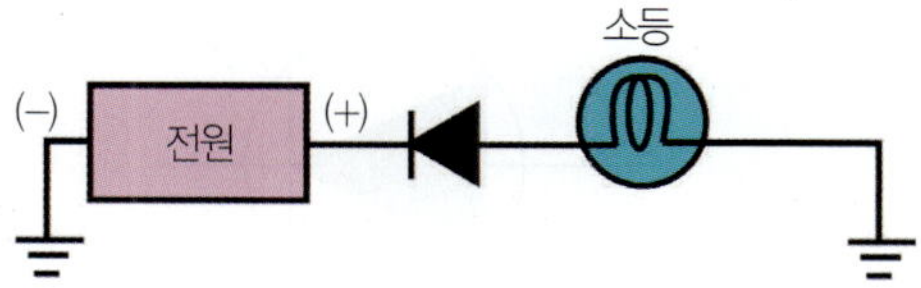

(b) 역방향

그림 4-21 다이오드의 순방향 결선과 역방향 결선시의 점등상태

역방향으로 전압을 인가하면 전류가 거의 흐르지 않게 되지만, 전압이 계속 증가하게 되면 어떤 전압 이상에서는 급격히 큰 전류가 흘러 다이오드가 파괴되는데, 이때의 전압을 항복전압이라고 한다.

② 제너다이오드(zener diode)

순방향 특성은 정류 다이오드와 같으나, 역방향 특성에서 일정 이상의 전압이 가해지면 역방향으로 전류가 통할 수 있도록 제작된 것으로 정전압 다이오드라고도 하며, 발전기의 전압 조정기에서 사용된다. 역방향으로 전류가 흐르는 현상을 제너 현상, 제너전압(브레이크다운전압)이라고 한다.

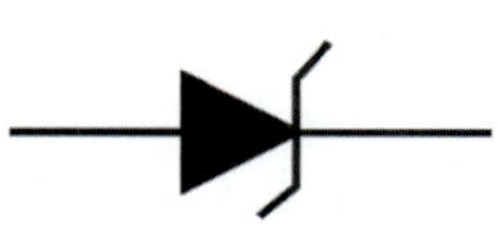

(a) 기호

(b) 모형

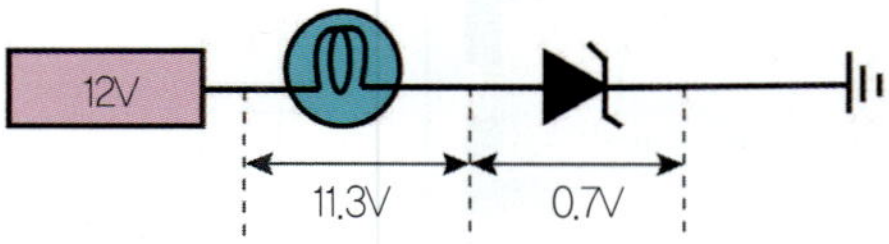

(c) 순방향

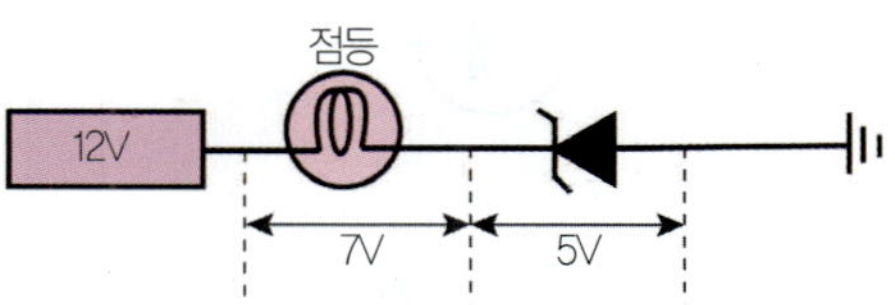

(d) 역방향(제너전압 5V)

그림 4-22 제너다이오드의 기호 및 모형과 순방향 결선과 역방향 결선 시의 점등 상태

③ **발광다이오드(LED : light emission diode)**

PN 접합면에 순방향 전압을 걸어 전류를 공급하면 캐리어가 가지고 있는 에너지의 일부가 빛으로 되어 외부에 방사하는 다이오드이다. 자동차에서 발광다이오드를 사용하는 부품에는 배전기식 크랭크 앵글센서, 조향휠 각속도센서, 차고센서 등이 있다.

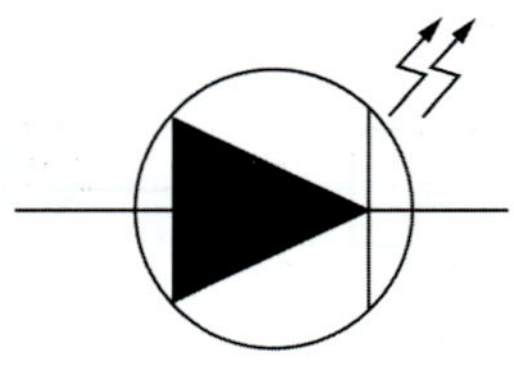

(a) 기호

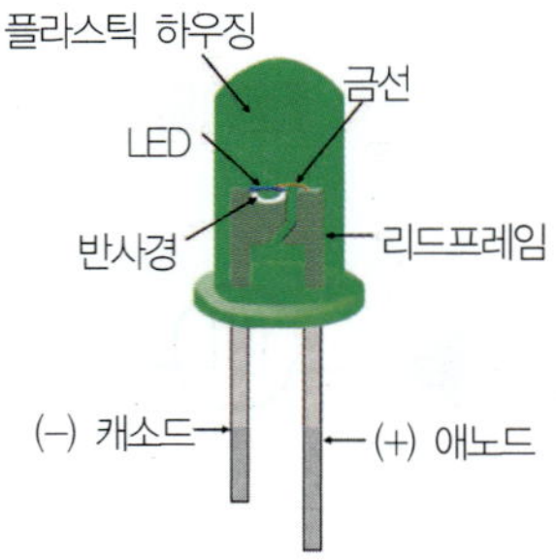

(b) 구조

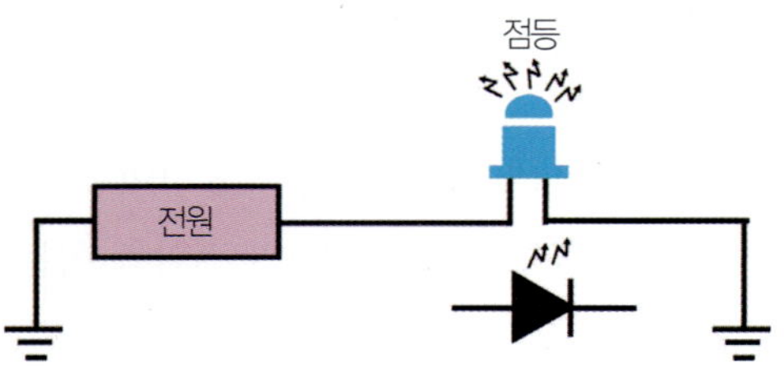

(c) 순방향

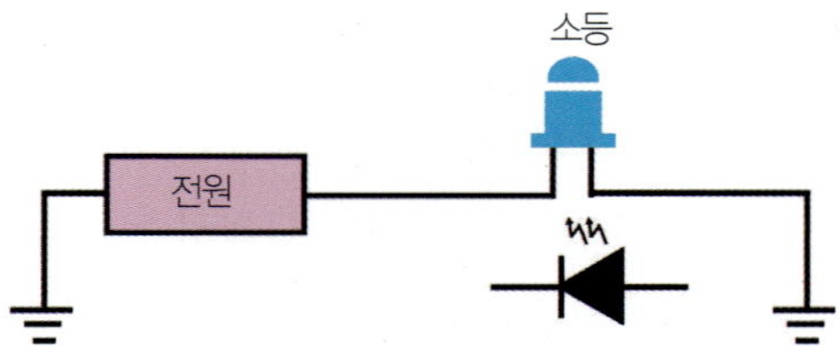

(d) 역방향

그림 4-23 발광다이오드의 기호 및 구조와 순방향 결선과 역방향 결선 시의 점등 상태

④ **포토다이오드(photo diode)**

포토다이오드는 입사광선을 접합부에 쪼이면 빛에 의해 전자가 궤도를 이탈하여 자유전자가 되어 역방향으로 전류가 흐르며, 용도는 배전기 내의 크랭크 각센서, TDC센서, 레인센서 등에 사용한다.

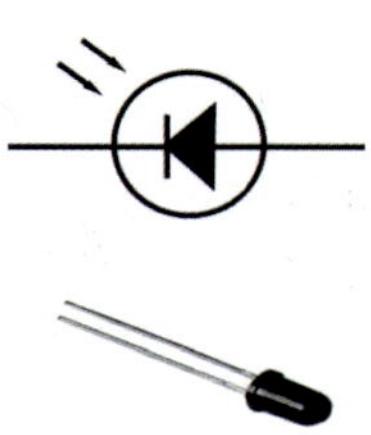

(a) 기호 및 모형

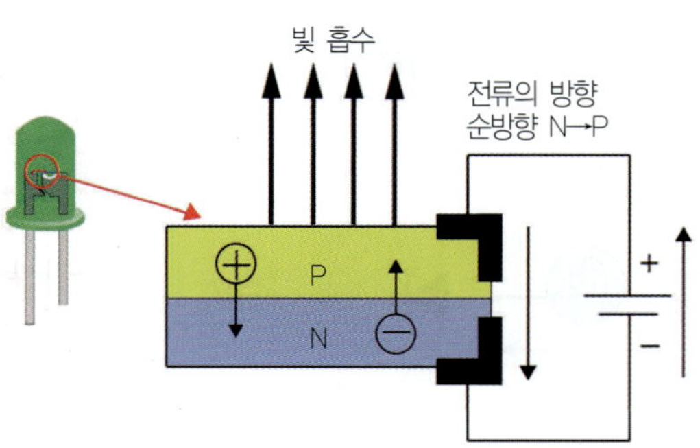

(b) 원리

(c) 순방향 (d) 역방향

그림 4-24 포토다이오드의 순방향 결선과 역방향 결선 시의 점등 상태

⑤ 트랜지스터(transistor)

불순물 반도체 3개를 접합한 것으로 PNP형과 NPN형이 있다. 3개의 단자 중 중앙 부분을 베이스(B : base, 제어부분), 양쪽의 P형 또는 N형을 각각 이미터(E : emitter) 및 컬렉터(C : collector)라 하며, 스위칭 작용, 증폭 작용 및 발진 작용이 있다.

㉮ PNP형 : 이미터에서 베이스로 전류가 흐르면 이미터에서 컬렉터로 전류가 흐름

㉯ NPN형 : 베이스에서 이미터로 전류가 흐르면 컬렉터에서 이미터로 전류가 흐름

㉰ 스위칭작용 : 베이스에 흐르는 전류를 단속하면 이미터나 컬렉터에 전류가 단속

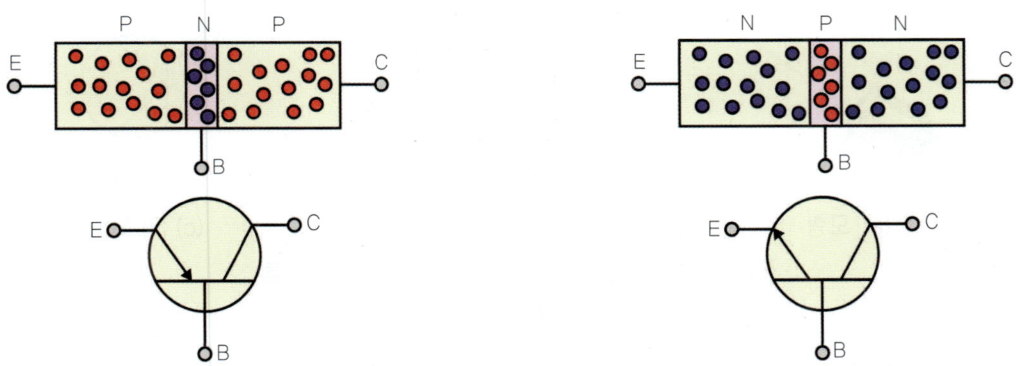

(a) PNP형 (b) NPN형

그림 4-25 트랜지스터의 구조

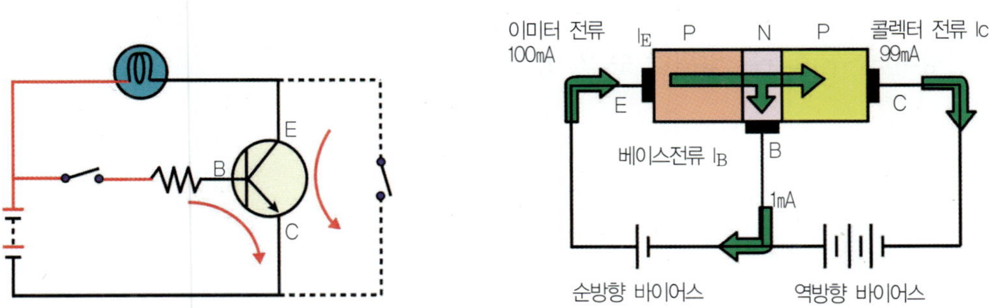

(a) (b)

그림 4-26 트랜지스터의 스위칭 작용과 증폭 작용

㉣ **증폭작용** : 베이스에 흐르는 전류는 총 전류의 1%로 작동이 되며, 나머지 99%가 컬렉터로 흐름(작은 전류로 큰 전류를 제어)

㉤ **포화영역(saturation region)** : 트랜지스터에서 베이스-이미터(E-B) 접합, 컬렉터-베이스(C-B) 접합 모두 순방향으로 바이어스된 상태로서 펄스회로에서 이용된다.

㉥ **활성영역(active region)** : 트랜지스터에서 베이스-이미터(E-B) 접합은 순바이어스, 컬렉터-베이스(C-B) 접합은 역바이어스된 상태로서 증폭기로 가장 많이 사용된다.

⑥ 포토트랜지스터(photo transistor)

포토트랜지스터는 PN접합부분에 빛을 가하면 빛의 에너지에 의해 발생된 정공과 전자가 외부 회로에 흐르게 되며, 입사광선에 의해 정공과 전자가 발생하면 역방향전류가 증가하여 입사광선에 대응하는 출력전류가 얻어지는데, 이를 광전류라 한다.

이 트랜지스터는 베이스 전극은 끌어냈으나 빛이 베이스 전류의 대용이므로 전극이 없다.

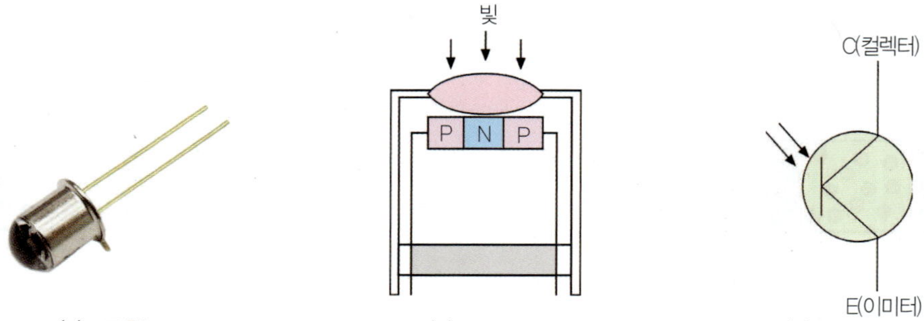

(a) 모형 (b) 구조 (c) 기호

그림 4-27 포토 트랜지스터의 구조 및 기호

⑦ 다링톤 트랜지스터(darlington TR)

다링톤 트랜지스터는 컬렉터에 많은 전류를 흐르게 하기 위해 2개의 트랜지스터를 1개의 반도체 결정에 집적하고, 이를 1개의 하우징에 밀봉한 것이다. 1개의 트랜지스터로 2개 분량의 증폭 효과를 발휘할 수 있다.

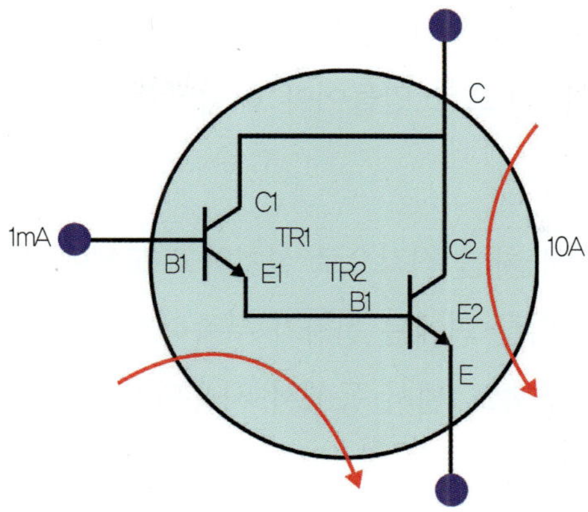

그림 4-28 다링톤 트랜지스터

⑧ 사이리스터(thyrister, SCR)

사이리스터는 SCR(silicon controlled rectifier)이라고도 하며, PN정션의 다이오드 2개를 접합한 상태로 PNPN의 형태이다. PNP형 1개와 NPN형 1개의 트랜지스터 2개를 합친 것과 같은 작용을 하며, 애노드, 캐소드, 게이트로 구성된다. 제어 단자인 게이트에는 P게이트형과 N게이트형이 있다.

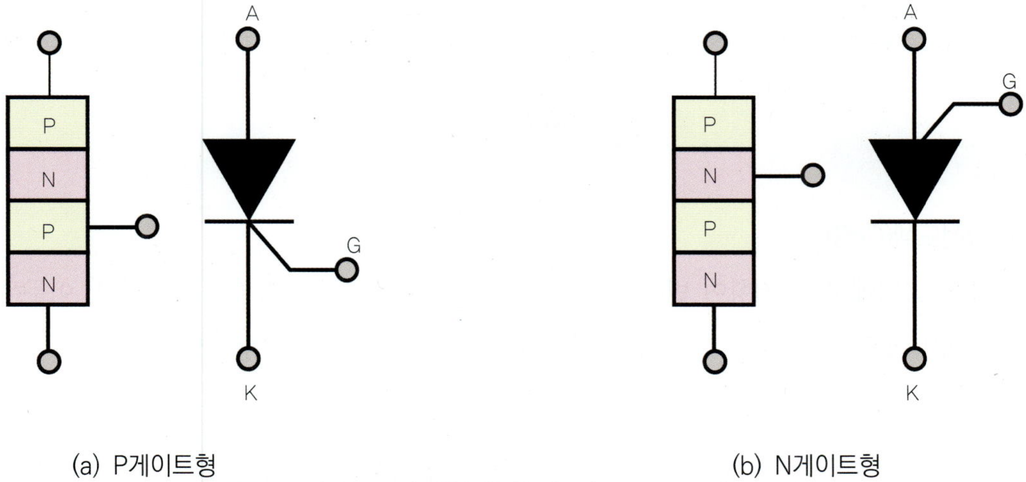

그림 4-29 사이리스터

㉮ 제어 특성

㉠ A(애노드)에서 K(캐소드)로 흐르는 전류가 순방향이다.

㉡ G(게이트)에 (+), K(캐소드)에 (−)전류를 흘려보내면 A(애노드)와 K(캐소드) 사이가 순간적으로 도통된다.

㉢ A(애노드)와 K 사이가 도통된 것은 G(게이트) 전류를 제거해도 계속 도통이 유지되며, A(애노드) 전위를 0으로 만들어야 해제된다.

⑨ 홀 효과(hall effect)

2개의 영구자석 사이에 도체를 직각으로 설치하고 도체에 전류를 공급하면 도체의 한 면에는 전자가 과잉되고, 다른 면에는 전자가 부족하게 되어 도체 양면을 가로질러 전압이 발생되는 현상이다. 차량속도 센서 등에서 사용된다.

⑩ 서미스터(thermistor)

온도가 상승하면 저항값이 감소하는 부특성(NTC) 서미스터와 온도가 상승하면 저항값도 증가하는 정특성(PTC) 서미스터가 있다. 일반적으로 서미스터란 부특성 서미스터를 의미하며, 용도는 전자회로의 온도 보상용, 수온센서, 흡기 온도센서 등에서 사용된다.

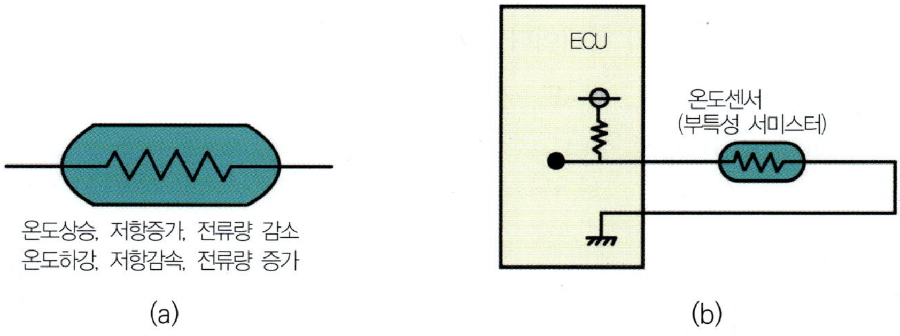

그림 4-30 서미스터

⑪ 광전도셀(CdS)

빛의 밝기에 따라 저항이 변하는 소자이며, 빛이 밝아질수록 저항이 감소하고, 어두우면 저항이 증가하는 특징이 있다. 일사센서, 조도센서, 가로등제어 등에 사용된다.

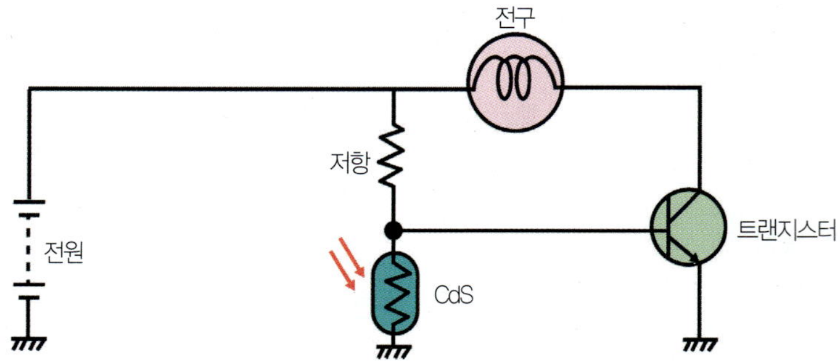

그림 4-31 광전도셀의 적용(오토라이트회로 예)

[10] 논리회로

논리회로란 1과 0의 신호를 사용하여 논리 연산, 기억, 전송, 변환 등의 조작을 하는 것으로, 논리회로에서는 온(on)과 오프(off)의 상태를 판별할 수 있다. 일반적으로 디지털 회로에서 0은 0V를 의미하고 1은 5V를 의미한다. 또한 0은 Low(로우)의 첫 글자를 따서 L, 1은 High(하이)의 첫 글자를 따서 H라고 표시한다. 이 과정에서는 논리회로의 기본이라 할 수 있는 OR, AND, NOR, NOR, NAND, XOR 회로에 대해서 알아본다.

(1) 논리합회로(OR회로)

논리합회로란 입력 A, B 중에서 어느 하나라도 1이면 출력 X도 1이 된다. 시퀀스회로에서는 병렬을 뜻한다.

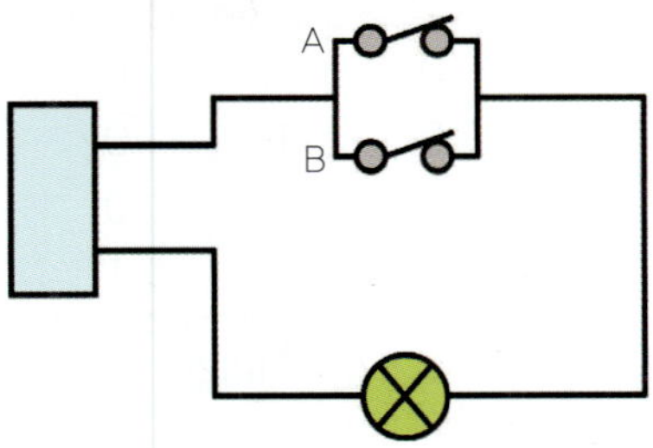

(a) 유접점 논리회로

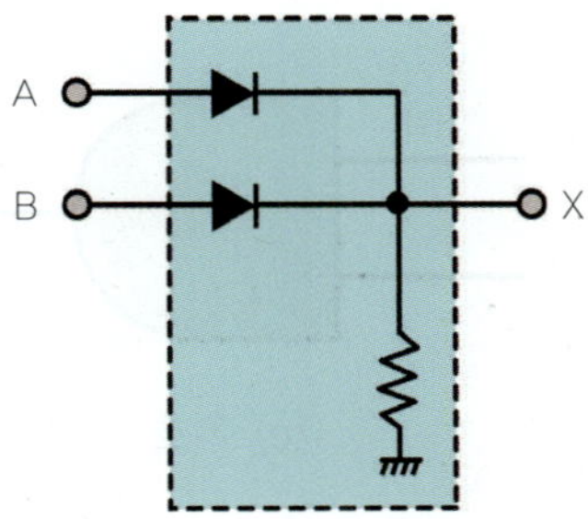

(b) 무접점 논리회로

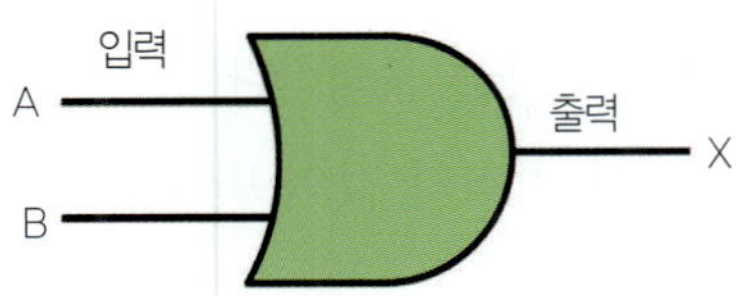

(c) 기호

A	B	출력
0	0	0
0	1	1
1	0	1
1	1	1

(d) 진리값

그림 4-32 논리합회로

(2) 논리적 회로(AND회로)

논리적 회로란 입력 A, B가 동시에 1이 되어야 출력 X도 1이 되며, 1개라도 0이면 출력 X는 0이 되는 회로이다. 시퀀스회로에선 직렬을 뜻한다.

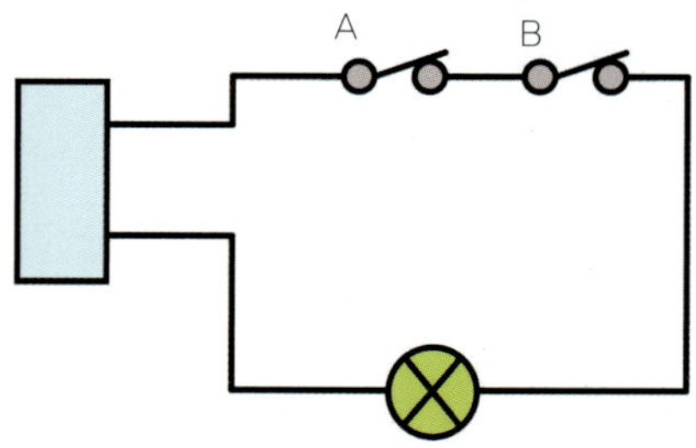

(a) 유접점 논리회로

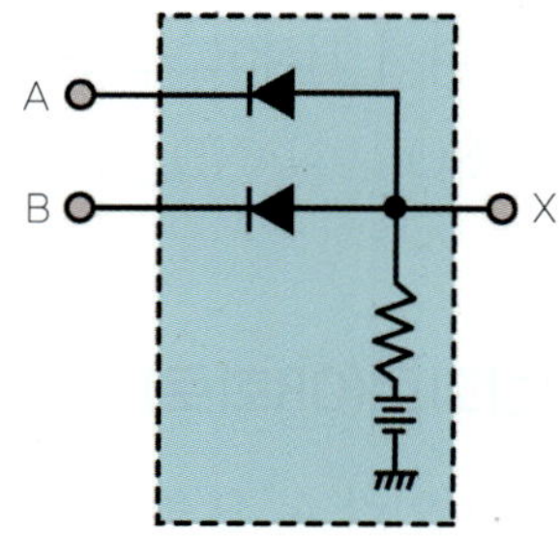

(b) 무접점 논리회로

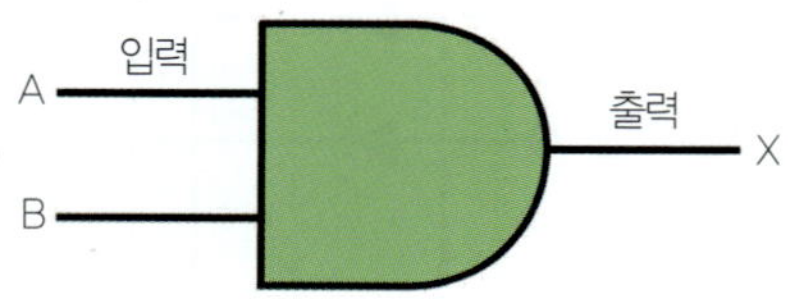

(c) 기호

A	B	출력
0	0	0
0	1	0
1	0	0
1	1	1

(d) 진리값

그림 4-33 논리적 회로

(3) 부정회로(NOT회로)

NOT 게이트는 입력이 1이면 0을 출력하고, 입력이 0이면 1을 출력한다. 보수기라고 불리기도 한다. 이 경우 결과값을 나타내는 기호 위에 –를 둬서 기호의 값의 반대값으로 나타낸다.

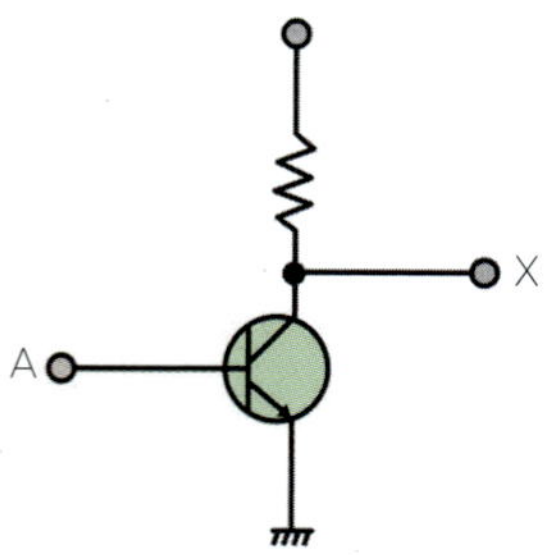

(a) 반도체 회로

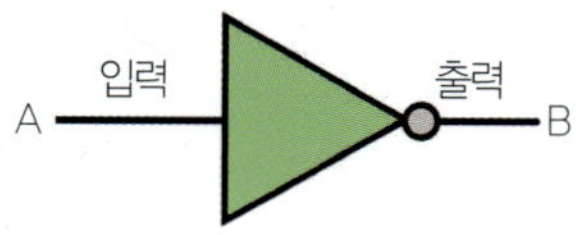

(b) 기호

A	출 력
0	1
1	0

(c) 진리값

그림 4-34 부정회로

(4) 부정 논리합회로(NOR회로)

NOR 게이트는 부정논리합을 구현하는 디지털 논리회로이며 진리표에 따라 동작한다. 게이트에 대한 두 개의 입력이 0이면 1출력이 발생하며, 두 입력 중 하나가 1이면 LOW 출력 0이 발생한다. NOR은 OR 연산자의 부정의 결과이다. AND 게이트에서 모든 입력이 반전된 것으로 간주할 수도 있다.

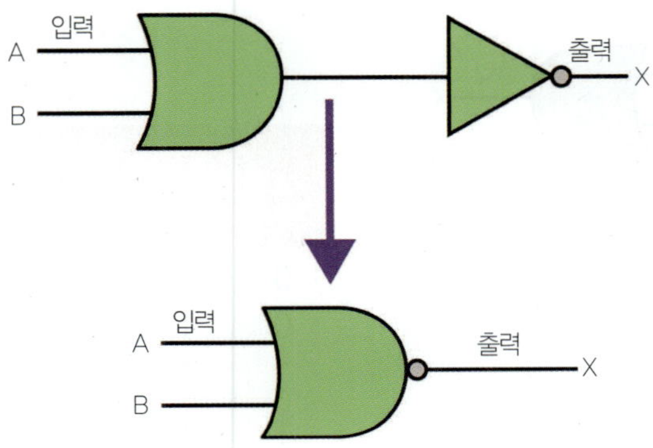

(a) 기호

A	B	출력	
		OR	NOR
0	0	0	1
0	1	1	0
1	0	1	0
1	1	1	0

(b) 진리값

그림 4-35 부정 논리합회로

(5) 부정 논리적 회로(NAND회로)

논리적 회로 뒤쪽에 부정회로를 접속한 것이며, 입력 스위치 A와 입력 스위치 B가 모두 ON이 되면 출력은 없다.

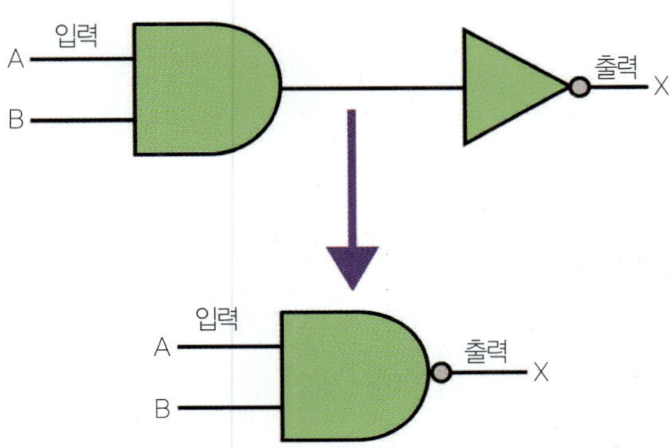

(a) 기호

A	B	출력	
		AND	NAND
0	0	0	1
0	1	0	1
1	0	0	1
1	1	1	0

(b) 진리값

그림 4-36 부정 논리적 회로

(6) 배타적 논리합 게이트(XOR회로, Exclusive OR회로)

OR 게이트가 입력값 중 하나라도 1이라면 1일 출력하는데 반해, XOR은 입력이 서로 다르면 1을 출력하고, 같으면 0을 출력한다. 셋 이상인 경우에는 입력의 1이 홀수 개일 때 1을 출력한다. 기호는 ⊕이다.

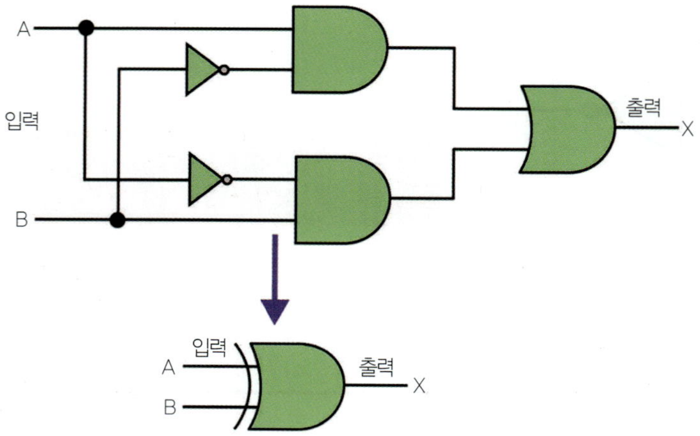

(a) XOR 게이트의 기호

A	B	출 력	
		OR	XOR
0	0	0	0
0	1	1	1
1	0	1	1
1	1	1	0

(b) 진리치표

그림 4-37 XOR회로

02 자동차 제어장치

[1] 제어장치의 종류

제어장치에는 제어 동작에 따라 크게 개루프 제어시스템과 폐루프 제어시스템으로 분류된다. 개루프 제어시스템(open-loop control system)은 시퀀스 제어시스템으로 가장 간단한 제어 시스템이고, 폐루프 제어시스템(closed-loop control system)은 피드백 제어시스템으로 정밀하고 신뢰성이 높은 제어가 필요한 곳에 사용하는 제어시스템이다. 제어 방법에 따라 연속적인 제어와 불연속적인 제어로 분류할 수 있으며, 연속적인 제어를 아날로그 제어라고 하며, 불연속적인 제어를 디지털 제어라 한다.

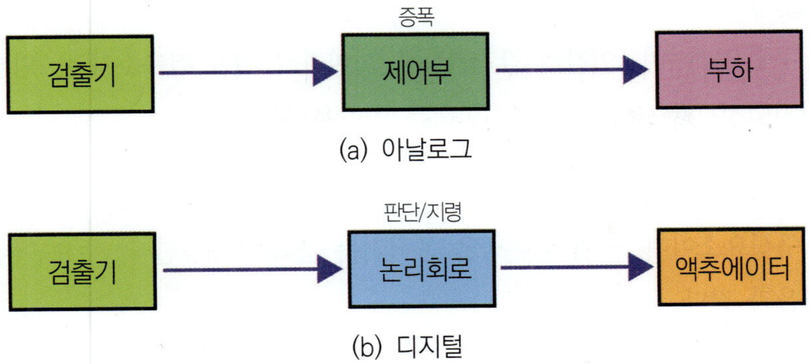

그림 4-38 제어시스템의 구성

아날로그 제어는 증폭된 결과가 출력되고, 디지털 제어는 2진수 연산에 의한 논리적 결과가 출력된다. 디지털 제어시스템에 사용되는 논리회로(또는 컴퓨터)는 센서로부터 입력되는 신호를 받아서 논리적인 연산에 의해 판단하여 액추에이터가 명령을 수행하도록 출력값을 보낸다.

[2] 자동차 제어장치의 작동

(1) 디지털 제어장치의 기본 작동

자동차에서 사용하는 전자제어시스템은 디지털 제어시스템이며, 구성요소는 검출기, 논리회로(ECU) 및 액추에이터이다.

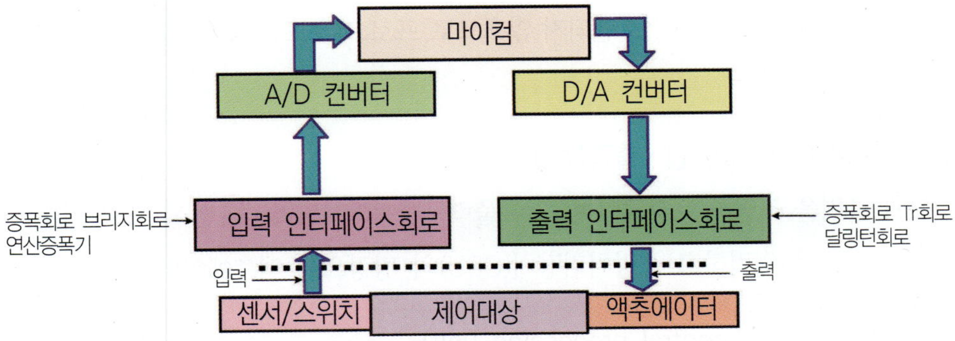

그림 4-39 마이컴 제어시스템의 구성

주요 부분은 인간의 두뇌에 해당하는 판단기능을 수행하는 ECU이며, ECU를 중심으로 입력신호를 보내오는 센서와 ECU의 논리적인 연산에 의해 판단결과인 명령을 받아 수행하는 액추에이터이다.

① 센서(검출기)

입력측 구성요소이며, 인간의 감각기능을 실현하기 위한 검출소자로, 외부의 아날로그 또는 디지털정보를 전기신호로 변환하는 역할을 한다.

② 액추에이터

출력측 구성요소이며, 사람의 손발을 움직이는 근육에 해당한다. 주요 액추에이터의 종류는 다음과 같다.

㉮ 전동기(전기)

㉯ 솔레노이드(전기)

㉰ 리니어모터(전기)

㉱ 실린더(유압, 공기압)

(2) 제어장치의 기능

① RAM(random access memory, 일시기억장치)

RAM은 임의의 기억저장장치에 기억되어 있는 데이터를 읽거나 기억시킬 수 있다. 그러나 RAM은 전원이 차단되면 기억된 데이터가 소멸되므로 처리 도중에 나타나는 일시적인 데이터의 기억저장에 사용된다.

② ROM(read only memory, 영구기억장치)

ROM은 읽어내기 전문의 기억장치이며, 한 번 기억시키면 내용을 변경시킬 수 없다. 또 전원이 차단되어도 기억이 소멸되지 않으므로 프로그램 또는 고정 데이터의 저장에 사용된다.

③ I/O(In Put/Out Put, 입・출력장치)

입력과 출력을 조절하는 장치이며, 입・출력구멍이라고도 한다. 입・출력장치는 외부 센서들의 신호를 입력하고 중앙처리장치(CPU)의 명령으로 액추에이터로 출력시킨다.

④ 중앙처리장치(CPU : central processing unit)

데이터의 산술연산이나 논리연산을 처리하는 연산 부분, 기억을 일시 저장해두는 장소인 일시기억 부분, 프로그램 명령, 해독 등을 하는 제어 부분으로 구성되어 있다.

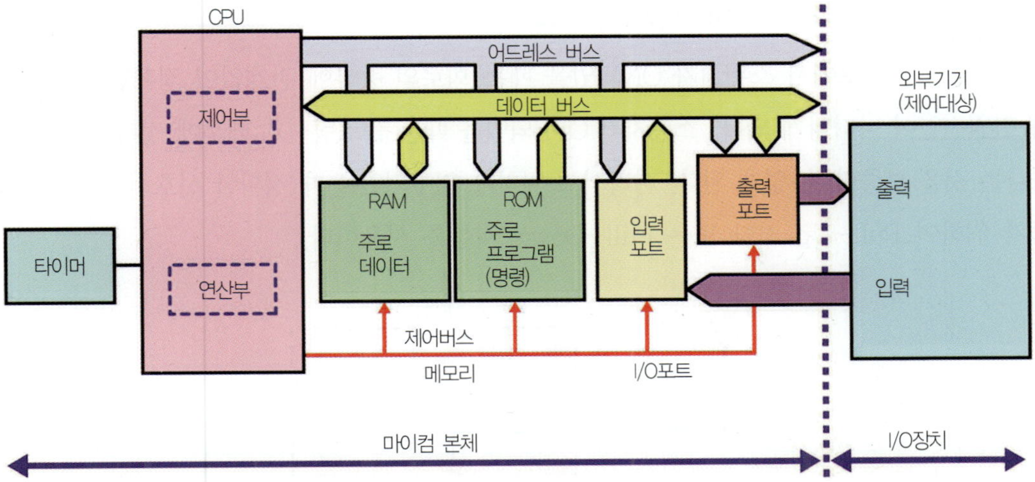

그림 4-40 마이크로컴퓨터의 내부구성

[3] 인터페이스의 입출력신호

(1) 인터페이스의 입출력신호 조건

그림 4-41 TTL IC와 CMOS IC의 입·출력신호 레벨

디지털 IC 중 TTL IC와 CMOS IC가 많이 사용되고 있고, TTL IC에 사용하는 전원전압은 5[V]이며, CMOS IC에 사용하는 전원전압은 3~16[V] 사이이다. TTL IC인 경우 0.8[V] 이하이면 "0", 2.5~5[V]이면 "1"로 간주하며, CMOS IC는 12[V]의 1/3(4[V]) 이하이면 "0", 2/3(8[V]) 이상이면 "1"로 간주한다.

(2) Pull Up 저항과 Pull Down 저항

스위치 입력회로에서 스위치가 ON되었을 때는 회로의 종류에 관계없이 정확한 접지전압이나 전원전압이 나타나게 되나, 스위치가 OFF되었을 때는 플로팅신호 때문에 정확한 전압이 나타나는 것을 보증할 수 없게 된다. 따라서 스위치가 OFF되었을 때 정확한 신호전압을 나타나게 하기 위하여 Pull-Up 저항 또는 Pull-Down 저항을 사용한다.

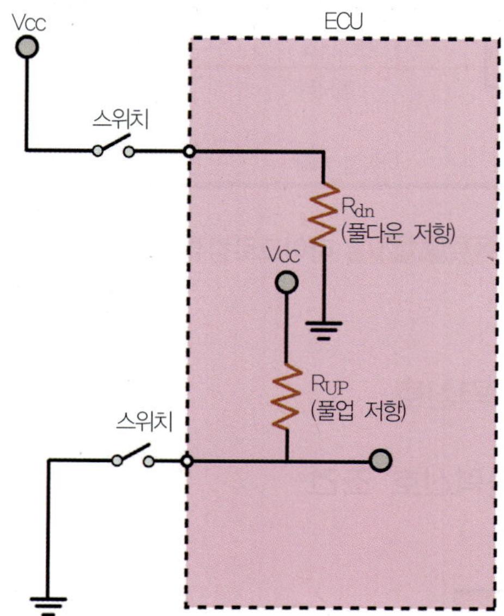

그림 4-42 Pull-Up 저항과 Pull-Down 저항의 역할

(3) ECU 입력회로

입력 요소에 따라 스위치 입력회로, 가변저항 입력회로, 브리지 입력회로 등이 많이 사용된다. 출력회로의 종류로는 Tr 출력회로가 많이 사용된다. 먼저 입력회로 중 스위치 입력회로는 다음과 같이 스위치의 ON/OFF에 따른 ECU 입력단 전압의 크기에 따라 두 종류가 있다.

① **스위치 입력회로**

스위치 입력회로는 스위치의 상태에 따라 나타나는 전압에 의해 두 가지로 분류된다. 두 가지 모두 스위치를 사용하고 있지만, 스위치의 ON/OFF 상태에 따라 나타나는 ECU 입력단의 전압은 전혀 반대가 되므로 측정 시 주의해야 한다.

㉮ 풀업 저항 스위치 입력회로 : 풀업 저항과 ECU 내부전원전압을 이용한 스위치 입력회로로, ECU의 입력단 전압이 스위치 OFF 시에는 Hi(5[V]), 스위치 ON 시에는 Lo(접지

전압, 0[V])로 나타난다.

㉯ 풀다운 저항 스위치 입력회로 : 풀다운 저항과 전원전압을 이용한 스위치 입력회로로, ECU의 입력단 전압이 스위치 OFF 시에는 Lo(접지전압, 0[V]), 스위치 ON 시에는 Hi(12[V])로 나타난다.

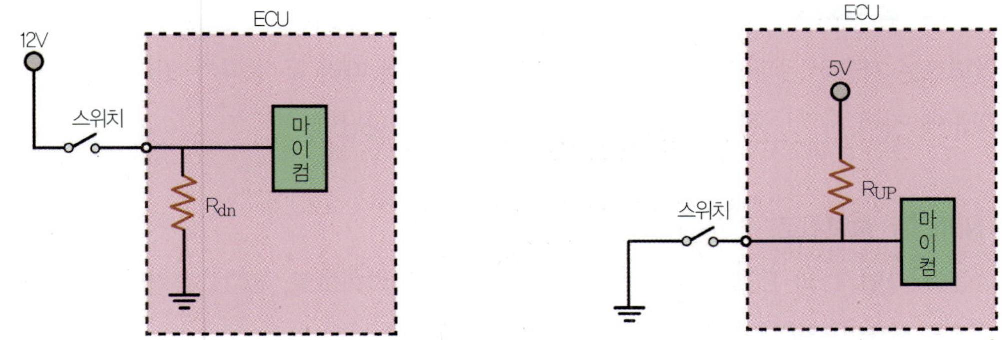

(a) 풀다운 저항 스위치 (b) 풀업 저항 스위치

그림 4-43 스위치 입력회로

② **가변저항 입력회로**

가변저항 입력회로는 저항이 변하는데 따라 전압이 변하는 원리를 이용한 것으로 발생된 전압이 ECU의 입력이 된다.

③ **브리지 입력회로**

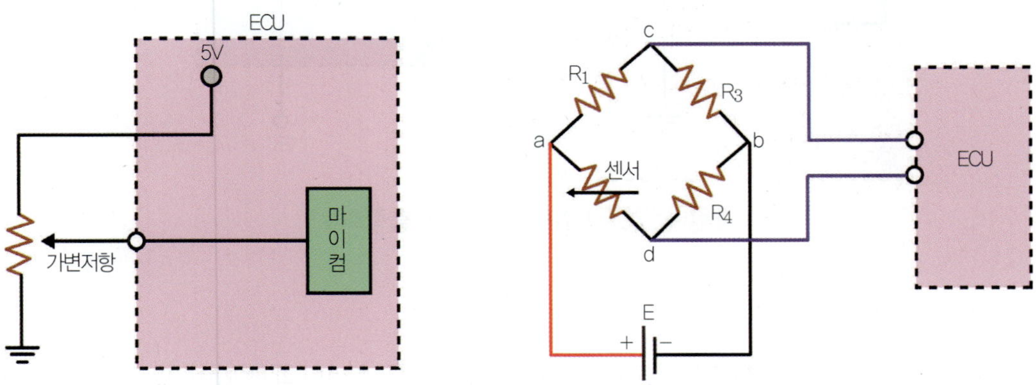

(a) 가변저항 (b) 브리지

그림 4-44 입력회로

브리지 입력회로는 휘스톤 브리지회로를 이용하여 신호전압을 ECU에 입력하는 방식이다.

4개의 저항 중 하나는 외부의 영향에 의해 저항이 변하는 센서를 사용한다. c점과 d점의 전위차가 ECU에 입력된다.

브리지회로의 평형조건은 $R_1 \cdot R_4 = R_2 \cdot R_3$가 된다.

(4) ECU 출력회로

출력회로는 사용하는 Tr의 종류, 전원과 접지의 위치에 따라 두 종류가 있다. 출력측 Tr의 ON/OFF에 따라 ECU 출력단 전압의 크기가 다르게 나타난다.

① NPN Tr 출력회로

NPN 타입 Tr과 ECU 외부 전원전압을 이용한 출력회로로, ECU 출력단의 전압이 Tr OFF 시 Hi(12V), Tr ON 시 Lo(접지전압, 0V)로 나타난다.

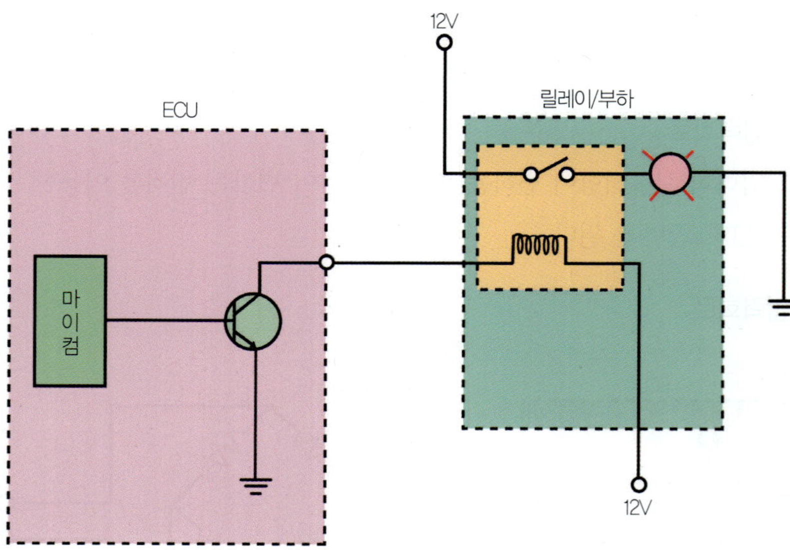

그림 4-45 NPN 타입 Tr 출력회로

② PNP Tr 출력회로

PNP타입 Tr과 전원전압을 이용한 출력회로로, ECU 출력단의 전압이 Tr OFF 시 Lo(접지전압, 0V), Tr ON 시 Hi(12V)로 나타난다.

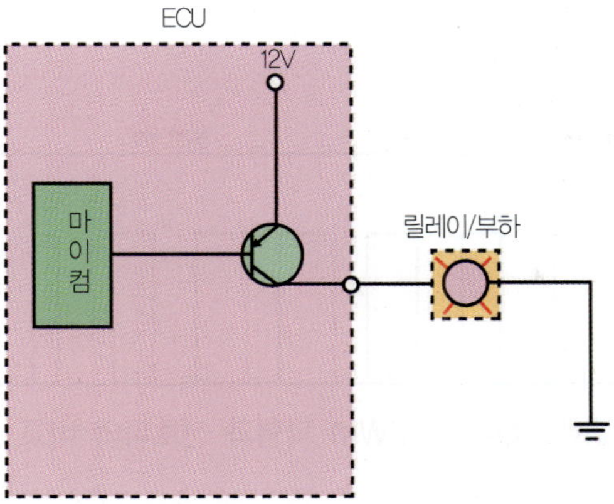

그림 4-46 PNP 타입 Tr 출력회로

[4] PWM 파형과 듀티

(1) 펄스

극히 짧은 시간만 계속하는 전압 · 전류파형을 임펄스라 하고, 이 임펄스의 반복을 펄스라고 한다. 구형파 펄스에서 펄스가 나타나는 시간 t_0를 펄스폭(펄스지속시간)이라 하고, 펄스와 펄스와의 사이의 시간 간격 T를 펄스주기(펄스간격)라고 하며, 1초당 펄스의 반복횟수를 펄스주파수라고 한다.

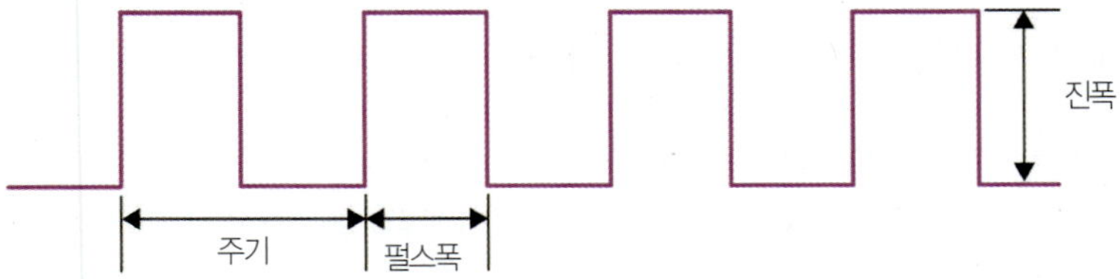

그림 4-47 구형파 펄스

(2) PWM 파형

PWM(펄스폭 변조, pulse width modulation) 파형이란 변조신호의 크기에 따라서 펄스의 폭을 변화시켜 변조하는 방식이다. 신호파의 진폭이 클 때는 펄스의 폭이 넓어지고, 진폭이 작을 때는 펄스의 폭이 좁아진다. 단, 펄스의 위치나 진폭은 변하지 않는다.

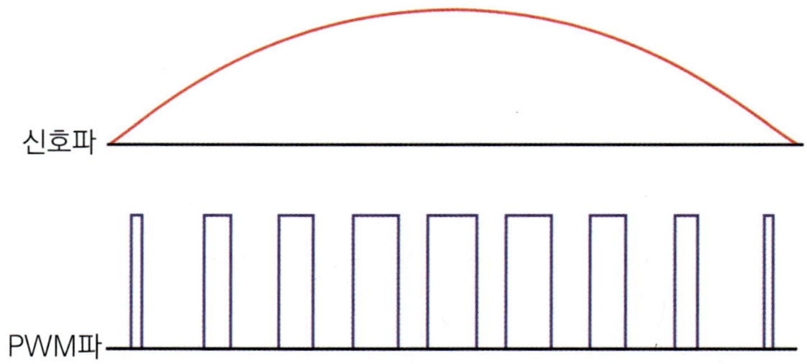

그림 4-48 PWM 파형과 신호파의 비교

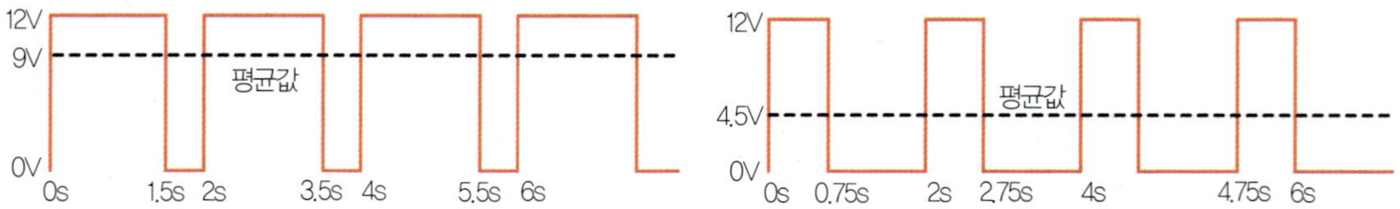

(a) 주기 2초, 전압 ON되는 기간이 주기의 3/4인 파형

(b) 주기 2초, 전압 ON되는 기간이 주기의 3/8인 파형

그림 4-49 전압 ON시간이 다른 두 PWM 파형의 비교

(3) 듀티(duty)

듀티(duty)는 "한 주기에서 펄스가 나온 시간이 전체에서 차지하는 비율을 (+)듀티라 하고, 펄스가 나오지 않는 시간에 대한 비율을 (−)듀티"라고 정의한다. 다시 말하면 펄스신호 파형에 있어 펄스주기 T 에 대한 ON시간 t_{ON}의 비율을 듀티비라고 한다. 듀티는 펄스주기와 펄스폭에 대한 정의이고 주파수와는 무관하다.

자동차에는 주로 (−)듀티를 이용하고 있고, (+)듀티를 사용하고 있는 것은 자동미션의 DCCSV(damper clutch control solenoid valve), PCSV(pressure control solenoid valve) 등이 있다.

$$T = t_{ON} + t_{OFF}, \quad (+)duty = \frac{t_{ON}}{T}, \quad (-)duty = \frac{t_{OFF}}{T}$$

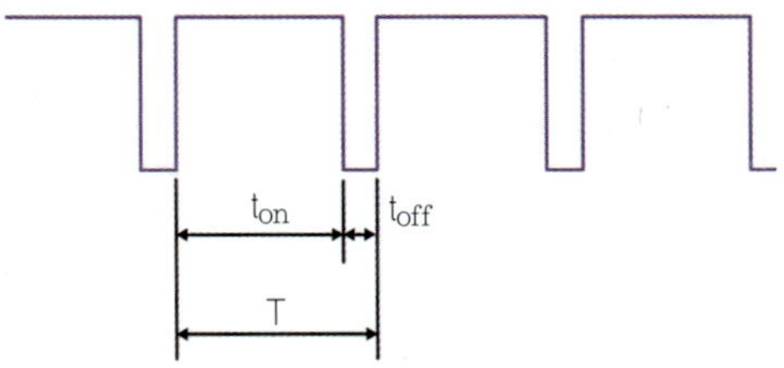

그림 4-50 펄스신호에 대한 듀티의 개념

03 통신장치

자동차에 통신을 사용하면 배선의 경량화, 공간의 확보, 시스템 신뢰성의 향상, 설계변경의 용이, 전기부품의 진단화 등의 장점을 갖추게 된다.

① 사용 배선의 수를 줄일 수 있어 차체의 중량을 감소시킬 수 있고, 커넥터의 접속불량, 배선의 단선과 단락 등의 고장 등이 줄어들게 되어 시스템 신뢰성이 향상된다.

② 전기장치의 설치장소 확보가 수월하게 되고 소프트웨어의 변경이 용이하여 손쉬운 설계 변경이 가능하다.

③ 자동차 전용 진단기기를 사용하여 전자제어센서와 모터 등의 상태를 점검하고 진단하여 정비성을 향상시킬 수 있다.

[1] 자동차 통신장치의 분류

자동차 네트워크는 기능적인 측면에서 파워트레인 제어, 섀시 제어, 차체 제어뿐만 아니라 자동차 내부 멀티미디어장치 제어 부분까지 확대 적용되고 있고, 속도 측면에서는 저속 및 고속의 데이터 통신으로 구분할 수 있다.

(1) CAN(controller area network) 통신장치

CAN 통신은 각종 제어장치들을 직렬 통신 방식을 이용해 자동차 네트워크로 연결하기 위해 개발되었으며, ECU(엔진용 컴퓨터), TCU(자동변속기용 컴퓨터) 및 TCS(구동력 제어장치) 등

컴퓨터들 사이에 신속한 정보교환 및 전달을 목적으로 한다.

CAN은 고장방지 기능을 지원하는 Low Speed CAN과 High Speed CAN으로 두 가닥의 일반 꼬임 전선을 통하여 데이터를 다중 통신을 한다. 최대 통신 속도는 1Mbps이며 125Kbps를 기준으로 Low Speed CAN(자동차 바디계)과 High Speed CAN(자동차 제어계)으로 나뉘어진다.

(2) LIN(local interconnect network)

LIN(local interconnect network)은 CAN이 적용되는 부분 중에서 데이터 전송량이 적은 바디의 서브 통신용으로 적용되고 있으며, 한 가닥의 일반 전선으로 최대 20Kbps의 전송속도와 최대 64개의 노드를 지원할 수 있다.

(3) MOST(media oriented systems transport)

MOST는 환경에 강하면서도 비용 대비 효과가 높은 통신 네트워크가 필요한 자동차 멀티미디어 네트워크용으로 광통신을 이용하여 25Mbps의 전송속도와 64개의 노드를 지원하고, 현재 150Mbps까지 전송속도를 확대하기 위한 개발을 진행 중에 있다. 그리고 상대적으로 고가인 광케이블을 대체하기 위하여 일반 전선으로도 통신이 가능하도록 개발 중에 있다.

(4) FlexRay

FlexRay는 ESP, ABS, AT용 등의 Steer-by-Wire나 Brake-by-Wire 등 높은 신뢰성이 요구되는 차내 통신에 대해 주목을 끌고 있는 프로토콜로 MOST와 같이 고속의 Data를 전송할 수 있으면서도 실시간 전송이 보장되는 새로운 통신 방식이다.

[자동차 통신의 종류]

통신 방식	적용 분야	전송 속도	비 고
CAN	P/T 제어기 및 바디 전장 간의 데이터 전송	중저속	독립 ECM 통합 통신
KWP 2000	고장진단 장비(하이스캔 등)와의 통신	저속	
TTP/Flex Ray	X-By-Wire시스템의 고속, 고신뢰성 통신	고속	고급 차종에 적용
LIN	윈도우스위치/액추에이터 등 서브통신	저속	소규모 지역 통신
MOST	AV시스템, 내비게이션 등의 멀티미디어 통신	초고속	광통신

[2] 자동차에서 사용하는 통신 방식

(1) 통신 크기에 따른 분류

① **직렬통신 :** 한 번에 한 개의 데이터만 전송

② **병렬통신 :** 한 번에 여러 데이터를 동시에 전송

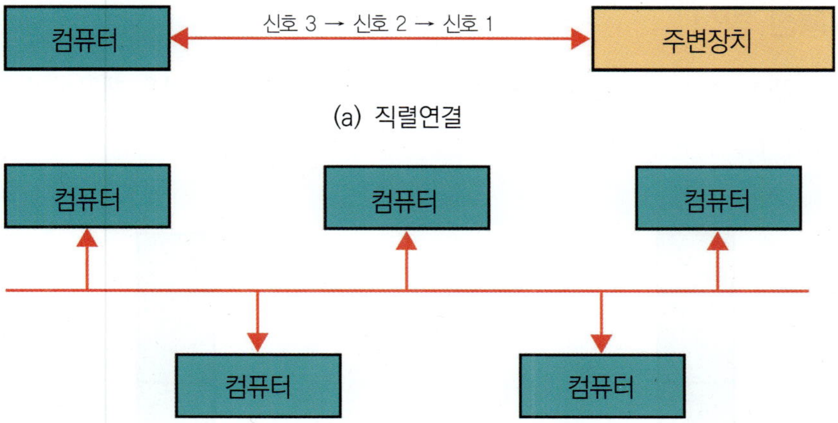

그림 4-51 통신 크기에 따른 분류

[직렬통신과 병렬통신의 비교]

	직렬통신	병렬통신
기능	한 번에 한 비트씩 전송	여러 개의 비트가 한 번에 전송
장점	가격이 저렴하고 거리의 제한이 적다.	직렬통신에 비해 속도가 빠르며 효과적이다.
단점	전송속도가 느리다.	거리의 제한이 있으며 전송 노선의 비용이 비싸다.
예	PWM, 시리얼통신	MUX통신, CAN통신, LAN통신

(2) 통신방법에 따른 분류

① **단방향 통신 :** 정보가 한 방향으로만 전달

② **양방향 통신 :** 정보가 양방향으로 동시에 전달

(3) 통신 형식에 따른 분류

① **비동기 통신** : 정보를 전달할 때 고정된 속도를 갖지 않고 약정된 신호를 기준으로 속도나 시기를 맞추는 통신방법

② **동기통신** : 송수신할 때 주파수와 위상을 맞추어서 송신하는 통신방법

[3] CAN통신 방식

CAN(controller area network)통신은 ECU간의 디지털 직렬통신을 제공하기 위해 자동차용 양방향 통신시스템이다.

그림 4-52 CAN통신시스템의 기본구성

구성의 특징은 CAN버스와 유닛간의 거리는 0.3m 이내이고, 각 유닛(ECU)간 CAN버스의 길이는 1m 이내로 CAN버스의 전체 길이는 40m 이하로 한다. 또 CAN버스 양단에는 108~132Ω] 크기의 저항을 설치하여 CAN 특성을 만족시킨다.

CAN통신은 고온, 충격, 진동, 노즈가 많은 환경, 즉 열악한 환경에서도 잘 견디기 때문에 자동차에 적용될 수 있다. CAN통신시스템에는 CAN 컨트롤러가 사용되는데, CAN 컨트롤러는 입력 데이터를 필터링하여 수신하고자 하는 데이터만 받아들이고, 입력 데이터에 대하여 수신확인 신호, 에러신호, 지연신호 등을 자동으로 전송하는 역할을 한다.

또한 CPU에 입력 메시지와 버스 상태 및 CAN 컨트롤러의 상태를 전달하며, CPU로부터 전송할 데이터를 받아 CAN 버스에 전송하는 역할도 한다. 두 개의 통신라인(BUS-A, BUS-B)을 사용하여 서로의 정보를 전송하며 자신에게 필요한 정보만을 사용한다. CAN통신은 HIGH SPEED CAN과 LOW SPEED CAN이 있다.

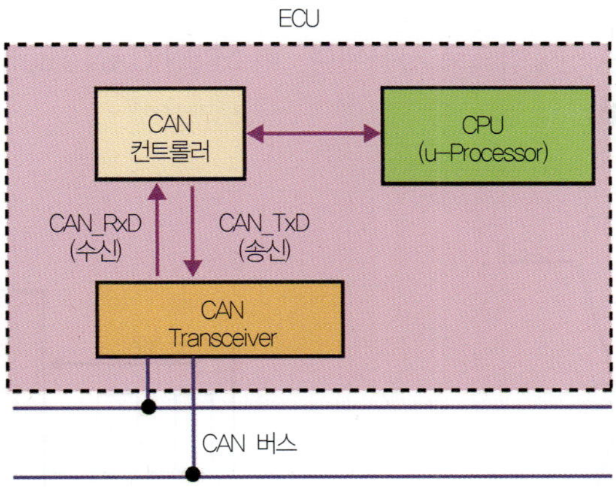

그림 4-53 CAN통신 시스템의 내부구성

(1) HIGH SPEED CAN통신

전압 레벨은 CAN-H(버스 A)와 CAN-L(버스 B)가 2.5V 전압을 기준으로 상승 하강을 하는 통신방법이다. CAN 통신은 BUS A와 BUS B의 전압 차이로 데이터를 읽는다. 데이터의 전송속도, 처리속도가 매우 빠르고 정확하다. 빠른 전송으로 인해 노이즈 발생이 있어 오디오, A/V시스템에 영향을 줄 수 있다. TX로 입력된 신호를 RX로 출력하고 이에 해당하는 데이터를 CAN-L과 CAN-H로 출력한다.

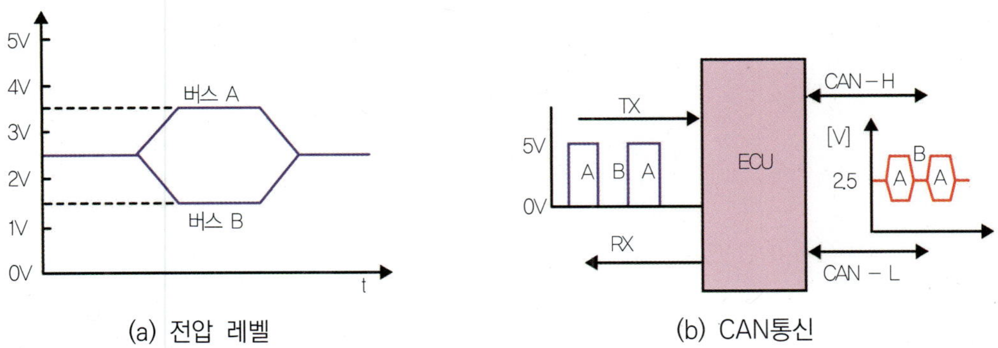

그림 4-54 HIGH SPEED CAN통신

(2) LOW SPEED CAN통신

CAN L은 5V의 전압이 걸려 있다가 데이터가 출력되면 1.4V의 전압으로 하강된다. CAN-H는 약 0V의 전압이 걸려 있다가 데이터가 출력되면 3.5V로 상승한다. CAN-H와

CAN-L는 같은 시점에서 전압이 변환한다. 속도와 정보처리 속도가 조금 느리지만 잡음 발생이 적어 자동차 ECU의 통신방법으로 사용된다. 버스라인(CAN High와 CAN Low)을 통하여 데이터를 다중통신을 한다.

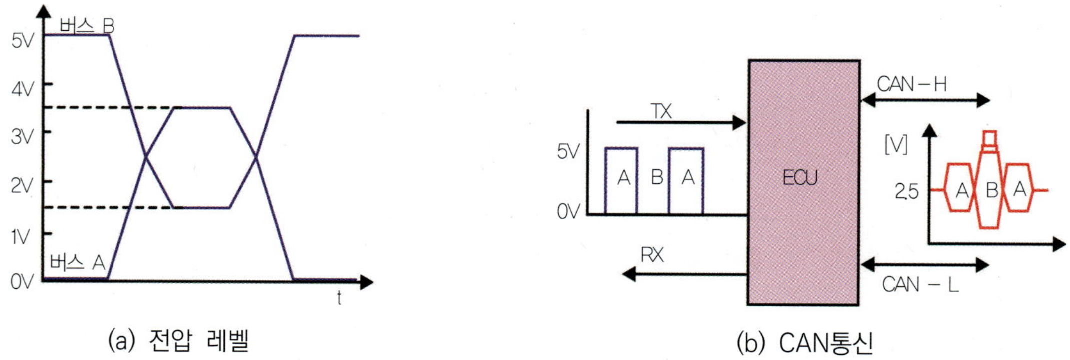

그림 4-55 LOW SPEED CAN통신

CHAPTER 02

시동 · 점화 및 충전장치

01 내연기관 축전지(battery)

축전지는 전극의 작용물질과 전해액이 가지는 화학적 에너지를 전기적 에너지로 변환시키는 역할(방전)을 하며, 반대로 전기적 에너지를 공급하면 다시 화학적 에너지로 변환(충전)된다. 이와 같이 충전과 방전이 반복되는 전지를 2차 전지라고 한다. 1차 전지는 충전과 방전이 반복되지 않는다.

그림 4-56 내연기관 축전지

[1] 내연기관 축전지의 역할

① 기동전동기의 전원을 공급

② 발전기 고장 시 대체 전원으로 작동

③ 발전기 출력과 부하의 언밸런스를 조정

[2] 내연기관 축전지의 구비조건

① 소형 · 경량이고 수명이 길어야 한다.

② 심한 진동에 견딜 수 있어야 하며, 다루기가 쉬워야 한다.

③ 전기 부하의 증가에 따라 용량이 크고, 가격이 저렴하여야 한다.

④ 고온 내구성이 있어야 한다.

[3] 내연기관 축전지의 종류

① 납산 축전지

② 알칼리 축전지

③ MF 축전지

㉮ 전해액을 보충 및 정비가 필요 없다.

㉯ 자기 방전율이 매우 작다.

㉰ 장시간 보관이 가능하다.

④ AGM 배터리(absorbent glass mat battery)

[4] 내연기관 납산 축전지의 구조

12V 축전지의 경우에는 케이스 속에 6개의 셀(cell)이 있고, 이 셀 속에 양극판, 음극판 및 전해액이 들어 있으며, 이들이 화학적 반응을 하여 셀마다 약 2.1V의 기전력을 발생시킨다. 그리고 양극판이 음극판보다 더 활성적이므로 양극판과의 화학적 평형을 고려하여 음극판을 1장 더 둔다.

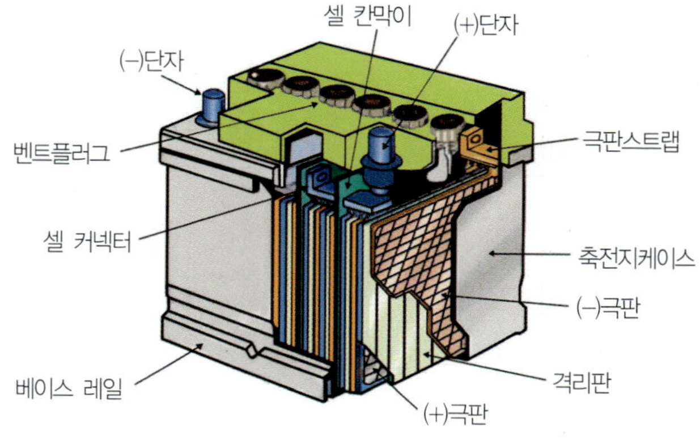

그림 4-57 축전지의 구조

(1) 극판

극판에는 양극판과 음극판이 있으며 격자(grid)에 납 분말이나 산화납을 묽은 황산으로 반죽하여 양극판은 과산화납(PbO_2) 으로 음극판은 해면상납(Pb)으로 한 것이다.

격자는 과산화납이나 해면상납의 탈락을 방지하고 외부와 작용물질과의 전기전도 작용을 하며, 재질은 납과 안티몬의 합금을 사용하였다. **음극판이 1장 더 많은 이유는** 양극판이 음극판보다 더 활성적이기 때문에 화학적 평형을 유지하기 위해서이다.

(2) 격리판

양극판과 음극판 사이에 설치되어 극판 단락을 방지하며 구비조건은 다음과 같다.

① 비전도성일 것

② 전해액의 확산이 잘 될 것

③ 다공성일 것

④ 전해액에 부식되지 않을 것

⑤ 기계적 강도가 있을 것

⑥ 극판에 좋지 않은 물질을 내뿜지 않을 것

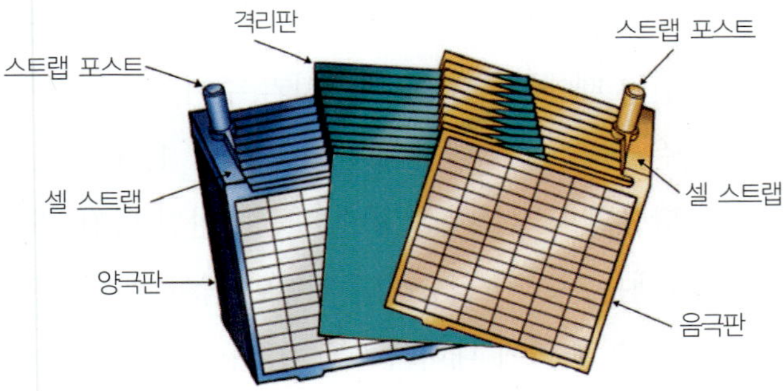

그림 4-58 극판의 구조

(3) 납산 축전지의 커버(cover)와 케이스(case)

커버와 케이스는 플라스틱으로 제작하며 접착제로 접착하여 기밀을 유지한다. 12V 축전지의 것은 6칸으로 나누어져 있다. 각 셀의 밑 부분에는 극판의 작용물질의 탈락이나 침전물 축적에 의한 단락을 방지하기 위한 엘리먼트 레스트(element rest)가 마련되어 있다. 커버 가운데에는 전해액이나 증류수를 주입하기 위한 벤트 플러그(vent plug)가 있으며, 이 플러그의 중앙이나 옆에는 축전지 내부에서 발생한 산소와 수소가스를 방출한다. 축전지의 커버와 케이스의 청소는 탄산소다(탄산나트륨)와 물 또는 암모니아수로 한다.

(4) 납산 축전지의 단자(terminal post)

단자는 납 합금이며, 외부회로와 확실하게 접속되도록 하기 위해 테이퍼(taper)되어 있다. 양극단자는 양극판이 과산화납이므로 쉽게 산화가 발생되어 부식되기 쉽다. 만약 부식되었을 경우에는 깨끗이 세척한 후 그리스(greese)를 얇게 발라 준다. 그리고 양극과 음극단자에는 문자, 색깔 및 크기 등으로 표시하여 잘못 접속되는 것을 방지하고 있다.

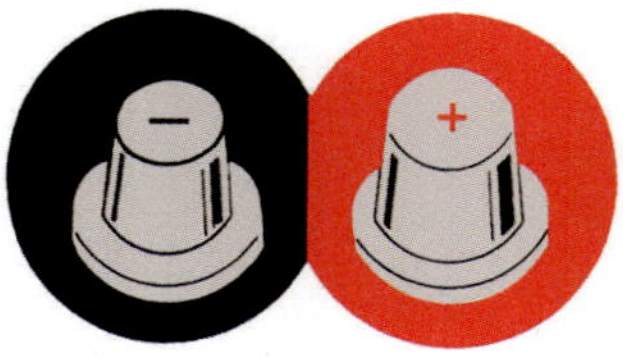

그림 4-59 단자와 접지 단자

(5) 전해액

전해액은 순도가 높은 묽은 황산(H_2SO_4)을 사용한다. 전해액은 극판과 접촉하여 충전을 할 때에는 전류를 저장하고, 방전될 때에는 전류를 발생시켜 주며, 셀 내부에서 전류를 전도하는 작용도 한다. 전해액의 비중은 20℃에서 완전 충전되었을 때 1.260~1.280이다.

전해액이 표준 비중일 때 황산의 도전성이 가장 높다. 또 완전 방전되었을 경우에는 비중이 1.050 정도이다. 그리고 전해액은 온도가 상승하면 비중이 작아지고, 온도가 낮아지면 비중은 커진다. 전해액 비중은 온도 1℃ 변화에 대하여 0.0007이 변화한다.

$$S_{20} = St + 0.0007(t-20)$$

S_{20} : 표준 온도(20℃)로 환산한 비중 St : t℃에서의 전해액 비중

t : 전해액의 온도(℃) 0.0007 : 1℃ 변화에 대한 계수

① 전해액 비중과 충전 상태

전해액의 비중은 방전량에 비례하여 저하된다. 비중이 1.200(20℃) 정도 되면 보충 충전을 실시하여야 하며, 축전지를 사용하지 않고 보관 중일 경우에는 15일(MF축전지는 약

1개월)에 1번씩 보충 충전을 하여야 한다. 전해액의 비중을 측정하여 축전지 충전 여부를 판단할 수 있으며 비중계로 측정한다.

1Ah의 방전량에 대해 전해액 중의 황산(H_2SO_4)은 3.660g 소비되며, 0.67g의 물이 생성된다. 또 같은 1Ah의 충전량에 대해서도 0.67g의 물이 소비되고 3.660g의 황산이 생성된다. 1.280(20℃)의 묽은 황산 1ℓ 에 약 35%의 황산과 65%의 물(증류수)이 포함되어 있다.

전해액 비중		잔존용량(%)
A	B	
1.280	1.260	100
1.230	1.210	75
1.180	1.160	50
1.130	1.110	25
1.080	1.060	0

주) A : 완전히 충전되었을 때의 비중이 1.280(20℃)의 축전지 경우
B : 완전히 충전되었을 때의 비중이 1.260(20℃)의 축전지 경우

② **극판의 영구 황산납(유화, 설페이션)**

축전지의 방전상태가 일정 한도 이상 오랫동안 진행되어 극판이 결정화되는 현상을 말하며, 그 원인은 다음과 같다.

㉮ 전해액의 비중이 너무 높거나 낮다.

㉯ 전해액이 부족하여 극판이 노출되었다.

㉰ 불충분한 충전이 되었다.

㉱ 축전지를 방전된 상태로 장기간 방치하였다.

[5] 납산 축전지의 화학작용

양극판 전해액 음극판 **충전** 양극판 전해액 음극판

$$PbSO_4 + 2H_2O + PbSO_4 \rightleftarrows PbO_2 + 2H_2SO_4 + Pb$$

황산납 물 황산납 **방전** 과산화납 묽은황산 해면상납

[6] 납산 축전지의 특징

(1) 축전지의 기전력

축전지 셀당 기전력은 2.1V이며, 이것은 전해액의 비중, 온도, 방전 정도에 따라서 조금씩 다르다. 기전력은 전해액 온도 저하에 따라 낮아진다. 전해액의 온도가 낮아지면 축전지 내부의 화학반응이 늦어지고, 전해액의 고유저항이 증가하기 때문이다.

(2) 방전 종지전압(방전 끝 전압)

축전지는 어느 정도 방전되면 그 후의 전압강하가 매우 급격한데, 이 급격히 떨어지는 전압 이후로 방전시키면 축전지에 재생불능의 악영향을 줄 수 있는데, 이 한계를 방전종지 전압이라 한다. 20시간율 방전의 경우 방전종지 전압은 셀당 1.75V이다.

(3) 축전지 용량

축전지 용량이란 완전 충전된 축전지를 일정한 전류로 연속 방전하여 방전 중의 단자 전압이 규정의 방전 종지 전압이 될 때까지 방전시킬 수 있는 용량이다. 축전지 용량의 단위는 암페어시 용량(AH : ampere hour rate)으로 표시한다.

Ah(축전지 용량) = A(방전 전류) × h(연속 방전시간)

① **축전지 용량을 결정하는 요소**

㉮ 극판의 크기(면적)

㉯ 극판의 수

㉰ 전해액의 양

㉱ 전해액의 온도

㉲ 전해액의 비중

② **방전율(축전지 용량 표시법)**

㉮ **20시간율** : 일정 전류로 방전 종지전압이 될 때까지 20시간 사용할 수 있는 용량

㉯ **25A율** : 80°F에서 25A의 전류로 방전하여 셀당 전압이 방전 종지전압에 이를 때까지 방전할 수 있는 총 전류

㉰ **냉간율** : 0°F에서 300A의 전류로 방전하여 셀당 전압이 1V가 될 때까지의 소요된 시간

㉣ **5시간율** : 방전 종지전압에 도달할 때까지 5시간이 소요되는 방전 전류의 크기

(4) 자기방전

충전된 축전지를 사용하지 않고 방치해 두면 조금씩 자연 방전하여 용량이 감소되는 현상을 자기방전(자연방전)이라 한다. 자기 방전량은 24시간 동안 실제 용량의 0.3~1.5%이다. 자기 방전량은 전해액의 온도가 높고, 비중 및 용량이 클수록 크다.

① 자기방전 원인

㉮ 음극판의 작용물질(해면상납)이 황산과의 화학작용으로 황산납이 되면서 자기방전되며, 이때 수소가스를 발생시킨다. ⊖ 구조상 부득이한 경우이다.

㉯ 불순물이 유입되어 국부 전지가 형성되어 방전된다.

㉰ 탈락한 극판의 작용물질이 축전지 내부의 밑이나 옆에 퇴적되거나 격리 판이 파손되어 양쪽 극판이 단락되어 방전된다.

㉱ 축전지 커버 위에 부착된 전해액이나 먼지 등에 의한 누전으로 방전된다.

② 온도와 자기 방전량과의 관계

전해액의 온도	비중 저하량	방전율(1일)
30℃	0.002	1.0%
20℃	0.001	0.5%
5℃	0.0005	0.25%

(5) 축전지 충전 종류

① 급속 충전

급속 충전기를 이용하여 축전지 용량의 50% 충전 전류로 충전

> **참고** 충전 시 주의사항
> ① 차에 설치한 상태로 충전할 때 터미널단자를 떼어내고 충전할 것
> ② 환기가 잘되는 곳에서 충전할 것
> ③ 전해액의 온도가 45℃를 넘지 않도록 할 것
> ④ 충전 시 축전지 근처에서 불꽃 등을 일으키지 말 것
> ⑤ 충전시간은 되도록 짧게 할 것

② 단별 전류 충전

최초 큰 전류에서 점차 단계적으로 전류를 감소시켜 충전

③ 정전류 충전

일정한 전류로 충전

㉮ 최소 : 축전지 용량의 5%

㉯ 표준 : 축전지 용량의 10%

㉰ 최대 : 축전지 용량의 20%

④ 정전압 충전

일정한 전압으로 충전

> **참고 축전지 용량(부하)시험 시 안전 및 유의사항**
> ① 축전지 용액이 옷에 묻지 않도록 할 것
> ② 부하시험은 15초 이내로 할 것
> ③ 부하전류는 용량의 3배 이내로 할 것
> ④ 기름 묻은 손으로 시험기를 조작하지 말 것

[7] MF 축전지(maintenance free battery)

MF 축전지 격자의 재질은 안티몬 함량이 적은 납-저 안티몬 합금이나 납-칼슘 합금으로 자기방전 비율이 매우 적고 장기간 보관이 가능하며, 또 전해액의 증류수를 보충하지 않아도 되는 방법으로는 전기 분해할 때 발생하는 산소와 수소가스를 촉매를 사용하여 다시 증류수로 환원시키는 촉매 마개를 사용하고 있다.

[8] AGM 배터리(absorbent glass mat battery)

배터리 내에 AGM이라는 흡수성 유리 섬유 격리판에 전해액을 흡수함으로써 전해액을 비유동적으로 조절하며, 배터리 상단에 밸브를 적용하여 충전 중 발생한 가스가 전조 밖으로 빠져나가지 못하고 방전 중에 재결합하여 전해액으로 다시 돌아가기 때문에 가스방출을 최소화시켜 준다.

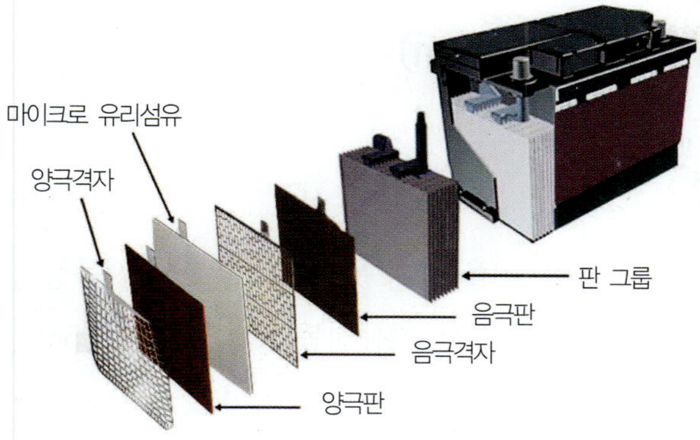

그림 4-60 AGM 배터리 구조 및 각부 명칭

[9] 배터리센서(IBS : intelligent battery sensor)

배터리 상태(충전 상태, 노화 상태, 시동 능력 등)를 계산한 후 엔진 ECU로 전송하여 최종적으로 연비 향상을 위한 발전제어 시스템으로 ISG(Idle Stop &Go) 시스템에 적용되는 부품이다.

IBS는 배터리의 전압, 전류, 온도값을 표출해 차량의 엔진 ECU로 보내면 ECU에서는 그 정보를 바탕으로 발전기(alternaor)에서 배터리를 충전할지 말지를 결정을 하게 된다. 배터리의 (−)극에 IBS를 연결하고 전압, 전류, 온도 3가지의 양을 이용하여 현재 배터리의 충전량을 계산하고, ECU는 그 계산된 충전량을 바탕으로 적정한 충전량이라 판단을 하게 되면 발전기의 내부에 있는 코일을 자석으로 만들지 않아 배터리 충전을 하지 않는 원리이다.

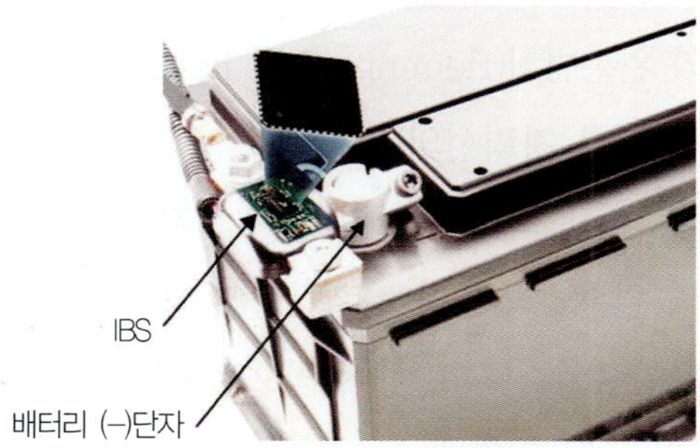

그림 4-61 배터리센서

02 시동장치(starting system)

[1] 시동장치의 개요

내연기관은 자기 기동(self-starting)을 하지 못하므로 별도의 시동장치에 의해 시동되어야만 한다. 가솔린 엔진은 시동하기 위해서는 기동전동기의 출력이 0.5~0.6PS이고, 100rpm 이상으로 회전하여야 하며, 디젤기관은 출력이 3~10PS이고, 180rpm 이상으로 회전하여야 한다.

$$\text{기동 전동기의 필요 회전력} = \frac{\text{피니언의 잇수} \times \text{회전 저항}}{\text{링 기어의 잇수}}$$

[2] 구비조건

① 기계적인 충격에 강할 것

② 전원 소요 용량이 적을 것

③ 소형 경량이고 출력이 클 것

④ 회전력이 클 것

⑤ 먼지나 물이 들어가지 않는 구조일 것

[3] 기동전동기의 원리

기동전동기의 원리는 플레밍의 왼손법칙(fleming′ left hand rule)으로 왼손의 엄지, 인지, 중지를 서로 직각이 되게 펴고 인지를 자력선의 방향으로, 중지를 전류의 방향에 일치시키면 도체에는 엄지의 방향으로 전자력이 작용한다는 법칙이며 계자 철심 내에 설치된 전기자에 전류를 공급하면 전기자는 플레밍의 왼손법칙에 따르는 방향의 힘을 받는다. 이 원리에 따라 전기자에 전류를 흐르게 하면 전기자 양쪽의 전류 방향이 역으로 되므로 회전력이 작용하여 회전운동을 발생시킨다. 기동전동기, 전류계, 전압계 등의 원리이다.

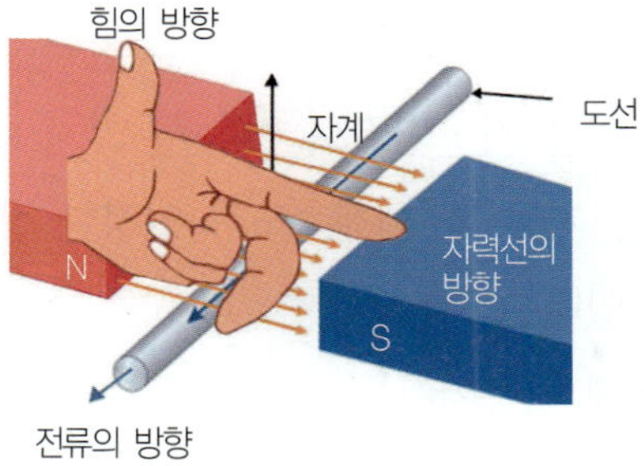

그림 4-62 플레밍의 왼손법칙과 전동기의 원리

[4] 기동장치의 종류

(1) 직권식 전동기

① 전기자 코일과 계자 코일이 직렬로 접속

② 기동 회전력이 크고, 부하를 크게 하면 회전속도가 낮아지고, 흐르는 전류가 커지는 장점이 있다.

③ 회전속도 변화가 큰 것이 단점이다.

④ 현재 자동차의 기동전동기로 사용

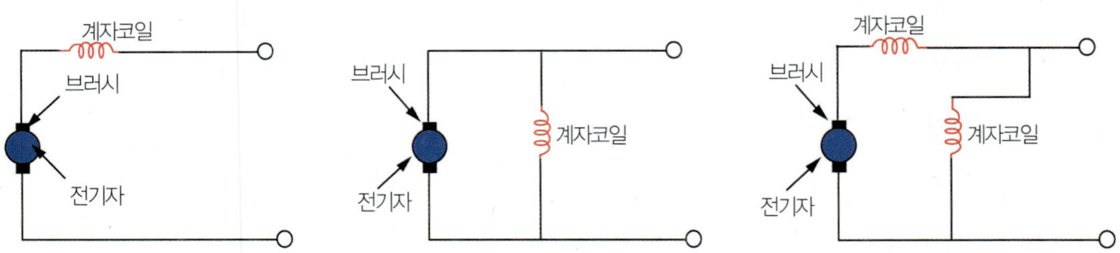

(a) 직권식 전동기 (b) 분권식 전동기 (c) 복권식 전동기

그림 4-63 직류전동기의 종류

(2) 분권식 전동기

① 전기자 코일과 계자 코일이 병렬로 접속

② 회전속도가 일정한 장점이 있으나, 회전력이 작은 단점이 있다.

(3) 복권식 전동기

① 전기자 코일과 계자 코일을 직 · 병렬로 접속

② 기동 시 회전력이 크고, 기동 후 회전속도가 일정한 장점이 있다.

③ 구조가 복잡한 단점이 있다.

④ 윈드 실드 와이퍼 모터에 사용된다.

[5] 기동장치의 구성 및 구조

(1) 회전력을 발생하는 부분(전동기)

① **전기자(armature)**

㉮ 전기자축 : 특수강으로 되어 큰 회전력을 받는다.

㉯ 전기자 철심 : 자력선을 잘 통과시키고 맴돌이 전류를 감소시키며, 바깥 둘레의 홈은 전기자 코일을 지지하거나 냉각작용을 한다.

㉰ 전기자 코일 : 전기자를 회전시키는 역할

㉱ 정류자 : 브러시에서 공급되는 전류를 일정한 방향으로 흐르도록 하는 역할

② **계철과 계자철심**

㉮ 계철(요크) : 원통형의 전동기 틀로 자력선의 통로 역할

㉯ 계자철심 : 계자 코일을 지지함과 동시에 자계를 형성하는 역할

③ **계자 코일**

계자철심에 전류가 흐르면 계자철심을 자화시키는 역할

④ **브러시와 브러시 홀더**

㉮ 브러시 : 정류자와 접촉되어 전기자 코일에 전류를 유 · 출입시키는 역할

㉯ 브러시 홀더 : 브러시를 지지하며 브러시 스프링은 정류자에 브러시를 압착시키는 역할

㉰ 브러시 길이 : 표준 길이의 1/3 이상 마모 시 교환

(2) 동력전달기구

① **벤딕스식** : 원심력에 의해 피니언 기어를 링 기어에 접촉

② **피니언 섭동식** : 전자석 스위치를 이용하여 피니언 기어를 링 기어에 접촉

③ **전기자 섭동식** : 전기자를 옵셋하여 접촉

④ **오버런닝 클러치** : 기관 시동 후 기동 스위치를 끄지 않으면 링 기어가 반대로 피니언 기어를 기관 회전수의 약 10~15배로 회전시켜 전기자 및 베어링을 파손시키는데, 이를 방지하는 클러치로 벤딕스식은 사용하지 않는다.

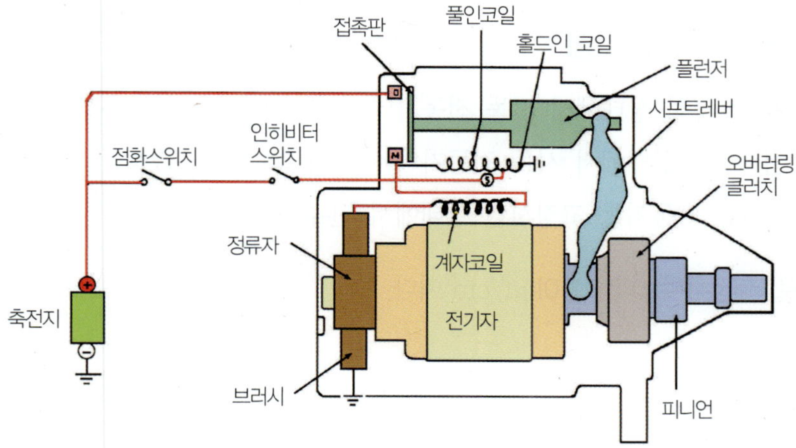

그림 4-64 피니언 섭동식의 구조

(3) 피니언을 섭동시켜 플라이휠 링 기어에 물리게 하는 부분

① 솔레노이드 스위치

전자석을 이용하여 전동기에 전원을 공급하는 역할

㉮ 풀인 코일 : 플런저를 잡아당기는 역할을 하며 축전지와 직렬 접속되어 있다.

㉯ 홀드인 코일 : 당겨진 플런저를 유지하는 역할을 하며 병렬로 접속되어 있다.

② 오버러닝 클러치(over running clutch)

오버러닝 클러치는 엔진이 시동되면 기동 전동기 피니언과 엔진의 플라이휠 링 기어가 물린 상태이므로, 이번엔 반대로 엔진에 의해 기동 전동기가 고속으로 구동되어 전동기가 손상된다. 이를 방지하기 위해 엔진이 시동된 후 피니언이 공전하여 기동전동기가 구동되지 않도록 하는 기구이다. 오버러닝 클러치에는 롤러방식 오버러닝 클러치, 스프래그방식 오버러닝 클러치, 다판 클러치방식 등이 있다.

[6] 기동전동기의 시험

(1) 그로울러 테스터

전기자의 단선, 단락, 접지시험을 점검

(2) 기동 전동기의 계측시험

① **무부하 시험** : 무부하 상태에서 시동 전동기의 전류와 회전속도를 측정

② **회전력 시험** : 부하 상태에서 시동 전동기의 전류와 회전력을 측정

③ **저항 시험** : 시동 전동기를 고정시킨 상태에서 전류를 측정

스프링 저울로 측정하며 0.5~1.0kgf/cm^{2}이다.

03 점화장치

점화장치는 연소실에 설치된 점화플러그를 통하여 전기불꽃을 발생시켜서 혼합가스를 적정 시기에 연소시키는 장치이다.

[1] 고압 발생원리

(1) 자기유도작용(self induction action)

자기유도작용이란 스위치를 닫아 철심에 감은 코일에 전류를 공급하면 철심에 자력선이 형성되는 순간 코일에는 철심에 자력선이 형성되는 것을 방해하는 방향으로 전류가 흘러 전압이 유기된다. 즉, 스위치를 닫으면(ON으로 하면) 전류가 흐르는 방향과 반대 방향으로 유도 기전력이 유기된다.

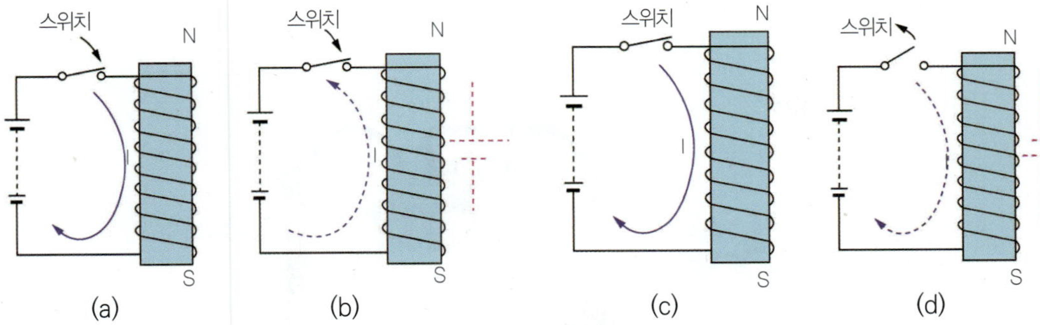

그림 4-65 자기유도 작용

(2) 상호유도작용(mutual induction action)

2개의 코일 중에서 한쪽에 흐르는 전류의 크기나 방향을 변화시키면 철심에 형성되는 자력선의 방향도 변화되기 때문에 다른 코일에는 전압이 유기된다. 이와 같이 하나의 전기회로에 자력선의 변화가 생기면 그 변화를 방해하려고 다른 전기회로에 기전력이 발생되는 현상을 코일의 상호유도작용이라 한다.

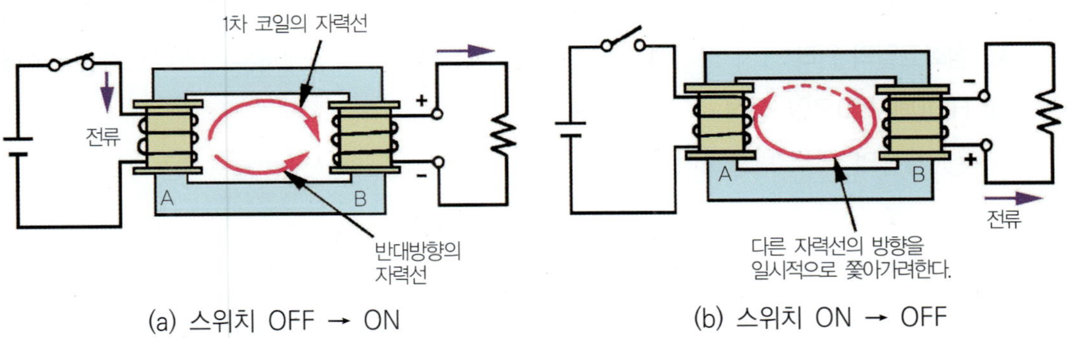

그림 4-66 상호유도작용

점화 코일에서 높은 전압을 얻도록 유도하는 공식은 다음과 같다.

$$E_2 = \frac{N_2}{N_1} \times E_1$$

E_2 : 2차 코일의 유도전압, E_1 : 1차 코일의 유도전압

N_1 : 1차 코일의 권수, N_2 : 2차 코일의 권수

[2] 축전지식 점화장치

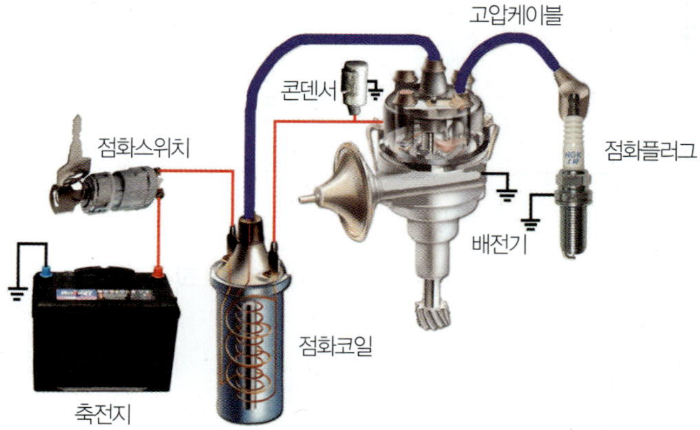

그림 4-67 축전지식 점화장치의 구성

(1) 점화 코일

① 점화 코일 개요

㉮ **종류** : 개자로 철심형과 폐자로 철심형

㉯ **점화코일의 원리** : 1차 코일에서는 자기유도작용과 2차 코일에서는 상호유도작용을 이용

㉰ HEI(폐자로)코일 장점

㉠ 자속의 외부 방출방지

㉡ 구조 간단

㉢ 내열성, 방열성이 우수하므로 성능 저하 방지

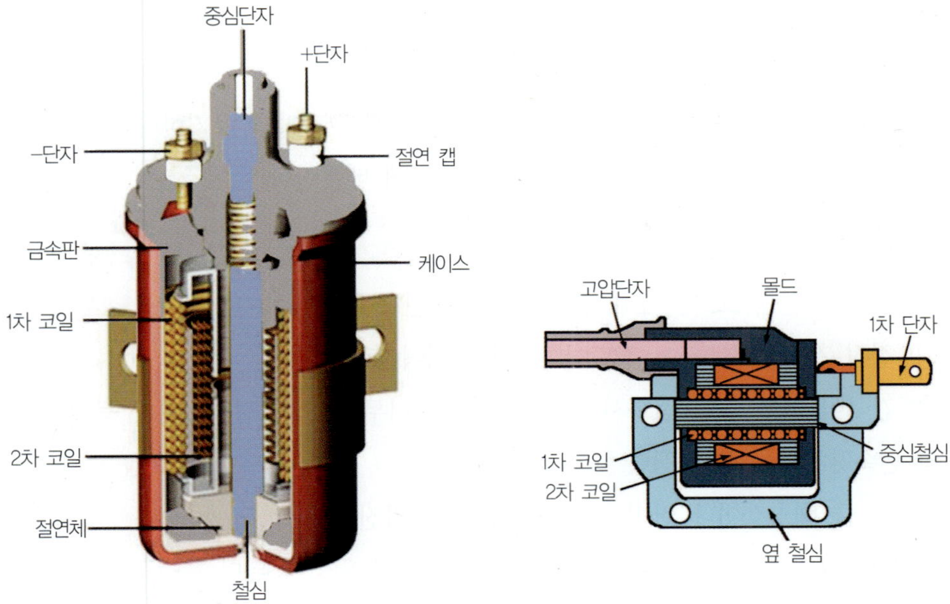

(a) 개자로 철심형 (b) 폐자로 철심형

그림 4-68 점화 코일의 구조

② 점화 코일의 구조

㉮ **철심** : 얇은 규소강판을 여러 장 겹쳐서 제작

㉯ **1차 코일** : 0.6~1.0mm의 에나멜 절연 구리선을 200~300회 감았고, 감기 시작은 (+)단자에, 감기 끝은 (−)단자에 접속, 발생되는 기전력은 약 200~250V 정도

㉰ **2차 코일** : 0.06~0.1mm 정도의 가는 구리로 된 2차 코일을 각 층마다 절연지를 넣고 약 15,000~20,000회 정도 감았고, 발생되는 기전력은 약 15,000~30,000V 정도

㉱ 1차 코일과 2차 코일의 권수비(권선비)는 60~100

㉲ 1차 코일에 저항(밸러스트 저항)을 두는 이유는 단속기 접점의 소손 방지와 점화 코일의 온도상승에 의한 성능 방지

㉳ 기전력의 크기는 권수비에 비례

(2) 배전기

점화 코일에서 유도된 고압전류를 엔진의 점화순서에 따라 각 실린더의 점화플러그에 분배하는 장치로 단속기, 축전기, 점화 진각장치 등으로 구성되어 있다.

① 역할

㉮ 엔진의 회전속도에 따라 점화시기를 조절한다.

㉯ 점화코일의 1차 전류를 단속하여 2차 코일에 고전압을 유기한다.

㉰ 점화순서에 따라 고전압을 각 점화플러그에 배분한다.

② 단속기 접점

㉮ 점화 코일에 흐르는 1차 전류를 단속하는 스위치

㉯ 접점 간극은 0.5mm 정도이며, 필러 게이지로 측정

㉰ 간극이 너무 크면 점화시기가 빨라지고, 너무 작으면 점화시기가 늦어진다.

㉱ 단속기 암 스프링의 장력

㉠ 클 때 : 캠이나 러빙 블록의 마모가 빨라진다.

㉡ 약할 때 : 고속에서 접촉 불량으로 실화의 원인이 된다.

㉲ 단속기 접점을 두는 이유 : 사용전원이 직류이기 때문

③ 축전기(condenser)

㉮ 단속기 접점과 병렬로 연결

㉯ 단속기 접점 사이의 불꽃을 흡수하여 접점의 소손을 방지

㉰ 1차 전류의 차단시간을 단축하여 2차 전압을 높여준다.

㉱ 단속기 접점이 닫혔을 때 축전한 전하를 방출하여 1차 전류의 회복을 신속하게 한다.

㉲ 축전기 시험 : 용량시험, 누설시험, 직렬저항시험

④ 캠각 또는 드웰각

㉮ 단속기의 접점이 닫혀있는 동안 캠이 회전한 각도

㉯ 캠각이 클 때

㉠ 접점간극이 작고, 점화시기가 늦어진다.

㉡ 1차 전류기간이 길어 2차 전압이 높다.

㉢ 점화 코일이 발열되고, 단속기 접점이 소손된다.

㉰ 캠각이 작을 때

㉠ 접점간극이 크고, 점화시기가 빨라진다.

㉡ 1차 전류 기간이 짧아 2차 전압이 낮다.

㉢ 고속에서 실화가 일어나기 쉽다.

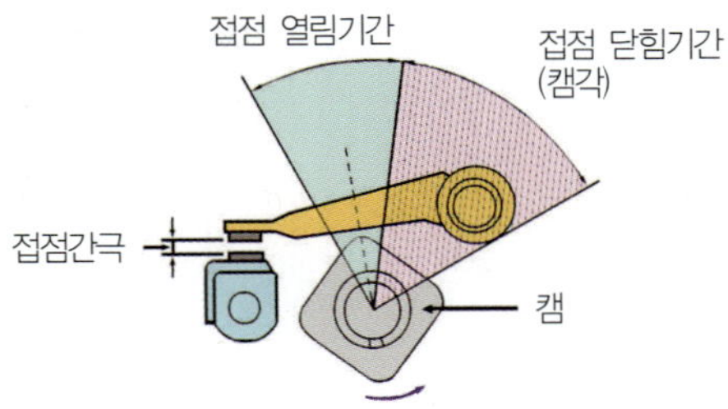

그림 4-69 캠각

⑤ 점화 파형

㉮ 드웰구간 : 배전기 접점이 닫혀있는 동안 캠이 회전한 각도

㉯ 유도불꽃선 : 점화를 유지하기 위해 필요한 전압

㉰ 중간구간 : 점화 코일 내부에서의 잔류전압이 점차로 소멸되는 상태

㉱ 점화구간 : 점화 플러그에서 점화가 되고 있는 기간

㉲ 용량불꽃선 : 점화 코일에서 고압이 유도되어 배전기의 로터간극과 점화플러그 간극을 건너 튀는데 필요한 전압

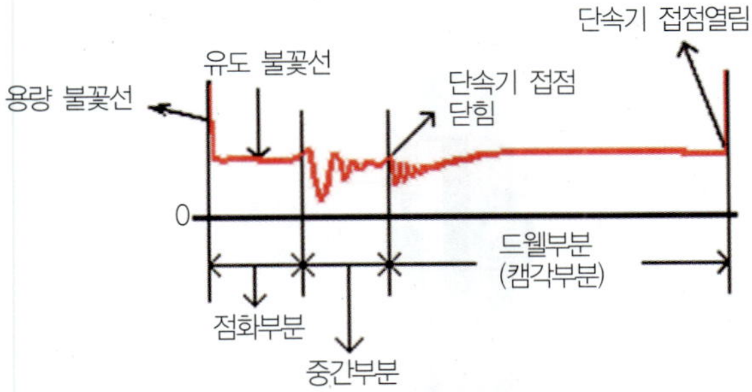

그림 4-70 점화 표준 파형

⑥ 점화 진각기구

엔진의 회전속도나 부하에 따라서 점화 플러그의 불꽃 발생 시기를 자동적으로 조정하는 기구, 조정하는 이유는 효율이 가장 높게 되는 최고폭발을 상사점 후 10~12°에서 얻기 위함이다.

㉮ 원심력식 진각기구 : 엔진의 회전수에 따른 점화시기 조정

㉯ 진공 진각기구 : 엔진에 걸린 부하(흡기다기관에 걸린 진공)에 따른 점화시기 조정

㉰ 옥탄 셀렉터 : 사용연료의 옥탄가에 따른 점화시기 조정

> **참고** 점화지연의 3대 원인
> ① 기계적 지연
> ② 전기적 지연
> ③ 연소적 지연

(3) 점화플러그(spark plug)

① 점화플러그 개요

점화플러그(spark plug)는 실린더 헤드에 설치되어 있으며, 실린더 내의 압축된 혼합가스에 고압 전기로 불꽃을 일으키는 역할을 한다. 이때 불꽃에너지(높은 전압)는 점화 코일에서 발생하여 고압케이블(high tension cable)을 통해 각 실린더의 점화플러그에 공급된다.

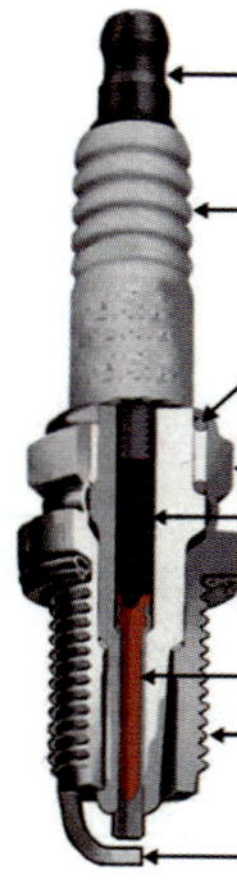

그림 4-71 점화플러그의 구조

점화플러그는 엔진성능에 직접 영향을 준다. 점화플러그는 하우징(housing), 절연체(insulator), 전극(electrode)의 3가지 주요 부분으로 구성되어 있다.

㉮ 하우징(housing) : 점화플러그의 외곽을 구성하며, 절연체의 지지 및 실린더 헤드에 설치되는 부분이다.

㉯ 절연체(insulator) : 절연체는 높은 온도에서도 높은 절연저항을 유지해야 하고 열전도성, 기계적 강도 등이 커야 한다. 따라서 현재는 세라믹(ceramic)을 주로 사용한다.

㉰ 전극(electrode) : 전극은 중심전극과 접지전극으로 되어 있으며, 접지전극은 금속 셸(shell)에 부착되어 있다. 전극간극은 0.7~1.1mm 정도의 간극을 두고 불꽃을 일으킨다. 중심전극은 니켈-망간합금, 철-크롬합금, 백금 등을 사용한다.

② 점화플러그의 구비조건

㉮ 전기 절연성이 좋을 것

㉯ 내열성이 클 것

㉰ 열전도율이 클 것

㉱ 기계적인 강도가 클 것

㉲ 기밀 유지가 잘 될 것

㉳ 내구성이 좋을 것

㉴ 내오손성이 클 것

㉵ 불꽃 방전성이 좋을 것

㉶ 착화성이 좋을 것

③ 자기 청정온도

점화플러그의 전극부분 자체의 온도에 의해 카본 등에 의한 오손을 청소하는 작용을 자기 청정작용이라 하고, 그 청정작용이 완전히 이루어지는 온도를 자기 청정온도라 한다.

㉮ 자기 청정온도 : 450~600℃

㉯ 성능 저하온도 : 400℃

㉰ 조기 점화온도 : 800~1000℃

④ 열값

점화플러그의 열발산 정도를 수치로 나타내는 값

㉮ 냉형 : 열발산이 잘되며, 고속, 고압축비 기관에서 사용(열 받는 면적이 작고, 방열경로가 짧다)

㉯ 열형 : 열발산이 잘 안되며, 저속, 저압축비 기관에서 사용(열 받는 면적이 많고, 방열경로가 길다)

㉰ 중간형 : 냉형 + 열형

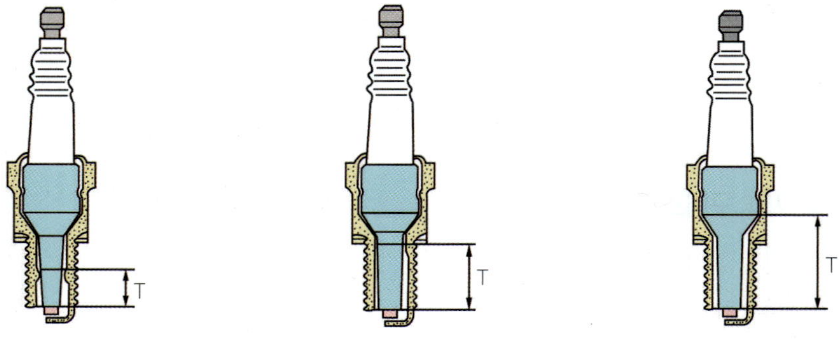

(a) 냉형　　(b) 표준형　　(c) 열형

그림 4-72 점화플러그의 열값에 따른 분류

⑤ **저항 점화플러그(resistor spark plug)**

가솔린 엔진의 점화장치에서는 고압전기에 의한 불꽃 발생으로 매우 많은 전파 잡음이 발생한다. 이러한 전기 불꽃에 의한 잡음전파는 다양한 주파수를 포함하고 있어 차량의 AM · FM라디오, TV, 무전기, 내비게이션(navigation) 등에 악영향을 준다.

이러한 잡음 전파를 방지하기 위한 방법으로 고압케이블의 재료를 실리콘을 사용하거나 저항을 넣은 저항 고압케이블을 사용하여 잡음 전파방지 등의 방지기로 사용되기도 하며, 점화플러그의 내부에 저항(10,000Ω)을 넣은 저항 점화플러그를 사용하기도 한다.

⑥ **점화플러그의 형식**

점화플러그의 형식은 BP5ES—11, PFR5A—11, BRE527Y—11 등으로 표시하며, 형식에 따른 세부 내용은 다음 표와 같다.

[점화플러그 형식]

B	P	5	E	S	–11
나사지름	구조/특징	열 가	나사길이	구조/특징	플러그 간극
A ……………18mm B ……………14mm C ……………12mm D ……………10mm E ……………18mm BC …………14mm	P 절연체 (돌출타입) R 저항타입 U Semi—연면 (연면 방전타입)	2 열형 4 5 ↑ 6 7 8 ↓ 9 10 11 12 13 냉형	E 19.0mm H 12.7mm	S 표준타입 Y V-파워플러그 V V 플러그 VX VX 플러그 K 외측 2극전극 M 2극 로타리용 전극 Q 4극 로타리용 전극 B CVCC 기관용 J 2극 사방전극 C 사방전극	9 ……0.9mm 10 … 1.0mm 11 … 1.1mm 13 … 1.3mm –L …중간열가 –N …외측전극

B	R	E	5	2	7	Y	-11
나사지름	저항형식	나사길이	열가	절연체 돌출지수	발화위치	중심전극	플러그간극
				(2:2.5M)	(7:7.0mm) (9:9.5mm)	(선단 V홈)	(11:1.1mm)

P	F	R	5	A	-11
플러그 종류	나사지름	저항형식	열가	추가기호	플러그간극
P : 백금 플러그 Z : 돌출형 플러그	육각대변치수 F : Ø14×19mm 육각대변 16.0mm G : Ø14×19mm 육각대변 20.6mm J : Ø12×19mm 육각대변 18.0mm F : Ø10×12.7mm 육각대변 16.0mm	R : 저항타입	5 열형 6 ↕ 7 냉형	A, B, C⋯	-11: 1.1mm

(4) 고압케이블(high tension cable)

고압케이블은 점화 코일의 2차 단자와 점화플러그를 연결하는 절연전선이다. 고압케이블의 한 쪽 끝은 황동제의 태그(tag)를 통하여 점화플러그 단자에 끼워지고 다른 한쪽은 배전기 캡 또는 점화 코일의 단자에 끼워진 후 수분이 들어가지 못하도록 고무제의 캡이 씌워져 있다.

구조는 중심부분의 도체를 고무로 절연하고 다시 그 표면을 비닐 등으로 보호하고 있다. 고압케이블 종류에 따라 중심도체에는 구리선을 몇 가닥 합친 것과 섬유에 탄소를 침투시켜 균일한 저항을 둔 것을 TVRS(television radio suppress ion) 케이블이 있다. 이 TVRS 케이블은 점화회로에서의 고주파 발생에 따른 잡음을 방지하기 위해 케이블 전체에 약 10㏀ 정도의 저항을 두고 있다.

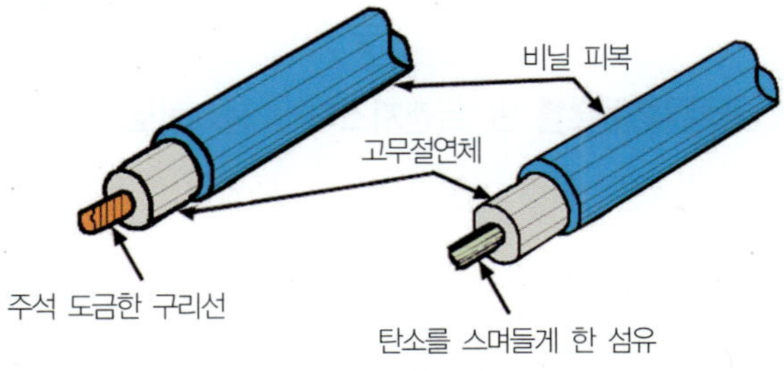

그림 4-73 고압케이블의 종류

[3] 트랜지스터식 점화장치

(1) 특징

① 저속성능이 안정되고 고속성능이 향상

② 기계식 단속기구가 없으므로 신뢰성이 향상

③ 점화시기 및 캠각 제어를 정확하게 한다.

(2) 반 트랜지스터식 점화장치

① 트랜지스터를 배전기의 단속기 접점으로 제어하는 점화장치

② 약간의 베이스(B) 전류(약 200mA)로 비교적 큰 전류(6~8A)를 제어

③ **장점** : 불꽃에 의한 접점이 소손되지 않고 저속회전에서도 2차 전압의 발생이 안정

④ **단점** : 고속에서 접점의 채터링(chattering) 현상이 발생하므로 2차 전압의 저하가 발생

> **참고 채터링 현상**
>
> 단속기 접점이 일정한 리듬으로 개폐하지 않고 작동이 고르지 않는 현상, 방지책으로는 단속기 암의 관성을 적게 하고, 암 스프링의 힘을 크게 함과 동시에 캠이 곡면을 완만하게 하며, 접점이 닫히는 속도를 완화하도록 설계

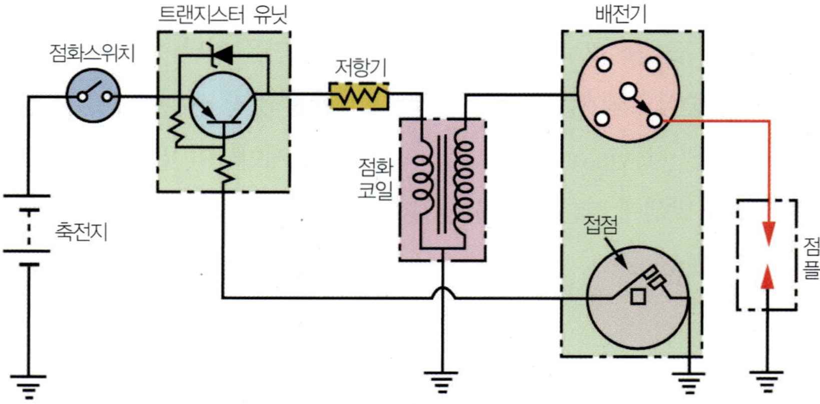

그림 4-74 반 트랜지스터식 점화회로

(3) 전 트랜지스터식 점화장치

① **구성** : 시그널 로터, 픽업코일, 마그넷, 신호 발생기구 등

② **신호 발생기구(시그널 제너레이터)** : 마그넷 → 시그널 로터 → 픽업코일 → 브래킷 → 마그넷의 경로로 작동

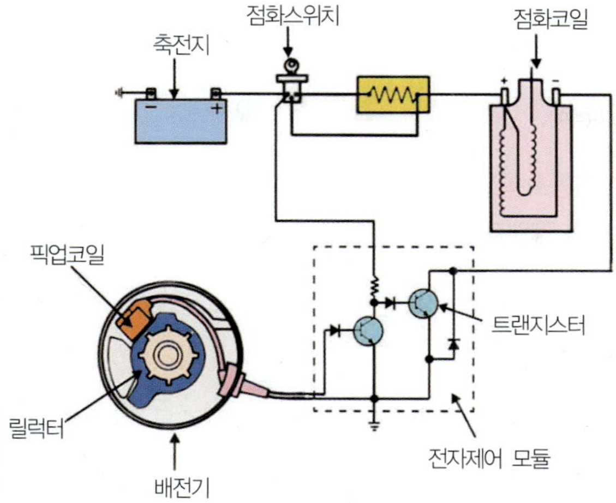

그림 4-75 전 트랜지스터식 점화회로

③ **점화 코일** : 폐자로형 코일이 사용, 철심의 양은 많아지고, 권선의 양은 감소하므로 소형, 고성능 코일 제작이 가능

④ 이그나이터(Ignitor)

㉮ 구성 : 점화코일의 1차 전류를 단속하는 부분, 유도전압 증폭 부분, 점화신호를 검출하는 부분으로 구성

㉯ 기능 : 신호검출, 신호증폭, 1차 전류 단속 및 캠각 제어 및 정전류 제어

[4] 고에너지 점화장치(HEI : high energy ignition system)

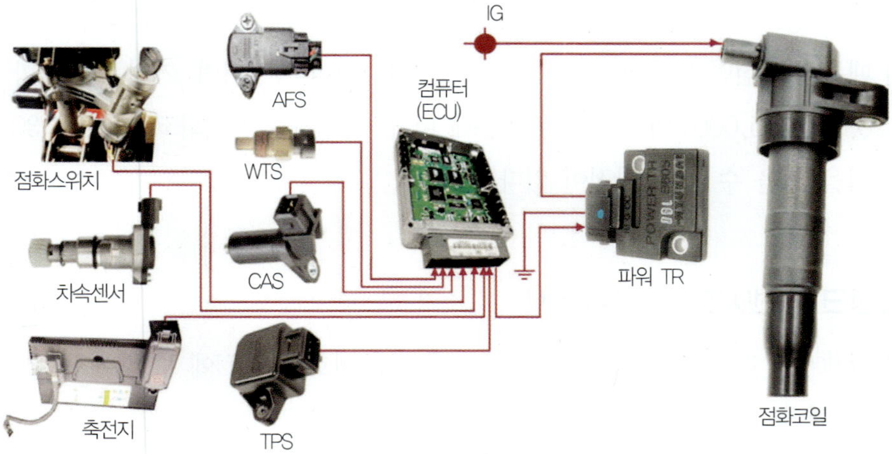

그림 4-76 고에너지 점화장치 구성

점화 코일에 흐르는 1차 전류를 ECU의 제어신호에 의해 작동되는 파워 트랜지스터를 이용하여 단속하는 점화장치

> **참고 고에너지 점화장치 작동흐름도**
> 센서 → 컴퓨터 → 파워 트랜지스터 → 점화코일

(1) 파워 트랜지스터

ECU의 신호에 의해 점화코일의 1차 회로에 흐르는 전류를 단속하여 2차 코일에 고전압이 발생되도록 하는 역할을 하며, 구조는 컴퓨터에 의해 제어되는 베이스(base), 점화 코일 1차 코일의 (−)단자와 연결되는 컬렉터(collector) 그리고 접지되는 이미터(emitter)로 구성된 NPN형이다.

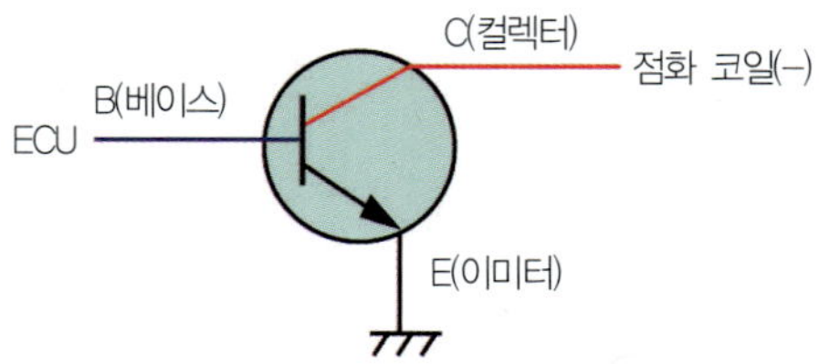

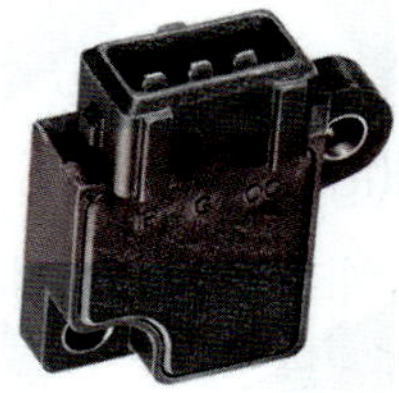

그림 4-77 파워 트랜지스터

(2) 점화 코일(ignition coil)

폐자로형 점화 코일은 4각 철심의 안쪽에 1차 코일을 감고 바깥쪽에 2차 코일을 감아 있다. 이것은 자속의 경로가 대기로 개방되어 있는 개자로형과는 달리 4각의 철심으로 자로(磁路)를 만들었기 때문에 철심만을 통해 돌아오도록 소형화된 것이 특징이며, 개자로형 점화 코일에서는 보통 20,000~25,000V의 고전압을 얻는데 비하여, 폐자로형 점화코일에서는 30,000V 이상의 고전압을 얻을 수 있는 장점이 있다.

(3) 크랭크 각센서와 상사점센서

크랭크 각센서는 각 실린더의 크랭크각을 검출하여 신호를 ECU에 보낸다. ECU는 이 신호를 이용하여 엔진의 회전속도 및 1행정당의 흡입공기량과 점화진각을 연산하여 점화 코일의 1차 전류 단속신호를 파워 트랜지스터에 보낸다. TDC센서는 No.4 실린더의 압축 상사점을 검출하여 ECU에 보내며, ECU는 이 신호를 기초로 연료분사신호와 점화할 실린더를 결정한다.

(4) 점화시기 보정

① 점화시기 보정요소

엔진의 점화시기의 가장 큰 변화요인은 엔진 회전속도 변화와 부하 변화이며, 그 밖에 엔진의 난기 상태, 대기압력 상태 및 연료 등이 약간의 영향을 준다.

점화시기	=	초기기준 점화시기	+	기본점화 진 각 도	+	냉각수 온도보정 진 각 도	+	고지보정 진 각 도
		⇩		⇩				
		5° 상사점 전		부하 및 회전속도에 의한 진각				

전자제어장치에서는 크랭크 각센서(crank angle sensor)로 엔진 회전속도를 측정하고, 공기유량센서(air flow sensor)를 이용하여 흡입공기량을 측정한 후 기본 점화시기를 결정한 다음, 엔진의 각종 상태를 보정하여 가장 적절한 점화시기를 결정한다.

② 점화시기 제어기구

점화시기를 제어하기 위해서는 각종 센서, 컴퓨터, 액추에이터의 3부분으로 나눌 수 있으며, 액추에이터 부분인 파워 트랜지스터를 제어하여 이 파워 트랜지스터가 ON-OFF됨에 따라 1차 전류를 ON-OFF 한다. 파워 트랜지스터를 제어하기 위해서는 기관의 각종 상황을 검출하는 센서, 즉 크랭크 각센서, 공기유량센서, 수온센서, 차속센서 등으로 검출한 후 컴퓨터(micro computer)에 입력하여 차량 운전조건에 가장 적절한 점화시기값을 연산하여 파워 트랜지스터를 제어한다. 여기서 점화시기 제어에 가장 기초가 되는 것은 흡입공기량의 측정(공기유량센서)과 크랭크 각센서에서 입력되는 120° 및 1° 신호에 의해 엔진 회전속도 및 피스톤 위치가 판독된다.

> **참고 점화 불꽃이 발생되지 않는 원인**
> ① 파워 트랜지스터 불량
> ② 크랭크 각센서 불량
> ③ 점화 코일 불량
> ④ 점화플러그 불량

> **참고** 엔진 공회전시에 타이밍 라이트를 이용하여 점화시기를 점검한다.

[5] 전자배전 점화장치(DLI : distributor less ignition)

2개의 실린더를 1개조로 하는 점화코일이 설치되어 점화시기에 맞는 실린더의 점화플러그에 2차 고전압을 분배시키는 복식의 점화장치

(1) 특징

① 배전기가 없으므로 전파 장해가 없고 다른 전자제어장치에도 유리하다.
② 정전류 제어방식으로 2차 전압이 안정된다.
③ 점화시기가 정확하고 점화성능이 우수하다.
④ 유효에너지의 손실이 없어 실화가 적다.
⑤ 실린더별로 점화시기 제어가 가능하다.
⑥ 누전의 염려가 적고, 내구성이 크다.

(2) 전자배전 점화장치의 종류

전자배전 점화장치는 DIS(direct ignition system) 또는 무배전기 점화장치라고도 한다. 자동차 제작회사마다 다르지만 기본 형식에 따라 다음과 같이 나눌 수 있다.

코일 분배방식은 높은 전압을 점화 코일에서 점화플러그로 직접 배전하는 방식이며, 1개의 점화 코일이 2개의 실린더에 동시에 점화를 시키는 동시 점화방식과 1개의 코일이 1개의 실린더에 점화시키는 독립 점화방식이 있다. 다이오드 분배방식인 경우는 고압전류의 방향을 다이오드에 의해 제어하는 방식을 말하며 동시 점화방식이다.

- 전자배전 점화장치
  - 코일분배 방식
    - 동시 점화방식
    - 독립 점화방식
  - 다이오드 분배방식 - 동시 점화방식

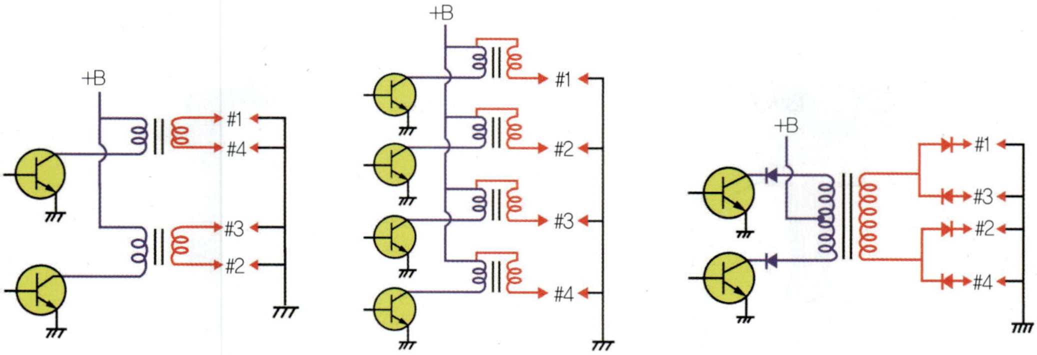

(a) 동시(듀얼) 점화방식　(b) 독립 점화방식　(c) 동시(다이오드분배) 점화방식

그림 4-78 점화방식의 종류

① 동시 점화방식

듀얼 점화방식(dual ignition type)이라고도 하며, 2개의 실린더에 1개의 점화코일로 압축상사점과 배기상사점에 있는 각각의 점화플러그에 동시에 점화시키는 장치이다. 4번 실린더는 배기상사점에 1번 실린더는 압축상사점에 점화시켰지만, 4번은 압축압력이 낮기 때문에 방전에너지도 작게 되어 점화플러그의 불꽃은 약하고 공회전과 저속 운전 시의 토크 변동이 억제되는 등의 운전성이 향상된다.

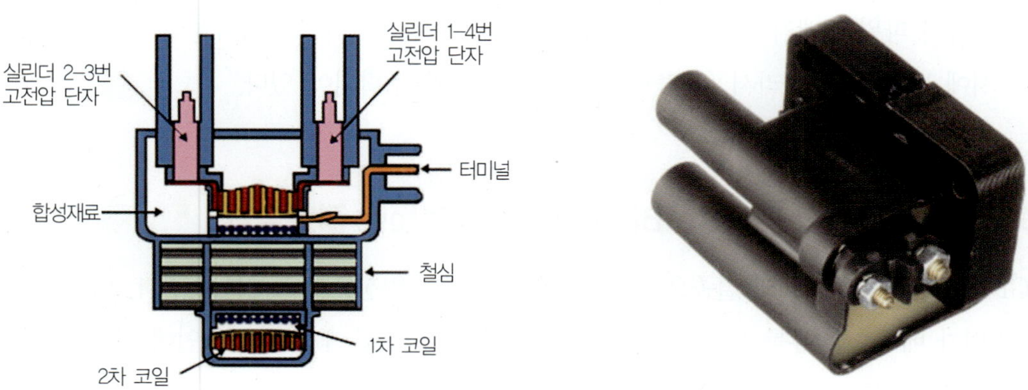

(a) 구조　(b) 외형

그림 4-79 듀얼 스파크 점화코일 구조 및 외형

② 독립 점화방식

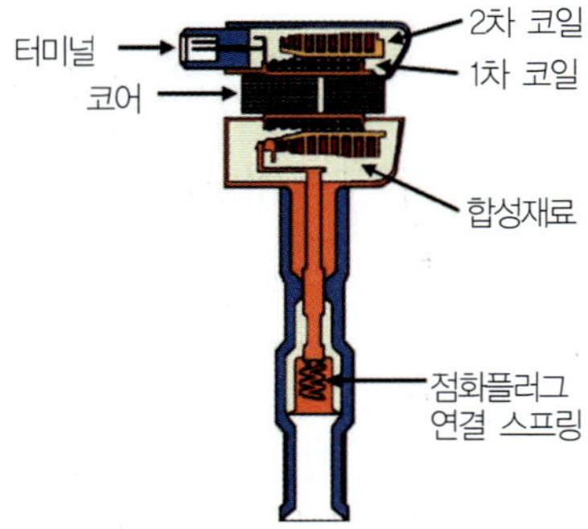

(a) 구조

(b) 외형

그림 4-80 싱글 스파크 점화코일 구조 및 외형

이 방식은 각 실린더마다 1(점화코일)+1(점화플러그)방식에 의해 직접 점화하는 장치이며, 고압케이블이 없기 때문에 에너지의 손실이 거의 없고 각 실린더별로 점화시기 제어가 가능하기 때문에 연소 제어가 쉽다.

③ 동시(다이오드분배) 점화장치

대부분 DLI장치의 점화 코일은 폐자로(閉磁路)형으로 소형 경량화하였고, 1개의 점화 코일로 2개의 실린더에 동시에 점화하는 동시 점화방식을 사용한다. 즉, 점화 코일의 1차 전류가 파워 트랜지스터에서 차단될 때, 2차 쪽에는 (+)와 (−) 양극성의 높은 전압이 동시에 발생한다. 따라서 (+)출력 쪽에 다이오드가 조립되어 있다.

[6] IGBT(Insulated Gate Bipolar Transistor) 점화장치

IGBT는 전력용 반도체의 일종으로 정확하게 고전력 스위칭용 반도체를 뜻한다. 바이폴라 트랜지스터가 베이스 전류를 통해 컬렉터 전류를 제어하는 전류 구동형 소자인데 비해, IGBT는 게이트 전압을 통해 컬렉터 전류를 제어하는 전압 구동형 소자이다.

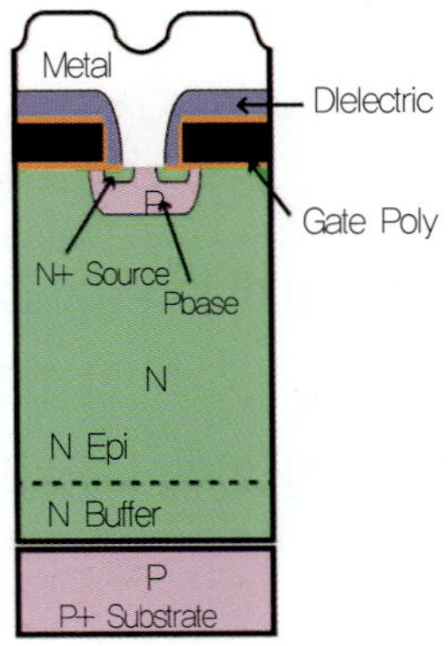

그림 4-81 IGBT

턴오프 시간이 1㎲로 초당 15,000번 이상 스위칭이 가능하다. 최대 정격은 1.2.kV, 400A이다. 현재 주로 사용하고 있는 유도방전 점화장치에서 일어나는 큰 변화는 파워 트랜지스터가 고속 스위칭 소자인 IGBT로 바뀌고 있다는 것이다. 물론, ECM은 IGBT 드라이브를 통해 IGBT를 제어한다. 특히 클램핑회로가 들어가 있어 1차 전압을 300~600V로 제한하여 IGBT와 코일의 절연성을 높이고 있다.

점화장치의 고장진단은 과거에는 주로 페일러센서를 사용하였으나, 근래에는 ECM의 실화모니터링(Misfire Monitoring) 기능으로 실화되는 실린더를 특정할 수 있다.

IGBT점화장치는 ECM, 구동드라이브, IGBT, 점화 코일 그리고 점화플러그로 되어 있다.

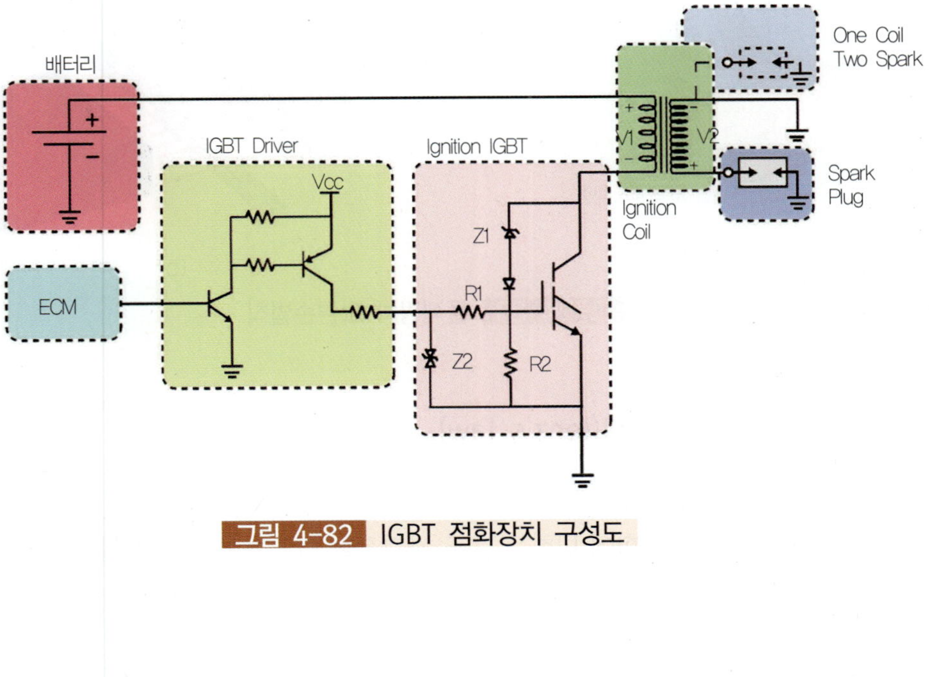

그림 4-82 IGBT 점화장치 구성도

04 충전장치

자동차에 부착된 모든 전장부품은 발전기나 축전지로부터 전력을 공급받아 작동한다. 그러나 축전지는 방전량에 제한이 따르고, 엔진 시동을 위해 항상 완전 충전상태를 유지하여야 한다. 이를 위해 설치된 발전기를 중심으로 한 일련의 장치들을 충전장치라 한다.

[1] 발전기(alternator)의 원리

(1) 플레밍의 오른손법칙

유도기전력의 방향은 (+), (−)도체를 움직이는 운동의 방향과 자력선의 방향에 따라서 결정이 되는데, 이들 방향의 관계는 다음과 같다.

오른손 엄지손가락, 인지, 장지를 서로 직각이 되게 하고 인지를 자력선의 방향에, 엄지손가락을 도체의 운동 방향에 일치시키면 장지가 유도기전력 방향을 표시한다. 이 법칙을 플레밍의 오른손법칙이라 한다. 도체에 전류계를 접속한 후 도체를 상하로 움직이면 전류계의 지침은 좌우로 흔들리며, 도체의 움직임이 빠르면 빠를수록 전류계의 지침이 크게 흔들리게 되는데, 이것은 기전력이 발생하기 때문이다.

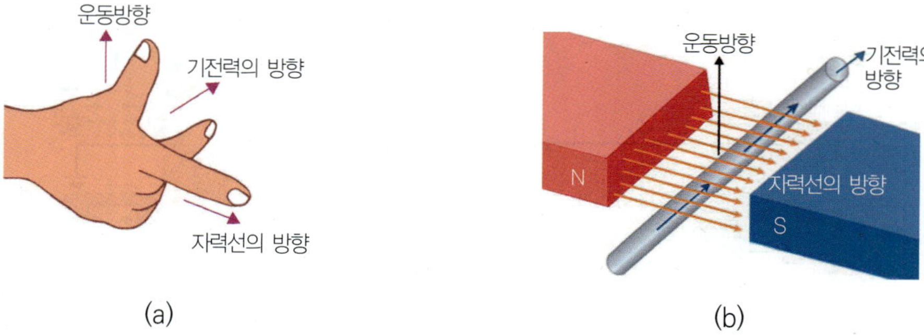

그림 4-83 플레밍의 오른손법칙

(2) 발전기와 렌츠의 법칙(lenz's law)

발전기의 이론은 렌츠의 법칙을 통해서도 알 수 있다. 전기회로에서 발생하는 유도기전력은 폐회로를 통과하는 자속의 변화에 반하는 유도 자기장을 만드는 방향으로 발생한다. 다음 그림과 같이 자석을 오른쪽으로 회전시키면 자력선은 자석을 왼쪽으로 회전시키려고 한다.

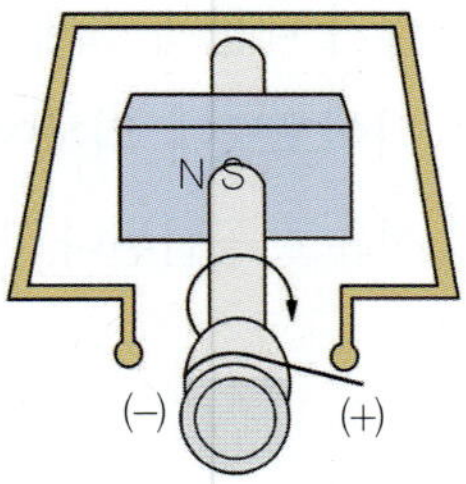

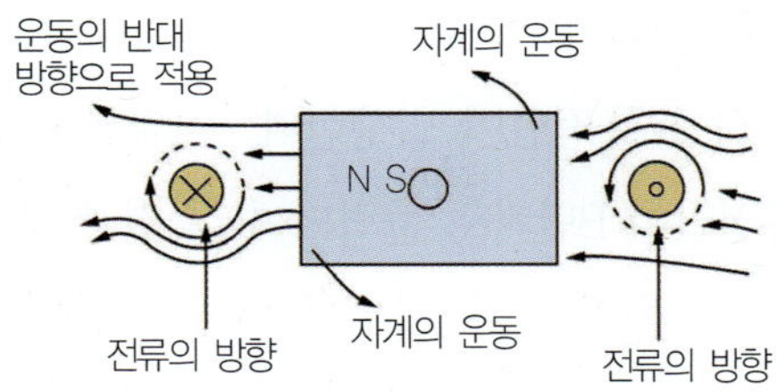

그림 4-84 렌츠의 법칙에 의한 발전기의 원리

[2] 충전장치의 종류

(1) 직류발전기(DC 발전기-자려자 발전기)

① 구성

계자 코일, 계자철심, 전기자 코일, 정류자, 브러시 등

참고 자려자 발전기

계자철심에 남아 있는 잔류자기에 의하여 전류를 발생하는 발전기

② 직류발전기의 조정기

㉮ 컷아웃 릴레이 : 축전지에서 발전기로 역류하는 것을 방지

㉯ 전압 조정기 : 발전기의 발생전압을 일정하게 유지하기 위한 장치

㉰ 전류 조정기 : 발전기의 발생전류를 제어하여 발전기의 소손을 방지

참고 컷인 전압

발전기로부터 축전지로 충전이 시작되는 전압(약 13.8V)

(2) 교류발전기(AC발전기-타려자 발전기)

① 교류발전기 작동

점화 스위치를 ON으로 하면 전류는 배터리 → F단자 → (+)브러시 → 슬립 링 → 로터 코일 → 슬립 링 → (−)브러시 → E단자(접지)의 경로로 약 2~3A 정도의 전류가 흐른다. 이 전류에 의하여 로터 코일은 자화되어 자속이 발생한다.

그리고 교류발전기는 처음에는 타려자식으로 작동한다. 엔진이 가동되면 구동 벨트에 의하여 구동되어 로터가 회전하고, 스테이터는 로터의 자속을 끊기 때문에 스테이터 코일에는 3상 교류전압이 발생한다. 이교류전압은 6개의 실리콘 다이오드에 의하여 정류되어 직류전압이 B단자로 출력되어 각 전장 부품 및 배터리 충전 전류로 공급된다. 또 B단자에서 나온 출력 전류 일부가 로터 코일에 공급된다.

② **특징**

㉮ 저속에서도 충전이 가능하다.

㉯ 고속회전에 잘 견딘다.

㉰ 회전부에 정류자가 없어 허용 회전속도 한계가 높다.

㉱ 반도체(실리콘 다이오드)로 정류하므로 전기적 용량이 높다.

㉲ 소형, 경량이며, 브러시의 수명이 길다.

㉳ 전압조정기만 필요하다.

> 참고 **타려자 발전기**
> 따로 설치한 계자 코일에 축전지 전원을 공급하여 여자하도록 하여 전류를 발생하는 발전기

[3] 교류발전기의 구조

교류발전기는 고정 부분인 스테이터(고정자), 회전하는 부분인 로터(회전자), 로터의 양끝을 지지하는 엔드 프레임(end frame) 그리고 스테이터 코일에서 유기된 교류를 직류로 정류하는 실리콘 다이오드로 구성되어 있다.

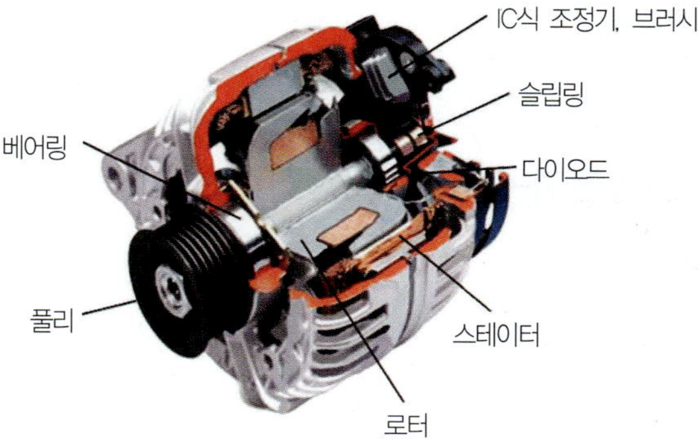

그림 4-85 교류 발전기

(1) 로터(rotor)

로터는 자극을 형성한다. 코일에 여자 전류가 흐르면 N극과 S극이 형성되어 자화되며, 로터가 회전함에 따라 스테이터 코일의 자력선을 차단하므로 전압이 유도된다. 그리고 슬립링(slip ring)은 축과 절연되어 브러시가 미끄럼 운동하면서 로터 코일에 여자 전류를 공급한다.

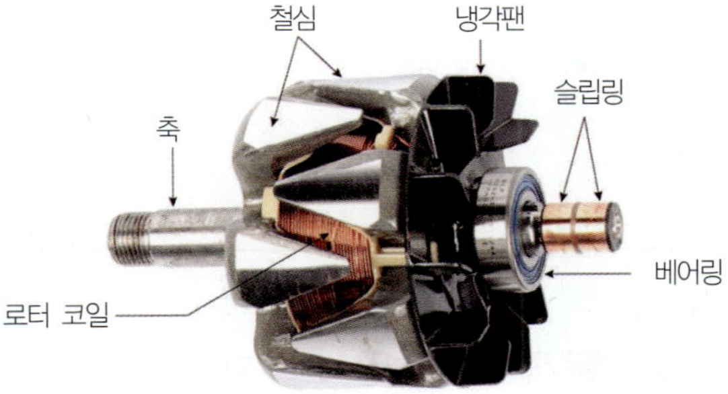

그림 4-86 로터의 구조

(2) 스테이터

스테이터에는 독립된 3개의 코일이 감겨 있고 여기에서 3상 교류가 유도된다. 교류발전기의 전기자에 해당하며, 스테이터 코일의 접속방법에는 Y결선(또는 스타 결선)과 삼각형결선(델타 결선)이 있다.

Y결선이 삼각형 결선에 비하여 선간 전압이 각 상 전압의 $\sqrt{3}$ 배가 높아 엔진이 공전할 때에도 충전 가능한 전압이 유도된다.

그림 4-87 Y결선 스테이터

① **Y결선(스타결선)** : 각 코일의 한 끝을 공통점 0(중성점)에 접속하고 다른 한 끝 셋을 끌어낸 것으로 Y결선은 선간전압이 각 상전압의 $\sqrt{3}$ 배이다.

② ⊿결선(델타결선) : 각 코일의 끝을 차례로 접속하여 둥글게 하고 각 코일의 접속점에서 하나씩 끌어낸 것으로 ⊿결선은 선간전류가 각 상전류의 $\sqrt{3}$ 배이다.

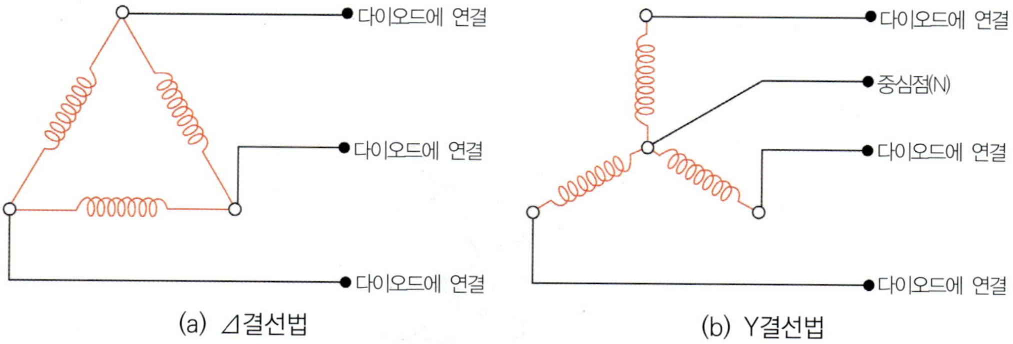

그림 4-88 3상 코일 결선방법

(3) 브러시

브러시의 재질은 내마모성이 우수하고 전압강하가 낮으며, 슬립링을 마모시키지 않는 조건이어야 한다. 일반적으로 슬립링의 재질이 구리인 경우에는 전기흑연 또는 금속흑연이 스테인리스인 경우에는 금속흑연이 사용된다. 브러시 홀더는 합성수지 성형부품이 사용되며, 전압조정기를 발전기 내부에 내장하는 경우에는 브러시홀더와 전압조정기를 일체로 하는 경우가 많다.

그림 4-89 브러시와 전압조정기

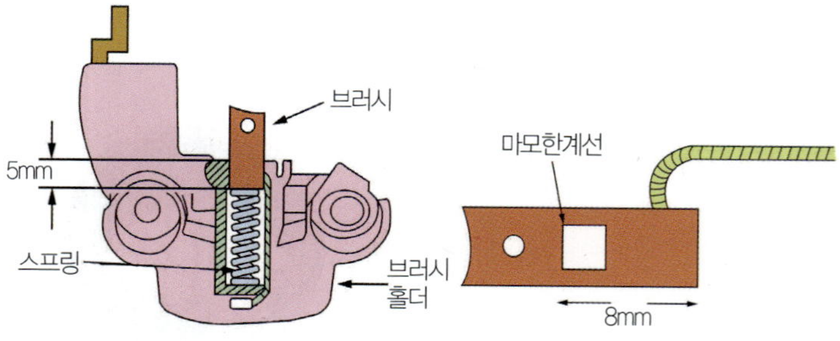

그림 4-90 브러시의 구조

(4) 정류기(다이오드)

교류발전기에서는 실리콘 다이오드를 정류기로 사용한다. 교류발전기에서 다이오드의 기능은 스테이터 코일에서 발생한 교류를 직류로 정류하여 외부로 공급하고, 또 축전지에서 발전기로 전류가 역류하는 것을 방지한다. 다이오드 수는 (+)쪽에 3개, (−)쪽에 3개씩 6개를 두며,

여자 다이오드를 3개 더 두고 있다. 그리고 다이오드의 과열을 방지하기 위해 엔드 프레임에 히트 싱크(heat sink)를 두고 있다.

그림 4-91 다이오드의 구조

(5) 전압조정기

발전기의 회전속도와 관계없이 항상 일정한 전압으로 유지하는 역할로, 전압을 일정하게 하는 전압 레귤레이션방법에는 릴레이를 이용한 접점식 레귤레이터와 집적회로(IC)화된 무접점식 IC 레귤레이터가 이용되고 있다. 요즘에는 소형 경량화가 가능하고 전압을 정확히 제어할 수 있는 이점으로 인하여 IC 레귤레이터가 주류를 이루고 있다.

[4] 시동 발전기(HSG : hybrid starter generator)

하이브리드 자동차는 2종류의 배터리를 사용한다. 하나는 일반 차량과 같은 납산 배터리이며 나머지 하나는 리튬이온 고전압 배터리를 사용한다. 시동발전기를 사용하지 않는 차량은 납산 배터리의 전원을 이용해 스타터 모터로 시동을 걸지만, 엔진과 벨트로 연결된 시동발전기 설치 차량은 고전압 배터리의 전기에너지를 이용하여 엔진 시동을 걸어주고 고전압 배터리의 충전율 저하 시 엔진의 동력을 이용하여 발전하고 고압 배터리에 전기에너지를 공급시킨다.

CHAPTER 03

고전원 전기장치

01 고전원 전지장치

[1] 고전원 전지 구비조건

① 고전압, 고용량, 고출력일 것

② 무게나 부피 등을 줄여 경량화가 가능하도록 집적화가 가능할 것

③ 폭발 사고 등에 안전한 안전성 및 높은 신뢰성일 것

④ 자동차 교체 시기 전까지 전지 교환 없이 사용할 수 있도록 긴 사이클 수명일 것

⑤ 충전시간을 줄여도 충분한 충전이 가능한 구조를 가질 것

⑥ 적은 자기방전과 넓은 사용온도일 것

⑦ 전지 가격을 낮출 수 있도록 경제성이 클 것

⑧ 사용법이 쉬울 것

[2] 고전압 전지 가스 및 전해질 유출 시 주의사항

① 누출된 액체가 피부에 접촉 시 즉각 붕소 액으로 중화 후, 흐르는 물 또는 소금물로 환부 세척한다.

② 누출된 증기나 액체가 눈에 접촉 시 즉시 흐르는 물에 세척 후 의사의 진료를 받아야 한다.

③ 고온에 의한 가스 누출일 경우, 고전압 배터리가 상온으로 완전히 냉각될 때까지 사용을 금해야 한다.

④ 차량 화재 시 점화 스위치를 OFF 한 후, 차량으로부터 이탈하여야 한다.

⑤ 차량화재 초기일 경우, 안전 플러그를 신속히 OFF시킨다.

⑥ 가스는 수소 및 알칼리성 증기이므로, 실내일 경우 즉시 환기 후 안전한 장소로 대피한다.

[3] 고전압 시스템 작업 시 준수 사항

고전압 배터리 시스템 자동차를 잘못 건드릴 경우 심각한 누전이나 감전 등의 사고로 이어질 수 있다. 그러므로 고전압 시스템 작업 전에는 반드시 안전 진단을 해야 한다. 고전압 부품의 종류에는 고전압 배터리, 모터, 파워 케이블, 인버터(MCU), 메인 릴레이, 프리차지 릴레이 등이 있다.

① 차량에 "고전압 위험 차량"표지판을 설치하여 타인에게 고전압 위험을 주지시킨다.

② 고전압 시스템 작업 전 준수 사항 숙지한다.

③ 항시 절연 장갑을 착용하고, 절연 공구를 사용하여야 하며, 찢어짐, 파손 여부를 확인하고 물기를 완전히 제거한 후 착용한다.

④ 금속성 물질(시계, 반지, 기타 금속성 제품 등)은 작업 전 몸에서 제거한다.

⑤ 고전압 시스템 취급 전 고전압을 차단한다.

㉮ 점화스위치를 OFF하고, 보조 배터리(12V)의 (−) 케이블을 분리한다.

㉯ 고전압 시스템을 점검하거나 정비하기 전에 반드시 안전 플러그를 분리하여 고전압을 차단하도록 한다.

⑥ 잔존 전압을 점검한다.

㉮ 인버터 커패시터 방전 확인을 위하여 안전 플러그 탈거 후 5분 이상 대기한다.

㉯ 인버터의 (+)단자와 (−)단자 사이의 전압값을 측정한다. 측정값이 30V 이하이면 고전압회로가 정상적으로 차단된 것으로 판단하고, 30V가 초과이면 캐패시터 방전까지 조금 더 기다려 측정해도 30V가 초과하면 고전압회로에 이상이 있는 것으로 점검해야 한다.

⑦ 탈거한 고전압 부품에 의한 감전사고 예방을 위해 절연 매트 위에 정리하여 보관한다.

⑧ 보호 장비 미착용자의 안전사고 예방을 위해 고전압 부품을 절연 덮개로 차단한다.

[4] 파워 케이블 작업 시 주의사항

① 고전압 단자를 체결 직후 절연 조치 및 테이프를 사용한다.

② 고전압 단자 체결용 스크류는 규정 토크로 체결한다.

③ 고전압 단자를 다시 체결할 경우 체결 직후 절연 조치를 한다.

④ 고전압 단자 체결용 스크류는 규정 토크로 체결한다.

⑤ 파워 케이블 및 버스바 체결 또는 분해 작업 시, (+), (-) 단자 간 접촉이 발생하지 않도록 주의한다.

[5] 인버터 취급 전 측정방법

① 전압 테스터 활용하여 측정 부위인 플러스 단자와 마이너스 단자를 측정한다.

② 측정값이 30V 이하면 정상, 30V 이상이면 잠시 뒤 다시 측정한다.

③ 전압이 떨어지지 않는다면 원인을 찾아 수리한다.

④ 플러스 단자와 마이너스 단자에서 절연 상태를 확인한다.

⑤ 수리유무 판단 후 정비한다.

[6] 메인 릴레이 취급 전 측정방법

① 고전압이 잔류하고 있는지 유무를 회로에 표시하여 측정 및 확인을 한다.

② 전압 테스터를 활용하여 측정 부위인 플러스 단자와 마이너스 단자를 측정한다.

③ 측정값이 30V 이하면 정상, 30V 이상이면 잠시 뒤 다시 측정한다.

④ 전압이 떨어지지 않는다면 원인을 찾아 수리한다.

⑤ 플러스 단자와 마이너스 단자에서 절연 상태를 확인한다.

⑥ 수리유무 판단 후 정비한다.

02 하이브리드 자동차 고전원 전기장치

[1] 하이브리드 시스템의 구성

HEV 자동차는 전기 동력부품인 전기모터, 인버터, 컨버터, 배터리로 시스템이 구성되며, 자동차 구동을 지원하는 전기모터는 엔진 측에 장착, 인버터, 컨버터, 배터리는 통합 패키지 형태로 자동차 후방에 탑재된다.

(1) 모터, 모터 발전기

발전을 주로 하는 모터 발전기와 구동력을 담당하는 모터(발전기 역할도 함)의 두 개를 갖추고 있으며, 영구자석이 달려 있고 브러시가 없으며, 로터를 전자력으로 구동해서 회전시키는 방식이다.

① 하이브리드 모터시동 금지조건

㉮ 고전압 배터리의 온도 〈 −10℃ 또는 배터리의 온도 〉 45℃

㉯ MCU Inverter 온도 〉 94℃

㉰ SOC 18% 이하

㉱ 엔진 냉각수 수온 −10℃ 이하

㉲ ECU, MCU, BMS 고장 시

② 시동 회전수(rpm)

㉮ ECU 아이들 RPM 이상으로 설정

㉯ 장시간 아이들 스톱 후 시동 시 시동 RPM 상승(CVT 유압 발생을 위하여)

(2) 고전압 배터리

배터리는 충전이 가능한 2차 배터리가 사용되며, 니켈 수소 배터리나 리튬이온 배터리를 사용한다.

① 배터리 종류

㉮ 니켈 수소 배터리 : 니켈 카드뮴 배터리의 카드뮴을 수소로 변경한 것으로 1셀 단위당

전압은 1.2V가 발생한다.

㉯ 리튬이온 배터리 : 양극에 리튬 금속산화물, 음극에 탄소질 재료, 전해액은 리튬염을 녹인 재료를 사용한다. 충 · 방전에 따라 리튬이온이 양극과 음극 사이를 이동한다. 발생 전압은 3.6~3.8V 정도이다.

㉰ 리튬이온 폴리머 전지 : 리튬이온 배터리에 탑재된 전해질 대신 젤 타입의 전해질을 사용해 폭발 위험을 줄인 것이 특징이며, 셀당 DC 3.75V이다.

㉱ 니카드 배터리 : 양극에 니켈계 물질, 음극에 카드뮴계 물질, 전해액에 알칼리 전해액을 사용한다. 셀 전압은 1.2V이다.

참고 **SOC(State of Charge)**

SOC는 배터리 충전 상태를 표현한 것으로 배터리 팩이나 시스템에서의 유효한 용량으로 정격용량의 백분율로 표시한 것으로, 고전압 배터리의 사용 가능 에너지를 표시한 것이다.

② **캐퍼시터**

전기 이중층 콘덴서를 말한다. 캐퍼시터는 짧은 시간에 큰 전류를 축적, 방출할 수 있기 때문에 발진이나 가속을 매끄럽게 한다.

③ **프리차저 릴레이**

초기 고전압 유기에 의한 과전류 유입을 방지하기 위해 먼저 (−)릴레이와 프리차저 릴레이를 ON하고 뒤이어 (+)릴레이를 ON한다.

④ **메모리 효과**

배터리가 완전 방전되지 않은 상태에서 충전을 되풀이함으로써 방전할 때의 전압이 표준 상태보다 일시적으로 저하되는 현상을 가리키며 배터리의 수명도 짧아진다.

⑤ **BMS(battery management system)**

고전압 배터리 제어를 위한 컴퓨터이며, 배터리 에너지 입 · 출력 제어와 배터리 성능 유지를 위한 전류 · 전압 · 온도 · 사용 시간 등 각종 정보를 모니터링하고, 종합적으로 연산된 배터리 에너지 상태정보를 HCU 또는 MCU로 송신하는 역할을 한다.

(3) 인버터, 컨버터

구동용 모터나 발전기 등은 교류를 사용하므로, 인버터는 배터리의 직류 전원(DC)을 교류

전원(AC)으로 변환하여 모터의 속도를 제어하는 장치이다. 고전압 배터리는 높은 전압을 사용하지만, 자동차의 전장 시스템은 낮은 전압을 사용하기 때문에 이를 변환하는 장치가 반드시 필요하다. 컨버터는 점등장치나 에어컨, 오디오 등의 전기장치용 12V 전원으로 작동할 때는 구동 배터리용으로 발전한 전기를 12V로 변환하거나, 12V 배터리에 충전하는 역할을 한다. 정확하게 LDC(Low voltage DC-DC Converter)이다.

(4) HEV MCU(모터 컨트롤 유닛)

고전압 배터리로부터 직류(DC) 전기를 공급받아 3상 교류(AC) 전기를 발생시켜 모터 구동을 제어하며 구성은 인버터 어셈블리이다.

[2] 하이브리드 시스템의 하이브리드 제어 기능

(1) 하이브리드 모터 시동

시동 상황	- Key 시동(P/N 단) - 오토 스톱 해제
금지 조건	- 배터리, 모터 방전 제한값 〈 엔진의 시동토크 - 배터리 온도 〈 약 -10도 또는 배터리온도 〉 약 45도 - SOC 〈 18% - 엔진수온 〈 -10도 - ECU, MCU, BMS fail(제어기, CAN 고장)
특이 조건	- 모터시동 금지 시는 Key 시동 시 스타터로 시동 - 오토 스톱 중 금지조건 발생 시 즉각 해제하고 모터 시동
시동 rpm	- ECU 아이들 rpm 이상으로 설정 - 장시간 오토 스톱 후 시동 시 rpm 상승(CVT 유압발생 위해)

(2) 오토 스톱(auto stop)

① 자동차가 정지할 경우 연료소비를 줄이고 배기가스를 저감시키기 위해 엔진을 자동으로 정지시키는 기능(공조 시스템은 일정 시간 유지 후 정지)이다.

② 오토 스톱이 해제되면 모터 크랭킹과 연료분사를 재개하여 엔진을 재시동한다.

③ 오토 스톱이 작동되면 오토 스톱램프가 점멸하고, 해제되면 소등한다.

④ 오토 스톱 스위치가 눌려있지 않으면 오토 스톱 OFF램프가 점등한다.

⑤ IG OFF 후 IG ON하면 오토 스톱 스위치는 ON상태로 된다.

(3) 브레이크 밀림방지장치(CAS : creep aid system)

① 경사로 등에서 출발 시 자동차가 밀리는 현상을 방지하기 위한 장치이다.

② 아이들 스톱 후 해제 시 엔진이 재시동되어 엔진의 creep 토크가 발생하기까지 자동차가 밀리는 현상을 최소화하기 위해 경사도에 따라 밀림 방지장치를 작동한다.

(4) 브레이크 부압 보조

하이브리드 자동차는 부압이 부족한 경우가 있다. 부압이 부족하다고 판단되면 다음과 같이 제어한다.

① 엔진 시동이 OFF된 경우

오토 스톱인 경우 부압이 낮아진다. → 낮다고 판단되면 시동을 건다.

② 엔진 시동이 ON된 경우

LDC 충전전압(12.8V)을 낮추어 부압을 확보, A/C의 부하가 클 때(ETC밸브가 열려있어 부압 저하) A/C OFF하여 부압을 확보, CVT 발진클러치 초기 출발토크 확보를 위해(ETC밸브가 열려 부압 저하) 열려있던 ETC밸브를 닫는다.

(5) LDC(low DC/DC converter) 제어

HEV 자동차는 발전기 대신 LDC를 적용하여 오토 스톱 시 원활한 전장 전원공급이 가능하며, 발전기보다 효율이 높아 연비 향상에 기여한다.

(6) HCU 입·출력 구성

① HCU 입·출력 기능

㉮ 보조 배터리 전원 : HCU는 보조 배터리(12V) 전원을 공급받아 제어기를 구동할 수 있는지를 판단한다.

㉯ 브레이크 스위치 : 브레이크 페달의 작동 상태를 감지하며, 내부에는 브레이크 스위치와

브레이크 램프 스위치 두 가지가 장착된다.

㉰ 스타트 컷 릴레이

㉠ HCU가 스타트 컷 릴레이를 제어하면 하이브리드 모터로 시동이 가능하고, 제어하지 않으면 엔진 스타트 모터로 엔진 시동이 가능하다.

㉡ HCU는 시스템이 정상일 경우 스타트 컷 릴레이를 항상 접지 제어하여 하이브리드 모터로 엔진 시동이 가능하도록 제어한다.

㉱ 브레이크 부스터 압력센서 : 브레이크 부스터 압력을 측정하며, 부스터 내 부압이 부족하여 비정상적인 브레이크 제동을 방지하기 위하여 부압이 형성되도록 제어한다.

㉠ 아이들 상태에서 부족할 경우 엔진의 부하 또는 토크를 감소시켜 스로틀밸브를 닫힘 방향으로 제어하여 부압이 생성되도록 한다.

㉡ 오토 스톱 상태에서 부족할 경우 오토 스톱을 해제(엔진 시동)하여 부압이 형성되도록 한다.

㉲ 경사각센서

㉠ 자동차의 경사도를 측정하며, 자동차가 경사로 등에서 뒤로 밀리지 않도록 밀림 방지를 제어하는 중요한 신호로 사용한다.

㉡ 브레이크 페달을 뗀 후에도 경사도에 따라 일정 시간동안 제동장치가 작동하도록 제어하며, 경사각센서, 브레이크 스위치, ABS 모듈, HCU 등이 필요하다.

㉳ 알터네이터 L 릴레이

㉠ HCU는 LDC가 정상적으로 12V를 발생시켜 보조 배터리를 충전시키는지 확인하고, 만약 LDC가 정상일 경우, HCU는 알터네이터 릴레이를 제어하여 보조 배터리 충전경고등을 점등하고, 에탁스로 신호를 보내며 에탁스는 부하가 큰 전장품을 OFF 제어한다.

㉡ 서비스 데이터에서 알터네이터 L릴레이는 "보조전장 부하신호"로 표시한다.

㉢ 엔진 시동이 걸려있는 상태에서 LDC가 정상적으로 보조배터리(12V)를 충전하면 "YES"를 표시하고, 엔진정지 또는 Key ON시는 "NO"를 표시한다.

㉴ 에어백 신호 : 에어백이 전개되면 에어백 ECU에서 HCU로 전개신호를 보내고 HCU는 운전자 및 자동차의 안전을 위해서 하이브리드 고전압 시스템을 중지시킨다.

03 전기자동차 고전원 전기장치

[1] 전기차 배터리

전기차 배터리는 충전과 방전이 가능한 2차 전지가 적용되며, 일반적으로 전기차 배터리는 리튬이온 배터리를 사용하고 있다. 다만 2차 전지 종류로는 리튬이온 전지, 니켈카드뮴 전지, 니켈수소 전지, 니켈 폴리머 전지 등이 있다.

(1) 배터리 종류별 특징

전기자동차에 들어가는 리튬이온 배터리는 각형, 원통형, 파우치형 등 총 3가지가 있다.

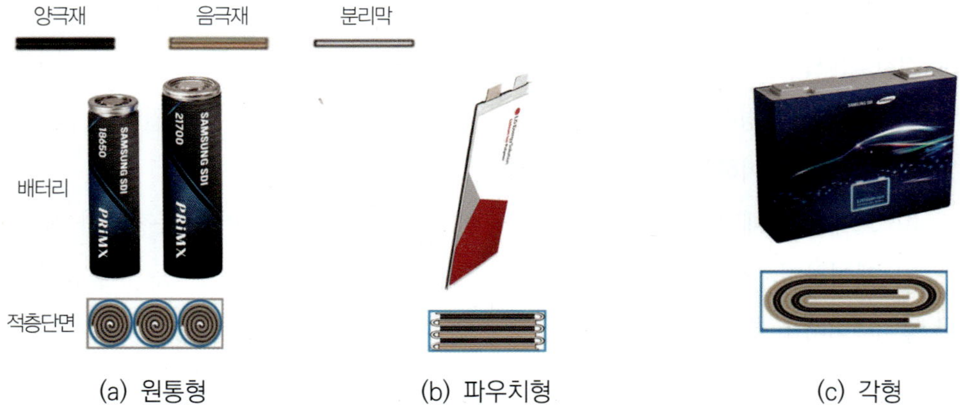

그림 4-92 배터리 종류

① 원통형 배터리

건전지와 닮은 원통형 배터리는 원통형 배터리는 표준화된 크기로 대량 생산에 용이해 다른 배터리에 비교적 원가 부담이 낮은 장점은 있지만, 원통의 한계상 공간 활용이 뛰어나지 못하고 에너지 밀도가 낮아 수명이 짧은 단점을 갖고 있다.

② 파우치형 배터리

파우치형 배터리는 배터리 소재를 쌓은 후 필름으로 패키징한 모양이다. 소재를 쌓은 후 패키징을 했기 때문에 각형보다 에너지 밀도가 높고, 업체가 원하는 모양으로 쉽게 제작이 가능하다는 장점을 갖고 있다. 하지만 비교적 복잡한 제조공정과 고객 맞춤 생산으로 인해 원가가 높아 대량 생산이 어렵고 열관리가 쉽지 않다는 단점이 있다.

③ 각형 배터리

각형 배터리는 알루미늄의 사각형 형태로 패킹한 배터리이다. 사각형이라는 모양적 특이성 때문에 상대적으로 버리는 공간이 적다는 장점을 갖고 있다. 알루미늄 케이스이기 때문에 내구성이 좋고 자동차 사고에도 잘 견디는 반면, 무게가 많이 나가고 열이 잘 방출되지 않는 단점 또한 지니고 있다. 각형 배터리는 파우치형보다 기술적으로 낮은 단계이지만 배터리 공급처가 다양해 많은 기업에서 쓰이고 있는 배터리이다.

(2) 전기차 배터리 구성요소

① **양극(Cathode)** : 방전 시 리튬(Li) 이온이 전자를 받아 환원되는 전극

② **음극(Anode)** : 방전 시 리튬(Li) 이온이 전자를 방출해 산화되는 전극

③ **전해액(Electolyte)** : 양극, 음극의 전기화학 반응이 원활하도록 리튬(Li) 이온 이동이 일어나게 하는 매개체(탄소(Carbon)는 흑연으로, 유기용제는 유기용매로 이동이 일어나게 함)

④ **분리막(Separator)** : 양극, 음극 전기적 단락을 방지하기 위한 격리막

⑤ **케이스(Case)** : 전지구성 요소를 보호하고 있는 외장재(각형, 원통형, 파우치형)

[2] 전력변환 장치

(1) 전지 시스템(BMS : battery management system)

수많은 배터리(셀)를 하나의 배터리처럼 사용할 수 있도록 관리한다. 전기차의 배터리는 수십 개에서 수천 개에 이르는 셀로 이뤄져 있는데, 각 셀의 상태가 비슷해야 배터리의 내구성과 성능이 최적의 컨디션을 유지할 수 있다. BMS는 배터리와 일체형으로 설계되는 경우가 많으며, 통합전력제어장치(EPCU)에 포함되기도 한다. 셀의 충전 및 방전 상태를 감시하고, 배터리에 이상이 감지될 경우 릴레이(특정 조건에서 다른 회로를 개폐하는 장치)를 통해 자동으로 배터리의 전원을 잇거나 끊는다.

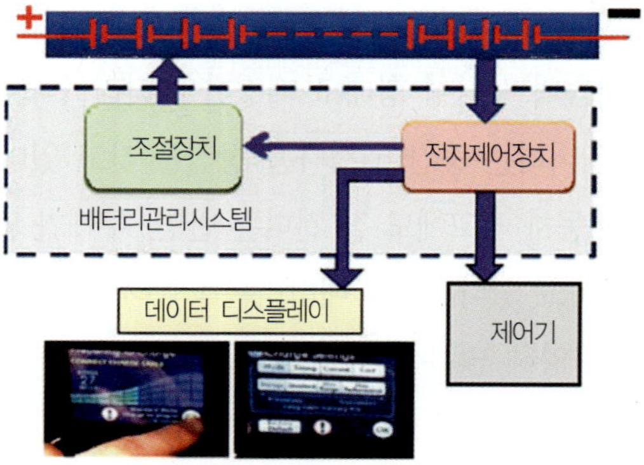

그림 4-93 전지 시스템의 구성도

① 전기자동차 BMS의 기능

㉮ 축전지를 이루는 개별 셀의 상태를 모니터링

㉯ 응급의 경우에는 축전지를 분리

㉰ 축전지 체인 내에서 셀 매개 변수에 있는 불균형에 대한 보상

㉱ 축전지 충전 상태에 대한 정보 제공

㉲ 축전지 상태에 대한 정보 제공

㉳ 드라이버 디스플레이 및 경보에 대한 정보를 제공

㉴ 축전지의 사용가능 범위를 예측

㉵ 관련 자동차 제어 시스템에서 지시사항을 수락하고 구현

㉶ 셀을 충전을 위한 최적의 충전 알고리즘을 제공

㉷ 제공하는 스위치와 돌입전류를 제한하는 충전이 단계 전에 부하 임피던스 테스트를 할 수 있도록 사전 충전

㉸ 개별 셀을 충전에 대한 액세스 수단을 제공

㉹ 자동차 운영 모드의 변화에 대응

② 메모리 효과

메모리 효과는 니켈로 만든 전지에서는 활물질로 사용된 NiOH에서 OH가 떨어졌다 붙었다 하면서 전하를 전달하는 현상이 바로 충전과 방전이라는 전기적 흐름으로 나타난다. 여기서 shallow charge-discharge를 반복하면, 즉 조금 사용하고 다시 충전하고, 조금 쓰고 또 충전하고 하면 NiOH는 고용체를 형성하게 되는데, 이 고용체의 형성은 비가역적인 반응이므로 한 번 고용체가 생성되면 다시는 되돌아가지 못하게 되어 남아있는 용량을

사용하지 못하게 된다. 이와 같이 전지가 마치 사용할 수 있는 용량의 한계를 기억하는 것과 같은 이러한 현상을 메모리 효과라고 한다.

그러나 리튬이온 전지는 메모리 현상이 없으므로 사용자가 임의대로, 주변 환경에 따라 수시로 충전하여 사용하여도 거의 수명에 영향을 미치지 않는다. 오히려 조금 쓰고 충전하고 조금 쓰고 또 충전하고 하면 Ni-계 전지와는 정반대로 수명이 길어지는 효과가 있다. 이러한 이유 때문에 리튬이온 전지가 Ni-계 전지보다 훨씬 비싼데도 수요가 늘어나고 사용자가 찾게 되는 것이다.

(2) 인버터, 컨버터(inverter, converter)

① 인버터(inverter)

㉮ 인버터(Inverter)는 직류를 교류로 바꾸는 장치(DC→AC/역변환장치)로 사이러트론 · 수은 정류기 등이 주로 사용되었으나, 직류송전과 같은 대용량 고전압회로를 제외한 일반 인버터는 대부분 사이리스터로 바뀌었다.

㉯ 인버터를 동작 방식으로 분류하면 자려식과 타려식이 있다. 자려식은 회로 자체의 진상장치(경류장치)에 의해 정류하고, 외부로부터는 무효전력의 보상을 받지 않는 것이며, 회로 방식에는 직렬형과 병렬형이 있다. 타려식은 외부로부터는 무효전력의 보상을 받는다. 회로로서는 단상 · 다상 정류회로가 그대로 인버터를 형성하고 있다.

② 컨버터(converter)

㉮ 컨버터(converter)는 교류를 직류로 바꾸는 장치(AC→DC)로 신호 또는 에너지의 모양을 바꾸는 장치로 회로망 · 변환기라고도 한다.

㉯ 신호변환의 경우에는 흔히 트랜스듀서센서(transducer sensor)라고 하며, 전력 분야에서는 교류와 직류간의 변환, 교류의 주파수 상호변환, 상수의 변환 등을 하는 장치를 말한다.

㉰ 어느 주파수에서 다른 주파수로의 변환을 사이클로 컨버터(cyclo converter)라고 하여 구별한다. 이들 변환회로에는 사이리스터(thyristor) 등의 전력용 반도체를 사용하는 경우가 많다.

㉱ 통신 · 고주파 분야에서는 어느 고주파신호를 그보다 낮은 중간 주파수로 변환하는 부분을 컨버터라고 한다. 이 밖에 직류신호를 교류로 변환하는 단속기, 진공열전쌍을 써서 교류전류를 직류전압으로 변환하는 장치 등도 컨버터라고 한다.

③ 사이클로 컨버터(cyclo converter)

어떤 주파수의 교류를 직류회로로 변환하지 않고 그 주파수의 교류로 변환하는 직접 주파수 변환장치, 사이리스터를 사용하는 것은 전력용 주파수 변환장치로서가 아니라 교류 전동기의 속도 제어용으로 사용한다. 전원 주파수와 출력 주파수 사이에 일정비의 관계를 가진 정비식 사이클로 컨버터와 출력 주파수를 연속적으로 바꿀 수 있는 연속식 사이클로 컨버터가 있다.

④ 인버터의 동작원리 및 특성

PWM이란 펄스폭 변조(pulse width modulation)의 약칭으로 평활된 직류전압의 크기는 변화시키지 않고 펄스상의 전압의 출력시간을 변화시켜 등가인 전압을 변화시킨다. 모터에 흐르는 전류가 정현파에 가까워지도록 출력 펄스의 폭을 차례로 변환시키는 방식을 정현파 펄스폭 변조라 하고, 저주파 영역의 모터 토크리플이 작으므로 최근에는 이 방식이 주류로 되어가고 있다.

PAM은 펄스높이 변조(pulse amplitude modulation)의 약칭으로 교류를 직류로 변환할 때의 직류 크기를 변환시켜 출력한다. 그래서 펄스폭 변조에 비해 고조파 성분이 적고 모터의 운전음이 작아지는 특징이 있다. 전압형 인버터는 상용전원을 컨버터로 직류로 변환한 후 콘덴서에서 평활된 전압을 인버터부에서 소정의 주파수의 교류출력으로 변환한다. 즉, 전압형 인버터는 전압의 주파수를 변환해서 모터의 회전수를 변환하는 방식이다. 전류형 인버터는 콘덴서 대신에 코일(리액터)이 있다. 컨버터에서 직류로 변환한 후 전류를 리액터로 평활해서 인버터에서 교류를 출력한다. 즉, 전류형 인버터는 전류의 주파수를 변환해서 모터의 회전수를 변환하는 방식이다. 범용 인버터는 전압형이 채용되고 있다.

[회로구성에 따른 인버터의 분류]

구 분		동작 특성	비 고
전류형 (current source)		정류부(rectifier)에서 전류를 가변하여 평활용 reactor로 일정 전류를 만들어 인버터로 주파수를 가변한다.	대용량에 채용
전압형 (voltage source)	PAM	정류부(rectifier)에서 DC전압을 가변하여 콘덴서로 평활전압을 만들어 인버터부로 주파수를 가변한다.	초기에 사용된 기술로 현재는 단종
	PWM	정류부(rectifier)에서 일정 DC전압을 만들고 인버터로 전압과 주파수를 동시에 가변한다.	최근 대부분의 인버터에 채용

PWM : 펄스폭 변조, pulse width modulation
PAM : 펄스진폭 변조, pulse amplitude modulation

[3] 구동 전동기

(1) 모터

전기자동차에서 모터는 구동용 모터 혹은 회생용 모터의 용도로 사용된다. 모터는 종래의 자동차엔진 혹은 트랜스미션에 상당하며, 인버터에 의한 모터 회전수 제어로 주행속도를 제어한다.

전기자동차용으로 사용되는 모터의 종류는 직류 브러시모터를 많이 사용하였으나, 최근에는 교류모터나 브러시리스모터 등을 사용하는 경향이 두드러진다.

모터는 EV 구동력을 실현하는 중요한 부품이다. 승용차의 주행용으로 사용되는 모터의 경우 출력은 10~60kW 정도가 일반적이다.

교류모터는 같은 출력을 내는 직류모터에 비하여 가격이 3배 이상 싸며, 크기에 비하여 모터의 효율이 크며, 토크가 비교적 크다. 또 보수 유지비용이 상대적으로 저렴하고, 수명이 더 길다.

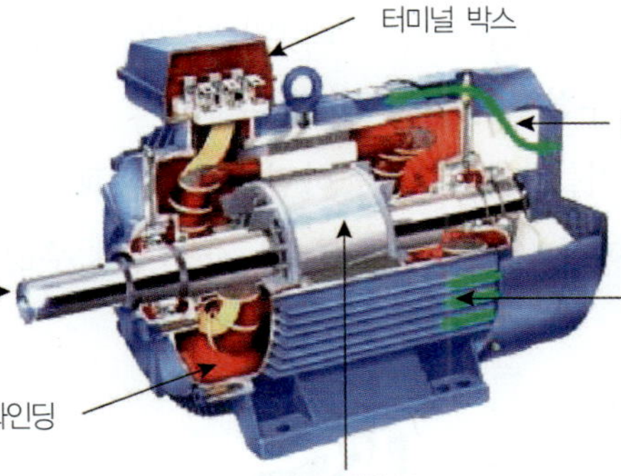

그림 4-94 AC모터 구조

[직류, 교류모터의 장단점 구분]

구분	장점	단점
직류	- 작은 부피 - 빠른 속도 - 크기에 비해 큰 힘	- 부하에 따라 속도변화가 심하다. - 속도가변이 힘들다. - 수명이 짧다(브러시). - 소음이 심하다.
교류	- 높은 효율 - 큰 힘 - 용이한 속도가변(주파수 변화) - 수명이 길다(유지보수 비용 저렴). - 저렴한 가격	- 회전속도는 느리다.

(2) 전기자동차용 모터의 요구조건

① 전원은 축전지의 직류전원이다.

② 시동 시의 토크가 커야 한다.

③ 구조가 간단하고 기계적인 내구성이 커야 한다.

④ 속도 제어가 용이해야 한다.

⑤ 취급 및 보수가 간편하고 위험성이 없어야 한다.

⑥ 소형이고 가벼워야 한다.

(3) 모터 제어기

엑셀페달 조작량 및 속도를 검출해서 의도한 구동 토크 변화를 가져올 수 있도록 차속이나 부하 등의 조건에 따라 모터의 토크 및 회전속도를 제어한다. 이를 위한 시스템을 제어기라고 부른다. 운전자의 오른발의 움직임에 따라 모터의 토크와 회전속도를 제어한다. 여기서 전원은 전지이며, 일정 전압의 직류전류를 얻을 수 있다.

직류모터라면 전류의 크기를 제어하기만 하면 되지만, 교류모터일 경우에는 우선 교류로 변환하고, 다시 진폭이나 주파수/위상을 바꾸어서 자동차의 주행상황을 커버할 필요가 있다.

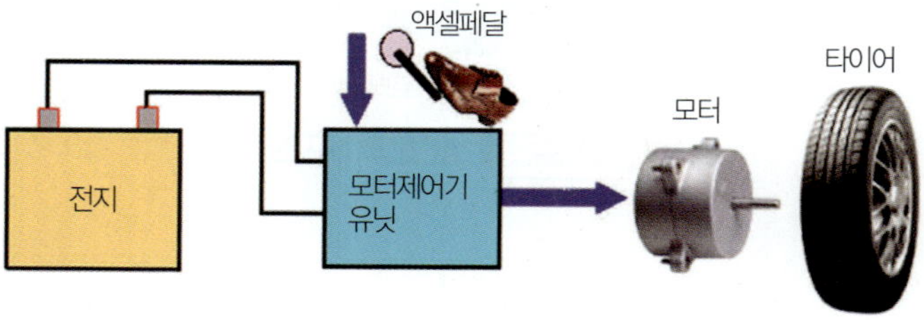

그림 4-95 모터 제어기의 동력전달과정

① EV의 출력제어 기본 개념

가장 기본적인 직류모터의 제어 방식은 회로 안에 넣는 저항의 크기 변화로 인하여 전류의 값을 변화한다. 여기서 저항값을 서로 다른 경로를 복수로 준비하고, 순차 전환한다. 당연히 전류의 크기는 단계적으로 변화하고, 토크도 스텝 형태로 변화하게 된다.

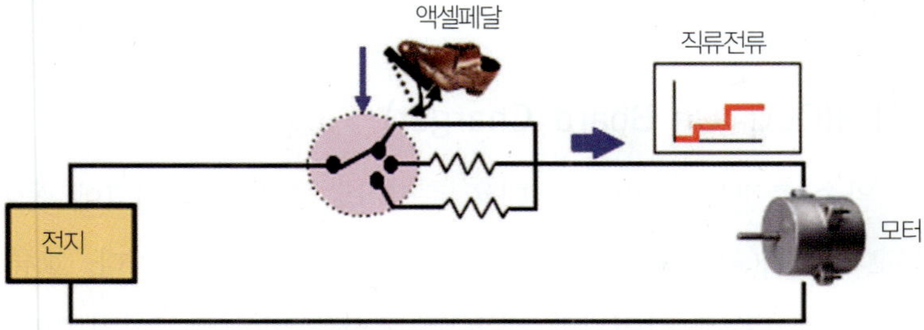

그림 4-96 DC 모터 제어장치

전류의 ON-OFF스위치 기능을 가진 반도체(트랜지스터 또는 사이리스터)에서 회로를 ON-OFF하고 고주파 펄스 상태의 전류를 만들어낸다. 여기서 일정 시간 내의 통전시간 = 펄스수를 제어해서 전류의 크기가 결정된다. 이 통전 시간율을 듀티비라고 한다. 전류를 상세히 쪼개는 것인데 제어결과는 아날로그 양이 되고, 리니어한 변화를 얻을 수 있다. 최근에는 펄스폭을 제어하는 수법도 있다.

② 교류모터의 경우

엑셀 · 스트로크에 대해 교류전류의 진폭으로 자계강도 = 토크를 변화시키고, 교류전류 주파수를 바꿔서 모터 회전속도를 제어한다. 이를 위하여 스위칭 소자를 1상으로 2개씩 준비해서 전류를 펄스 상태로 하고, 조밀 방향을 변화시켜 교류를 만든다. 이것을 3조 사용하면 직류를 3상 교류로 전환, 진폭과 주파수를 제어할 수 있다. 이는 인버터의 기능이다. 모터의 모델을 바탕으로 컴퓨터가 세밀하게 제어하고 응답성을 향상시키는 기법을 "펙토르 제어"라고 한다.

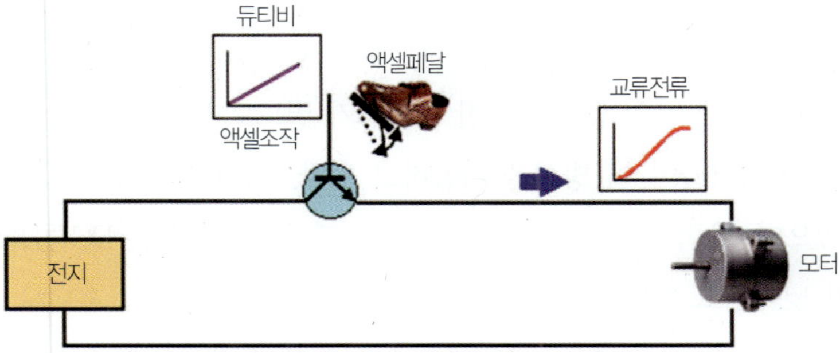

그림 4-97 차폐 제어장치

[4] 차량 충전

(1) 온보드차저(OBC : On Board Charger)

온보드차저는 완속 충전을 하거나, 휴대용 충전기로 가정용 플러그에 꽂아서 충전할 경우, 차량에 입력된 교류 전원(AC)을 직류 전원(DC)으로 변환하는 장치이다. 교류를 직류로 전환한다는 점에서 인버터와 비슷해 보이지만, OBC는 충전을 위한 장치이며 인버터는 차량 가속과 감속과 관련된 장치라는 점에서 그 역할이 다르다. 급속 충전은 직류를 이용한다.

(2) 차량 충전기 종류

① AC 단상 5핀

AC 단상 5핀은 국내 완속 충전 표준 커넥터이며 전 세계적으로도 많이 사용되는 충전 타입이다. 일반적인 교류전원을 사용하고 통상 220V/32A, 7kW급이다. 국내는 르노와 SM3를 제외하고 모두 연결이 가능하며, 대부분의 국내 출시된 플러그인 하이브리드(PHEV) 차량의 충전 타입이다.

② AC 3상 7핀

AC 3상 7핀은 3상을 지원하는 7개의 핀으로 구성되어 있고, 급속과 완속을 모두 사용할 수 있는 표준형이다. 하지만 고속 충전 시 직류 전원을 사용하는 다른 표준들과 다르게 고속 충전에서 교류 전원을 사용한다. 최대 용량은 43kW AC이며, 국내는 르노 삼성의 SM3와 초소형 전기자동차 D2의 타입이다.

③ DC 차데모

DC 차데모는 일본을 중심으로 만들어진 급속 충전 표준이다. 차데모는 급속 전용 충전 플러그이기 때문에 완속 충전을 위한 플러그가 별도로 필요하다. 국내에서는 현대, 기아에서 생산한 차량들이 이 방식을 사용하고 있다. 하지만 차량에 공간을 많이 차지하는 문제가 있으며, 유럽과 미국을 주도로 표준이 만들어지고 있는 DC 콤보에 밀려 시장에서 점유율이 낮아지고 있다.

④ DC 콤보

DC 콤보는 미국, 유럽을 위주로 만들어진 급속 충전 표준으로 타입1과 타입2로 나뉜다. 특히 타입1은 미국과 한국의 급속 충전 표준이다. 타입1은 100kW 이상의 고속 충전을 지원하고 있기 때문에 빠른 속도로 급속 충전을 할 수 있으며, 전원의 공급은 직류 전원을 사용한다. 현재 지원하고 있는 차종으로는 BMW, i3, 쉐보레 스파크 EV, 현대 아이오닉 일렉트릭, 현대 코나 일렉트릭, 니로 EV가 있다. 타입2는 타입1과 충전구의 모양이 다르고 AC 3상의 7핀에 DC연결핀이 있는 구조이다.

구분	AC 단상 5핀 (완속)	AC 3상 7핀 (급속/완속)	DC 차데로 10핀 (급속)	DC 콤보 7핀 (급속)
충전기 커넥터				
차량측 소켓				

그림 4-98 충전기 종류

04 연료전지 고전원 전기장치

[1] 연료 전지의 종류

연료 전지는 작동 온도에 따라, 연료의 종류에 따라 그리고 사용하는 전해질의 종류에 따라 각각 구분이 가능하다. 그러나 이온이 전해질을 통과하고 교환으로 전극 사이에 전기가 흐른다는 근본 원리는 모두 같다.

(1) 작동 온도에 따른 구분

연료 전지는 고온형과 저온형으로 나누어지고 이들은 다시 두 가지 유형으로 나눌 수 있다.

① 저온

저온형은 일상생활 현장에서 활용된다. 저온형은 고온형 연료 전지에 비해 훨씬 저온(섭씨 200도 이하)에서 작동된다. 저온형의 공통적인 장점은 시동이 단시간에 된다는 것과 크기를 작게 할 수 있다는 점이다. 그러나 고가의 백금전극이 필요해서 장비 비용이 높은 것이 단점이다. 인산형 연료 전지(PAFC)는 섭씨 200도 정도에서 작동한다. 전해질에는 인산 수용액을 쓴다.

고체 고분자형 연료 전지(PEFC)는 섭씨 100도 미만이라는 상온에 가까운 온도에서 작동한다. 전해질에는 수용액이 아니라 수지로 만든 얇은 막을 사용한다. 그 결과 장비 전체를 얇게 할 수 있기 때문에 소형에 적합하다.

② 고온

고온형의 연료 전지에는 용융 탄산염형 연료 전지(MCFC)와 고체 산화물형 연료 전지(SOFC) 두 가지 유형이 있다. 고온형의 연료 전지는 섭씨 500~1,000도라는 고온에서 작동한다. 고온이 되면 화학반응의 속도가 빨라지고 촉매가 필요 없게 된다. 그래서 고가인 백금을 사용하지 않아도 되는 것이 장점 중의 하나이다. 고온의 배출열도 활용할 수 있다. 또 고온인 연료 전지의 내부에서 천연가스 등의 연료가 수소로 전환되는 과정(개질)이 진행되므로 이들 연료를 수소 대신 쓸 수도 있다. 발전효율이 높고 고출력이 가능하나 워밍업을 위한 시동에 시간이 걸리는 단점이 있다.

용융 탄산염형 연료 전지(MCFC)는 섭씨 650도 전후의 고온에서 작동한다. 전해질에는 탄산염을 녹인 액체(용융 탄산염)를 쓴다. 수소 이외에 천연가스나 석탄가스 등을 연료로 쓰는 일도 있다. 고체 산화물형 연료 전지(SOFC)는 섭씨 1,000도 부근의 고온에서 작동한다. 전해질에는 고체인 세라믹을 쓴다.

(2) 연료의 종류에 따른 구분

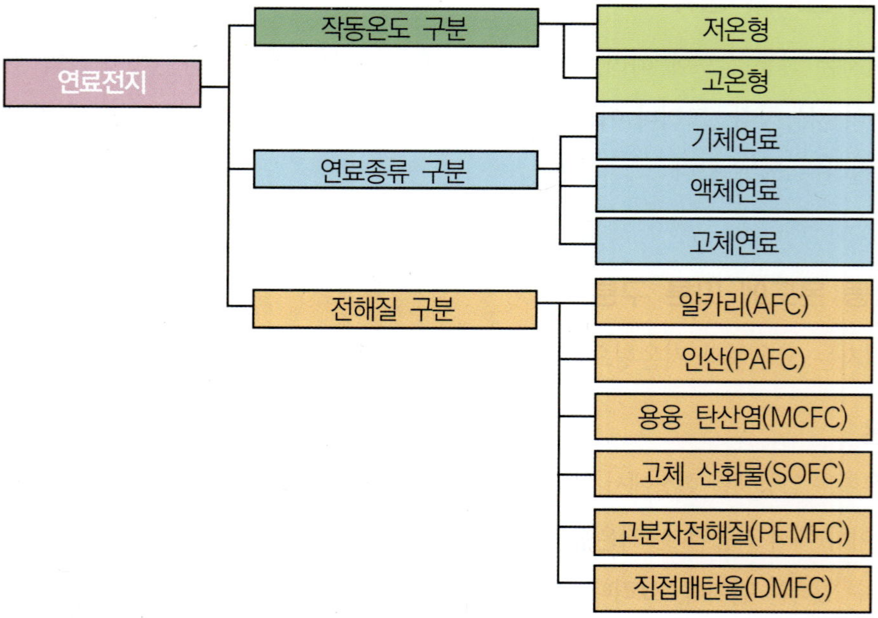

그림 4-99 연료 전지의 종류

① 기체연료

연료 전지의 보편적인 연료로 사용되며 수소, 탄화수소, CO(석탄가스화) 등이 있다.

② 액체연료

부산물이 생성되어 이에 대한 부산물의 처리 문제가 발생하지만, 환경오염률은 고체연료에 비해 거의 없다. 알코올(alcohol), 알데히드(aldehyde), 히드라진(N_2H_4), 석유계 탄화수소가 사용된다.

③ 고체연료

고체연료는 화학 연소반응이 환경오염에 심각한 영향을 미치는 부산물을 생성하여 이에 대한 처리 문제가 발생하지만, 연료 전지 구현이 비교적 간단한 편이어서 비용 절감을 기대할 수 있다. 석탄, 목탄, 코크스 등이 쓰인다.

[2] 연료 전지의 기본 원리

수소연료 전지의 기본 구조는 고분자 전해질막을 중심으로 양쪽에 다공질의 연료극(anode)과 공기극(cathode)이 부착되어 있는 형태로 되어 있다. 재료만 다를 뿐 보통의 전지 구조와 흡사하다.

양극에선 수소가 이온화되며 전자를 내놓는데, 이 전자는 중간의 전해질을 통해 음극으로 이동하고 그곳에서 공기와 반응해 물을 만든다. 이때 전자가 이동하는 과정에서 우리가 얻고자 하는 전기에너지가 발생하는 것이다. 우리가 사용하는 수소연료 전지는 양극, 음극, 전해질로 구성된 하나의 단위 전지가 여러 개 겹쳐진 적층 구조를 이루고 있다. 전류는 단위전지 면적에 따라 전압은 저장을 하고, 단위 전지 개수에 따라 조절되므로 수소연료 전지는 전력을 자유자재로 결정할 수 있다는 장점도 있다.

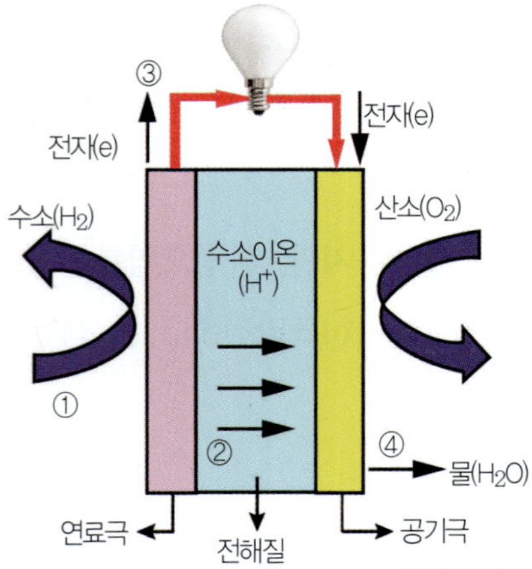

① 연료극에서 수소가 수소이온과 전자로 분해
② 수소이온은 전해질을 거쳐 공기극으로 이동
③ 전자는 외부 회로를 거쳐 전류를 발생
④ 공기극에서 수소이온과 전자, 산소가 결합해 물이 된다.

그림 4-100 연료전지 원리

[3] 연료 전지의 화학반응

연료 전지(fuel cell)는 수소와 산소의 화학반응으로 생기는 화학에너지를 직접 전기에너지로 변환시키는 기술을 이용한 전지이다. 즉, 연료와 산화제를 전기화학적으로 반응시켜 전기에너지를 발생시키는 장치이다. 이 반응은 전해질 내에서 이루어지며 일반적으로 전해질이 남아있는 한 지속적으로 발전이 가능하다.

$$H_2 + \frac{1}{2}O_2 = H_2O + \text{전기}$$

양극(anode) : $H_2 \rightarrow 2H^+ + 2e^-$
음극(cathode) : $1/2O_2 + 2H^+ + 2e^- \rightarrow H_2O$
전체(overall) : $H_2 + 1/2O_2 \rightarrow H_2O$ + 전류 + 열

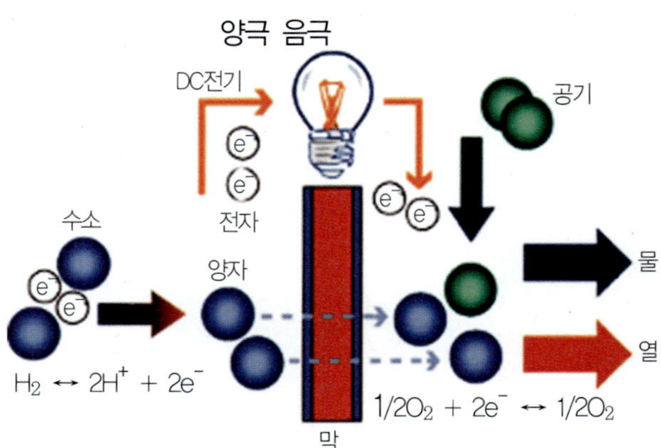

그림 4-101 연료 전지의 원리

연료 전지의 구조는 전해질을 사이에 두고 두 전극이 샌드위치의 형태로 위치하며, 두 전극을 통하여 수소이온과 산소이온이 지나가면서 전류를 발생시키고 부산물로서 열과 물을 생성한다.

① 연료극(hydrogen from tank, 양극)으로부터 공급된 수소는 수소이온과 전자로 분리

② 수소이온은 전해질층을 통해 공기극으로 이동하고 전자는 외부 회로를 통해 공기극으로 이동하며 전기 생성

③ 공기극(oxygen from air, 음극) 쪽에서 산소 이온과 수소이온이 만나 반응생성물(물)을 생성

최종적인 반응은 수소와 산소가 결합하여 전기, 물 및 열을 생성한다.

연료 전지는 전지라는 말이 붙어있기는 하지만 일반적인 전지와는 다르다. 전지는 닫힌계에 화학적으로 전기에너지를 저장하는 반면, 연료 전지는 연료를 소모하여 전력을 생산한다. 또한 전지의 전극은 반응을 하여 충전, 방전상태에 따라 바뀌지만, 연료 전지의 전극은 촉매 작용을 하므로 상대적으로 안정하다. 생성물이 전기와 순수인 발전효율 30~40%, 열효율 40% 이상으로 총 70~80%의 효율을 갖는다.

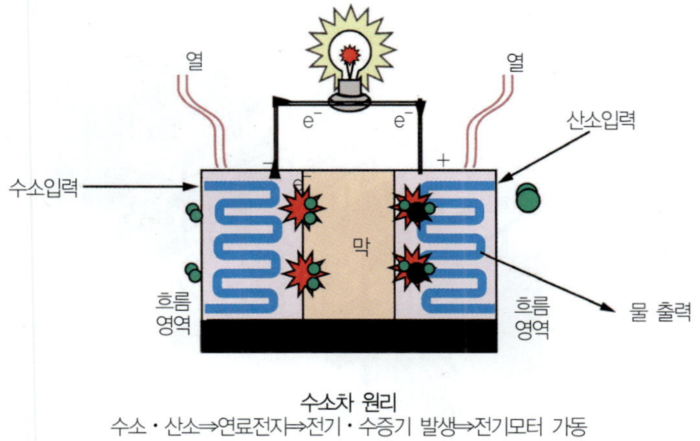

그림 4-102 연료전지의 전기발생원리

[4] 수소연료 전지자동차의 구조

연료 전지 자동차는 연료 전지 스택, 연료 전지 주변 장치(공기압축기, 열교환기 등), 연료공급장치, 보조동력원 그리고 모터 및 모터 제어기로 구성되어 있다.

(1) 연료 전지 스택(고체 고분자 전해질막(PEFC))

연료 전지의 스택은 수소 원료의 화학적 에너지를 전기에너지로 직접 변환시켜 직류전류를 생성하는 발전장치로, 자동차 주행에 필요한 전원을 공급하는 역할을 한다. 원하는 전기출력을 얻기 위해 단위 전지를 수십 장, 수백 장 직렬로 쌓아 올린 본체이며, 연료 전지 스택의 구성요소는 다음과 같다.

① **분리판** : 반응가스의 유로 제공, 전기적인 연결
② **개스킷** : 반응가스의 누출 방지
③ **극판군(MEA)** : 전해질과 백금촉매의 접합체, 전기화학반응이 일어난다.
④ **스택** : 다수의 셀을 쌓은 것으로 한 셀의 음극판(cathode)은 인접 셀의 양극판(anode)과 전기적으로 연결된다.

2매의 백금전극과 거기에 끼워진 전해질로 이루어지는 연료 전지의 1단위를 단셀이라 한다. 1개의 단셀이 발생시키는 전압은 연료나 전해질의 종류에 따라 결정되는데 단셀의 크기에 무관하게 약 1볼트이다. 복수의 단셀을 직렬로 이은 것을 스택(stack)이라 부른다.

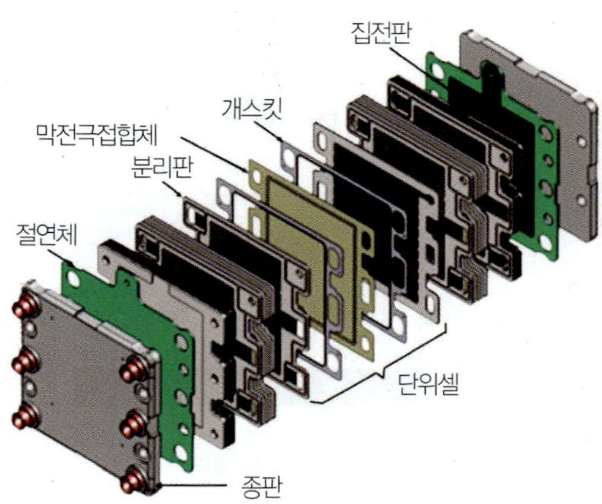

그림 4-103 연료 전지 스택 구조

① **분리판**

스택을 만들려면 단셀을 구성하는 부품 외에 단셀과 단셀 사이를 갈라놓는 부품인 분리판(separator)이 새로 필요하게 된다. 분리판의 기능은 다음과 같다.

㉮ 각 단셀 사이를 막고 가스의 혼합을 막는다.
㉯ 각 단셀에 수소가스나 공기를 공급하는 통로가 된다.

㉰ 단셀 사이를 잇는 도선(전자의 통로)으로 작용한다.

일반적으로 분리판과 전극 사이에는 가스를 균일하게 확산시키기 위한 가스 확산층이 끼워진다. 연료 전지 스택은 반응기체가 흐를 수 있도록 가공된 2개의 분리판과 그 사이에서 전기화학반응을 일으키는 막-전극 어셈블리(MEA : membrane electrode assembly), 분리판과 MEA 사이에서 기체의 흐름을 관장하는 가스 확산층과 밀봉을 위한 개스킷으로 구성되어 있다. 스택의 전압은 적층된 단위 전지의 개수에 비례하며, 전류는 MEA의 면적에 비례한다.

② **전해질막**

고분자 전해질막은 전기적으로는 절연체이나 전지 작동 중에 음극으로부터 양극으로 양성자(proton)를 전달하는 매개체로 작용하며, 수화된 연료기체 또는 액체와 산화제 기체를 분리하는 역할을 동시에 수행한다. 따라서 연료 전지용 전해질막은 수소이온 전도성이 우수해야 하고, 전기 전도성이 없어야 하며, 기체에 대한 투과도가 낮아야 하고, 기계적 강도가 높아야 하며, 화학적 안정성이 있어야 한다.

(2) 주변 보조기기(BOP : balance of plant)

연료, 공기, 열회수 등을 위한 펌프류, blower, 센서 등을 말한다. 내연 엔진에는 연료 및 공기공급, 냉각, 배기를 위한 장치로 구성된 엔진 운전장치가 있듯이, 연료 전지 발전시스템에도 같은 기능을 하는 연료 전지 운전장치가 있는데, 열 및 물질 수지 개념을 중요시하는 화학공정에서는 이를 BOP라 한다.

① **공기 공급계(APS : air process system)**

연료 전지 스택에 수소와 반응을 할 공기(산소)를 공급하는 시스템으로 에어클리너, 공기공급기(air blower 또는 air compressor) 등으로 구성되어 있다.

② **열 및 물 관리계(TMS : thermal management system)**

전체 시스템에서 필요로 하는 물 균형을 유지하는 기능이 있으며, 반응 시 스택은 열을 발생하게 되는데, 이를 적절한 온도로 유지하는 기능을 한다. 구성부품으로는 라디에이터, 물펌프, 이온제거기, 물탱크 등이 있다.

③ **수소 공급계(FPS : fuel process system)**

스택에 수소를 공급하는 시스템으로 여기에는 수소탱크, 압력조절기, 수소재순환기 등으로 구성되어 있다.

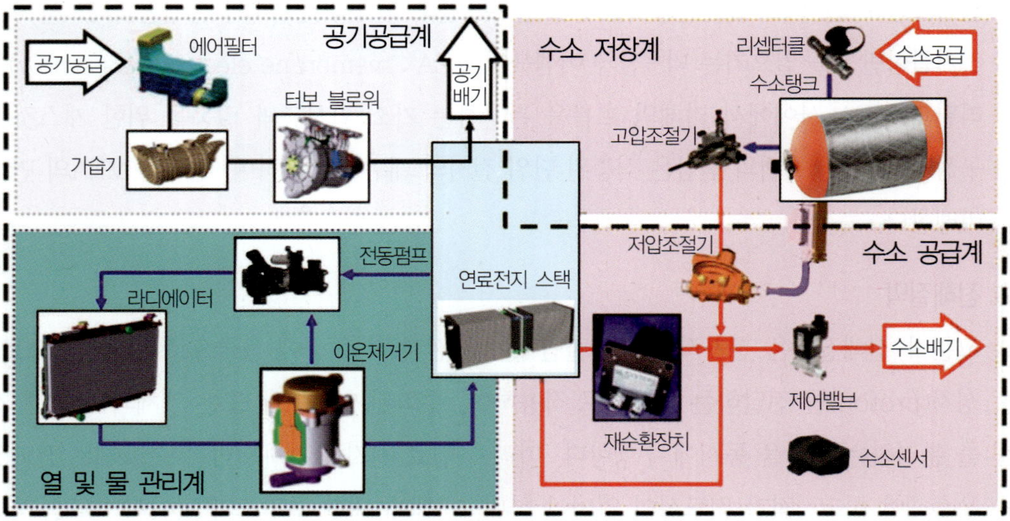

그림 4-104 주변 보조기기

(3) 수소저장탱크

수소를 운전자가 큰 어려움 없이 경제적으로 활용하기 위해서는 수소저장이 꼭 필요하다.

압축 저장은 수소저장 기술 중 가장 보편적인 방법으로서, 수소기체를 고압으로 압축하여 제한된 체적의 용기에 저장하는 방식이다. 압력용기 내의 수소저장 밀도를 높이기 위해 높은 압력으로 가압하는데, 저장압력이 높아질수록 용기의 두께가 두꺼워져 무게가 증가하게 되므로 다른 연료에 비해 질량 효율(용기를 포함한 질량당 수소의 질량비율)이 떨어지게 된다. 그럼에도 불구하고 압축수소저장방법은 여러 가지 수소저장방법 중 가장 실용화에 근접한 방법인데, 저장장치의 구성이 단순하고 중량면에서 이점이 많기 때문에 수소연료 전지 자동차나 기타 탑재용 수소연료저장방법으로 가장 많이 사용되고 있다.

고압 수소기체를 저장하기 위한 압력용기는 사용 재료와 복합재료 강화 방법에 따라 다음과 같이 네 가지로 구분한다.

① 강 또는 알루미늄으로 만들어진 금속제 용기로 복합재료에 의한 구조적 강화 없이 금속재료만으로 압력하중을 견디도록 만든 용기

② 강 또는 알루미늄으로 만들어진 금속제 라이너 위에 수지를 함침시킨 탄소섬유나 유리섬유를 원주 방향으로 감아서 만든 용기이다.

③ 강 또는 알루미늄으로 만들어진 얇은 금속제 라이너 위에 수지를 함침시킨 탄소섬유나 유리섬유를 원주 방향과 길이 방향으로 감아서 만든 용기로, 금속제 라이너는 하중을 부담하지 않거나 극히 일부분만을 부담한다.

④ 용기의 경량화를 목적으로 비금속 재료로 만들어진 라이너 위에 수지를 함침시킨 탄소섬유나 유리섬유를 원주 방향과 길이 방향으로 감아서 만든 용기로, 비금속재료로 만들어진 라이너는 하중을 거의 부담하지 않고, 가스가 새지 않도록 하는 역할만을 한다.

연료 전지 자동차에 사용되는 수소 저장용기는 경량화를 위해 주로 ③과 ④가 사용되고 있다. 복합재 압력용기는 알루미늄 또는 플라스틱 소재의 라이너에 가볍고 강도와 강성이 뛰어난 탄소섬유를 에폭시 수지에 함침하여 감은 후 수지를 경화시켜 만들어진다.

탄소섬유 복합재층이 내압하중의 대부분을 견디며 라이너는 기밀 유지와 복합재층을 감기 위한 기본 형상을 제공한다. 이러한 재료의 조합은 초경량 압축가스저장 시스템으로서 안전성과 성능면에서 가장 이상적인 형태이다.

복합재 압력용기는 기존의 금속재질의 압력용기에 비해 매우 가볍고, 더 높은 압력에 견딜 수 있으며, 반복 사용 수명이 매우 길고, 부식에 강한 우수한 특성을 갖는다. 특히 금속 재질 압력용기는 결함이 발생되면 폭발 위험이 있으나, 복합재 압력용기는 폭발 전에 압력이 누출되어 폭발이 일어나지 않는 안전한 특성을 갖는다.

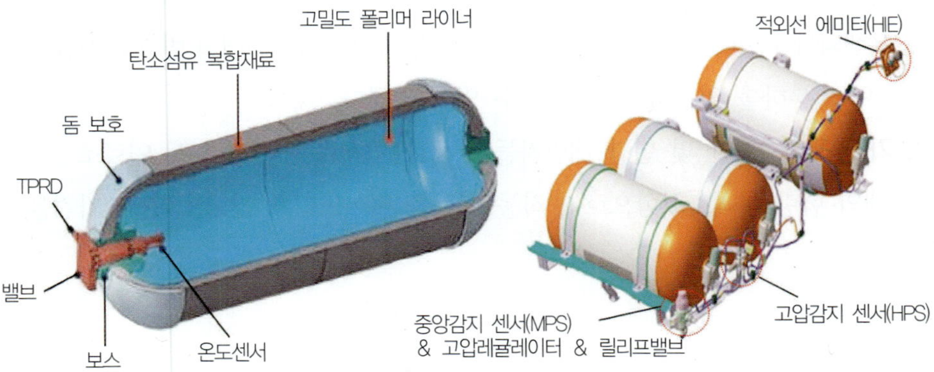

그림 4-105 수소연료탱크 구성

(4) 액체수소저장탱크

액체수소저장에서는 수소를 액화온도인 −253℃까지 냉각시켜 저장탱크에 저장하는데, 냉각시키는데 수소가 가지고 있는 에너지의 약 43%를 소비해 공급 시의 손실이 크고, 10~20%가 증발해 버리고, 증발하지 않도록 단열시켜도 하루에 2~3% 정도의 액체수소가 증발하는 문제점이 있다.

(5) 연료변환기(개질기, reformer)

연료변환기는 천연가스나 메탄올, 가솔린 등 탄화수소 연료를 진한 수소가스로 변환시켜 주는 장치이다. 이렇게 변환된 수소가스와 공기 중의 산소는 전류를 얻기 위해 연료 전지 스택으로 공급된다. 이는 시스템에 악영향을 주는 황(10ppb 이하), 일산화탄소(10ppm 이하) 제어 및 시스템 효율 향상을 위한 핵심 기술이다. 연료 전지에 적합한 최적의 연료는 수소지만 수소는 탄화수소 연료에 비해 생산량이 적으며, 수송 및 보관이 어렵다. 연료개질 기술이 갖추어야 할 요건은 다음과 같다.

① 연료개질기의 콤팩트화 및 저중량화

② 다중 연료개질 능력(가솔린/디젤, 메탄올, 에탄올, 천연가스)

③ **높은 연료전환 효율(고순도의 수소생산 및 저 오염물질 방출)** : 연료개질기에서 연료를 수소로 개질하고 연료 내의 일산화탄소와 황 등의 불순물을 제거하기 위해서는 여러 단계의 촉매공정을 거치게 된다. 따라서 연료개질에 있어서 가장 중요한 사항은 최적의 촉매 선정이라 할 수 있다.

④ **급시동에 대한 즉각적인 대응** : 개질기에서의 촉매공정은 자동차의 촉매변환기와 같은 방식으로 운행되어야 한다. 이들은 시동 및 운전조건, 급격한 대기환경의 변화도 견딜 수 있어야 하며, 요구 부하를 일정하게 유지할 수 있어야 한다.

⑤ **제조 가격 저하** : 지난 몇 년간 개발자들은 새로운 재료를 선정하고, 연료조절기 내에서 Pt 촉매의 함량을 최소화함으로써 작동 성능을 떨어뜨리지 않고도 연료 가격을 낮춰야 한다.

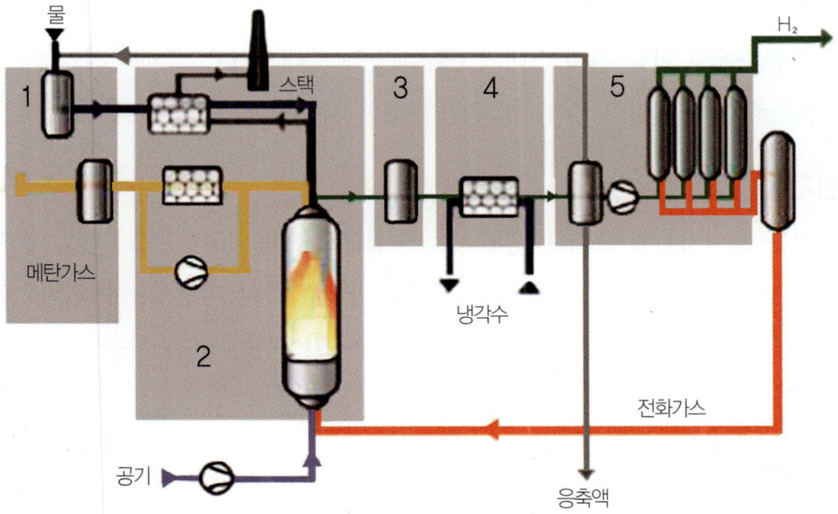

그림 4-106 연료변환기 구성

(6) 변환기(인버터)

연료 전지 스택에서 발생한 전기는 DC 형태로서 이를 AC로 변환하기 위한 장치가 변환기이다. AC전원을 DC전원으로 변환하는 컨버터 부분과 DC전원을 재단하여 전압 및 주파수가 변화된 AC전원으로 변환하는 인버터 부분으로 복잡하게 형성되어 있으나, 간단히 인버터라 호칭하고 있다.

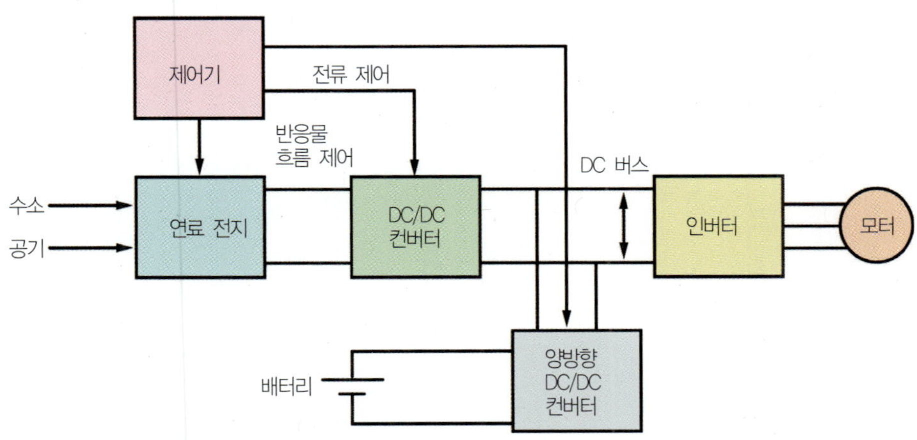

그림 4-107 변환기(인버터) 구조

(7) 보조전원

연료 전지 자동차에서 연료 전지 스택의 내구수명을 증대시키고, 주행거리와 연비 향상을 위하여 보조전원으로 2차 전지나 슈퍼 캐퍼시터 등이 사용된다.

① 2차 전지

2차 전지는 소형기기와 모바일 단말기를 중심으로 사용되고 있으나 연료 전지 시스템에서의 2차 전지는 연료 전지와 연료 전지 출력의 안정화와 비상시 예비전력으로서 중요한 역할을 담당한다. 연료 전지 시스템과의 이용에 있어서는 현재 이용되고 있는 Ni-MH, Li-폴리머 등 있다.

② 전기 축전장치(capacitor)

슈퍼 커패시터는 축전용량이 대단히 큰 커패시터로 울트라 커패시터(Ultra Capacitor) 또는 초고용량 커패시터라고 한다. 화학반응을 이용하는 배터리와 달리 전극과 전해질 계면으로의 단순한 이온의 이동이나 표면화학반응에 의한 충전 현상을 이용한다. 이에 따라 급속 방충전이 가능하고 높은 충·방전 효율 및 반영구적인 사이클 수명 특성으로 보조배터리나 배터리 대체용으로 사용되고 있다.

슈퍼 커패시터의 기본 구조는 양극과 음극으로 구성하는 다공성 전극(Electrode), 전해질(Electrolyte), 집전체(Current collector), 분리막 또는 격리막(Separator)으로 이루어져 있다. 종류는 전기 이중층 커패시터(EDLC : Electrical Double Layer Capacitor), 유사 커패시터(Pseudo capacitor), 하이브리드 슈퍼 커패시터(Hybrid Super capacitor)가 있다.

CHAPTER 04

계기 및 보안장치

01 계기장치

계기장치는 운전 중 자동차의 주행상태를 나타내는 각종 정보를 운전자에게 알려, 자동차의 운전상황을 쉽게 판단하여 교통의 안전을 도모하고 쾌적한 운전을 할 수 있도록 유도하는 장치로서, 속도계, 수온계, 연료계, 유압계 등이 있다. 계기장치에 의한 정보표시 방법으로는 아날로그 방식과 디지털 방식이 있다.

[1] 속도계

속도계에는 자동차의 주행속도를 1시간당의 주행거리(km/H)로 나타내는 속도 지시계와 전체 주행거리를 표시하는 적산계의 두 부분으로 되어 있으며, 수시로 0으로 되돌릴 수 있는 구간거리계를 설치한 것도 있다. 그리고 속도계는 변속기 출력축에서 속도계 구동 케이블을 통하여 구동된다.

[2] 회전속도계(tachometer)

(1) 발전식 회전속도계

점화신호를 검출하기 어려운 디젤 엔진 자동차에 사용되며, 엔진의 구동축에 의하여 로터가 회전하게 되면 스테이터 코일에는 엔진의 회전수에 비례하는 교류전압이 유도 → 출력된 교류전압을 전파 정류하여 가동 코일형의 미터부에 보내면 엔진의 회전수를 나타낼 수 있게 된다.

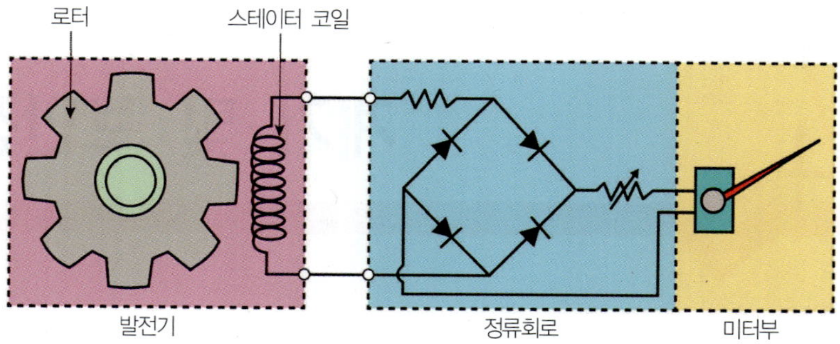

그림 4-108 발전식 회전속도계

(2) 펄스식 회전속도계

점화신호를 펄스신호로 변환하여 엔진의 회전수를 나타낸다. 구동케이블 등의 부속품을 필요로 하지 않아 전자제어 점화 방식이 사용되고 있는 가솔린 엔진용 회전속도계로서 가장 널리 사용되고 있다.

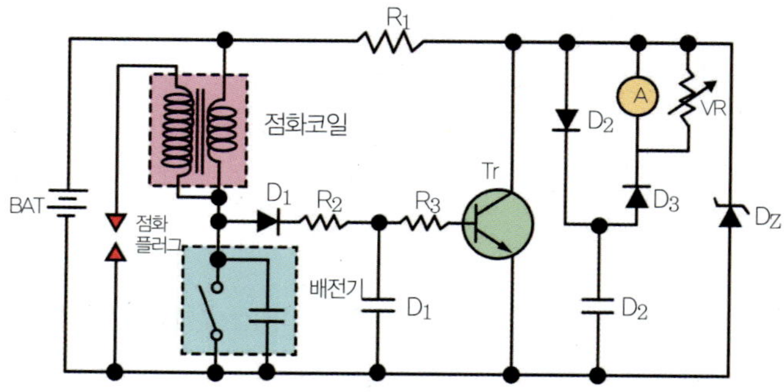

그림 4-109 펄스식 회전속도계 회로도

[3] 유압계 및 유압 경고등

유압계는 엔진의 윤활회로 내의 유압을 측정하기 위한 계기이며, 유압 경고등은 윤활회로에 이상이 있으면 경고등을 점등하는 방식이다. 유압계의 종류에는 부르돈 튜브 방식(bourdon tube type), 밸런싱 코일방식, 바이메탈방식(bimetal type) 등이 있다.

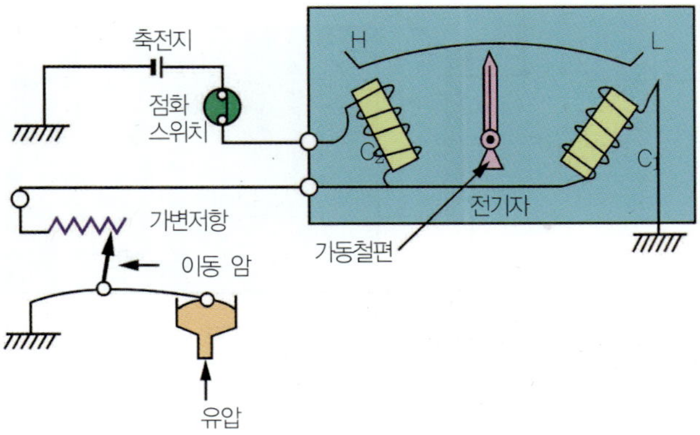

(a) 밸런싱 코일방식 유압계

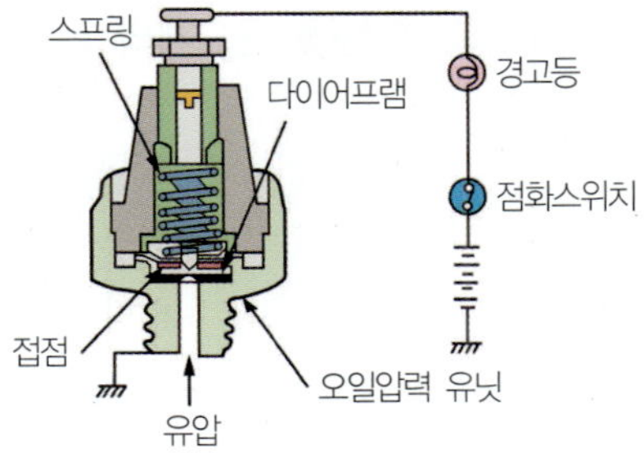

(b) 유압 경고등

그림 4-110 유압계 및 유압 경고등

[4] 온도계(수온계)

온도계는 실린더헤드 물재킷 내의 냉각수온도를 표시하는 것이며, 온도계의 종류에는 부르돈 튜브 방식, 밸런싱(평형) 코일방식, 서모스탯 바이메탈방식, 바이메탈 저항방식 등이 있다.

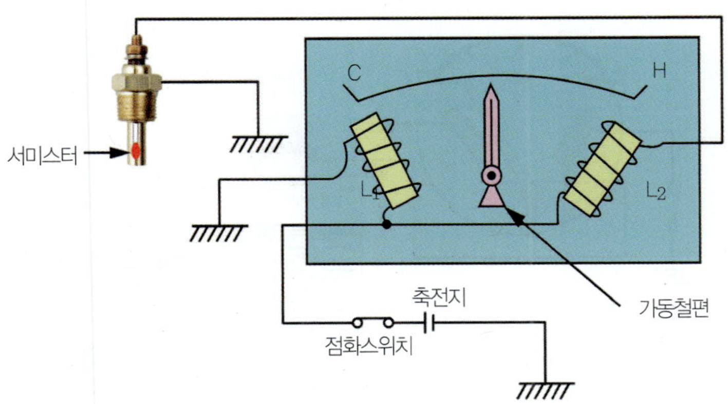

(a) 밸런싱 코일-서미스터식

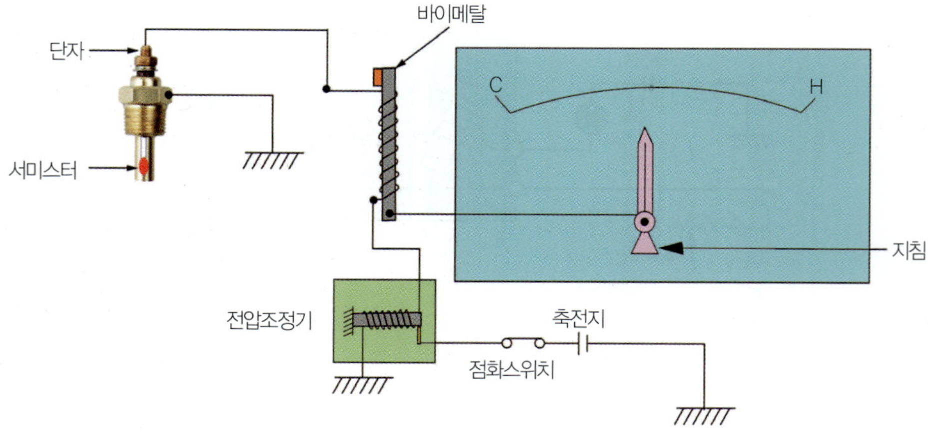

(b) 바이메탈식

그림 4-111 온도계의 종류

[5] 연료계

연료계는 연료탱크 내의 연료 보유량을 표시하는 계기이며, 일반적으로 전기 방식을 사용한다. 연료계에는 계기 방식인 평형코일 방식, 서모스탯 바이메탈 방식, 바이메탈 저항방식과 연료면 표시기방식이 있다.

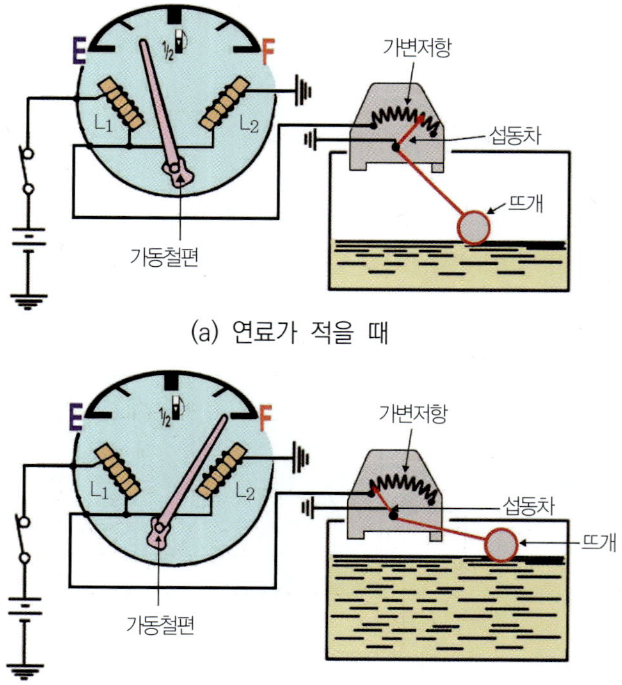

(a) 연료가 적을 때

(b) 연료가 많을 때

그림 4-112 코일 가변저항식 연료계

[6] 전류계와 충전 경고등

전류계는 축전지의 충·방전상태와 크기를 알려주는 계기이며, 영구자석과 전자석으로 조립되어 있다. 충전 경고등은 경고등의 점멸 상태로 충·방전 상태를 표시한다. 충전 계통이 정상이면 소등되고, 이상이 발생하면 점등된다.

[7] 전자 디스플레이방식의 계기판의 특징

발광다이오드(LED)는 반도체의 PN 접합의 순방향에서 전하의 재결합원리를 응용한 것으로, 동작전압은 2~3V로 낮으며 적, 황, 녹, 오렌지색 등 다양한 색깔을 나타낸다.

[8] 트립 정보 컴퓨터

차량의 전자장치 중 가장 널리 알려진 것으로 트립 정보장치가 있다. 이 장치는 대단히 많은 기능을 가지고 있으며, 다음과 같은 유용한 정보를 표시할 수 있다.

① 현재 연료소비율
② 평균 연료소비율
③ 평균 주행속도
④ 현재 위치(전 여행 거리에 대한)
⑤ 현재까지의 여행 시간
⑥ 연료 보유량
⑦ 주행 가능 거리
⑧ 도착 예상시간
⑨ 현재 시각
⑩ 엔진 회전속도
⑪ 엔진 냉각수 온도
⑫ 주행거리 당 평균 연료비용

02 보안장치

[1] 경음기

경음기의 종류에는 전자석에 의해 진동판을 진동시키는 전기방식과 압축공기에 의하여 진동판을 진동시키는 공기방식이 있다. 전기방식 경음기는 다이어프램, 접점 및 조정너트, 진동판 등으로 구성되어 있다.

[2] 윈드실드 와이퍼

윈드실드 와이퍼는 비나 눈이 올 때 운전자의 시야(視野)가 방해되는 것을 방지하기 위해 앞 창유리를 닦아내는 작용을 한다. 구조는 와이퍼 전동기, 와이퍼 암과 블레이드 등으로 구성되어 있다.

03 전기회로

[1] 전기 전자회로분석

자동차의 전구를 축전지에 연결하면 전선을 통해 램프에 전류가 흘러 램프가 켜진다. 이때 전기의 흐름을 생각하면 배터리에서 출발하여 반드시 원위치로 돌아온다. 이와 같이 전기의 흐르는 길을 전기회로(circuit)라 한다.

[2] 전기회로의 구성요소

일반적으로 전기회로를 구성하는 데는 다음과 같은 요소들이 필요하다.

① 전원

② 부하

③ 전선

④ 보호장치

⑤ 스위치, 릴레이

⑥ 저항

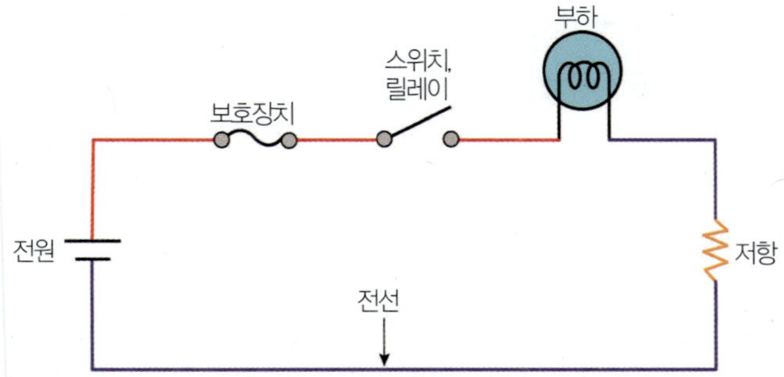

그림 4-113 전기회로의 구성요소

(1) 전원

자동차의 각 전기장치에 전기를 공급하는 공급원이 되는 것, 예를 들면 배터리, 발전기 등이다.

① 전원회로

자동차 전기회로에서 전원(battery)으로부터 퓨즈박스(dash fuse box)까지의 회로를 전원회로(전원공급회로, power distribution circuit)라고 한다.

② 전원회로의 종류

㉮ 키 스위치의 위치에 관계없이 전기가 공급되는 회로(battery 상시전원, 예 : 미등, 비상등, 제동등, 혼)

㉯ ACC전원 : 키 스위치가 ACC 또는 ON 위치에 있을 때 전기가 공급되는 회로이다(ST 시 전기가 공급되지 않는다. 예 : 오디오, 시가라이터, 디지털시계).

㉰ IG전원 : 키 스위치가 ON의 위치에 있을 때 전기가 공급되는 회로이다.

㉠ IG1 : ST 시에도 전기가 공급되는 회로

㉡ IG2 : ST 시 전기가 공급되지 않는 회로

(2) 부하

전기에너지에 의하여 일을 하는 요소이다(예 : 기동전동기, 전구, 각종 모터 등).

(3) 전선

각 전기장치에 전기에너지를 도전(導電)하여 회로를 구성하는 것이다.

① 전선의 굵기

와이어의 굵기는 전류의 크기 및 부하에 흐르는 전류의 연속성에 따라 결정된다. 전선의 굵기는 주위 온도, 진동, 기계적인 운동 등에 의해서 결정된다.

② 자동차용 전선의 색 구분

자동차 전선은 사용되는 회로의 형태에 따라 색이 지정된다.

B(Black) : 흑색, W(White) : 백색, R(Red) : 적색, G(Green) : 녹색, Y(Yellow) : 황색, L(Blue) : 청색, Br(Brown) : 다색, Lg(Light Green) : 연두색, O(Orange) : 오랜지색

전선을 구분하기 위한 전선의 색깔은 전선 피복의 바탕색, 보조 줄무늬 색깔의 순서로 표시한다.

예 : AVX-0.6GR(Y)의 경우

AVX : 내열 자동차용 배선
0.6 : 전선 단면적(0.6㎟)
G : 바탕색(녹색)
R : 줄무늬 색(빨간색)
Y : 튜브 색(노란색)

③ 하니스

전선을 배선할 때 한 선씩 처리하는 경우도 있지만 대부분 같은 방향으로 설치될 전선을 다발로 묶어 처리하는 경우가 많다. 이런 전선 묶음을 전선 하니스(wiring harness) 또는 간단히 하니스라 한다.

④ 전선의 배선 방식

배선 방법에는 단선 방식과 복선 방식이 있으며, 단선 방식은 부하의 한끝을 자동차 차체에 접지하는 것이며, 접지 쪽에서 접촉 불량이 생기거나 큰 전류가 흐르면 전압강하가 발생하므로, 작은 전류가 흐르는 부분에서 사용한다. 복선 방식은 접지 쪽에도 전선을 사용하는 것으로 주로 전조등과 같이 큰 전류가 흐르는 회로에서 사용된다.

다음은 각각의 회로들에 속한 전기장치의 종류들이다.

㉮ 시동회로 : 점화 스위치, 코일, 디스트리뷰터와 스타터

㉯ 충전회로 : 알터네이터, 레귤레이터와 워닝램프

㉰ 램프회로 : 헤드램프, 테일램프, 백업램프

㉱ 신호회로 : 혼, 스톱 램프, 비상램프

㉲ 계기회로 : 인스트루먼트와 게이지

㉳ 기타회로 : 윈드실드 와이퍼, 윈드실드 와셔, 라디오, 히터, 시가라이터

㉴ 접지회로 : 그라운드 리드

04 등화장치

[1] 조명의 용어

(1) 광속

광원에서 나오는 빛의 다발을 말하며, 단위는 루멘(lumen, 기호는 lm)이다.

(2) 광도

빛의 세기를 말하며 단위는 칸델라(기호는 cd)이다. 1칸델라는 광원에서 1m 떨어진 $1m^2$의 면에 1m의 광속이 통과하였을 때의 빛의 세기이다.

(3) 조도

조도란 빛을 받는 면의 밝기를 말하며, 단위는 룩스(lux)이다. 빛을 받는 면의 조도는 광원의 광도에 비례하고, 광원의 거리의 2승에 반비례한다. 광원으로부터 r(m) 떨어진 빛의 방향에 수직한 빛을 받는 면의 조도를 E(Lux), 그 방향의 광원의 광도를 I(cd)라고 하면 다음과 같이 표시한다.

$$E = \frac{I}{r^2}(Lux)$$

[2] 전조등

(1) 전조등의 3요소

① 필라멘트

② 반사경

③ 렌즈

(2) 전조등의 형식

① 실드빔 형식(sealed beam type)

반사경에 필라멘트를 붙이고 여기에 렌즈를 녹여 붙인 후 내부에 불활성 가스를 넣어 그 자체가 1개의 전구가 되도록 한 것이다. 이 형식의 특징은 다음과 같다.

㉮ 대기(大氣)의 조건에 따라 반사경이 흐려지지 않는다.

㉯ 사용에 따르는 광도의 변화가 적다.

㉰ 필라멘트가 끊어지면 렌즈나 반사경에 이상이 없어도 전조등 전체를 교환하여야 한다.

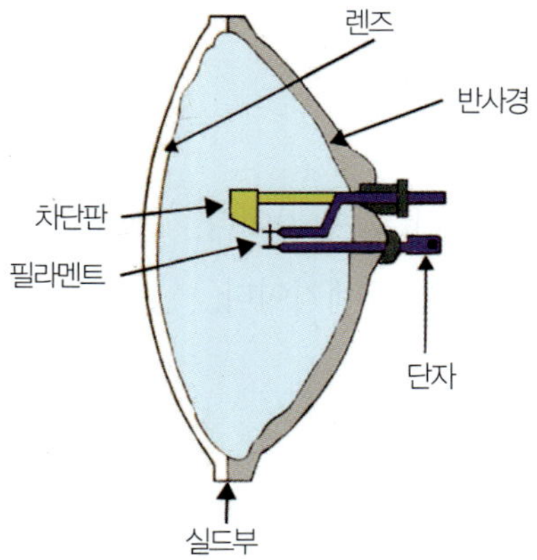

그림 4-114 실드빔 형식

② 세미 실드빔 형식(semi sealed beam type)

렌즈와 반사경은 일체로 되어 있으나 전구는 별개로 설치한 것이다. 필라멘트가 끊어지면 전구만 교환하면 된다. 그러나 전구의 설치 부분으로 공기 유통이 있어 반사경이 흐려지기 쉽다.

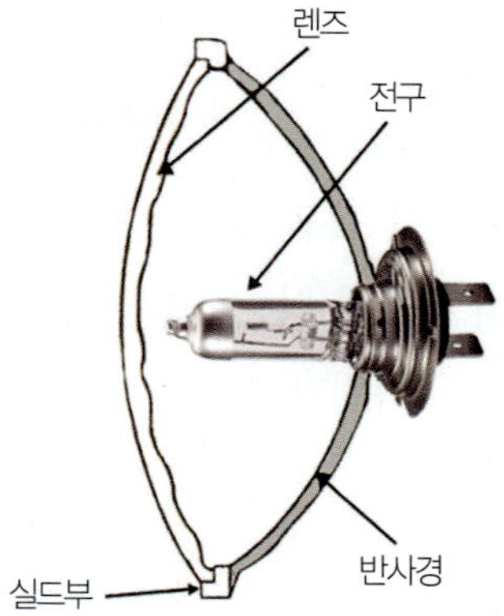

그림 4-115 세미 실드빔 형식

③ 할로겐 전조등

㉮ 필라멘트가 텅스텐으로 되어 있고, 질소가스에 할로겐을 미량 혼합시킨 불활성 가스를 봉입

㉯ 타 전조등에 비해 밝고, 수명이 길며, 광도가 안정

㉰ 할로겐 사이클로 흑화(黑化) 현상(필라멘트로 사용되고 있는 텅스텐이 증발하여 전구 내부에 부착하는 것)이 없어 수명을 다할 때까지 밝기가 변하지 않는다.

㉱ 색 온도가 높아 밝은 백색 빛을 얻을 수 있다.

㉲ 교행용의 필라멘트 아래에 차광판이 있어서 차측 방향으로 반사하는 빛을 없애는 구조로 되어 있어 눈부심이 적다.

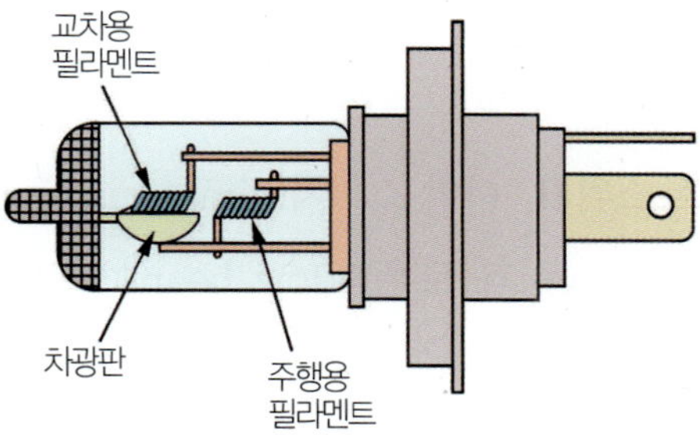

그림 4-116 할로겐램프

④ 방전 헤드램프(HID : hight intensity discharge)

방전 헤드램프는 최근에 많이 사용되는데 구조는 필라멘트 대신 텅스텐 전극이 설치되어

있으며, 전구(발광 관) 내에 크세논(Xe)가스, 금속 할로겐화물(metal halide)이 봉입되어 있다. 전조등 제어용 컴퓨터가 축전지로부터 12V를 받아 승압시켜 텅스텐 전극 사이에 순간적으로 약 20,000V 이상의 펄스를 발생시키면 먼저 크세논가스가 활성화되면서 청백색의 빛을 발생시킨다. 이 상태에서 전구 내의 온도가 더욱 더 상승하면 수은이 증발하여 아크방전이 일어나고, 더욱 더 온도가 상승하면 금속 할로겐화물이 증발하면서 유리전자가 발생되는데, 이 유리전자가 금속원자와 충돌하면서 높은 휘도의 빛을 발생시킨다.

⑤ LED 전조등

LED 전조등은 보다 나은 시야를 확보해 주고, 눈부심 현상 감소는 물론 색온도 조작도 가능해 태양광과 거의 근접한 환경을 조성할 수 있는 기능성과 안전성을 갖고 있으며, 14W LED 램프는 65W 표준 할로겐램프와 대등한 밝기 성능을 갖고 있기 때문에 에너지 절감 측면에서도 뛰어난 성능을 가지고 있다. 또한 LED의 최대 수명이 10만 시간으로 자동차 수명보다 길고, 오랫동안 광량을 유지할 수 있는 내구성을 갖고 있어 광원을 교체할 필요도 없고, 광원의 교체를 고려한 공간 설계도 필요 없으며, 헤드램프 내부에 LED 광원을 매립해 넣을 수도 있게 되었다.

⑥ 오토라이트(auto light)

오토라이트는 운전자가 직접 라이트 스위치를 작동시키지 않아도 조도센서를 이용하여, 주위 조도 변화에 따라 오토모드(auto mode)에서 자동적으로 미등 및 전조등을 점등시켜 주는 장치이다. 주행 중 주위의 조도가 변화하면 작동한다. 오토라이트장치는 크래쉬패드 상단(조수석)에 센서와 유닛으로 주위의 조도 변화를 감지한다.

(3) 전조등회로

전조등회로는 퓨즈, 라이트 스위치, 디머 스위치(dimmer switch) 등으로 구성되어 있으며, 양쪽의 전조등은 하이빔(high beam)과 로우빔(low beam)별로 병렬로 접속되어 있다.

[3] 방향지시등

방향지시등은 보행자 또는 다른 운전자에게 진행 방향을 미리 알려 사고를 미연에 방지하고 교통의 흐름을 원활하게 한다. 방향지시등 스위치를 조작하였을 때 방향지시등을 점멸시키는 플래셔 유닛의 종류에는 전자 열선방식, 축전기방식, 수은방식, 스냅 열선방식, 바이메탈방식,

열선방식 등이 있다.

전자 열선방식 플래셔 유닛은 열에 의한 열선(heat coil)의 신축(伸縮)작용을 이용한 것이며, 중앙에 있는 전자석과 이 전자석에 의해 끌어당기는 2조의 가동접점으로 구성되어 있다. 방향지시기 스위치를 좌우 어느 방향으로 넣으면 접점 P_1은 열선의 장력에 의해 열려지는 힘을 받는다. 따라서 열선이 가열되어 늘어나면 닫히고, 냉각되면 다시 열리며, 이에 따라 방향지시등이 점멸하게 되고 접점 P_2는 파일럿 등을 점멸시킨다.

안전기준에 따르면 등광색은 황색 또는 호박색으로 1등당 광도는 50~1,050cd의 범위에 있어야 한다. 한편, 방향지시등의 점멸주기는 매분 60~120회의 일정한 주기를 가져야 한다.

[4] 안개등(fog lamp)

전조등의 빛이 안개 속을 통과하면 산란되어 먼 거리까지 도달하지 못하지만, 안개등은 빛의 파장이 긴 빛을 사용하기 때문에 일반적인 빛에 비하여 산란이 적어 같은 조건에서 빛이 멀리까지 비춰지기 때문에 악천후 속에서 자신의 위치를 알리기 위한 것이다. 따라서 안개 때문에 잘 보이지 않아도 멀리서 다가오는 상대 운전자에게는 안개등의 불빛이 보여 서로 안전하게 운행할 수 있게 한다.

[5] 미등(tail lamp)

미등은 야간에 주행하거나 정지하고 있을 때 자동차가 있는 것을 뒤차에 알리는 표시등이다. 미등은 미등으로만 사용하는 단독방식과 제동등과 겸용으로 사용하는 겸용방식이 있으며, 겸용방식의 전구에는 2개의 필라멘트가 있다. 제동등을 작동시킬 때는 그 광도가 3배 이상 증가되어야 한다.

미등작동은 라이트 스위치를 작동하면 라이트 스위치에 와 있던 전원이 접지가 되어 미등 릴레이가 작동하고, 릴레이 접점이 붙어 상시 전원이 흘러 좌우측의 미등 전구에 전원을 공급하게 되어 미등 및 번호등이 작동하게 된다.

[6] 번호등(license plate lamp)

번호등은 자동차의 뒷면에 설치된 번호판을 조명하는 것으로 전조등 미등 스위치의 조작 시 점등되어야 하며 광원이 눈에 직접적으로 보여서는 안 되며, 등록번호 숫자 위의 어느 부분에서도 8룩스(Lux) 이상이어야 한다.

[7] 제동등(stop lamp)

제동등은 브레이크 페달을 밟았을 때 뒤차에 제동함을 알리는 것으로 제동장치의 작동에 따라 점등되며, 제동등 스위치는 브레이크 페달을 밟으면 스위치의 접점이 접속되어 점등되는 기계방식과 마스터 실린더 안의 유압이 높아지면 유압에 의하여 다이어프램(diaphragm)이 밀려서 접점이 접속되는 유압방식이 있다.

제동등의 작동은 평상시 정지등 스위치에 와있던 작동 전원이 브레이크 페달을 밟으므로 제동등 스위치가 작동하게 되고 제동등 스위치에 와있던 상시전원이 뒤 좌우 콤비네이션 램프의 제동등에 전원을 공급하게 되고 제동등은 상시 작동전원에 의해 제동등은 작동하게 된다.

제동등 스위치 스위치는 브레이크 페달에 의해 ON, OFF되는 스위치이다. 브레이크 페달을 밟으면 페달에 눌려 있던 스위치 푸시로드가 해방되기 때문에 접점이 연결되어 제동등을 점등하고, 브레이크 페달을 놓으면 푸시로드가 눌려 접점이 차단되어 제동등이 소등된다.

[8] 후진등(back up lamp)

변속기 레버를 후진 위치로 하였을 때 점등되는 후진 방향의 조명등이다. 후퇴등이라고도 한다. 자동차가 후진하고 있음을 후속차에게 알리는 등으로 전구는 21~27W 정도이다.

평상시에 후진등 스위치에 와있던 작동 전원이 변속 레버를 후진으로 하면 후진등 스위치가 작동하게 되고, 후진등 스위치에 있던 상시전원은 뒤 좌 · 우 콤비네이션 램프의 후진등에 전원을 공급하게 된다. 후진등은 상시접지와 작동 전원에 의해 후진등은 작동하게 된다.

[9] 실내등

가까운 실내 천장의 중앙이나 윈드실드 가까운 장소에 설치되어 차량의 어두운 실내를 환하게 조명하기 위한 등으로, 룸 라이트 또는 룸 램프라고도 한다.

CHAPTER 05

안전 및 편의장치

01 안전장치

[1] 에어백(air bag) 시스템(SRS)

에에백 시스템은 자동차 충돌 시 전면부 및 측면부와의 충돌로부터 승객을 보호하는 장치이다.

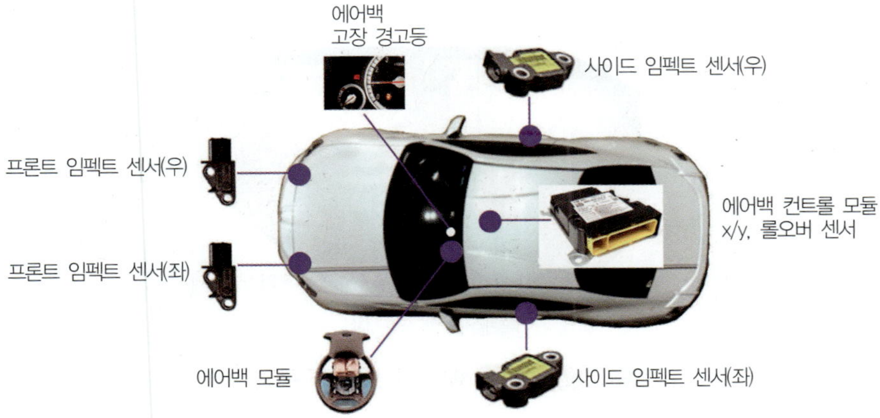

그림 4-117 에어백 시스템의 구성요소

(1) 제어 모듈

① 충격센서, 스퀴브, 와이어링 하니스, 콘덴서, 축전지전압 등을 검출, 결함 발생 시 에어백 경고등을 점등한다.

② 축전지전압이 차단된 경우 콘덴서로부터 스퀴브에 점화에너지를 공급한다.

③ 에어백 시스템에 결함 발생 시 운전자에게 경고한다.

(2) 충격센서

① 자동차 충돌 시 자동차의 감속도를 제어 모듈에 입력한다.

② 앞 충격센서와 세이핑 충격센서로 구성되어 있다.

③ 중력센서(G센서)는 롤러, 롤 스프링, 가동접점, 고정접점, 베이스, 금속 케이스로 구성되어 있다.

④ 앞 충격센서는 자동차의 센터, 좌, 우 사이드 멤버 하단에, 세이핑 충격센서는 제어 모듈에 설치되어 있다.

⑤ 앞 충격센서는 병렬결선, 세이핑 충격센서는 직렬결선으로 연결되어 있다.

(3) 에어백 모듈

① 인플레이터, 에어백, 패드 커버 등으로 구성되어 있다.

② 분해가 불가능하며, 작동 후에는 전체를 교환한다.

③ 인플레이터에는 질소가스가 충진되어 있고, 작동 시 에어백으로 질소가스를 공급한다.

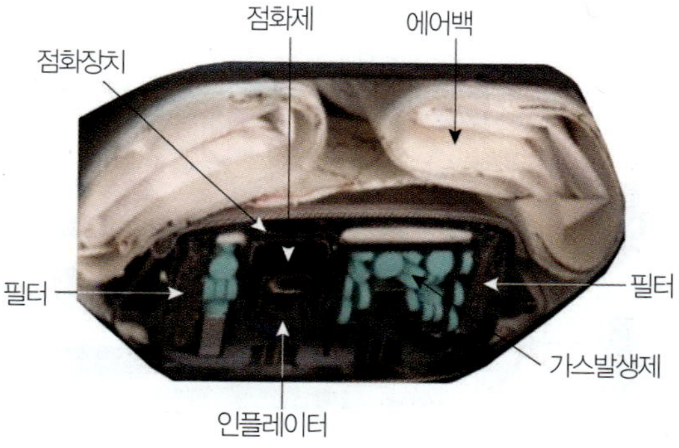

그림 4-118 에어백 모듈의 구조

(4) 클록 스프링

① 인플레이터 내의 스퀴브에 점화신호를 공급하는 장치

② 에어백 모듈과 조향 칼럼 사이에 설치

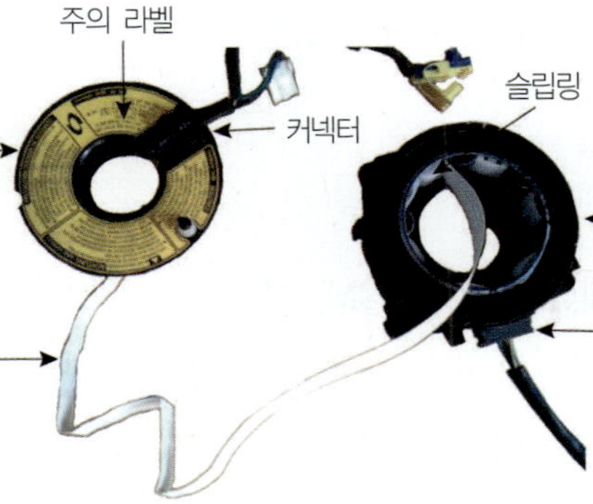

그림 4-119 클록 스프링의 구조

(5) 에어백 경고등

점화 스위치 ON 시나 주행 중에 에어백 시스템을 점검, 진단하여 결함 발생 시 운전자에게 경고한다.

(6) 에어백의 작동과정

① 자동차가 충돌할 때 에어백을 순간적으로 팽창시켜 승객의 부상을 줄여준다.

② 에어백의 컨트롤 모듈은 충격 에너지가 규정값 이상이 되면 전기신호를 인플레이터(inflater, 팽창기구)에 보낸다.

③ 인플레이터에서는 공급된 전기적 신호에 의해 가스 발생제가 연소되어 에어백을 팽창시킨다.

④ 질소가스가 백을 부풀리고 벤트 홀로 배출된다.

(7) 에어백(air bag)작업 시 주의사항

① 스티어링휠 장착 시 클록 스프링의 중립을 확인할 것

② 에어백 관련 정비 시 축전지 (−)단자를 떼어놓을 것

③ 바디 도장 시 열처리를 요할 때는 인플레이터를 탈거할 것

④ 인플레이터의 저항값을 측정하지 말 것

[2] 전방충돌방지 시스템(FCA : Forward Collision Avoidance assist)

FCA 시스템은 전방 자동차 또는 보행자와의 거리를 인식하고 충돌 위험 단계에 따라 경고문

표시와 경고음 등으로 운전자에게 경고하여 충돌을 회피하기 위한 장치이다.

(1) FCA 시스템의 구성

FCA 시스템은 레이더, 카메라, ESC, PCM, 클러스터 등으로 구성되어 있다. 레이더는 카메라 정보와 센서 퓨전을 통해 자동차 또는 보행자 등 전방의 잠재적 장애물의 유무를 판단하고, FCA의 작동이 필요할 경우 ESC에 자동차 제어 요구 신호를 보낸다.

ESC는 제어 정보에 따라 엔진의 토크 제어 및 제동 제어를 실시하며, 동시에 브레이크 램프를 점등시킨다.

① 클러스터의 FCA 경고등

FCA 경고등은 IG On 또는 시동 On 상태일 때 점등되며, 자기진단 후 시스템에 이상이 없으면 3초 후에 소등된다.

② FCA 기능 설정

FCA On/Off 스위치는 클러스터 사용자 설정에서 3단계(느리게, 보통, 빠르게)로 선택할 수 있으며, 사용자의 설정에 의해 저장된 경보 시점은 시동 On/Off 여부와 관계없이 이전 상태를 유지한다. 단 사용자 설정은 P단 이동 후 설정을 변경해야 한다.

(2) 시스템 제어

FCA는 잠재적인 충돌 위험이 감지되면 1단계로 시각 및 청각 경고를 수행한다. 충돌 위험이 2단계로 높아지면 엔진 토크가 떨어지고, 3단계로 올라가면 제동력은 충돌 위험도에 따라 자동 제동을 수행하며, 자동 제동을 통하여 자동차가 정지하면 제동장치는 2초 동안 제동력을 유지한 후 제동 제어를 해제한다. 그러나 FCA에 의한 자동 제동 제어 중일지라도 운전자에 의한 회피 거동을 인지하면 제동 제어는 즉시 해제된다.

운전자가 가속 페달을 밟고 있다고 하더라도 APS값이 60% 미만이면 FCA는 충돌위험 단계에 따라 3단계로 구분되어 작동된다. 또한 FCA 작동 중에 ABS의 작동 조건 충족될 경우에는 FCA와 ABS는 협조 제어를 할 수 있다.

(3) 감지 및 제어원리

FCA 시스템은 레이더와 멀티 펑션 카메라를 통해 전방의 사물을 인지하고 위험 상황을 판단하여 자동차 추돌을 방지하거나 충돌 속도를 낮춤으로써 운전자를 보호한다.

레이더는 77GHz의 전파를 이용하여 선행 자동차에서 반사되어 돌아오는 시간과 주파수 차이를 통해 거리와 상대속도를 계산하고 앞차와의 거리와 사물을 인식한다. 하지만 그것이 자동차인지 보행자인지 식별할 수 없기 때문에 반드시 카메라를 통해 보행자를 인식하고 센서 퓨전을 통해 필요 정보를 주고받는다.

[3] 차선이탈경보 및 차선이탈방지 시스템(LDW & LKA)

(1) 개요

차로이탈경고(LDW : Lane Departure Warning System)는 전방 주행 영상을 촬영하여 차선을 인식하여 운전자의 의도하지 않은 차로이탈 검출 시 경고하는 시스템이다. 자동차의 전면 유리 상부에 장착이 되어 있는 카메라장치는 유효한 정보를 근거로 차선의 유형, 차와 차선 간의 거리 등을 판단하여 안전이 위협받는 상황일 경우 운전자에게 메시지, 경보, 진동을 통해 상황을 경고한다.

차로이탈방지보조(LKA : Lane Keeping Assist)는 차로이탈경고 기능과 주행차로를 벗어나지 않도록 하는 기능이 포함되어 있으며, 카메라 모듈과 MDPS 모듈이 지속적으로 CAN통신을 통해 요구 토크량 및 현재 토크 정보를 주고받는다.

시각이나 청각과 관련된 인간의 아날로그적인 인지의 세계와 컴퓨터나 통신의 디지털을 처리하는 기계의 세계를 연결하는 인터페이스를 말한다.

기본적으로 LKA 시스템이 탑재된 자동차는 LDW 시스템 기능을 포함하고 있으며, 운전자는 클러스터 USM(User Setting Mode 또는 User Setting Menu)을 통해 LDW 기능만을 사용할지, LKA 기능까지 사용할지 선택할 수 있다. LKA 시스템의 경우 자동차가 차로를 벗어나게 되면 MDPS의 토크 제어를 통해 자동차가 최대한 정상 차로로 주행할 수 있도록 돕는 역할을 한다.

(2) 시스템 구성

LDW/LKA 시스템은 제어 조건 판단을 담당하는 카메라 모듈을 중심으로 입력 부분에 해당하는 인지 영역과 출력 부분에 해당하는 제어 영역으로 구분된다.

(3) 멀티펑션카메라(MFC) 모듈

MFC 모듈은 영상의 입력뿐만 아니라 입력된 영상에서 유의미한 정보를 추출하여 실시간으로 출력 모듈로 전달한다.

(4) 시스템 제어

LDW/LKA 시스템은 기본적으로 운전자가 작동 스위치를 On으로 설정한 이후 지정된 속도(약 60km/h) 이상에서 차선이 감지된 경우 차로이탈경고 및 차로이탈방지보조 제어가 작동되고, 지정된 속도(약 55km/h)보다 느린 경우 시스템이 해제된다.

차로이탈경고 작동 중에는 운전자의 의지에 의해 차선 변경이 가능하고, 차로이탈방지보조 기능 작동 중에는 운전자의 조향 오버라이드(운전자 조향력 유지)가 가능하며 시스템은 이를 파악하여 자동 해제된다. 뿐만 아니라 실시간 상황 판단을 통한 경보 및 제어를 위해 카메라로부터 수집된 도로 데이터와 자동차의 주행 데이터를 바탕으로 자동차의 주행 차선 변경 판단, 차로이탈 판단, 차선 중심 영역 진입 판단, 제어 및 경보 시간 초과 판단, 운전자의 조향핸들 파지 상황 판단 및 차선 데이터의 유효성 판단을 수행한다.

① 작동 조건

LDW 시스템은 작동 스위치가 On이더라도 차속이 60km/h에 도달하지 않으면 경보를 시작하지 않으며, 경보 동작 조건의 차속에 들어오더라도 실제 차선을 인식하지 못할 경우 경보 동작은 비활성화 된다.

② 차로 이탈의 판정

LDW/LKA 시스템에서 차로 이탈의 판단 기준은 기본적으로 좌우 차선의 안쪽 에지라인을 기준으로 자동차의 최좌·우측 부위가 닿을 경우 차로이탈경고를 시작하게 되며, LKA 기능의 제어 영역은 LDW 경보 영역보다 조금 더 넓어서 주행차로의 약간 안쪽까지 설정한다.

③ LKA 제어

LKA 제어는 자동차가 차로를 이탈하려고 할 때 MDPS를 이용하여 이탈하려는 반대 방향으로 보조 토크를 부가한다.

④ LKA 핸즈 오프 감지

LKA 시스템 On 상태에서 운전자가 조향핸들을 잡지 않고 일정 시간 운행 시 경보음이 발생되며, 이후 5초간 운전자의 조향이 감지되지 않으면 LKA 시스템이 해제된다.

MDPS의 토크센서와 조향각센서 그리고 카메라의 영상 및 차속값 등으로 감지하며, 운전자 미조향 조건이 약 12~20초 정도 지속될 경우 경보음을 발생시킨다.

[4] 후측방충돌경고 시스템(BCW : Blind-Spot Collision Warning)

(1) 개요

후측방충돌경고 시스템(BCW)은 레이더센서를 이용해 주행 중 운전자의 후방 사각 지역에서 자차에 근접하는 이동 물체를 능동적으로 감지하여 운전자에게 경보함으로써 안전한 차선 변경 및 후방 추돌 사고를 예방하는 첨단 주행 안전 시스템이다.

(2) 시스템 구성

BCW의 모든 제어는 리어 패널이나 리어 범퍼에 장착되어 있는 일체형 레이더 모듈에서 담당하고 있으며, 레이더는 후방 자동차를 감지하는 역할을 한다. 좌우 모듈에서 감지된 신호는 L-CAN을 통해 서로 상태를 주고받으며, 타 시스템과는 C-CAN 통신을 통해 각 모듈과 통신한다. 그리고 경보신호는 경보등(아웃사이드 미러, 계기판)을 통한 시각적 방법과 경보음(오디오 앰프)을 통한 방법으로 운전자에게 경고한다.

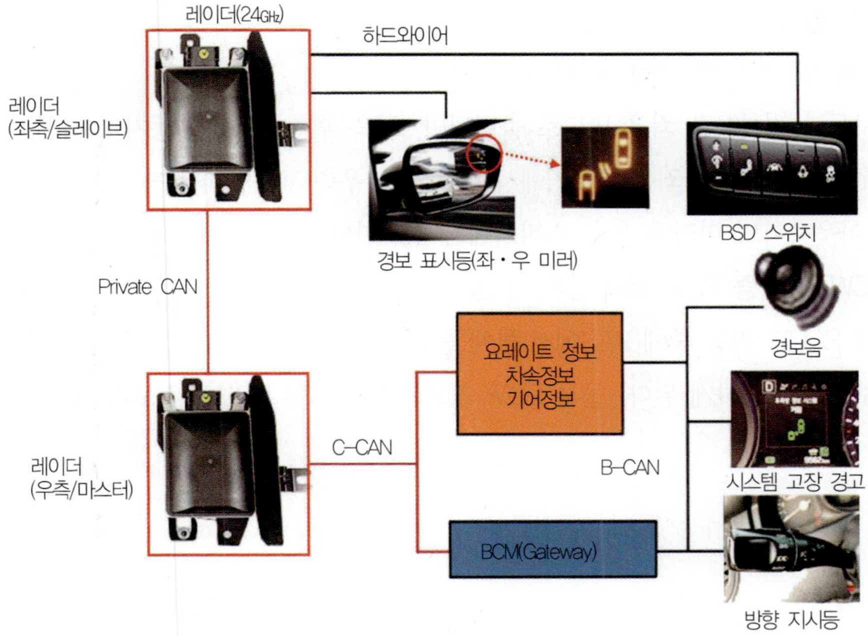

그림 4-120 후측방 경보 시스템 구성부품

① 후방 레이더

㉮ 레이더 감지 범위

감지 범위는 각 모드에 따라 변경되도록 되어 있는데, BCW/LCA 모드일 때는 후측방 자동차의 감지를 위해 후방측 감지 거리를 최대한 넓게 감지하며, 후방교차충돌경고(RCCW, Rear Cross-Traffic Collision Warning) 모드일 때는 후방 및 측방 모두 넓게 감지하도록 되어 있다. 이렇게 감지된 신호는 내부 모듈에서 상대 자동차의 거리, 각도 및 상대 속도를 연산하고 경보 유무를 결정한다.

㉯ 레이더 각도 보정

레이더는 스스로 학습을 통해 감지 범위를 자동으로 수정하도록 되어 있으며, 설정 각도 이상으로 위치가 틀어지게 되면 스스로 이를 감지하고 경고 메시지 및 DTC를 출력한다.

② 스위치와 계기판

조향핸들 좌측에 적용된 BCW 스위치를 누르면 시스템 켜짐/꺼짐이 반복되며 계기판을 통해 현재 상태를 표시해준다. 이외에도 계기판을 통해 몇 가지 정보를 제공하는데, 레이더 부위가 오염되어 신호를 송수신할 수 없을 경우 시스템이 해제되며 계기판을 통해 경고한다.

③ 경보등과 경보음

㉮ 경보등 및 경보음의 출력 특징

경보등과 경보음은 좌우 별도로 출력되며, 좌측 후측방에서 자동차가 감지되면 좌측 아웃사이드 미러와 좌측 스피커에서 경보하고, 우측 후측방에서 자동차가 감지되면 우측 아웃사이드 미러와 우측 스피커에서 경보한다.

㉯ RCCW 작동 중 PDW 물체 감지 시 동작

만약 RCCW 작동 중에 PAS에서 물체를 감지하게 되면 RTCA 경보음은 꺼지고 PDW 경보음이 작동하게 된다. 물론 PDW 경보가 해제되면 RCCW 경보가 계속 이어진다.

[5] 스마트크루즈컨트롤과 스탑 & 고 시스템

(1) 스마트크루즈컨트롤(Smart Cruise Control)과 스탑 & 고(Stop & Go) 시스템의 개요

SCC/S&G 시스템은 운전자가 가속 및 브레이크 페달 조작 없이 자동차 전방에 장착된 레이더를 이용하여 선행 자동차와 적절한 거리를 유지한 상태로 정차하고 재출발할 수 있는 Stop & Go 기능을 제공한다.

① **크루즈컨트롤(CC : Cruise Control) 시스템**

크루즈컨트롤(CC) 시스템은 운전자가 설정한 속도로 자동차가 자동 주행하도록 하는 장치이다.

② **스마트크루즈컨트롤(SCC : Smart Cruise Control) 시스템**

스마트크루즈컨트롤(SCC) 시스템은 전면에 장착된 레이더를 통해 자동차 주변 상황에 대해 능동적으로 대처하면서 주행할 수 있도록 설정된 시스템이다. 그러나 SCC는 Stop & Go 기능은 없으며, 정차하거나 10km/h 미만(차종별 상이)의 저속 주행 시에는 제어가 불가능하다.

③ 스마트크루즈컨트롤과 스탑 & 고 시스템(SCCw/S&G)은 SCC 시스템을 업그레이드하여 선행 자동차를 따라 후방에 정차한 후 재출발할 수 있는 Stop & Go(스탑 & 고) 기능이 추가된 시스템이다.

(2) SCCw/S&G 시스템의 구성

SCCw/S&G 시스템은 전자식 주행안정장치(ESC, Electronic Stability Control)를 중심으로 주행 중 위험 상황을 페달의 진동으로 경고하는 지능형 가속 페달(IAP)과 위험 상황 직전에 시트벨트를 당겨 탑승자를 보호하는 프리세이프시트벨트(PSB), 전자식파킹브레이크(EPB), SCCw/S&G 유닛, 각종 센서, 시스템의 제어 상황을 알려주는 클러스터 그리고 시스템 제어를 위한 스위치로 구성되어 있다.

02 보조장치

[1] 냉 · 난방장치

(1) 냉 · 난방장치의 역할

자동차에서 냉 · 난방장치는 탑승원이 쾌적하게 느끼는 실내 환경을 만들어내기 위해 실내 공기의 온도, 습도, 풍량, 풍향 등을 조절하고, 공기 중에 포함되어 있는 먼지 제거 및 앞 유리창의 서리 등을 방지하여 운전자의 시야 확보를 포함하는 것으로, 일명 공기조화장치 혹은 HVAC(heating, ventilating, airconditioning)라 한다.

① 자동차 실내의 쾌적 조건

인간의 쾌적성을 좌우하는 조건으로는 온도, 습도, 풍속 등 3가지 요소가 있으며, 여름철에는 온도와 습도를 중요시 여긴다. 차 실내의 온도 및 습도에 대한 인간의 쾌적 정도는 건구온도 25℃가 쾌적대의 중심이나 자동차에 따라 복사열의 영향이 크게 차이가 난다. 한랭상태에서는 실내온도 25~28℃, 습도 55~70%, 한여름에는 실내온도 23~26℃, 습도 60~75%가 최대 쾌적 조건으로 보고되고 있다. 또한 쾌적한 환경을 위해서는 여름철보다 겨울철의 실내온도를 5~6℃ 정도 높이는 것이 좋으며, 상반신과 하반신의 온도 차이도 5~8℃ 정도 상반신에 접하는 온도가 낮은 것이 좋다.

② 자동차의 열부하

자동차의 공기조화장치의 능력을 결정하는 데에는 자동차의 열부하가 중요한 변수가 된다. 열부하는 다음과 같이 분류된다.

㉮ 열전도에 의한 부하 : 차실측면, 천장, 바닥, 대시보드, 창유리

㉯ 열복사에 의한 부하 : 창유리를 통한 직사광선, 복사열, 방사열 등

㉰ 환기에 의한 부하 : 자연 환기(차체의 틈새에서 나오는 바람, 외풍), 강제 환기

㉱ 탑승자로부터의 발열(난방에서는 열원)

㉲ 보조 기구들에 의한 발생 열(난방에서는 열원) : 공기조화장치는 상기와 같은 열부하와 차실내 환기 등을 고려하여 난방 및 냉방장치, 송풍장치, 청정기 및 환기장치, 유리창 디프로스트(성애 제거)장치들이 설치된다.

(2) 난방장치(heating system)

수냉식 엔진이 장착된 자동차용 난방장치는 엔진냉각수 열원을 이용한 온수식, 엔진의 배기열을 이용한 배기식, 독립된 연소장치를 가진 연소식이 있으며, 일부 국부적 난방을 위한 보조 히터로 전기저항 발열을 이용한 전기식 등이 있다.

난방용 공기를 도입시키는 방법에 따라 외기식, 내기식, 내 · 외기 변환식으로 분류된다. 대부분의 자동차용 난방장치로는 온수식을 사용하고 있다. 구조는 히터유닛(heater unit), 송풍기, 냉각수 관로, 밸브, 공기 통로 등으로 구성되어 있다.

온수식 히터는 가열된 엔진 냉각수를 히터유닛으로 보내어 여기서 공기를 데운 다음, 데워진 공기를 송풍기로 차 실내와 디프로스터로 공급하여 난방을 시킨다.

① 히터유닛

히터유닛은 엔진의 물재킷으로부터 유입된 온수를 유닛 내부의 코어(core)를 통과하도록 되어 있고, 각 코어 사이에는 방열효과를 높일 수 있는 방열핀(corrugate fin)이 부착되어 있다. 히터코어 사이를 통과하여 더워진 공기는 실내 및 디프로스터에 보내진다.

② 송풍기(blower)

송풍기는 히터유닛에서 발생되는 열을 차 실내로 공급시킬 수 있도록 하는 것으로, 팬이 부착된 직류 직권 전동기를 사용하고 있다. 송풍기장치는 히터유닛과 일체로 되어 있는 일체형과 별도로 되어 있는 분리식이 있으나 분리식을 많이 사용하고 있다.

③ 파이프 및 덕트(pipe & duct)

온수가 순환하는 파이프에는 온수량을 조절하거나 사용을 정지하기 위한 밸브가 설치되어 있다. 덕트는 외기 도입용, 디프로스터용, 실내 공급용 등으로 나뉘어 있어 이들을 통과하는 공기량을 조절하거나 전환하기 위한 밸브가 설치되어 있다.

④ 난방장치의 열부하

㉮ 관류부하 : 차실 벽, 바닥 또는 창면으로부터의 이동

㉯ 복사부하 : 직사광선에 의한 열

㉰ 승원(인원)부하 : 승객에 의한 발열

㉱ 환기부하 : 자연 또는 강제 환기

(3) 냉방장치(air conditioner)

① 냉방의 원리

액체가 기체로 변하는데 열(증발잠열)이 필요하며 이 열을 빼앗긴 주변은 냉각되게 된다. 냉방장치는 이러한 원리를 사용한 것으로 냉방을 하려면 저열원이 필요하며, 저열원으로는 암모니아, 프레온과 같은 냉매를 사용한다.

최근에는 프레온 가스에 의한 성층권의 오존층 파괴로 유해 자외선이 지구에 직접 도달하여, 농작물의 피해, 피부암 발생 등의 피해를 저감시키기 위하여 새로운 냉매(R-134a)가 개발되어 사용되고 있다. 냉매를 사용하여 연속적으로 저열원을 얻기 위해서는 일단 기화한 냉매를 다시 액화할 필요가 있으며, 이러한 액화, 기화를 반복하는 방식으로 냉방을 시키게 되는데, 이를 냉동 사이클이라 한다.

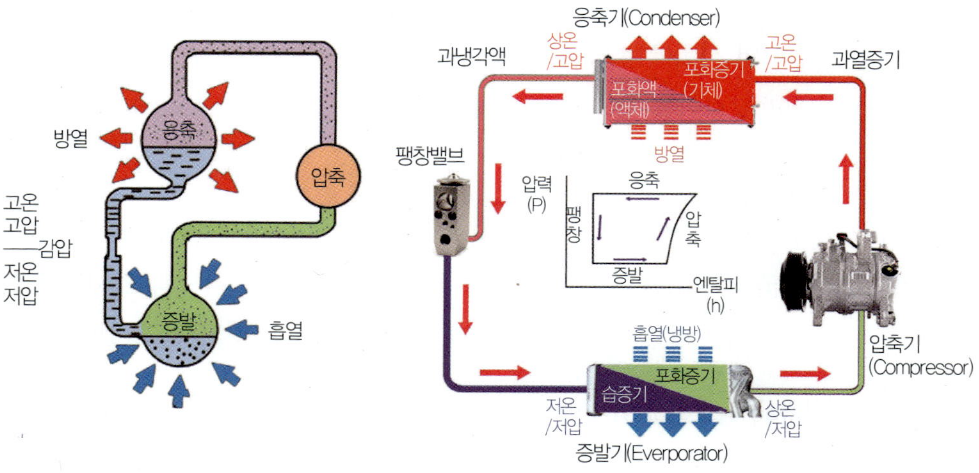

그림 4-121 냉방의 원리

② 냉방장치의 구성

자동차용 냉방장치의 구성은 압축기(compressor), 응축기(condenser), 팽창밸브(expansion valve), 증발기(evaporator), 리시버드라이어(receiver drier) 등으로 구성되어 있다. 냉매가 필요하며, 냉동 사이클은 증발 → 압축 → 응축 → 팽창의 4가지 작용을 순환 반복한다.

그림 4-122 자동차 냉방장치의 구성요소

㉮ 냉매(refrigerant)

냉매란 냉동에서 냉동효과를 얻기 위해 사용하는 물질이며, 최근에는 R-134a를 사용한다. 구비조건은 다음과 같다.

㉠ 무색, 무취, 무미일 것

㉡ 가연성, 폭발성 및 사람이나 가축에 무해할 것

㉢ 저온과 대기압 이상에서 증발하고 여름철 외부 온도의 저압에서도 액화가 쉬울 것

㉣ 증발잠열이 크고, 비체적이 적을 것

㉤ 임계온도가 높고, 응고점이 낮을 것

㉥ 화학적으로 안정되고, 금속의 부식성이 없을 것

㉦ 사용온도 범위가 넓을 것

㉧ 냉매가스의 누출을 쉽게 발견할 수 있을 것

㉯ 압축기(compressor)

압축기는 증발기에서 저압 기체로 된 냉매를 고압으로 압축하여 응축기로 보내는 작용을 한다. 압축기의 종류에는 크랭크 방식, 사판 방식, 베인 방식 등이 있다.

㉰ 마그넷 클러치(magnetic clutch)

마그넷 클러치는 에어컨 스위치의 ON신호에 의해 압축기를 구동하는 기구이며, 고정형은 풀리 안쪽에 있는 슬립링과 접촉하는 브러시를 통해 전류를 코일에 전달하는 방식으로, 최대한의 전자력을 얻기 위해 최소한의 에어갭이 있어야 한다. 그리고 회전형 클러치는 몸체의 축(shaft)을 중심으로 마그넷 코일이 설치되어 있는 방식이다.

㉱ 응축기(condenser)

응축기는 라디에이터 앞쪽에 설치되며, 압축기로부터 오는 고온의 기체 냉매의 열을 대기 중으로 방출시켜 액체 냉매로 변화시킨다.

㉤ 건조기(리시버 드라이어 : receiver-dryer)

㉠ 액체 냉매 저장기능

㉡ 냉매 수분 제거기능

㉢ 압력 조정기능

㉣ 냉매량 점검기능

㉤ 기포 분리기능

㉥ 팽창밸브(expansion valve)

냉방장치가 정상적으로 작동하는 동안 냉매는 중간 정도의 온도와 고압의 액체상 태에서 팽창밸브로 유입되어 오리피스밸브를 통과하여 저온 · 저압이 된다. 이 액체 상태의 냉매가 공기 중의 열을 흡수하여 기체 상태로 되어 증발기를 빠져나간다.

㉦ 증발기(evaporator)

팽창밸브를 통과한 냉매가 증발하기 쉬운 저압으로 되어 안개 상태의 냉매가 증발기 튜브를 통과할 때 송풍기에 의해서 불어지는 공기에 의해 증발하여 기체로 된다.

㉧ 에어컨 라인압력 점검

㉠ 장갑과 보안경을 착용한 상태에서 신냉매(R-134a) 매니폴드 게이지의 고압과 저압용 피팅 양쪽 핸드밸브를 시계방향으로 모두 잠그고 냉매가 유출되는 것을 방지한다.

㉡ 매니폴드 게이지의 충전 호스를 에어컨 라인의 서비스 포트에 설치한다. 이때 파란색 저압 호스는 저압 정비구(상대적으로 두꺼운 냉매 파이프에 있는 점검구)에, 빨간색 고압 호스는 고압 정비구(상대적으로 가는 냉매 파이프에 있는 점검구)에 연결하고 호스 너트를 손으로 조인다.

㉢ 시동을 걸어 엔진을 워밍업시킨 후 실내 온도를 최저로 설정하고, 블로워 모터의 단수를 최고로 한 다음, 엔진 회전수를 2,000rpm으로 유지시킨 상태에서 압축기가 작동했을 때의 고압값과 저압값을 측정한다.

③ 냉방장치의 제어

자동차의 냉방장치가 그 기능을 충분히 발휘하여 차 실내를 쾌적한 상태로 유지하기 위해서는 온도와 바람의 강도를 조절하고, 조절된 바람이 기분 좋게 느껴지도록 취출구를 변환하는 것이 필요하다. 따라서 냉방장치의 기본 제어로는 온도 제어, 바람의 양 및 바람의 방향 제어, 압축기 제어 등이 있다.

㉮ 온도 제어

자동차용 공조장치의 온도 제어에는 에어믹스 방식(air mix type)과 리히터 방식(reheater type)이 있으나 대부분 에어믹스 방식을 사용하고 있다.

에어믹스 방식은 히터코어로 재가열하는 바람의 양 배합을 조정하는 에어믹스 도어(air mix door)를 이용하여 요구하는 온도를 제어한다. 리히터 방식은 증발기를 통과한 냉각된 공기를 다시 히터코어를 거치게 하여 온도를 조절하는 방식으로, 온도 제어를 위한 온수 유량 제어밸브가 필요하다.

㉯ 바람의 양 및 바람의 방향 제어

바람의 양 제어는 송풍기 팬의 회전수를 제어하여 덕트로 나오는 바람의 세기를 조절하는 것으로, 저항변환방식, 파워 트랜지스터 전압 제어방식, 파워 트랜지스터 PWM 제어(pulse width modulation control)방식이 있다.

바람의 방향 제어는 각 취출구에서 최적의 공조 바람이 나올 수 있도록 제어하는 것으로 대시패널 내의 통풍 덕트에 장착된 여러 개의 도어(door)를 작동시킴으로써 이루어진다. 바람의 방향 및 바람의 양 배분의 결정 방법은 다음과 같다.

㉠ 내 · 외기 모드(inside/outside mode) : 내기순환, 외기순환

㉡ 페이스 모드(face mode) : 냉난방, 환기

㉢ 바이레벨 모드(bi-level mode) : 중간기

㉣ F 모드(foot mode) : 냉난방

㉤ F/D 모드(foot defrost mode) : 난방, 방무

㉥ DEF 모드(defrost mode) : 서리 제거, 안개 제거

(4) 자동 냉난방장치(FATC : Full Automatic Temperature Control)

자동 냉난방장치는 운전자가 컨트롤 패널의 온도 설정 버튼을 통해 원하는 온도를 설정하면 에어컨(FATC) ECU가 엔진 ECU와 연계하여 각종 센서의 입력신호를 근거로 가장 쾌적한 공간을 조성하여 주는 장치이다. 회로의 고장 발생 시 컨트롤 패널의 조작으로 디스플레이창에 표시하는 자기진단 출력 자동차가 많았는데, 최근에는 통신의 발달로 자기진단기(스캐너)로 회로의 고장 코드 및 입 · 출력 데이터, 강제 구동 기능을 이용하여 정비에 활용할 수 있게 되었다.

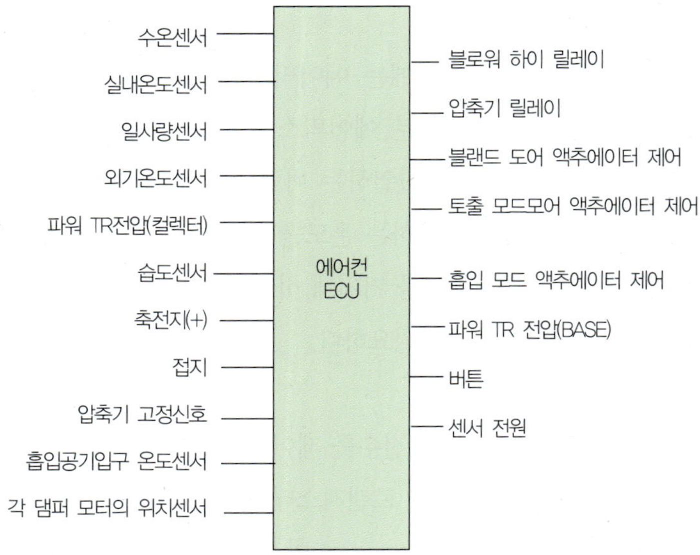

그림 4-123 전자동 에어컨의 입력 및 출력도

① **입력신호**

㉮ 핀서모(pinthermo)센서

부특성 서미스터(NTC)를 사용하는 핀서모센서는 계속되는 냉방으로 증발기가 빙결되는 것을 예방하는 데 목적이 있다. 증발기 코어의 온도를 감지하여 약 0.5~1.0℃ 이하일 경우 A/C릴레이 출력 전원을 차단하여 압축기의 작동을 정지시키며, 약 3~4℃ 이상이 되면 다시 압축기의 구동을 위해 A/C 릴레이를 작동시킨다.

㉯ 실내 온도센서(in car sensor)

실내 온도센서(NTC)는 에어컨 컨트롤 패널에 장착되며 자동차의 실내 온도를 감지하여 에어컨 ECU에 전달한다. 자동 모드 시 블로워모터 속도, 온도 조절 액추에이터 및 내·외기 전환 액추에이터의 위치를 보정해준다. 실내 공기의 온도를 정확히 측정하기 위하여 별도의 DC모터를 장착하거나 송풍기 작동 시 생기는 부압을 이용할 수 있도록 에어흡입관을 이용하기도 하는데, 센서가 감지하는 온도의 오차를 줄이고 실내의 온도를 정확히 검출하는 데 목적이 있으며, 최근에는 습도센서와 같은 곳에 장착된 경우도 많다.

㉰ 외기 온도센서(AMB sensor)

라디에이터 전면부에 장착되어 있으며, 외부 공기 온도를 측정하는 부특성 서미스터(NTC)가 내장되어 있어 온도가 올라가면 저항이 내려가고, 온도가 내려가면 저항이 올라가는 특성으로 온도를 감지한다. 에어컨 ECU에 전달되면 ECU는 토출 온도와 풍량이 운전자가 선택한 온도에 근접하도록 보정을 해주고, AMB 버튼을 눌렀을 때 외기 온도를 컨트롤패널 디스플레이창에 표시하여 주는데, 최근에는 AQS센서와 일체형으로 장착되기도 한다.

㉣ 냉각수 온도센서

히터코어에 장착되어 있으며, 히터코어에 흐르는 냉각수의 온도를 감지하여 냉·난방장치 ECU로 전송하면 설정 온도와 실내·외 온도 차이를 비교하여 난방 가동 제어가 되도록 제어하는 부특성(NTC) 센서이다.

㉤ 일사량센서(photo sensor)

포토센서라고 불리며 메인 크레시패드 중앙에 위치한다. 광기전성 다이오드를 내장하고 있어 별도의 센서 전원이 필요하지 않다. 발생되는 기전력에 따라 토출 온도와 풍량이 선택한 온도에 근접할 수 있도록 보정해 준다. 자기진단을 통해 고장이 검출되지 않는 센서이기 때문에 작업등을 비추었을 때 약 0.8V의 기전력이 발생되면 센서는 정상이라고 판정한다.

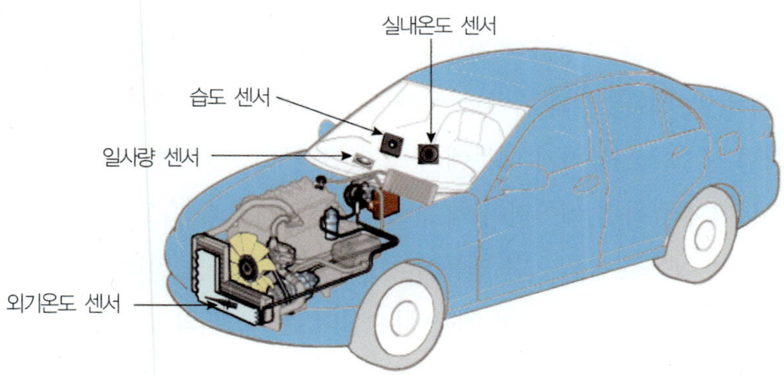

그림 4-124 자동 냉난방장치 센서

㉥ 트리플압력 스위치(triple pressure switch)

트리플 스위치는 압축기와 팽창밸브 사이, 즉 고압라인에 설치되며 기존 듀얼압력 스위치(저압과 고압 스위치)에 MIDDLE 스위치를 포함한다. 듀얼압력 스위치에서 저압 스위치는 약 2.1kg/cm^{2}에서 스위치가 ON, 2.0kg/cm^{2}에서 OFF되고, 고압 스위치는 32kg/cm^{2}에서 OFF, 26kg/cm^{2}에서 ON되는데, 저압과 고압의 스위치가 모두 ON이 되어야 압축기가 작동할 수 있는 조건이 된다.

냉매의 충전량이 부족하여 저압 스위치가 OFF되면 압축기의 작동이 멈추며, 압축기의 작동 중 고압 스위치가 OFF되면 또한 압축기의 작동이 멈추도록 되어 있다. 고압 측 냉매압력 상승 시 MIDDLE 스위치 접점이 ON되어 엔진 ECU로 작동신호가 입력되면 엔진 ECU는 냉각 팬을 고속으로 작동시켜 냉매의 압력 상승을 방지한다.

㉦ APT(automotive pressure transducer)센서

기존의 트리플압력 스위치를 대체하는 센서로서, 연속적으로 냉매의 압력을 감지하여 연비 향상과 더불어 변속감을 향상시켰다. 냉매압력에 따라 최적의 (압축기, 냉각팬) 제어를 위하여 엔진 ECU로 입력되며, 냉방장치가 정상적으로 작동 중일 때 약 2.5V 정도의 전압이 출력된다.

㉧ AQS(air quality system)센서

NO(산화질소), NOx(질소산화물), SO_2(이산화황), CxHy(하이드로카본), CO(일산화탄소) 등 인체에 유해한 가스가 실내로 유입되지 못하도록 AQS센서가 범퍼 안쪽 응축기 부근에 설치되어, 공기 오염 시 내기 모드로 전환되고, 외부 공기가 청정하면 외기 모드로 자동 전환되는 시스템이다. 오염 감지 시 약 5V, 오염 미감지 시 약 0V의 전압이 출력된다.

㉨ 습도센서(humidity sensor)

실내 공기의 상대습도를 측정하여 자동차 내부의 온도에 따른 습도를 최적으로 유지하며, 저온에서 발생되는 유리 습기로 인한 운전 장애를 제거한다. 고분자 타입의 임피던스 변화형 센서를 사용하기 때문에 구조가 간단하고 신속한 응답성을 갖는다. 습도센서에 수분이 잔류하면 에어컨이 계속 작동할 수 있는 데 습도센서의 커넥터를 탈거하여 에어컨이 작동하지 않으면 전등이나 햇빛으로 센서를 말려준다. 습도량과 출력 주파수는 반비례 관계에 있으며 최근에는 실내 온도센서와 같은 곳에 장착되기도 한다.

㉩ 에어컨 스위치

A/C스위치를 누르면 신호가 에어컨 ECU로 입력되고 이는 다시 엔진 ECU로 전달되는데, 트리플압력 스위치 혹은 APT신호와 증발기의 온도센서의 조건이 만족될 때 엔진 ECU는 에어컨 릴레이에게 구동 명령을 내리게 된다.

03 편의장치

[1] 에탁스(ETACS : electronic, time, alarm, control, system)

(1) 에탁스의 기능

에탁스는 자동차 전기장치 중 시간에 의하여 작동되는 장치와 경보를 발생시켜 운전자에게 알려주는 장치 등을 종합한 장치라 할 수 있다. 제어되는 기능은 다음과 같다.

① 와셔연동 와이퍼 제어
② 간헐와이퍼 및 차속감응 와이퍼 제어
③ 점화 스위치 키 구멍 조명 제어
④ 파워윈도우 타이머 제어
⑤ 안전벨트 경고등 타이어 제어
⑥ 열선 타이머 제어(사이드미러 열선 포함)
⑦ 점화 스위치 회수 제어
⑧ 미등 자동소등 제어
⑨ 감광방식 실내등 제어
⑩ 도어 잠금 해제 경고 제어
⑪ 자동 도어 잠금 제어
⑫ 중앙 집중방식 도어 잠금장치 제어
⑬ 점화 스위치를 탈거할 때 도어 잠금(lock)/잠금 해제(unlock) 제어
⑭ 도난경계 경보 제어
⑮ 충돌을 검출하였을 때 도어 잠금/잠금 해제 제어
⑯ 원격 관련 제어
　㉮ 원격시동 제어
　㉯ 키리스(keyless) 엔트리 제어
　㉰ 트렁크 열림 제어
　㉱ 리모컨에 의한 파워윈도 및 폴딩 미러 제어

(2) 에탁스 입·출력신호 종류

전장 제어 ECU 관련 기능의 작동불량 시 전장 제어 ECU 자체의 단품의 고장보다는 입·출력요소의 고장률이 훨씬 높다. 따라서 입력과 출력에 관여하는 스위치 및 액추에이터의 감지전압 및 작동 전압레벨, 액추에이터는 언제 구동되는지 등의 사전 지식을 가지고 있어야 한다. 회로도를 완벽하게 이해하며 회로도를 참고하여 고장을 추적하는 습관을 가져야 한다.

최근에는 전장 제어 ECU의 입력 스위치를 감지하기 위하여 출력하는 5V`신호가 정전압 방식에서 스트로브 방식으로 바뀌었다.

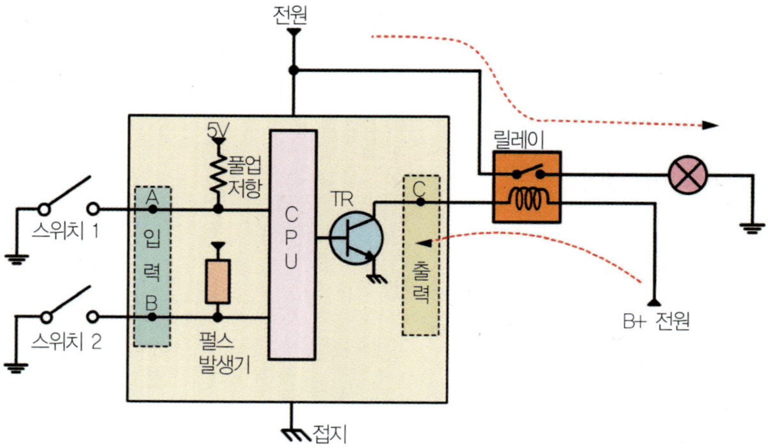

그림 4-125 에탁스 기본원리(예)

(3) 편의장치 기능 및 특성 제어

① 점화 키홀 조명 제어

㉮ 점화 키 OFF 상태에서 운전석 도어를 열었을 때 키홀 조명은 점등된다(T1 = ma).

㉯ 키홀 조명이 점등된 상태로 운전석 도어를 닫을 경우 키홀 조명은 10초간 ON 상태로 유지 후 소등된다.

㉰ 키홀 조명 제어 중 점화키가 ON되면 키홀 조명을 즉각 OFF한다.

② 감광식 룸램프 제어

㉮ 도어 열림 시 실내등을 점등한다.

㉯ 도어 닫힘 시 즉시 75% 감광 후 서서히 5~6초 후에 완전히 소등한다.

㉰ 도어 스위치 ON 시간이 0.1초 이하인 경우에는 감광 동작을 하지 않는다.

㉣ 감광 동작 중 점화키 ON 시 즉시 감광 동작은 저지된다.

③ 열선 제어

㉮ 발전기 L단자에서 12V 출력 시 열선 스위치를 누르면 열선 릴레이를 15분간 ON한다.

㉯ 열선 작동 중 열선 스위치를 누르면 열선 릴레이는 OFF된다.

㉰ 열선 작동 중 발전기 L단자의 출력이 없을 경우에도 열선 릴레이는 OFF된다.

④ 파워윈도우 타이머 제어

㉮ 점화 스위치가 ON되면 파워윈도우 릴레이를 즉시 ON하여 시스템에 전원을 공급한다.

㉯ 점화 스위치가 OFF되면 일정 시간동안(30s) 릴레이 출력을 유지하므로 점화 스위치 OFF 상태에서도 파워윈도우가 작동된다.

㉰ 타이머 제어 중 운전석 또는 조수석 도어가 열리면 출력은 즉시 OFF되나 차종에 따라 30초간 연장되는 자동차도 있다(30초 연장 자동차).

⑤ **파워윈도우 세이프티 기능**

파워윈도우장치는 자동차 도어에 설치된 윈도우를 모터를 이용하여 여닫는 장치이다. 운전석 오토-업 기능 구동 중 물체의 끼임 발생 시 세이프티 기능을 수행한다. 윈도우 동작 시 발생하는 펄스로 윈도우의 위치를 파악하고 이 조건으로부터 물체 감지 및 힘을 계산하여 반전 여부를 판단한다. 운전석에서 모든 윈도우를 통제할 수 있고 각 위치의 윈도우 스위치를 이용해서 윈도우를 여닫을 수 있다. 윈도우가 올라가는 중 최대 100N의 힘이 윈도우에 가해지기 전에 끼임 발생을 판단하여 세이프티 기능을 수행한다.

⑥ 오토 도어록 제어

자동도어의 잠금 조작기구에는 모터나 솔레노이드를 이용한 파워 도어 잠금장치가 있다. 1회의 스위칭으로 전 도어의 잠금(lock)이나 풀림(unlock)이 가능하게 한다. 그리고 설정 차속 이상이 되었을 때 자동으로 전 도어를 잠기게 하고 있다.

㉮ 차속이 40km/h 이상의 상태를 2~3초 이상 계속 유지하고 전 도어 중 하나라도 언록 상태일 경우 도어록 릴레이를 ON한다.

㉯ 40km/h 이상에서 오토 도어록 제어 중 언록이 감지되면 2~3초 후 다시 도어록 릴레이를 ON한다.

㉰ 계속해서 언록이 감지되면 0.5초 ON/OFF 주기로 3회 동안 도어록 릴레이를 ON하며 3회 작동 중 록신호가 감지되면 즉시 출력을 멈춘다.

⑦ 중앙집중식 잠금 제어

㉮ 운전석 도어 모듈의 도어 록/언록 스위치에 의한 작동은 모든 차종이 동일하다.

㉯ 운전석/조수석 도어 노브에 의한 록/언록은 도난방지시스템 미적용 자동차는 차종에 관계없이 모두 록/언록된다. 도난방지 적용 자동차는 록은 작동되나 언록은 작동되지 않는다.

㉰ 운전석/조수석 도어키에 의한 록/언록은 차종에 관계없이 모두 록/언록된다.

⑧ 리모트 도어(remote door)

이 장치는 도어의 잠김/풀림을 키 실린더에 키를 삽입하지 않고 원격조작으로 작동시키는 장치이다. 리모트 키로부터 미약 전파를 발신시켜 자동차 안테나에서 수신하고 ECU가 수신 코드를 식별하여 도어 개폐용 액추에이터(솔레노이드 또는 모터)를 작동시킨다. 송신기로부터 식별코드 신호가 FM 변조 방식에 따라 발신된 후 자동차 안테나로 수신되어 수신기에서 코드 식별한 후 액추에이터를 작동시켜 도어를 개폐시키도록 되어 있다.

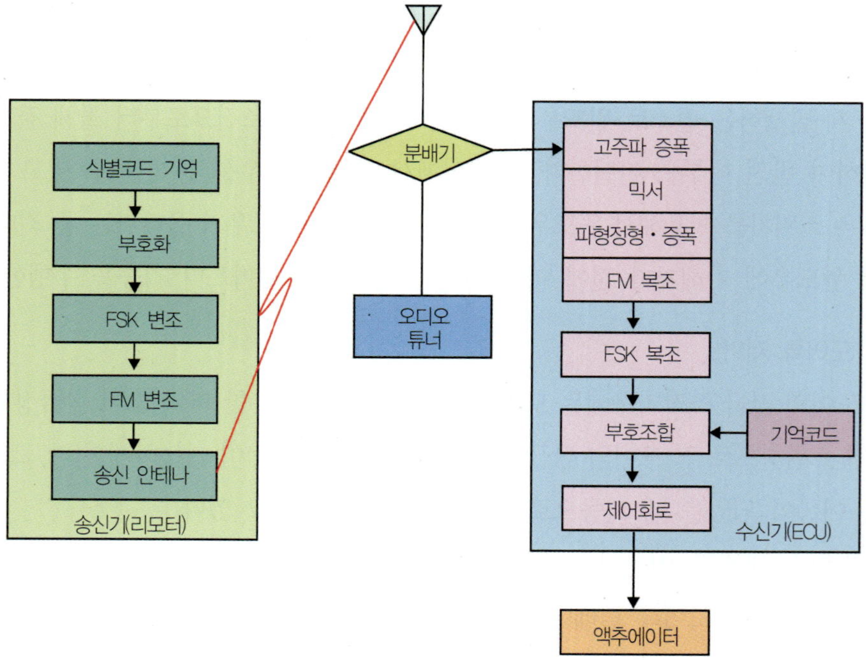

그림 4-126 리모트 도어 송수신 신호처리 다이어그램

⑨ 간헐와이퍼 제어

㉮ 점화키 ON 시 인트 스위치를 작동시키면 T1 후에 와이퍼 릴레이를 ON한다.

㉯ 간헐와이퍼 작동 중 와이퍼가 재작동하는 주기는 인트 볼륨 설정에 따라 T2 시간만큼 차이가 발생한다.

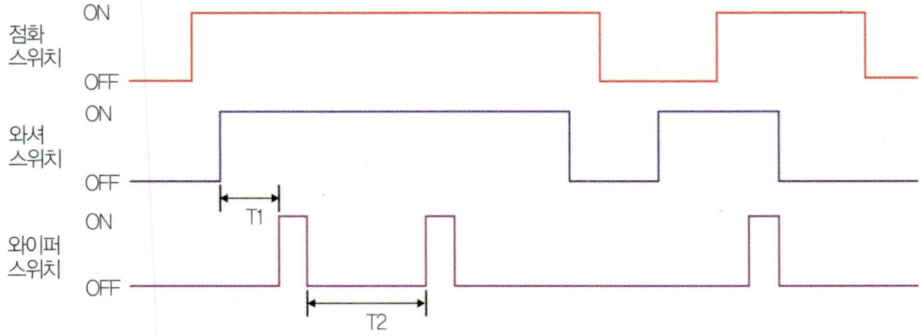

그림 4-127 간헐 와이퍼 제어 타임 차트

㉰ 차종별 제어 시간

⑩ 오토 라이트(auto light)

오토 라이트는 주위의 밝기에 따라 변환되는 조도센서 내의 광전변환소자인 CdS(황화카드뮴)를 이용하여 미등(small lamp)과 전조등(head lamp)을 자동적으로 점등 및 소등을 시키는 장치이다. 이 장치는 전조등 스위치가 오토(auto) 위치에 있을 때 작동하게 되며, 조도센서는 앞유리창 아래쪽에 설치되어 주위의 밝기에 따라 어두워지면 저항값이 커지고, 밝으면 저항값이 작아지는 특성이 있다. 즉, CdS 양단전압은 어두울 때 크고, 밝을 때 작게 되며, 이 전압 변화를 이용하여 램프를 점등하거나 소등하게 된다.

제어 릴레이 내부에는 미등회로와 전조등회로를 구성하는 2개의 비교기가 있어 CdS의 전압과 각 회로의 기준전압을 비교한다. CdS전압이 클 경우에는 회로가 ON상태가 되어 램프가 점등하고, 작을 경우에는 OFF상태가 되어 램프는 소등하게 된다. 2개의 비교기는 각기 다른 전압값으로 작동하여 약간 어두울 때는 미등이 점등되고, 이보다 더 어두워지면 전조등도 동시에 점등한다. 소등할 때에는 점등할 때보다 약간 더 밝은 시점에서 소등되도록 조정되어 있다.

야간에 전조등이 점등된 상태에서 가로등과 같은 밝은 곳을 주행할 경우에는 순간적으로 밝은 빛에 의해 전조등이 소등될 수 있으므로, 콘덴서나 지연회로를 이용하여 전조등이 계속 점등되도록 하고 있다.

[2] BCM(Body Control Module)

바디 컨트롤 모듈(Body Control Module, A)은 차속 감응형 간헐 와이퍼, 와셔 연동 와이퍼, 리어 열선 타이머, 시트 벨트 경고등, 감광식 룸램프, 오토라이트 컨트롤, 센트럴 도어 록/언록, 오토 도어록, 키 리마인더, 점화키 홀 조명, 윈드 쉴드 글라스 열선 타이머, 파워윈도우 타이머, 도어 열림 경고, 미등 자동 소등, 크래쉬 도어 언록, 시큐리티 인디게이터, 파킹 스타트 경고, 모젠 통신, 무선 도어 잠금 및 도난 경보 기능 등을 자동 컨트롤하는 시스템이다. 수많은 스위치신호를 입력받아 시간 제어(TIME) 및 경보 제어(ALARM)에 관련된 기능을 출력 제어하는 장치이다. 바디 컨트롤 고장 발생 시 고장 원인에 대한 자기진단 기능을 수행하며, 강제 구동 모드 설정으로 임의의 입력으로 출력을 검사할 수 있다.

(1) 근접 경고 시스템(back sonar system)

근접 경고 시스템은 약 40kHz의 초음파를 이용하여 자동차가 전·후진할 때 사각에 위치한 장애물의 거리와 위치를 램프나 경고음으로 운전자에게 알리는 장치로써 초음파 송신기 및 수신기, 컨트롤 유닛, 경고등 또는 디스플레이부로 구성되어 있다. 초음파 송신기 및 발신기는 전, 후 범퍼 내에 각각 2개 이상씩 장착되어 있다.

(2) 초음파센서(송수신기)

초음파 송수신기는 형상은 같으나 초음파 마이크로폰 특성이 다르다. 초음파 마이크로폰은 전계를 가하면 기계적 변형을 발생시키는 피에조 압전소자를 사용하며, PZT($PbZrO_3$ — $PbTiO_3$: 질콘 — 티탄산납)라 한다.

PZT 자기(磁器)에 교류전압을 인가하면 어느 주파수에서 진동을 발생시키며, 반대로 기계적인 진동을 발생시키면 어느 진동수의 교류전압을 발생시키므로 수신기로 사용된다. 송신기로부터 일정 주파수(매 초당 약 15회)의 초음파를 발사시키고 초음파가 장해물에 도달하여 반사될 때까지의 시간을 계측하면 장해물까지의 거리를 계산할 수 있다.

(3) 감지영역 및 경고

초음파센서는 전 · 후 범퍼면에 설치되어 있으며 센서를 중심으로 거의 반구 범위의 영역을 감지할 수 있다. 장애물까지의 거리 표시는 몇 단계(예 : 0.5m 이내, 0.5~1m, 1~2m)로 나누어 경고등 및 부저로 운전자에게 알려주도록 하고 있다.

장애물과의 거리가 약 50cm가 되면 표시등을 점등시킴과 동시에 일정 간격으로 부저를 울리며 20cm 이내로 되면 연속적으로 부저를 울린다.

(4) 내비게이션 시스템(navigation system)

내비게이션(항법) 시스템은 항공기나 선박과 같은 이동 물체가 어떤 목적지까지 안전하게 도달할 수 있도록 현재의 자기 위치를 측정하고 이동속도 등의 정보로 최적의 경로를 결정하여 운행할 수 있도록 하는 것을 말한다. 내비게이션 기술은 선박이나 항공기의 운항기술 분야에서 발전되어 현재 자동차에까지도 응용되었다.

자신의 위치를 파악하기 위한 내비게이션 방법으로는 태양과 별을 이용한 천문항법과 위성을 이용한 전파항법이 있으나, 현재는 악천후에 관계없는 전파항법을 사용하고 있다.

전파항법이란 2개소 이상의 전파 발신원으로부터 전파를 수신하여 전파의 도달 시간차, 위상차, 도플러 쉬프트 등에 의해 전파 발신원으로부터의 거리를 계산하여 현재의 위치를 파악하는 기술이다. 자동차에 적용되는 내비게이션으로는 GPS 방식과 비콘(beacon) 방식이 있다.

(5) IMS(Integrated Memory System, 시트 메모리 유닛)

운전자가 설정한 운전석 시트와 핸들의 위치를 포지션센서에 의해 시트 및 틸트 & 텔레스코프 컨트롤 유닛에 기억시켜 시트와 핸들의 위치가 변해도 IMS 컨트롤 스위치 및 리모컨으로 운전자가 설정한 위치에 복귀되도록 하는 장치이다. 이를 재생 동작이라고 한다.

파워 시트 컨트롤 유닛과 파워윈도우간에는 CAN통신을 행한다. 안정상 주행 시의 재생 동작을 금지하고 있으며, 재생 동작을 긴급 정지하는 기능도 가지고 있다.

(6) 버튼 엔진 시동 시스템

버튼 엔진 시동 시스템은 운전자에게 기존 기계식 키를 이용하는 대신 간단하게 시동 버튼(SSB, Start Stop Button)을 누름으로써 자동차의 시동을 거는 장치이다.

이것은 특정 작업 없이도 스티어링 컬럼(ESCL, Electronic Steering Column Lock) 잠금과 해제를 실행한다. 만일 운전자가 브레이크를 밟고 SSB를 누르면 FOB 키 인증 및 전송 상태는 충족되게 되고, 버튼 엔진 시동 시스템(BES) 스티어링 컬럼 잠금/해제 기능, 단자 스위치 제어 그리고 엔진 크랭킹 등을 진행하게 된다.

이모빌라이저 인증 후에 시스템은 스타터 모터를 작동할 것이고 스타터 해제를 위한 엔진 작동 상태를 확인하기 위해 EMS와 통신을 하게 된다. 자동차를 멈춘 상태에서 SSB 버튼을 한 번 누르면 엔진은 꺼진다. 만일 엔진이 작동 중일 경우에 자동차 시동을 끄고 싶을 때는 SSB 버튼을 길게 누르거나 3회 연속 누르면 시동이 꺼지게 된다. 그리고 SSB 버튼을 누르는 것이 감지되거나 유효 FOB 키가 인증된 동안에 엔진 크랭킹 조건이 충족되지 않았다면, 자동차 전원 상태를 IGN ON상태로 변경한다. 버튼 엔진 시동 시스템의 구성은 스마트키 유닛, 전원 공급 모듈(PDM : Power Distribution Module), FOB 키홀더, 외장 리시버, 단자 및 스타터 릴레이, 시동 정지 버튼(SSB : Start Stop Button), 전자식 스티어링 컬럼 록(ESCL : Electronic Steering Column Lock), EMS(Engine Management System) 등으로 구성되어 있다.

(7) 이모빌라이저(Immobilizer) 시스템

이모빌라이저 시스템은 스마트키 방식과 전자칩이 들어있는 트랜스폰더 키(Transponder Key) 방식이 있으며, 기계적인 일치뿐만 아니라 무선으로 이루어진 암호 코드가 일치할 경우에만 시동이 걸리는 도난 방지 시스템이다. 따라서 자동차에 입력되어 있는 암호와 시동키에 입력된 암호가 일치해야만 시동이 걸리게 되므로 해당 자동차의 고유키가 아니면 연료 공급이 차단되어 시동이 걸리지 않는다.